“十三五”国家重点出版物出版规划项目
现代机械工程系列精品教材
“十二五”普通高等教育本科国家级规划教材
普通高等教育“十一五”国家级规划教材
机械工程创新人才培养系列教材

机械优化设计

第7版

主编 白清顺 孙靖民 梁迎春
参编 陈家轩 柯尊忠 马履中
王卫荣
主审 孟庆鑫 邹经湘

机 械 工 业 出 版 社

本书曾获评“十二五”普通高等教育本科国家级规划教材，“十三五”国家重点出版物出版规划项目（现代机械工程系列精品教材），也曾获评普通高等教育“十一五”国家级规划教材，教育部“面向21世纪课程教材”，并荣获2002年全国普通高等学校优秀教材二等奖。

本书是根据全国高等学校机械设计及制造专业教学指导委员会制定的教学计划和教学大纲编写的。本书主要内容有：优化设计概述、优化设计的数学基础、一维搜索方法、无约束优化方法、线性规划、约束优化方法、多目标及离散变量优化方法、机械优化设计实例、常用优化方法程序考核题及计算机实习建议。

本书符合党的二十大报告中关于“深入实施科教兴国战略、人才强国战略、创新驱动发展战略”的要求，在详细讲授基础理论知识的同时融入探索性实践内容，以增强学生的自信心和创造力，即用学科理论知识促进学生活跃思维、敢于创新，尽可能地将新思路在实践中进行创造性的转化，推动科学技术实现创新性发展。

本书中包含相应的知识讲解视频，拓展知识视频和仿真展示，均以二维码的形式呈现，使用微信扫码后，经注册可免费观看。

本书可作为高等院校机械设计及制造专业本科生、研究生的教材，也可供相关专业师生及工程技术人员参考。

图书在版编目（CIP）数据

机械优化设计/白清顺，孙靖民，梁迎春主编. —7版. —北京：机械工业出版社，2023.12

“十二五”普通高等教育本科国家级规划教材

ISBN 978-7-111-75103-8

Ⅰ.①机… Ⅱ.①白… ②孙… ③梁… Ⅲ.①机械设计-最优设计-高等学校-教材 Ⅳ.①TH122

中国国家版本馆CIP数据核字（2024）第036929号

机械工业出版社（北京市百万庄大街22号 邮政编码100037）
策划编辑：余 皞　　责任编辑：余 皞
责任校对：韩佳欣 张 薇　　封面设计：王 旭
责任印制：郜 敏
中煤（北京）印务有限公司印刷
2024年6月第7版第1次印刷
184mm×260mm · 18.25印张 · 464千字
标准书号：ISBN 978-7-111-75103-8
定价：59.80元

电话服务　　网络服务
客服电话：010-88361066　　机 工 官 网：www.cmpbook.com
010-88379833　　机 工 官 博：weibo.com/cmp1952
010-68326294　　金 书 网：www.golden-book.com

机工教育服务网：www.cmpedu.com

前言

本书曾获评“十二五”普通高等教育本科国家级规划教材，“十三五”国家重点出版物出版规划项目（现代机械工程系列精品教材），也曾获评普通高等教育“十一五”国家级规划教材，教育部“面向21世纪课程教材”，并荣获2002年全国普通高等学校优秀教材二等奖、中国机械工业科技进步奖（图书奖）二等奖、首届黑龙江省教材建设奖优秀教材二等奖等荣誉。

机械优化设计是机械类专业的一门重要课程，其目的是使学生树立优化设计的思想，掌握优化设计的基本概念和基本方法，获得解决机械优化设计问题的初步能力。本书分成三大部分：第一部分是优化设计的基本概念及数学基础；第二部分是具体的优化设计方法，包括一维搜索方法、无约束优化方法、线性规划、约束优化方法、多目标及离散变量优化方法等；第三部分是机械优化设计实例、常用优化方法程序考核题及计算机实习建议等。

本书内容的选择贯彻“少而精”和“理论联系实际”的原则；内容的编排由浅入深，注意逻辑性与系统性，强调物理概念及几何解释，便于工程应用。本书第7版和第6版相比较，主要修订内容有：

1）对绪论部分进行了修订。

2）对第二章进行了修订，修改了部分求解案例。

3）对第三章进行了重新编排。

4）对第四章进行了重新编排。

5）通过二维码增加了演示动画、重点讲解、课程思政等富媒体内容。

为了方便教学，本书附录中的源程序、各章的图和表以及习题的参考答案等向使用本书的授课教师免费提供，需要的教师可登录机械工业出版社教育服务网（www.cmpedu.com）以教师身份注册后下载。

本书第7版的绪论、第一章、第二章、第三章、第五章由白清顺编写，第四章由陈家轩编写，第六章和第八章由柯尊忠和王卫荣编写，第七章由马履中编写，附录由王卫荣编写。

本书可作为高等院校机械设计类专业的本科生、研究生的教材，也可供相关专业的学生、教师及工程技术人员参考。

限于编者水平，书中缺点、错误在所难免，敬请广大读者批评指正。

谨以此书的出版缅怀已经故去、令人无比尊敬的哈尔滨工业大学孙靖民教授和梁迎春教授！

编　者

CONTENTS

目　录

绪　论

优化设计是20世纪60年代初发展起来的一门新学科，它将最优化原理和计算科学应用于设计领域，为工程设计提供了一种重要的科学设计方法。利用这种新的设计方法，人们可以从众多的设计方案中寻找出最佳的设计方案，从而大大提高设计的效率和质量。因此，优化设计是现代设计理论和方法的一个重要领域，它已广泛应用于各个工业部门。以下仅对机械优化设计的特点、发展概况以及本书的主要内容进行简要的介绍。

教材简要介绍

一、从传统设计到优化设计

一项机械产品的设计，一般需要经过调查分析、方案拟定、技术设计、零件工作图绘制等环节。传统的设计方法通常在调查分析的基础上，参照同类产品通过估算、经验类比或试验来确定初始设计方案。然后根据初始设计方案的设计参数进行强度、刚度、稳定性等性能分析计算，检查各性能是否满足设计指标要求。如果设计不能完全满足性能指标的要求，设计人员将凭借经验或直观判断对参数进行修改。这样反复进行分析计算—性能检验—参数修改，直到产品性能完全满足设计指标的要求为止。整个传统设计过程就是人工试凑和定性分析比较的过程，主要的工作是性能的重复分析，至于每次参数的修改，仅凭借经验或直观判断，并不是根据某种理论精确计算出来的。实践证明，按照传统设计方法设计出的方案，大部分都有改进、提高的余地，并不是最佳设计方案。当前，这种设计方法仍然在工业界沿用。然而，随着技术的进步，传统的设计方法已经暴露出明显的缺陷，特别是在信息化、智能化技术得到飞速发展的今天。传统设计方法只是被动地重复分析产品的性能，而不是主动地设计产品的参数。从这个意义上讲，它没有真正体现“设计”的含义，没有充分利用先进的数学规划理论和计算机技术使“设计”过程更具有主动性、准确性和高效性。

产品的“设计”过程本身就包含优化的概念。作为一项设计，不仅要求方案可行、合理，而且应该是某些指标达到最优的理想方案。设计中的优化思想在人类历史上就有所体现。例如，古希腊学者欧几里德（Euclid）在公元前300年前后就曾指出：在周长相同的一切矩形中，以正方形的面积为最大。我国宋代建筑师李诫在其著作《营造法式》一书中曾指出：圆木做成矩形截面梁的高宽比应为三比二。这一结论和抗弯梁理论推得的结果十分接近。根据梁弯曲理论，最佳截面尺寸应使梁截面的抗弯截面系数 W 最大。设截面宽为 b，高为 h，则要求 $W=\frac{bh^2}{6}\to\max$。若圆木直径为 d，有 $d^2=b^2+h^2$，$W=\frac{b}{6}(d^2-b^2)$，$\frac{\mathrm{d}W}{\mathrm{d}b}=\frac{1}{6}(d^2-3b^2)=0$。当 $b=\frac{d}{\sqrt{3}}$ 时，W 取极大值 $\left(\frac{\mathrm{d}^2W}{\mathrm{d}b^2}=-b<0\right)$，而 $h=\sqrt{\frac{2}{3}}d$，则有 $h/b=\sqrt{2}\approx1.414$。这与 $h/b=3/2=1.5$ 很相近。像这样简单的优化问题用古典的微分方法便可以求解，但对于一般工程优化问题的求解，需要采用数学规划理论并借助计算机才能完成。基于这一原因，“设计”中优化的概念一直未能得以很好地体现。直至20世纪60年代，计算科学和计算机技术迅速发展，优化设计才有条件日益发展起来。

当前，随着计算科学和信息化技术在制造业的广泛应用，已经可以用现代化的设计方法和手段对产品或制造活动进行设计和规划，来满足人们对现代机械行业提出的要求。

现代化的设计工作已不再是过去那种凭经验或直观来确定结构方案，也不是像过去“安全寿命可行设计”方法那样，即在满足所提出的要求的前提下，先确定结构方案，再根据安全寿命等准则，对该方案进行强度、刚度等的分析、校核，然后进行修改，以确定结构尺寸。而是以计算数学为基础、以计算机为实现手段，应用精确度较高的力学数值模拟和分析方法进行研究，并从大量的可行设计方案中寻找出一种最优的设计方案，从而实现用理论设计代替经验设计，用精确计算代替近似计算，用优化设计代替一般的安全寿命的可行性设计。

优化方法在机械设计中的应用，既可以使方案在规定的设计要求下达到某些优化的结果，又不必耗费过多的计算工作量。因此，产品结构、生产工艺等的优化已经成为市场竞争的一种手段。例如，在20世纪90年代，我国神舟号飞船的总体技术方案及返回技术方案就进行了系统的优化，确定了返回舱的姿态和总体布局、着陆点设计、轨道舱留轨利用等关键环节，为后续神舟系列飞船的成功发射和回收奠定了基础。在航天固体火箭发动机、火箭形体设计等方面，优化设计方法也发挥了重要的作用。在航空领域，美国波音（Boeing）公司在波音787飞机的研制过程中，应用了基于有限元的拓扑优化、尺寸优化和形状优化方法，解决了飞机翼面的翼肋结构、龙骨梁结构以及复合材料铺向等设计问题。通过统计得出，经过优化设计，各个翼肋结构比波音777飞机相应翼肋结构的质量减少了25%～45%，使得该系列飞机成为了超低燃料消耗、低污染排放、高效益并且乘坐舒适的一类机型。美国贝尔（Bell）直升机公司采用优化方法来解决450个设计变量的大型结构优化问题。在对一个机翼进行质量优化设计中，其质量减少了35%。在高速铁路飞速发展的今天，从车体零件设计到外形优化、从单线路的运行参数设计到多线路的运行网络规划都离不开优化方法。例如，在机车操纵中，多采用遗传算法、牛顿法对操纵参数进行优化。在多线路的运行网络规划中，需要协调机车的周转与运行之间的关系，实现多变量、复杂约束条件下的优化模型的求解。在航天器地面半实物仿真设备的研制中，优化设计方法也为改善机械系统性能、提高产品经济性提供了重要的手段。例如，本书实例中的卫星运动模拟系统就是采用拓扑优化和参数优化的方法解决了精密非标设备的设计问题。结合有限元分析方法，采用优化分析理论解决非标装备的结构设计、动力学分析等问题，已经成为该类设备研制的重要保证。

优化方法不仅用于产品的结构设计、工艺方案的选择，也用于运输路线的确定、商品流通量的调配、产品配方的配比等。目前，作为方法学的重要组成部分，优化方法在机械、航空、航天、冶金、石油、化工、电机、建筑、造船、轻工等部门都已得到了广泛的应用。

二、机械优化设计发展概况

在第二次世界大战期间，由于军事上的需要产生了运筹学，提供了许多用古典微分法和变分法所不能解决的最优化方法。20 世纪 50 年代发展起来的数学规划理论形成了应用数学的一个分支，为优化设计奠定了理论基础。20 世纪 60 年代计算科学和计算机技术的发展为优化设计提供了强有力的手段，使工程技术人员能够从大量繁琐的计算工作中解放出来，把主要精力放到优化方案选择上。虽然近年来优化设计方法已在许多工业部门得到应用，但最优化技术成功地应用于机械设计还是在 20 世纪 60 年代后期才开始的。虽然历史较短，但进展迅速。机械优化设计方法在机构综合、机械零部件设计、专用机械设计和工艺设计方面都获得了应用并取得了一定成果。

机构运动参数的优化设计是机械优化设计中发展较早的领域，不仅研究了连杆机构、凸轮机构等再现函数和轨迹的优化设计问题，而且还提出了一些标准化程序。在机构动力学优化设计方面也有很大进展，如惯性力的最优平衡，主动件力矩的最小波动等的优化设计。机械零部件的优化设计在最近十几年也有很大发展，主要是研究各种减速器的优化设计、液压轴承和滚动轴承的优化设计以及轴、弹簧、制动器等的结构参数优化。除此之外，在机床、锻压设备、压延设备、起重运输设备、汽车等的基本参数、基本工作机构和主体结构方面也进行了优化设计工作。

近年来，机械优化设计的应用范围越来越广，但仍有许多问题需要解决。例如，在机械产品设计中零部件通用化、系列化和标准化，整机优化设计模型及方法的研究，机械优化设计中离散变量优化方法的研究，机械结构拓扑优化的研究以及更为有效的优化设计方法的发掘等方面，都需做出较大的努力才能适应当前科技发展的需要。

近年来发展起来的计算机辅助设计（Computer Aided Design，CAD）、计算机辅助制造（Computer Aided Manufacturing，CAM）、计算机辅助工程（Compurter Aided Engineering，CAE）、虚拟设计（Virtual Design，VD）技术以及智能设计（Intelligent Design，ID），在引入优化设计理论与方法后，既能够在设计过程中不断选择设计参数并评选出最优设计方案，又可以加快设计速度，缩短设计周期。在科学技术发展要求机械产品更新周期日益缩短的今天，把优化设计方法与计算机技术结合起来，使设计过程完全自动化，已成为设计方法的一个重要发展趋势。

三、本课程的主要内容

机械优化设计包括建立优化设计问题的数学模型和选择恰当的优化方法与程序两方面的内容。由于机械优化设计是应用数学方法寻求机械设计的最优方案，所以首先要根据实际的机械设计问题建立相应的数学模型，即用数学形式来描述实际设计问题。在建立数学模型时，需要应用专业知识确定设计的限制条件和所追求的目标，确立各设计变量之间的相互关系等。机械优化设计问题的数学模型可以是解析式、试验数据或经验公式。虽然它们给出的形式不同，但所反映的都是设计变量之间的数量关系。

数学模型一旦建立，机械优化设计问题就变成一个数学求解问题。应用数学规划方法或优化准则方法的理论，根据数学模型的特点，可以选择适当的优化方法，进而可以采用计算机软件模块或编制计算机程序，以计算机作为工具求得最佳的设计参数。

本书将着重介绍数学规划理论的基本概念、技术术语与基本方法，并通过实例介绍用数学规划理论解决机械优化设计问题的过程。本书共分八章，第一章为优化设计概述，主要介绍优化设计的基本概念，其目的在于了解优化设计的步骤及常用术语；第二章为优化设计的数学基础，介绍优化设计所需的数学概念和优化设计的极值条件，为后续各章的学习打好基础；第三、四、五、六章分别介绍一维搜索方法、无约束优化方法、线性规划和约束优化方法的原理及算法；第七章介绍多目标及离散变量优化方法；第八章为机械优化设计实例，主要阐述如何应用优化方法解决机械优化设计问题的过程。

绪论

第一章

优化设计概述

为了对机械优化设计有具体的认识，现以人字架的优化设计为例进行说明。虽然此设计采用简单的解析法和作图法，但从中可以初步认识优化设计的基本思想，了解与优化设计问题数学模型相关的基本概念。

第一节　人字架的优化设计

一、问题

图 1-1 所示的人字架由两个钢管构成，其顶点所受外力为 $2F=3\times10^5$N。已知人字架跨度 $2B=152$cm，钢管壁厚 $T=0.25$cm，钢管材料的弹性模量 $E=2.1\times10^5$MPa，材料密度 $\rho=7.8\times10^3$kg/m^3，许用压应力 $[\sigma_y]=420$MPa。求在钢管压应力 σ 不超过许用压应力 $[\sigma_y]$ 和失稳临界应力 σ_e 的条件下，人字架的高 h 和钢管平均直径 D，使钢管总质量 m 为最小。

根据以上描述，可以把人字架的优化设计问题归结为：

求 $\boldsymbol{x}=(D\quad h)^{\mathrm{T}}$，使结构质量

$$m(\boldsymbol{x})\rightarrow\min$$

但应满足强度约束条件

$$\sigma(\boldsymbol{x})\leqslant[\sigma_y]$$

和稳定约束条件

$$\sigma(\boldsymbol{x})\leqslant\sigma_e$$

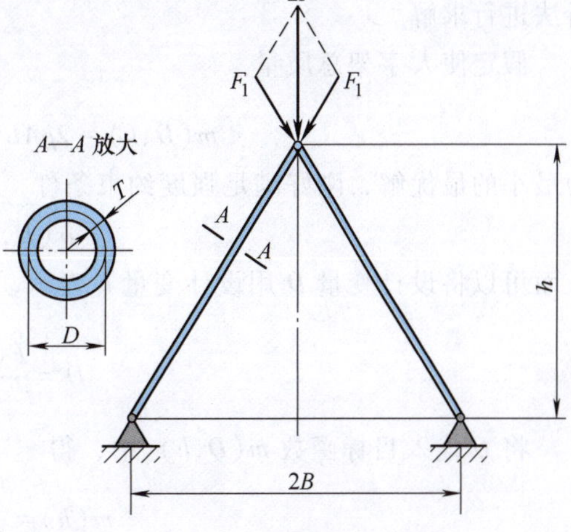

图 1-1　人字架的受力

二、强度、稳定条件

钢管所受的压力为

$$F_1 = \frac{FL}{h} = \frac{F(B^2 + h^2)^{\frac{1}{2}}}{h}$$

钢管的失稳临界力（图 1-2）为

$$F_e = \frac{\pi^2 EI}{L^2}$$

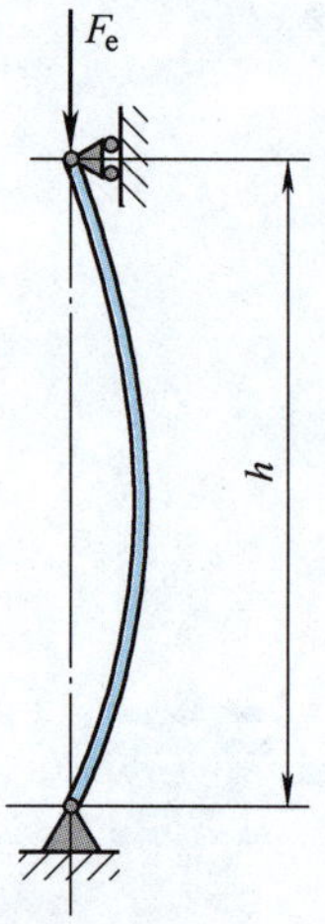

图 1-2 钢管（压杆）的稳定

式中 I——钢管截面二次矩。

$$I = \frac{\pi}{4}(R^4 - r^4) = \frac{A}{8}(T^2 + D^2)$$

式中 A——钢管截面面积，$A = \pi(R^2 - r^2) = \pi TD$；

r、R——截面内、外半径，$D=R+r$。

钢管所受的压应力为

$$\sigma = \frac{F_1}{A} = \frac{F(B^2 + h^2)^{\frac{1}{2}}}{\pi TDh}$$

钢管的失稳临界应力为

$$\sigma_e = \frac{F_e}{A} = \frac{\pi^2 E(T^2 + D^2)}{8(B^2 + h^2)}$$

因此，强度约束条件 $\sigma \leqslant [\sigma_y]$ 可以写成

$$\frac{F(B^2 + h^2)^{\frac{1}{2}}}{\pi TDh} \leqslant [\sigma_y]$$

稳定约束条件 $\sigma \leqslant \sigma_e$ 可以写成

$$\frac{F(B^2 + h^2)^{\frac{1}{2}}}{\pi TDh} \leqslant \frac{\pi^2 E(T^2 + D^2)}{8(B^2 + h^2)}$$

三、解析法

上述优化问题是以 D 和 h 为设计变量的二维问题，而且只有两个约束条件，可以用解析法进行求解。

假定使人字架总质量

$$m(D,h) = 2\rho AL = 2\pi\rho TD(B^2 + h^2)^{\frac{1}{2}}$$

为最小的最优解，刚好满足强度约束条件，即有

$$\sigma(D,h) = [\sigma_y]$$

从而可以将设计变量 D 用设计变量 h 表示，即

$$D = \frac{F(B^2 + h^2)^{\frac{1}{2}}}{\pi T[\sigma_y]h}$$

将 D 代入目标函数 $m(D,h)$ 中，得

$$m(h) = \frac{2\rho F}{[\sigma_y]} \frac{B^2 + h^2}{h}$$

根据极值必要条件

$$\frac{\mathrm{d}m}{\mathrm{d}h}=\frac{2\rho F}{[\sigma_{\mathrm{y}}]}\frac{\mathrm{d}}{\mathrm{d}h}\left(\frac{B^2+h^2}{h}\right)=\frac{2\rho F}{[\sigma_{\mathrm{y}}]}\left(1-\frac{B^2}{h^2}\right)=0$$

得

$$h^*=B=\frac{152}{2}\mathrm{cm}=76\mathrm{cm}$$

$$D^*=\frac{\sqrt{2}F}{\pi T[\sigma_{\mathrm{y}}]}=6.43\mathrm{cm}$$

$$m^*=\frac{4\rho FB}{[\sigma_{\mathrm{y}}]}=8.47\mathrm{kg}$$

把所得参数代入稳定条件，可以证明

$$\sigma(D^*,h^*)\leqslant\sigma_{\mathrm{e}}(D^*,h^*)$$

即稳定约束条件得到满足。所以 h^*、D^* 这两个参数是满足强度约束和稳定约束，且使结构总质量最小的最佳参数。

四、作图法

在设计平面 D-h 上画出代表

$$\sigma(D,h)=[\sigma_{\mathrm{y}}] \text{ 和}$$

$$\sigma(D,h)=\sigma_{\mathrm{e}}(D,h)$$

的两条曲线，如图 1-3 所示。两曲线将设计平面分成两部分，其中同时满足

$$\sigma\leqslant[\sigma_{\mathrm{y}}]$$

和

$$\sigma\leqslant\sigma_{\mathrm{e}}$$

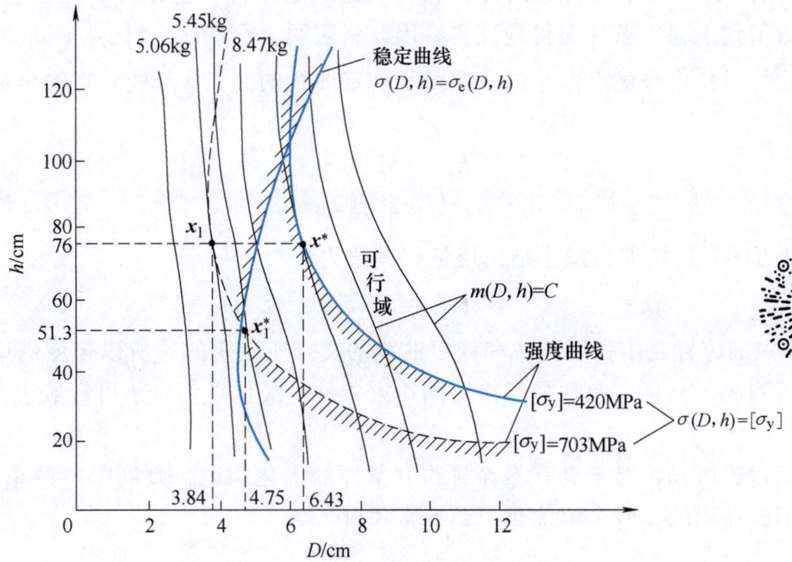

图 1-3　人字架优化设计的图解

两个约束条件的区域，称为可行域。然后画出一族质量等值线

$$m(D,h)=C$$

C 为一系列常数。从图 1-3 中可以看出，等值线在可行域内部无中心，故此约束优化问题的极值点处于可行域边界与等值线的切点处，从而找到极值点 $\boldsymbol{x}^*$ 的坐标

$$D^* = 6.43\text{cm}$$

$$h^* = 76\text{cm}$$

通过 $\boldsymbol{x}^*$ 点的等值线就是最小结构质量，其值为

$$m^* = 8.47\text{kg}$$

最优点 $\boldsymbol{x}^*$ 位于强度曲线上，说明此时强度条件刚好满足，而稳定条件不但满足且有一定裕量。这表明强度约束条件为起作用约束，它影响极值点的位置；稳定约束条件为不起作用约束，它不影响极值点的位置。

五、讨论

若将许用压应力 $[\sigma_y]$ 由 420MPa 提高到 703MPa，这时强度约束条件发生变化，因而可行域也发生变化，如图 1-3 所示。若仍按上述解析法进行求解，还假定最优点刚好满足强度条件，得

$$h = B = 76\text{cm}$$

$$D = \frac{\sqrt{2}F}{\pi T[\sigma_y]} = 3.84\text{cm}$$

$$m = \frac{4\rho Fh}{[\sigma_y]} = 5.06\text{kg}$$

当在 D-h 设计平面上标出此点时，可以看出它位于等值线

$$m(D,h) = 5.06\text{kg}$$

与强度曲线

$$\sigma(D,h) = 703\text{MPa}$$

的切点 $\boldsymbol{x}_1$ 处。但 $\boldsymbol{x}_1$ 点位于可行域之外，它不满足稳定条件。这也可以通过将 $\boldsymbol{x}_1$ 点处的 D 和 h 的上述数值代入稳定条件而得到证实。因此，表明 $\boldsymbol{x}_1$ 点不是最优点。

用作图法可以找出最优点位于强度曲线和稳定曲线的交点 $\boldsymbol{x}_1^*$ 处。它的坐标值就是最优参数，其值为

$$h_1^* = 51.3\text{cm}$$

$$D_1^* = 4.75\text{cm}$$

通过 $\boldsymbol{x}_1^*$ 点的等值线即为最小结构质量，其值为

$$m_1^* = 5.45\text{kg}$$

因为 $\boldsymbol{x}_1^*$ 点的位置是由强度曲线和稳定曲线的交点所决定的，所以强度约束条件和稳定约束条件都得到满足，且二者都是起作用的约束条件。最优点仍位于可行域边界与等值线的切点位置。

从上面的讨论可知，对于具有不等式约束条件的优化问题，判断哪些约束是起作用的，哪些约束是不起作用的，对求解优化问题非常关键。

第二节　机械优化设计问题的建模示例

优化设计
数学模型

在优化设计中，通常根据分析对象的设计要求，应用有关专业的基础理论和具体技术知识推导相应的方程或方程组，建立优化设计问题的数学模型。对于机械类的分析对象来说，主要是根据力学、机械设计基础知识和各专业机械设备的

具体知识来建立机械优化设计问题的数学模型。机械优化设计问题数学模型的建立就是构造能够反映结构各参数之间内在联系的方程或方程组，通过它可以研究各参数对设计对象工作性能的影响。

下面通过几个具体例子，说明包含有设计变量、约束条件以及目标函数的机械优化设计问题数学模型的建立过程。

例 1-1 平面四杆机构的优化设计。

平面四杆机构的设计主要是根据运动学的要求，确定其几何尺寸，以实现给定的运动规律。

图 1-4 所示是一个曲柄摇杆机构。图中 x_1、x_2、x_3、x_4 分别是曲柄 AB、连杆 BC、摇杆 CD 和机架 AD 的长度。φ 是曲柄输入角，ψ_0 是摇杆输出的起始位置角。这里，规定 φ_0 为摇杆起始位置角 ψ_0 所对应的曲柄起始位置角，它们可以由 x_1、x_2、x_3 和 x_4 确定。通常设定曲柄长度 $x_1=1.0$，而在这里 x_4 是给定的，并设 $x_4=5.0$，所以只有 x_2 和 x_3 是设计变量。

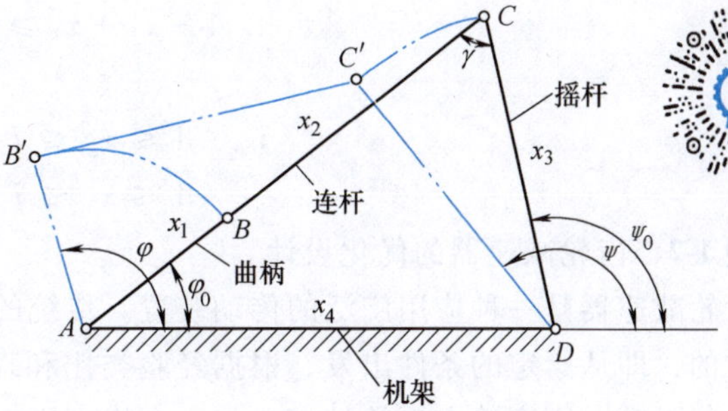

图 1-4 曲柄摇杆机构

设计时，可在给定最大和最小传动角的前提下，要求当曲柄从 φ_0 位置转到 $\varphi_0+90°$时，摇杆的输出角最优地实现一个给定的运动规律 $f_0(\varphi)$。例如，要求

$$\psi=f_0(\varphi)=\psi_0+\frac{2}{3\pi}(\varphi-\varphi_0)^2$$

对于这样的设计问题，可以取机构的期望输出角 $\psi=f_0(\varphi)$ 和实际输出角 $\psi_j=f_j(\varphi)$ 的平方误差积分准则作为目标函数，使 $f(x)=\int_{\varphi_0}^{\varphi_0+\frac{\pi}{2}}(\psi-\psi_j)^2\mathrm{d}\varphi$ 最小。

当把输入角 φ 取 s 个点进行数值计算时，它可以化简为 $f(\boldsymbol{x})=f(x_2,x_3)=\sum_{i=0}^{s}(\psi_i-\psi_{ji})^2$ 最小。

相应的约束条件有：

1）曲柄与机架共线位置时的传动角（连杆 BC 和摇杆 CD 之间的夹角），即

最大传动角 $\gamma_{max}\leqslant 135°$

最小传动角 $\gamma_{min}\geqslant 45°$

对本问题可以计算出

$$\gamma_{max}=\arccos\frac{x_2^2+x_3^2-36}{2x_2x_3}$$

$$\gamma_{min}=\arccos\frac{x_2^2+x_3^2-16}{2x_2x_3}$$

所以

$$x_2^2+x_3^2-2x_2x_3\cos 135°-36\leqslant 0$$

$$x_2^2+x_3^2-2x_2x_3\cos 45°-16\geqslant 0$$

2）曲柄存在条件，即

$$x_2\geqslant x_1$$

$$x_3 \geqslant x_1$$
$$x_4 \geqslant x_1$$
$$x_2 + x_3 \geqslant x_1 + x_4$$
$$x_4 - x_1 \geqslant x_2 - x_3$$

3）边界约束。当 $x_1 = 1.0$ 时，若给定 x_4，则可求出 x_2 和 x_3 的边界值。例如，当 $x_4 = 5.0$ 时，曲柄存在条件和边界值限制条件为

$$x_2 + x_3 - 6 \geqslant 0$$
$$4 - x_2 + x_3 \geqslant 0$$

和

$$1 \leqslant x_2 \leqslant 7$$
$$1 \leqslant x_3 \leqslant 7$$

例 1-2 齿轮减速器的优化设计。

齿轮减速器是一种应用广泛的传动装置。传统的设计方法虽已较为完善，但它们多属校核性质的，即从给定的条件出发，根据经验类比和理论计算，用试凑的方法确定主要参数，然后进行强度、刚度等方面的校核。如不合格，则对某些参数进行修改后再重复上述过程，直至满足各项要求为止。显然，这种方法不能保证得到最优设计方案。

这里通过一个常见的二级圆柱齿轮减速器（其传动简图如图 1-5 所示），说明在对它进行优化设计时，建立相应数学模型的方法。设计时，通常给定传递的功率 P、总传动比 i 和输出的转速 n。要求在满足强度的条件下，使其体积最小，以达到结构紧凑、质量最小的目的。

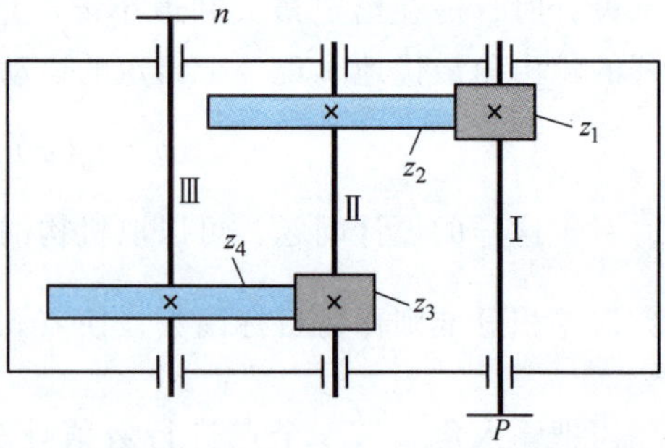

图 1-5 二级圆柱齿轮减速器传动简图

从图 1-5 所示的减速器传动简图中可以看出，它由两对圆柱齿轮（共四个齿轮）组成，它们的齿数分别为 z_1、z_2、z_3 和 z_4，相应的齿数比分别为 $i_{\mathrm{I}} = z_2/z_1$ 和 $i_{\mathrm{II}} = z_4/z_3$；两组传动齿轮的法向模数分别设为 $m_{n\mathrm{I}}$ 和 $m_{n\mathrm{II}}$；齿轮的螺旋角为 β。这里 z_1、z_2、z_3、z_4、i_{I}、i_{II}、$m_{n\mathrm{I}}$、$m_{n\mathrm{II}}$ 和 β 都是设计参数。但由于设计时已给定总传动比 i，且有 $i = i_{\mathrm{I}} i_{\mathrm{II}}$，所以 $i_{\mathrm{II}} = i/i_{\mathrm{I}}$，因此四个齿轮的齿数只要能确定两个即可。例如，可以设定两个小齿轮的齿数 z_1 和 z_3 为设计变量，因此，这个优化设计问题的独立设计变量为 z_1、z_3、$m_{n\mathrm{I}}$、$m_{n\mathrm{II}}$、i_{I} 和 β。由此可见，不是所有的设计参数都是设计变量。

上面提到，设计时要使该减速器的体积最小，这就是本优化设计问题追求的目标函数。它可以归结为使减速器的总中心距 a 为最小，可写成

$$a = \frac{1}{2\cos\beta}[m_{n\mathrm{I}} z_1(1 + i_{\mathrm{I}}) + m_{n\mathrm{II}} z_3(1 + i_{\mathrm{II}})] \rightarrow \min \tag{1-1}$$

保证总中心距 a 为最小时应满足的条件是本优化设计问题的约束条件，即齿面接触强度和齿根弯曲强度以及中间轴Ⅱ上的大齿轮 z_2 不与低速轴Ⅲ发生干涉。

1）由齿面接触强度计算得出

$$\frac{[\sigma_{\mathrm{H}}]^2 \psi m_{n\mathrm{I}}^3 z_1^3 i_{\mathrm{I}}}{6.845 \times 10^6 K_{\mathrm{I}} T_{\mathrm{I}}} - \cos^3\beta \geqslant 0 \tag{1-2a}$$

和

$$\frac{[\sigma_{\mathrm{H}}]^2\psi m_{\mathrm{n\,II}}^3 z_3^3 i_{\mathrm{II}}}{6.845\times10^6 K_{\mathrm{II}} T_{\mathrm{II}}}-\cos^3\beta\geqslant 0 \tag{1-2b}$$

式中　$[\sigma_{\mathrm{H}}]$——许用接触应力；

T_{I}——高速轴Ⅰ的转矩；

T_{II}——中间轴Ⅱ的转矩；

K_{I}、K_{II}——载荷系数；

ψ——齿宽系数。

2）由齿根弯曲强度计算得出，高速级大、小齿轮的齿根弯曲强度条件为

$$\frac{[\sigma_{\mathrm{W}}]_1\psi Y_1}{3K_{\mathrm{I}}T_{\mathrm{I}}}(1+i_{\mathrm{I}})m_{\mathrm{n\,I}}^3 z_1^2-\cos^2\beta\geqslant 0 \tag{1-3a}$$

和

$$\frac{[\sigma_{\mathrm{W}}]_2\psi Y_2}{3K_{\mathrm{I}}T_{\mathrm{I}}}(1+i_{\mathrm{I}})m_{\mathrm{n\,I}}^3 z_1^2-\cos^2\beta\geqslant 0 \tag{1-3b}$$

低速级大、小齿轮的齿根弯曲强度条件为

$$\frac{[\sigma_{\mathrm{W}}]_3\psi Y_3}{3K_{\mathrm{II}}T_{\mathrm{II}}}(1+i_{\mathrm{II}})m_{\mathrm{n\,II}}^3 z_3^2-\cos^2\beta\geqslant 0 \tag{1-3c}$$

$$\frac{[\sigma_{\mathrm{W}}]_4\psi Y_4}{3K_{\mathrm{II}}T_{\mathrm{II}}}(1+i_{\mathrm{II}})m_{\mathrm{n\,II}}^3 z_3^2-\cos^2\beta\geqslant 0 \tag{1-3d}$$

式中　$[\sigma_{\mathrm{W}}]_1$、$[\sigma_{\mathrm{W}}]_2$、$[\sigma_{\mathrm{W}}]_3$、$[\sigma_{\mathrm{W}}]_4$——齿轮 z_1、z_2、z_3 和 z_4 的许用弯曲应力；

Y_1、Y_2、Y_3、Y_4——齿轮 z_1、z_2、z_3 和 z_4 的齿形系数。

3）根据不干涉条件，有

$$\frac{m_{\mathrm{n\,II}}z_3(1+i_{\mathrm{II}})}{2\cos\beta}-\left(m_{\mathrm{n\,I}}+\frac{m_{\mathrm{n\,I}}z_1 i_{\mathrm{I}}}{2\cos\beta}+s\right)\geqslant 0$$

式中　s——低速轴Ⅲ的轴线和中间轴Ⅱ上大齿轮 z_2 齿顶间的距离，可取 $s=5\mathrm{mm}$，则得

$$m_{\mathrm{n\,II}}z_3(1+i_{\mathrm{II}})-2\cos\beta(5+m_{\mathrm{n\,I}})-m_{\mathrm{n\,I}}z_1 i_{\mathrm{I}}\geqslant 0 \tag{1-4}$$

4）还要考虑传动平稳，轴向力不宜过大，高速级与低速级的大齿轮 z_2 和 z_4 浸油深度大致相同，小齿轮分度圆尺寸不能太小等因素，来建立一些边界约束条件，即

$$a_i\leqslant x_i\leqslant b_i \tag{1-5}$$

式中，$i=1,\ 2,\ \cdots,\ 6$（i 是设计变量的个数）。这样，则可写出二级圆柱齿轮减速器优化设计的数学模型为

$$a=\frac{1}{2\cos\beta}[m_{\mathrm{n\,I}}z_1(1+i_{\mathrm{I}})+m_{\mathrm{n\,II}}z_3(1+i_{\mathrm{II}})]\rightarrow\min$$

s. t. [⊖]

$$\frac{[\sigma_{\mathrm{H}}]^2\psi m_{\mathrm{n\,I}}^3 z_1^3 i_{\mathrm{I}}}{6.845\times10^6 K_{\mathrm{I}} T_{\mathrm{I}}}-\cos^3\beta\geqslant 0$$

$$\frac{[\sigma_{\mathrm{H}}]^2\psi m_{\mathrm{n\,II}}^3 z_3^3 i_{\mathrm{II}}}{6.845\times10^6 K_{\mathrm{II}} T_{\mathrm{II}}}-\cos^3\beta\geqslant 0$$

⊖ Subject to 的缩写，即受约束于。

$$\frac{[\sigma_W]_1 \psi Y_1}{3K_Ⅰ T_Ⅰ}(1+i_Ⅰ)m_{nⅠ}^3 z_1^2 - \cos^2\beta \geqslant 0$$
$$\frac{[\sigma_W]_2 \psi Y_2}{3K_Ⅰ T_Ⅰ}(1+i_Ⅰ)m_{nⅠ}^3 z_1^2 - \cos^2\beta \geqslant 0$$
$$\frac{[\sigma_W]_3 \psi Y_3}{3K_Ⅱ T_Ⅱ}(1+i_Ⅱ)m_{nⅡ}^3 z_3^2 - \cos^2\beta \geqslant 0$$
$$\frac{[\sigma_W]_4 \psi Y_4}{3K_Ⅱ T_Ⅱ}(1+i_Ⅱ)m_{nⅡ}^3 z_3^2 - \cos^2\beta \geqslant 0$$
$$m_{nⅡ} z_3(1+i_Ⅱ) - 2\cos\beta(5+m_{nⅠ}) - m_{nⅠ} z_1 i_Ⅰ \geqslant 0$$
$$a_1 \leqslant z_1 \leqslant b_1$$
$$a_2 \leqslant z_3 \leqslant b_2$$
$$a_3 \leqslant m_{nⅠ} \leqslant b_3$$
$$a_4 \leqslant m_{nⅡ} \leqslant b_4$$
$$a_5 \leqslant i_Ⅰ \leqslant b_5$$
$$a_6 \leqslant \beta \leqslant b_6$$

或简化写成

$$f(\boldsymbol{x}) = a = \frac{1}{2\cos\beta}[m_{nⅠ} z_1(1+i_Ⅰ) + m_{nⅡ} z_3(1+i_Ⅱ)] \to \min$$

$$\text{s.t.} \quad g_j(\boldsymbol{x}) \leqslant 0 \quad (j=1,\ 2,\ \cdots,\ 7)$$
$$x_{i\min} \leqslant x_i \leqslant x_{i\max} \quad (i=1,\ 2,\ \cdots,\ 6)$$

例 1-3 机床传动系统的优化设计。

这里以机床主传动系统为例，说明在优化设计时建立数学模型的方法。

图 1-6a、b 所示分别是某车床主传动的传动系统图和相应的传动结构图。图中没有画出

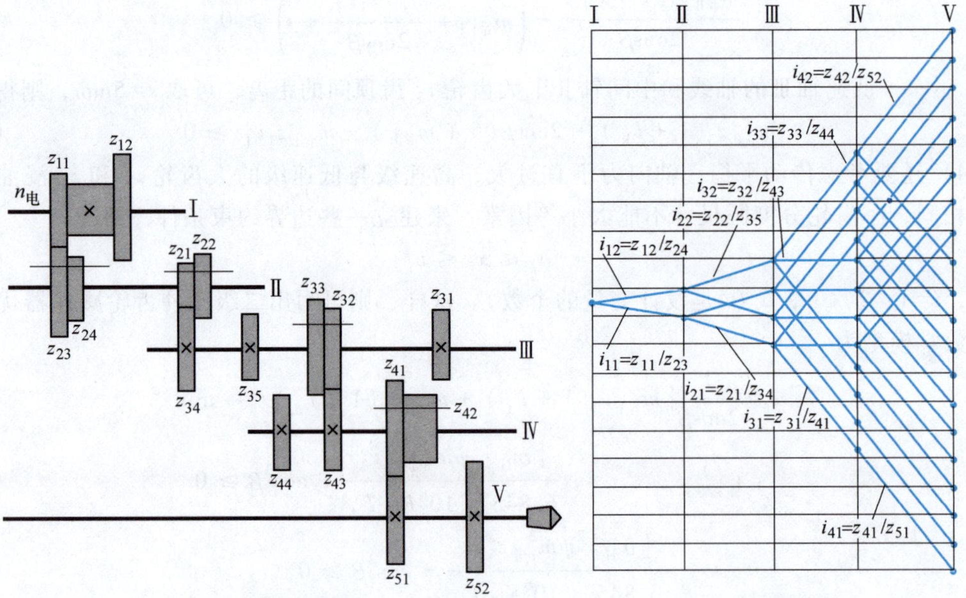

a) 传动系统图　　b) 传动结构图

图 1-6 车床的主传动系统

摩擦离合器，因为它的结构尺寸参数是按现有结构选取的，不需进行优化。由图可知：它共有四个传动组，即Ⅰ、Ⅱ轴间的由 i_{11} 和 i_{12} 组成的第一传动组，Ⅱ、Ⅲ轴间的由 i_{21} 和 i_{22} 组成的第二传动组，Ⅲ、Ⅳ轴间的由 i_{31}、i_{32} 和 i_{33} 组成的第三传动组，Ⅳ、Ⅴ轴间的由 i_{41} 和 i_{42} 组成的第四传动组。Ⅳ轴上的齿轮 z_{41} 是公用齿轮。

各传动组的模数依次为 m_1、m_2、m_3、m_4。

这个传动系统的设计变量有以下三类，即

1）各传动组的最低齿数比，分别是 i_{11}、i_{21}、i_{31}、i_{41}。

2）各传动组的最小主动轮齿数，分别是 z_{11}、z_{21}、z_{31}、z_{41}（由于 z_{41} 是公用齿轮，所以 z_{42} 就不是独立的变量）。

3）各传动组的模数，分别是 m_1、m_2、m_3、m_4。

所以共有 12 个设计变量。

说明一点，当采用变位齿轮时，还要考虑变位齿轮传动副和标准齿轮传动副中心距的差值 Δa_i。

目标函数取传动路线中各对啮合齿轮中心距之和最小，它可写成

$$f(\boldsymbol{x})=\sum_{j=1}^{4}\frac{m_j z_{j1}}{2}\left(1+\frac{1}{i_{j1}}\right) \tag{1-6}$$

约束条件包括：

1）由结构尺寸引起的齿轮齿数、齿数比值、中心距的限制（可以是上限、下限或上下限）。

2）齿轮线速度的限制。

3）齿轮弯曲强度和接触强度的限制等。

这台车床共有 67 个约束条件，虽然形式各异，但都可统一写成不等式约束的形式，即

$$g_j(\boldsymbol{x})\leqslant 0 \quad (j=1,\ 2,\ \cdots)$$

或

$$x_{i\min}\leqslant x_i\leqslant x_{i\max} \quad (i=1,\ 2,\ \cdots)$$

这样，问题可归结为：求 $\boldsymbol{x}=(i_{11}\ \ i_{21}\ \ i_{31}\ \ i_{41}\ \ z_{11}\ \ z_{21}\ \ z_{31}\ \ z_{41}\ \ m_1\ \ m_2\ \ m_3\ \ m_4)^{\mathrm{T}}$ 的值，使

$$f(\boldsymbol{x})=\sum_{j=1}^{4}\frac{m_j z_{j1}}{2}\left(1+\frac{1}{i_{j1}}\right)\to\min$$

$$\text{s.t.}\quad g_j(\boldsymbol{x})\leqslant 0 \quad (j=1,\ 2,\ \cdots)$$

$$x_{i\min}\leqslant x_i\leqslant x_{i\max} \quad (i=1,\ 2,\ \cdots)$$

例 1-4　轴承和轴承系统的优化设计。

对于动压式滑动轴承，当取无量纲形式的表达式时，通过计算可以得出

承载能力系数 $=\dfrac{F\psi^2}{\eta vL}$　　润滑油流量系数 $=\dfrac{q}{\psi vDL}$

轴承的功耗 $=\dfrac{\mu Fv}{102}$　　轴承的温升 $=\dfrac{\mu Fv}{427c_{\mathrm{p}}\rho q}$

摩擦阻力系数 $=\dfrac{\mu}{\psi}$　　圆柱轴承的最小油膜厚度 $=\dfrac{D}{2}\psi\left(1-\dfrac{e}{c}\right)$

轴颈的失稳转速（指开始半速涡动时的轴颈转速）$n_{\omega}=n_{\mathrm{k\,I}}\sqrt{\dfrac{\overline{m}}{\gamma^2 k_{\mathrm{eg}}}}$

式中　F 是轴承载荷；D 是轴承直径；L 是轴承长度；v 是轴颈圆周速度；η 是润滑油黏度；

c 是半径间隙；e 是轴颈和轴承中心间的偏心距；q 是润滑油流量；μ 是摩擦因数；$\psi=2c/D$ 是间隙比；c_p 是润滑油的比热容；ρ 是润滑油的密度；$\overline{m}=\omega\psi^3 m/\eta L$ 是转轴分配到轴承上的无量纲质量；m 是转轴分配到轴承上的质量；ω 是转轴的工作角速度；k_{eg} 是当量刚度；γ 是刚度系数和阻尼系数；$n_{k\,\mathrm{I}}$ 是转轴的第一临界转速。

进行优化设计时，可以取滑动轴承的最大承载能力、最小功耗、最小流量、最小温升或振动过程中的油膜稳定性等中的一个或几个的组合作为目标函数。其约束条件可以是最小油膜厚度、轴承温升、轴承功耗、轴承转速、轴承的长径比等。

对于一般的轴承系统，可以从动力学角度考虑它的优化设计。

若把轴承系统看作是由支承和轴承处的轴所组成的，则在工作时，由轴和支承的质量、轴承系统刚度和阻尼组成一个振动系统。在外力作用下，它会产生沿垂直和水平两个方向的强迫振动。如果忽略垂直和水平方向上的刚度和阻尼的相互影响，则可以对它的两个方向的振动分别进行研究。若只考虑系统在垂直方向上的振动，则它可以简化成如图 1-7 所示的力学模型。图 1-7 中 m_1、k_1 和 δ_1 分别为轴的当量质量、轴承刚度系数和阻尼系数，m_2、k_2 和 δ_2 分别为支承的质量、支承座的刚度系数和阻尼系数。这是一个两自由度的振动系统。

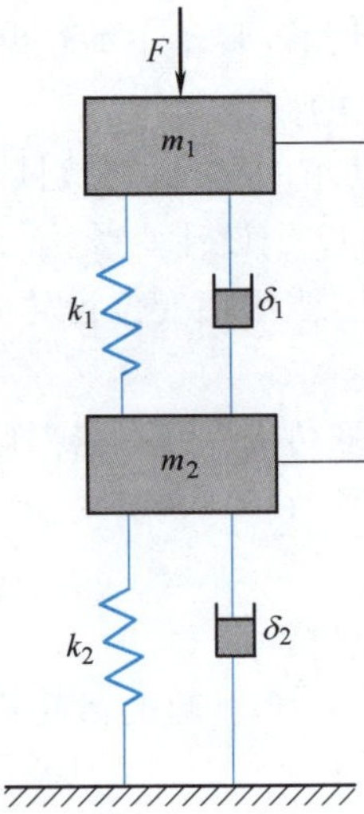

图 1-7 轴承系统的力学模型

设计时，可以选择、调整 m_1、k_1、δ_1、m_2、k_2、δ_2，使系统强迫振动引起的振幅 x_1 和激振力 F 之比 x_1/F，即动柔度最小（或动刚度最大）。但是必须避免共振，同时 m_1、k_1、δ_1、m_2、k_2、δ_2 等应有一个设计对象所能允许的变化范围。

当忽略阻尼影响时，可以通过系统的两个自由度振动的运动方程

$$\boldsymbol{M}\ddot{\boldsymbol{x}}+\boldsymbol{K}\boldsymbol{x}=\boldsymbol{F} \tag{1-7}$$

解出其动柔度 x_1/F。

式中 $\boldsymbol{M}$——系统的质量矩阵；

$\boldsymbol{K}$——系统的刚度矩阵。

避免共振就是要避免激振力频率 ω（例如轴的工作频率）与系统的固有振动频率 ω_i 重合。工程上按系统固有频率值给出一个频率禁区，激振力频率应不落在频率禁区内。一般要求激振力频率 ω 应避开（1±20%）ω_i 的禁区范围。

这样，问题可归结为：确定设计变量 $\boldsymbol{x}=(m_1\quad m_2\quad k_1\quad k_2\quad \delta_1\quad \delta_2)^{\mathrm{T}}$，使目标函数 $\dfrac{x_1}{F}=f(\boldsymbol{x})$ 最小，约束条件为

$$若\ \omega_i>\omega，则\ \omega_i>1.2\omega$$

$$若\ \omega_i<\omega，则\ \omega_i<0.8\omega$$

$$x_{i\min}\leqslant x_i\leqslant x_{i\max}$$

式中 x_i——m_1、m_2、k_1、k_2、δ_1、δ_2 等设计变量。在实际设计中，轴的当量质量一般是给定的。这时，设计变量中不应再包括 m_1。

例 1-5 机床主轴结构的优化设计。

图 1-8 所示是一个机床主轴的典型结构原理图。对于这类问题，目前也是采用有限元

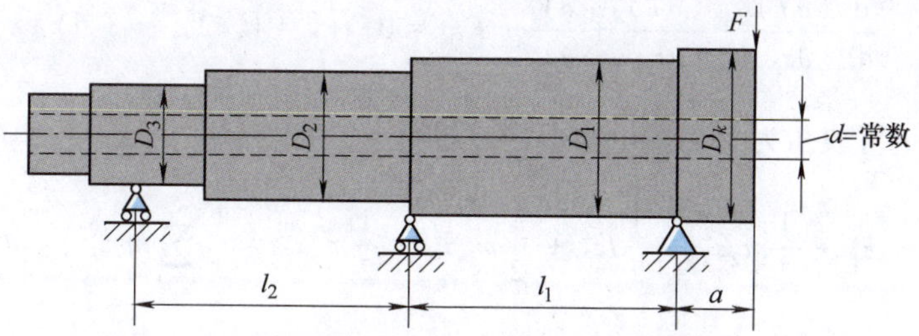

图 1-8 机床主轴的典型结构原理图

法，利用状态方程来计算轴端变形 y 和固有频率 ω。

优化设计的任务是确定 D_i、l_i 和 a，保证 y 和 ω 在允许范围内，使结构的质量最小。这时，问题归结为：求 D_i、l_i、a 的值，使质量 $f(D_i, l_i, a)=\frac{1}{4}\rho\pi[\Sigma(D_i^2-d^2)l_i+(D_k^2-d^2)a]$ 为最小，并满足条件

$$y \leqslant [y]$$

$$\omega^2 \geqslant \omega_0^2$$

$$D_{i\min} \leqslant D_i \leqslant D_{i\max}(i=1, 2, \cdots, n)$$

$$l_{i\min} \leqslant l_i \leqslant l_{i\max}$$

$$a_{\min} \leqslant a \leqslant a_{\max}$$

$$N_{\min} \leqslant \frac{l_1}{a} \leqslant N_{\max}$$

式中 ρ——材料的密度；

ω_0——机床主轴的最低共振频率；

D_i、l_i——阶梯形主轴的外径和对应的长度；

D_k——与 a 对应的外径。

在进行主轴结构动力优化设计时，也可取由振型和质量确定的能耗为目标函数。约束条件可以取激振力频率避开（1±20%）ω 的禁区范围。

例 1-6 汽车悬架系统的优化设计。

图 1-9 所示是 5 个自由度的汽车悬架系统。图中 m_1 是驾驶人及其座位的质量，它由弹簧 k_1 和阻尼器 δ_1 支承。其他部分，如车体、车轮、车轴等的质量、弹簧和阻尼分别用 m_2、m_4、m_5 和 k_2、k_3 以及 δ_2、δ_3 表示，如图 1-9 所示。k_4、k_5 和 δ_4、δ_5 表示轮胎的刚度系数和阻尼系数。车体对其质量中心的截面二次矩用 I 表示。L 表示轮距。$f_1(t)$ 和 $f_2(t)$ 表示由于道路表面起伏不平引起的前、后轮的位移函数。z_i 是坐标。

在汽车结构系统设计中，希望汽车能在不同速度和道路条件下，驾驶人座位的最大加速度为最小，同时还应满足一系列的动态响应和设计变量的约束。设计变量是系统的弹簧常数 k_i 和阻尼系数 δ_i。当然驾驶人座位的最大加速度 d 也可以是设计变量。所以，本优化问题的设计变量取为 k_1、k_2、k_3、δ_1、δ_2、δ_3 和 d，即

$$\boldsymbol{x}=(k_1 \quad k_2 \quad k_3 \quad \delta_1 \quad \delta_2 \quad \delta_3 \quad d)^{\mathrm{T}}$$

汽车的运动方程可以根据拉格朗日运动方程导出。拉格朗日运动方程的一般形式是

$$\frac{\mathrm{d}}{\mathrm{d}t}\left(\frac{\partial T}{\partial \dot{z}_i}\right)-\left(\frac{\partial T}{\partial z_i}\right)+\frac{\partial V}{\partial z_i}-F_{Qi}=0 \quad (i=1,\ 2,\ \cdots,\ 5)$$

系统的动能 T 可表示为 $T=\frac{1}{2}(\boldsymbol{m}\times v^2)$，即

$$T=\frac{1}{2}m_1\dot{z}_1^2+\frac{1}{2}m_2\dot{z}_2^2+\frac{1}{2}I\dot{z}_3^2+\frac{1}{2}m_4\dot{z}_4^2+\frac{1}{2}m_5\dot{z}_5^2=\frac{1}{2}\sum_{i=1}^{5}m_i\dot{z}_i^2 \quad (m_3=I)$$

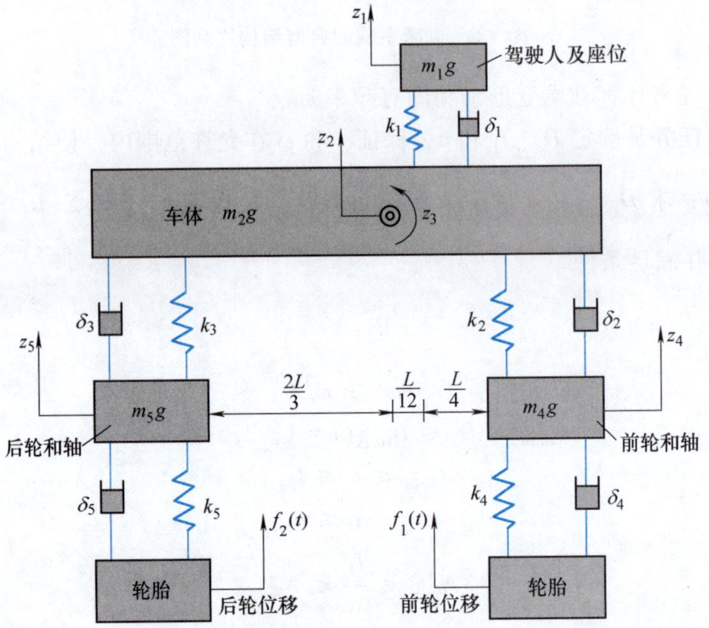

图 1-9 汽车悬架系统

保守力（回复力）的位置 V 可表示为 $V=\frac{1}{2}(\boldsymbol{k}\times \boldsymbol{z}^2)$。

由于车体与驾驶人座位间的相对位移为 $z_2-z_1+\frac{L}{12}z_3$，车体与前、后轮间相对位移分别为 $z_4-z_2-\frac{L}{3}z_3$ 和 $z_5-z_2+\frac{2L}{3}z_3$，前、后轮与路面间相对位移分别为 $z_4-f_1(t)$ 和 $z_5-f_2(t)$，所以有

$$V=\frac{1}{2}k_1\left(z_2-z_1+\frac{L}{12}z_3\right)^2+\frac{1}{2}k_2\left(z_4-z_2-\frac{L}{3}z_3\right)^2+\frac{1}{2}k_3\left(z_5-z_2+\frac{2L}{3}z_3\right)^2+$$
$$\frac{1}{2}k_4(z_4-f_1(t))^2+\frac{1}{2}k_5(z_5-f_2(t))^2$$

非保守力（阻尼力）F_{Qi} 可以通过下面方法给出。它的虚功是⊖

$$\sum_{i=1}^{s}F_{Qi}\delta z_i=-\delta_1\left(\dot{z}_2-\dot{z}_1+\frac{L}{12}\dot{z}_3\right)\left(\delta z_2-\delta z_1+\frac{L}{12}\delta z_3\right)-$$

⊖ 本页内以下各式中的 δ 是运算符号“变差”，而 δ_1，δ_2，…，δ_5 则是阻尼系数。

$$\delta_2\left(\dot{z}_4-\dot{z}_2-\frac{L}{3}\dot{z}_3\right)\left(\delta z_4-\delta z_2-\frac{L}{3}\delta z_3\right)-$$

$$\delta_3\left(\dot{z}_5-\dot{z}_2+\frac{2L}{3}\dot{z}_3\right)\left(\delta z_5-\delta z_2+\frac{2L}{3}\delta z_3\right)-$$

$$\delta_4(\dot{z}_4-\dot{f}_1(t))\delta z_4-\delta_5(\dot{z}_5-\dot{f}_2(t))\delta z_5$$

当 $i=1$ 时，由

$$\frac{\mathrm{d}}{\mathrm{d}t}\left(\frac{\partial T}{\partial \dot{z}_1}\right)-\frac{\partial T}{\partial z_1}+\frac{\partial V}{\partial z_1}-F_{Q1}=0$$

有

$$\frac{\mathrm{d}}{\mathrm{d}t}\left(\frac{\partial T}{\partial \dot{z}_1}\right)=m_1\ddot{z}_1$$

$$\frac{\partial T}{\partial z_1}=0$$

$$\frac{\partial V}{\partial z_1}=k_1z_1-k_1z_2-\frac{L}{12}k_1z_3$$

$$F_{Q1}=\delta_1\dot{z}_1-\delta_1\dot{z}_2-\frac{L}{12}\delta_1\dot{z}_3$$

从而给出

$$m_1\ddot{z}_1+\delta_1\dot{z}_1-\delta_1\dot{z}_2-\frac{L}{12}\delta_1\dot{z}_3+k_1z_1-k_1z_2-\frac{L}{12}k_1z_3=0$$

同样可得出 $i=2, 3, 4, 5$ 时的运动方程式。

如果把 z_1、z_2、…、z_5，$\dot{z}_1$、$\dot{z}_2$、…、$\dot{z}_5$ 都写成向量 $z=(z_1\quad z_2\quad \cdots\quad z_5\quad \dot{z}_1\quad \dot{z}_2\quad \cdots\quad \dot{z}_5)^{\mathrm{T}}$，则五个运动方程式可统一写成如下的状态方程

$$\boldsymbol{M}\ddot{\boldsymbol{z}}(t)+\boldsymbol{D}\dot{\boldsymbol{z}}(t)+\boldsymbol{K}\boldsymbol{z}(t)=f(t)$$

其中 $f(t)$ 是广义力。

通过变换，也可写成

$$\dot{z}(t)=\boldsymbol{M}(\boldsymbol{x})z(t)+\boldsymbol{F}(t) \tag{1-8}$$

式中　$\boldsymbol{M}(\boldsymbol{x})$——由质量、刚度系数、阻尼系数及 L 和 I 组成的矩阵，而不是单纯的质量矩阵；

$\boldsymbol{F}(t)$——由 m_4、m_5、k_4、k_5、$f_1(t)$、$f_2(t)$ 组成的矩阵。

$$\boldsymbol{z}(t)=(z_1\quad z_2\quad z_3\quad z_4\quad z_5\quad \dot{z}_1\quad \dot{z}_2\quad \dot{z}_3\quad \dot{z}_4\quad \dot{z}_5)^{\mathrm{T}}$$

前、后轮的垂直位移和路面有关，设它们分别为按正弦规律变化的函数 $f_1(t)$ 和 $f_2(t)$，其值可表述为

$$f_1(t)=\begin{cases}v(t) & 0\leqslant t\leqslant t_1\\ 0 & \text{非上述情况}\end{cases} \tag{1-9}$$

$$f_2(t)=f_1(t-t_0)\ (\text{即比前轮滞后 } t_0)$$

式中　t_1——路面不平的停止时间。

根据运动方程和位移函数 $f_1(t)$、$f_2(t)$，可以建立数学模型。

设计要求是在道路条件下和车速在一定范围内尽量使驾驶人感觉舒适。因此，设计的目标是通过调整汽车悬架特征 k 和 δ 等（m 不便于调整，所以不作为设计变量），使驾驶人座位的

最大绝对加速度 $\max|\ddot{z}_1(t)|$ 最小，即 $f=\max|\ddot{z}_1^i(t)|\to\min(i=1,2,\cdots,p)$，其中 $\ddot{z}_1^i(t)$ 是对第 i 种道路条件 $f_1^i(t)$ 和 $f_2^i(t)$ 下的驾驶人座位加速度。当规定最大加速度的上限值为 d（可由设计者选取）时，$|\ddot{z}_1^i(t)|\leqslant d$。极端情况下，$|\ddot{z}_1^i(t)|\leqslant\theta_0$（$\theta_0$ 为最大允许加速度）。

此外，还应考虑汽车的运动要受到一定的约束，因而对车体和驾驶人座位（也要考虑其他乘车人员的座位）之间的相对位移，车体与前、后轮间的相对位移以及路面和前、后轮间的相对位移等，即汽车的各组成部件之间的相对位移要规定一个允许值。例如，车体与驾驶人座位间的相对位移规定为

$$\left|z_2^i-z_1^i+\frac{L}{12}z_3^i\right|\leqslant 0$$

若设函数 $\eta(t)$ 是连续的，则上述约束条件 $\eta(t)\leqslant 0(0\leqslant t\leqslant\tau)$ 相对于积分约束条件 $\int_0^\tau[\eta(t)+|\eta(t)|]\mathrm{d}t=0$。所以，对上述连续函数形式的约束条件，可以统一写成积分形式

$$\psi_j=\int_0^\tau L_j[t,z(t),\boldsymbol{x}]\mathrm{d}t=0\quad(j=1,2,\cdots,p)$$

式中 L_j——拉格朗日函数。

设计变量的变化范围

$$x_{j\min}\leqslant x_j\leqslant x_{j\max}$$

可以写成

$$g_s(\boldsymbol{x})\leqslant 0$$

这样，该优化问题数学模型的目标函数为

$$f=\max|\ddot{z}_1(t)|\to\min$$

或写成

$$f=d(d\text{ 是 }|\ddot{z}_1^i(t)|\leqslant d\text{ 中的最小者})$$

约束条件为

$$\dot{z}(t)=\boldsymbol{M}(\boldsymbol{x})z(t)+\boldsymbol{F}(t)\quad\text{（状态方程的形式）}$$

$$\psi_j=\int_0^\tau L_j[t,z(t),\boldsymbol{x}]\mathrm{d}t=0\quad\text{（函数约束的形式）}$$

$$g_s(\boldsymbol{x})\leqslant 0$$

例 1-7 单工序加工时，单件生产率的优化。

在机械加工时，工艺人员常把单件生产率最大，或单件加工的工时最短作为一个追求的目标。现在说明此优化问题数学模型的建立方法。

设 t_p 是生产准备时间，t_m 是加工时间，t_c 是刀具更换时间或嵌入一片不重磨刀片所需的时间。若用 T 表示刀具使用寿命，则每个工件占用的刀具更换时间为 $t_e=t_c\dfrac{t_m}{T}$（$\dfrac{t_m}{T}$表示刀具切削刃在其使用寿命内平均可以加工的工件数）。这样，单件生产时间（单位为 min/件）则为

$$t=t_p+t_m+t_e=t_p+t_m+t_c\frac{t_m}{T}$$

因而单位时间内生产的工件数，即生产率为

$$q=\frac{1}{t}=\frac{1}{t_p+t_m+t_c\dfrac{t_m}{T}}$$

刀具使用寿命 T 和切削速度 v 存在 $vT^n=C$ 的关系，加工时间和切削速度成反比，即有 $t_m=\dfrac{\lambda}{v}$（λ 是切削加工常数），则有

$$t=t_p+\frac{\lambda}{v}+\frac{t_c\lambda}{C^{\frac{1}{n}}}v^{\frac{1}{n}-1} \tag{1-10}$$

式（1-10）就是本优化问题的目标函数。

在实际加工中，典型的约束条件有：

进给速度约束条件 $s_{min}\leqslant s\leqslant s_{max}$

切削速度约束条件 $v_{min}\leqslant v\leqslant v_{max}$

表面粗糙度约束条件 $\dfrac{s^2}{8R}\leqslant Ra_{max}$

式中 R——刀尖半径；

Ra_{max}——允许的表面粗糙度值。

或写成：$s\leqslant\sqrt{8RRa_{max}}=s_a$（$s_a$ 是一个常数值）。把它和进给速度约束结合起来，则有约束

$$s_{min}\leqslant s\leqslant \min(s_{max},s_a)$$

功率约束条件 $\dfrac{F_\gamma h^\alpha s^\beta v}{4500}\leqslant P$

式中 h——背吃刀量；

F_γ——切削阻力；

P——电动机功率。

考虑到约束条件中的变量是 s 和 v，所以最好把目标函数式（1-10）中的变量也用 s 和 v 表述。这里可以通过用 $t_m=\dfrac{\lambda_0}{sv}$，$\lambda_0=\lambda s$（$\lambda_0$ 是切削加工常数），$Ts^{\frac{1}{m_0}}v^{\frac{1}{n_0}}=C_0$（其中 m_0、n_0 和 C_0 均是常数）来处理。则得到单件的生产时间为

$$t=t_p+\frac{\lambda_0}{sv}+t_c\frac{\lambda_0}{C_0}s^{\frac{1}{m_0}-1}v^{\frac{1}{n_0-1}}=t_p+\frac{\lambda_0}{sv}+t_c\frac{\lambda_0}{C_0}s^m v^n$$

或取下述形式

$$t=t_p+\frac{\lambda_0}{sv}+\lambda_0 as^m v^n \quad \left(\text{其中 } a=\frac{t_c}{C_0}\right)$$

可以把它改写成

$$\frac{t}{\lambda_0}=\frac{t_p}{\lambda_0}+\frac{1}{sv}+as^m v^n$$

由于 $\dfrac{t_p}{\lambda_0}$ 是常值项，可以从目标函数中略去，因此本问题的数学模型可以表述为求 s 和 v，使目标函数（单件加工时间，即每个工件的加工时间的分钟数值）

$$f(s,v)=\frac{1}{sv}+as^m v^n\rightarrow \min$$

s. t. $v_{min}\leqslant v\leqslant v_{max}$

$$s_{min}\leqslant s\leqslant \min(s_{max},s_a)$$

$$\frac{F_\gamma h^\alpha s^\beta v}{4500} \leqslant P$$

例 1-8 生产计划的优化示例。

某车间生产甲、乙两种产品。生产甲种产品每件需要材料 9kg、3 个工时、所需功率 4kW，可获利 60 元。生产乙种产品每件需要材料 4kg、10 个工时、所需功率 5kW，可获利 120 元。若每天能供应材料 360kg，有 300 个工时，供电功率 200kW，问每天生产甲、乙两种产品各多少件，才能够获得最大的利润。

设每天生产的甲、乙两种产品分别为 x_1、x_2 件，则此问题的数学模型为

$$f(x_1,x_2) = 60x_1 + 120x_2 \to \max$$

$$9x_1 + 4x_2 \leqslant 360 \quad （材料约束）$$

$$3x_1 + 10x_2 \leqslant 300 \quad （工时约束）$$

$$4x_1 + 5x_2 \leqslant 200 \quad （电力约束）$$

$$x_1 \geqslant 0 \quad x_2 \geqslant 0$$

当然还可以举出一些其他行业的例子。但不管是哪个专业范围内的问题，都可以按照如下的方法和步骤来建立相应的优化设计问题的数学模型：

1）根据设计要求，应用专业范围内的现行理论和经验等，对优化对象进行分析。必要时，需要对传统设计中的公式进行改进，并尽可能反映该专业范围内的现代技术进步的成果。

2）对结构各参数进行分析，以确定设计的原始参数、设计常数和设计变量。

3）根据设计要求，确定并构造目标函数和相应的约束条件，有时要构造多目标函数。

4）必要时对数学模型进行规范化，以消除各组成项间由于量纲不同等原因导致的数量悬殊的影响。

有时不了解结构（或系统）的内部特性，则可建立黑箱（Black Box）模型。

第三节 优化设计问题的数学模型

在人字架优化设计和机械优化设计问题建模示例分析的基础上，本节对一般优化设计问题的基本概念做概括性的说明，以便突出其数学实质，为后续各章优化方法的讨论做必要的准备。

一、设计变量

一个设计方案可以用一组基本参数的数值来表示。这些基本参数可以是构件长度、截面尺寸、某些点的坐标值等几何量，也可以是质量、截面二次矩、力或力矩等物理量，还可以是应力、变形、固有频率、效率等代表工作性能的导出量。但是，对于某个具体的优化设计问题，并不是要求对所有的基本参数都用优化方法进行修改、调整。例如，对某个机械结构进行优化设计，一些工艺、结构布置等方面的参数，或者某些工作性能的参数，可以根据已有的经验预先取为定值。这样，对这个设计方案来说，它们就成为设计常数。而除此之外的基本参数，则需要在优化设计过程中不断进行修改、调整，一直处于变化的状态，这些基本参数称为设计变量，又称为优化参数。

设计变量的全体实际上是一组变量，可用一个列向量表示

$$\boldsymbol{x} = (x_1 \quad x_2 \quad \cdots \quad x_n)^{\mathrm{T}}$$

$\boldsymbol{x}$ 称为设计变量向量。向量中分量的次序完全是任意的，可以根据使用的方便任意选取。例如，例 1-3 中的 i_{ij}，z_{ij}，m_{ij} 相当于 x_1，x_2，x_3，…，x_{12} 为向量 $\boldsymbol{x}$ 的 12 个分量；例 1-4 中的 m_1，m_2，k_1，…，δ_2 相当于 x_1，x_2，…，x_6 共 6 个变量；例 1-6 中的 k_1、k_2、k_3、δ_1、δ_2、δ_3 和 d 相当于向量 $\boldsymbol{x}$ 的 7 个分量等。这些设计变量可以是一些结构尺寸参数，也可以是一些化学成分的含量或电路参数等。一旦规定了这样一种向量的组成方式，则其中任意一个特定的向量都可以看作一个“设计”。由 n 个设计变量为坐标所组成的实空间称为设计空间。一个“设计”可用设计空间中的一点表示，此点可看作设计变量向量的端点（始点取在坐标原点），称为设计点。

二、约束条件

设计空间是所有设计方案的集合，但这些设计方案有些是工程上所不能接受的（如面积取负值等）。如果一个设计满足所有对它提出的要求，则称为可行（或可接受）设计，反之则称为不可行（或不可接受）设计。

一个可行设计必须满足某些设计限制条件，这些限制条件称为约束条件，简称约束。在工程问题中，根据约束的性质可以把它们区分成性能约束和侧面约束两大类。针对性能要求提出的限制条件称为性能约束。例如，选择某些结构必须满足受力的强度、刚度或稳定性等要求，桁架某点变形不超过给定值。不是针对性能要求，只是对设计变量的取值范围加以限制的约束称为侧面约束。例如，允许选择的尺寸范围，桁架的高在其上、下限范围之间的要求就属于侧面约束。侧面约束也称为边界约束。

约束又可按其数学表达形式分成等式约束和不等式约束两种类型。

等式约束

$$h(\boldsymbol{x}) = 0$$

要求设计点在 n 维设计空间的约束曲面上。

不等式约束

$$g(\boldsymbol{x}) \leqslant 0$$

要求设计点在设计空间中约束曲面 $g(\boldsymbol{x}) = 0$ 的一侧（包括曲面本身）。

所以，约束是对设计点在设计空间中的活动范围所加的限制。凡满足所有约束条件的设计点，它在设计空间中的活动范围称为可行域。例如，满足不等式约束

$$g_j(\boldsymbol{x}) \leqslant 0 \quad (j = 1,\ 2,\ \cdots,\ m)$$

的设计点活动范围，是由 m 个约束曲面

$$g_j(\boldsymbol{x}) = 0 \quad (j = 1,\ 2,\ \cdots,\ m)$$

所形成的 n 维子空间（包括边界）。满足两个或更多个 $g_j(\boldsymbol{x}) = 0$ 点的集合称为交集。在三维空间中两个约束的交集是一条空间曲线，三个约束的交集是一个点。在 n 维空间中，r 个不同约束的交集的维数是 $n-r$ 的子空间。等式约束 $h(\boldsymbol{x})= 0$ 可看作同时满足 $h(\boldsymbol{x}) \leqslant 0$ 和 $h(\boldsymbol{x}) \geqslant 0$ 两个不等式约束，代表 $h(\boldsymbol{x})= 0$ 曲面。

有些约束函数可以表示成显式形式，即反映设计变量之间明显的函数关系，如例 1-1 和例 1-4 中的约束条件，这类约束称为显式约束。有些约束函数只能表示成隐式形式，如例 1-5 和例 1-6 中的复杂结构的性能约束函数（如变形、应力、频率等），需要通过有限元法或动力学计算求得，机构的运动误差要用数值积分来计算，这类约束称为隐式约束。

三、目标函数

在所有的可行设计中，有些设计比另一些要“好些”，如果确实是这样，则“较好”的

设计比“较差”的设计必定具备某些更好的性质。若这种性质可以表示成设计变量的一个可计算函数，则可以考虑优化这个函数，以得到“更好”的设计。这个用来使设计得以优化的函数称为目标函数。用它可以评价设计方案的优劣，所以它又称为评价函数，记作 $f(\boldsymbol{x})$，用以强调它对设计变量的依赖性。目标函数可以是结构质量、体积、功耗、产量、成本或其他性能指标（如变形、应力等）和经济指标等。

建立目标函数是整个优化设计过程中比较重要的问题。当对某一设计性能有特定的要求，而且这个要求又很难满足时，若针对这一性能进行优化将会取得满意的效果。但在某些设计问题中，可能存在两个或两个以上需要优化的指标，这将是多目标函数的问题。例如，设计一台机器，期望得到最低的造价和最少的维修费用。

目标函数是 n 维变量的函数，它的函数图像只能在 $n+1$ 维空间中描述出来。为了在 n 维设计空间中反映目标函数的变化情况，常采用目标函数等值面的方法。目标函数等值面的数学表达式为

$$f(\boldsymbol{x})=c \tag{1-11}$$

它代表一族 n 维超曲面，c 为一系列常数。例如，在二维设计空间中 $f(x_1,\ x_2)=c$，代表 x_1-x_2 设计平面上的一族曲线。

四、优化问题的数学模型

优化问题的数学模型是实际优化设计问题的数学抽象。在明确设计变量、约束条件、目标函数之后，优化设计问题就可以表示成一般数学形式。

求设计变量向量 $\boldsymbol{x}=(x_1 \quad x_2 \quad \cdots \quad x_n)^{\mathrm{T}}$，使

$$f(\boldsymbol{x})\rightarrow \min$$

且满足约束条件

$$\begin{aligned} &h_k(\boldsymbol{x})=0 \quad (k=1,\ 2,\ \cdots,\ l) \\ &g_j(\boldsymbol{x})\leqslant 0 \quad (j=1,\ 2,\ \cdots,\ m) \end{aligned} \tag{1-12}$$

利用可行域概念，可将数学模型的表达进一步简化。设同时满足 $g_j(\boldsymbol{x})\leqslant 0$（$j=1,\ 2,\ \cdots,\ m$）和 $h_k(\boldsymbol{x})=0$（$k=1,\ 2,\ \cdots,\ l$）的设计点集合为 R，即 R 为优化问题的可行域，则优化问题的数学模型可简化为：

求 $\boldsymbol{x}$，使

$$\min_{x\in R} f(\boldsymbol{x}) \tag{1-13}$$

符号“$\in$”表示“属于”。

在实际优化问题中，对目标函数一般有两种要求形式：目标函数极小化 $f(\boldsymbol{x})\rightarrow\min$ 或目标函数极大化 $f(\boldsymbol{x})\rightarrow\max$。由于求 $f(\boldsymbol{x})$ 的极大化与求 $-f(\boldsymbol{x})$ 的极小化等价，所以今后优化问题的数学表达一律采用目标函数极小化形式。

优化问题可以从不同的角度进行分类。例如，按其有无约束条件可分为无约束优化问题和约束优化问题；按约束函数和目标函数是否同时为线性函数，可分为线性规划问题和非线性规划问题。例 1-8 的目标函数和约束条件都是线性的，属于线性规划问题。例 1-1 和例 1-3 的目标函数和约束条件都是非线性的，而例 1-4 的目标函数是非线性的，约束条件则是线性的，这属于非线性规划问题。还可以按问题规模的大小进行分类，例如，设计变量和约束条件的个数都在 50 以上的属大型，10 个以下的属小型，10~50 个的属中型。随着计算机容量的增大和运算速度的提高，划分界限将会有所变动。

五、优化问题的几何解释

无约束优化问题就是在没有限制的条件下，对设计变量求目标函数的极小点。在设计空间内，目标函数是以等值面的形式反映出来的，则无约束优化问题的极小点即为等值面的中心。

约束优化问题是在可行域内对设计变量求目标函数的极小点，此极小点在可行域内或在可行域边界上。用图 1-10 可以说明有约束的二维优化问题极值点所处位置的不同情况。如图 1-10a 所示是约束函数和目标函数均为线性函数的情况，等值线为直线，可行域为 n 条直线围成的多角形，则极值点处于多角形的某一顶点上。如图 1-10b 所示是约束函数和目标函数均为非线性函数的情况，极值点位于可行域内等值线的中心处，约束对极值点的选取无影响，这时的约束为不起作用约束，约束极值点和无约束极值点相同。如图 1-10c、d 所示均为约束优化问题极值点处于可行域边界的情况，约束对极值点的位置影响很大。如图 1-10c 中的约束 $g_1(\boldsymbol{x})=0$ 在极值点处是起作用约束，图 1-10d 中的约束 $g_2(\boldsymbol{x})=0$ 在极值点处是起作用约束，而图 1-10e 中的约束 $g_1(\boldsymbol{x})=0$ 和 $g_2(\boldsymbol{x})=0$ 同时在极值点处为起作用约束。多维问题最优解的几何解释可借助于二维问题进行想象。

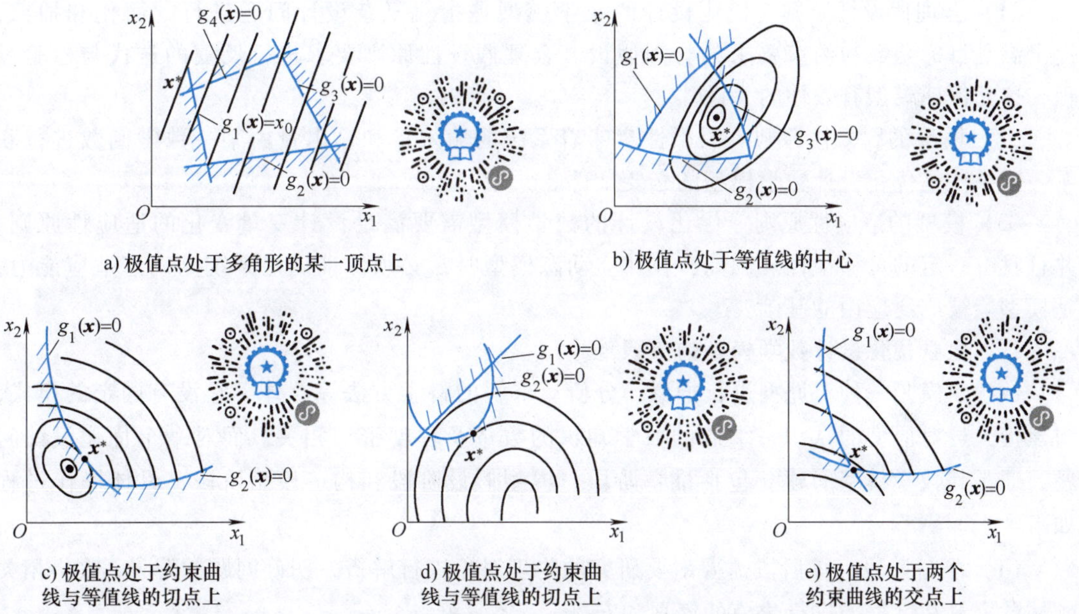

a) 极值点处于多角形的某一顶点上

b) 极值点处于等值线的中心

c) 极值点处于约束曲线与等值线的切点上

d) 极值点处于约束曲线与等值线的切点上

e) 极值点处于两个约束曲线的交点上

图 1-10　极值点所处位置的不同情况

第四节　优化设计问题的建模基础

建立优化设计问题的数学模型是进行优化的前提条件。一般而言，数学模型的建立过程因面向的优化问题不同而不同，如机械结构参数优化问题、机构运动参数优化问题、工艺参数优化问题、生产过程规划问题等。从面向的领域上讲，涉及机构学、机械设计学、制造工艺学、机电控制理论、传热学、流体力学、工程管理等问题。优化数学模型的表现形式也千差万别，如模糊数学方法、微分方程理论与建模、图论与网络模型、灰色系统建模等。

一、数学模型的概念和建模的原则

模型是为了某个特定的目的，将现实世界中各种现象的某一部分信息缩减、提炼得到其替代物。广义上讲，数学模型则是对现实世界中的某一特定现象，为了某一特定的目的，做出适当的简化假设，运用适当的数学工具得到一个数学结构。数学模型是研究和掌握研究对象运行规律的有力工具，是认识、分析、设计、预报及预测、控制和研究实际系统的基础。

机理分析和统计分析是建立数学模型的两类主要方法。机理分析又称理论分析，主要是运用自然科学中的已被证明的正确的理论、原理和定律，对被优化和研究的对象（因素）进行分析、演绎、归纳，找出反映其内部机理的基本规律，用数学方程表示这些机理，从而建立系统的数学模型。统计分析主要是指对研究对象的机理不很清楚，但可以通过输入数据进一步得到输出数据，采用统计的方法建立其激励与响应的关系方程，作为研究对象的数学模型近似。数学建模的基本要求是准确、简练和正确，即要求用正确的理论知识建立模型，准确地反映优化问题的本质，并尽量做到简练、简化，便于优化求解。其建模的原则归纳如下：

（1）合理假设性原则　优化设计的数学模型是指对复杂设计问题进行的简化和抽象，提出满足目标函数和约束要求的合理假设。合理假设性原则要求进行反复的迭代与检验过程，这是保证模型有效性的关键。

（2）模型的因果性原则　因果性意味着系统的输入量和输出量由某一数学函数进行联系，因果性是优化设计数学模型的必要条件。

（3）模型的适应性原则　优化设计的数学模型需要满足设计变量变化的适应性原则，并且具有一定的可移植性。例如，在建立动态模型时，必须保证满足系统的动态适应能力，是模型能被广泛应用的基础。

二、建立优化设计数学模型的步骤

数学建模是一种对原型进行抽象、分析、求解的科学方法综合体，它没有固定的模式，与建模人员对原型的认识、掌握的数学知识的数量及程度密切相关。面对一个优化设计问题，通常其数学模型的建立包括准备阶段、模型假设阶段和构造模型阶段，具体操作过程如下：

（1）准备阶段　该阶段需要对要研究的物理对象进行解析，明确问题的背景，收集相关领域的资料和数据，进行建模的筹划和安排。

（2）模型假设阶段　根据优化问题的要求，简化不重要的、非本质的因素，确定优化问题设计变量，提出需要满足的约束条件。在该阶段，要统筹考虑优化问题的基本要求，解决好计算效率和模型复杂性之间的矛盾。

（3）构造模型阶段　运用相关领域的知识，根据准备阶段和模型假设阶段的结果，建立可计算的数学关系，形成优化问题的目标函数。

一旦优化设计的数学模型建立起来，就可以选择适宜的优化方法进行数学求解，进而对模型进行分析和验证。优秀的优化设计数学模型是实现寻找目标函数最优点的基本保证，也体现了工程设计人员对优化问题的科学认识。

三、数学建模需要注意的问题

在给定机械优化设计问题条件后，为建立合理而有效的优化设计数学模型，需要设计者注意以下几方面的问题：

1）区分数学建模时的主要因素和次要因素。一个优化设计问题的模型，常有许多特性，这些特性与许多因素有关，在一定条件下，有的因素是主要的，有的因素是次要的。例如，研究航天地面模拟器工作状态的模型时应考虑其动态指标，与其相关的因素如质量、速度、加速度等就是主要因素；但研究其结构特性时，上述因素就变成了次要因素，而其结构的尺寸参数、材料特性、布局参数等就变成了主要因素。明确优化设计问题数学建模时的主要因素和次要因素，是抓住主要矛盾、确定优化问题的维数、实现合理数学建模的关键。

2）确定设计变量和约束条件。在机械优化设计问题中，过多的设计变量会使问题变得复杂，造成计算时间和计算容量都有所增加。因此，应尽量减少对目标函数和约束条件影响较小的设计变量。对于约束条件，要尽量避免优化中不起作用的约束条件，去除能够产生空的可行域的约束条件。

3）确定目标函数。应尽量将多目标优化设计问题转化为单目标优化设计问题，多余或不重要的约束条件可以限定其变化范围，将其作为约束条件来处理。一般来说，确定性优化问题适合采用微分方程或差分方程来获得其目标函数，非确定性优化问题适合采用概率统计的方法来建立目标函数。

4）对优化模型进行必要的评估和检验。对所建立的优化模型进行有效的评估和检验是判断假设合理性以及模型正确性的关键。优化模型的评估和检验可以在优化设计之前进行，在采用优化方法进行求解之后也需要对其有效性进行分析和评价。

一般来说，优化问题的建模和求解离不开计算机软件，传统的建模和求解过程常采用高级语言来实现，如 FORTRAN 语言、C/C++语言、BASIC 语言。基于优化方法的基本原理，编写合适的机械优化程序，具有优化原理清晰、建模求解明确、易于查看修正等优点，但是这一过程很难用于求解复杂的或大型的优化设计问题。当前，采用商业化或开源的软件实现优化的建模和求解也是其发展的重要趋势，如求解规划问题的 LINGO 软件、Mathworks 公司出品的 MATLAB 软件、FE-design 公司出品的 TOSCA 软件以及商业化的有限元分析软件的优化模块等。在进行大型复杂的机械结构优化设计时，特别需要借助商用的有限元分析软件实现其优化过程。

结合上一节优化设计问题的数学模型，本节仅从宏观上给出了建模的原则、实现步骤以及需要注意的问题。对于机械优化设计实践中需要注意的具体问题，请参见本书第八章第一节内容。

第五节　优化设计问题的基本解法

求解优化设计问题可以采用解析解法，也可以采用数值的近似解法。解析解法就是把所研究的对象用数学方程（数学模型）描述出来，然后再用数学解析方法（如微分、变分方法等）求出优化解。但在很多情况下，优化设计问题的数学描述比较复杂，因而不便于甚至不可能用解析方法求解；另外，有时对象本身的机理无法用数学方程描述，而只能通过大量试验数据用插值或拟合方法构造一个近似函数式，再来求其优化解，并通过试验来验证；或直接以数学原理为指导，从任取一点出发通过少量试验（探索性的计算），并根据试验计算结果的比较，逐步改进而求得优化解。这种方法是属于近似的、迭代性质的数值解法。数值解法不仅可以用于求复杂函数的优化解，也可以用于处理没有数学解析表达式的优化设计问题。因此，它是实际问题中常用的方法，很受人们的重视。其中具体方法较多，并且目前还在继续发展。但是应当指出，对于复杂问题，由于不能把所有参数都完全考虑并表示出来，只能是一个近似的最优化的数学描述。由于它本来就是一种近似，那么，采用近似性质的数值方法对它们进行解算，也就谈不上对问题的精确性有什么影响了。

不论是解析解法，还是数值解法，都分别具有针对无约束条件和有约束条件的具体方法。

可以按照对函数导数计算的要求，把数值方法分为需要计算函数的二阶导数、一阶导数和零阶导数（即只要计算函数值而不需计算其导数）的方法。

在机械优化设计中，大致可分为两类设计方法。一类是优化准则法，它是从一个初始设计 $\boldsymbol{x}^k$ 出发（k 不是指数，而是上角标，$\boldsymbol{x}^k$ 是 $\boldsymbol{x}^{(k)}$ 的简写），着眼于在每次迭代中应满足的优化条件，根据迭代公式（其中 $\boldsymbol{C}^k$ 为一对角矩阵）

$$\boldsymbol{x}^{k+1}=\boldsymbol{C}^k\boldsymbol{x}^k \tag{1-14}$$

来得到一个改进的设计 $\boldsymbol{x}^{k+1}$，而无须再考虑目标函数和约束条件的信息状态。

另一类设计方法是数学规划法，虽然它也是从一个初始设计 $\boldsymbol{x}^k$ 出发，对结构进行分析，但是按照如下迭代公式

$$\boldsymbol{x}^{k+1}=\boldsymbol{x}^k+\Delta\boldsymbol{x}^k \tag{1-15}$$

可以得到一个改进的设计 $\boldsymbol{x}^{k+1}$。

在这类方法中，许多算法是沿着某个搜索方向 $\boldsymbol{d}^k$ 以适当步长 α_k 的方式实现对 $\boldsymbol{x}^k$ 的修改，以获得 $\Delta\boldsymbol{x}^k$ 的值。此时式（1-15）可写成

$$\boldsymbol{x}^{k+1}=\boldsymbol{x}^k+\alpha_k\boldsymbol{d}^k \tag{1-16}$$

而它的搜索方向 $\boldsymbol{d}^k$ 是根据几何概念和数学原理，由目标函数和约束条件的局部信息状态形成的。也有一些算法是采用直接逼近的迭代方式来获得 $\boldsymbol{x}^k$ 的修改量 $\Delta\boldsymbol{x}^k$ 的。

在数学规划法中，采用式（1-16）进行迭代运算时，求 n 维函数 $f(\boldsymbol{x})=f(x_1,x_2,\cdots,x_n)$ 的极值点的具体算法可以简述如下：

首先，选定初始设计点 $\boldsymbol{x}^0$，从 $\boldsymbol{x}^0$ 出发沿某一规定方向 $\boldsymbol{d}^0$ 求函数 $f(\boldsymbol{x})$ 的极值点，设此点为 $\boldsymbol{x}^1$；然后，再从 $\boldsymbol{x}^1$ 出发沿某一规定方向 $\boldsymbol{d}^1$ 求函数 $f(\boldsymbol{x})$ 的极值点，设此点为 $\boldsymbol{x}^2$。如此继续，如图 1-11 所示。一般来说，从点 $\boldsymbol{x}^0$ 出发，沿某一规定方向 $\boldsymbol{d}^k$ 求函数 $f(\boldsymbol{x})^k$ 的极值点 $\boldsymbol{x}^k$（$k=1，2，\cdots，n$），这样的搜索过程就组成求 n 维函数 $f(\boldsymbol{x})$ 极值（优化值）的基本过程。它实际上是通过一系列（n 个）的一维搜索过程来完成的。其中的每次一维搜索过程都可以统一叙述为：在过点 $\boldsymbol{x}^k$ 且沿 $\boldsymbol{d}^k$ 方向，求一元函数 $f(\boldsymbol{x}^{k+1})=f(\boldsymbol{x}^k+\alpha_k\boldsymbol{d}^k)$ 的极值点的问题。既然是在过点 $\boldsymbol{x}^k$ 沿 $\boldsymbol{d}^k$ 方向上求 $f(\boldsymbol{x}^k+\alpha_k\boldsymbol{d}^k)$ 的极值点，那么这里只有 α_k 是唯一的变量。因为无论 α_k 取什么值，点 $\boldsymbol{x}^{k+1}=\boldsymbol{x}^k+\alpha_k\boldsymbol{d}^k$ 总是位于过点 $\boldsymbol{x}^k$ 的 $\boldsymbol{d}^k$ 方向上。所以这个问题就是以 α_k 为变量的

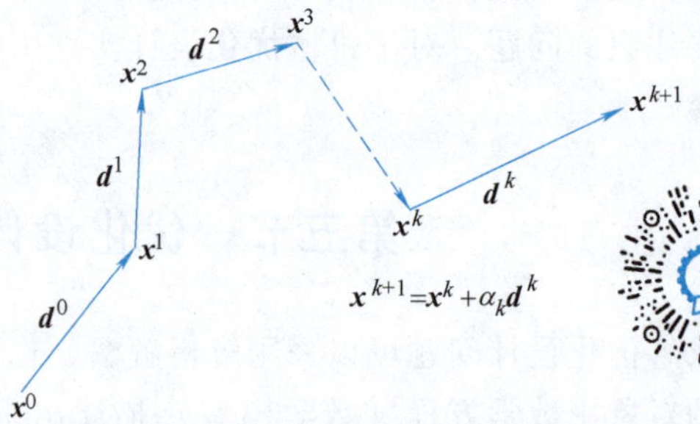

图 1-11 寻求极值点的搜索过程

一元函数 $\varphi(\alpha_k)$ 求极值的问题。这种一元函数求极值的过程可简称为一维搜索过程，它是确定 α_k 的值使 $f(\boldsymbol{x}^k+\alpha_k\boldsymbol{d}^k)$ 取极值的过程。所以，数学规划法的核心一是建立搜索方向 $\boldsymbol{d}^k$，二是计算最佳步长 α_k。

由于数值迭代是逐步逼近最优点而获得近似解的，所以要考虑优化问题解的收敛性及迭代过程的终止条件。

收敛性是指某种迭代程序产生的序列 $\{\boldsymbol{x}^k\}$（$k=0, 1, \cdots$）收敛于

$$\lim_{k\to\infty}\boldsymbol{x}^{k+1}=\boldsymbol{x}^*$$

点列 $\{\boldsymbol{x}^k\}$ 收敛的充要条件是：对于任意指定的实数 $\varepsilon>0$，都存在一个只与 ε 有关而与 $\boldsymbol{x}$ 无关的自然数 N，使得当两自然数 m，$p>N$ 时，满足

$$\|\boldsymbol{x}^m-\boldsymbol{x}^p\|\leqslant\varepsilon$$

或

$$\sqrt{\sum_{i=1}^{n}(x_i^m-x_i^p)^2}\leqslant\varepsilon$$

或

$$|\boldsymbol{x}_i^m-\boldsymbol{x}_i^p|\leqslant\varepsilon_i=\frac{\varepsilon}{\sqrt{n}}$$

根据这个收敛条件，可以确定迭代终止准则：一般采用以下几种迭代终止准则：

1）当相邻两设计点的移动距离已达到充分小时，若用向量模计算它的长度，则

$$\|\boldsymbol{x}^{k+1}-\boldsymbol{x}^k\|\leqslant\varepsilon_1$$

或用 $\boldsymbol{x}^{k+1}$ 和 $\boldsymbol{x}^k$ 的坐标轴分量之差表示为

$$|\boldsymbol{x}_i^{k+1}-\boldsymbol{x}_i^k|\leqslant\varepsilon_2\quad(i=1, 2, \cdots, n)$$

2）当函数值的下降量已达到充分小时，即

$$|f(\boldsymbol{x}^{k+1})-f(\boldsymbol{x}^k)|\leqslant\varepsilon_3$$

或其相对值

$$\left|\frac{f(\boldsymbol{x}^{k+1})-f(\boldsymbol{x}^k)}{f(\boldsymbol{x}^k)}\right|\leqslant\varepsilon_4$$

3）当某次迭代点的目标函数梯度已达到充分小时，即

$$\|\nabla f(\boldsymbol{x}^k)\|\leqslant\varepsilon_5$$

采用哪种收敛准则，可视具体问题而定。

一般来说，采用优化准则法进行设计时，由于对其设计的修改较大，所以迭代的收敛速度较快，迭代次数平均为十多次，且与其结构的大小无关。因此，可用于大型、复杂机械的优化设计，特别是需要利用有限元法进行性能约束计算时较为合适。但是，数学规划法在数学方面有一定的理论基础。它已经发展成为应用数学的一个重要分支。其计算结果的可信度较高，精确度也好些。它是优化方法的基础，而且目前优化准则法和数学规划法的解题思路和手段在实质上也很相似。所以，必须对数学规划法有系统的了解。当然，也没有必要对其中类型繁多的具体方法都进行叙述。本书只着重介绍某些典型的和目前看来比较有效的方法，以期使读者了解一些重要优化方法的思路和实质，达到启发思路、举一反三的目的。

“两弹一星”功勋科学家：最长的一天

第二章

优化设计的数学基础

机械优化设计问题实质上是优化设计数学模型中目标函数的极值问题，而许多机械优化设计问题的求解方法的本质是以函数的导数或灵敏度信息为基础建立起来的，经常表现为多元非线性函数的极小化问题。因此，在第一章“优化设计概述”的基础上，有必要对机械优化设计问题有关的数学基础进行介绍。机械优化设计问题一般是非线性规划问题，实质上是多元非线性函数的极值问题。因此，机械优化设计问题的求解方法是建立在多元函数极值理论基础上的。无约束优化问题就是数学上的无条件极值问题，而约束优化问题则是数学上的条件极值问题。这种条件极值问题经常表现为不等式条件极值的形式。本章重点介绍梯度和海塞矩阵的概念，讨论机械优化设计问题的极值条件。

第一节　方向导数和梯度的概念

求解机械优化设计问题，就是利用多元函数极值理论对机械优化设计的数学模型进行求解，考察函数相对于自变量的变化率，包括沿着某一特定方向的变化率和最大变化率，这就引入了方向导数和梯度的概念。

一、方向导数

设二元函数 $f(\boldsymbol{x})=f(x_1,\ x_2)$，在 $\boldsymbol{x}_0(x_{10},\ x_{20})$ 点处沿着某一方向 $\boldsymbol{d}$ 的变化率如图 2-1 所示，其定义为

$$\left.\frac{\partial f}{\partial \boldsymbol{d}}\right|_{x_0}=\lim_{\Delta d\to 0}\frac{f(x_{10}+\Delta x_1, x_{20}+\Delta x_2)-f(x_{10}, x_{20})}{\Delta d}$$

它称为该函数沿此方向的方向导数。据此，偏导数 $\left.\frac{\partial f}{\partial x_1}\right|_{x_0}$ 和 $\left.\frac{\partial f}{\partial x_2}\right|_{x_0}$ 也可以看成是函数 $f(x)$

分别沿着坐标轴 x_1 和 x_2 方向的方向导数。所以方向导数是偏导数概念的推广，偏导数是方向导数的特例。

方向导数和偏导数之间的关系可以用式（2-1）表示：

$$\left.\frac{\partial f}{\partial \boldsymbol{d}}\right|_{x_0}=\left.\frac{\partial f}{\partial x_1}\right|_{x_0}\cos\theta_1+\left.\frac{\partial f}{\partial x_2}\right|_{x_0}\cos\theta_2 \tag{2-1}$$

而三元函数 $f(x_1, x_2, x_3)$ 在 $\boldsymbol{x}_0(x_{10}, x_{20}, x_{30})$ 点处沿着 $\boldsymbol{d}$ 方向的方向导数 $\left.\frac{\partial f}{\partial \boldsymbol{d}}\right|_{x_0}$ 如图 2-2 所示，可以用式（2-2）表示：

$$\left.\frac{\partial f}{\partial \boldsymbol{d}}\right|_{x_0}=\left.\frac{\partial f}{\partial x_1}\right|_{x_0}\cos\theta_1+\left.\frac{\partial f}{\partial x_2}\right|_{x_0}\cos\theta_2+\left.\frac{\partial f}{\partial x_3}\right|_{x_0}\cos\theta_3 \tag{2-2}$$

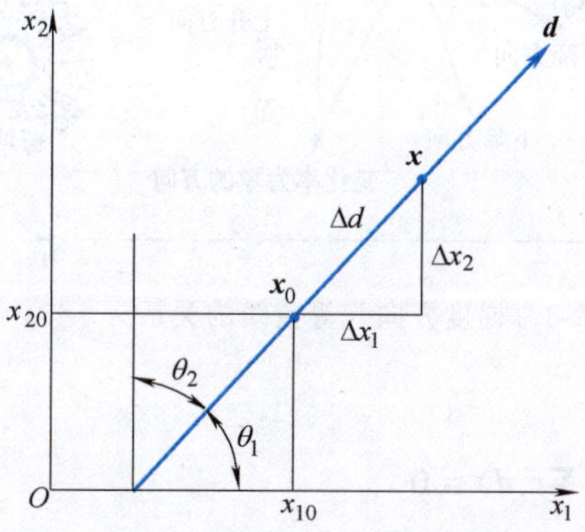

图 2-1　二维空间中的方向

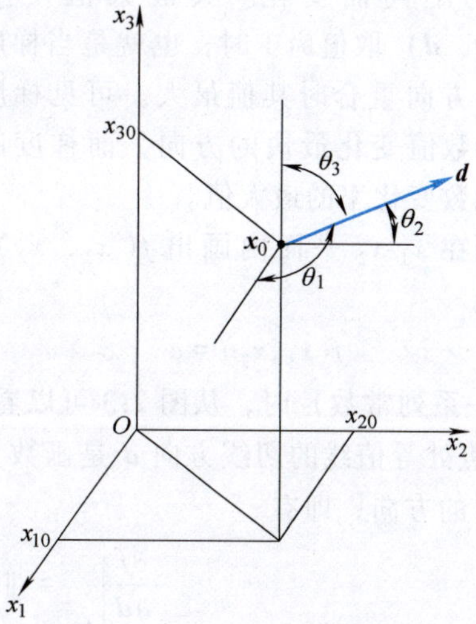

图 2-2　三维空间中的方向

依次类推，我们可以获得 n 元函数 $f(x_1, x_2, \cdots, x_n)$ 在 $\boldsymbol{x}_0$ 点处沿着 $\boldsymbol{d}$ 方向的方向导数：

$$\left.\frac{\partial f}{\partial \boldsymbol{d}}\right|_{x_0}=\left.\frac{\partial f}{\partial x_1}\right|_{x_0}\cos\theta_1+\left.\frac{\partial f}{\partial x_2}\right|_{x_0}\cos\theta_2+\cdots+\left.\frac{\partial f}{\partial x_n}\right|_{x_0}\cos\theta_n=\sum_{i=1}^{n}\left.\frac{\partial f}{\partial x_i}\right|_{x_0}\cos\theta_i \tag{2-3}$$

式中　θ_i——方向 $\boldsymbol{d}$ 与坐标轴方向 x_i 之间的夹角。

二、梯度

根据上述理论推导，二元函数 $f(x_1, x_2)$ 在 x_0 点处的方向导数 $\left.\frac{\partial f}{\partial \boldsymbol{d}}\right|_{x_0}$ 可以采用下面的形式表达：

$$\left.\frac{\partial f}{\partial \boldsymbol{d}}\right|_{x_0}=\left.\frac{\partial f}{\partial x_1}\right|_{x_0}\cos\theta_1+\left.\frac{\partial f}{\partial x_2}\right|_{x_0}\cos\theta_2=\begin{pmatrix}\frac{\partial f}{\partial x_1} & \frac{\partial f}{\partial x_2}\end{pmatrix}_{x_0}\begin{pmatrix}\cos\theta_1\\ \cos\theta_2\end{pmatrix}$$

令

$$\nabla f(\boldsymbol{x}_0)\equiv\begin{pmatrix}\frac{\partial f}{\partial x_1}\\ \frac{\partial f}{\partial x_2}\end{pmatrix}_{x_0}=\begin{pmatrix}\frac{\partial f}{\partial x_1} & \frac{\partial f}{\partial x_2}\end{pmatrix}_{x_0}^{\mathrm{T}}$$

并称它为函数 $f(x_1, x_2)$ 在 $\boldsymbol{x}_0$ 点处的梯度。

设
$$\boldsymbol{d} \equiv \begin{pmatrix} \cos\theta_1 \\ \cos\theta_2 \end{pmatrix}$$

为 $\boldsymbol{d}$ 方向的单位向量，则有

$$\left.\frac{\partial f}{\partial \boldsymbol{d}}\right|_{x_0} = \nabla f(\boldsymbol{x}_0)^{\mathrm{T}} \boldsymbol{d} = \| \nabla f(\boldsymbol{x}_0) \| \cos(\nabla f, \boldsymbol{d}) \tag{2-4}$$

式中 $\| \nabla f(\boldsymbol{x}_0) \|$ ——梯度向量 $\nabla f(\boldsymbol{x}_0)$ 的模；

$\cos(\nabla f, \boldsymbol{d})$—— 梯度向量与 $\boldsymbol{d}$ 方向夹角的余弦。

在 $\boldsymbol{x}_0$ 点处函数沿各方向的方向导数是不同的，它随 $\cos(\nabla f, \boldsymbol{d})$ 变化，即随所取方向的不同而变化。其最大值发生在 $\cos(\nabla f, \boldsymbol{d})$ 取值为1时，也就是当梯度方向和 $\boldsymbol{d}$ 方向重合时其值最大。可见梯度方向是函数值变化最快的方向，而梯度的模就是函数变化率的最大值。

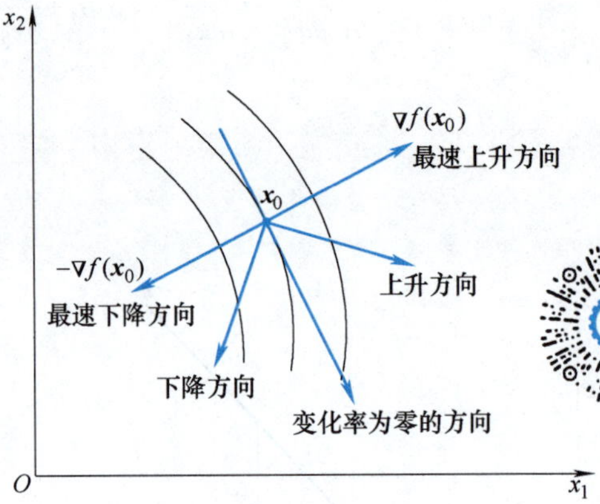

图 2-3 梯度方向与等值线的关系

当在 x_1-x_2 平面内画出 $f(x_1, x_2)$ 的等值线

$$f(x_1, x_2) = c$$

（c 为一系列常数）时，从图2-3可以看出，在 $\boldsymbol{x}_0$ 点处等值线的切线方向 $\boldsymbol{d}$ 是函数变化率为零的方向，即有

$$\left.\frac{\partial f}{\partial \boldsymbol{d}}\right|_{x_0} = \| \nabla f(\boldsymbol{x}_0) \| \cos(\nabla f, \boldsymbol{d}) = 0$$

所以
$$\cos(\nabla f, \boldsymbol{d}) = 0$$

可知梯度 $\nabla f(\boldsymbol{x}_0)$ 和切线方向 $\boldsymbol{d}$ 垂直，从而推得梯度方向为等值线的法线方向。梯度 $\nabla f(\boldsymbol{x}_0)$ 方向为函数变化率最大方向，也就是最速上升方向。负梯度 $-\nabla f(\boldsymbol{x}_0)$ 方向为函数变化率最小方向，即最速下降方向。与梯度成锐角的方向为函数上升方向，与负梯度成锐角的方向为函数下降方向。

将二元函数推广到多元函数，则对于函数 $f(x_1, x_2, \cdots, x_n)$ 在 $\boldsymbol{x}_0(x_{10}, x_{20}, \cdots, x_{n0})$ 点处的梯度 $\nabla f(\boldsymbol{x}_0)$，可定义为

$$\nabla f(\boldsymbol{x}_0) \equiv \begin{pmatrix} \dfrac{\partial f}{\partial x_1} \\ \dfrac{\partial f}{\partial x_2} \\ \vdots \\ \dfrac{\partial f}{\partial x_n} \end{pmatrix}_{x_0} = \begin{pmatrix} \dfrac{\partial f}{\partial x_1} & \dfrac{\partial f}{\partial x_2} & \cdots & \dfrac{\partial f}{\partial x_n} \end{pmatrix}_{x_0}^{\mathrm{T}} \tag{2-5}$$

对于 $f(x_1, x_2, \cdots, x_n)$ 在 $\boldsymbol{x}_0$ 点处沿 $\boldsymbol{d}$ 方向的方向导数可表示为

$$\left.\frac{\partial f}{\partial \boldsymbol{d}}\right|_{x_0} = \sum_{i=1}^{n} \left.\frac{\partial f}{\partial x_i}\right|_{x_0} \cos\theta_i = \nabla f(\boldsymbol{x}_0)^{\mathrm{T}} \boldsymbol{d}$$

$$= \|\nabla f(\boldsymbol{x}_0)\| \cos(\nabla f, \boldsymbol{d}) \tag{2-6}$$

其中

$$\boldsymbol{d} \equiv \begin{pmatrix} \cos\theta_1 \\ \cos\theta_2 \\ \vdots \\ \cos\theta_n \end{pmatrix}$$

为 $\boldsymbol{d}$ 方向上的单位向量。

$$\|\nabla f(\boldsymbol{x}_0)\| = \left[\sum_{i=1}^{n}\left(\frac{\partial f}{\partial x_i}\right)^2_{x_0}\right]^{\frac{1}{2}}$$

为梯度 $\nabla f(\boldsymbol{x}_0)$ 的模。

$$\boldsymbol{p} = \frac{\nabla f(\boldsymbol{x}_0)}{\|\nabla f(\boldsymbol{x}_0)\|}$$

为梯度方向单位向量，它与函数等值面 $f(\boldsymbol{x}) = c$ 相垂直，也就是与等值面上过 $\boldsymbol{x}_0$ 点的一切曲线相垂直，如图 2-4 所示。

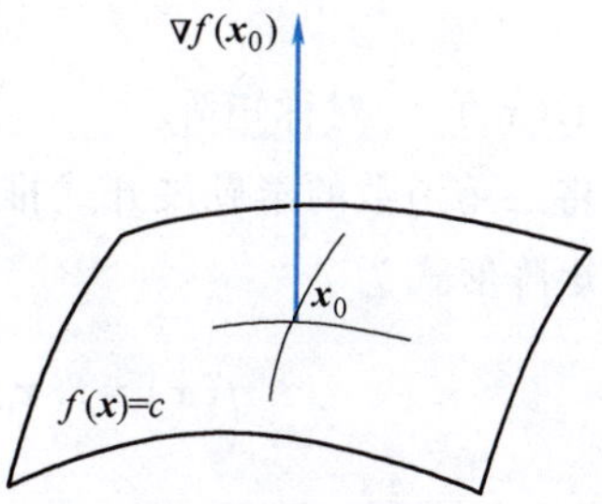

图 2-4　梯度方向与等值面的关系

第二节　多元函数的泰勒展开

在优化设计问题的求解中，函数的泰勒（Taylor）展开式可以在迭代点处用一个多项式函数来逼近复杂的目标函数，为获得目标函数的近似函数提供了条件。本节从多元函数的泰勒展开式出发，引出优化设计方法中一个重要的概念——海塞矩阵。

首先，我们看一下二元函数的泰勒展开式。二元函数 $f(x_1, x_2)$ 在 $\boldsymbol{x}_0(x_{10}, x_{20})$ 点处的泰勒展开式为

$$f(x_1,x_2)=f(x_{10},x_{20})+\left.\frac{\partial f}{\partial x_1}\right|_{x_0}\Delta x_1+\left.\frac{\partial f}{\partial x_2}\right|_{x_0}\Delta x_2+$$

$$\frac{1}{2}\left[\left.\frac{\partial^2 f}{\partial x_1^2}\right|_{x_0}\Delta x_1^2+2\left.\frac{\partial^2 f}{\partial x_1 \partial x_2}\right|_{x_0}\Delta x_1 \Delta x_2+\left.\frac{\partial^2 f}{\partial x_2^2}\right|_{x_0}\Delta x_2^2\right]+\cdots \tag{2-7}$$

其中　$\Delta x_1 \equiv x_1 - x_{10}$，$\Delta x_2 \equiv x_2 - x_{20}$。

如果将上述二元函数的泰勒展开式写成矩阵的形式，则有

$$f(\boldsymbol{x})=f(\boldsymbol{x}_0)+\begin{pmatrix}\dfrac{\partial f}{\partial x_1} & \dfrac{\partial f}{\partial x_2}\end{pmatrix}_{x_0}\begin{pmatrix}\Delta x_1 \\ \Delta x_2\end{pmatrix}+\frac{1}{2}(\Delta x_1 \quad \Delta x_2)\begin{pmatrix}\dfrac{\partial^2 f}{\partial x_1^2} & \dfrac{\partial^2 f}{\partial x_1 \partial x_2} \\ \dfrac{\partial^2 f}{\partial x_2 \partial x_1} & \dfrac{\partial^2 f}{\partial x_2^2}\end{pmatrix}\begin{pmatrix}\Delta x_1 \\ \Delta x_2\end{pmatrix}+\cdots$$

$$=f(\boldsymbol{x}_0)+\nabla f(\boldsymbol{x}_0)^{\mathrm{T}}\Delta \boldsymbol{x}+\frac{1}{2}\Delta \boldsymbol{x}^{\mathrm{T}}\boldsymbol{G}(\boldsymbol{x}_0)\Delta \boldsymbol{x}+\cdots \tag{2-8}$$

其中 $\boldsymbol{G}(\boldsymbol{x}_0) \equiv \begin{pmatrix}\dfrac{\partial^2 f}{\partial x_1^2} & \dfrac{\partial^2 f}{\partial x_1 \partial x_2} \\ \dfrac{\partial^2 f}{\partial x_2 \partial x_1} & \dfrac{\partial^2 f}{\partial x_2^2}\end{pmatrix}_{x_0}$，$\Delta \boldsymbol{x} \equiv \begin{pmatrix}\Delta x_1 \\ \Delta x_2\end{pmatrix}$

$G(\boldsymbol{x}_0)$ 称为函数 $f(x_1, x_2)$ 在 $\boldsymbol{x}_0(x_{10}, x_{20})$ 点处的海塞（Hessian）矩阵。它是二元函数的二阶偏导数构成的矩阵，描述了函数的局部曲率。由于函数的二次连续性，则有

$$\left.\frac{\partial^2 f}{\partial x_1 \partial x_2}\right|_{x_0}=\left.\frac{\partial^2 f}{\partial x_2 \partial x_1}\right|_{x_0}$$

所以 $\boldsymbol{G}(\boldsymbol{x}_0)$ 为对称矩阵。

将二元函数的泰勒展开式推广到多元函数时，$f(x_1, x_2, \cdots, x_n)$ 在 $\boldsymbol{x}_0$ 点处泰勒展开式的矩阵形式为

$$f(\boldsymbol{x})=f(\boldsymbol{x}_0)+\nabla f(\boldsymbol{x}_0)^{\mathrm{T}} \Delta \boldsymbol{x}+\frac{1}{2} \Delta \boldsymbol{x}^{\mathrm{T}} \boldsymbol{G}(\boldsymbol{x}_0) \Delta \boldsymbol{x}+\cdots$$

其中

$$\nabla f(\boldsymbol{x}_0)=\left(\frac{\partial f}{\partial x_1} \quad \frac{\partial f}{\partial x_2} \cdots \frac{\partial f}{\partial x_n}\right)_{x_0}^{\mathrm{T}}$$

为函数 $f(\boldsymbol{x})$ 在 $\boldsymbol{x}_0$ 点处的梯度。

$$\boldsymbol{G}(\boldsymbol{x}_0)=\begin{pmatrix} \dfrac{\partial^2 f}{\partial x_1^2} & \dfrac{\partial^2 f}{\partial x_1 \partial x_2} & \cdots & \dfrac{\partial^2 f}{\partial x_1 \partial x_n} \\ \dfrac{\partial^2 f}{\partial x_2 \partial x_1} & \dfrac{\partial^2 f}{\partial x_2^2} & \cdots & \dfrac{\partial^2 f}{\partial x_2 \partial x_n} \\ \vdots & \vdots & & \vdots \\ \dfrac{\partial^2 f}{\partial x_n \partial x_1} & \dfrac{\partial^2 f}{\partial x_n \partial x_2} & \cdots & \dfrac{\partial^2 f}{\partial x_n^2} \end{pmatrix}_{x_0} \tag{2-9}$$

为函数 $f(\boldsymbol{x})$ 在 $\boldsymbol{x}_0$ 点处的海塞矩阵。

若将函数的泰勒展开式只取到线性项，即取

$$z(\boldsymbol{x})=f(\boldsymbol{x}_0)+\nabla f(\boldsymbol{x}_0)^{\mathrm{T}}(\boldsymbol{x}-\boldsymbol{x}_0)$$

则 $z(\boldsymbol{x})$ 是过 $\boldsymbol{x}_0$ 点与函数 $f(\boldsymbol{x})$ 所代表的超曲面相切的切平面。

当将函数的泰勒展开式取到二次项时，可得到二次函数形式。优化计算经常把目标函数表示成二次函数，以便使问题的分析得以简化。在线性代数中，将二次齐次函数称为二次型，其矩阵形式为

$$f(\boldsymbol{x})=\boldsymbol{x}^{\mathrm{T}} \boldsymbol{G} \boldsymbol{x}$$

式中 $\boldsymbol{G}$——对称矩阵。

在优化计算中，当某点附近的函数值采用泰勒展开式做近似表达时，研究该点邻域的极值问题需要分析二次型函数是否正定。当对任何非零向量 $\boldsymbol{x}$ 使

$$f(\boldsymbol{x})=\boldsymbol{x}^{\mathrm{T}} \boldsymbol{G} \boldsymbol{x}>0$$

则二次型函数正定，$\boldsymbol{G}$ 为正定矩阵。

海塞矩阵最早于19世纪由德国数学家路德维希·奥托·海塞（*Ludwig Otto Hesse*）提出，并以其名字命名。对于具有n个设计变量分量，目标函数为n维的机械优化设计问题，目标函数泰勒展开式的海塞矩阵为二阶偏导数构成的n×n的对称矩阵。海塞矩阵对于构造目标函数的近似函数和判断优化问题的极值条件都具有重要意义。

第三节 无约束优化问题的极值条件

无约束优化问题表现为数学上的无条件极值问题。这里无约束优化问题的极值条件就是指在没有任何约束条件的优化设计问题中，目标函数取得极小值时极值点所应该满足的条件。

对于目标函数为二元函数 $f(x_1, x_2)$ 的情况，如果在 $\boldsymbol{x}_0(x_{10}, x_{20})$ 点处取得极值，其必要条件是

$$\left.\frac{\partial f}{\partial x_1}\right|_{x_0}=\left.\frac{\partial f}{\partial x_2}\right|_{x_0}=0$$

即

$$\nabla f(\boldsymbol{x}_0)=0$$

为了判断采用上述极值必要条件所获得的驻点 $\boldsymbol{x}_0$ 是否为极值点，需要建立极值的充分条件。根据二元函数 $f(x_1, x_2)$ 在 $\boldsymbol{x}_0$ 点处的泰勒展开式，并考虑上述极值的必要条件，有

$$f(x_1,x_2)=f(x_{10},x_{20})+\frac{1}{2}\left(\left.\frac{\partial^2 f}{\partial x_1^2}\right|_{x_0}\Delta x_1^2+2\left.\frac{\partial^2 f}{\partial x_1\partial x_2}\right|_{x_0}\Delta x_1\Delta x_2+\left.\frac{\partial^2 f}{\partial x_2^2}\right|_{x_0}\Delta x_2^2\right)+\cdots$$

设

$$A=\left.\frac{\partial^2 f}{\partial x_1^2}\right|_{x_0},\ B=\left.\frac{\partial^2 f}{\partial x_1\partial x_2}\right|_{x_0},\ C=\left.\frac{\partial^2 f}{\partial x_2^2}\right|_{x_0}$$

则

$$\begin{aligned}f(x_1,x_2)&=f(x_{10},x_{20})+\frac{1}{2}(A\Delta x_1^2+2B\Delta x_1\Delta x_2+C\Delta x_2^2)+\cdots\\&=f(x_{10},x_{20})+\frac{1}{2A}[(A\Delta x_1+B\Delta x_2)^2+(AC-B^2)\Delta x_2^2]+\cdots\end{aligned}$$

若 $f(x_1, x_2)$ 在 $\boldsymbol{x}_0$ 点处取得极小值，则要求在 $\boldsymbol{x}_0$ 点附近的一切点 $\boldsymbol{x}$ 均须满足

$$f(x_1,x_2)-f(x_{10},x_{20})>0$$

即要求

$$\frac{1}{2A}[(A\Delta x_1+B\Delta x_2)^2+(AC-B^2)\Delta x_2^2]>0$$

或要求

$$A>0,\ AC-B^2>0$$

即

$$\left.\frac{\partial^2 f}{\partial x_1^2}\right|_{x_0}>0$$

$$\left[\frac{\partial^2 f}{\partial x_1^2}\frac{\partial^2 f}{\partial x_2^2}-\left(\frac{\partial^2 f}{\partial x_1\partial x_2}\right)^2\right]_{x_0}>0$$

此条件反映了 $f(x_1, x_2)$ 在 $\boldsymbol{x}_0$ 点处的海塞矩阵 $\boldsymbol{G}(\boldsymbol{x}_0)$ 的各阶主子式均大于零，即对于

$$\boldsymbol{G}(\boldsymbol{x}_0)=\begin{pmatrix}\dfrac{\partial^2 f}{\partial x_1^2} & \dfrac{\partial^2 f}{\partial x_1\partial x_2}\\ \dfrac{\partial^2 f}{\partial x_2\partial x_1} & \dfrac{\partial^2 f}{\partial x_2^2}\end{pmatrix}_{x_0}$$

要求

$$\left.\frac{\partial^2 f}{\partial x_1^2}\right|_{x_0}>0$$

$$|\boldsymbol{G}(\boldsymbol{x}_0)| = \begin{vmatrix} \dfrac{\partial^2 f}{\partial x_1^2} & \dfrac{\partial^2 f}{\partial x_1 \partial x_2} \\ \dfrac{\partial^2 f}{\partial x_2 \partial x_1} & \dfrac{\partial^2 f}{\partial x_2^2} \end{vmatrix}_{x_0} > 0$$

所以，二元函数在某点处取得极值的充分条件是要求在该点处的海塞矩阵为正定。

例 2-1 求函数 $f(x_1, x_2) = x_1^2 + x_2^2 - x_1 x_2 - 10x_1 - 4x_2 + 60$ 的极值。

解： 首先，根据无约束优化问题的极值条件，求得驻点 $\boldsymbol{x}_0$，即

$$\nabla f(\boldsymbol{x}) = \begin{pmatrix} \dfrac{\partial f}{\partial x_1} \\ \dfrac{\partial f}{\partial x_2} \end{pmatrix} = \begin{pmatrix} 2x_1 - x_2 - 10 \\ 2x_2 - x_1 - 4 \end{pmatrix} = 0$$

$$\boldsymbol{x}_0 = \begin{pmatrix} x_{10} \\ x_{20} \end{pmatrix} = \begin{pmatrix} 8 \\ 6 \end{pmatrix}$$

再根据极值的充分条件，判断此驻点是否为无约束优化问题的极值点。计算在 $\boldsymbol{x}_0$ 的海塞矩阵，为

$$\boldsymbol{G}(\boldsymbol{x}_0) = \begin{pmatrix} \dfrac{\partial^2 f}{\partial x_1^2} & \dfrac{\partial^2 f}{\partial x_1 \partial x_2} \\ \dfrac{\partial^2 f}{\partial x_2 \partial x_1} & \dfrac{\partial^2 f}{\partial x_2^2} \end{pmatrix}_{x_0} = \begin{pmatrix} 2 & -1 \\ -1 & 2 \end{pmatrix}$$

则在 $\boldsymbol{x}_0$ 点海塞矩阵的一阶主子式

$$\left.\frac{\partial^2 f}{\partial x_1^2}\right|_{x_0} = 2$$

二阶主子式

$$|\boldsymbol{G}(\boldsymbol{x}_0)| = \begin{vmatrix} 2 & -1 \\ -1 & 2 \end{vmatrix} = 3$$

均大于零，所以 $\boldsymbol{G}(\boldsymbol{x}_0)$ 为正定矩阵。

$$\boldsymbol{x}_0 = \begin{pmatrix} 8 \\ 6 \end{pmatrix}$$

是无约束优化问题的极值点，相应的极值为

$$f(\boldsymbol{x}_0) = 8$$

对于多元函数 $f(x_1, x_2, \cdots, x_n)$，若在 $\boldsymbol{x}^*$ 点处取得极值，则极值存在的必要条件为

$$\nabla f(\boldsymbol{x}^*) = \left(\frac{\partial f}{\partial x_1} \quad \frac{\partial f}{\partial x_2} \cdots \frac{\partial f}{\partial x_n}\right)^{\mathrm{T}}_{x^*} = 0 \tag{2-10}$$

极值存在的充分条件为

$$G(\boldsymbol{x}^*)=\begin{pmatrix}\dfrac{\partial^2 f}{\partial x_1^2} & \dfrac{\partial^2 f}{\partial x_1\partial x_2} & \cdots & \dfrac{\partial^2 f}{\partial x_1\partial x_n}\\ \dfrac{\partial^2 f}{\partial x_2\partial x_1} & \dfrac{\partial^2 f}{\partial x_2^2} & \cdots & \dfrac{\partial^2 f}{\partial x_2\partial x_n}\\ \vdots & \vdots & & \vdots\\ \dfrac{\partial^2 f}{\partial x_n\partial x_1} & \dfrac{\partial^2 f}{\partial x_n\partial x_2} & \cdots & \dfrac{\partial^2 f}{\partial x_n^2}\end{pmatrix}_{x^*} \tag{2-11}$$

正定，即要求 $G(\boldsymbol{x}^*)$ 的各阶主子式均大于零，即

$$\left.\frac{\partial^2 f}{\partial x_1^2}\right|_{x^*}>0$$

$$\begin{pmatrix}\dfrac{\partial^2 f}{\partial x_1^2} & \dfrac{\partial^2 f}{\partial x_1\partial x_2}\\ \dfrac{\partial^2 f}{\partial x_2\partial x_1} & \dfrac{\partial^2 f}{\partial x_2^2}\end{pmatrix}_{x^*}>0$$

$$\begin{pmatrix}\dfrac{\partial^2 f}{\partial x_1^2} & \dfrac{\partial^2 f}{\partial x_1\partial x_2} & \dfrac{\partial^2 f}{\partial x_1\partial x_3}\\ \dfrac{\partial^2 f}{\partial x_2\partial x_1} & \dfrac{\partial^2 f}{\partial x_2^2} & \dfrac{\partial^2 f}{\partial x_2\partial x_3}\\ \dfrac{\partial^2 f}{\partial x_3\partial x_1} & \dfrac{\partial^2 f}{\partial x_3\partial x_2} & \dfrac{\partial^2 f}{\partial x_3^2}\end{pmatrix}_{x^*}>0$$

$$\vdots$$

$$|G(\boldsymbol{x}^*)|>0$$

上述采用无约束优化问题极值的必要条件和充分条件求取无约束优化问题极值的方法仅仅具有理论上的意义。实际的无约束优化设计问题，由于目标函数复杂，海塞矩阵很难求得，也不易通过其正定性来判断是否满足充分条件。但是，本书在第四章无约束优化方法中，将会利用无约束优化问题的极值条件对相应的例题进行判断。因此，掌握无约束优化问题的极值条件对理解无约束优化问题的求解过程和判断算法的有效性还是非常重要的。

第四节　函数的凸性与凸规划

采用函数极值条件所获得的极值，一般只是目标函数的局部极小值点。显然，我们针对优化设计问题一般是要求目标函数在某一区域内的最优值点，也就是全局极小值点。局部极小值点和全局极小值点可以采用如下表达式表示：

如果 $\boldsymbol{x}^*\in\boldsymbol{D}$，恒有

$$f(\boldsymbol{x}^*)\leqslant f(\boldsymbol{x})$$

则称 x^* 为全局极小值点。如果上式中的“≤”符号改为“<”符号，则称 x^* 为严格全局极小值点。

如果 $x^* \in D$，对于 $\|x-x^*\| \leqslant \varepsilon$ 恒有

$$f(x^*) \leqslant f(x)$$

则称 x^* 为局部极小值点，式中 ε 为任意正数。同样，如果上式中的“≤”符号改为“<”符号，则称 x^* 为严格局部极小值点。

显然，函数的全局极小值点一定是局部极小值点，但是局部极小值点不一定是全局极小值点。只有函数具备某种性质时，计算得到的局部极小值点才是全局极小值点，也就是我们要获得的优化设计问题的最优值点。例如，对于目标函数 $f(x)=x\sin x(0\leqslant x\leqslant 4\pi)$，其函数曲线如图 2-5 所示。由图可知，$x=0$，$x=1.5\pi$，$x=3.5\pi$ 都是局部极小值点，但是只有 $x=3.5\pi$ 为全局极小值点。

获得的优化设计问题的最优值点涉及函数的凸性和凸规划等问题。函数的凸性表现为单峰（谷）性。为了研究函数的凸性，需要首先阐明函数定义域所应具有的性质，所以下面首先介绍凸集的概念。

一、凸集

设 D 为 n 维空间中包含所有设计点的集合，若其中任意两点 x_1 和 x_2 连线上的点都属于集合 D，则称集合 D 为凸集，否则称为非凸集，如图 2-6 所示。其中，图 2-6a 为二维空间中的凸集，图 2-6b 为二维空间中的非凸集。

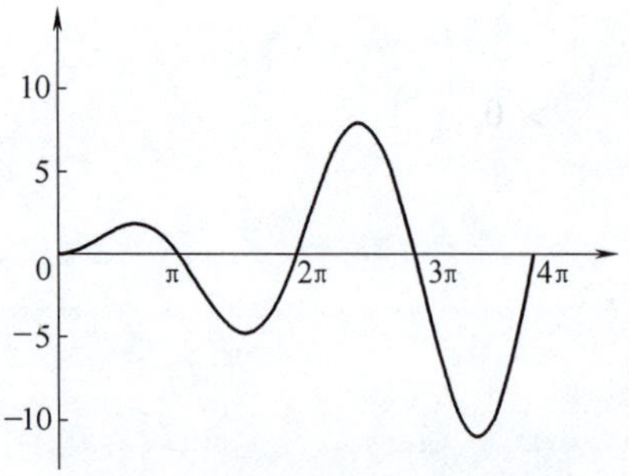

图 2-5 $f(x)=x\sin x$ 的函数曲线

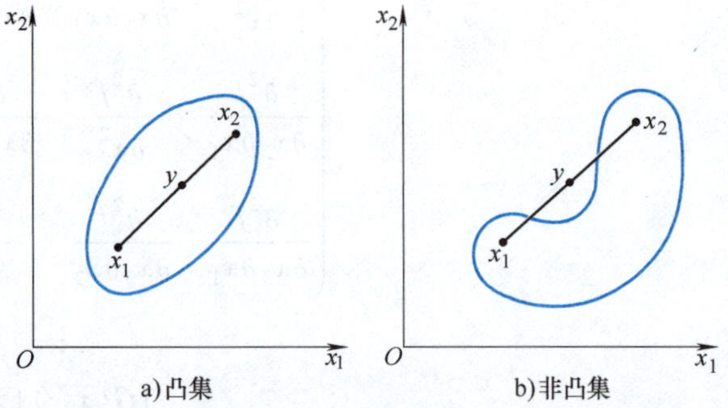

图 2-6 凸集与非凸集

点 x_1 和点 x_2 之间的连线，在数学上可以表示为 $y=\alpha x_1+(1-\alpha)x_2$，$\alpha$ 为 [0,1] 区间内的任意实数。上述二维空间内的凸集可以解释为对于区间 [0, 1] 内的一切 α 得到的 y 都在 x_1 和 x_2 两点之间的线段上。

凸集具有以下性质：

1）如果 A 为凸集，β 为一个实数，则集合 βA 仍然是凸集。

2）如果 A 和 B 均为凸集，则其和（或并）仍是凸集。

3）任何一组凸集的交集仍是凸集。

二、凸函数

具有凸性或只有唯一的局部极小值点即全局极小值点的函数，称为凸函数。凸函数的数学定义如下：

设 $f(x)$ 为定义在 n 维空间中凸集定义域 D 上的函数，如果对任何实数 α（$0\leqslant\alpha\leqslant 1$）及定义域 D 中任意两点 x_1 和 x_2，存在如下不等式：

$$f[\alpha \boldsymbol{x}_1+(1-\alpha)\boldsymbol{x}_2] \leqslant \alpha f(\boldsymbol{x}_1)+(1-\alpha)f(\boldsymbol{x}_2) \tag{2-12}$$

则称函数 $f(\boldsymbol{x})$ 是定义在凸集 D 上的凸函数。若将 α 的取值范围以及式（2-12）中的“≤”符号改为“<”符号，则称函数 $f(\boldsymbol{x})$ 为严格凸函数。图 2-7 为一元函数 $f(\boldsymbol{x})$ 为凸函数的例子。在图 2-7 中，一元函数在凸集［a,b］中任取两点 x_1 和 x_2，其对应函数值的插值 $\alpha f(x_1)+(1-\alpha)f(x_2)$ 恒大于插值点对应的函数值 $f[\alpha x_1+(1-\alpha)x_2]$，即连接该函数曲线上两对应点所成的线段不会落在曲线弧线之下。

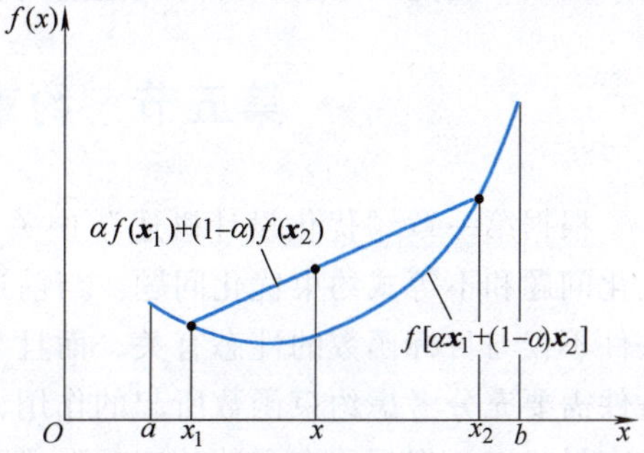

图 2-7　凸函数的定义

凸函数具有以下性质：

1）若 $f(\boldsymbol{x})$ 是定义在凸集 D 上的凸函数，则 $\alpha f(\boldsymbol{x})$（$\alpha>0$）也是定义在凸集 D 上的凸函数。

2）若 $f_1(\boldsymbol{x})$ 和 $f_2(\boldsymbol{x})$ 为凸集 D 上的两个凸函数，则对于 $a>0$ 和 $b>0$，函数 $af_1(\boldsymbol{x})+bf_2(\boldsymbol{x})$ 也是定义在凸集 D 上的凸函数。

三、凸性条件

为了判断一个函数是否是凸函数，可以通过函数的凸性条件来判断。设函数 $f(\boldsymbol{x})$ 为定义在凸集 D 上，且存在连续的一阶导数和二阶导数。如果采用一阶导数值来确定函数的凸性条件，则 $f(\boldsymbol{x})$ 在凸集 D 上为凸函数的充分必要条件为对凸集 D 内任意不同两点 $\boldsymbol{x}_1$ 和 $\boldsymbol{x}_2$，不等式

$$f(\boldsymbol{x}_2) \geqslant f(\boldsymbol{x}_1)+(\boldsymbol{x}_2-\boldsymbol{x}_1)^{\mathrm{T}} \nabla f(\boldsymbol{x}_1)$$

恒成立。

如果采用二阶导数值来确定函数的凸性条件，则设 $f(\boldsymbol{x})$ 的海塞矩阵为 $\boldsymbol{G}(\boldsymbol{x})$，则它在凸集 D 上是严格凸函数的充分必要条件为海塞矩阵 $\boldsymbol{G}(\boldsymbol{x})$ 是正定的；而 $f(\boldsymbol{x})$ 是凸函数的充分必要条件为海塞矩阵 $\boldsymbol{G}(\boldsymbol{x})$ 是半正定的。

可以证明，如果优化设计问题的目标函数 $f(\boldsymbol{x})$ 是定义在凸集 D 上的凸函数，而且在可行域内存在极小值点 $\boldsymbol{x}^*$，则极小值点是唯一的，且一定是可行域凸集 D 上的全局极小值点。所以，只要目标函数 $f(\boldsymbol{x})$ 是凸集 D 上的凸函数，则驻点只有一个，它既是局部极小值点也是全局极小值点。

四、凸规划

对于约束优化问题

$$\min f(\boldsymbol{x}),\quad \boldsymbol{x} \in R^n$$

$$\text{s.t.}\quad g_j(\boldsymbol{x}) \leqslant \boldsymbol{0} \quad (j=1,2,\cdots,m)$$

若 $f(\boldsymbol{x})$、$g_j(\boldsymbol{x})$（$j=1, 2, \cdots, m$）均为凸函数，则称此约束优化问题为凸规划。

凸规划具有以下性质：

1）凸规划的可行域 $R=\{\boldsymbol{x} | g_j(\boldsymbol{x}) \leqslant \boldsymbol{0} \quad j=1, 2, \cdots, m\}$ 为凸集。

2）若给定一点 $\boldsymbol{x}_0$，则集合 $\boldsymbol{R}=\{\boldsymbol{x} | f(\boldsymbol{x}) \leqslant f(\boldsymbol{x}_0)\}$ 为凸集。此性质表明，当 $f(\boldsymbol{x})$ 为二元函数时，其等值线呈现出大圈套小圈的形式。

3）凸规划的局部最优解就是它的全局最优解。

可见，凸规划是一类比较简单而又有重要理论意义的非线性规划问题。由于线性函数既是凸函数，又是凹函数，所以线性规划也属于凸规划。

第五节 约束优化问题的极值条件

根据第一章“优化设计概述”中关于约束条件的介绍，约束优化问题包含有等式约束优化问题和不等式约束优化问题。与前述无约束优化问题明显不同的是约束优化问题的极值条件不仅与目标函数的性态有关，而且与约束函数的性态也紧密相关。约束优化问题的极值条件需要充分考虑约束函数所起的作用，即需要在可行域内确定目标函数的极值点，也称为约束最优点。根据约束函数的表现形式不同，下面分别就等式约束和不等式约束两种情况加以讨论。

一、等式约束优化问题的极值条件

等式约束优化问题的极值条件是求解等式约束优化问题的理论基础。通常，对于等式约束优化问题

$$\min f(\boldsymbol{x})$$
$$\text{s. t.} \quad h_k(\boldsymbol{x})=0 \quad (k=1,2,\cdots,l)$$

可以采用消元法和拉格朗日乘子法进行求解。

消元法是将等式约束条件代入目标函数进行消元，将等式约束优化问题转化为无约束优化问题求解。由于消元法通过减少设计变量的数量进行优化问题求解，所以又称为降维法。

拉格朗日乘子法是求解等式约束优化问题的一种经典方法，它通过增加变量将等式约束优化问题转化为无约束优化问题，所以又称为升维法。拉格朗日乘子法的一个重要作用是它提供了等式约束优化问题的极值条件。

对于 n 元函数 $f(\boldsymbol{x})$（$\boldsymbol{x}$ 为 n 维向量），且有 l 个等式的约束条件，即

$$\min f(\boldsymbol{x})=f(x_1,x_2,\cdots,x_n),x\in R^n$$
$$\text{s. t.} \quad h_k(\boldsymbol{x})=0(k=1,2,\cdots,l,l<n)$$

可以建立如下拉格朗日函数

$$F(\boldsymbol{x},\boldsymbol{\lambda})=f(\boldsymbol{x})+\sum_{k=1}^{l}\lambda_k h_k(\boldsymbol{x}) \tag{2-13}$$

式中，$\boldsymbol{\lambda}=[\lambda_1,\lambda_2,\cdots,\lambda_l]^{\mathrm{T}}$ 称为拉格朗日乘子向量。

式（2-13）通过引入待定系数 λ_k（拉格朗日乘子），将等式约束优化问题中的 l 个等式约束进行转化，形成新的目标函数 $F(\boldsymbol{x},\boldsymbol{\lambda})$，即将等式约束优化问题转化为无约束优化问题。在转化过程中，由于引入了 l 个待定系数 λ_k，结果使问题的维数由原来的 n 维增加为 $n+l$ 维。根据无约束优化问题取得极值的必要条件，令 $\nabla F(\boldsymbol{x},\boldsymbol{\lambda})=0$，得

$$\nabla f(\boldsymbol{x})+\sum_{k=1}^{l}\lambda_k \nabla h_k(\boldsymbol{x})=0 \tag{2-14}$$

即

$$\begin{cases}\dfrac{\partial F}{\partial x_i}=0(i=1,2,\cdots,n)\\[2ex]\dfrac{\partial F}{\partial \lambda_k}=0(k=1,2,\cdots,l)\end{cases} \tag{2-15}$$

式中，λ_k 不全为零。

式（2-14）可以表示为

$$-\nabla f(\boldsymbol{x})=\sum_{k=1}^{l}\lambda_k\nabla h_k(\boldsymbol{x}) \tag{2-16}$$

这就是等式约束优化问题在点 $\boldsymbol{x}^*$ 取得极值的必要条件。此式可概括为：在等式约束优化问题的极值点上，目标函数的负梯度等于所有等式约束函数梯度的非零线性组合。

二、不等式约束优化问题的极值条件

对于多元函数不等式约束优化问题

$$\begin{aligned}&\min f(\boldsymbol{x})=f(x_1,x_2,\cdots,x_n)\\&\text{s.t.}\quad g_j(\boldsymbol{x})\leqslant 0,j=1,2,\cdots,m\end{aligned} \tag{2-17}$$

其求解的基本思想是引入松弛变量，使不等式约束变为等式约束，然后利用拉格朗日乘子法求解等式约束优化问题的极值。根据约束函数的数目，引入 m 个松弛变量 $\boldsymbol{a}=[a_1,a_2,\cdots,a_m]^{\mathrm{T}}$，使不等式约束转化为等式约束：

$$h_j(\boldsymbol{x},\boldsymbol{a})=g_j(\boldsymbol{x})+a_j^2=0(j=1,2,\cdots,m) \tag{2-18}$$

引入拉格朗日乘子 $\boldsymbol{\mu}=(\mu_1,\mu_2,\cdots,\mu_j)^{\mathrm{T}}$，其中 $\mu_j\geqslant 0(j=1,\ 2,\ \cdots,\ m)$，构成一个新的目标函数：

$$F(\boldsymbol{x},\boldsymbol{\mu},\boldsymbol{a})=f(\boldsymbol{x})+\sum_{j=1}^{m}\mu_j g_j(\boldsymbol{x})+\sum_{j=1}^{m}\mu_j a_j^2 \tag{2-19}$$

根据无约束优化问题的极值条件，在极值点 $\boldsymbol{x}^*$ 处，新目标函数 $F(\boldsymbol{x},\ \boldsymbol{\mu},\ \boldsymbol{a})$ 的梯度等于零，即

$$\nabla F(\boldsymbol{x}^*,\boldsymbol{\mu},\boldsymbol{a})=0 \tag{2-20}$$

则根据式（2-20）有

$$\begin{cases}\dfrac{\partial F}{\partial \boldsymbol{x}^*}=\nabla f(\boldsymbol{x}^*)+\displaystyle\sum_{j=1}^{m}\mu_j\nabla g_j(\boldsymbol{x}^*)=0\ (j=1,2,\cdots,m)\\ \dfrac{\partial F}{\partial \mu_j}=g_j(\boldsymbol{x}^*)+a_j^2=0\ (j=1,2,\cdots,m)\\ \dfrac{\partial F}{\partial a_j}=2\mu_j a_j=0\ (j=1,2,\cdots,m)\end{cases} \tag{2-21}$$

分析式（2-21）中的 $2\mu_j a_j=0$ 可知，此时有 $\mu_j\geqslant 0$，$a_j=0$，或者 $\mu_j=0$，$a_j\neq 0$ 两种情况。结合 $g_j(\boldsymbol{x})+a_j^2=0$ 可知，当 $\mu_j\geqslant 0$，$a_j=0$ 时，约束函数 $g_j(\boldsymbol{x}^*)=0$，此时设计点 $\boldsymbol{x}^*$ 在约束边界上，为起作用约束；当 $\mu_j=0$，$a_j\neq 0$ 时，约束函数 $g_j(\boldsymbol{x}^*)<0$，此时设计点 $\boldsymbol{x}^*$ 在约束边界内，为不起作用约束。分析结果可以表示为

$$\mu_j\begin{cases}\geqslant 0,g_j(\boldsymbol{x}^*)=0\\=0,g_j(\boldsymbol{x}^*)<0\end{cases}$$

这说明对于 μ_j 和 $g_j(\boldsymbol{x}^*)$，二者至少有一个需要为零。因此式（2-21）可以写成

$$\begin{cases}\dfrac{\partial F}{\partial \boldsymbol{x}^*}=\nabla f(\boldsymbol{x}^*)+\displaystyle\sum_{j=1}^{m}\mu_j\nabla g_j(\boldsymbol{x}^*)=0\ (j=1,2,\cdots,m)\\ \mu_j g_j(\boldsymbol{x}^*)=0\ (j=1,2,\cdots,m)\\ \mu_j\geqslant 0\ (j=1,2,\cdots,m)\end{cases} \tag{2-22}$$

式（2-22）就是不等式约束优化问题取得极值的必要条件，称为库恩-塔克（Kuhn-Tucker，K-T）条件。

如果引入起作用约束的下标集合

$$J(\boldsymbol{x}^*)=\{j\,|\,g_j(\boldsymbol{x}^*)=0, j=1,2,\cdots,m\}$$

库恩-塔克条件则可以写成如下形式

$$\nabla f(\boldsymbol{x}^*)+\sum_{j\in J}\mu_j\,\nabla g_j(\boldsymbol{x}^*)=0,\ \mu_j\geqslant 0\ (j\in J) \tag{2-23}$$

$$\text{或}-\nabla f(\boldsymbol{x}^*)=\sum_{j\in J}\mu_j\,\nabla g_j(\boldsymbol{x}^*),\ \mu_j\geqslant 0\ (j\in J) \tag{2-24}$$

库恩-塔克条件的几何意义：在约束极小值点$\boldsymbol{x}^*$处，目标函数$f(\boldsymbol{x})$的负梯度一定能表示成所有起作用约束函数在该点梯度的非负线性组合。

库恩-塔克条件在二维空间的几何意义如图2-8所示。从图中可以看出，在不等式约束问题的局部极小值点处，目标函数的负梯度$-\nabla f$位于起作用约束函数梯度所成的夹角之内，即线性组合的系数为正。在非局部极小值点处，目标函数的负梯度$-\nabla f$位于起作用约束函数梯度所成的夹角之外。

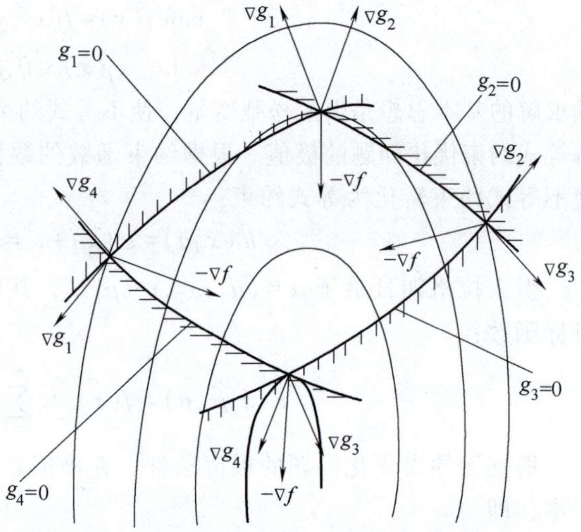

图 2-8 库恩-塔克条件在二维空间的几何意义

库恩-塔克条件是不等式约束优化问题取得极值的必要条件，既可以用来作为约束极值点的判别条件，又可以用来直接求解比较简单的不等式约束优化问题。对于目标函数和约束函数都是凸函数的情况，即为凸规划时，符合库恩-塔克条件的点一定是全局最优点，这种情况下库恩-塔克条件为多元函数取得约束极值的充分必要条件。

对于同时具有等式和不等式约束的优化问题

$$\begin{aligned}&\min f(\boldsymbol{x})\\ \text{s.t.}\quad & h_k(\boldsymbol{x})=0\ (k=1,2,\cdots,l)\\ & g_j(\boldsymbol{x})\leqslant 0\ (j=1,2,\cdots,m)\end{aligned}$$

库恩-塔克条件可以表述为

$$\begin{cases}\dfrac{\partial f}{\partial x_i}+\displaystyle\sum_{k=1}^{l}\lambda_k\frac{\partial h_k}{\partial x_i}+\sum_{j\in J}\mu_j\frac{\partial g_j}{\partial x_i}=0\ (i=1,2,\cdots,n)\\ g_j(\boldsymbol{x}^*)=0\ (j\in J)\\ \mu_j\geqslant 0\ (j\in J)\end{cases} \tag{2-25}$$

其中，对应于等式约束的拉格朗日乘子λ_k，并没有非负的要求。

库恩-塔克条件是求解非线性规划问题的重要理论。在20世纪80年代前，人们一直认为该条件是1951年由美国数学家库恩（Harold William Kuhn）和加拿大数学家塔克（Albert William Tucker）共同提出的。后来人们发现在1939年美国学者卡鲁什（William Karush）在其论文中也类似地考虑了约束优化问题的最优条件。经提议，这一条件改称为 Karush-Kuhn-Tucker 条件，简称 KKT 条件。但是，由于先入为主的习惯，至今多数人仍称其为 Kuhn-Tucker 条件或 K-T 条件。

库恩-塔克条件可以直接导出某些最优化方法，它是拉格朗日乘子法中必要条件的推广。因此系数 μ_j 称为广义拉格朗日乘子或称为 K-T 乘子。应该特别注意的是拉格朗日乘子法中的拉格朗日乘子 λ_k 没有非负的限制，而 K-T 乘子 μ_j 一定是非负的。

三、库恩-塔克条件应用实例

给定优化设计问题的数学模型为

$$f(\boldsymbol{x})=(x_1-3)^2+x_2^2+2\rightarrow\min$$

$$\text{s. t.}\quad g_1(\boldsymbol{x})=x_1^2+x_2-4\leqslant 0$$

$$g_2(\boldsymbol{x})=-x_2\leqslant 0$$

$$g_3(\boldsymbol{x})=-x_1+1\leqslant 0$$

利用库恩-塔克条件判断$\boldsymbol{x}^k=(2,\ 0)^{\mathrm{T}}$是否是优化设计问题的全局极小值点。

解： 1）首先计算在点$\boldsymbol{x}^k$ 约束函数的函数值：

$$g_1(\boldsymbol{x}^k)=2^2+0-4=0$$

$$g_2(\boldsymbol{x}^k)=0$$

$$g_3(\boldsymbol{x}^k)=-2+1=-1<0$$

根据上述约束函数的函数值可知，$\boldsymbol{x}^k$ 满足所有的约束条件，在可行域内。由于 $g_1(\boldsymbol{x}^k)$ 和 $g_2(\boldsymbol{x}^k)$ 都为零，所以该点在约束边界上，并且 $g_1(\boldsymbol{x})$ 和 $g_2(\boldsymbol{x})$ 为起作用约束。

2）然后计算点$\boldsymbol{x}^k$ 目标函数和起作用约束函数的梯度，即

$$\nabla f(\boldsymbol{x}^k)=\begin{pmatrix}\dfrac{\partial f}{\partial x_1}\\[2ex]\dfrac{\partial f}{\partial x_2}\end{pmatrix}_{\boldsymbol{x}^k}=\begin{pmatrix}2x_1-6\\2x_2\end{pmatrix}_{\boldsymbol{x}^k}=\begin{pmatrix}-2\\0\end{pmatrix}$$

$$\nabla g_1(\boldsymbol{x}^k)=\begin{pmatrix}\dfrac{\partial g_1}{\partial x_1}\\[2ex]\dfrac{\partial g_1}{\partial x_2}\end{pmatrix}_{\boldsymbol{x}^k}=\begin{pmatrix}2x_1\\1\end{pmatrix}_{\boldsymbol{x}^k}=\begin{pmatrix}4\\1\end{pmatrix}$$

$$\nabla g_2(\boldsymbol{x}^k)=\begin{pmatrix}\dfrac{\partial g_2}{\partial x_1}\\[2ex]\dfrac{\partial g_2}{\partial x_2}\end{pmatrix}_{\boldsymbol{x}^k}=\begin{pmatrix}0\\-1\end{pmatrix}$$

3）将上述计算结果代入到式（2-24）库恩-塔克条件的表达式中，求拉格朗日乘子，即

$$-\nabla f(\boldsymbol{x}^*)=\sum_{j\in J}\mu_j\nabla g_j(\boldsymbol{x}^*)$$

$$\begin{pmatrix}2\\0\end{pmatrix}=\mu_1\begin{pmatrix}4\\1\end{pmatrix}+\mu_2\begin{pmatrix}0\\-1\end{pmatrix}$$

写成方程组的形式，即

$$\begin{cases} 4\mu_1 = 2 \\ \mu_1 - \mu_2 = 0 \end{cases}$$

解得 $\mu_1 = \mu_2 = 0.5$。拉格朗日乘子满足非负的要求，即点 $\boldsymbol{x}^k$ 满足库恩-塔克条件。所以，点 $\boldsymbol{x}^k$ 是上述不等式约束优化问题的局部极小值点。

4）由于目标函数和约束函数为凸函数，可行域为凸集，所以该问题为凸规划，满足不等式约束优化问题全局极小值点的充分条件。结合前述库恩-塔克条件，则 $\boldsymbol{x}^k$ 满足多元函数取得约束极值的充分必要条件。所以，$\boldsymbol{x}^k = (2,\ 0)^{\mathrm{T}}$ 是该优化问题的全局极小值点。

图 2-9 所示为在设计空间 $x_1 - x_2$ 平面上该问题的图形，从图中也可以看出，$\boldsymbol{x}^k = (2,\ 0)^{\mathrm{T}}$ 是优化问题的全局极小值点，并且 $g_1(\boldsymbol{x})$ 和 $g_2(\boldsymbol{x})$ 为起作用的约束，目标函数的负梯度 $-\nabla f$ 位于起作用约束函数梯度所成的夹角之内。

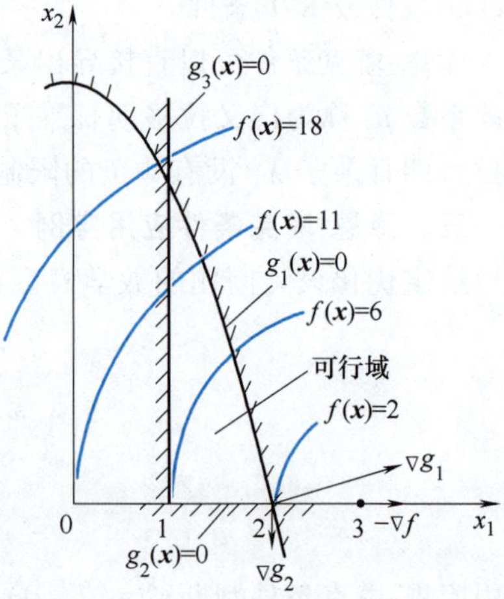

图 2-9　利用库恩-塔克条件判定全局极小值点

“两弹一星”
功勋科学家：
王大珩

第三章

一维搜索方法

在学习了第二章优化设计的数学基础之后，本章将正式进入优化问题求解方法的学习。从第一章中优化设计问题的基本解法可知，数学规划法是求解机械优化设计问题的一类重要数值解法。本章将重点讲述数学规划法中如何确定最佳搜索步长的问题，主要涵盖一维搜索的内涵与思想、搜索区间的确定与区间消去法、试探方法和插值方法等内容。本章的相关内容和知识点是数学规划法中的基本方法，是运用数学规划法解决复杂机械优化设计问题的基础。

第一节　一维搜索的内涵与思想

采用数学规划法求解多元函数 $f(\boldsymbol{x})$ 的极值点 $\boldsymbol{x}^*$ 时，需要进行一系列如下格式的迭代计算

$$\boldsymbol{x}^{k+1}=\boldsymbol{x}^k+\alpha_k\boldsymbol{d}^k \quad (k=0,1,2,\cdots) \tag{3-1}$$

式中　$\boldsymbol{d}^k$——第 $k+1$次迭代的搜索方向；

α_k——沿 $\boldsymbol{d}^k$ 搜索的最佳步长因子，通常也称为最佳步长。

当方向 $\boldsymbol{d}^k$ 给定，求最佳步长因子 α_k 就是求解关于 α_k 的一元函数

$$f(\boldsymbol{x}^{k+1})=f(\boldsymbol{x}^k+\alpha_k\boldsymbol{d}^k)=\varphi(\alpha_k) \tag{3-2}$$

的极值问题，它称为一维搜索。图 3-1 所示为一维搜索过程的示意图。由 $\boldsymbol{x}^k$ 点出发，当搜索方向 $\boldsymbol{d}^k$ 给定之后，$\boldsymbol{x}^k+\alpha_k\boldsymbol{d}^k$ 总在 $\boldsymbol{d}^k$ 所在平面内。所以，此

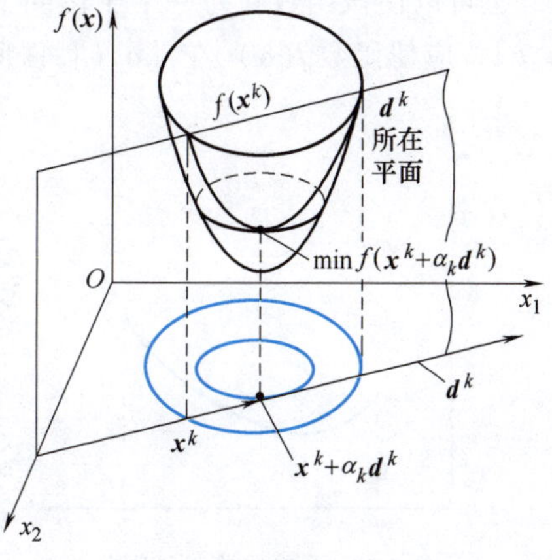

图 3-1　一维搜索过程示意图

时多维目标函数的极小值问题就变成求解一个变量 α 的最优值的一维问题了。实际的机械优化设计问题大多为多维问题，一维问题的情况很少，但是求多元函数极值点，需要进行一系列的一维搜索。因此，一维搜索是优化方法中最基本的方法，是优化搜索方法的基础。

在一维搜索中，由于目标函数可以看作步长因子 α 的一元函数，根据一元函数极值的必要条件 $\varphi'(\alpha^*)=0$，可以采用解析解法求解 $\varphi(\alpha)$ 的极小点 α^*。

将 $f(\boldsymbol{x}^k+\alpha_k\boldsymbol{d}^k)$ 简写成 $f(\boldsymbol{x}+\alpha\boldsymbol{d})$ 的形式，并进行泰勒展开，取到二次项，即

$$f(\boldsymbol{x}+\alpha\boldsymbol{d})\approx f(\boldsymbol{x})+\alpha\boldsymbol{d}^{\mathrm{T}}\nabla f(\boldsymbol{x})+\frac{1}{2}(\alpha\boldsymbol{d})^{\mathrm{T}}\boldsymbol{G}(\alpha\boldsymbol{d})$$

$$=f(\boldsymbol{x})+\alpha\boldsymbol{d}^{\mathrm{T}}\nabla f(\boldsymbol{x})+\frac{1}{2}\alpha^2\boldsymbol{d}^{\mathrm{T}}\boldsymbol{G}\boldsymbol{d}$$

令

$$\frac{\mathrm{d}f(\boldsymbol{x}+\alpha\boldsymbol{d})}{\mathrm{d}\alpha}=0$$

得到

$$\alpha^*=-\frac{\boldsymbol{d}^{\mathrm{T}}\nabla f(\boldsymbol{x})}{\boldsymbol{d}^{\mathrm{T}}\boldsymbol{G}\boldsymbol{d}} \tag{3-3}$$

可以看出，采用解析解法求解一维搜索问题需要求解目标函数在 $\boldsymbol{x}=\boldsymbol{x}^k$ 点处的梯度 $\nabla f(\boldsymbol{x}^k)$ 和海塞矩阵 $\boldsymbol{G}(\boldsymbol{x}^k)$，对于函数关系复杂、求导困难或无法求导的情况，采用解析法将是非常困难的。所以在优化设计问题的数学规划法中，求解最佳步长因子 α^* 主要采用数值解法，即利用计算机通过迭代计算求得最佳步长因子的近似值。采用数值解法求解一维搜索问题即一维搜索的基本思路如下：

1）确定 α^* 所在的搜索区间。

2）根据区间消去法的基本原理不断缩小搜索区间，从而获得 α^* 的数值近似解。

第二节 外推法与区间消去法

求解关于步长因子 α 的一元函数 $f(\alpha)$ 极小点的一维搜索过程，首先要在其给定的搜索方向上确定一个搜索区间，这个搜索区间需要满足单谷性（或称单峰性），即在所考虑的区间内部，函数 $f(\alpha)$ 有唯一的极小值点 α^*，如图 3-2 所示。如果函数 $f(\alpha)$ 在区间 $[a,b]$ 上有多个极值点，则称为多峰函数，如图 3-3 所示。对于多峰函数 $f(\alpha)$，只要适当划分区间，也可以使该函数在每一个子区间上都是单峰的。为了确定极小值点 α^* 所在的单谷区间 $[a,b]$，应使函数 $f(\alpha)$ 在 $[a,b]$ 区间里形成“高—低—高”趋势。

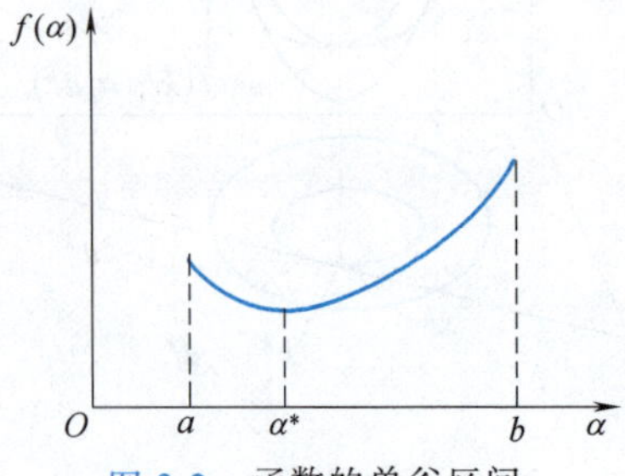

图 3-2 函数的单谷区间

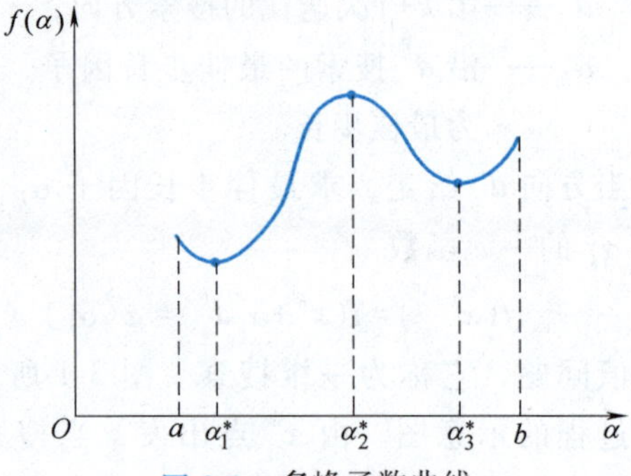

图 3-3 多峰函数曲线

对于性态比较明显的单变量函数，单峰区间可以根据实际情况人为地选定。但对于性态复杂的单变量函数，一般需要利用数值计算的方法，确定单峰区间。外推法（也称进退法）就是确定单峰区间的一种数值计算方法。

一、确定搜索区间的外推法

采用外推法确定搜索区间的基本思想是：按照一定的规律给出一些试算点，依次比较各试算点的函数值大小，直到满足单峰区间的条件，即函数值呈现“高—低—高”变化趋势，即为所确定的搜索区间。外推法的具体实现过程为：如图 3-4 所示，从 $\alpha=0$ 开始，以初始步长 h_0 向前搜索。如果函数值上升，则步长变号，即改变搜索方向。如果函数值下降，则维持原来的搜索方向，并将步长加倍（$h_0 \leftarrow 2h_0$）。区间的始点、中间点依次沿搜索方向移动一步。此过程一直进行到函数值再次上升时为止，即可找到搜索区间的终点，形成函数值的“高—低—高”趋势。

图 3-4 表示沿 α 的正向搜索。每走一步都将区间的始点、中间点沿搜索方向移动一步（进行换名）。经过三步，最后确定搜索区间［α_1,α_3］，并且得到区间始点、中间点和终点（$\alpha_1<\alpha_2<\alpha_3$），所对应的函数值（$y_1>y_2<y_3$）。在图 3-5 中，如果开始的搜索方向为函数值上升方向，即开始沿着 α 的正向搜索，但由于函数值上升而改变了搜索方向，即应该反向搜索，最后得到始点、中间点和终点（$\alpha_1>\alpha_2>\alpha_3$），及它们对应的函数值（$y_1>y_2<y_3$），从而形成单谷区间［$\alpha_3,\alpha_1$］为一维搜索区间。

由于外推法在实现的过程中，包含有对 $f(\alpha)$ 的前进和后退的计算过程，因此，区间消去法又称为进退法。

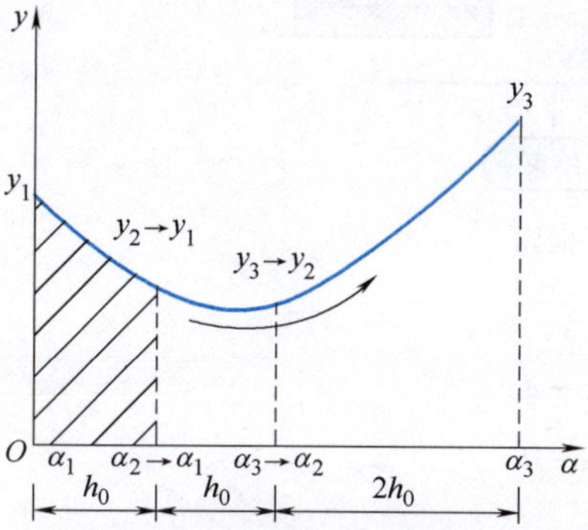

图 3-4　正向搜索的外推法

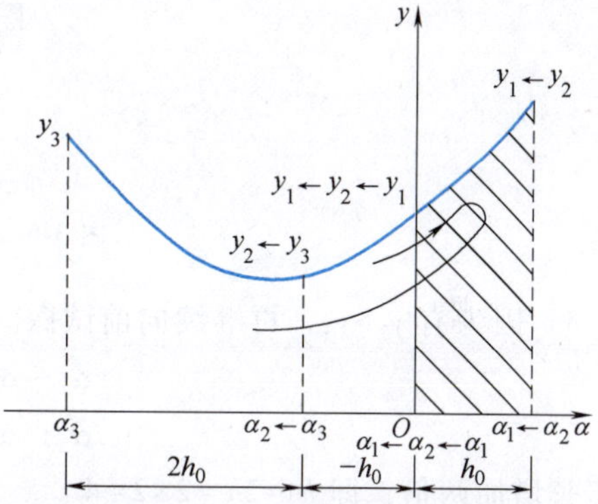

图 3-5　反向搜索的外推法

上述确定搜索区间的外推法，其程序框图如图 3-6 所示。

例 3-1　试用外推法确定函数 $f(\alpha)=\alpha^2-6\alpha+9$ 的初始一维搜索区间［α_1,α_3］。设初始点 $\alpha_0=0$，初始步长 $h=1$。

解：根据给定的初始点和初始步长，直接按照外推法的程序框图（图 3-6）进行求解。

1）取 $\alpha_1=0$，因为 $h=1$，则 $\alpha_2=\alpha_1+h=0+1=1$

$$y_1=f(\alpha_1)=f(\alpha_0)=9,\ y_2=f(\alpha_2)=4$$

2）因为 $y_1>y_2$，故向前试探

$$h\leftarrow 2h=2\times 1=2$$

$$\alpha_3=\alpha_2+h=1+2=3,\ y_3=f(\alpha_3)=0$$

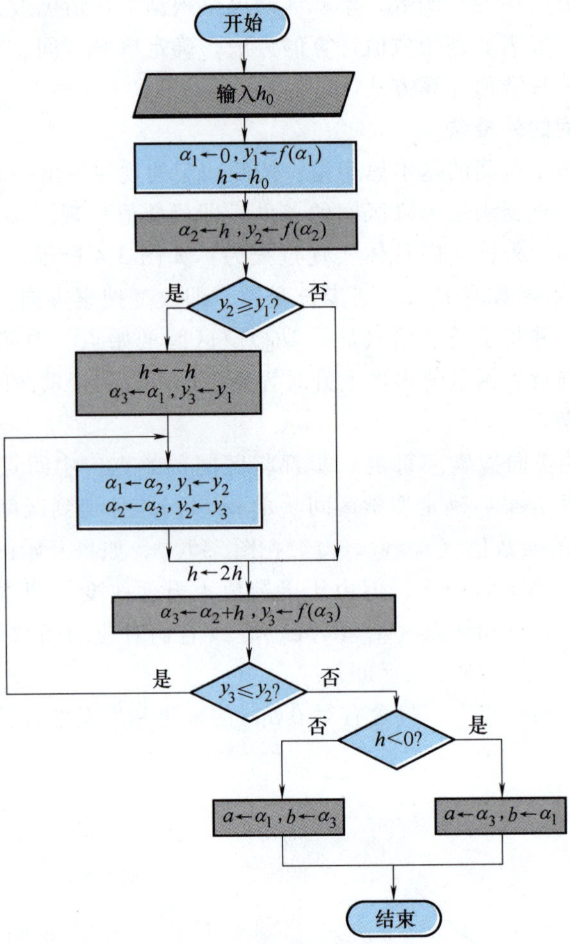

图 3-6 外推法的程序框图

3）因为有 $y_2>y_3$，再继续向前试探。此时

$$\alpha_1 \leftarrow \alpha_2 = 1, \ y_1 \leftarrow y_2 = 4$$

$$\alpha_2 \leftarrow \alpha_3 = 3, \ y_2 \leftarrow y_3 = 0$$

将步长增加两倍，即 $h \leftarrow 2h = 2\times 2 = 4$

$$\alpha_3 \leftarrow \alpha_2 + h = 3+4 = 7, \ y_3 = f(\alpha_3) = 16$$

4）比较 y_2 与 y_3 可知，$y_3>y_2$，故已寻得初始搜索区间 $[\alpha_1, \alpha_3] = [1,7]$。此时，相邻三点的函数值分别是 4、0、16，确实形成了“高—低—高”的一维搜索区间。

二、区间消去法

当含有极值点的单谷搜索区间 $[a,b]$ 确定之后，应逐步缩短搜索区间，从而找到极小值点的数值近似解。这里采用区间消去法来实现搜索区间的逐步缩短。假设在搜索区间 $[a,b]$ 内任取两点 a_1 和 b_1，且 $a_1<b_1$，并计算函数值 $f(a_1)$ 和 $f(b_1)$。比较函数值的大小将有下列 3 种情况：

1）$f(a_1)<f(b_1)$。由于函数为单谷，所以极小值点 α^* 不可能在区间 $[b_1,b]$ 内，而应在区间 $[a,b_1]$ 内。这时可以去掉区间 $[b_1,b]$，把区间缩小为 $[a,b_1]$，如图 3-7a 所示。

2）$f(a_1)>f(b_1)$。同理，极小值点不可能在区间 $[a,a_1]$ 内，而应在区间 $[a_1,b]$ 内。

这时可以去掉区间 $[a,a_1]$，把区间缩小为 $[a_1,b]$，如图 3-7b 所示。

3）$f(a_1)=f(b_1)$。这时极小值点只能在区间 $[a_1,b_1]$ 内，这时可以去掉区间 $[b_1,b]$ 或者 $[a,a_1]$，甚至将两段同时去掉，只保留区间 $[a_1,b_1]$，如图 3-7c 所示。

根据上述分析，只要在区间 $[a,b]$ 内取两个点，并通过比较其函数值大小，就可以把搜索区间 $[a,b]$ 缩短成 $[a,b_1]$，$[a_1,b]$ 或 $[a_1,b_1]$。对于第一种情况，如果要把搜索区间 $[a,b_1]$ 进一步缩短，只需在其内再取一点算出函数值并与 $f(a_1)$ 加以比较，即可达到实现区间缩短的目的。对于第二种情况，同样只需再计算一点函数值并与 $f(b_1)$ 加以比较，就可以把搜索区间继续缩短。第三种情况如果只保留区间 $[a_1,b_1]$，则在区间 $[a_1,b_1]$ 内缺少已算出的函数值。要想把区间 $[a_1,b_1]$ 进一步缩短，需在其内部取两个点（而不是一个点）计算出相应的函数值再加以比较才行。如果经常发生这种情况，无疑增加了计算工作量。因此，为了避免多计算函数值，应把第三种情况合并到前面两种情况中去，即形成下列 2 种情况：

1）$f(a_1)<f(b_1)$，则取区间 $[a,b_1]$ 为缩短后的搜索区间。

2）$f(a_1)\geqslant f(b_1)$，则取区间 $[a_1,b]$ 为缩短后的搜索区间。

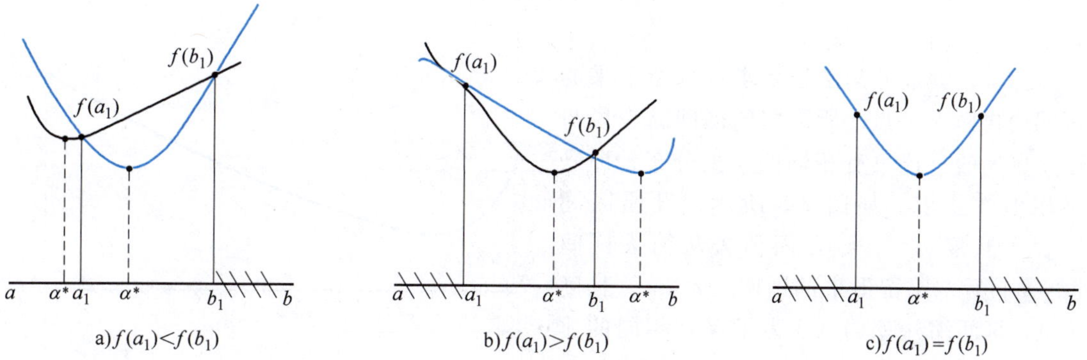

图 3-7 区间消去法原理

三、一维搜索方法的分类

通过上述分析可知，采用区间消去法需要在区间内选取插入点并计算其函数值。然而，对于插入点的位置，是可以用不同的方法来确定的。这样就形成了不同的一维搜索方法。概括起来，可将一维搜索方法分为两大类：

一类是应用序列消去原理的试探法。这类方法是按照某种给定的规律来确定区间内插入点的位置，属于试探法的一维搜索方法有黄金分割法，斐波那契（Fibonacci）法等。该方法只关心插入点的位置如何使区间缩短加快，而不考虑函数值的分布关系。例如，黄金分割法是按等比例（0.618）缩短率进行搜索区间缩短的。

另一类是利用多项式逼近的插值法。这类方法是根据某些点处的某些信息，如函数值、一阶导数、二阶导数等，构造一个插值函数来逼近原函数，用插值函数的极小值点作为区间的插入点。属于插值法的一维搜索方法有二次插值法、三次插值法等。

由于试探法仅对试验点函数值的大小进行比较，而函数值本身的特性没有得到充分利用，对一些简单的函数（如二次函数），也需要像一般函数那样进行同样多的函数值计算。插值法则是利用函数在已知试验点的值（或导数值）来确定新试验点的位置。当函数具有比较好的解析性质时（例如连续可微性），插值法比试探法效果要好些。

第三节 一维搜索的试探方法

一、黄金分割法

1. 黄金分割法的基本思想

黄金分割法是常用的一维搜索试探方法，又称为“0.618 法”。黄金分割法适用于［a，b］区间上的任何单谷函数求极小值问题。这种方法原理简单、应用范围广，是一种典型的一维搜索直接方法。黄金分割法的实现过程是在搜索区间［a,b］内适当插入两点 α_1、α_2，并计算其函数值。α_1、α_2 将区间分成三段。根据区间消去法的基本原理，通过比较函数值的大小，删去其中一段，使搜索区间得以缩短。然后再在保留下来的区间上进行同样的处置，如此迭代下去，使搜索区间无限缩小，从而得到极小值点的数值近似解。

黄金分割法中插入点 α_1、α_2 的位置需要满足相对于区间［a，b］两端点具有对称性的要求，即

$$\begin{aligned}\alpha_1 &= b-\lambda(b-a)\\ \alpha_2 &= a+\lambda(b-a)\end{aligned} \tag{3-4}$$

式中 λ——待定常数。

另外，黄金分割法还要求在保留下来的区间内再插入一点，所形成的区间新三段与原来区间的三段具有相同的比例分布，即满足相似性要求。如图 3-8 所示，设原区间［a,b］长度为 1，经区间消去法消去区间［α_2,b］后，保留下来的区间［a,α_2］长度为 λ，区间缩短率为 λ。为了保持相同的比例分布，新插入点 α_3 应在 $\lambda(1-\lambda)$ 位置上，α_1 在原区间的$1-\lambda$ 位置应相当于在保留区间的 λ^2 位置。故有

$$1-\lambda=\lambda^2$$

$$\lambda^2+\lambda-1=0$$

取方程的正数解，得

$$\lambda=\frac{\sqrt{5}-1}{2}\approx 0.618$$

所谓“黄金分割”是指将一条线段分成两段的方法，使整段长与较长段长度的比值等于较长段与较短段长度的比值，即 $1:\lambda=\lambda:(1-\lambda)$，同样算得 $\lambda\approx 0.618$。可见黄金分割法的基本思想是，每次缩小后的新区间长度与原区间长度的比值始终是一个常数，此常数为 0.618。也就是说每次的区间缩短率都等于 0.618。所以，黄金分割法又被称为“0.618 法”。

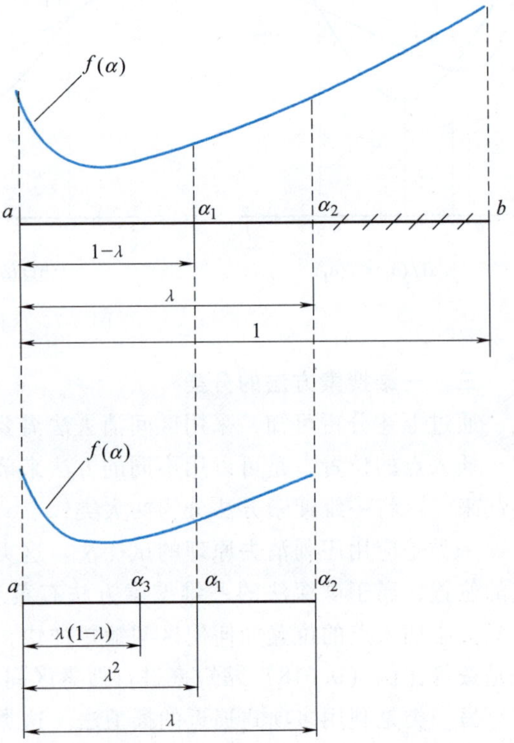

图 3-8 黄金分割法的基本思想

2. 黄金分割法的搜索过程

黄金分割法的搜索过程如下：

1）给定初始搜索区间 $[a,b]$ 及收敛精度 ε，令 $\lambda=0.618$。

2）按式（3-4）计算 α_1 和 α_2，及其对应的函数值 $y_1=f(\alpha_1)$ 和 $y_2=f(\alpha_2)$。

3）根据区间消去法原理缩短搜索区间。为了能用原来的坐标点计算公式，需进行区间名称的代换，并在保留区间中计算一个新的试验点及其函数值。

4）进行收敛精度判断，检查区间是否缩短到足够小，即是否满足 $|b-a|\leqslant\varepsilon$，如果条件不满足则返回到步骤 2）。

5）如果条件满足，则取最后两个试验点的平均值，即 $(a+b)/2$ 作为极小值点的数值近似解。

黄金分割法的程序框图如图 3-9 所示。

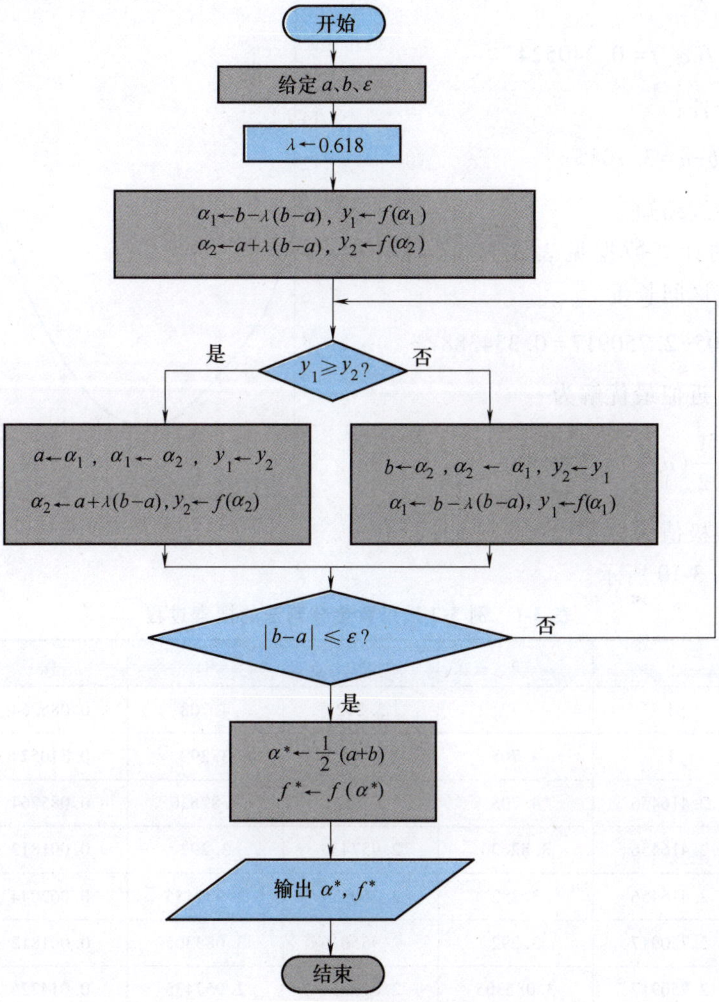

图 3-9　黄金分割法的程序框图

3. 黄金分割法的计算例题

例 3-2　用黄金分割法求函数 $f(\alpha)=\alpha^2-6\alpha+9$ 的极小值点 α。已知初始区间为 $[1,7]$，迭代精度 $\varepsilon=0.4$

解： 显然，此时的 $a=1$，$b=7$，首先在初始区间 $[a,b]$ 内插入两点 α_1 和 α_2，由式（3-4）得

$$\alpha_1=b-\lambda(b-a)=7-0.618\times(7-1)=3.292$$

$$\alpha_2=a+\lambda(b-a)=1+0.618\times(7-1)=4.708$$

再计算相应插入点的函数值，得

$$y_1=f(\alpha_1)=0.085264$$

$$y_2=f(\alpha_2)=2.917264$$

比较 y_1 与 y_2，由于 $y_1<y_2$，所以消去区间 $[\alpha_2,b]=[4.708,7]$，取 $[a,\alpha_2]=[1,4.708]$ 为新区间。即区间的端点 $a=1$ 保持不变，$b=\alpha_2=4.708$。

第一次迭代：在新的区间 $[a,b]=[1,4.708]$ 内取一个新的插入点 α_1，即

$$\alpha_1=b-\lambda(b-a)=4.708-0.618\times(4.708-1)=2.416456$$

计算其函数值，得

$$y_1=f(\alpha_1)=0.340524$$

判断终止条件：

$$b-a=3.708>\varepsilon$$

因此区间还需继续缩短。

各次缩短的计算数据见表 3-1。区间缩短 6 次后，已有区间长度

$$b-a=3.085305-2.750917=0.334388<\varepsilon$$

计算即可结束，近似最优解为

$$\alpha^*=\frac{1}{2}(a+b)=2.91811$$

相应的函数极值为 $f(\alpha^*)=0.00671$，上述搜索过程如图 3-10 所示。

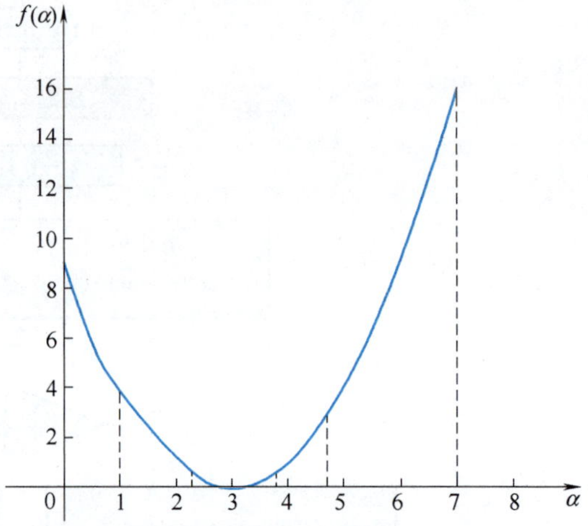

图 3-10 函数 $f(\alpha)=\alpha^2-6\alpha+9$ 的黄金分割法搜索过程

表 3-1 例 3-2 采用黄金分割法的搜索过程

迭代序号	a	b	α_1	α_2	y_1	y_2
0	1	7	3.292	4.708	0.085264	2.917264
1	1	4.708	2.416456	3.292	0.340524	0.085264
2	2.416456	4.708	3.292	3.82630	0.085264	0.693273
3	2.416456	3.82630	2.957435	3.292	0.001812	0.085264
4	2.416456	3.292	2.750914	2.957435	0.062044	0.001812
5	2.750917	3.292	2.955016	3.085305	0.001812	0.007277
6	2.750917	3.085305	2.878651	2.957435	0.014726	0.001812

二、斐波那契法

斐波那契法也是一种求解一维搜索问题的试探方法。它是建立在斐波那契数列基础上的一种优化算法，见表 3-2。斐波那契数列是具有如下递推关系的无穷数列：

$$F_0=F_1=1$$

$$F_n=F_{n-1}+F_{n-2}(n=2,3,\cdots)$$

表 3-2 斐波那契数列

n	0	1	2	3	4	5	6	7	8	…
F_n	1	1	2	3	5	8	13	21	34	…

由第二节中的区间消去法原理可知，在区间 $[a,b]$ 内任意取两点 a_1 和 b_1 $(a_1<b_1)$ 并计算其函数值以比较函数值的大小，就可以把搜索区间 $[a,b]$ 缩短成 $[a,b_1]$ 或 $[a_1,b]$。若要继续缩小搜索区间，只需在区间内再取一个试探点算出其函数值并与 $f(a_1)$ 或 $f(b_1)$ 进行比较即可。由此可见，计算函数的次数越多，搜索区间就缩小得越小，缩短后的区间长度与原区间长度之比，即区间的缩短率与函数的计算次数有关。

斐波那契法给出了一种确定试探点的方法。假设第 k 次试探前区间为 $[a_{k-1}, b_{k-1}]$，试探点为 λ_k、β_k，同时假设 n 为达到预定精度需要计算的函数次数，则有

$$\lambda_k=a_k+\frac{F_{n-k-1}}{F_{n-k+1}}(b_k-a_k)\quad(k=1,\cdots,n-1)$$

$$\beta_k=a_k+\frac{F_{n-k}}{F_{n-k+1}}(b_k-a_k)\quad(k=1,\cdots,n-1) \tag{3-5}$$

比较两个试探点函数值之间的大小关系，存在以下 2 种情况：

1）$f(\lambda_k)>f(\beta_k)$，此时，令 $a_{k+1}=\lambda_k$，$b_{k+1}=b_k$；

$$b_{k+1}-a_{k+1}=b_k-\lambda_k=b_k-a_k-\frac{F_{n-k-1}}{F_{n-k+1}}(b_k-a_k)=\frac{F_{n-k}}{F_{n-k+1}}(b_k-a_k)$$

2）$f(\lambda_k)\leqslant f(\beta_k)$，此时，令 $a_{k+1}=a_k$，$b_{k+1}=\beta_k$；

$$b_{k+1}-a_{k+1}=\beta_k-a_k=a_k+\frac{F_{n-k}}{F_{n-k+1}}(b_k-a_k)-a_k=\frac{F_{n-k}}{F_{n-k+1}}(b_k-a_k)$$

由此可见对于上述 2 种情况，区间缩小的比例都是一样的。

经过 $n-1$ 次迭代，得到的区间长度为

$$b_n-a_n=\frac{F_1}{F_2}(b_{n-1}-a_{n-1})=\frac{1}{F_n}(b_1-a_1) \tag{3-6}$$

计算 $2n-2$ 个函数值所能获得的最大缩短率为 $1/F_n$，即计算 $2n-2$ 个函数值可把原长度为 L_0 的区间缩短为 $L_0\times\frac{1}{F_n}$。若要想将区间长度缩短为原长度的 $\delta(0<\delta<1)$ 倍，只要 n 足够大一定能使

$$F_n\geqslant\frac{1}{\delta} \tag{3-7}$$

式中 δ——区间缩减的相对精度。

结合区间消去法，斐波那契法使用对称的搜索方式逐步缩减搜索的区间，所采取的具体步骤可概括如下：

1）根据相对精度或绝对精度，确定试探点个数。

2）按照式（3-5）确定两个试探点的位置 a_1、b_1。

3）计算函数值 $f(a_1)$ 和 $f(b_1)$ 并比较其大小，利用区间消去法缩短搜索区间。

4）重复 2）、3）两步，直到得到近似极小值点。

例 3-3 试用斐波那契法求函数 $f(x)=3x^2-12x+10$ 的近似极小值点和极小值，要求缩短

后的区间不大于初始区间［1,4］的0.05倍。

解： 容易证明函数 $f(x)=3x^2-12x+10$ 在区间［1,4］上是严格凸函数。为了进行比较，在此给出函数的精确最优解 $x^*=2$，最优值 $f(x^*)=-2$。

已知 $\delta=0.05$、$a=1$、$b=4$，由式（3-7）有 $F_n \geqslant \frac{1}{0.05}=20$，即 $n=7$。

$$a_1=a+\frac{F_5}{F_7}(b-a)=1+\frac{8}{21}\times(4-1)\approx 2.143$$

$$b_1=a+\frac{F_6}{F_7}(b-a)=1+\frac{13}{21}\times(4-1)\approx 2.857$$

$$f(a_1)\approx -1.939,\ f(b_1)\approx 0.203$$

由于 $f(a_1)<f(b_1)$，搜索区间可以从［1,4］缩短为［1,2.857］。从新的区间［1,2.857］开始，继续选取对称试探点比较其函数值，以使区间进一步缩短。由于在新的区间［1,2.857］内，已经存在一个已知的试探点 $a_1=2.143$ 及其函数值 $f(a_1)=-1.939$，所以仅需再计算一个试探点。新的试探点 $a_1=1+\frac{8}{21}\times(2.857-1)\approx 1.707$，将原来的试探点 $a_1=2.143$ 视为已知的试探点 b_1。由于 $f(a_1)\approx -1.742>f(b_1)\approx -1.939$，将搜索区间进一步从［1,2.857］缩短为［1.707,2.857］。再从新的区间（$a=1.707$，$b=2.857$）开始，继续选取对称试探点比较函数值，以使区间进一步缩短，直到区间长度不大于 $(4-1)\times 0.05=0.15$。因此，符合精度要求的近似极小值点为 $\frac{2.040+1.937}{2}\approx 1.989$，近似极小值为 -1.999，接近精确最优值 -2。上述计算结果见表3-3。

表3-3 例3-3斐波那契法的计算结果

迭代序号	a	b	a_1	b_1	$f(a_1)$	$f(b_1)$	$\lvert b-a\rvert$
0	1	4	2.143	2.857	−1.939	0.203	3
1	1	2.857	1.707	2.143	−1.742	−1.939	1.857
2	1.707	2.857	2.143	2.419	−1.939	−1.473	1.150
3	1.707	2.419	1.978	2.143	−1.999	−1.939	0.712
4	1.707	2.143	1.873	1.978	−1.952	−1.999	0.436
5	1.873	2.143	1.978	2.040	−1.999	−1.995	0.270
6	1.873	2.040	1.937	1.978	−1.998	−1.999	0.167
7	1.937	2.040	1.978	1.978	−1.999	−1.999	0.103

第四节 一维搜索的插值方法

在某一给定的搜索区间内，如果某些点处的函数值已知，则可以根据这些点的函数值信息，利用插值的方法建立函数的某种近似表达式，进而求出函数的极小值点，并用它作为原来函数极小值点的近似值。这种方法称为插值方法，又称为函数逼近法。

一维搜索的插值方法和试探方法都是利用某种原理确定插入点的位置，将搜索区间进行不断地缩短，从而求得极小值的数值近似解。二者不同之处在于插入点位置的确定方法不同。在试探方法中，插入点位置是由某种给定的规律确定的，它不考虑函数值或其他信息。

而在插值方法中，插入点位置需要利用函数值本身或其导数信息。

一、一维搜索的牛顿法

对于一维搜索函数 $y=f(\alpha)$，假定已给出极小值点的一个较好的近似点 α_0，因为一个连续可微的函数在极小值点附近与一个二次函数很接近，所以可在 α_0 点附近用一个二次函数 $\phi(\alpha)$ 来逼近函数 $f(\alpha)$，即在 α_0 点将 $f(\alpha)$ 进行泰勒展开并保留到二次项，有

$$f(\alpha)\approx\phi(\alpha)=f(\alpha_0)+f'(\alpha_0)(\alpha-\alpha_0)+\frac{1}{2}f''(\alpha_0)(\alpha-\alpha_0)^2$$

然后以二次函数 $\phi(\alpha)$ 的极小值点作为 $f(\alpha)$ 极小值点的一个新近似点 α_1。根据极值必要条件

$$\phi'(\alpha_1)=0$$

即

$$f'(\alpha_0)+f''(\alpha_0)(\alpha_1-\alpha_0)=0$$

得

$$\alpha_1=\alpha_0-\frac{f'(\alpha_0)}{f''(\alpha_0)}$$

依此继续下去，可得牛顿法迭代公式为

$$\alpha_{k+1}=\alpha_k-\frac{f'(\alpha_k)}{f''(\alpha_k)}\quad(k=0,1,2,\cdots)\tag{3-8}$$

图 3-11 所示是对一维搜索的牛顿法所做的几何解释。$f(\alpha)$ 的极小值点 α^* 应满足极值必要条件 $f'(\alpha^*)=0$。所以求 $f(\alpha)$ 的极小值点也就是求解方程 $f'(\alpha)=0$ 的根。图 3-11 中，在 α_0 处用一抛物线 $\phi_0(\alpha)$ 代替曲线 $f(\alpha)$，相当于用一斜线 $\phi_0'(\alpha)$ 代替曲线 $f'(\alpha)$。抛物线顶点 α_1 作为第一个近似点应位于斜线 $\phi_0'(\alpha)$ 与 α 轴的交点处。这样各个近似点是通过对 $f'(\alpha)$ 作切线求得与 α 轴的交点而找到的，所以牛顿法又称为切线法。

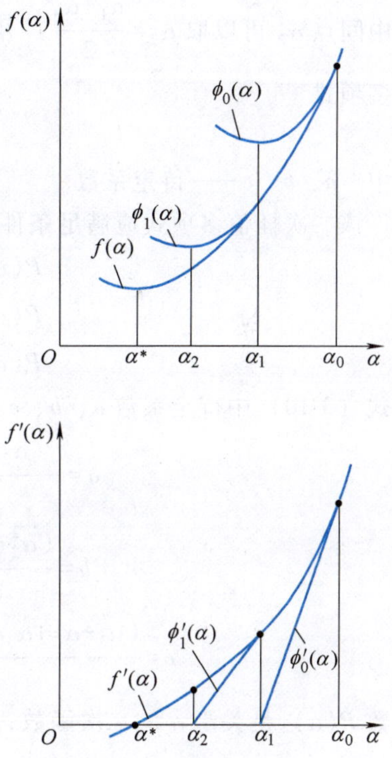

图 3-11 一维搜索的牛顿法

牛顿法的计算步骤是：

给定初始点 α_0，控制误差 ε，并令 $k=0$。

1）计算 $f'(\alpha_k)$ 和 $f''(\alpha_k)$。

2）求 $\alpha_{k+1}=\alpha_k-\dfrac{f'(\alpha_k)}{f''(\alpha_k)}$。

3）若 $|\alpha_{k+1}-\alpha_k|\leqslant\varepsilon$，则求得近似解 $\alpha^*=\alpha_{k+1}$，停止计算，否则进行步骤 4)。

4）令 $k\leftarrow k+1$，进行步骤 1)。

例 3-4 给定 $f(\alpha)=\alpha^4-4\alpha^3-6\alpha^2-16\alpha+4$，试用一维搜索的牛顿法求其极小值点 α^*。

解： 为计算方便，先求出函数的一阶、二阶导函数，即

$$f'(\alpha)=4(\alpha^3-3\alpha^2-3\alpha-4)$$

$$f''(\alpha)=12(\alpha^2-2\alpha-1)$$

给定初始点 $\alpha_0=3$，控制误差 $\varepsilon=0.001$，计算结果见表 3-4。

牛顿法的最大优点是收敛速度快。但是在每一点处都要计算函数的二阶导数，因而增加了每次迭代的计算量。特别是用数值微分代替二阶导数时，舍入误差会影响牛顿法的收敛速度，当 $f'(\alpha)$ 很小时，这个问题更严重。另外，牛顿法要求初始点选得比较好，也就是说离极小值点不太远，否则有可能使极小化序列发散或收敛到非极小值点。

表 3-4 牛顿法的搜索过程

k	0	1	2	3	4
α_k	3	5.16667	4.33474	4.03960	4.00066
$f'(\alpha_k)$	-52	153.35183	32.30199	3.38299	0.00551
$f''(\alpha_k)$	24	184.33332	109.44586	86.86992	84.04720
α_{k+1}	5.16667	4.33474	4.03960	4.00066	4.00059

二、一维搜索的二次插值法

1. 二次插值法的基本原理

在已经确定的搜索区间内进行一维搜索时，可以利用若干点处的函数值信息来构造低次插值多项式，用它作为函数的近似表达式，并用这个多项式的极小值点作为原函数极小值点的近似。常用的低次插值多项式为二次多项式。利用二次多项式所进行的插值法称为二次插值法。作为一种一维搜索的插值方法，二次插值法是求解一维搜索问题时常用的优化方法。

已知在目标函数 $y=f(\alpha)$ 单谷区间中的三点 $\alpha_1<\alpha_2<\alpha_3$（若仅是区间端点 α_1，α_3 已知，则中间点 α_2 可以取 $\alpha_2=\dfrac{\alpha_1+\alpha_3}{2}$）及其相应函数值 $f(\alpha_1)>f(\alpha_2)<f(\alpha_3)$，得到如下的二次插值多项式

$$P(\alpha)=a\alpha^2+b\alpha+c \tag{3-9}$$

式中 a、b、c——待定系数。

该二次插值多项式应满足条件

$$\begin{aligned} P(\alpha_1)&=a\alpha_1^2+b\alpha_1+c=y_1=f(\alpha_1)\\ P(\alpha_2)&=a\alpha_2^2+b\alpha_2+c=y_2=f(\alpha_2)\\ P(\alpha_3)&=a\alpha_3^2+b\alpha_3+c=y_3=f(\alpha_3)\end{aligned} \tag{3-10}$$

将式（3-10）中待定系数 a、b、c 看作未知量，求解上述三元一次方程组，可以得到

$$a=-\frac{(\alpha_2-\alpha_3)y_1+(\alpha_3-\alpha_1)y_2+(\alpha_1-\alpha_2)y_3}{(\alpha_1-\alpha_2)(\alpha_2-\alpha_3)(\alpha_3-\alpha_1)}$$

$$b=\frac{(\alpha_2^2-\alpha_3^2)y_1+(\alpha_3^2-\alpha_1^2)y_2+(\alpha_1^2-\alpha_2^2)y_3}{(\alpha_1-\alpha_2)(\alpha_2-\alpha_3)(\alpha_3-\alpha_1)}$$

$$c=\frac{(\alpha_3-\alpha_2)\alpha_3\alpha_2y_1+(\alpha_1-\alpha_3)\alpha_1\alpha_3y_2+(\alpha_2-\alpha_1)\alpha_1\alpha_2y_3}{(\alpha_1-\alpha_2)(\alpha_2-\alpha_3)(\alpha_3-\alpha_1)}$$

函数 $P(\alpha)$ 是关于 α 的二次函数，其极值点可通过极值必要条件求得，即

$$P'(\alpha_p)=2a\alpha_p+b=0$$

得到

$$\alpha_p^*=-\frac{b}{2a} \tag{3-11}$$

将系数 a 和 b，代入式（3-11），可得

$$\alpha_p^*=-\frac{b}{2a}=\frac{1}{2}\frac{(\alpha_2^2-\alpha_3^2)y_1+(\alpha_3^2-\alpha_1^2)y_2+(\alpha_1^2-\alpha_2^2)y_3}{(\alpha_2-\alpha_3)y_1+(\alpha_3-\alpha_1)y_2+(\alpha_1-\alpha_2)y_3} \tag{3-12}$$

为了简化，令

$$c_1=\frac{y_3-y_1}{\alpha_3-\alpha_1}$$

$$c_2=\frac{\dfrac{y_2-y_1}{\alpha_2-\alpha_1}-c_1}{\alpha_2-\alpha_3}$$

则得到 $f(\alpha)$ 极小值点 α^* 的近似解 α_p^*

$$\alpha_p^*=\frac{1}{2}\left(\alpha_1+\alpha_3-\frac{c_1}{c_2}\right) \tag{3-13}$$

二次插值法的迭代过程如图 3-12 所示。如果区间长度 $|\alpha_3-\alpha_1|$ 足够小，则由 $|\alpha_p^*-\alpha^*|<|\alpha_3-\alpha_1|$ 便得出所要求的近似极小值点 $\alpha^*\approx\alpha_p^*$。如果不满足上述要求，则必须进一步缩短区间 $[\alpha_1,\alpha_3]$。根据区间消去法原理，需要已知区间内两点的函数值。其中点 α_2 的函数值 $y_2=f(\alpha_2)$ 已知，另外一点可取 α_p^* 点并计算其函数值 $y_p=f(\alpha_p^*)$。当 $y_2<y_p$ 时取 $[\alpha_1,\alpha_p^*]$ 为缩短后的搜索区间，如图 3-12a 所示，在新的区间内再用二次插值法插入新的极小值点近似值 $\tilde{\alpha}_p$，如图 3-12b 所示。如此不断进行下去，直到满足精度要求为止。

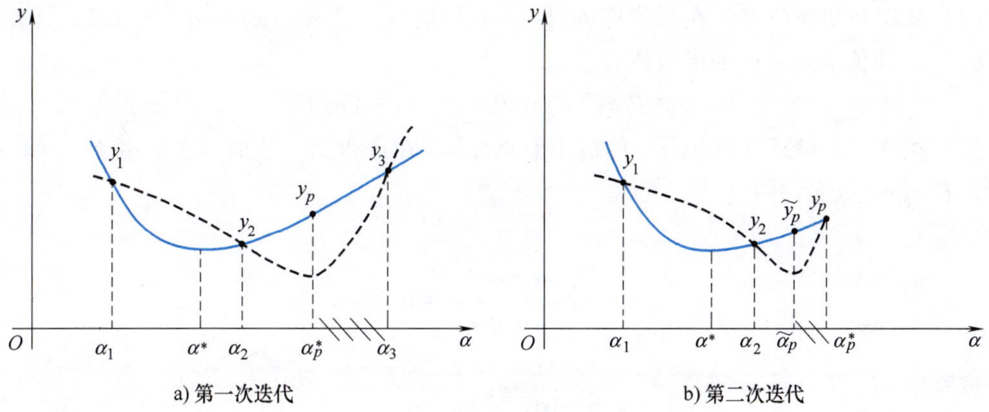

图 3-12　二次插值法的迭代过程

2. 二次插值法的区间缩短

为了在每次计算插入点的坐标时能使用同一计算公式，新区间端点的坐标及函数值名称需换成原区间端点的坐标及函数值名称，即在每个新区间上仍取 α_1、α_2、α_3 三点及其相应的函数值 $y_1>y_2<y_3$。这样当计算插入点 α_p^* 位置时仍可以使用原来的计算公式。

根据 α_p^* 与 α_2 的相对位置，y_p 与 y_2 的大小，二次插值法进行区间缩短之前可以分为 4 种情况，即

1）$\alpha_p^*>\alpha_2$，$y_2\geqslant y_p$；

2）$\alpha_p^*>\alpha_2$，$y_2<y_p$；

3）$\alpha_p^*<\alpha_2$，$y_2\geqslant y_p$；

4）$\alpha_p^*<\alpha_2$，$y_2<y_p$。

上述 4 种情况在进行区间缩短时，应采用不同的换名方式，即

1）当 $\alpha_p^*>\alpha_2$，$y_2\geqslant y_p$ 时，$\alpha_1\leftarrow\alpha_2$，$\alpha_2\leftarrow\alpha_p$，$\alpha_3$ 不变；

2）当 $\alpha_p^*>\alpha_2$，$y_2<y_p$ 时，$\alpha_3\leftarrow\alpha_p$，$\alpha_1$，$\alpha_2$ 不变；

3）当 $\alpha_p^*<\alpha_2$，$y_2\geqslant y_p$ 时，$\alpha_3\leftarrow\alpha_2$，$\alpha_2\leftarrow\alpha_p$，$\alpha_1$ 不变；

4）当 $\alpha_p^*<\alpha_2$，$y_2<y_p$ 时，$\alpha_1\leftarrow\alpha_p$，$\alpha_2$，$\alpha_3$ 不变；

上述换名情况见表 3-5。

表 3-5 二次插值法的换名情况

α_p^* 位置	$\alpha_p^*>\alpha_2$		$\alpha_p^*<\alpha_2$	
函数值大小比较	$y_2\geqslant y_p$	$y_2<y_p$	$y_2\geqslant y_p$	$y_2<y_p$
换名示意图	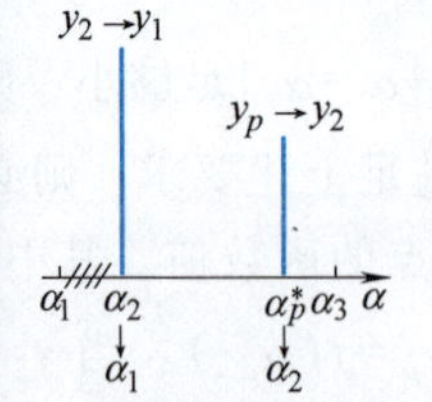	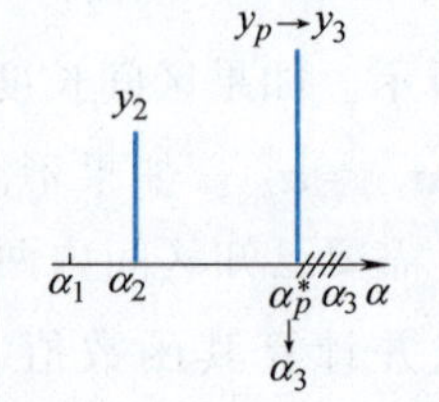	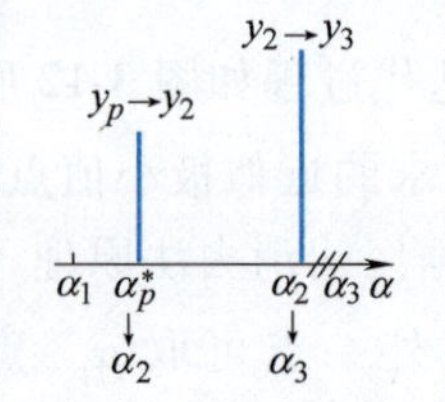	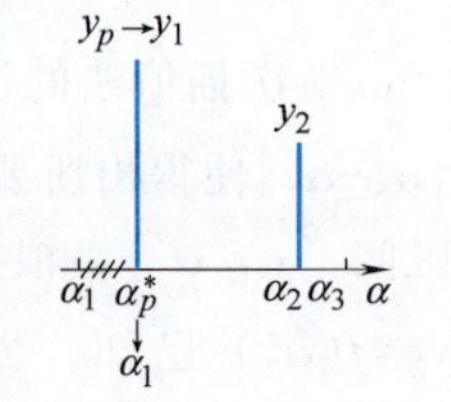

3. 二次插值法的搜索过程

二次插值法的搜索过程如下：

(1) 确定初始插值点　在搜索区间 $[\alpha_1,\alpha_3]$ 内取一点 α_2，$\alpha_2=(\alpha_1+\alpha_2)/2$。计算 α_1、α_2、α_3 三个插值节点对应的函数值：

$$y_1=f(\alpha_1),\ y_2=f(\alpha_2),\ y_3=f(\alpha_3)$$

(2) 按式 (3-13) 计算 $p(\alpha)$ 的极小值点 α_p^*　在进行这一步时，首先要对 $c_2=0$ 进行判断，若 $c_2=0$ 成立，即

$$c_2=\frac{\dfrac{y_2-y_1}{\alpha_2-\alpha_1}-c_1}{\alpha_2-\alpha_3}=0$$

或写作
$$\frac{y_2-y_1}{\alpha_2-\alpha_1}=c_1=\frac{y_3-y_1}{\alpha_3-\alpha_1}$$

这说明三个插值节点 $P_1(x_1,y_1)$、$P_2(x_2,y_2)$、$P_3(x_3,y_3)$ 在同一条直线上。另外，如果发生 $(\alpha_p^*-\alpha_1)(\alpha_3-\alpha_p^*)\leqslant 0$ 的情况，则说明 α_p^* 落在区间 $[\alpha_1,\alpha_3]$ 之外。以上两种情况只是在区间已缩小得很小，三个插值节点已经十分接近的时候，由于计算时的舍入误差才可能导致其发生。因此，对这种情况的合理处置就是把中间插值节点 α_2 及其函数值 y_2 作为最优解输出。

(3) 判断是否满足精度要求

1）若 $|\alpha_p^*-\alpha_2|<\varepsilon$，说明搜索区间已足够小，当 $y_p^*=f(\alpha_p^*)<y_2=f(\alpha_2)$ 时，输出 $\alpha^*=\alpha_p^*$，$y^*=y_p^*$；否则，输出 $\alpha^*=\alpha_2$，$y^*=y_2$。

2）若 $|\alpha_p^*-\alpha_2|\geqslant\varepsilon$，则按照二次插值法的区间缩短原理进行区间缩短后，返回到步骤 (2)。

4. 二次插值法的例题

例 3-5 用二次插值法求 $f(\alpha)=e^{\alpha+1}-5(\alpha+1)$ 在区间 $[-0.5,2.5]$ 上的极小值点。控制误差 $\varepsilon=0.005$。

解：

1）确定初始插值点。在初始搜索区间上取 $\alpha_1=-0.5$，$\alpha_3=2.5$，$\alpha_2=\dfrac{\alpha_1+\alpha_3}{2}=1$，计算相应的函数值：

$$y_1=f(\alpha_1)=-0.851279,\ y_2=f(\alpha_2)=-2.610944,\ y_3=f(\alpha_3)=15.615452$$

2）计算 α_p^* 与 y_p^*，得

$$c_1=5.488910,\ c_2=4.441347$$

$$\alpha_p^*=\frac{1}{2}\left(\alpha_1+\alpha_3-\frac{c_1}{c_2}\right)=0.382067$$

$$y_p^*=f(\alpha_p^*)=-2.927209$$

3）缩短区间。因为 $\alpha_p^*<\alpha_2$，$y_2>y_p^*$，经过区间消去后，得

$$\alpha_1=-0.5,\ \alpha_2=0.382067,\ \alpha_3=1$$

$$y_1=f(\alpha_1)=-0.851279,\ y_2=f(\alpha_2)=-2.927209,\ y_3=f(\alpha_3)=-2.610944$$

4）在新区间内重复步骤 2)，得

$$c_1=-1.17311,\ c_2=1.910196$$

$$\alpha_p^*=0.557065,\ y_p^*=-3.040450$$

5）检查终止条件。$|\alpha_p^*-\alpha_2|=|0.557065-0.382067|=0.174998>\varepsilon$，不满足迭代终止条件，重复步骤 2)，经 5 次插值计算后有

$$|\alpha_p^*-\alpha_2|=0.002971<\varepsilon$$

得到极小值点和极小值：

$$\alpha^*=\alpha_p^*=0.608188$$

$$y^*=y_p^*=-3.047186$$

本题的各次插值计算结果见表 3-6。

表 3-6　例 3-5 的计算结果

迭代次数	1	2	3	4	5
α_1	-0.5	-0.5	0.382067	0.557065	0.593226
α_2	1.0	0.382067	0.557065	0.593226	0.605217
α_3	2.5	1.0	1.0	1.0	1.0
y_1	-0.851279	-0.851279	-2.927209	-3.040450	-3.046534
y_2	-2.610944	-2.927209	-3.040450	-3.046534	-3.047145
y_3	15.615452	-2.610944	-2.610944	-2.610944	-2.610944
c_1	5.488910	-1.17311	0.511811	0.969682	1.070840
c_2	4.441347	1.910196	2.616433	2.797449	2.841548
α_p^*	0.382067	0.557065	0.593226	0.605217	0.608188
y_p^*	-2.927209	-3.040450	-3.046534	-3.047145	-3.047186

“两弹一星”
功勋科学家：
王希季

第四章

无约束优化方法

第一节　概　　述

工程实际优化问题包括机械结构参数优化问题、机械系统动力参数优化问题和工艺参数优化问题等问题，这些优化问题的研究都需要构建对应的数学模型，再通过确定的设计变量、目标函数及约束条件来求解优化设计的可行域。第二章“优化设计的数学基础”中已介绍机械优化设计问题一般是非线性规划问题，即在给定约束条件下求解多元非线性函数的极小值。由于实际工程变量具有多元性和复杂性的特征，且设计参数往往要从大量试验中获取，使得优化问题一般都要通过数学规划方法进行求解。

在研究数学规划问题的过程中，约束优化问题一般都是基于无约束优化问题的。无约束优化问题是指在不限制设计变量取值范围的前提下，考虑目标函数 $f(\boldsymbol{x})\rightarrow\min(\boldsymbol{x}\in R^n)$ 的问题。除了在非常接近最终极小值点的情况，任何工程实际问题的数学模型都可以按无约束优化问题来处理。所以，无约束优化问题的解法是优化设计方法的基本组成部分，也是优化方法的基础。

无约束优化问题的求解可根据极值条件进行，即求解方程

$$\nabla f(\boldsymbol{x}^*)=0 \tag{4-1}$$

解上述方程组，求得驻点后，再根据极值点所需满足的充分条件（海塞矩阵正定）来判定是否为极小值点。这是一个含有 n 个未知量和 n 个方程的方程组，并且在工程实际中一般是非线性的。对于非线性方程组的求解，一般是很难用解析法实现方程组求解的，有时需要采用数值计算方法逐步求出非线性联立方程组的解。而采用数值计算方法求解非线性方程组的计算比较复杂，因此直接采用数值解法求解无约束优化问题是常用的计算手段。

如果采用数值解法中的数学规划法求解无约束优化问题，需要从给定的初始点 $\boldsymbol{x}^0$ 出发，

沿某一搜索方向 $\boldsymbol{d}^0$ 进行搜索，确定最佳步长 α_0，使目标函数值沿 $\boldsymbol{d}^0$ 方向下降最大，得到 $\boldsymbol{x}^1$ 点。再依次按式（4-2）不断进行迭代，形成下降算法。

$$\boldsymbol{x}^{k+1}=\boldsymbol{x}^k+\alpha_k\boldsymbol{d}^k \quad (k=0,1,2,\cdots) \tag{4-2}$$

在式（4-2）中，最优的搜索步长 α_k 和搜索方向 $\boldsymbol{d}^k$ 被称为数学规划法的基本要素。图 4-1 是按迭代式（4-2）对无约束优化问题进行极小值计算的程序框图。显然，对不同的确定最优步长 α_k 和搜索方向 $\boldsymbol{d}^k$ 的算法将派生出不同的 n 维无约束优化问题的数值解法。第三章“一维搜索方法”中已经讨论了如何在给定的搜索方向 $\boldsymbol{d}^k$ 上确定最优步长 α_k 的方法，本章将讨论如何确定搜索方向 $\boldsymbol{d}^k$ 的问题以及由此而形成的具有不同特征的无约束优化问题的求解方法。

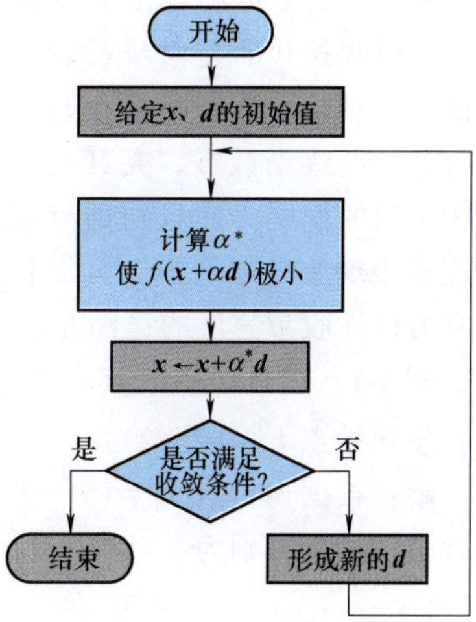

图 4-1　无约束优化问题极小值计算的程序框图

按照数学规划法的要求，根据构成搜索方向 $\boldsymbol{d}^k$ 所使用的信息性质的不同，无约束优化方法可以分为两类：一类是利用目标函数的一阶或二阶导数的无约束优化方法，如最速下降法、牛顿型方法、共轭梯度法及变尺度法等。另一类是利用目标函数函数值的无约束优化方法，如坐标轮换法、鲍威尔（Powell）法及单形替换法等。

第二节　最速下降法

最速下降法是求解无约束多元函数极值问题的古老算法之一，该方法形式直观、原理简单，是其他无约束和约束优化方法的理论基础。由第二章“优化设计的数学基础”可知，梯度方向是函数值增加最快的方向，而负梯度方向是函数值下降最快的方向。从某点 $\boldsymbol{x}$ 出发，取该点的负梯度方向 $-\nabla f(\boldsymbol{x})$ 作为搜索方向 $\boldsymbol{d}$，使函数值在该点附近下降最快，直到满足优化设计目标。该方法称为最速下降法，也称为梯度法（Gradient Method）。按此规律不断进行迭代，形成算法公式为

$$\boldsymbol{x}^{k+1}=\boldsymbol{x}^k-\alpha_k\nabla f(\boldsymbol{x}^k) \quad (k=0,1,2,\cdots) \tag{4-3}$$

或写成

$$\boldsymbol{x}^{k+1}=\boldsymbol{x}^k-\alpha_k\frac{\nabla f(\boldsymbol{x}^k)}{\|\nabla f(\boldsymbol{x}^k)\|} \quad (k=0,1,2,\cdots) \tag{4-4}$$

为了使目标函数值沿搜索方向 $-\nabla f(\boldsymbol{x}^k)$ 能获得最大的下降值，其步长因子 α_k 应取一维搜索的最佳步长。即有

$$f(\boldsymbol{x}^{k+1})=f[\boldsymbol{x}^k-\alpha_k\nabla f(\boldsymbol{x}^k)]=\min_{\alpha} f[\boldsymbol{x}^k-\alpha\nabla f(\boldsymbol{x}^k)]=\min_{\alpha}\varphi(\alpha)$$

根据一元函数极值的必要条件和多元复合函数求导公式，得

$$\varphi'(\alpha)=-\{\nabla f[\boldsymbol{x}^k-\alpha_k\nabla f(\boldsymbol{x}^k)]\}^{\mathrm{T}}\nabla f(\boldsymbol{x}^k)=0$$

即

$$[\nabla f(\boldsymbol{x}^{k+1})]^{\mathrm{T}}\nabla f(\boldsymbol{x}^k)=0 \tag{4-5}$$

或写成

$$[\boldsymbol{d}^{k+1}]^{\mathrm{T}}\boldsymbol{d}^k=0 \tag{4-6}$$

根据上述推导可知，在采用最速下降法求解无约束优化问题的迭代过程中，相邻两个迭代点上的函数梯度相互垂直。而搜索方向就是负梯度方向，因此相邻两个搜索方向互相垂

直。这就是说在最速下降法中，迭代点在向函数极小值点靠近的过程中，每一次的搜索方向与前一次的搜索方向垂直。在二维目标函数等值线所在的空间内，相邻两次搜索方向就是相互垂直的，形成“之”字形锯齿状的搜索路径，如图 4-2 所示。

从图 4-2 中可以看出，在远离极小值点的位置时，每次迭代的搜索步长较大，使函数值有较多的下降；在接近极小值点时，搜索步长缩短导致收敛速度逐渐减慢，尤其是当目标函数的等值线为较扁的椭圆，并且初始点选择不当时，收敛速度减慢现象更加明显。可以证明，最速下降法是具有线性收敛速度的迭代方法。

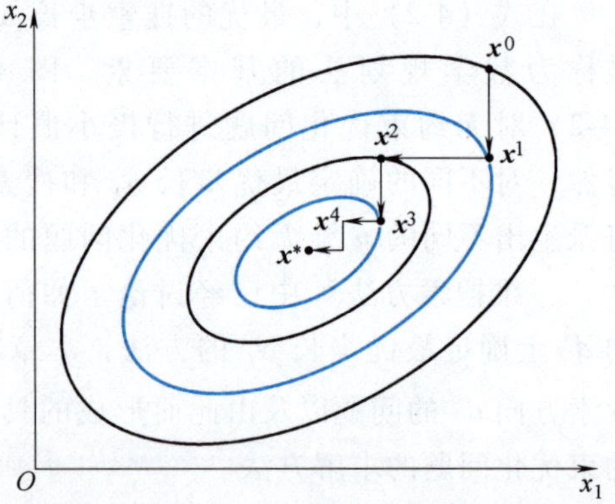

图 4-2 最速下降法的搜索路径

例 4-1 求目标函数 $f(\boldsymbol{x})=x_1^2+25x_2^2$ 的极小值点，设初始点 $\boldsymbol{x}^0=(2\quad 2)^{\mathrm{T}}$。

解： 根据初始点 $\boldsymbol{x}^0=(2\quad 2)^{\mathrm{T}}$ 计算初始点处函数值及梯度分别为

$$f(\boldsymbol{x}^0)=104$$

$$\nabla f(\boldsymbol{x}^0)=\begin{pmatrix}2x_1\\50x_2\end{pmatrix}_{x^0}=\begin{pmatrix}4\\100\end{pmatrix}$$

沿负梯度方向进行一维搜索，则有

$$\boldsymbol{x}^1=\boldsymbol{x}^0-\alpha_0\nabla f(\boldsymbol{x}^0)=\begin{pmatrix}2\\2\end{pmatrix}-\alpha_0\begin{pmatrix}4\\100\end{pmatrix}=\begin{pmatrix}2-4\alpha_0\\2-100\alpha_0\end{pmatrix}$$

α_0 为一维搜索最佳步长，应满足极值必要条件

$$f(\boldsymbol{x}^1)=\min_{\alpha} f[\boldsymbol{x}^0-\alpha\nabla f(\boldsymbol{x}^0)]$$

$$=\min_{\alpha}\{(2-4\alpha)^2+25(2-100\alpha)^2\}=\min_{\alpha}\varphi(\alpha)$$

$$\varphi'(\alpha_0)=-8(2-4\alpha_0)-5000(2-100\alpha_0)=0$$

从而算出一维搜索最佳步长为

$$\alpha_0=\frac{626}{31252}=0.02003072$$

以及第一次迭代设计点位置和函数值为

$$\boldsymbol{x}^1=\begin{pmatrix}2-4\alpha_0\\2-100\alpha_0\end{pmatrix}=\begin{pmatrix}1.919877\\-0.3071785\times10^{-2}\end{pmatrix}$$

$$f(\boldsymbol{x}^1)=3.686164$$

从而完成了最速下降法的第一次迭代。按此过程继续进行下去，经过 10 次迭代后，得到最优解

$$\boldsymbol{x}^*=(0\quad 0)^{\mathrm{T}}$$

$$f(\boldsymbol{x}^*)=0$$

例 4-1 中目标函数 $f(\boldsymbol{x})$ 的等值线为一族椭圆，迭代点从 $\boldsymbol{x}^0$ 点出发进行搜索，形成的是一段锯齿形的搜索路径，如图 4-3 所示。

若将该目标函数 $f(\boldsymbol{x})=x_1^2+25x_2^2$ 引入变换

$$y_1=x_1$$
$$y_2=5x_2$$

则函数 $f(x_1,\ x_2)$ 变为

$$\psi(y_1,y_2)=y_1^2+y_2^2$$

其等值线就由一族椭圆变成一族同心圆，如图 4-4 所示。仍从 $\boldsymbol{x}^0=(2\quad 2)^{\mathrm{T}}$ 即 $\boldsymbol{y}^0=(2\quad 10)^{\mathrm{T}}$ 出发进行最速下降法寻优，此时有

$$\psi(\boldsymbol{y}^0)=104$$

$$\boldsymbol{\nabla}\psi(\boldsymbol{y}^0)=\begin{pmatrix}2y_1\\2y_2\end{pmatrix}_{y^0}=\begin{pmatrix}4\\20\end{pmatrix}$$

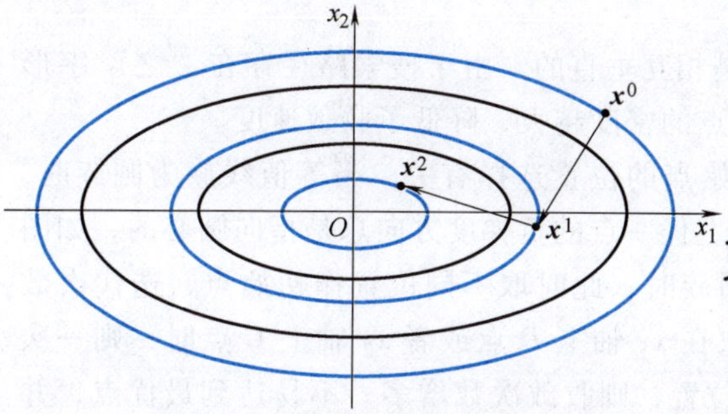

图 4-3　等值线为椭圆的迭代过程

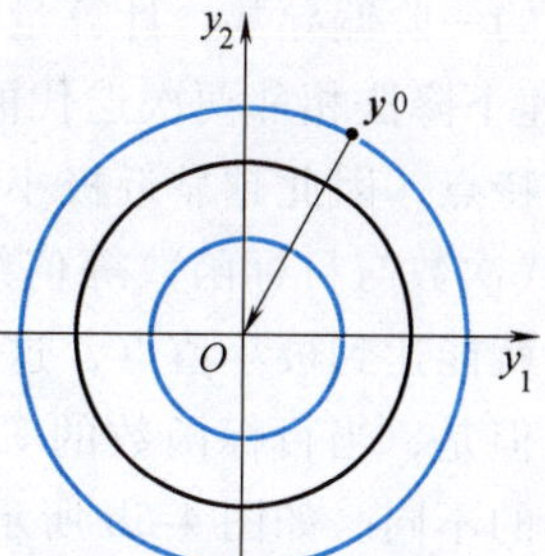

图 4-4　等值线为圆的迭代过程

沿负梯度 $-\boldsymbol{\nabla}\psi(\boldsymbol{y}^0)$ 方向进行一维搜索，则有

$$\boldsymbol{\psi}(\boldsymbol{y}^1)=\boldsymbol{y}^0-\alpha_0'\boldsymbol{\nabla}\psi(\boldsymbol{y}^0)=\begin{pmatrix}2\\10\end{pmatrix}-\alpha_0'\begin{pmatrix}4\\20\end{pmatrix}=\begin{pmatrix}2-4\alpha_0'\\10-20\alpha_0'\end{pmatrix}$$

α_0'为一维搜索的最佳步长，可由极值条件算出

$$\psi(\boldsymbol{y}^1)=\min_{\alpha}\psi[\boldsymbol{y}^0-\alpha'\boldsymbol{\nabla}\psi(\boldsymbol{y}^0)]=\min_{\alpha}\Phi(\alpha')$$

$$\Phi(\alpha')=(2-4\alpha')^2+(10-20\alpha')^2$$

$$\Phi'(\alpha_0')=-8(2-4\alpha_0')-40(10-20\alpha_0')=0$$

$$\alpha_0'=\frac{26}{52}=0.5$$

从而算得第一次走步后设计点的位置及其相应的目标函数值为

$$\boldsymbol{y}^1=\begin{pmatrix}2-4\alpha_0'\\10-20\alpha_0'\end{pmatrix}=\begin{pmatrix}0\\0\end{pmatrix}$$

$$\psi(\boldsymbol{y}^1)=0$$

由此可见经过坐标变换后，只需经过一次迭代，就能找到最优解 $\boldsymbol{x}^*=(0\quad 0)^{\mathrm{T}}$，且 $f(\boldsymbol{x}^*)=0$。

比较以上两种函数形式

$$f(x_1,x_2)=x_1^2+25x_2^2=\frac{1}{2}(x_1\quad x_2)\begin{pmatrix}2&0\\0&50\end{pmatrix}\begin{pmatrix}x_1\\x_2\end{pmatrix}$$

$$\psi(y_1,y_2)=y_1^2+y_2^2=\frac{1}{2}(y_1\quad y_2)\begin{pmatrix}2&0\\0&2\end{pmatrix}\begin{pmatrix}y_1\\y_2\end{pmatrix}$$

可以看出它们中间的对角矩阵不同。从几何形式上看，$f(x_1,x_2)$ 的等值线为一族椭圆，而 $\psi(y_1,y_2)$ 的等值线则为一族同心圆。上述两个二次型函数的对角矩阵描述了椭圆的长短轴，它们是表示度量的矩阵或表示尺度的矩阵。通过适当的坐标变换，改善目标函数的性态，可以有效提高最速下降法的收敛速度。针对上述这种设计变量变换的思想，在后面变尺度法中还要进行详细地讨论。

根据上述讨论，可以归纳出最速下降法的几个基本特点：

1）最速下降法理论明确、方法简单、概念清楚。每迭代一次除需进行一维搜索外，只需计算函数的一阶偏导数，计算量小。

2）最速下降法相邻两次迭代的搜索方向是相互垂直的。由于搜索路径存在“之”字形锯齿现象的特点，因此越靠近极小值点，搜索点的密度越大，降低了收敛速度。

3）迭代次数与目标函数等值线形状和初始点的位置选择有关。当等值线族为圆族时，则一次迭代就能达到极小值点，这是因为圆周上任一点的负梯度方向总是指向圆心的，如图 4-5a 所示。但是，当目标函数的等值线为椭圆族时，此时取不同位置作初始点，迭代次数就会有很大的不同。如图 4-5b 所示，初始点取在 x_1 轴上 D 点或者 x_2 轴上 C 点时，则一次搜索就可到达极小值点。若初始点取在 A、B 位置，则收敛次数增多，不易达到最优点，并且形成的椭圆族越扁（椭圆的长短轴相差越大），迭代的次数将越多。

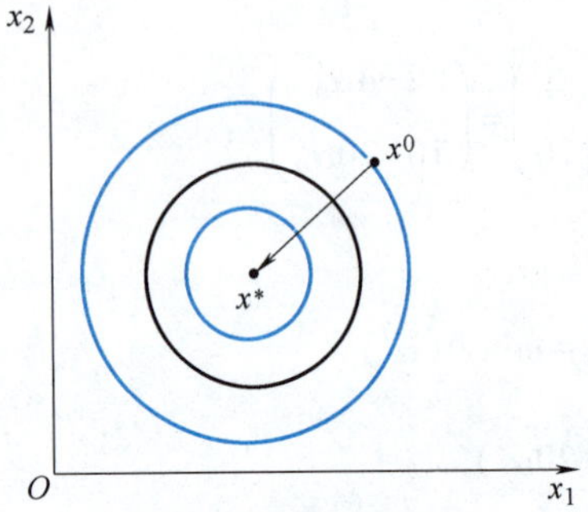

a) 等值线为圆的迭代过程

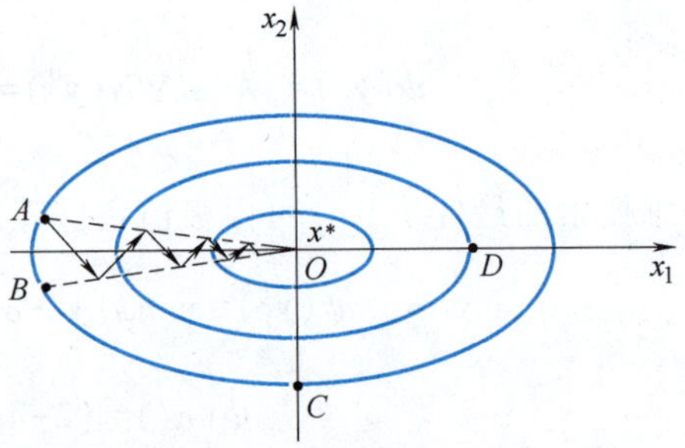

b) 等值线为椭圆的迭代过程

图 4-5 不同形状目标函数采用最速下降法的迭代过程

4）按最速下降法搜索并不等同于以最快的速度到达最优点。因为“负梯度方向是函数值最速下降方向”仅是迭代点邻域内的一种局部性质，从局部上看，在一点附近函数的下降是快的，但从整体上看则走了许多弯路，因此最速下降法下降速度并不算快。所以，从整个迭代过程来看，最速下降法不具有“最速下降”的性质。

图 4-6 所示为最速下降法的程序框图。因为最速下降法采用了函数的负梯度方向作为下一步的搜索方向，所以收效速度较慢，越是接近极值点收敛越慢，这是它的主要缺点。但是，应用最速下降法可以使目标函数在最初几步下降很快，所以它可与其他无约束优化方法配合使用。特别是一些更有效的方法都是在对它进行改进后，或在它的启发下获得的，因此最速下降法仍是许多无约束和有约束优化方法的基础。

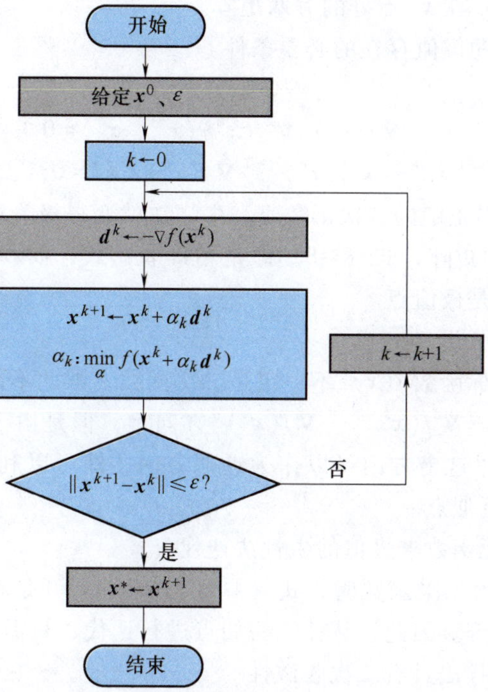

图 4-6　最速下降法的程序框图

第三节　牛顿型方法

由于最速下降法在迭代过程中存在锯齿状搜索路径，最初几步迭代数值下降很快，但是总体下降得并不快，而在越接近极值点下降得越慢，其主要原因是该方法在确定搜索方向时只考虑目标函数在迭代点的局部性质，即利用一阶偏导数（梯度）。本节所介绍的牛顿型方法主要包括牛顿法和阻尼牛顿法，这类方法在确定搜索方向时进一步利用了目标函数的二阶偏导数，考虑了梯度变化的趋势，从而更为全面地确定合适的搜索方向，以便很快地搜索到目标函数的极小值点。

一、牛顿法的基本原理

在第三章“一维搜索方法”中，我们针对一元函数采用数值方法求极值已经介绍过一维搜索的牛顿法。对于一元函数$f(x)$，假定已给出极小值点$\boldsymbol{x}^*$的一个较好的近似点x_0，则在x_0点处将$f(x)$进行泰勒展开到二次项，得到二次函数$\phi(x)$。按极值条件$\phi'(x)=0$得到$\phi(x)$的极小值点x_1，用它作为x^*的第一个近似点。然后再在x_1点处进行泰勒展开，并求得第二个近似点x_2。如此迭代下去，得到一维情况下的牛顿法迭代公式

$$x_{k+1}=x_k-\frac{f'(x_k)}{f''(x_k)}\quad(k=0,1,2,\cdots)\tag{4-7}$$

而对于多元函数$f(\boldsymbol{x})$，假设$\boldsymbol{x}^k$为$f(\boldsymbol{x})$极小值点$\boldsymbol{x}^*$的一个近似点，在$\boldsymbol{x}^k$点处将$f(\boldsymbol{x})$进行泰勒展开，保留到二次项，得

$$f(\boldsymbol{x})\approx\varphi(\boldsymbol{x})=f(\boldsymbol{x}^k)+[\nabla f(\boldsymbol{x}^k)]^{\mathrm{T}}(\boldsymbol{x}-\boldsymbol{x}^k)+\left[\frac{1}{2}(\boldsymbol{x}-\boldsymbol{x}^k)\right]^{\mathrm{T}}\nabla^2 f(\boldsymbol{x}^k)(\boldsymbol{x}-\boldsymbol{x}^k)\tag{4-8}$$

式中 $\nabla^2 f(\boldsymbol{x}^k)$——$f(\boldsymbol{x})$ 在 $\boldsymbol{x}^k$ 点处的海塞矩阵。

根据无约束优化问题极值存在的必要条件

$$\nabla\varphi(\boldsymbol{x}^{k+1})=0$$

即

$$\nabla f(\boldsymbol{x}^k)+\nabla^2 f(\boldsymbol{x}^k)(\boldsymbol{x}^{k+1}-\boldsymbol{x}^k)=0$$

得

$$\boldsymbol{x}^{k+1}=\boldsymbol{x}^k-[\nabla^2 f(\boldsymbol{x}^k)]^{-1}\nabla f(\boldsymbol{x}^k)\quad(k=0,1,2,\cdots)\tag{4-9}$$

当目标函数 $f(\boldsymbol{x})$ 是正定的二次函数时，牛顿法就变得极为简单和有效，这时海塞矩阵 $\nabla^2 f(\boldsymbol{x}^k)$ 就是一个常数矩阵，式（4-8）即是精确表达式，而利用式（4-9）进行一次迭代计算所获得的迭代点即是极值点。

二、牛顿法的迭代公式

在一般情况下，目标函数 $f(\boldsymbol{x})$ 不一定是二次函数，因此不能通过一次迭代就能求出极值点，即极小值点不在 $-[\nabla^2 f(\boldsymbol{x}^k)]^{-1}\nabla f(\boldsymbol{x}^k)$ 方向上，但是由于在 $\boldsymbol{x}^k$ 点附近，函数 $\varphi(\boldsymbol{x})$ 与 $f(\boldsymbol{x})$ 是近似的，所以这个方向可以作为近似方向，即可以利用式（4-7）求出的点 $\boldsymbol{x}$ 作为极小值点 $\boldsymbol{x}^*$ 的一个近似点。

式（4-9）即为多元函数求极值的牛顿法迭代公式。

当目标函数 $f(\boldsymbol{x})$ 为二次函数时，式（4-8）的泰勒展开是精确的，而其中的海塞矩阵 $\nabla^2 f(\boldsymbol{x}^k)$ 是一个常数矩阵。因此，从任意初始点进行迭代，只需一步迭代就可找到目标函数的极小值点。因此，牛顿法具有二次收敛性。

例 4-2 用牛顿法求 $f(x_1,x_2)=x_1^2+x_2^2-x_1x_2-10x_1-4x_2+60$ 的极小值。

解： 取初始点 $\boldsymbol{x}^0=(0\quad 0)^{\mathrm{T}}$，则初始点处的函数梯度、海塞矩阵及其逆矩阵分别是

$$\nabla f(\boldsymbol{x}^0)=\begin{pmatrix}2x_1-x_2-10\\2x_2-x_1-4\end{pmatrix}_{\boldsymbol{x}^0}=\begin{pmatrix}-10\\-4\end{pmatrix}$$

$$\nabla^2 f(\boldsymbol{x}^0)=\begin{pmatrix}2&-1\\-1&2\end{pmatrix}$$

$$[\nabla^2 f(\boldsymbol{x}^0)]^{-1}=\frac{1}{3}\begin{pmatrix}2&1\\1&2\end{pmatrix}$$

代入牛顿法迭代公式，得到新的迭代点

$$\boldsymbol{x}^1=\boldsymbol{x}^0-[\nabla^2 f(\boldsymbol{x}^0)]^{-1}\nabla f(\boldsymbol{x}^0)=\begin{pmatrix}0\\0\end{pmatrix}-\frac{1}{3}\begin{pmatrix}2&1\\1&2\end{pmatrix}\begin{pmatrix}-10\\-4\end{pmatrix}=\begin{pmatrix}8\\6\end{pmatrix}$$

经计算，$\nabla f(\boldsymbol{x}^1)=\begin{pmatrix}0\\0\end{pmatrix}$，而且 $\nabla^2 f(\boldsymbol{x}^1)=\begin{pmatrix}2&-1\\-1&2\end{pmatrix}$ 正定。所以，$\boldsymbol{x}^1=\begin{pmatrix}8\\6\end{pmatrix}$ 是目标函数的全局极小值点，即极小值点 $\boldsymbol{x}^*=(8\quad 6)^{\mathrm{T}}$，函数极小值 $f(\boldsymbol{x}^*)=8$。

三、阻尼牛顿法的基本原理和计算步骤

从上述牛顿法迭代公式的推导中可以看到，迭代点的位置是按照数学解析法的极值条件确定的，其中并未含有沿下降方向搜寻的概念。因此对于非二次函数，如果采用上述牛顿法迭代公式进行计算，有时会使函数值上升，即出现 $f(\boldsymbol{x}^{k+1})>f(\boldsymbol{x}^k)$ 的现象。为此，需对上述牛顿法进行改进，引入数学规划法迭代搜索的概念，提出“阻尼牛顿法”。

如果把

$$\boldsymbol{d}^k=-[\nabla^2 f(\boldsymbol{x}^k)]^{-1}\nabla f(\boldsymbol{x}^k)$$

看作一个搜索方向，称为牛顿方向，则阻尼牛顿法采用的迭代公式为

$$\boldsymbol{x}^{k+1}=\boldsymbol{x}^{k}+\alpha_k\boldsymbol{d}^{k}=\boldsymbol{x}^{k}-\alpha_k[\nabla^2 f(\boldsymbol{x}^{k})]^{-1}\nabla f(\boldsymbol{x}^{k})\quad(k=0,1,2,\cdots)\tag{4-10}$$

式中　α_k——沿牛顿方向进行一维搜索的最佳步长，也称为阻尼因子。

α_k 可通过如下极小化过程求得，即

$$f(\boldsymbol{x}^{k+1})=f(\boldsymbol{x}^{k}+\alpha_k\boldsymbol{d}^{k})=\min_{\alpha} f(\boldsymbol{x}^{k}+\alpha\boldsymbol{d}^{k})$$

式（4-10）即为阻尼牛顿法的基本原理。从上面的分析可以看出，原来的牛顿法就相当于阻尼牛顿法的步长 α_k 取为固定值 1 的情况。由于阻尼牛顿法每次迭代都在牛顿方向上进行一维搜索，避免了迭代后函数值上升的现象。阻尼牛顿法保持了牛顿法二次收敛的特性，且对初始点的选取没有苛刻的要求。

阻尼牛顿法的计算步骤如下：

1）给定初始点 $\boldsymbol{x}^0$，收敛精度 ε，并令迭代次数 $k\leftarrow 0$。

2）计算迭代点梯度 $\nabla f(\boldsymbol{x}^k)$、海塞矩阵 $\nabla^2 f(\boldsymbol{x}^k)$ 以及其逆矩阵 $[\nabla^2 f(\boldsymbol{x}^k)]^{-1}$。

3）构造搜索方向 $\boldsymbol{d}^k=-[\nabla^2 f(\boldsymbol{x}^k)]^{-1}\nabla f(\boldsymbol{x}^k)$。

4）从 $\boldsymbol{x}^k$ 点出发，求 $\boldsymbol{x}^{k+1}=\boldsymbol{x}^k+\alpha_k\boldsymbol{d}^k$，其中 α_k 为沿 $\boldsymbol{d}^k$ 进行一维搜索的最佳步长。

5）收敛条件判断。若 $\|\boldsymbol{x}^{k+1}-\boldsymbol{x}^k\|<\varepsilon$，则 $\boldsymbol{x}^*=\boldsymbol{x}^{k+1}$，程序结束；否则，置 $k\leftarrow k+1$，返回步骤 2）继续进行搜索。

阻尼牛顿法的程序框图如图 4-7 所示。一般地，将牛顿法和阻尼牛顿法统称为牛顿型方法。牛顿型方法总体上迭代次数较少、计算速度较快。但是这类方法的主要缺点是每次迭代都要计算函数的二阶导数矩阵，并对该矩阵求逆。当目标函数的维数高时，算量和存储量大的缺点尤为明显。最速下降法的收敛速度比牛顿型方法慢，而牛顿型方法又存在上述缺点。针对这些缺点，人们研究了很多改进的算法，如后面将要介绍的变尺度法就是在阻尼牛顿法的基础上形成的一种新的无约束优化方法。

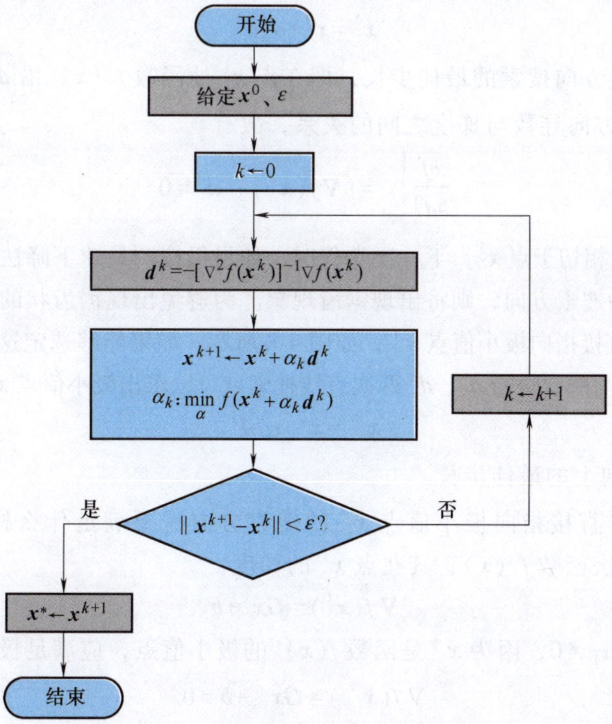

图 4-7　阻尼牛顿法的程序框图

第四节 共轭方向及共轭方向法

牛顿型方法虽然具有收敛速度快的优点，但是在迭代过程中，需要计算目标函数的海塞矩阵及其逆矩阵。因此，不适用于目标函数的变量较多和因次较高以及海塞矩阵为奇异矩阵时的优化过程。最速下降法最初几步迭代速度较快，而越接近极值点效果越差，在搜索过程中存在锯齿状的搜索路径。同时，最速下降法还具有计算简单、对初始点的选择要求低等优点，这些都是牛顿法所不及的。所以在最速下降法的基础上，发展了共轭方向法，以期获得在极值点附近较快的收敛速度。共扼方向法是以共轭方向为基础的一类算法，这类算法避免了最速下降法收敛慢的缺点和牛顿型方法那样求二阶偏导数矩阵及其逆矩阵的复杂计算，在实际工程中得到了广泛应用。由于这类方法的搜索方向取的是共轭方向，因此先介绍共轭方向的概念和性质。

一、共轭方向的概念

二次函数是最简单的非线性函数，可以证明二阶导数矩阵为正定的目标函数在极值点附近又都近似于二次函数。所以研究二次函数的无约束极值问题，可以推广到一般无约束优化问题。首先考虑目标函数为二次函数的情形，二次函数的一般矩阵表达式为

$$f(\boldsymbol{x})=\frac{1}{2}\boldsymbol{x}^{\mathrm{T}}\boldsymbol{G}\boldsymbol{x}+\boldsymbol{b}^{\mathrm{T}}\boldsymbol{x}+c \tag{4-11}$$

式中 $\boldsymbol{G}$——对称正定矩阵。

为了直观起见，这里首先考虑目标函数的等值线为二维的情况。二元二次函数的等值线为一族椭圆，从初始点 $\boldsymbol{x}^0$ 出发，首先按照最速下降法搜索极小值点，即沿 $\boldsymbol{d}^0=-\nabla f(\boldsymbol{x}^0)$ 进行一维搜索，得

$$\boldsymbol{x}^1=\boldsymbol{x}^0+\alpha_0\boldsymbol{d}^0$$

因为 α_0 是沿 $\boldsymbol{d}^0$ 方向搜索的最佳步长，即在点 $\boldsymbol{x}^1$ 处函数 f（$\boldsymbol{x}$）沿 $\boldsymbol{d}^0$ 方向的方向导数为零。考虑到点 $\boldsymbol{x}^1$ 处方向导数与梯度之间的关系，故有

$$\left.\frac{\partial f}{\partial \boldsymbol{d}^0}\right|_{\boldsymbol{x}^1}=[\nabla f(\boldsymbol{x}^1)]^{\mathrm{T}}\boldsymbol{d}^0=0 \tag{4-12}$$

$\boldsymbol{d}^0$ 与某一等值线相切于点 $\boldsymbol{x}^1$。下一次迭代时，如果仍按照最速下降法进行搜索，即选择负梯度$-\nabla f(\boldsymbol{x}^1)$ 方向为搜索方向，则将出现锯齿现象。为避免出现锯齿状的搜索路径，我们要寻找一个搜索方向 $\boldsymbol{d}^1$ 直接指向极小值点 $\boldsymbol{x}^*$，如图 4-8 所示。如果能够选定这样的搜索方向，那么对于二元二次函数只需顺次进行 $\boldsymbol{d}^0$、$\boldsymbol{d}^1$ 两次直线搜索就可以求出极小值点 $\boldsymbol{x}^*$，即有

$$\boldsymbol{x}^*=\boldsymbol{x}^1+\alpha_1\boldsymbol{d}^1 \tag{4-13}$$

式中 α_1——$\boldsymbol{d}^1$ 方向上的最佳步长。

下面就介绍这样直接指向极小值点 $\boldsymbol{x}^*$ 的搜索方向需要满足什么样的条件。对于由式（4-11）所表示的二次函数 f（$\boldsymbol{x}$），其在点 $\boldsymbol{x}^1$ 的梯度

$$\nabla f(\boldsymbol{x}^1)=\boldsymbol{G}\boldsymbol{x}^1+\boldsymbol{b} \tag{4-14}$$

当 $\boldsymbol{x}^1\neq\boldsymbol{x}^*$ 时，$\alpha_1\neq0$，因为 $\boldsymbol{x}^*$ 是函数 $f(\boldsymbol{x})$ 的极小值点，应满足极值必要条件，故有

$$\nabla f(\boldsymbol{x}^*)=\boldsymbol{G}\boldsymbol{x}^*+\boldsymbol{b}=0 \tag{4-15}$$

将式（4-13）代入到式（4-15）中，得到

$$\nabla f(\boldsymbol{x}^*) = \boldsymbol{G}(\boldsymbol{x}^1+\alpha_1\boldsymbol{d}^1)+\boldsymbol{b}=0 \tag{4-16}$$

即

$$\nabla f(\boldsymbol{x}^*) = \nabla f(\boldsymbol{x}^1)+\alpha_1\boldsymbol{G}\boldsymbol{d}^1=0 \tag{4-17}$$

将式（4-17）等式两边同时左乘 $[\boldsymbol{d}^0]^{\mathrm{T}}$，并根据式（4-12）和 $\alpha_1\neq 0$ 的条件，得

$$[\boldsymbol{d}^0]^{\mathrm{T}}\boldsymbol{G}\boldsymbol{d}^1=0 \tag{4-18}$$

这就是从 $\boldsymbol{x}^1$ 点出发直接指向极小值点 $\boldsymbol{x}^*$ 的搜索方向 $\boldsymbol{d}^1$ 所必须满足的条件。满足式（4-18）的两个向量 $\boldsymbol{d}^0$ 和 $\boldsymbol{d}^1$ 称为 $\boldsymbol{G}$ 的共轭向量，或称 $\boldsymbol{d}^0$ 和 $\boldsymbol{d}^1$ 对 $\boldsymbol{G}$ 是共轭方向。

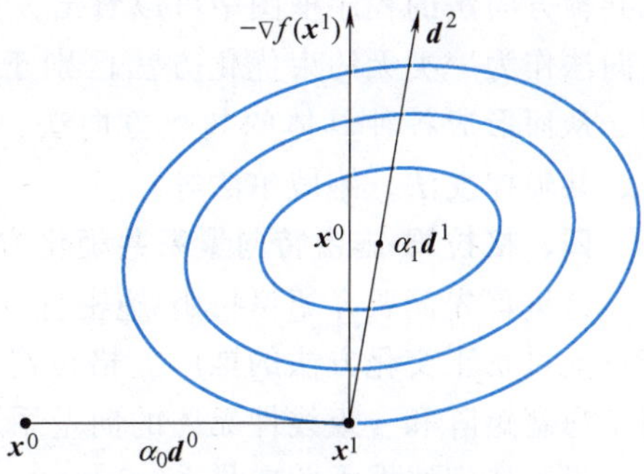

图 4-8 负梯度方向与共轭方向

二、共轭方向的性质

定义：设 $\boldsymbol{G}$ 为 $n\times n$ 对称正定矩阵，若 n 维空间中有 m 个非零向量 $\boldsymbol{d}^0$，$\boldsymbol{d}^1$，…，$\boldsymbol{d}^{m-1}$ 满足

$$[\boldsymbol{d}^i]^{\mathrm{T}}\boldsymbol{G}\boldsymbol{d}^j=0 \quad (i,j=0,1,2,\cdots,m-1)(i\neq j) \tag{4-19}$$

则称 $\boldsymbol{d}^0$，$\boldsymbol{d}^1$，…，$\boldsymbol{d}^{m-1}$ 对 $\boldsymbol{G}$ 共轭，或称它们是 $\boldsymbol{G}$ 的共轭方向。

当 $\boldsymbol{G}=\boldsymbol{I}$（单位矩阵）时，式（4-19）变成

$$[\boldsymbol{d}^i]^{\mathrm{T}}\boldsymbol{d}^j=0(i\neq j)$$

即向量 $\boldsymbol{d}^0$，$\boldsymbol{d}^1$，…，$\boldsymbol{d}^{m-1}$ 互相正交。由此可见，共轭概念是正交概念的推广，正交是共轭的特例。

性质 1：若非零向量系 $\boldsymbol{d}^0$，$\boldsymbol{d}^1$，…，$\boldsymbol{d}^{m-1}$ 是对 $\boldsymbol{G}$ 共轭的，则这 m 个向量是线性无关的。

性质 2：在 n 维空间中，互相共轭的非零向量的数量不超过 n 个。

性质 3：从任意初始点 $\boldsymbol{x}^0$ 出发，顺次沿 m 个 $\boldsymbol{G}$ 的共轭方向 $\boldsymbol{d}^0$，$\boldsymbol{d}^1$，…，$\boldsymbol{d}^{m-1}$ 进行一维搜索，最多经过 m 次迭代就可以找到由式（4-11）所表示的二次函数 $f(\boldsymbol{x})$ 的极小值点 $\boldsymbol{x}^*$，此性质表明这种迭代方法具有二次收敛性。

三、共轭方向法的计算步骤

根据共轭方向的性质，可以利用某些信息构造一族对海塞矩阵 $\boldsymbol{G}$ 相共轭的方向。然后，沿着这些方向进行一维搜索，进而获得目标函数的极小值点。其步骤是：

1）选定初始点 $\boldsymbol{x}^0$、初始搜索方向 $\boldsymbol{d}^0$ 和收敛精度 ε，置 $k\leftarrow 0$。

2）沿 $\boldsymbol{d}^k$ 方向进行一维搜索，得 $\boldsymbol{x}^{k+1}\leftarrow\boldsymbol{x}^k+\alpha_k\boldsymbol{d}^k$。

3）判断收敛条件 $\|\nabla f(\boldsymbol{x}^{k+1})\|<\varepsilon$ 是否满足，若满足则 $\boldsymbol{x}^*\leftarrow\boldsymbol{x}^{k+1}$，程序结束，否则转至步骤 4）。

4）构造新的共轭方向 $\boldsymbol{d}^{k+1}$，使 $[\boldsymbol{d}^j]^{\mathrm{T}}\times\boldsymbol{G}\boldsymbol{d}^{k+1}=0$ （$j=0$，1，2，…，k）。

5）置 $k\leftarrow k+1$，转至步骤 2）。

共轭方向法的程序框图如图 4-9 所示。

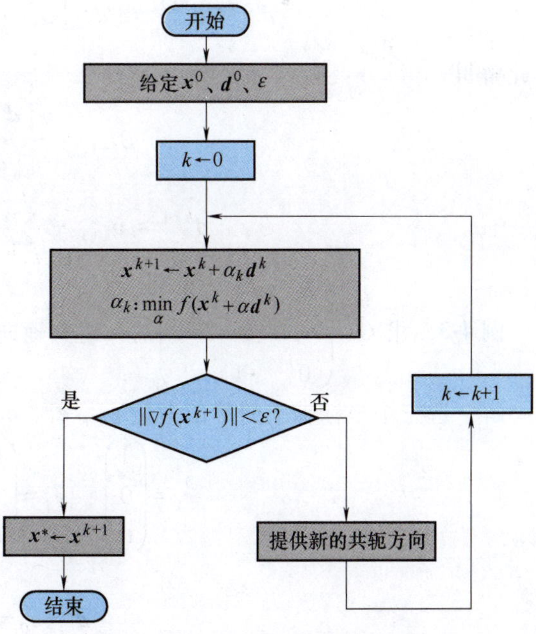

图 4-9 共轭方向法的程序框图

从共轭方向法的程序框图中可以看出，方法的核心在于“提供新的共轭方向”，这也是共轭方向法作为一类无约束优化方法区别于其他方法的本质所在。提供共轭方向的方法有许多种，从而形成各种具体的共轭方向法，如格拉姆-施密特（Gram-Schmidt）向量系共轭化方法、共轭梯度法、鲍威尔法等。

四、格拉姆-施密特向量系共轭化方法

这里首先简要介绍格拉姆-施密特（Gram-Schmidt）向量系共轭化方法，它是格拉姆-施密特向量系正交化方法的推广。格拉姆-施密特向量系共轭化方法在构造共轭方向时主要利用了海塞矩阵和一组线性无关的向量系。

设已选定线性无关向量系 $\boldsymbol{v}_0$，$\boldsymbol{v}_1$，…，$\boldsymbol{v}_{n-1}$（例如，它们是 n 个坐标轴上的单位向量），首先取

$$\boldsymbol{d}^0=\boldsymbol{v}_0$$

令

$$\boldsymbol{d}^1=\boldsymbol{v}_1+\beta_{10}\boldsymbol{d}^0$$

式中 β_{10}——待定系数，它根据 $\boldsymbol{d}^1$ 与 $\boldsymbol{d}^0$ 共轭条件来确定，即

$$[\boldsymbol{d}^0]^{\mathrm{T}}\boldsymbol{G}\boldsymbol{d}^1=[\boldsymbol{d}^0]^{\mathrm{T}}\boldsymbol{G}(\boldsymbol{v}_1+\beta_{10}\boldsymbol{d}^0)=0$$

$$\beta_{10}=-\frac{[\boldsymbol{d}^0]^{\mathrm{T}}\boldsymbol{G}\boldsymbol{v}_1}{[\boldsymbol{d}^0]^{\mathrm{T}}\boldsymbol{G}\boldsymbol{d}^0}$$

从而求得与 $\boldsymbol{d}^0$ 共轭的

$$\boldsymbol{d}^1=\boldsymbol{v}_1-\frac{[\boldsymbol{d}^0]^{\mathrm{T}}\boldsymbol{G}\boldsymbol{v}_1}{[\boldsymbol{d}^0]^{\mathrm{T}}\boldsymbol{G}\boldsymbol{d}^0}\boldsymbol{d}^0$$

设已求得共轭向量 $\boldsymbol{d}^0$，$\boldsymbol{d}^1$，…，$\boldsymbol{d}^k$，现求 $\boldsymbol{d}^{k+1}$。令

$$\boldsymbol{d}^{k+1}=\boldsymbol{v}_{k+1}+\sum_{r=0}^{k}\beta_{k+1,r}\boldsymbol{d}^r$$

为使 $\boldsymbol{d}^{k+1}$ 与 $\boldsymbol{d}^j(j=0,1,2,\cdots,k)$ 共轭，应有

$$[\boldsymbol{d}^j]^{\mathrm{T}}\boldsymbol{G}\boldsymbol{d}^{k+1}=[\boldsymbol{d}^j]^{\mathrm{T}}\boldsymbol{G}\left(\boldsymbol{v}_{k+1}+\sum_{r=0}^{k}\beta_{k+1,r}\boldsymbol{d}^r\right)=0$$

由此解得

$$\beta_{k+1,j}=-\frac{[\boldsymbol{d}^j]^{\mathrm{T}}\boldsymbol{G}\boldsymbol{v}_{k+1}}{[\boldsymbol{d}^j]^{\mathrm{T}}\boldsymbol{G}\boldsymbol{d}^j} \tag{4-20}$$

$$\boldsymbol{d}^{k+1}=\boldsymbol{v}_{k+1}-\sum_{j=0}^{k}\frac{[\boldsymbol{d}^j]^{\mathrm{T}}\boldsymbol{G}\boldsymbol{v}_{k+1}}{[\boldsymbol{d}^j]^{\mathrm{T}}\boldsymbol{G}\boldsymbol{d}^j}\boldsymbol{d}^j \tag{4-21}$$

例 4-3 求 $\boldsymbol{G}=\begin{pmatrix}2&-1&0\\-1&2&-1\\0&-1&2\end{pmatrix}$ 的一组共轭向量系 $\boldsymbol{d}^0$、$\boldsymbol{d}^1$、$\boldsymbol{d}^2$。

解： 选三个坐标轴上的单位向量 $\boldsymbol{e}_0$、$\boldsymbol{e}_1$、$\boldsymbol{e}_2$ 作为一组线性无关向量系，即

$$\boldsymbol{e}_0=\begin{pmatrix}1\\0\\0\end{pmatrix}\quad \boldsymbol{e}_1=\begin{pmatrix}0\\1\\0\end{pmatrix}\quad \boldsymbol{e}_2=\begin{pmatrix}0\\0\\1\end{pmatrix}$$

取

$$\boldsymbol{d}^0=\boldsymbol{e}_0=\begin{pmatrix}1\\0\\0\end{pmatrix}$$

设
$$d^1 = e_1 + \beta_{10} d^0$$

$$\beta_{10} = -\frac{[d^0]^{\mathrm{T}} G e_1}{[d^0]^{\mathrm{T}} G d^0} = -\frac{(1\ \ 0\ \ 0)\begin{pmatrix}2 & -1 & 0\\ -1 & 2 & -1\\ 0 & -1 & 2\end{pmatrix}\begin{pmatrix}0\\1\\0\end{pmatrix}}{(1\ \ 0\ \ 0)\begin{pmatrix}2 & -1 & 0\\ -1 & 2 & -1\\ 0 & -1 & 2\end{pmatrix}\begin{pmatrix}1\\0\\0\end{pmatrix}} = \frac{1}{2}$$

得
$$d^1 = \begin{pmatrix}0\\1\\0\end{pmatrix} + \frac{1}{2}\begin{pmatrix}1\\0\\0\end{pmatrix} = \begin{pmatrix}\frac{1}{2}\\1\\0\end{pmatrix}$$

设
$$d^2 = e_2 + \beta_{21} d^1 + \beta_{20} d^0$$

$$\beta_{21} = -\frac{[d^1]^{\mathrm{T}} G e_2}{[d^1]^{\mathrm{T}} G d^1} = -\frac{\left(\frac{1}{2}\ \ 1\ \ 0\right)\begin{pmatrix}2 & -1 & 0\\ -1 & 2 & -1\\ 0 & -1 & 2\end{pmatrix}\begin{pmatrix}0\\0\\1\end{pmatrix}}{\left(\frac{1}{2}\ \ 1\ \ 0\right)\begin{pmatrix}2 & -1 & 0\\ -1 & 2 & -1\\ 0 & -1 & 2\end{pmatrix}\begin{pmatrix}\frac{1}{2}\\1\\0\end{pmatrix}} = \frac{2}{3}$$

$$\beta_{20} = -\frac{[d^0]^{\mathrm{T}} G e_2}{[d^0]^{\mathrm{T}} G d^0} = -\frac{(1\ \ 0\ \ 0)\begin{pmatrix}2 & -1 & 0\\ -1 & 2 & -1\\ 0 & -1 & 2\end{pmatrix}\begin{pmatrix}0\\0\\1\end{pmatrix}}{(1\ \ 0\ \ 0)\begin{pmatrix}2 & -1 & 0\\ -1 & 2 & -1\\ 0 & -1 & 2\end{pmatrix}\begin{pmatrix}1\\0\\0\end{pmatrix}} = 0$$

得
$$d^2 = \begin{pmatrix}0\\0\\1\end{pmatrix} + \frac{2}{3}\begin{pmatrix}\frac{1}{2}\\1\\0\end{pmatrix} = \begin{pmatrix}\frac{1}{3}\\\frac{2}{3}\\1\end{pmatrix}$$

计算表明

$$[d^i]^{\mathrm{T}} G d^j \begin{cases}\neq 0 & i=j\\ =0 & i\neq j\end{cases} \qquad (i,j=0,1,2)$$

说明 d^0、d^1、d^2 对 G 共轭。

上述算法是针对二次函数的，但也可以用于一般非二次函数。非二次函数在极小值点附近可用二次函数来近似。

$$f(x) \approx f(x^*) + \frac{1}{2}(x-x^*)^{\mathrm{T}} G(x^*)(x-x^*)$$

上式中的海塞矩阵 $G(x^*)$ 相当于二次函数中的矩阵 G，但 x^* 未知。当迭代点 x^0 充分靠近 x^* 时，可用 $G(x^0)$ 构造共轭向量系。可以看出，作为一种共轭方向法，格拉姆-施密特向量系共轭化方法在构造共轭方向时，利用了海塞矩阵和一组线性无关的向量系，这在优化算法迭代时是非常不利的。更有效的共轭方向法是在构造共轭向量系时避开海塞矩阵，这将在后续小节中进行介绍。

第五节 共轭梯度法

根据前面的介绍可知，共轭方向法是一类方法，其共同特点是迭代过程中利用了一族共轭方向，区别在于每一种共轭方向法在构造共轭方向时所利用的关键信息不同。共轭梯度法是共轭方向法中的一种，因为在该方法中每个共轭向量都是依赖于迭代点处的负梯度构造出来的，所以称为共轭梯度法。为了利用梯度求共轭方向，首先要研究共轭方向与梯度之间的关系。

一、共轭方向与梯度之间的关系

考虑二次函数

$$f(\boldsymbol{x})=\frac{1}{2}\boldsymbol{x}^{\mathrm{T}}\boldsymbol{G}\boldsymbol{x}+\boldsymbol{b}^{\mathrm{T}}\boldsymbol{x}+c$$

从点 $\boldsymbol{x}^k$ 出发，沿 $\boldsymbol{G}$ 的某一共轭方向 $\boldsymbol{d}^k$ 进行一维搜索，到达点 $\boldsymbol{x}^{k+1}$，即

$$\boldsymbol{x}^{k+1}=\boldsymbol{x}^k+\alpha_k\boldsymbol{d}^k$$

或

$$\boldsymbol{x}^{k+1}-\boldsymbol{x}^k=\alpha_k\boldsymbol{d}^k$$

而在点 $\boldsymbol{x}^k$、$\boldsymbol{x}^{k+1}$ 处的梯度 $\boldsymbol{g}_k$、$\boldsymbol{g}_{k+1}$ 分别为

$$\boldsymbol{g}_k=\boldsymbol{G}\boldsymbol{x}^k+\boldsymbol{b}$$

$$\boldsymbol{g}_{k+1}=\boldsymbol{G}\boldsymbol{x}^{k+1}+\boldsymbol{b}$$

所以有

$$\boldsymbol{g}_{k+1}-\boldsymbol{g}_k=\boldsymbol{G}(\boldsymbol{x}^{k+1}-\boldsymbol{x}^k)=\alpha_k\boldsymbol{G}\boldsymbol{d}^k \tag{4-22}$$

若 $\boldsymbol{d}^j$ 和 $\boldsymbol{d}^k$ 对 $\boldsymbol{G}$ 是共轭的，则有

$$[\boldsymbol{d}^j]^{\mathrm{T}}\boldsymbol{G}\boldsymbol{d}^k=0$$

利用式（4-22）对两端左乘 $[\boldsymbol{d}^j]^{\mathrm{T}}$，即得

$$[\boldsymbol{d}^j]^{\mathrm{T}}(\boldsymbol{g}_{k+1}-\boldsymbol{g}_k)=0 \tag{4-23}$$

这就是共轭方向与梯度之间的关系。式（4-23）表明沿方向 $\boldsymbol{d}^k$ 进行一维搜索，其终点 $\boldsymbol{x}^{k+1}$ 与始点 $\boldsymbol{x}^k$ 的梯度之差 $\boldsymbol{g}_{k+1}-\boldsymbol{g}_k$ 与 $\boldsymbol{d}^k$ 的共轭方向 $\boldsymbol{d}^j$ 正交。共轭梯度法就是利用这个性质做到不必计算矩阵 $\boldsymbol{G}$ 就能求得共轭方向的。此性质的几何说明如图 4-10 所示。

二、共轭梯度法的计算步骤

共轭梯度法的计算步骤如下：

1）设初始点 $\boldsymbol{x}^0$，第一个搜索方向取 $\boldsymbol{x}^0$ 点的负梯度 $-\boldsymbol{g}_0$，即

$$\boldsymbol{d}^0=-\boldsymbol{g}_0 \tag{4-24}$$

沿 $\boldsymbol{d}^0$ 进行一维搜索，得 $\boldsymbol{x}^1=\boldsymbol{x}^0+\alpha_0\boldsymbol{d}^0$，并算出 $\boldsymbol{x}^1$ 点处的梯度 $\boldsymbol{g}_1$。$\boldsymbol{x}^1$ 是以 $\boldsymbol{d}^0$ 为切线和某等值曲线的切点。根据梯度和该点等值面的切面相垂直的性质，$\boldsymbol{g}_1$ 和 $\boldsymbol{d}^0$ 正交，有 $[\boldsymbol{d}^0]^{\mathrm{T}}\boldsymbol{g}_1=0$，从而 $\boldsymbol{g}_1$ 和 $\boldsymbol{g}_0$ 正交，即 $\boldsymbol{g}_1{}^{\mathrm{T}}\boldsymbol{g}_0=0$，$\boldsymbol{g}_0$ 和 $\boldsymbol{g}_1$ 组成平面正交系。

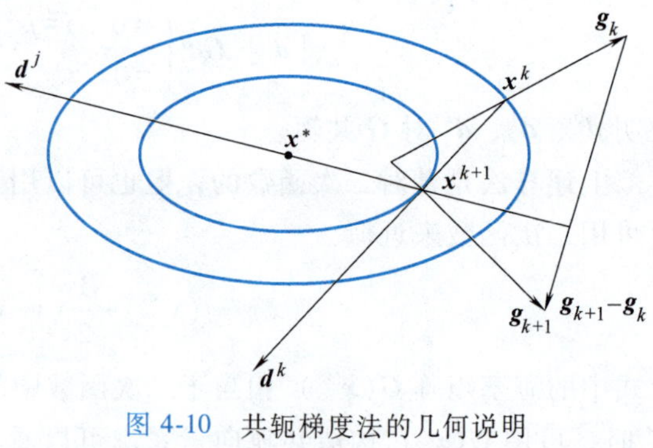

图 4-10 共轭梯度法的几何说明

2）在 $\boldsymbol{g}_0$、$\boldsymbol{g}_1$ 所构成的平面正交系中求 $\boldsymbol{d}^0$ 的共轭方向 $\boldsymbol{d}^1$，作为下一步的搜索方向。把 $\boldsymbol{d}^1$ 取成 $-\boldsymbol{g}_1$ 与 $\boldsymbol{d}^0$ 两个方向的线性组合，即

$$\boldsymbol{d}^1=-\boldsymbol{g}_1+\beta_0\boldsymbol{d}^0 \tag{4-25}$$

式中　β_0——待定常数，它可以根据共轭方向与梯度的关系求得。

由
$$[\boldsymbol{d}^1]^{\mathrm{T}}(\boldsymbol{g}_1-\boldsymbol{g}_0)=0$$
有
$$[-\boldsymbol{g}_1+\beta_0\boldsymbol{d}^0]^{\mathrm{T}}(\boldsymbol{g}_1-\boldsymbol{g}_0)=0$$
将此式展开，考虑到 $\boldsymbol{g}_1^{\mathrm{T}}\boldsymbol{d}^0=0$，$\boldsymbol{g}_1^{\mathrm{T}}\boldsymbol{g}_0=0$，可求得

$$\beta_0=\frac{\boldsymbol{g}_1^{\mathrm{T}}\boldsymbol{g}_1}{\boldsymbol{g}_0^{\mathrm{T}}\boldsymbol{g}_0}=\frac{\|\boldsymbol{g}_1\|^2}{\|\boldsymbol{g}_0\|^2} \tag{4-26}$$

$$\boldsymbol{d}^1=-\boldsymbol{g}_1+\frac{\|\boldsymbol{g}_1\|^2}{\|\boldsymbol{g}_0\|^2}\boldsymbol{d}^0$$

沿 $\boldsymbol{d}^1$ 方向进行一维搜索，得 $\boldsymbol{x}^2=\boldsymbol{x}^1+\alpha_1\boldsymbol{d}^1$，并算出该点梯度 $\boldsymbol{g}_2$，有 $[\boldsymbol{d}^1]^{\mathrm{T}}\boldsymbol{g}_2=0$，即

$$[-\boldsymbol{g}_1+\beta_0\boldsymbol{d}^0]^{\mathrm{T}}\boldsymbol{g}_2=0 \tag{4-27}$$

因为 $\boldsymbol{d}^0$ 和 $\boldsymbol{d}^1$ 共轭，根据共轭方向与梯度的关系式（4-23）有

$$[\boldsymbol{d}^0]^{\mathrm{T}}(\boldsymbol{g}_2-\boldsymbol{g}_1)=0$$

考虑到 $[\boldsymbol{d}^0]^{\mathrm{T}}\boldsymbol{g}_1=0$，因此 $[\boldsymbol{d}^0]^{\mathrm{T}}\boldsymbol{g}_2=0$，即 $\boldsymbol{g}_2$ 和 $\boldsymbol{g}_0$ 正交。又根据式（4-25）得 $\boldsymbol{g}_1^{\mathrm{T}}\boldsymbol{g}_2=0$，即 $\boldsymbol{g}_2$ 又和 $\boldsymbol{g}_1$ 正交。由此可知 $\boldsymbol{g}_0$、$\boldsymbol{g}_1$、$\boldsymbol{g}_2$ 构成一个正交系。

3）在 $\boldsymbol{g}_0$、$\boldsymbol{g}_1$、$\boldsymbol{g}_2$ 所构成的正交系中，求与 $\boldsymbol{d}^0$ 及 $\boldsymbol{d}^1$ 均共轭的方向 $\boldsymbol{d}^2$。

设
$$\boldsymbol{d}^2=-\boldsymbol{g}_2+\gamma_1\boldsymbol{g}_1+\gamma_0\boldsymbol{g}_0$$
式中　γ_1、γ_0——待定系数。

因为要求 $\boldsymbol{d}^2$ 与 $\boldsymbol{d}^0$、$\boldsymbol{d}^1$ 均共轭，根据式（4-23）共轭方向与梯度的关系，有

$$(-\boldsymbol{g}_2+\gamma_1\boldsymbol{g}_1+\gamma_0\boldsymbol{g}_0)^{\mathrm{T}}(\boldsymbol{g}_1-\boldsymbol{g}_0)=0$$
$$(-\boldsymbol{g}_2+\gamma_1\boldsymbol{g}_1+\gamma_0\boldsymbol{g}_0)^{\mathrm{T}}(\boldsymbol{g}_2-\boldsymbol{g}_1)=0$$

考虑到 $\boldsymbol{g}_0$、$\boldsymbol{g}_1$、$\boldsymbol{g}_2$ 相互正交，从而有

$$\gamma_1\boldsymbol{g}_1^{\mathrm{T}}\boldsymbol{g}_1-\gamma_0\boldsymbol{g}_0^{\mathrm{T}}\boldsymbol{g}_0=0$$
$$-\boldsymbol{g}_2^{\mathrm{T}}\boldsymbol{g}_2-\gamma_1\boldsymbol{g}_1^{\mathrm{T}}\boldsymbol{g}_1=0$$

设 $\beta_1=-\gamma_1$，得

$$\beta_1=-\gamma_1=\frac{\boldsymbol{g}_2^{\mathrm{T}}\boldsymbol{g}_2}{\boldsymbol{g}_1^{\mathrm{T}}\boldsymbol{g}_1}=\frac{\|\boldsymbol{g}_2\|^2}{\|\boldsymbol{g}_1\|^2}$$

$$\gamma_0=\gamma_1\frac{\boldsymbol{g}_1^{\mathrm{T}}\boldsymbol{g}_1}{\boldsymbol{g}_0^{\mathrm{T}}\boldsymbol{g}_0}=-\beta_1\beta_0$$

因此
$$\begin{aligned}\boldsymbol{d}^2&=-\boldsymbol{g}_2+\gamma_1\boldsymbol{g}_1+\gamma_0\boldsymbol{g}_0=-\boldsymbol{g}_2-\beta_1\boldsymbol{g}_1-\beta_1\beta_0\boldsymbol{g}_0\\&=-\boldsymbol{g}_2+\beta_1(-\boldsymbol{g}_1+\beta_0\boldsymbol{d}^0)=-\boldsymbol{g}_2+\beta_1\boldsymbol{d}^1\end{aligned}$$

从而得出
$$\boldsymbol{d}^2=-\boldsymbol{g}_2+\frac{\|\boldsymbol{g}_2\|^2}{\|\boldsymbol{g}_1\|^2}\boldsymbol{d}^1$$

再沿 $\boldsymbol{d}^2$ 方向继续进行一维搜索，如此继续下去可求得共轭方向的递推公式为

$$d^{k+1}=-g_{k+1}+\frac{\|g_{k+1}\|^2}{\|g_k\|^2}d^k \quad (k=0,1,2,\cdots,n-1) \tag{4-28}$$

式（4-28）为共轭梯度法搜索方向的迭代公式。它主要是利用了迭代点目标函数的梯度来构造共轭方向，形成共轭方向族，沿着这些共轭方向一直搜索下去，直到最后迭代点处梯度的模小于给定允许值为止。当目标函数为非二次函数，经 n 次搜索还未达到最优点时，则以最后得到的点作为初始点，重新计算共轭方向，直到满足精度要求为止。

共轭梯度法的程序框图如图 4-11 所示。

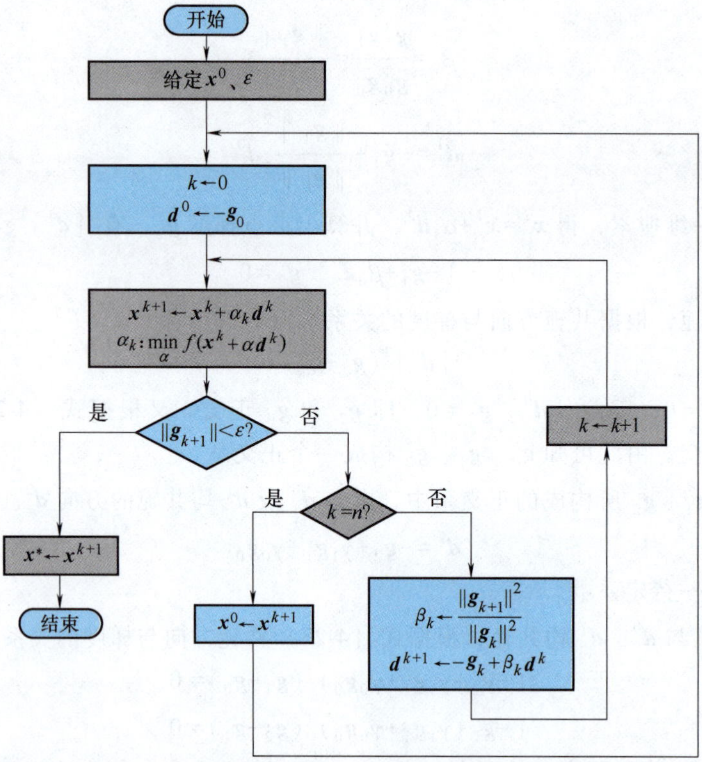

图 4-11 共轭梯度法的程序框图

例 4-4 用共轭梯度法求二次函数 $f(\boldsymbol{x})=x_1^2+2x_2^2-4x_1-2x_1x_2$ 的极小值点和极小值。

解： 取初始点

$$\boldsymbol{x}^0=\begin{pmatrix}1\\1\end{pmatrix}$$

则

$$\boldsymbol{g}_0=\nabla f(\boldsymbol{x}^0)=\begin{pmatrix}2x_1-2x_2-4\\4x_2-2x_1\end{pmatrix}_{\boldsymbol{x}^0}=\begin{pmatrix}-4\\2\end{pmatrix}$$

取

$$\boldsymbol{d}^0=-\boldsymbol{g}_0=\begin{pmatrix}4\\-2\end{pmatrix}$$

沿 $\boldsymbol{d}^0$ 方向进行一维搜索，得

$$\boldsymbol{x}^1=\boldsymbol{x}^0+\alpha_0\boldsymbol{d}^0=\begin{pmatrix}1\\1\end{pmatrix}+\alpha_0\begin{pmatrix}4\\-2\end{pmatrix}=\begin{pmatrix}1+4\alpha_0\\1-2\alpha_0\end{pmatrix}$$

式中 α_0——最佳步长，可通过 $f(\boldsymbol{x}^1)=\min\limits_{\alpha}\varphi_1(\alpha)$，$\varphi_1'(\alpha_0)=0$ 求得

$$\alpha_0=\frac{1}{4}$$

则
$$\boldsymbol{x}^1=\begin{pmatrix}1+4\alpha_0\\1-2\alpha_0\end{pmatrix}=\begin{pmatrix}2\\\frac{1}{2}\end{pmatrix}$$

为建立第二个共轭方向 $\boldsymbol{d}^1$，需计算点 $\boldsymbol{x}^1$ 处的梯度及系数 β_0 值，得

$$\boldsymbol{g}_1=\nabla f(\boldsymbol{x}^1)=\begin{pmatrix}2x_1-2x_2-4\\4x_2-2x_1\end{pmatrix}_{\boldsymbol{x}^1}=\begin{pmatrix}-1\\-2\end{pmatrix}$$

$$\beta_0=\frac{\|\boldsymbol{g}_1\|^2}{\|\boldsymbol{g}_0\|^2}=\frac{5}{20}=\frac{1}{4}$$

从而求得第二个共轭方向

$$\boldsymbol{d}^1=-\boldsymbol{g}_1+\beta_0\boldsymbol{d}^0=\begin{pmatrix}1\\2\end{pmatrix}+\frac{1}{4}\begin{pmatrix}4\\-2\end{pmatrix}=\begin{pmatrix}2\\\frac{3}{2}\end{pmatrix}$$

再沿 $\boldsymbol{d}^1$ 进行一维搜索，得

$$\boldsymbol{x}^2=\boldsymbol{x}^1+\alpha_1\boldsymbol{d}^1=\begin{pmatrix}2\\\frac{1}{2}\end{pmatrix}+\alpha_1\begin{pmatrix}2\\\frac{3}{2}\end{pmatrix}=\begin{pmatrix}2+2\alpha_1\\\frac{1}{2}+\frac{3}{2}\alpha_1\end{pmatrix}$$

式中　α_1——最佳步长，可通过 $f(\boldsymbol{x}^2)=\min\limits_{\alpha}\varphi_2(\alpha)$，$\varphi_2'(\alpha_1)=0$ 求得

$$\alpha_1=1$$

则
$$\boldsymbol{x}^2=\begin{pmatrix}2+2\alpha_1\\\frac{1}{2}+\frac{3}{2}\alpha_1\end{pmatrix}=\begin{pmatrix}4\\2\end{pmatrix}$$

计算点 $\boldsymbol{x}^2$ 处的梯度

$$\boldsymbol{g}_2=\nabla f(\boldsymbol{x}^2)=\begin{pmatrix}2x_1-2x_2-4\\4x_2-2x_1\end{pmatrix}_{\boldsymbol{x}^2}=\begin{pmatrix}0\\0\end{pmatrix}=0$$

说明点 $\boldsymbol{x}^2$ 满足极值必要条件，再根据点 $\boldsymbol{x}^2$ 的海塞矩阵

$$G(\boldsymbol{x}^2)=\begin{pmatrix}2&-2\\-2&4\end{pmatrix}$$

是正定的，可知 $\boldsymbol{x}^2$ 满足极值充分必要条件。故点 $\boldsymbol{x}^2$ 为极小值点，即

$$\boldsymbol{x}^*=\boldsymbol{x}^2=\begin{pmatrix}4\\2\end{pmatrix}$$

而函数极小值为 $f(\boldsymbol{x}^*)=-8$。

从共轭梯度法的计算过程可以看出，第一个搜索方向取的是初始点目标函数的负梯度方向，这就是最速下降法。而其余各迭代步的搜索方向是将负梯度偏转一个角度，也就是对负梯度进行了修正。所以共轭梯度法实质上是对最速下降法的一种改进，故又称为旋转梯度法。

共轭梯度法是由英国学者弗来彻（Fletcher）和里伍斯（Reeves）在1964年共同提出的，也称为FR共轭梯度法（Fletcher-Reeves Conjugate Gradient Method）。该方法利用梯度来构造共轭方向，避开了格拉姆-施密特向量系共轭化方法中的海塞矩阵，而且也不像牛顿型方法那样需要计算二阶偏导数矩阵及其逆矩阵。作为一种共轭方向法，共轭梯度法计算相对简单，在收敛速度上比最速下降法快，且具有二次收敛性，广泛应用于求解多变量的优化设计问题。

第六节 鲍威尔方法

1964年，英国数学家鲍威尔（Powell）提出了一种求目标函数极值点的优化算法，称为鲍威尔方法。鲍威尔方法是直接利用函数值来构造共轭方向的一种共轭方向法。区别于共轭梯度法，其基本思想是在不使用导数的前提下，只需要目标函数的函数值即可求出用于搜索的共轭方向。

一、鲍威尔方法的共轭方向

对于具有正定矩阵 $\boldsymbol{G}$ 的二次函数

$$f(\boldsymbol{x})=\frac{1}{2}\boldsymbol{x}^{\mathrm{T}}\boldsymbol{G}\boldsymbol{x}+\boldsymbol{b}^{\mathrm{T}}\boldsymbol{x}+c$$

设从不同的两个设计点 $\boldsymbol{x}^k$、$\boldsymbol{x}^{k+1}$ 出发，沿同一方向 $\boldsymbol{d}^j$ 进行一维搜索而得到两个极小值点，如图4-12所示。根据梯度和等值面相互垂直的性质，$\boldsymbol{d}^j$ 和 $\boldsymbol{x}^k$、$\boldsymbol{x}^{k+1}$ 两点处的梯度 $\boldsymbol{g}_k$、$\boldsymbol{g}_{k+1}$ 之间存在关系：

$$[\boldsymbol{d}^j]^{\mathrm{T}}\boldsymbol{g}_k=0$$

$$[\boldsymbol{d}^j]^{\mathrm{T}}\boldsymbol{g}_{k+1}=0$$

而上述二次函数在 $\boldsymbol{x}^k$、$\boldsymbol{x}^{k+1}$ 两点处的梯度则可表示为

$$\boldsymbol{g}_k=\boldsymbol{G}\boldsymbol{x}^k+\boldsymbol{b}$$

$$\boldsymbol{g}_{k+1}=\boldsymbol{G}\boldsymbol{x}^{k+1}+\boldsymbol{b}$$

两式相减，得

$$\boldsymbol{g}_{k+1}-\boldsymbol{g}_k=\boldsymbol{G}(\boldsymbol{x}^{k+1}-\boldsymbol{x}^k)$$

因而有

$$[\boldsymbol{d}^j]^{\mathrm{T}}(\boldsymbol{g}_{k+1}-\boldsymbol{g}_k)=[\boldsymbol{d}^j]^{\mathrm{T}}\boldsymbol{G}(\boldsymbol{x}^{k+1}-\boldsymbol{x}^k)=0 \tag{4-29}$$

若取两个设计点的连线方向为 $\boldsymbol{d}^k$，即 $\boldsymbol{d}^k=\boldsymbol{x}^{k+1}-\boldsymbol{x}^k$，如图4-12所示。则根据共轭方向的定义，$\boldsymbol{d}^k$ 和 $\boldsymbol{d}^j$ 对 $\boldsymbol{G}$ 共轭。这说明只要沿 $\boldsymbol{d}^j$ 方向分别对目标函数进行两次一维搜索，就可得到两个极小值点 $\boldsymbol{x}^k$ 和 $\boldsymbol{x}^{k+1}$，那么这两点的连线所给出的方向就是与 $\boldsymbol{d}^j$ 一起对 $\boldsymbol{G}$ 共轭的方向。

对于目标函数 $f(\boldsymbol{x})$ 为二维问题的情况，当海塞矩阵 $\boldsymbol{G}$ 为正定时，其等值线为一族椭圆。如图4-13所示，若 A、B 为沿轴 x_1 方向上的两个极小值点，分别位于等值线与轴 x_1 方向的切点上。根据上述分析可知，A、B 两点的连线 AB 就是与轴 x_1 一起对 $\boldsymbol{G}$ 共轭的方向，沿这个共轭方向进行一维搜索就可以找到目标函数 $f(\boldsymbol{x})$ 的极小值点 $\boldsymbol{x}^*$。

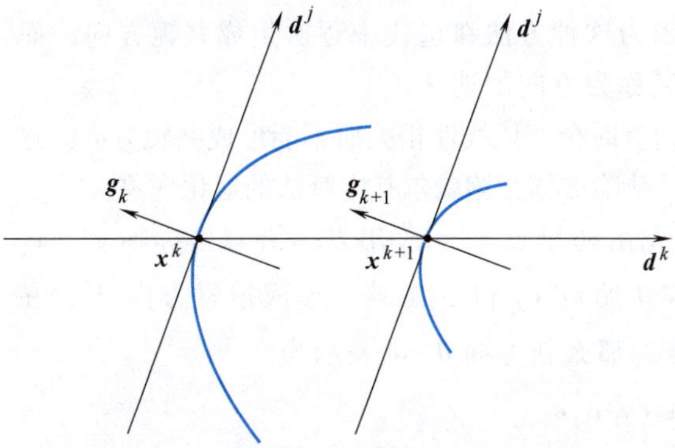

图 4-12 一维搜索形成的共轭方向示意图

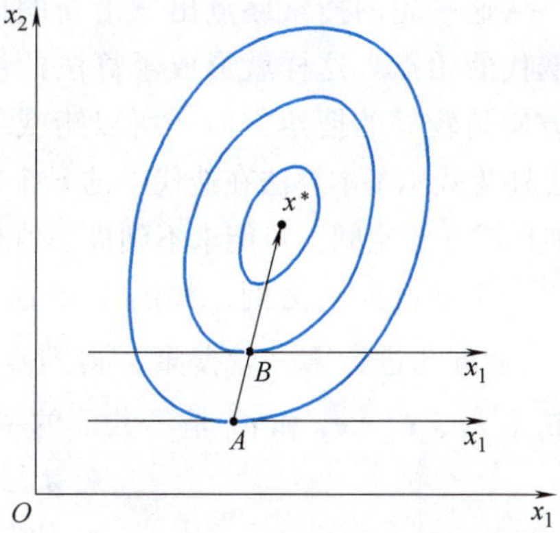

图 4-13 二维情况下鲍威尔方法的共轭方向

二、鲍威尔方法的基本算法及退化现象

采用鲍威尔方法的基本算法对二维无约束优化问题进行求解，如图 4-14 所示，其求解过程如下：

1）确定初始点 $\boldsymbol{x}_0^0$，并选择两个线性无关的向量，如坐标轴单位向量 $\boldsymbol{e}_1=(1\quad 0)^{\mathrm{T}}$ 和 $\boldsymbol{e}_2=(0\quad 1)^{\mathrm{T}}$ 作为初始搜索方向。

2）从初始点 $\boldsymbol{x}_0^0$ 出发，顺次沿 $\boldsymbol{e}_1$、$\boldsymbol{e}_2$ 进行一维搜索，获得点 $\boldsymbol{x}_1^0$、$\boldsymbol{x}_2^0$，点 $\boldsymbol{x}_0^0$ 和 $\boldsymbol{x}_2^0$ 连线得到一新方向

$$\boldsymbol{d}^1=\boldsymbol{x}_2^0-\boldsymbol{x}_0^0$$

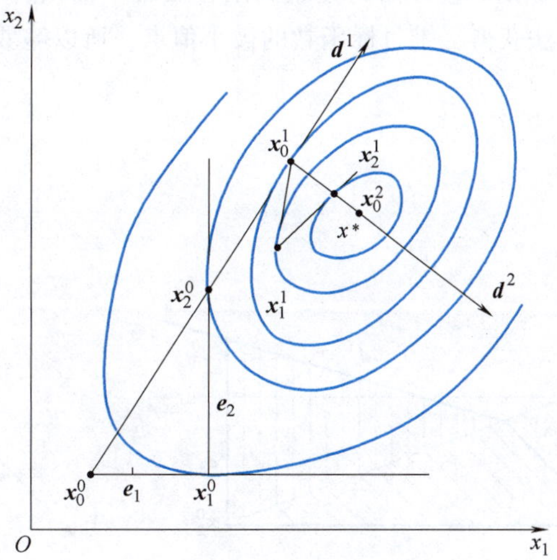

图 4-14 二维情况下的鲍威尔方法

用 $\boldsymbol{d}^1$ 代替 $\boldsymbol{e}_1$ 形成两个线性无关向量 $\boldsymbol{e}_2$ 和 $\boldsymbol{d}^1$，作为下一轮迭代的搜索方向。再从点 $\boldsymbol{x}_2^0$ 出发，沿 $\boldsymbol{d}^1$ 方向进行一维搜索得到点 $\boldsymbol{x}_0^1$，作为下一轮迭代的初始点。

3）从点 $\boldsymbol{x}_0^1$ 出发，顺次沿着 $\boldsymbol{e}_2$ 和 $\boldsymbol{d}^1$ 进行一维搜索，得到点 $\boldsymbol{x}_1^1$、$\boldsymbol{x}_2^1$，点 $\boldsymbol{x}_0^1$ 和点 $\boldsymbol{x}_2^1$ 连线得到一新方向

$$\boldsymbol{d}^2=\boldsymbol{x}_2^1-\boldsymbol{x}_0^1$$

由于点 $\boldsymbol{x}_0^1$、$\boldsymbol{x}_2^1$ 是从不同点 $\boldsymbol{x}_0^0$、$\boldsymbol{x}_1^1$ 出发，分别沿 $\boldsymbol{d}^1$ 方向进行一维搜索而得到的极小值点，因此 $\boldsymbol{x}_0^1$、$\boldsymbol{x}_2^1$ 两点连线的方向 $\boldsymbol{d}^2$ 同 $\boldsymbol{d}^1$ 一起对 $\boldsymbol{G}$ 共轭。再从点 $\boldsymbol{x}_2^1$ 出发，沿 $\boldsymbol{d}^2$ 进行一维搜索得到点 $\boldsymbol{x}_0^2$。因为点 $\boldsymbol{x}_0^2$ 相当于从 $\boldsymbol{x}_0^0$ 出发分别沿 $\boldsymbol{G}$ 的两个共轭方向 $\boldsymbol{d}^1$、$\boldsymbol{d}^2$ 进行两次一维搜索而得到的点，所以点 $\boldsymbol{x}_0^2$ 即是二维问题的极小值点 $\boldsymbol{x}^*$。

同理，将上述二维优化问题的基本算法扩展到 n 维，则鲍威尔基本算法的原理为：从初始点出发，顺次沿 n 个线性无关的搜索方向所构成的搜索方向组进行一维搜索得到一个终点，由终点和初始点的连线构成一个新的搜索方向。用这个新的搜索方向替换原来 n 个方向中的第一个方向，将新方向排在原方向组的最后，这样就形成了一个新的搜索方向组。同时

规定，从这一轮的搜索终点出发沿新的搜索方向组进行一维搜索而得到的极小值点，作为下一轮迭代的始点。这样就形成了算法的循环。因为这种方法在迭代中逐次生成共轭方向，而共轭方向是较好的搜索方向，所以鲍威尔方法又称为方向加速法。

上述鲍威尔基本算法在迭代中的 n 个搜索方向有时会变成线性相关而不能形成共轭方向。这时不能形成 n 维空间，可能求不到极小值点。这种缺陷被称为鲍威尔基本算法的退化现象。

以一个三维问题为例，如图 4-15 所示，首先由初始点 $\boldsymbol{x}^0=\boldsymbol{x}_0^0$ 出发，沿着坐标轴 $\boldsymbol{e}_1$、$\boldsymbol{e}_2$ 和 $\boldsymbol{e}_3$ 三个方向进行第一轮搜索，得到点 $\boldsymbol{x}_3^0$，连接始点 $\boldsymbol{x}_0^0$ 和终点 $\boldsymbol{x}_3^0$，形成搜索方向 $\boldsymbol{d}^1$，在这一轮中 $\boldsymbol{e}_1$、$\boldsymbol{e}_2$、$\boldsymbol{e}_3$ 和 $\boldsymbol{d}^1$ 是不共面的一组向量，那么新方向 $\boldsymbol{d}^1$ 可表示为

$$\boldsymbol{d}^1=\alpha_1\boldsymbol{e}_1+\alpha_2\boldsymbol{e}_2+\alpha_3\boldsymbol{e}_3$$

如果在某种条件下，令 $\alpha_1=0$ 即在 $\boldsymbol{e}_1$ 方向上的搜索没有进展，此时 $\boldsymbol{d}^1=\alpha_2\boldsymbol{e}_2+\alpha_3\boldsymbol{e}_3$，那么 $\boldsymbol{d}^1$ 必与 $\boldsymbol{e}_2$、$\boldsymbol{e}_3$ 共面，这组向量是线性相关的。而随后迭代所得的方向组中各向量必在由 $\boldsymbol{e}_2$、$\boldsymbol{e}_3$ 所确定的平面内，使以后的搜索局限在二维平面内进行，如图 4-16 所示。显然，这种降维后的搜索将无法获得三维目标函数的极小值点，所以鲍威尔方法的基本算法有待改进。

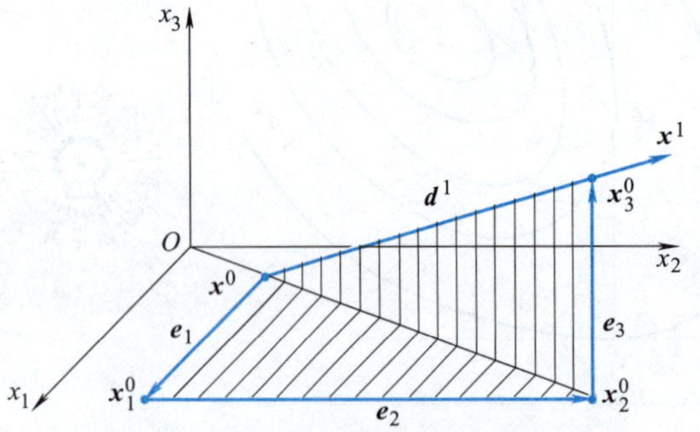

图 4-15 三维问题的鲍威尔基本算法

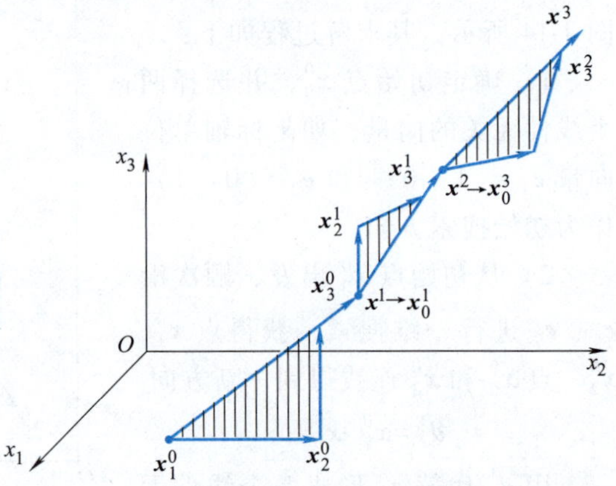

图 4-16 三维问题鲍威尔基本算法的降维示意图

三、改进的鲍威尔方法

因为鲍威尔基本算法在迭代过程中可能存在上述退化现象的缺陷，所以鲍威尔又对其基本算法进行了改进。针对上述缺陷，鲍威尔基本算法改进的原则是：首先要判断原方向组是否需要替换；其次，如果需要替换，还要进一步判断原方向组中哪个方向最“坏”，然后再用新产生的方向替换这个最“坏”的方向，以保证逐次生成共轭方向。

改进的鲍威尔方法的具体步骤如下：

1）给定初始点 $\boldsymbol{x}^0$（记作 $\boldsymbol{x}_0^0$），选取初始方向组，它由 n 个线性无关的向量 $\boldsymbol{d}_1^0$，$\boldsymbol{d}_2^0$，…，$\boldsymbol{d}_n^0$（如 n 个坐标轴单位向量 $\boldsymbol{e}_1$，$\boldsymbol{e}_2$，…，$\boldsymbol{e}_n$）所组成，置 $k\leftarrow0$。

2）从 $\boldsymbol{x}_0^k$ 出发，顺次沿 $\boldsymbol{d}_1^k$，$\boldsymbol{d}_2^k$，…，$\boldsymbol{d}_n^k$ 进行一维搜索得到点 $\boldsymbol{x}_1^k$，$\boldsymbol{x}_2^k$，…，$\boldsymbol{x}_n^k$。接着以点 $\boldsymbol{x}_n^k$ 为起点，沿方向

$$\boldsymbol{d}_{n+1}^k=\boldsymbol{x}_n^k-\boldsymbol{x}_0^k$$

移动一个 $\boldsymbol{x}_n^k-\boldsymbol{x}_0^k$ 的距离，得到

$$\boldsymbol{x}_{n+1}^k=\boldsymbol{x}_n^k+(\boldsymbol{x}_n^k-\boldsymbol{x}_0^k)=2\boldsymbol{x}_n^k-\boldsymbol{x}_0^k$$

$\boldsymbol{x}_0^k$、$\boldsymbol{x}_n^k$、$\boldsymbol{x}_{n+1}^k$ 分别称为一轮迭代的始点、终点和反射点。始点、终点和反射点所对应的函数值分别表示为

$$F_0=f(\boldsymbol{x}_0^k)$$
$$F_2=f(\boldsymbol{x}_n^k)$$
$$F_3=f(\boldsymbol{x}_{n+1}^k)$$

同时计算出各个中间点处的函数值，并记为

$$f_i=f(\boldsymbol{x}_i^k)\quad (i=0,1,2,\cdots,n)$$

因此有 $F_0=f_0$，$F_2=f_n$。

计算 n 个函数值之差，即目标函数的下降量 f_0-f_1，f_1-f_2，…，$f_{n-1}-f_n$，记作

$$\Delta_i=f_{i-1}-f_i\quad (i=1,2,\cdots,n)$$

其中目标函数的下降量最大者记作

$$\Delta_m=\max_{1\leqslant i\leqslant n}\Delta_i=f_{m-1}-f_m$$

3）根据是否满足判别条件

$$F_3<F_0\tag{4-30}$$

和

$$(F_0-2F_2+F_3)(F_0-F_2-\Delta_m)^2<0.5\Delta_m(F_0-F_3)^2\tag{4-31}$$

来确定是否要对原方向组进行替换。

若不满足判别条件，则下轮迭代仍用原方向组，并以 $\boldsymbol{x}_n^k$、$\boldsymbol{x}_{n+1}^k$ 中函数值小者作为下轮迭代的始点。

若满足上述判别条件，则下轮迭代应对原方向组进行替换，将 $\boldsymbol{d}_{n+1}^k$ 补充到原方向组的最后位置，而除掉 $\boldsymbol{d}_m^k$，即新方向组为 $\boldsymbol{d}_1^k$，$\boldsymbol{d}_2^k$，…，$\boldsymbol{d}_{m-1}^k$，$\boldsymbol{d}_{m+1}^k$，…，$\boldsymbol{d}_n^k$，$\boldsymbol{d}_{n+1}^k$ 作为下一轮迭代的搜索方向。下一轮迭代的始点取为沿 $\boldsymbol{d}_{n+1}^k$ 方向进行一维搜索的极小值点 $\boldsymbol{x}_0^{k+1}$。

4）判断是否满足收敛准则。若满足，则取 $\boldsymbol{x}_0^{k+1}$ 为极小值点；否则应置 $k\leftarrow k+1$，返回步骤 2），继续进行下一轮迭代。

改进后的鲍威尔方法程序框图如图 4-17 所示。

例 4-5　用鲍威尔方法求函数 $f(\boldsymbol{x})=10(x_1+x_2-5)^2+(x_1-x_2)^2$ 的极小值。

解： 选取初始点 $\boldsymbol{x}_0^0=(0\quad 0)^{\mathrm{T}}$，初始点处的函数值 $F_0=f_0=f(\boldsymbol{x}_0^0)=250$。初始搜索方向则取两坐标轴单位向量即 $\boldsymbol{d}_1^0=\boldsymbol{e}_1=(1\quad 0)^{\mathrm{T}}$，$\boldsymbol{d}_2^0=\boldsymbol{e}_2=(0\quad 1)^{\mathrm{T}}$。

第一轮迭代：

1）沿 $\boldsymbol{d}_1^0$ 方向进行一维搜索，得

$$\boldsymbol{x}_1^0=\boldsymbol{x}_0^0+\alpha_1\boldsymbol{d}_1^0=\begin{pmatrix}0\\0\end{pmatrix}+\alpha_1\begin{pmatrix}1\\0\end{pmatrix}=\begin{pmatrix}\alpha_1\\0\end{pmatrix}$$

$$f_1=f(\boldsymbol{x}_1^0)=10(\alpha_1-5)^2+\alpha_1^2=f(x_0^0+\alpha_1 d_1^0)$$

最佳步长 α_1 可通过令

$$\frac{\partial f_1}{\partial \alpha_1}=20(\alpha_1-5)+2\alpha_1=0$$

得

$$\alpha_1=\frac{100}{22}=4.5455$$

因此

$$\boldsymbol{x}_1^0=\begin{pmatrix}4.5455\\0\end{pmatrix}$$

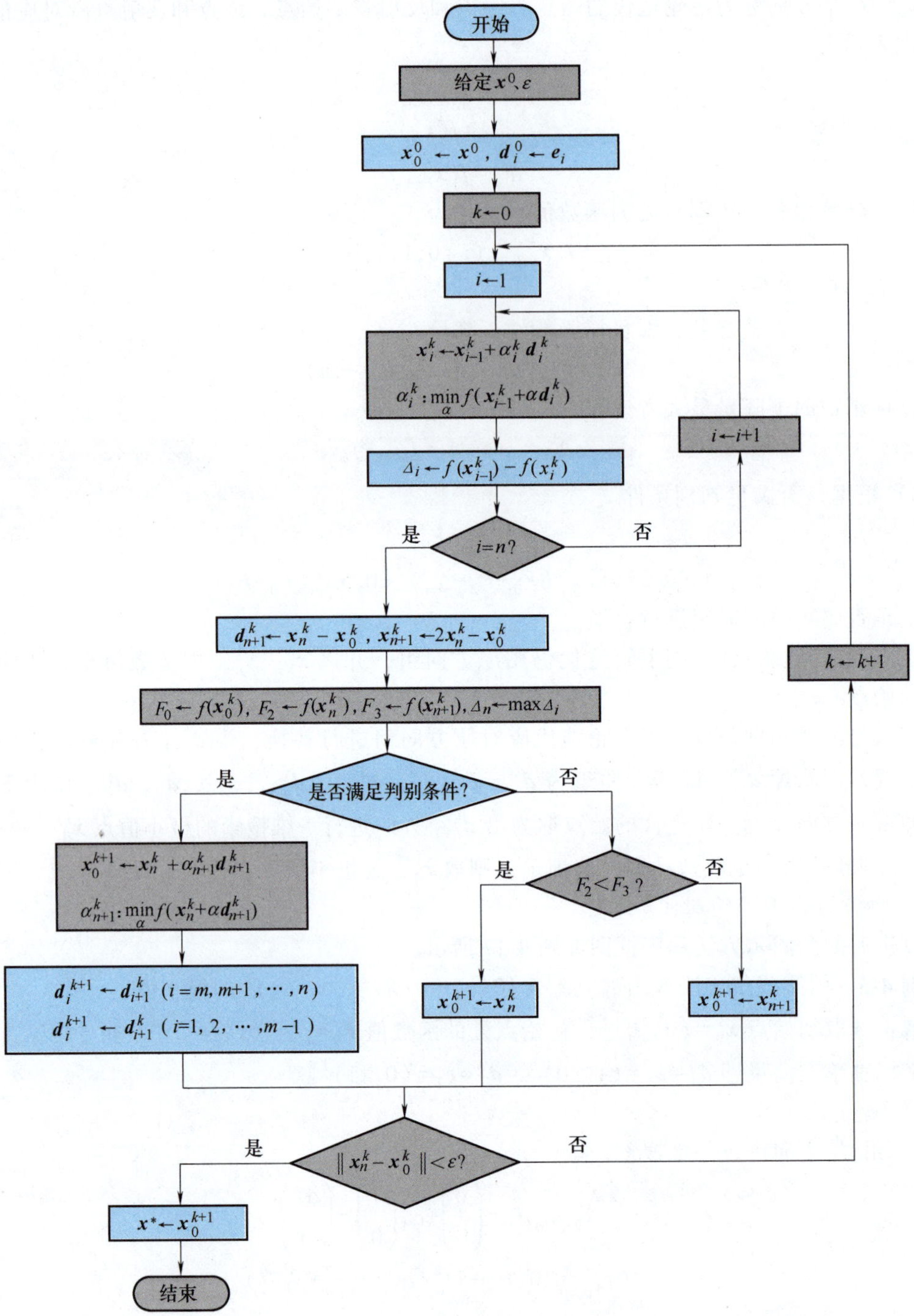

图 4-17 改进后的鲍威尔方法程序框图

这样就可以计算出点 x_1^0 处的函数值及沿 d_1^0 方向迭代后函数值的增量

$$f_1 = f(x_1^0) = 22.7273$$

$$\Delta_1 = f_0 - f_1 = 250 - 22.7273 = 227.2727$$

2）再沿 d_2^0 方向进行一维搜索，得

$$x_2^0=x_1^0+\alpha_2 d_2^0=\begin{pmatrix}4.5455\\0\end{pmatrix}+\alpha_2\begin{pmatrix}0\\1\end{pmatrix}=\begin{pmatrix}4.5455\\\alpha_2\end{pmatrix}$$

$$f_2=f(x_2^0)=10(4.5455+\alpha_2-5)^2+(4.5455-\alpha_2)^2$$

最佳步长 α_2 可通过令

$$\frac{\partial f_2}{\partial \alpha_2}=20(4.5455+\alpha_2-5)-2(4.5455-\alpha_2)=0$$

得

$$\alpha_2=\frac{18.181}{22}=0.8264$$

因此

$$x_2^0=\begin{pmatrix}4.5455\\0.8264\end{pmatrix}$$

这样就可以再计算出点 x_2^0 处的函数值及沿 d_2^0 方向迭代后函数值的增量

$$F_2=f_2=f(x_2^0)=15.2148$$

$$\Delta_2=f_1-f_2=22.7273-15.2148=7.5125$$

取沿 d_1^0、d_2^0 方向迭代后函数值增量中的最大者

$$\Delta_m=\Delta_1=227.2727$$

终点 x_2^0 的反射点及其函数值为

$$x_3^0=2x_2^0-x_0^0=2\begin{pmatrix}4.5455\\0.8264\end{pmatrix}-\begin{pmatrix}0\\0\end{pmatrix}=\begin{pmatrix}9.0910\\1.6528\end{pmatrix}$$

$$F_3=f(x_3^0)=385.2392$$

3）为确定下一轮迭代的搜索方向和初始点，需检查是否满足判别条件。由于 $F_3>F_0$，所以不满足判别条件，因而下一轮迭代应继续使用原来的搜索方向 e_1、e_2；由于 $F_2<F_3$，所以下一轮迭代的初始点选 x_2^0。

第二轮迭代：

第二轮初始点及其函数值为

$$x_0^1=x_2^0=\begin{pmatrix}4.5455\\0.8264\end{pmatrix}$$

$$F_0=f_0=f(x_0^1)=15.2148$$

1）重复上轮迭代的步骤进行计算，从点 x_0^1 出发沿 e_1 方向（即轴 x_1 方向）进行一维搜索，此时 $x_2=0.8264$，计算极小值点 x_1^1，其过程如下：

$$f(x)=10(x_1+0.8264-5)^2+(x_1-0.8264)^2$$

$$\frac{\partial f}{\partial x_1}=20(x_1-4.1736)+2(x_1-0.8264)=0$$

$$x_1=\frac{85.1248}{22}=3.8693$$

因此

$$x_1^1=\begin{pmatrix}3.8693\\0.8264\end{pmatrix}$$

x_1^1 点处的函数值及其增量分别为

$$f_1=f(x_1^1)=10.1852$$

$$\Delta_1=f_0-f_1=15.2148-10.1852=5.0296$$

2）再沿 $\boldsymbol{e}_2$ 方向（即轴 $\boldsymbol{x}_2$ 方向）进行一维搜索，此时 $x_1=3.8693$，计算极小值点 $\boldsymbol{x}_2^1$，其过程如下：

$$f(\boldsymbol{x})=10(3.8693+x_2-5)^2+(3.8693-x_2)^2$$

$$\frac{\partial f}{\partial x_2}=20(x_2-1.1307)-2(3.8693-x_2)=0$$

$$x_2=\frac{30.3526}{22}=1.3797$$

因此 $$\boldsymbol{x}_2^1=\begin{pmatrix}3.8693\\1.3797\end{pmatrix}$$

第二轮终点 $\boldsymbol{x}_2^1$ 处的函数值及其增量分别为

$$F_2=f_2=f(\boldsymbol{x}_2^1)=6.8181$$

$$\Delta_2=f_1-f_2=10.1852-6.8181=3.3671$$

取沿 $\boldsymbol{e}_1$、$\boldsymbol{e}_2$ 方向迭代后，函数值增量最大值为

$$\Delta_m=\Delta_1=5.0296$$

终点 $\boldsymbol{x}_2^1$ 的反射点及其函数值分别为

$$\boldsymbol{x}_3^1=2\boldsymbol{x}_2^1-\boldsymbol{x}_0^1=2\begin{pmatrix}3.8693\\1.3797\end{pmatrix}-\begin{pmatrix}4.5455\\0.8264\end{pmatrix}=\begin{pmatrix}3.1931\\1.9330\end{pmatrix}$$

$$F_3=f(\boldsymbol{x}_3^1)=1.7469$$

3）为了确定下一轮迭代的搜索方向和初始点，需检查是否满足判别条件。

$$F_3=1.7469<F_0=15.2148$$

$$(F_0-2F_2+F_3)(F_0-F_2-\Delta_m)^2=37.7024<0.5\Delta_m(F_0-F_3)^2=456.1453$$

经计算发现满足判别条件，应进行方向替换，用新方向 $\boldsymbol{d}_3^1$ 替换 $\boldsymbol{e}_1$。因此下一轮迭代搜索方向采用新的方向组 $\boldsymbol{d}_3^1$、$\boldsymbol{e}_2$。

$$\boldsymbol{d}_3^1=\boldsymbol{x}_2^1-\boldsymbol{x}_0^1=\begin{pmatrix}3.8693\\1.3797\end{pmatrix}-\begin{pmatrix}4.5455\\0.8264\end{pmatrix}=\begin{pmatrix}-0.6762\\0.5533\end{pmatrix}$$

下一轮迭代的初始点 $\boldsymbol{x}_0^2$ 将从 $\boldsymbol{x}_2^1$ 点出发，沿 $\boldsymbol{d}_3^1$ 方向进行一维搜索计算极小值点，即

$$\boldsymbol{x}_0^2=\boldsymbol{x}_2^1+\alpha_3\boldsymbol{d}_3^1=\begin{pmatrix}3.8693\\1.3797\end{pmatrix}+\alpha_3\begin{pmatrix}-0.6762\\0.5533\end{pmatrix}=\begin{pmatrix}3.8693-0.6762\alpha_3\\1.3797+0.5533\alpha_3\end{pmatrix}$$

$$f(\boldsymbol{x}_0^2)=10(3.8693-0.6762\alpha_3+1.3797+0.5533\alpha_3-5)^2+$$
$$(3.8693-0.6762\alpha_3-1.3797-0.5533\alpha_3)^2$$

通过 $$\frac{\mathrm{d}f}{\mathrm{d}\alpha_3}=0$$

可以求得搜索步长 $\alpha_3=2.0257$，因此，计算获得下一轮迭代初始点及其函数值 $\boldsymbol{x}_0^2$ 为

$$\boldsymbol{x}_0^2=\begin{pmatrix}2.499995\\2.500133\end{pmatrix}$$

$$F_0=f_0(\boldsymbol{x}_0^2)\approx 0$$

可见已足够接近极值点 $\boldsymbol{x}^*=(2.5\quad 2.5)^{\mathrm{T}}$ 及极小值 $f(\boldsymbol{x}^*)=0$。

通过上述例题可以看出，虽然鲍威尔方法利用了共轭方向，在接近极小值点附近具有二次收敛性，但计算速度并不是很快。以二维函数为例，每轮要进行 3 次一维搜索，且需要计算多个迭代点。但是因为在构造搜索方向的过程中可以不计算函数导数而只计算函数值，故在实际工程计算中仍然是一种方便而有效的算法。

第七节　变尺度法

变尺度法

根据前面章节的介绍发现，最速下降法收敛速度较慢，而牛顿型方法虽然收敛速度较快，但要计算海塞矩阵及其逆矩阵，其计算量和存储量都很大。为了在保持较快收敛速度的前提下，尽可能规避较大的计算量，变尺度法在牛顿型方法的基础上发展起来，它对多维优化问题的处理具有显著的优越性。

一、尺度变换的思想及尺度矩阵

变量的尺度变换是指放大或缩小各个坐标。通过尺度变换可以把函数的偏心程度降低到最低限度。尺度变换技巧能显著地改进几乎所有极小化方法的收敛性质。例如采用最速下降法求函数 $f(\boldsymbol{x})=x_1^2+25x_2^2$ 的极小值时，需要进行 10 次迭代才能达到极小值点 $\boldsymbol{x}^*=(0\quad 0)^{\mathrm{T}}$，此时目标函数的等值线为一族椭圆。但是，如果对设计变量进行尺度变换，即令

$$y_1=x_1$$
$$y_2=5x_2$$

就可以将等值线为椭圆的目标函数 $f(x_1,x_2)$ 变换成等值线为圆的新目标函数 $\psi(y_1,y_2)=y_1^2+y_2^2$，从而消除了函数等值线形状的偏心，这时采用最速下降法只需要一次迭代即可求得极小值点。

对于一般二次函数

$$f(\boldsymbol{x})=\frac{1}{2}\boldsymbol{x}^{\mathrm{T}}\boldsymbol{G}\boldsymbol{x}+\boldsymbol{b}^{\mathrm{T}}\boldsymbol{x}+c$$

如果进行尺度变换

$$\boldsymbol{x}\leftarrow\boldsymbol{Q}\boldsymbol{x}$$

则在新的坐标系中，函数 $f(\boldsymbol{x})$ 的二次项变为

$$\frac{1}{2}\boldsymbol{x}^{\mathrm{T}}\boldsymbol{G}\boldsymbol{x}\rightarrow\frac{1}{2}\boldsymbol{x}^{\mathrm{T}}\boldsymbol{Q}^{\mathrm{T}}\boldsymbol{G}\boldsymbol{Q}\boldsymbol{x}$$

选择这样变换的目的仍然是为了减小二次项的偏心程度。若矩阵 $\boldsymbol{G}$ 是正定的，则总存在矩阵 $\boldsymbol{Q}$，使

$$\boldsymbol{Q}^{\mathrm{T}}\boldsymbol{G}\boldsymbol{Q}=\boldsymbol{I}\text{（单位矩阵）}$$

将函数偏心率变为零。

用 $\boldsymbol{Q}^{-1}$ 右乘等式两边，得

$$\boldsymbol{Q}^{\mathrm{T}}\boldsymbol{G}=\boldsymbol{Q}^{-1}$$

再用 $\boldsymbol{Q}$ 左乘等式两边，得

$$\boldsymbol{Q}\boldsymbol{Q}^{\mathrm{T}}\boldsymbol{G}=\boldsymbol{I}$$

所以

$$\boldsymbol{Q}\boldsymbol{Q}^{\mathrm{T}}=\boldsymbol{G}^{-1}$$

这说明二次函数矩阵 $\boldsymbol{G}$ 的逆矩阵，可以通过尺度变换矩阵 $\boldsymbol{Q}$ 来求得。这样，前面讲述的牛顿型方法，其第 k 步的搜索方向便可以写成

$$\boldsymbol{d}^k=-[\boldsymbol{G}(\boldsymbol{x}^k)]^{-1}\nabla f(\boldsymbol{x}^k)=-\boldsymbol{Q}\boldsymbol{Q}^{\mathrm{T}}\nabla f(\boldsymbol{x}^k)$$

而牛顿型方法的迭代公式则变为

$$\boldsymbol{x}^{k+1}=\boldsymbol{x}^k+\alpha_k\boldsymbol{d}^k=\boldsymbol{x}^k-\alpha_k\boldsymbol{Q}\boldsymbol{Q}^{\mathrm{T}}\nabla f(\boldsymbol{x}^k)$$

比较牛顿型方法的迭代公式

$$\boldsymbol{x}^{k+1}=\boldsymbol{x}^k-\alpha_k\boldsymbol{Q}\boldsymbol{Q}^{\mathrm{T}}\nabla f(\boldsymbol{x}^k)$$

和最速下降法迭代公式

$$\boldsymbol{x}^{k+1}=\boldsymbol{x}^k-\alpha_k\nabla f(\boldsymbol{x}^k)$$

可以看出，差别在于牛顿型方法中多了 $\boldsymbol{Q}\boldsymbol{Q}^{\mathrm{T}}$ 部分。而 $\boldsymbol{Q}\boldsymbol{Q}^{\mathrm{T}}$ 实际上是在 $\boldsymbol{x}$ 空间内测量距离大小的一种度量，可以用 $\boldsymbol{H}$ 来表示，称为尺度矩阵，即

$$\boldsymbol{H}=\boldsymbol{Q}\boldsymbol{Q}^{\mathrm{T}}$$

因此，牛顿型方法的迭代公式可以采用尺度矩阵表示出来，即

$$\boldsymbol{x}^{k+1}=\boldsymbol{x}^k-\alpha_k\boldsymbol{H}\nabla f(\boldsymbol{x}^k)$$

可以看出，牛顿型方法和最速下降法迭代公式只差一个尺度矩阵 $\boldsymbol{H}$，那么牛顿型方法就可看成是经过尺度变换后的最速下降法。当目标函数为二元二次函数时，经过尺度变换，函数的偏心率减小到零，使得二元二次函数的椭圆族等值线变成圆族等值线；三元二次函数的等值面将变为球面，使设计空间中任意点处函数的梯度都通过极小值点，用最速下降法只需一次迭代就可达到极小值点。所以，对变换前的二次函数，在使用牛顿型方法时，其搜索方向包含了尺度矩阵，而且直接指向极小值点，因此只需一次迭代就能找到极小值点。

二、变尺度法的基本思想

对于一般函数 $f(\boldsymbol{x})$，当用牛顿型方法寻求极小值点时，其迭代公式为

$$\boldsymbol{x}^{k+1}=\boldsymbol{x}^k-\alpha_k\boldsymbol{G}_k^{-1}\boldsymbol{g}_k \quad (k=0,1,2,\cdots)$$

其中

$$\boldsymbol{g}_k\equiv\nabla f(\boldsymbol{x}^k)$$

$$\boldsymbol{G}_k\equiv\nabla^2 f(\boldsymbol{x}^k)$$

为了避免在迭代公式中计算海塞矩阵的逆矩阵 $\boldsymbol{G}_k^{-1}$，可以在迭代过程中逐步地建立尺度矩阵

$$\boldsymbol{H}_k\equiv\boldsymbol{H}(\boldsymbol{x}^k)$$

即构造一个矩阵序列 $\{\boldsymbol{H}_k\}$ 来逼近海塞矩阵的逆矩阵序列 $\{\boldsymbol{G}_k^{-1}\}$。每迭代一次，尺度就改变一次，这正是“变尺度”的含义。这样，牛顿型方法的迭代公式就变为

$$\boldsymbol{x}^{k+1}=\boldsymbol{x}^k-\alpha_k\boldsymbol{H}_k\boldsymbol{g}_k \quad (k=0,1,2,\cdots) \tag{4-32}$$

式中 α_k——从 $\boldsymbol{x}^k$ 出发，沿方向 $\boldsymbol{d}^k=-\boldsymbol{H}_k\boldsymbol{g}_k$ 做一维搜索而得到的最佳步长。

当 $\boldsymbol{H}_k=\boldsymbol{I}$（单位矩阵）时，式（4-32）就变成了最速下降法的迭代公式。以上就是变尺度法的基本思想。

为了保证变尺度矩阵 $\boldsymbol{H}_k$ 确实与 $\boldsymbol{G}_k^{-1}$ 近似，并具有容易计算的特点，$\boldsymbol{H}_k$ 需要满足以下3个基本要求：

1）为确保搜索方向朝着函数值下降的方向，要求 $\{\boldsymbol{H}_k\}$ 中的每一个矩阵都是对称正定的。因为若要求搜索方向 $\boldsymbol{d}^k=-\boldsymbol{H}_k\boldsymbol{g}_k$ 为下降方向，即要求 $\boldsymbol{g}_k^{\mathrm{T}}\boldsymbol{d}^k>0$，也就是 $-\boldsymbol{g}_k^{\mathrm{T}}\boldsymbol{H}_k\boldsymbol{g}_k<0$ 即 $\boldsymbol{g}_k^{\mathrm{T}}\boldsymbol{H}_k\boldsymbol{g}_k>0$，这就意味着 $\boldsymbol{H}_k$ 应为对称正定。

2）要求 $\boldsymbol{H}_k$ 之间的迭代具有简单的形式，即可令 $\boldsymbol{H}_{k+1}=\boldsymbol{H}_k+\boldsymbol{E}_k$，其中 $\boldsymbol{E}_k$ 为校正矩阵，此式称为校正公式。

3）要求构造 $\{\boldsymbol{H}_k\}$ 时，必须满足拟牛顿条件。

所谓拟牛顿条件，可由下面的推导给出。设迭代过程已进行到 $k+1$ 步，$\boldsymbol{x}^{k+1}$、$\boldsymbol{g}_{k+1}$ 均已求出，现在推导 $\boldsymbol{H}_{k+1}$ 所必须满足的条件。当 $f(\boldsymbol{x})$ 为具有正定矩阵 G 的二次函数时，在点 $\boldsymbol{x}^k$ 进行泰勒展开后，取到二次项，即

$$f(\boldsymbol{x}) \approx f(\boldsymbol{x}^k)+[\nabla f(\boldsymbol{x}^k)]^{\mathrm{T}}[\boldsymbol{x}-\boldsymbol{x}^k]+\frac{1}{2}[\boldsymbol{x}-\boldsymbol{x}^k]^{\mathrm{T}}\boldsymbol{G}[\boldsymbol{x}-\boldsymbol{x}^k]$$

此时，二次函数的梯度为

$$\nabla f(\boldsymbol{x})=\nabla f(\boldsymbol{x}^k)+\boldsymbol{G}[\boldsymbol{x}-\boldsymbol{x}^k]$$

如果取 $\boldsymbol{x}=\boldsymbol{x}^{k+1}$ 为极值点附近第 $k+1$ 次迭代点，则有

$$\boldsymbol{g}_{k+1}=\nabla f(\boldsymbol{x}^{k+1})=\boldsymbol{g}_k+\boldsymbol{G}[\boldsymbol{x}^{k+1}-\boldsymbol{x}^k]$$

$$\boldsymbol{g}_{k+1}-\boldsymbol{g}_k=\boldsymbol{G}[\boldsymbol{x}^{k+1}-\boldsymbol{x}^k]$$

即

$$\boldsymbol{G}^{-1}(\boldsymbol{g}_{k+1}-\boldsymbol{g}_k)=\boldsymbol{x}^{k+1}-\boldsymbol{x}^k$$

因为具有正定海塞矩阵 $\boldsymbol{G}_{k+1}$ 的一般函数，在极小值点附近可用二次函数很好地近似，可以联想到如果 $\boldsymbol{H}_{k+1}$ 满足类似于上式的关系

$$\boldsymbol{H}_{k+1}(\boldsymbol{g}_{k+1}-\boldsymbol{g}_k)=\boldsymbol{x}^{k+1}-\boldsymbol{x}^k$$

那么 $\boldsymbol{H}_k$ 就可以很好地近似于 $\boldsymbol{G}_{k+1}^{-1}$。因此，把上面的关系式称为拟牛顿条件（或拟牛顿方程）。记为

$$\boldsymbol{y}_k=\boldsymbol{g}_{k+1}-\boldsymbol{g}_k$$

$$\boldsymbol{s}_k=\boldsymbol{x}^{k+1}-\boldsymbol{x}^k$$

那么拟牛顿条件可写成

$$\boldsymbol{H}_{k+1}\boldsymbol{y}_k=\boldsymbol{s}_k$$

根据上述拟牛顿条件，不用对海塞矩阵求逆就可以构造一个矩阵 $\boldsymbol{H}_{k+1}$ 来逼近海塞矩阵的逆矩阵 $\boldsymbol{G}_{k+1}^{-1}$，这类方法统称为拟牛顿法。由于尺度矩阵的建立应用了拟牛顿条件，所以变尺度法也属于拟牛顿法。还可以证明，变尺度法对于具有正定矩阵 $\boldsymbol{G}$ 的二次函数，能产生对 $\boldsymbol{G}$ 共轭的搜索方向，因此变尺度法又可以看成是一种特殊的共轭方向法。

三、变尺度法的迭代步骤

对于一般多元函数 $f(\boldsymbol{x})$，用变尺度法求极小值点 $\boldsymbol{x}^*$ 时，其迭代步骤是：

1）选定初始点 $\boldsymbol{x}^0$ 和收敛精度 ε。

2）计算 $\boldsymbol{g}_0=\nabla f(\boldsymbol{x}^0)$，选取初始对称正定矩阵 $\boldsymbol{H}_0$（例如 $\boldsymbol{H}_0=\boldsymbol{I}$），置 $k\leftarrow 0$。

3）计算搜索方向 $\boldsymbol{d}^k=-\boldsymbol{H}_k\boldsymbol{g}_k$。

4）沿 $\boldsymbol{d}^k$ 方向进行一维搜索 $\boldsymbol{x}^{k+1}=\boldsymbol{x}^k+\alpha_k\boldsymbol{d}^k$，计算 $\boldsymbol{g}_{k+1}=\nabla f(\boldsymbol{x}^{k+1})$，$\boldsymbol{s}_k=\boldsymbol{x}^{k+1}-\boldsymbol{x}^k$，$\boldsymbol{y}_k=\boldsymbol{g}_{k+1}-\boldsymbol{g}_k$。

5）判断是否满足迭代终止准则，若满足，则 $x^*\leftarrow\boldsymbol{x}^{k+1}$，迭代结束，否则转至步骤 6）。

6）当迭代 n 次后还没找到极小值点时，重置 $\boldsymbol{H}_k$ 为单位矩阵 $\boldsymbol{I}$，并以当前设计点为初始点 $\boldsymbol{x}^0\leftarrow\boldsymbol{x}^{k+1}$，返回到步骤 2）进行下一轮迭代，否则转至步骤 7）。

7）计算矩阵 $\boldsymbol{H}_{k+1}=\boldsymbol{H}_k+\boldsymbol{E}_k$，置 $k\leftarrow k+1$，返回到步骤 3）。

对于校正矩阵 $\boldsymbol{E}_k$，可由具体的公式来计算，不同的公式对应不同的变尺度法。但不论哪种变尺度法，$\boldsymbol{E}_k$ 必须满足拟牛顿条件

$$\boldsymbol{H}_{k+1}\boldsymbol{y}_k=\boldsymbol{s}_k$$

即

$$(\boldsymbol{H}_k+\boldsymbol{E}_k)\boldsymbol{y}_k=\boldsymbol{s}_k$$

或 $$E_k y_k = s_k - H_k y_k$$

满足上式的 E_k 有无穷多个，因此变尺度法是求解无约束优化问题的一类方法。变尺度法的程序框图如图 4-18 所示。

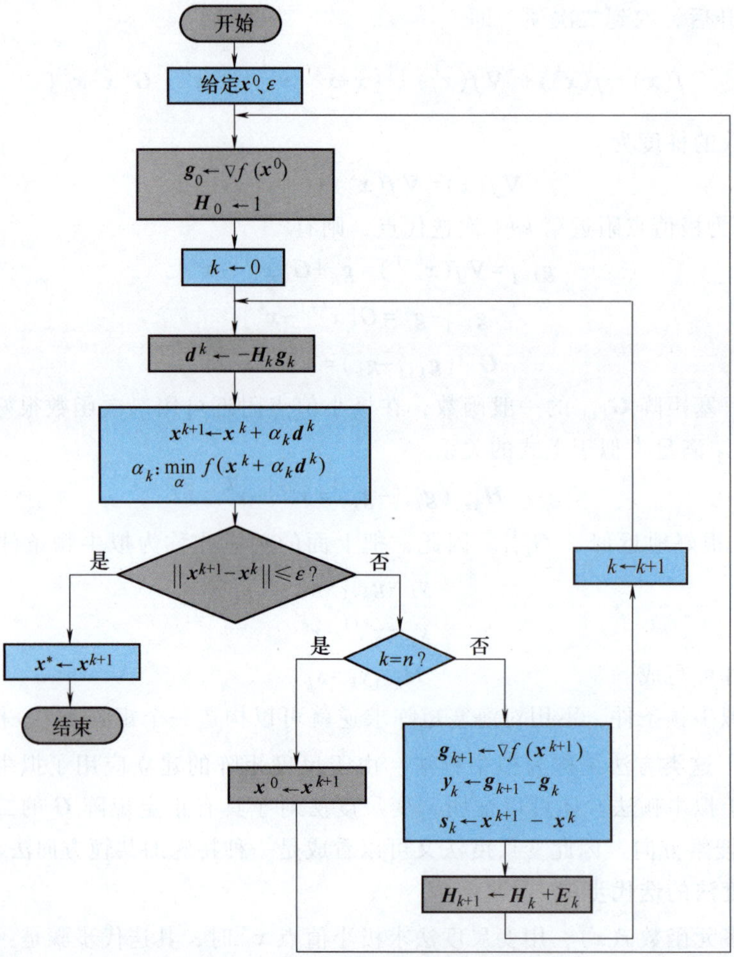

图 4-18 变尺度法的程序框图

四、DFP 算法的原理及应用

在变尺度法中，DFP 算法（Davidon-Fletcher-Powell Algorith）是较常用的一种算法，它是由美国学者戴维登（Davidon）于 1959 年提出的，后来经英国学者弗来彻（Fletcher）和鲍威尔（Powell）于 1963 年做了改进，故用三人名字的首字母命名。

根据前述变尺度法的迭代步骤，需要计算校正矩阵实现变尺度矩阵的迭代，而不同形式的校正矩阵 E_k，将会形成不同的变尺度法。DFP 算法中的校正矩阵 E_k 按照下列形式确定：

$$E_k = \alpha_k u_k u_k^{\mathrm{T}} + \beta_k v_k v_k^{\mathrm{T}} \tag{4-33}$$

式中 u_k、v_k——n 维待定向量；

α_k、β_k——待定常数。

根据校正矩阵 E_k 要满足的拟牛顿条件

$$E_k y_k = s_k - H_k y_k$$

则有 $$(\alpha_k u_k u_k^{\mathrm{T}} + \beta_k v_k v_k^{\mathrm{T}}) y_k = s_k - H_k y_k$$

即
$$\alpha_k \boldsymbol{u}_k \boldsymbol{u}_k^{\mathrm{T}} \boldsymbol{y}_k + \beta_k \boldsymbol{v}_k \boldsymbol{v}_k^{\mathrm{T}} \boldsymbol{y}_k = \boldsymbol{s}_k - \boldsymbol{H}_k \boldsymbol{y}_k$$
满足上面方程的待定向量 $\boldsymbol{u}_k$ 和 $\boldsymbol{v}_k$ 有很多种取法，这里取
$$\alpha_k \boldsymbol{u}_k \boldsymbol{u}_k^{\mathrm{T}} \boldsymbol{y}_k = \boldsymbol{s}_k$$
$$\beta_k \boldsymbol{v}_k \boldsymbol{v}_k^{\mathrm{T}} \boldsymbol{y}_k = -\boldsymbol{H}_k \boldsymbol{y}_k$$
注意到 $\boldsymbol{u}_k^{\mathrm{T}} \boldsymbol{y}_k$ 和 $\boldsymbol{v}_k^{\mathrm{T}} \boldsymbol{y}_k$ 都是数量，不妨取
$$\boldsymbol{u}_k = \boldsymbol{s}_k$$
$$\boldsymbol{v}_k = \boldsymbol{H}_k \boldsymbol{y}_k$$
这样就可以确定
$$\alpha_k = \frac{1}{\boldsymbol{s}_k^{\mathrm{T}} \boldsymbol{y}_k}$$
$$\beta_k = -\frac{1}{\boldsymbol{y}_k^{\mathrm{T}} \boldsymbol{H}_k \boldsymbol{y}_k}$$
从而可以得到 DFP 算法的校正公式
$$\boldsymbol{H}_{k+1} = \boldsymbol{H}_k + \frac{\boldsymbol{s}_k \boldsymbol{s}_k^{\mathrm{T}}}{\boldsymbol{s}_k^{\mathrm{T}} \boldsymbol{y}_k} - \frac{\boldsymbol{H}_k \boldsymbol{y}_k \boldsymbol{y}_k^{\mathrm{T}} \boldsymbol{H}_k}{\boldsymbol{y}_k^{\mathrm{T}} \boldsymbol{H}_k \boldsymbol{y}_k} \quad (k=0,1,2,\cdots) \tag{4-34}$$

例 4-6　用 DFP 算法求 $f(\boldsymbol{x}) = x_1^2 + x_2^2 - x_1 x_2 - 10x_1 - 4x_2 + 60$ 的极值解。

解： 取初始点 $\boldsymbol{x}^0 = \begin{pmatrix} x_1^0 \\ x_2^0 \end{pmatrix} = \begin{pmatrix} 0 \\ 0 \end{pmatrix}$，$\boldsymbol{H}_0 = \begin{pmatrix} 1 & 0 \\ 0 & 1 \end{pmatrix}$，计算初始点处的梯度。
$$\nabla f(\boldsymbol{x}) = \begin{pmatrix} 2x_1 - x_2 - 10 \\ 2x_2 - x_1 - 4 \end{pmatrix}$$
$$\nabla f(\boldsymbol{x}^0) = \begin{pmatrix} -10 \\ -4 \end{pmatrix}$$
根据式（4-32）得到搜索方向 $\boldsymbol{d}^0$ 及新的迭代点 $\boldsymbol{x}^1$：
$$\boldsymbol{d}^0 = -\boldsymbol{H}_0 \nabla f(\boldsymbol{x}^0) = -\begin{pmatrix} 1 & 0 \\ 0 & 1 \end{pmatrix} \begin{pmatrix} -10 \\ -4 \end{pmatrix} = \begin{pmatrix} 10 \\ 4 \end{pmatrix}$$
$$\boldsymbol{x}^1 = \boldsymbol{x}^0 + \alpha_0 \boldsymbol{d}^0 = \begin{pmatrix} 0 \\ 0 \end{pmatrix} + \alpha_0 \begin{pmatrix} 10 \\ 4 \end{pmatrix} = \begin{pmatrix} 10\alpha_0 \\ 4\alpha_0 \end{pmatrix}$$
式中　α_0——一维搜索的最佳步长。

可通过 $f(\boldsymbol{x}^1) = \min\limits_{\alpha} \varphi_1(\alpha)$，$\varphi_1'(\alpha_0) = 0$

求得
$$\alpha_0 = 0.7631$$
于是得
$$\boldsymbol{x}^1 = \boldsymbol{x}^0 + \alpha_0 \boldsymbol{d}^0 = \begin{pmatrix} 0 \\ 0 \end{pmatrix} + 0.7631 \begin{pmatrix} 10 \\ 4 \end{pmatrix} = \begin{pmatrix} 7.631 \\ 3.052 \end{pmatrix}$$
$$\nabla f(\boldsymbol{x}^1) = \begin{pmatrix} 2.211 \\ -5.526 \end{pmatrix}$$
$$\boldsymbol{s}_0 = \boldsymbol{x}^1 - \boldsymbol{x}^0 = \begin{pmatrix} 7.631 \\ 3.052 \end{pmatrix}$$

$$y_0=\nabla f(x^1)-\nabla f(x^0)=\begin{pmatrix}12.211\\-1.526\end{pmatrix}$$

根据式（4-34）得

$$H_1=H_0+\frac{S_0S_0^{\mathrm T}}{S_0^{\mathrm T}y_0}-\frac{H_0y_0y_0^{\mathrm T}H_0}{y_0^{\mathrm T}H_0y_0}$$

$$=\begin{pmatrix}1&0\\0&1\end{pmatrix}+\frac{\begin{pmatrix}7.631\\3.052\end{pmatrix}(7.631\quad 3.052)}{(7.631\quad 3.052)\begin{pmatrix}12.211\\-1.526\end{pmatrix}}-\frac{\begin{pmatrix}12.211\\-1.526\end{pmatrix}(12.211-1.526)}{(12.211-1.526)\begin{pmatrix}12.211\\-1.526\end{pmatrix}}$$

$$=\begin{pmatrix}0.673&0.386\\0.386&1.090\end{pmatrix}$$

则新的搜索方向为

$$d^1=-H_1\nabla f(x^1)=-\begin{pmatrix}0.673&0.386\\0.386&1.090\end{pmatrix}\begin{pmatrix}2.211\\-5.526\end{pmatrix}=\begin{pmatrix}0.645\\5.168\end{pmatrix}$$

再沿 d^1 方向进行一维搜索，得

$$x^2=x^1+\alpha_1d^1=\begin{pmatrix}7.631\\3.052\end{pmatrix}+\alpha_1\begin{pmatrix}0.645\\5.168\end{pmatrix}=\begin{pmatrix}x_1^1\\x_2^1\end{pmatrix}$$

式中 α_1——一维搜索的最佳步长。

可通过 $f(x^2)=\min\limits_{\alpha}\varphi_2(\alpha)$，$\varphi_2'(\alpha_1)=0$

求得

$$\alpha_1=0.5701$$

于是得

$$x^2=x^1+\alpha_1d^1=\begin{pmatrix}7.631\\3.052\end{pmatrix}+0.5701\begin{pmatrix}0.645\\5.168\end{pmatrix}=\begin{pmatrix}7.9999\\5.9999\end{pmatrix}\approx\begin{pmatrix}8\\6\end{pmatrix}$$

为了判断点 x^2 是否为极值点，需计算点 x^2 处的梯度及其海塞矩阵，即

$$\nabla f(x^2)=\begin{pmatrix}2x_1-x_2-10\\2x_2-x_1-4\end{pmatrix}_{x^2}=\begin{pmatrix}0\\0\end{pmatrix}$$

$$\nabla^2f(x^2)=\begin{pmatrix}2&-1\\-1&2\end{pmatrix}$$

梯度为零向量，海塞矩阵正定，可见点 x^2 满足极值的充要条件，因此点 x^2 为极小值点，此函数的极值解为

$$x^*=x^2=(8\quad 6)^{\mathrm T}$$
$$f(x^*)=8$$

当初始矩阵 H_0 选为对称正定矩阵时，DFP 算法将保证以后的迭代矩阵 H_k 都是对称正定的，即使将 DFP 算法用于非二次函数也是如此，从而保证该算法总是下降的。这种算法用于高维无约束优化问题，具有收敛速度快、效果好的特点。DFP 算法是无约束优化方法中最有效的方法之一，因为它不单纯是利用向量传递信息，还采用了矩阵来传递信息。

第八节　坐标轮换法

坐标轮换法是将多维问题转变为一系列较少维数问题的降维方法，它将多变量的优化问题轮流地转化成单变量（其余变量视为常量）的优化问题，因此这种方法又称为变量轮换法。在搜索过程中只需目标函数的函数值信息，而不需要求解目标函数的导数。因此，这种无约束优化方法比较简单、直观。

一、坐标轮换法的基本原理

坐标轮换法是每次搜索只允许一个变量变化，其余变量保持不变，即沿坐标方向轮流地进行搜索的寻优方法。首先以二元函数 $f(x_1, x_2)$ 为例说明坐标轮换法的搜索过程，如图 4-19 所示。从初始点 $\boldsymbol{x}_0^1$ 出发，沿第一个坐标方向搜索，即 $\boldsymbol{d}_1^1=e_1$，得 $\boldsymbol{x}_1^1=\boldsymbol{x}_0^1+\alpha_1^1\boldsymbol{d}_1^1$，按照一维搜索方法确定最佳步长因子 α_1^1 满足 $\min\limits_{\alpha} f(\boldsymbol{x}_0^1+\alpha\boldsymbol{d}_1^1)$，然后从 $\boldsymbol{x}_1^1$ 出发沿 $\boldsymbol{d}_2^1=e_2$ 方向搜索得 $\boldsymbol{x}_2^1=\boldsymbol{x}_1^1+\alpha_2^1\boldsymbol{d}_2^1$，其中步长因子 α_2^1 满足 $\min\limits_{\alpha} f(\boldsymbol{x}_1^1+\alpha\boldsymbol{d}_2^1)$，$\boldsymbol{x}_2^1$ 为一轮（$k=1$）的终点。检验始点、终点间距离是否满足精度要求，即判断 $\|\boldsymbol{x}_2^1-\boldsymbol{x}_0^1\|<\varepsilon$ 的条件是否满足。若满足，则 $\boldsymbol{x}^*\leftarrow\boldsymbol{x}_2^1$，否则令 $\boldsymbol{x}_0^2\leftarrow\boldsymbol{x}_2^1$，重新依次沿坐标方向进行下一轮（$k=2$）的搜索。

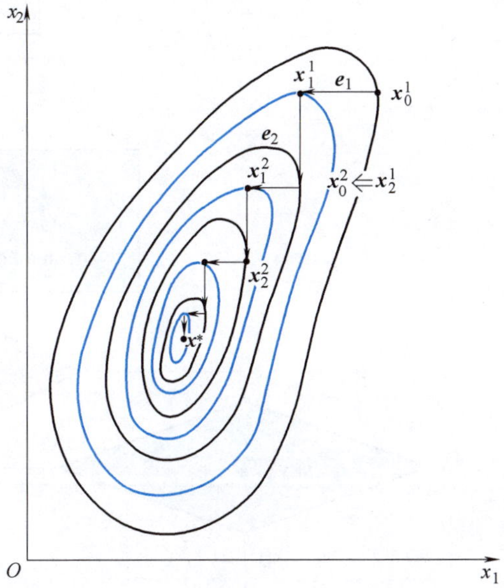

图 4-19　坐标轮换法的搜索过程

对于 n 个变量的函数，若在第 k 轮沿第 i 个坐标方向 $\boldsymbol{d}_i^k$ 进行搜索，其迭代公式为

$$\boldsymbol{x}_i^k=\boldsymbol{x}_{i-1}^k+\alpha_i^k\boldsymbol{d}_i^k \qquad (k=1, 2, \cdots; i=1, 2, 3, \cdots, n) \tag{4-35}$$

其中 $\boldsymbol{x}_i^k$ 的上角标 k 表示所进行的为第 k 轮搜索；下角标 i 表示在第 k 轮搜索中的第 i 个点（如对于上述二维问题 $i=1, 2$）。这里，搜索方向取坐标方向，即 $\boldsymbol{d}_i^k=e_i$（$i=1, 2, \cdots, n$）。若 $\|\boldsymbol{x}_n^k-\boldsymbol{x}_0^k\|<\varepsilon$，则 $\boldsymbol{x}^*\leftarrow\boldsymbol{x}_n^k$，否则 $\boldsymbol{x}_0^{k+1}\leftarrow\boldsymbol{x}_n^k$，进行下一轮搜索，直到满足精度要求为止。按此计算步骤设计出如图 4-20 所示的坐标轮换法的程序框图。

二、坐标轮换法的效能特点

坐标轮换法具有算法简单、程序易于实现等特点。但是，这种方法的收敛效果与目标函数等值面（线）的形状有很大关系。如果目标函数为二元二次函数，其等值线为圆或长短轴平行于坐标轴的椭圆时，此方法表现出很高的效率，经过两次搜索即可达到最优点 $\boldsymbol{x}^*$，如图 4-21a 所示。如果等值线为长短轴不平行于坐标轴的椭圆，则需多次迭代才能达到最优点 $\boldsymbol{x}^*$，搜索效率显著降低，如图 4-21b 所示。如果等值线出现脊线，若沿着脊线进行搜索则一步可达到最优点，但因坐标轮换法总是沿坐标轴方向搜索而不能沿脊线方向搜索，所以搜索将终止到脊线上而不能找到最优点 $\boldsymbol{x}^*$，如图 4-21c 所示。

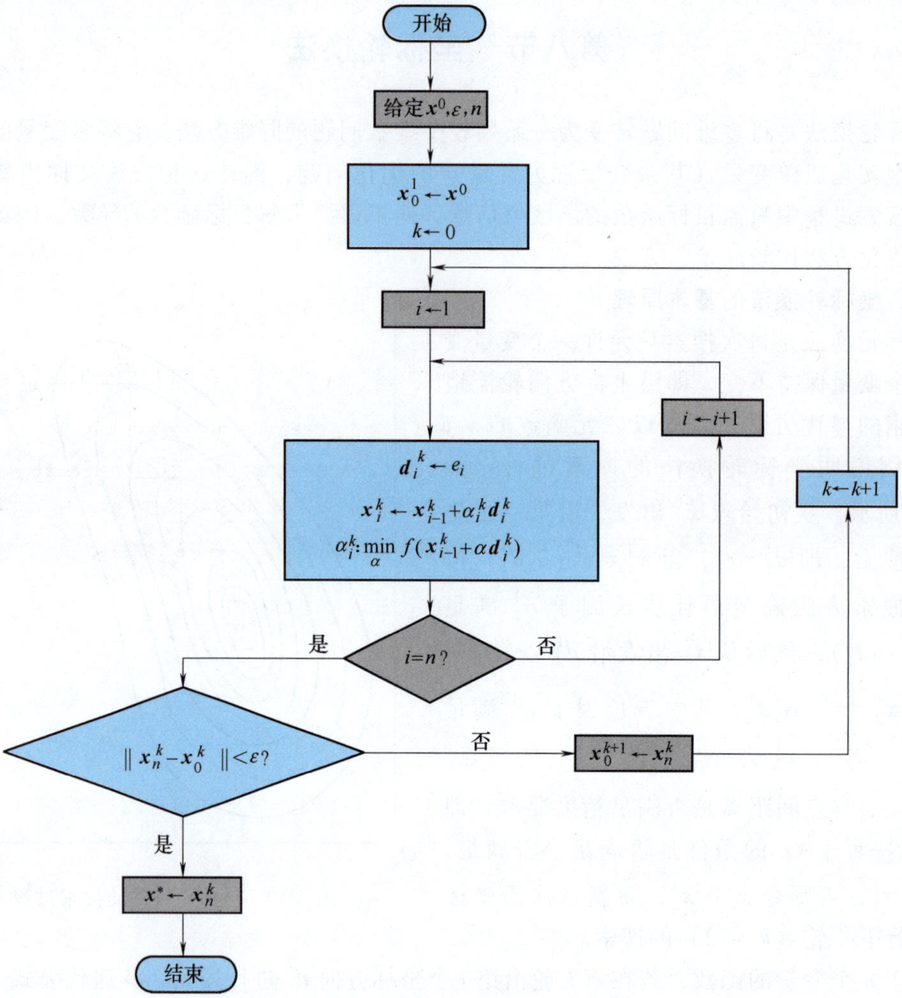

图 4-20 坐标轮换法的程序框图

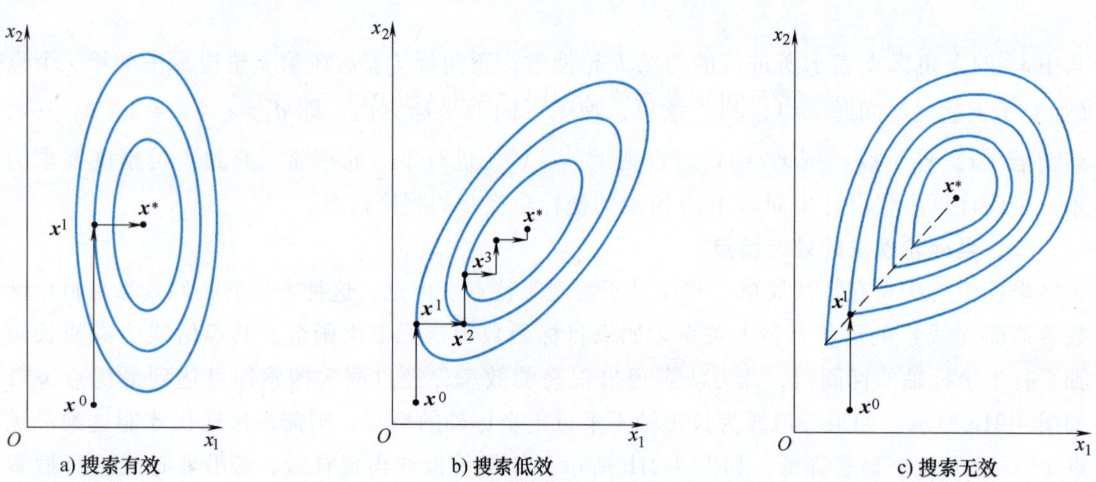

图 4-21 坐标轮换法的效能

根据上述分析可以看出，采用坐标轮换法求解无约束优化设计问题只能轮流沿着坐标方向搜索，尽管这样也能使函数值逐次迭代而下降，但要经过多次曲折迂回的路径才能达到极值点。尤其在极值点附近步长很小，收敛速度很慢，所以坐标轮换法总体搜索效率很低，受到目标函数等值线的性状影响较大。但是，坐标轮换法中的坐标轮换思想为实现搜索方向的构造提供了一种新思路，前面介绍的鲍威尔方法就是利用了坐标轮换法的原理而形成的一种无约束优化问题求解方法。

例 4-7 用坐标轮换法求函数 $f(\boldsymbol{x})=x_1^2+x_2^2-x_1x_2-10x_1-4x_2+60$ 的最优解，初始点 $\boldsymbol{x}^0=\begin{pmatrix}0\\0\end{pmatrix}$，精度要求 $\varepsilon=0.1$。

解： 首先进行第一轮迭代计算，沿 $\boldsymbol{d}_1^1=e_1=(1\quad 0)^{\mathrm{T}}$ 方向进行一维搜索，得

$$\boldsymbol{x}_1^1=\boldsymbol{x}_0^1+\alpha_1^1\boldsymbol{d}_1^1=\boldsymbol{x}_0^1+\alpha_1^1\boldsymbol{e}_1$$

式中 $\boldsymbol{x}_0^1$——第一轮的起始点，取

$$\boldsymbol{x}_0^1=\boldsymbol{x}^0=\begin{pmatrix}0\\0\end{pmatrix}$$

则

$$\boldsymbol{x}_1^1=\begin{pmatrix}0\\0\end{pmatrix}+\alpha_1^1\begin{pmatrix}1\\0\end{pmatrix}=\begin{pmatrix}\alpha_1^1\\0\end{pmatrix}$$

按最优步长原则确定最佳步长因子 α_1^1，即

$$\min_{\alpha} f(\boldsymbol{x}_1^1)=\min_{\alpha} f(\boldsymbol{x}_0^1+\alpha\boldsymbol{d}_1^1)=f(\boldsymbol{x}_0^1+\alpha_1^1\boldsymbol{d}_1^1)=(\alpha_1^1)^2-10\alpha_1^1+60$$

得

$$\alpha_1^1=5$$

$$\boldsymbol{x}_1^1=\begin{pmatrix}5\\0\end{pmatrix}$$

以 $\boldsymbol{x}_1^1$ 为新起点，沿 $\boldsymbol{d}_2^1=\boldsymbol{e}_2=(0\quad 1)^{\mathrm{T}}$ 方向进行一维搜索，即

$$\boldsymbol{x}_2^1=\boldsymbol{x}_1^1+\alpha_2^1\boldsymbol{d}_2^1=\boldsymbol{x}_1^1+\alpha_2^1\boldsymbol{e}_2=\begin{pmatrix}5\\0\end{pmatrix}+\alpha_2^1\begin{pmatrix}0\\1\end{pmatrix}=\begin{pmatrix}5\\\alpha_2^1\end{pmatrix}$$

按最优步长原则确定最佳步长因子 α_2^1，即

$$\min_{\alpha} f(\boldsymbol{x}_2^1)=\min_{\alpha} f(\boldsymbol{x}_1^1+\alpha\boldsymbol{d}_2^1)=f(\boldsymbol{x}_1^1+\alpha_2^1\boldsymbol{d}_2^1)=(\alpha_2^1)^2-9\alpha_2^1+35$$

得

$$\alpha_2^1=4.5$$

$$\boldsymbol{x}_2^1=\begin{pmatrix}5\\4.5\end{pmatrix}$$

检验始点、终点间距离是否满足精度要求，即

$$\|\boldsymbol{x}_2^1-\boldsymbol{x}_0^1\|=\sqrt{5^2+4.5^2}=6.73>\varepsilon$$

不满足精度要求，此时令 $\boldsymbol{x}_0^2=\boldsymbol{x}_2^1$，继续进行第二轮迭代计算，经过五轮迭代计算后

$$\|\boldsymbol{x}_2^5-\boldsymbol{x}_0^5\|=0.08<\varepsilon$$

故最优解为

$$\boldsymbol{x}^*=\boldsymbol{x}_2^5=\begin{pmatrix}8.02\\6.01\end{pmatrix},\quad f^*=f(\boldsymbol{x}^*)=8.0003$$

各轮迭代计算结果见表 4-1。

表 4-1 例 4-7 的计算结果

迭代次数 k	$\boldsymbol{x}_0^k$	$\boldsymbol{x}_1^k$	$\boldsymbol{x}_2^k$	$\Vert \boldsymbol{x}_2^k-\boldsymbol{x}_0^k \Vert$
1	$\begin{pmatrix}0\\0\end{pmatrix}$	$\begin{pmatrix}5\\0\end{pmatrix}$	$\begin{pmatrix}5\\4.5\end{pmatrix}$	6.73
2	$\begin{pmatrix}5\\4.5\end{pmatrix}$	$\begin{pmatrix}7.25\\4.5\end{pmatrix}$	$\begin{pmatrix}7.25\\6.625\end{pmatrix}$	3.09
3	$\begin{pmatrix}7.25\\6.625\end{pmatrix}$	$\begin{pmatrix}8.313\\6.625\end{pmatrix}$	$\begin{pmatrix}8.313\\6.156\end{pmatrix}$	1.16
4	$\begin{pmatrix}8.313\\6.156\end{pmatrix}$	$\begin{pmatrix}8.08\\6.156\end{pmatrix}$	$\begin{pmatrix}8.08\\6.04\end{pmatrix}$	0.26
5	$\begin{pmatrix}8.08\\6.04\end{pmatrix}$	$\begin{pmatrix}8.02\\6.04\end{pmatrix}$	$\begin{pmatrix}8.02\\6.01\end{pmatrix}$	0.08

第九节 单形替换法

单形替换法

一、单形替换法的基本思想

采用单形替换法求解无约束优化问题是指在不计算导数的情况下，先计算出若干点处的函数值，然后依据函数值的大小关系来判断函数变化的趋势，确定函数的下降方向，进而求得目标函数的极小值。这里所说的若干点，一般取在单纯形的顶点上。所谓单纯形是指在 n 维空间中由 $n+1$ 个线性独立的点构成的简单图形或凸多面体。如图 4-22 所示，在一维空间中由两点构成的线段就是一维空间中的单纯形；在二维空间中由不在同一直线上的三个点构成的简单图形，即三角形就是二维空间中的单纯形；在三维空间中由不在同一平面上的四个点构成的简单图形即四面体就是三维空间中的单纯形。而在 n 维空间中由 $n+1$ 个线性独立的顶点构成的凸多面体是 n 维空间中的单纯形。

在线性规划中，我们将提到单纯形法，那是因为线性规划问题是在凸多面体顶点集上进行迭代求解的。这里利用不断替换单纯形来寻找无约束优化问题的极小值点。虽然二者都用到单纯形，但不能把这两种方法混淆起来。为此我们将这种利用单纯形迭代的无约束优化方法称为单形替换法，以避免和线性规划中的单纯形法相混淆。

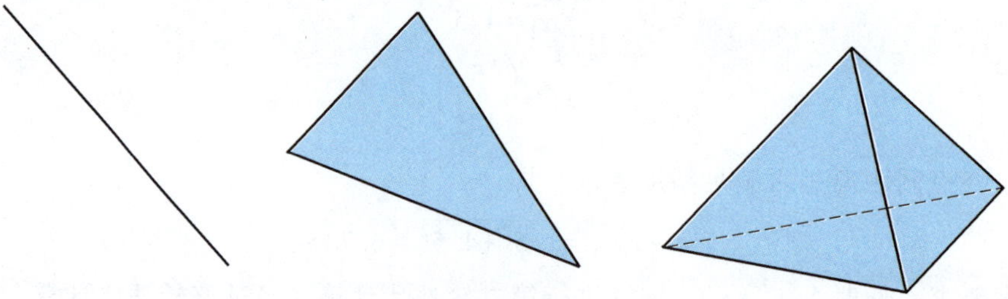

a) 一维空间中的单纯形　b) 二维空间中的单纯形　c) 三维空间中的单纯形

图 4-22 单纯形示例

单形替换法的基本思想是指在无约束优化求解过程中，根据问题的维数 n，选取由 $n+$

1个顶点构成的单纯形，求出这些顶点处的目标函数值并加以比较，确定它们当中最大值的点及函数值的下降方向，再设法找到一个新的比较好的点替换那个最大值的点，从而构成新的单纯形。随着这种取代过程的不断进行，新的单纯形将变换位置和形状，并向着极小值点收缩。这样经过若干次迭代，即可得到满足收敛准则的近似解。

一般地，可采用四种基本的寻优措施，即反射、扩张、收缩和缩边来实现单纯形替换过程。下面以二维问题为例来说明单形替换法的寻优过程。

如图4-23所示，设二维目标函数为$f(\boldsymbol{x})=f(x_1,x_2)$，在平面$x_1$-$x_2$上取不在同一直线上的三点$\boldsymbol{x}_h$，$\boldsymbol{x}_l$，$\boldsymbol{x}_g$，以它们为顶点构造单纯形即三角形。计算这三个顶点处的函数值$f(\boldsymbol{x}_h)$、$f(\boldsymbol{x}_l)$、$f(\boldsymbol{x}_g)$并进行比较。

若

$$f(\boldsymbol{x}_h)>f(\boldsymbol{x}_g)>f(\boldsymbol{x}_l)$$

则说明点$\boldsymbol{x}_h$最差，点$\boldsymbol{x}_l$最好。

在明确单纯形各顶点函数值的大小关系之后，采取以下基本搜索策略变换单纯形，进而逼近目标函数的极小值点。

（1）反射　单纯形各顶点函数值的大小反映了目标函数在单纯形这个局部区域的变化性态。一般来说，目标函数最小点在差点的对称位置的可能性最大。因此首先求出最差点的反射点，以探测目标函数变化的趋向。

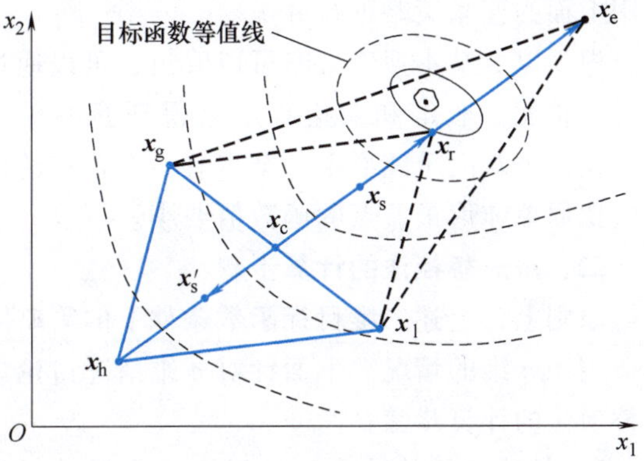

图4-23　单形替换法

首先，求出除最差点$\boldsymbol{x}_h$以外的所有顶点（在本题中仅为$\boldsymbol{x}_g$，$\boldsymbol{x}_l$两点）的形心点$\boldsymbol{x}_c$（图4-23），并以$\boldsymbol{x}_c$为对称中心，求取$\boldsymbol{x}_h$关于$\boldsymbol{x}_c$的对称点$\boldsymbol{x}_r$。$\boldsymbol{x}_r$应该在$\boldsymbol{x}_h$和$\boldsymbol{x}_c$连线的延长线上，并满足

$$\boldsymbol{x}_r=\boldsymbol{x}_c+(\boldsymbol{x}_c-\boldsymbol{x}_h)=2\boldsymbol{x}_c-\boldsymbol{x}_h \tag{4-36}$$

$\boldsymbol{x}_r$点称为最差点$\boldsymbol{x}_h$的反射点，计算反射点$\boldsymbol{x}_r$的函数值$f(\boldsymbol{x}_r)$，根据$f(\boldsymbol{x}_r)$的大小，可以推断出以下几种情况，进而提出相应的搜索策略。

（2）扩张　若反射点的函数值$f(\boldsymbol{x}_r)$小于最好点的函数值$f(\boldsymbol{x}_l)$，即当$f(\boldsymbol{x}_r)<f(\boldsymbol{x}_l)$时，则表明所取的搜索方向正确。这时，可以进一步扩大效果，继续沿$\boldsymbol{x}_h$与$\boldsymbol{x}_r$的连线方向向前进行扩张，在更远处取一个扩张点$\boldsymbol{x}_e$，并使

$$\boldsymbol{x}_e=\boldsymbol{x}_c+\gamma(\boldsymbol{x}_c-\boldsymbol{x}_h) \tag{4-37}$$

式中　γ——扩张系数，一般取$\gamma=1.2\sim2.0$。

如果$f(\boldsymbol{x}_e)<f(\boldsymbol{x}_l)$，则说明扩张有利，就用扩张点$\boldsymbol{x}_e$代替最差点$\boldsymbol{x}_h$，构成新的单纯形$\boldsymbol{x}_g$，$\boldsymbol{x}_l$，$\boldsymbol{x}_e$；如果$f(\boldsymbol{x}_e)\geqslant f(\boldsymbol{x}_l)$，则说明扩张不利，则舍弃扩张点$\boldsymbol{x}_e$，仍以$\boldsymbol{x}_r$代替$\boldsymbol{x}_h$构成新的单纯形$\boldsymbol{x}_g$，$\boldsymbol{x}_l$，$\boldsymbol{x}_r$。

（3）收缩　若反射点的函数值$f(\boldsymbol{x}_r)$小于最差点的函数值$f(\boldsymbol{x}_h)$但大于次差点的函数值$f(\boldsymbol{x}_g)$，即当$f(\boldsymbol{x}_h)>f(\boldsymbol{x}_r)>f(\boldsymbol{x}_g)$时，则表示点$\boldsymbol{x}_r$走得太远，应回缩一些，即进行收缩，并且得到收缩点$\boldsymbol{x}_s$，即

$$\boldsymbol{x}_s=\boldsymbol{x}_c+\beta(\boldsymbol{x}_r-\boldsymbol{x}_c) \tag{4-38}$$

式中 β——收缩系数，常取 $\beta=0.5$。

如果 $f(\boldsymbol{x}_s)<f(\boldsymbol{x}_h)$，即用收缩点 $\boldsymbol{x}_s$ 代替最差点 $\boldsymbol{x}_h$，形成新的单纯形 $\boldsymbol{x}_g$，$\boldsymbol{x}_l$，$\boldsymbol{x}_s$。否则不用 $\boldsymbol{x}_s$，而用 $\boldsymbol{x}_r$ 代替最差点 $\boldsymbol{x}_h$ 构成新的单纯形 $\boldsymbol{x}_g$，$\boldsymbol{x}_l$，$\boldsymbol{x}_r$。

若反射点的函数值 $f(\boldsymbol{x}_r)$ 大于最差点的函数值 $f(\boldsymbol{x}_h)$，即当 $f(\boldsymbol{x}_r)>f(\boldsymbol{x}_h)$ 时，应当收缩得更多一些，即将新点收缩至 $\boldsymbol{x}_h$ 与 $\boldsymbol{x}_c$ 之间，这时所得的收缩点应为

$$\boldsymbol{x}_s'=\boldsymbol{x}_c-\beta(\boldsymbol{x}_c-\boldsymbol{x}_h) \tag{4-39}$$

如果 $f(\boldsymbol{x}_s')<f(\boldsymbol{x}_h)$，则用收缩点 $\boldsymbol{x}_s'$ 代替最差点 $\boldsymbol{x}_h$，形成新的单纯形 $\boldsymbol{x}_g$，$\boldsymbol{x}_l$，$\boldsymbol{x}_s'$。否则不用 $\boldsymbol{x}_s'$。

（4）缩边 如果在 $\boldsymbol{x}_h$ 与 $\boldsymbol{x}_c$ 连线方向上所有点的函数值 $f(\boldsymbol{x})$ 都大于 $f(\boldsymbol{x}_h)$，则不能沿此方向搜索。这时可使单纯形向最好点进行收缩，即使最好点 $\boldsymbol{x}_l$ 不动，其余各顶点 $\boldsymbol{x}_g$，$\boldsymbol{x}_h$ 皆向 $\boldsymbol{x}_l$ 移近为原距离的一半。如图4-24所示，两个箭头的方向表示单纯形变化的方向。此时，单纯形 $\boldsymbol{x}_h$，$\boldsymbol{x}_g$，$\boldsymbol{x}_l$ 在缩边的搜索策略下变成单纯形 $\boldsymbol{x}_h'$，$\boldsymbol{x}_g'$，$\boldsymbol{x}_l'$。则在此基础上，继续采用上面的搜索策略进行寻优。

根据以上基本搜索策略可以看出，可以通过反射、扩张、收缩和缩边等策略得到新的单纯形。在这个新的单纯形中，至少有一个顶点的函数值比原单纯形最差点的函数值要小。

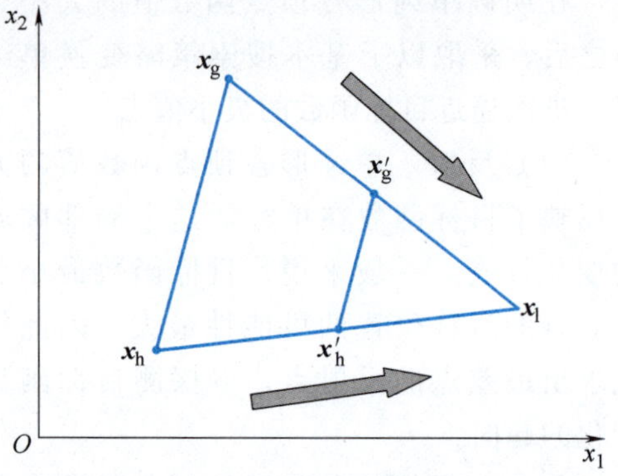

图4-24 缩边策略的几何表示

二、单形替换法的计算步骤

原则上，上述二维目标函数条件下的策略同样适用于 n 维的情况。下面针对 n 维情况讨论单形替换法的计算步骤：

1）构造初始单纯形。对于 n 维变量的目标函数，其单纯形应有 $n+1$ 个顶点，即 $\boldsymbol{x}_1$，$\boldsymbol{x}_2$，…，$\boldsymbol{x}_{n+1}$。构造初始单纯形时，先在 n 维空间中取一初始点 $\boldsymbol{x}_1$、从 $\boldsymbol{x}_1$ 出发沿各坐标轴方向 e_i，以步长 h 找到其余 n 个顶点 $\boldsymbol{x}_j$（$j=2,3,\cdots,n+1$），即

$$\boldsymbol{x}_j=\boldsymbol{x}_1+h\boldsymbol{e}_i \quad (i=1,2,\cdots,n,\ j=i+1) \tag{4-40}$$

式中 e_i——第 i 个坐标轴的单位向量；

h——步长，一般取值范围为0.5~15，接近最优点时要减小，构成初始单纯形的步长可取为1.6~1.7。

这样选取顶点可保证所形成的单纯形的各个“棱边”线性无关。即下述几个向量：

$$\boldsymbol{x}_2-\boldsymbol{x}_1,\boldsymbol{x}_3-\boldsymbol{x}_1,\cdots,\boldsymbol{x}_{n+1}-\boldsymbol{x}_1 \tag{4-41}$$

是线性无关的。否则，就会使搜索范围局限在较低维的空间内而可能找不到最优点。当然，沿各坐标轴方向可以采取不相等的步长。

2）计其单纯形各顶点函数值。即

$$f_i=f(\boldsymbol{x}_i) \quad (i=1,2,\cdots,n+1) \tag{4-42}$$

3）比较函数值的大小，确定最好点 $\boldsymbol{x}_l$ 和最差点 $\boldsymbol{x}_h$ 和次差点 $\boldsymbol{x}_g$，即有

$$f_l=f(\boldsymbol{x}_l)=\min_i f_i \quad (i=1,2,\cdots,n+1) \tag{4-43}$$

$$f_h=f(\boldsymbol{x}_h)=\max_i f_i \quad (i=1,2,\cdots,n+1) \tag{4-44}$$

$$f_g=f(\boldsymbol{x}_g)=\max_i\{f_i\} \quad (i=1,2,\cdots,n+1,i\neq h) \tag{4-45}$$

4）检验是否满足收敛准则。即

$$\left|\frac{f_h-f_1}{f_1}\right| \leqslant \varepsilon \tag{4-46}$$

若满足，则停止迭代，$\boldsymbol{x}_1$ 即为极小值点，即 $\boldsymbol{x}^*=\boldsymbol{x}_1$，$f(\boldsymbol{x}^*)=f(\boldsymbol{x}_1)$；否则，转至步骤 5）。

5）计算除最差点 $\boldsymbol{x}_h$ 外，其余各点的形心

$$\boldsymbol{x}_{n+2}=\frac{1}{n}\left(\sum_{i=1}^{n+1}\boldsymbol{x}_i-\boldsymbol{x}_h\right) \tag{4-47}$$

反射点

$$\boldsymbol{x}_{n+3}=2\boldsymbol{x}_{n+2}-\boldsymbol{x}_h \tag{4-48}$$

$$f_{n+3}=f(\boldsymbol{x}_{n+3}) \tag{4-49}$$

6）当 $f_{n+3}<f_1$ 时，即反射点 $\boldsymbol{x}_{n+3}$ 比最好点 $\boldsymbol{x}_1$ 还要好，则进行扩张，得扩张点为

$$\boldsymbol{x}_{n+4}=\boldsymbol{x}_{n+2}+\gamma(\boldsymbol{x}_{n+3}-\boldsymbol{x}_{n+2}) \tag{4-50}$$

并计算其函数值

$$f_{n+4}=f(\boldsymbol{x}_{n+4}) \tag{4-51}$$

若 $f_{n+4}<f_{n+3}$，则用 $\boldsymbol{x}_{n+4}$ 代替 $\boldsymbol{x}_h$，f_{n+4} 代替 f_h，形成新的单纯形；否则，用 $\boldsymbol{x}_{n+3}$ 代替 $\boldsymbol{x}_h$，f_{n+3} 代替 f_h，形成新的单纯形，然后返回步骤 3）。

当 $f_{n+3}>f_1$ 时，即反射点 $\boldsymbol{x}_{n+3}$ 比最好点 $\boldsymbol{x}_1$ 差，则进行下一步计算。

7）当 $f_{n+3}<f_g$ 时，即反射点 $\boldsymbol{x}_{n+3}$ 比次差点 $\boldsymbol{x}_g$ 好，则用 $\boldsymbol{x}_{n+3}$ 代替 $\boldsymbol{x}_h$，并返回步骤 3）；若 $f_{n+3}\geqslant f_g$，则进行下一步计算。

8）若 $f_{n+3}<f_h$，则计算收缩点

$$\boldsymbol{x}_{n+5}=\boldsymbol{x}_{n+2}+\beta(\boldsymbol{x}_{n+3}-\boldsymbol{x}_{n+2}) \tag{4-52}$$

并计算其函数值

$$f_{n+5}=f(\boldsymbol{x}_{n+5})$$

若 $f_{n+3}\geqslant f_h$，计算收缩点

$$\boldsymbol{x}_{n+5}=\boldsymbol{x}_{n+2}-\beta(\boldsymbol{x}_h-\boldsymbol{x}_{n+2}) \tag{4-53}$$

并计算其函数值

$$f_{n+5}=f(\boldsymbol{x}_{n+5})$$

求得收缩点 $\boldsymbol{x}_{n+5}$ 的函数值 f_{n+5} 后，将其与最差点 $\boldsymbol{x}_h$ 的函数值 f_h 比较，若 $f_{n+5}<f_h$，则用 $\boldsymbol{x}_{n+5}$ 代替 $\boldsymbol{x}_h$，f_{n+5} 代替 f_h，形成新的单纯形，并返回步骤 3）；否则，进行下一步计算。

9）缩边。将单纯形边长缩短，使单纯形向最好点 $\boldsymbol{x}_1$ 收缩，收缩后的单纯形各顶点为

$$\boldsymbol{x}_i=\boldsymbol{x}_1+\frac{1}{2}(\boldsymbol{x}_i-\boldsymbol{x}_1)=\frac{1}{2}(\boldsymbol{x}_i+\boldsymbol{x}_1)\quad (i=1,2,\cdots,n+1) \tag{4-54}$$

并返回步骤 2）。

单形替换法的程序框图如图 4-25 所示。

例 4-8 试用单形替换法求 $f(\boldsymbol{x})=4(x_1-5)^2+(x_2-6)^2$ 的极小值。

解： 选取 $\boldsymbol{x}_1=(8,9)^{\mathrm{T}}$，$\boldsymbol{x}_2=(10,11)^{\mathrm{T}}$，$\boldsymbol{x}_3=(8,11)^{\mathrm{T}}$ 为顶点构成初始单纯形。

计算各单纯形顶点的函数值

$$f_1=f(\boldsymbol{x}_1)=45$$

$$f_2=f(\boldsymbol{x}_2)=125$$

$$f_3=f(\boldsymbol{x}_3)=61$$

通过比较函数值大小可知，函数值最小的点，即最好点 $\boldsymbol{x}_1=\boldsymbol{x}_1$；函数值最大的点，即最差点 $\boldsymbol{x}_h=\boldsymbol{x}_2$；而次差点 $\boldsymbol{x}_g=\boldsymbol{x}_3$。

求除最差点之外，其他各顶点的形心点，即 $\boldsymbol{x}_1$、$\boldsymbol{x}_3$ 的形心点 $\boldsymbol{x}_4$：

$$\boldsymbol{x}_4=\frac{1}{n}\left(\sum_{i=1}^{n+1}\boldsymbol{x}_i-\boldsymbol{x}_\mathrm{h}\right)=\frac{1}{2}(\boldsymbol{x}_1+\boldsymbol{x}_3)=\begin{pmatrix}8\\10\end{pmatrix}$$

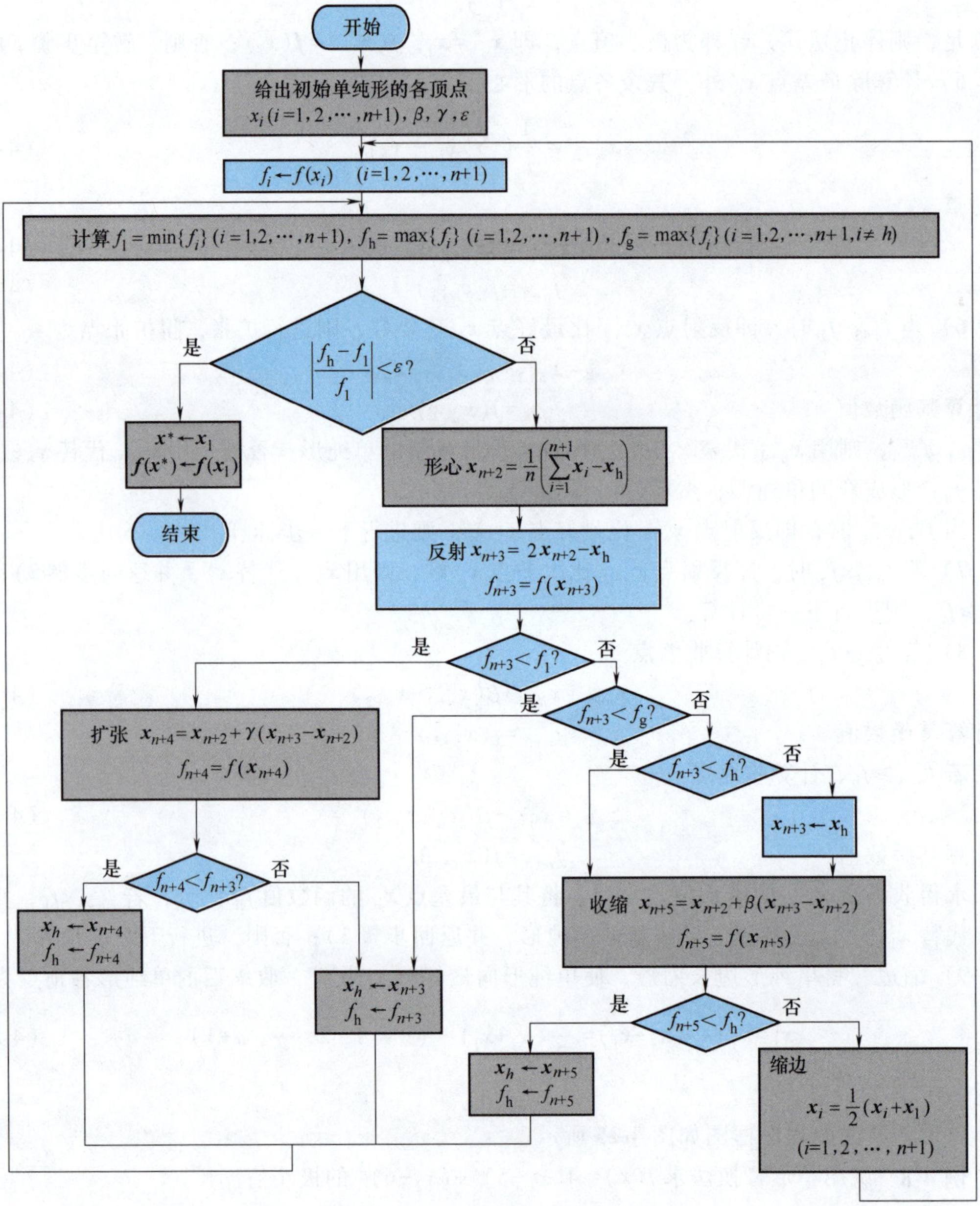

图 4-25　单形替换法的程序框图

求反射点 $\boldsymbol{x}_5$ 及其函数值 f_5，即

$$\boldsymbol{x}_5=2\boldsymbol{x}_4-\boldsymbol{x}_2=2\begin{pmatrix}8\\10\end{pmatrix}-\begin{pmatrix}10\\11\end{pmatrix}=\begin{pmatrix}6\\9\end{pmatrix}$$

$$f_5=f(\boldsymbol{x}_5)=13$$

由于 $f_5<f_1$，故需扩张，取 $\gamma=2$，得到扩张点 $\boldsymbol{x}_6$ 及其函数值 f_6，即

$$x_6 = x_4 + 2(x_5 - x_4) = \begin{pmatrix} 8 \\ 10 \end{pmatrix} + 2\begin{pmatrix} 6 \\ 9 \end{pmatrix} - \begin{pmatrix} 8 \\ 10 \end{pmatrix} = \begin{pmatrix} 4 \\ 8 \end{pmatrix}$$

$$f_6 = f(x_6) = 8$$

由于$f_6<f_5$，所以用x_6代替x_2，由x_1，x_3，x_6构成新的单纯形，进行下一次循环。

经过32次循环，即32次单纯形替换可将目标函数值降到1×10^{-6}，其极小值点为$x^* = (5\quad 6)^{\mathrm{T}}$，极小值为$f^* = f(x^*) = 0$。前三次迭代以及最终迭代单纯形的变化情况如图4-26所示。

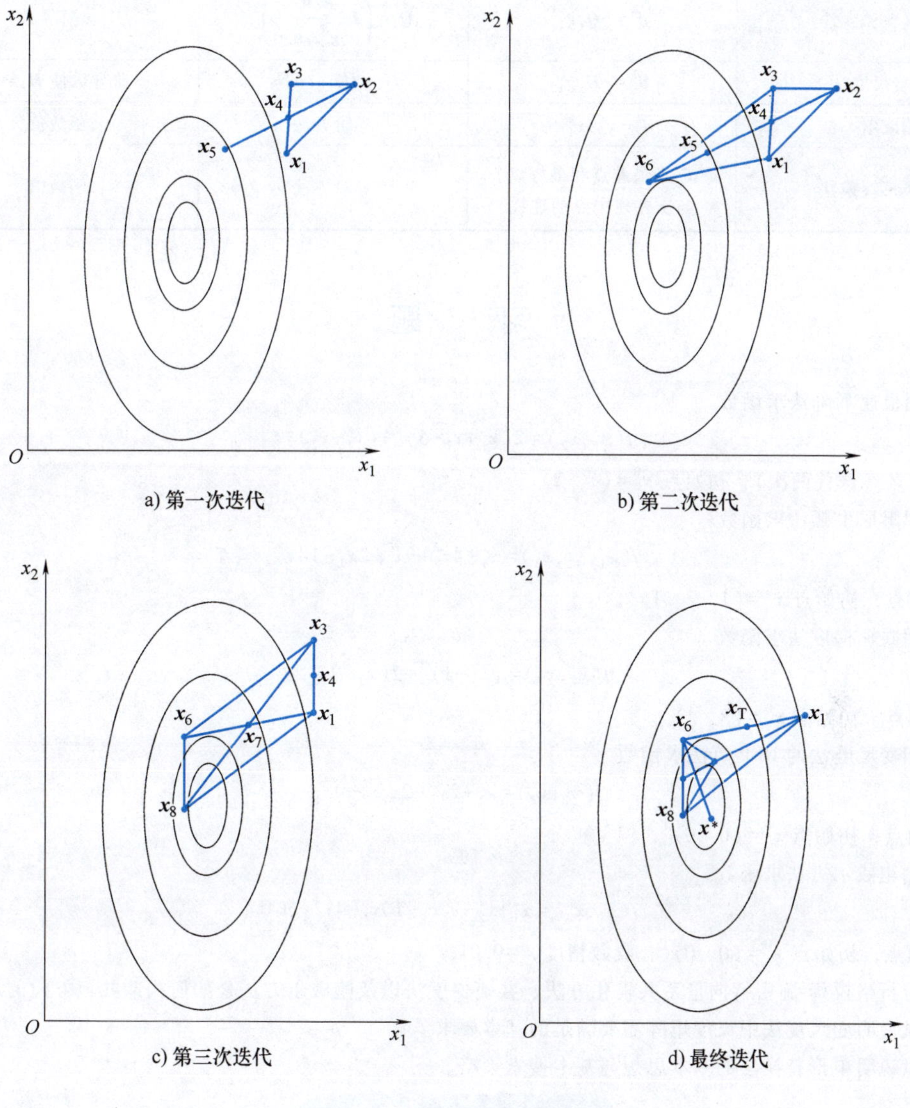

图4-26　单纯形法的迭代过程

值得注意的是，当优化设计问题的维数较高时，采用单形替换法求解需要经过很多次的单纯形替换才能搜索到目标函数的极小值点，计算效率较低、时间较长。因此，单形替换法一般主要用于求解设计变量个数小于10的小型无约束优化设计问题。

根据前面介绍的无约束优化方法的基本思想和原理，我们发现无约束优化方法之间的主要差别在于：构造搜索方向所利用的信息存在显著不同。现将几种主要的无约束优化方法搜索方向之间的相互联系，以列表的形式进行综合比较，见表 4-2。

表 4-2 无约束优化方法搜索方向之间的相互联系

优化方法	d^k 及其修正因子		
	搜索方向 d^k	函数梯度 g_k 的修正因子	利用的目标函数信息
最速下降法	$d^k=-g_k$	I（单位矩阵）	一阶导数
牛顿型方法	$d^k=-G_k^{-1}g_k$	G_k^{-1}（海塞矩阵的逆矩阵）	二阶导数
共轭梯度法	$d^k=-Q_kg_k$	$Q_k=\left(I-\frac{g_k^Td^{k-1}}{g_{k-1}^Tg_{k-1}}\right)$	一阶导数
变尺度法	$d^k=-H_kg_k$	$H_k=H_{k-1}+\Delta H_k$	一阶导数使 $H_k\approx G_k^{-1}$
鲍威尔方法	$d^k=x^k-x^{k-1}$	零阶方法	函数值
单形替换法	d^k 是最差点和最好点与次差点中点的连线	零阶方法	函数值

习 题

1. 用最速下降法求函数

$$f(x_1,x_2)=2(x_1+x_2-5)^2+(x_1-x_2)^2$$

的极小值点（迭代两次），初始点 $x^0=(1\quad 2)^T$。

2. 用阻尼牛顿法求函数

$$f(x_1,x_2,x_3)=x_1^2+4x_2^2+9x_3^2-2x_1-18x_3$$

的极小值点，初始点 $x^0=(1\quad 2\quad 1)^T$。

3. 用共轭梯度法求函数

$$f(x_1,x_2)=(x_1-1)^2+2(x_2-2)^2$$

的极小值点，初始点 $x^0=(3\quad 1)^T$。

4. 用变尺度法的 DFP 算法求函数

$$f(x_1,x_2)=x_1^2+2x_2^2-2x_1x_2-4x_1$$

的极小值点，初始点 $x^0=(0\quad 0)^T$。

5. 用鲍威尔方法求函数

$$f(x_1,x_2)=x_1^2+x_2^2-x_1x_2-10x_1-4x_2+60$$

的极小值点，初始点 $x^0=(0\quad 0)^T$，收敛精度 $\varepsilon=0.01$。

6. 分析格拉姆-施密特向量系共轭化方法、共轭梯度法以及鲍威尔方法是如何构造共轭方向的。

7. 试说明变尺度法中尺度矩阵需要满足的基本要求。

8. 试说明单形替换法的基本思想与基本搜索策略。

“两弹一星”功勋科学家：孙家栋

第五章

线性规划

在第一章的例 1-8 中，目标函数和约束条件都是线性的，这类约束函数和目标函数都为线性函数的优化问题称为线性规划问题。它的解法在理论上和方法上都很成熟，实际应用也很广泛。虽然大多数工程设计是非线性的，但是也有采用线性逼近方法来求解非线性问题的情况。此外，线性规划方法还常被用作解决非线性问题的子问题的工具，如在可行方向法中可行方向的寻求即采用线性规划方法。当然，对于真正的线性优化问题，线性规划方法就更有用了。

第一节　线性规划的标准形式与基本性质

一、线性规划实例

例 5-1　某车间生产甲、乙两种产品。生产一件甲种产品需要材料 9kg、3 个工时、4kW 电，可获利 60 元。生产一件乙种产品需要材料 4kg、10 个工时、5kW 电，可获利 120 元。若每天能供应材料 360kg，有 300 个工时，能供电 200kW，问每天生产甲、乙两种产品各多少件，才能够获得最大的利润。

解： 设每天生产的甲、乙两种产品分别为 x_1、x_2 件，则此问题的数学模型为

$$f(x_1,x_2)=60x_1+120x_2\rightarrow\max$$

$$9x_1+4x_2\leqslant 360\text{（材料约束）}$$

$$3x_1+10x_2\leqslant 300\text{（工时约束）}$$

$$4x_1+5x_2\leqslant 200\text{（电力约束）}$$

$$x_1\geqslant 0,\ x_2\geqslant 0$$

将其化成标准形式为：求 $\boldsymbol{x}=(x_1\quad x_2)^{\mathrm{T}}$

使

$$\min f(\boldsymbol{x})=-60x_1-120x_2$$

且满足

$$\begin{aligned}
&9x_1+4x_2+x_3 &&=360\\
&3x_1+10x_2+x_4 &&=300\\
&4x_1+5x_2+x_5 &&=200
\end{aligned}$$

$$x_i\geqslant 0\quad (i=1,2,3,4,5)$$

二、线性规划的标准形式

线性规划数学模型的一般形式为：

求

$$\boldsymbol{x}=(x_1\quad x_2\quad \cdots\quad x_n)^{\mathrm{T}}$$

使

$$f(\boldsymbol{x})=c_1x_1+c_2x_2+\cdots+c_nx_n\rightarrow\min$$

且满足

$$\begin{gathered}
a_{11}x_1+a_{12}x_2+\cdots+a_{1n}x_n=b_1\\
a_{21}x_1+a_{22}x_2+\cdots+a_{2n}x_n=b_2\\
\vdots\\
a_{m1}x_1+a_{m2}x_2+\cdots+a_{mn}x_n=b_m\\
b_j\geqslant 0\quad (j=1,2,\cdots,m)\\
x_i\geqslant 0\quad (i=1,2,\cdots,n)
\end{gathered}$$

也可写成如下的简化形式：

求

$$\boldsymbol{x}=(x_1\quad x_2\quad \cdots\quad x_i\quad \cdots\quad x_n)^{\mathrm{T}}$$

使目标函数

$$f(\boldsymbol{x})=\sum_{i=1}^{n}c_ix_i\rightarrow\min$$

要求满足约束条件

$$\begin{gathered}
\sum_{i=1}^{n}a_{ji}x_i=b_j\qquad (j=1,2,\cdots,m)\\
x_i\geqslant 0\qquad (i=1,2,\cdots,n)
\end{gathered}\tag{5-1}$$

约束条件包括两部分：一是等式约束条件；二是变量的非负要求，它是标准形式中出现的唯一不等式形式。如果除变量的非负要求外，还有其他不等式约束条件，可通过引入松弛变量将不等式约束化成上述等式约束形式。

例如，约束条件为

$$2x_1+x_2\leqslant 2$$

$$x_1\geqslant 0,\ x_2\geqslant 0$$

通过引入松弛变量 $x_3\geqslant 0$，将第一个不等式约束条件化成等式形式，即

$$2x_1+x_2+x_3=2$$

$$x_1\geqslant 0,\ x_2\geqslant 0,\ x_3\geqslant 0$$

这样，可行域就由二维空间 ABC 变成三维空间 $A'B'C'$，如图 5-1 所示。

如果在原来的问题中有一些变量并不要求是非负的，那么可以把它们写成两个非负变量的差。例如

$$x_k = x_k' - x_k''$$
$$x_k' \geqslant 0, \quad x_k'' \geqslant 0$$

当引入松弛变量以及新的非负变量后，再将所有的变量重新编序，原来的线性规划问题就变成式（5-1）的标准形式。注意，引入的松弛变量在目标函数中并不出现，而新的非负变量一般将出现在目标函数中。

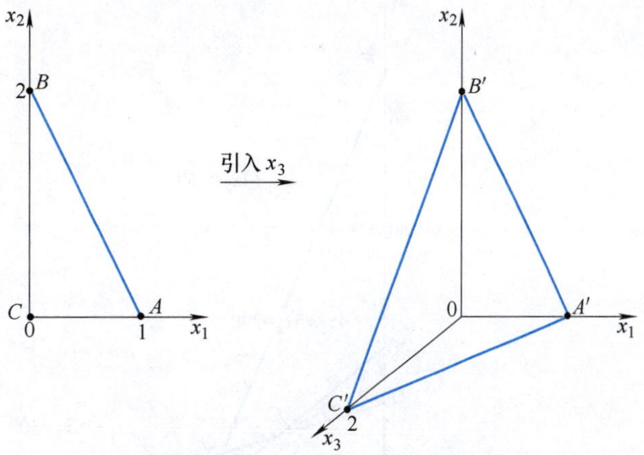

图 5-1 松弛变量对可行域的影响

线性规划问题的标准形式可写成如下的矩阵形式：

求 $\boldsymbol{x}$ 使 $f(\boldsymbol{x}) = \boldsymbol{c}^{\mathrm{T}}\boldsymbol{x} \to \min$

$$\text{s.t.} \quad \boldsymbol{Ax} = \boldsymbol{b}$$
$$\boldsymbol{x} \geqslant \boldsymbol{0}$$

其中 $\boldsymbol{A} \equiv (a_{ji})_{m\times n}$，$\boldsymbol{b} \equiv (b_j)$，$\boldsymbol{c}^{\mathrm{T}} \equiv (c_i)$，而 $\boldsymbol{0}$ 代表零向量。

在所有具有实际意义的线性规划问题中，总有 $m<n$。因为如果 $m=n$，通过方程组（5-1）可唯一决定 $\boldsymbol{x}$，即方程组 $\boldsymbol{Ax}=\boldsymbol{b}$ 只有唯一解，没有可供选择的 $\boldsymbol{x}$，这样也就不存在所谓的最优化问题。如果 $m>n$，方程组 $\boldsymbol{Ax}=\boldsymbol{b}$ 变成矛盾方程组，不存在严格满足方程组的解。所以只有当 $m<n$ 时，方程组 $\boldsymbol{Ax}=\boldsymbol{b}$ 的解才是不定的，一般将有无穷多个解，我们就可以从中找出使目标函数 $f(\boldsymbol{x})$ 取最小值的解。

三、线性规划的基本性质

下面采用图解法和代数解法对上述线性规划实例（例 5-1）进行分析，以便说明线性规划的基本概念和基本性质。

若令 $x_3=x_4=x_5=0$，则三个约束方程在 $x_1 0 x_2$ 平面上表示为三条直线。它们与两坐标轴形成的凸多边形 $0ABCD$ 为可行域，如图 5-2 所示。画出目标函数等值线，在可行域内找出取值最小的等值线 $f(\boldsymbol{x}^*)=-4080$，它通过凸多边形的一个顶点，$\boldsymbol{x}^* = (20 \quad 24)^{\mathrm{T}}$ 为极值点。

用代数解法求解约束方程时，由于变量个数 $n=5$，方程个数 $m=3$，$m<n$，故有无穷多组解。若在五个变量中使其中的两个变量（$p=n-m=2$）取零值，则当方程组有解时，其解是唯一的。这样的解称为基本解，其个数为

$$C_n^m = \frac{n!}{m!\ (n-m)!} = \frac{5!}{3!\ \times 2!} = 10$$

10 个解的具体情况见表 5-1。其中第 1、3、5、9、10 号解对应凸多边形顶点 0、D、A、B、C，而其余 5 个解（第 2、4、6、7、8 号）都有一个或两个变量取负值，不满足变量非负约束条件。满足非负要求的基本解称为基本可行解，它处于凸多边形的各顶点上。凸多边形内各点满足全部约束条件称为可行解。

表 5-1 可以通过各组数值的计算做成动态的形式，即一边计算说明，一边填入相应的数值。下面试对表 5-1 进行动态计算。每一组的内容都是取两个变量为零进行的，所以共有十种可能的组合。本例的数学模型及约束条件如前所述。

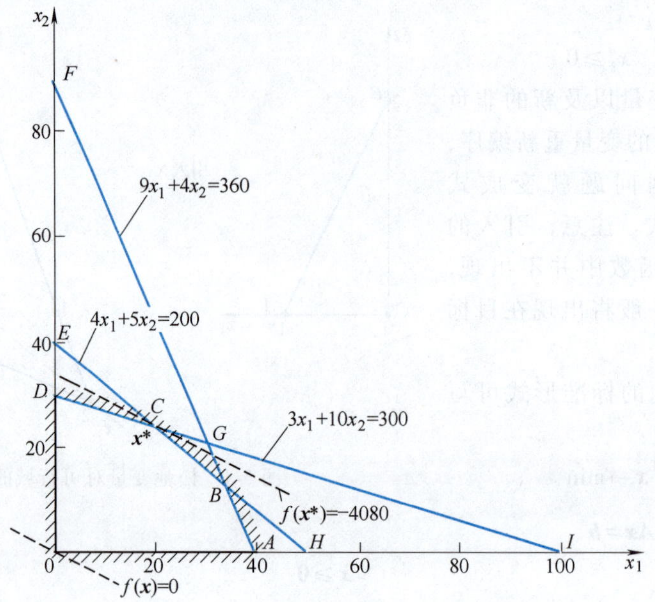

图 5-2 二维线性规划问题的图解法

表 5-1 实例中的基本解

变量	1	2	3	4	5	6	7	8	9	10
	对应解的值									
x_1	0	0	0	0	40	100	50	$\frac{400}{13}$	$\frac{1000}{29}$	20
x_2	0	90	30	40	0	0	0	$\frac{270}{13}$	$\frac{360}{29}$	24
x_3	360	0	240	200	0	-540	-90	0	0	84
x_4	300	-600	0	-100	180	0	150	0	$\frac{2100}{29}$	0
x_5	200	-250	50	0	40	-200	0	$-\frac{350}{13}$	0	0
在图中的点	0	F	D	E	A	I	H	G	B	C

第 1 组：令 $x_1=0$，$x_2=0$，则约束条件为

$$\begin{cases} x_3 = 360 \\ x_4 = 300 \\ x_5 = 200 \end{cases}$$

最终结果为

$$\begin{cases} x_1 = 0 \\ x_2 = 0 \\ x_3 = 360 \\ x_4 = 300 \\ x_5 = 200 \end{cases}$$

第 2 组：令 $x_1=0$，$x_3=0$，则约束条件为

$$\begin{cases}4x_2 = 360\\10x_2 + x_4 = 300\\5x_2 + x_5 = 200\end{cases}$$

解该方程组，可得 $x_2=90$，$x_4=-600$，$x_5=-250$。

最终结果为

$$\begin{cases}x_1 = 0\\x_2 = 90\\x_3 = 0\\x_4 = -600\\x_5 = -250\end{cases}$$

第 3 组：令 $x_1=0$，$x_4=0$，则约束条件为

$$\begin{cases}4x_2 + x_3 = 360\\10x_2 = 300\\5x_2 + x_5 = 200\end{cases}$$

解该方程组，可得 $x_2=30$，$x_3=240$，$x_5=50$。

最终结果为

$$\begin{cases}x_1 = 0\\x_2 = 30\\x_3 = 240\\x_4 = 0\\x_5 = 50\end{cases}$$

第 4 组：令 $x_1=0$，$x_5=0$，则约束条件为

$$\begin{cases}4x_2 + x_3 = 360\\10x_2 + x_4 = 300\\5x_2 = 200\end{cases}$$

解该方程组，可得 $x_2=40$，$x_3=200$，$x_4=-100$。

最终结果为

$$\begin{cases}x_1 = 0\\x_2 = 40\\x_3 = 200\\x_4 = -100\\x_5 = 0\end{cases}$$

第 5 组：令 $x_2=0$，$x_3=0$，则约束条件为

$$\begin{cases}9x_1 = 360\\3x_1 + x_4 = 300\\4x_1 + x_5 = 200\end{cases}$$

解该方程组，可得 $x_1=40$，$x_4=180$，$x_5=40$。

最终结果为

$$\begin{cases}x_1=40\\x_2=0\\x_3=0\\x_4=180\\x_5=40\end{cases}$$

第6组：令 $x_2=0$，$x_4=0$，则约束条件为

$$\begin{cases}9x_1+x_3=360\\3x_1=300\\4x_1+x_5=200\end{cases}$$

解该方程组，可得 $x_1=100$，$x_3=-540$，$x_5=-200$。

最终结果为

$$\begin{cases}x_1=100\\x_2=0\\x_3=-540\\x_4=0\\x_5=-200\end{cases}$$

第7组：令 $x_2=0$，$x_5=0$，则约束条件为

$$\begin{cases}9x_1+x_3=360\\3x_1+x_4=300\\4x_1=200\end{cases}$$

解该方程组，可得 $x_1=50$，$x_3=-90$，$x_4=150$。

最终结果为

$$\begin{cases}x_1=50\\x_2=0\\x_3=-90\\x_4=150\\x_5=0\end{cases}$$

第8组：令 $x_3=0$，$x_4=0$，则约束条件为

$$\begin{cases}9x_1+4x_2=360\\3x_1+10x_2=300\\4x_1+5x_2+x_5=200\end{cases}$$

解该方程组，可得 $x_1=\dfrac{400}{13}$，$x_2=\dfrac{270}{13}$，$x_5=-\dfrac{350}{13}$。

最终结果为

$$\begin{cases} x_1 = \dfrac{400}{13} \\ x_2 = \dfrac{270}{13} \\ x_3 = 0 \\ x_4 = 0 \\ x_5 = -\dfrac{350}{13} \end{cases}$$

第 9 组：令 $x_3=0$，$x_5=0$，则约束条件为

$$\begin{cases} 9x_1 + 4x_2 = 360 \\ 3x_1 + 10x_2 + x_4 = 300 \\ 4x_1 + 5x_2 = 200 \end{cases}$$

解该方程组，可得 $x_1=\dfrac{1000}{29}$，$x_2=\dfrac{360}{29}$，$x_4=\dfrac{2100}{29}$。

最终结果为

$$\begin{cases} x_1 = \dfrac{1000}{29} \\ x_2 = \dfrac{360}{29} \\ x_3 = 0 \\ x_4 = \dfrac{2100}{29} \\ x_5 = 0 \end{cases}$$

第 10 组：令 $x_4=0$，$x_5=0$，则约束条件为

$$\begin{cases} 9x_1 + 4x_2 + x_3 = 360 \\ 3x_1 + 10x_2 = 300 \\ 4x_1 + 5x_2 = 200 \end{cases}$$

解该方程组，可得 $x_1=20$，$x_2=24$，$x_3=84$。

最终结果为

$$\begin{cases} x_1 = 20 \\ x_2 = 24 \\ x_3 = 84 \\ x_4 = 0 \\ x_5 = 0 \end{cases}$$

以上为例 5-1 中基本解的计算过程。

在基本可行解中取正值的变量称为基本变量，取零值的变量称为非基本变量。基本可行解不同，所对应的基本变量与非基本变量也不同。如第 1 组解的基本变量为 x_3、x_4、x_5，非基本变量为 x_1、x_2；第 3 组解的基本变量为 x_2、x_3、x_5，非基本变量为 x_1、x_4。

在约束方程中，基本变量所对应的系数列向量称为基底向量，如第 1 组解基本变量 x_3、

x_4、x_5 分别对应的系数列向量为 $\boldsymbol{p}_3=(1\ 0\ 0)^{\mathrm{T}}$、$\boldsymbol{p}_4=(0\ 1\ 0)^{\mathrm{T}}$ 和 $\boldsymbol{p}_5=(0\ 0\ 1)^{\mathrm{T}}$，构成三个基底向量，它们之间线性无关，形成一组基底。

目标函数达到极小值的可行解就是最优解，它处于凸多边形（或凸多面体）的顶点上，因此最优解不必在可行域整个区域内搜索，只要在它的有限个顶点（基本可行解）中寻找即可。例 5-1 存在唯一的最优解。在特殊情况下还会出现无穷多个最优解、无解和无可行解三种情形，其二维图形如图 5-3 所示。

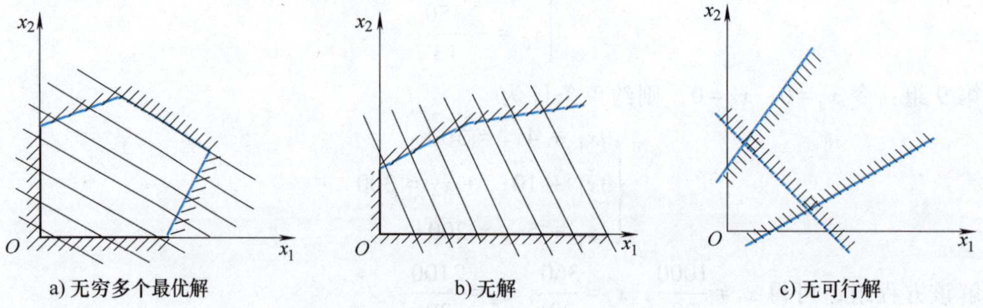

图 5-3 线性规划解的三种特殊情形

第二节 基本可行解的转换

一、从一个基本解转到另一个基本解

单纯形方法是一种获得可行解，并能从中确定最优解的很有效的方法。

为了理解单纯形方法，先说明如何从 $\boldsymbol{Ax}=\boldsymbol{b}$ 中算出基本解，又如何从一组基本解转到另一组基本解。

把约束条件的线性方程组 $\boldsymbol{Ax}=\boldsymbol{b}$ 写成展开的形式，即

$$\begin{cases} a_{11}x_1+a_{12}x_2+\cdots+a_{1n}x_n=b_1 \\ a_{21}x_1+a_{22}x_2+\cdots+a_{2n}x_n=b_2 \\ \quad\vdots \\ a_{m1}x_1+a_{m2}x_2+\cdots+a_{mn}x_n=b_m \end{cases} \tag{5-2}$$

从方程组（5-2）中并不能明显地看出它的一组解来，但是如果对这个方程组进行一系列的初等变换，就可以从中找到一组基本解。如选定某个系数 a_{lk} 作为主元，采用高斯-若尔当（Gauss-Jordan）消元法进行消元，即可从除第 l 个方程外的其余方程中消去变量 x_k，则上面的方程组将变成

$$\begin{cases} a'_{11}x_1+a'_{12}x_2+\cdots+0x_k+\cdots+a'_{1n}x_n=b'_1 \\ a'_{21}x_1+a'_{22}x_2+\cdots+0x_k+\cdots+a'_{2n}x_n=b'_2 \\ \quad\vdots \\ a'_{l1}x_1+a'_{l2}x_2+\cdots+1x_k+\cdots+a'_{ln}x_n=b'_l \\ \quad\vdots \\ a'_{m1}x_1+a'_{m2}x_2+\cdots+0x_k+\cdots+a'_{mn}x_n=b'_m \end{cases}$$

其中 $a'_{lj}=\dfrac{a_{lj}}{a_{lk}},\quad b'_l=\dfrac{b_l}{a_{lk}}\qquad (j=1,2,\cdots,n)$

$$a'_{ij}=a_{ij}-a_{ik}\frac{a_{lj}}{b_{lk}},\quad b'_i=b_i-a_{ik}\frac{b_i}{a_{lk}}\qquad (j=1,2,\cdots,n)$$

$$(i=1,2,\cdots,m\quad i\neq l)$$

此过程称为对变量 x_k 进行转轴运算（Pivot operation），其中 x_k 称为转轴变量，a_{ik} 称为转轴元素。

如果再取另一变量 x_t 作为转轴变量，a'_{st} 作为转轴元素（$s\neq l$，$t\neq k$）进行第二次转轴运算，并不会使第 k 列系数中的 1 或 0 有什么变动。如果我们对该方程组反复进行这样的转轴运算（每次对不同的方程和不同的变量进行转轴运算），直到对每个方程都进行了这样的转轴运算，就会使 m 列的系数只有一个是 1，其余都为 0，经过重新编序后得到

$$\begin{cases}1x_1+0x_2+\cdots+0x_m+a''_{1m+1}x_{m+1}+\cdots+a''_{1n}x_n=b''_1\\0x_1+1x_2+\cdots+0x_m+a''_{2m+1}x_{m+1}+\cdots+a''_{2n}x_n=b''_2\\\vdots\\0x_1+0x_2+\cdots+1x_m+a''_{mm+1}x_{m+1}+\cdots+a''_{mn}x_n=b''_m\end{cases}\tag{5-3}$$

这一方程组称为正则方程组（此过程就是高斯-若尔当消元过程），从而得到一组基本解

$$\begin{cases}x_i=b''_i & (i=1,\ 2,\ \cdots,\ m)\\x_i=0 & (i=m+1,\ m+2,\ \cdots,\ n)\end{cases}$$

若 b''_i 非负，则这组解为基本可行解。前 m 个变量称为基本变量，基本解中所有基本变量的全体称为它的基。

如果已经把一个方程组转化成上述正则形式，再取 a''_{st} 为转轴元素（s 任意，$t>m$）进行一次附加的转轴运算。这时得到的新方程组仍旧是正则形式的，不过 x_t 进入基中，而 x_s（它原来是基本变量）就不再属于基中的了。因此，对正则形式的方程组进行一次附加的转轴运算，可以使一个基本解转换到另一个基本解，从而把基本变量与非基本变量进行交换。在这种情况下，一般来说，所有基本变量的数值都要改变，其中有一个非零的基本变量变成零值的非基本变量。只有一个零值的非基本变量进入基中变成非零的基本变量。

下面用一个简例说明这种方法。

例 5-2 给定一个方程组

$$\begin{cases}5x_1-4x_2+13x_3-2x_4+x_5=20\\x_1-x_2+5x_3-x_4+x_5=8\end{cases}$$

试进行基本解的转换计算。

解： 当顺次用 a_{11} 和 a_{22} 作为轴元素时，则得

$$\begin{cases}x_1+0-7x_3+2x_4-3x_5=-12\\0+x_2-12x_3+3x_4-4x_5=-20\end{cases}$$

从而得到一组基本解

$$x_1=-12,\ x_2=-20,\ x_3=x_4=x_5=0$$

因为 x_1 和 x_2 皆为负值，所以它不是可行解。

如果在上述基础上，再用 $a_{25}=-4$ 为轴元素，则得正则方程组

$$\begin{cases} x_1-\frac{3}{4}x_2+2x_3-\frac{1}{4}x_4+0=3 \\ 0-\frac{1}{4}x_2+3x_3-\frac{3}{4}x_4+x_5=5 \end{cases}$$

又得到一组基本解

$$x_1=3,\ x_5=5,\ x_2=x_3=x_4=0$$

因为此时的 x_1 和 x_5 都是正值，所以这组基本解是可行解。与前一组基本解相比，这里 x_2 由基本变量变成非基本变量（出基），而 x_5 由非基本变量变成基本变量（进基），从而实现从一个基本解到另一个基本解的转换。

二、从一个基本可行解转到另一个基本可行解

要使变换后所得的基本解变成可行解，还要研究这样的方法，即如何使某个选定的变量 $x_k(k=m+1,m+2,\cdots,n)$ 进入基本变量，来替换另一个现在还在基本变量中的 $x_s(s=1,2,\cdots,m)$，形成新的基本可行解。

应看出，当已经得到一组可行解，即现在所有的 b_l' 都为非负时，若要求把 x_k 选进基本变量的下一组基本解是可行解的话，则在第 k 列所有系数中不能取任何负值的 a_{lk}' 作为轴元素，否则将使 b_l' 为负值，结果对应的 x_k 必将是负的，它就不是可行解的一个元素。

因此第一个要求是，若 b_l' 都为非负，则必须 $a_{lk}'>0$ 才可选做转轴元素进行转轴运算，以便用 x_k 代替 x_s。这个过程是：反复进行转轴运算，直到 x_s 从某个正值变成0，而 x_k 则从0变成某个正值 θ 为止。

根据原来的正则形式方程组

$$\begin{pmatrix} 1 & 0 & \cdots & 0 & \cdots & 0 & a_{1m+1}' & \cdots & a_{1k}' & \cdots & a_{1n}' \\ 0 & 1 & \cdots & 0 & \cdots & 0 & a_{2m+1}' & \cdots & a_{2k}' & \cdots & a_{2n}' \\ \vdots & \vdots & & \vdots & & \vdots & \vdots & & \vdots & & \vdots \\ 0 & 0 & \cdots & 1 & \cdots & 0 & a_{lm+1}' & \cdots & a_{lk}' & \cdots & a_{ln}' \\ \vdots & \vdots & & \vdots & & \vdots & \vdots & & \vdots & & \vdots \\ 0 & 0 & \cdots & 0 & \cdots & 1 & a_{mm+1}' & \cdots & a_{mk}' & \cdots & a_{mn}' \end{pmatrix} \begin{pmatrix} x_1 \\ x_2 \\ \vdots \\ x_l \\ \vdots \\ x_k \\ \vdots \\ x_m \\ x_{m+1} \\ \vdots \\ x_n \end{pmatrix} = \begin{pmatrix} b_1' \\ b_2' \\ \vdots \\ b_l' \\ \vdots \\ \theta \\ \vdots \\ b_m' \end{pmatrix} \tag{5-4}$$

由于要求 x_k 进基，即由非基本变量变成基本变量，其值将由0变成某一正值 θ，这将引起原来各基本变量取值的变化，根据上述方程组有

$$\begin{cases} x_k=\theta \\ x_1=b_1'-a_{1k}'x_k=b_1'-a_{1k}'\theta \\ x_2=b_2'-a_{2k}'x_k=b_2'-a_{2k}'\theta \\ \quad\vdots \\ x_l=b_l'-a_{lk}'x_k=b_l'-a_{lk}'\theta \\ \quad\vdots \\ x_m=b_m'-a_{mk}'x_k=b_m'-a_{mk}'\theta \end{cases} \tag{5-5}$$

如果式（5-5）是可行解，且 $x_k=\theta>0$ 又是其中的一个基本变量，则在 x_1，x_2，…，x_m 中必然有一个(假定它是 $x_s(s\leqslant m)$)是零，其余皆为正。当然这个变量 x_s 就应从基本变量中排除出去。这就是说，只有取式（5-5）中各差值的最小者为零时，才能保证使其余各差值皆为正。所以，由条件

$$\min_l(b_l'-a_{lk}'\theta)=0$$

可知，只有保证

$$\min_l\left(\frac{b_l'}{a_{lk}'}\right)=\theta=x_k \tag{5-6}$$

才能使 x_k 进入可行解的基本变量中去，并把 x_s 从可行解的基本变量中排除出去。同时对非负的 b_l' 又有 $a_{lk}'>0$ 的要求。式（5-6）中的 a_{sk}' 就是进行转轴运算时应取的转轴元素。这是一个规则，称为 θ 规则。它说明：若想用 x_k 取代 x_s 成为可行解中的基本变量，就应选 $b_s'-a_{sk}'\theta=0$（其余的仍为非负）所对应的第 s 行为转轴行，即所选的行要满足条件

$$a_{lk}'>0$$

$$\theta=\min_l\left(\frac{b_l'}{a_{lk}'}\right)=x_k$$

例如，在例 5-2 中

$$\begin{cases} x_1-\dfrac{3}{4}x_2+2x_3-\dfrac{1}{4}x_4+0=3 \\ 0-\dfrac{1}{4}x_2+3x_3-\dfrac{3}{4}x_4+x_5=5 \end{cases}$$

已得可行解：$x_1=3$，$x_5=5$，$x_2=x_3=x_4=0$。此时的基本变量是 x_1 和 x_5，非基本变量是 x_2、x_3 和 x_4。

由于 $b_1=3$，$b_2=5$，是非负的，而 x_2 和 x_4 的系数又全是负的，所以不能用 x_2 或 x_4 来取代 x_1 或 x_5。但是，由于 x_3 的系数是正值，则可取 x_3 所在的第三列为转轴列。考虑到 $\dfrac{3}{2}$ 比 $\dfrac{5}{3}$ 小，则取第一行为转轴行。于是取 $a_{13}'=2$ 为转轴元素，使 x_3 取代 x_1 成为基本变量。

从这里可以看出，此时的 $b_s'/a_{sk}'=3/2=\theta$，即 θ 所在的第 $s=1$ 行和 $k=3$ 列。所以要调出的行是第一行，基本变量 x_1 是要调出的基本变量（理由已经说明了），而 $k=3$ 说明 $x_k=x_3$ 要进入基本变量。同时得到调入列和调出行相交处的系数 $a_{sk}'=a_{13}'=2$ 为转轴元素。然后进行以转轴元素为中心的 (s,k) 的转轴运算。求得改进之后的新的基本可行解。具体的 (s,k) 转换就是把调入变量 x_k 所对应的列向量 $\boldsymbol{p}_k$ 转化为单位向量的初等变换，即

$$\boldsymbol{p}_k=\begin{pmatrix}a_1k\\ \vdots\\ a_{s-1}k\\ a_sk\\ a_{s+1}k\\ \vdots\\ a_mk\end{pmatrix}\xrightarrow[\text{变换}]{\text{初等}}\begin{pmatrix}0\\ \vdots\\ 0\\ 1\\ 0\\ \vdots\\ 0\end{pmatrix}\leftarrow\text{第 } s \text{ 行的元素为“1”}$$

经过转轴运算，得

$$\begin{cases}\dfrac{1}{2}x_1-\dfrac{3}{8}x_2+x_3-\dfrac{1}{8}x_4+0=\dfrac{3}{2}\\ -\dfrac{3}{2}x_1-\dfrac{7}{8}x_2+0-\dfrac{3}{8}x_4+x_5=\dfrac{1}{2}\end{cases}$$

得可行解

$$x_3=\frac{3}{2},x_5=\frac{1}{2},x_1=x_2=x_4=0$$

如果取第二行为转轴行，$a'_{23}=3$ 为转轴元素，则解为：$x_1=-\dfrac{1}{3}$，$x_3=\dfrac{5}{3}$，$x_2=x_4=x_5=0$。它不是可行解。

对于这个例子，我们先后算出了四组基本解，即

$$x_1=-12,\ x_2=-20,\ x_3=x_4=x_5=0$$

$$x_1=3,\ x_5=5,\ x_2=x_3=x_4=0$$

$$x_3=\frac{3}{2},\ x_5=\frac{1}{2},\ x_1=x_2=x_4=0$$

$$x_1=-\frac{1}{3},\ x_3=\frac{5}{3},\ x_2=x_4=x_5=0$$

它们虽然都是方程组的解，但只有两组是可行解。

三、初始基本可行解的求法

上面已讨论了如何从一个基本可行解转换到另一个基本可行解的算法，那么最初的基本可行解如何求得呢？

当用添加松弛变量的方法把不等式约束转换成等式约束时，往往会发现这些松弛变量就可以作为初始基本可行解中的一部分基本变量。例如，假若约束条件为

$$\begin{cases}x_1-x_2+x_3\leqslant 5\\ x_1+2x_2-x_3\leqslant 10\\ x_i\geqslant 0(i=1,2,3)\end{cases}$$

引入松弛变量 x_4、x_5，可将前两个不等式约束条件转换成等式形式

$$\begin{cases}x_1-x_2+x_3+x_4+0=5\\ x_1+2x_2-x_3+0+x_5=10\\ x_i\geqslant 0(i=1,2,3,4,5)\end{cases}$$

于是立即得到一组基本可行解

$$x_4=5,\ x_5=10,\ x_1=x_2=x_3=0$$

但是，如果不等式约束条件右端项 b_i 是负的，它所对应的松弛变量就不能作为基本可行解的基本变量，所以上述方法并不是总能成功的。这时需引入人工变量，经过转换再将它从基本变量中替换出去，具体做法将在第五章第四节单纯形法应用举例中予以介绍。

第三节 单纯形方法

前面阐述了应用 θ 规则所规定的条件，可以做到从一组基本可行解转换到另一组基本可行解。但哪一组可行解是最优解呢？当然可以将各组可行解分别代入目标函数 $f(\boldsymbol{x})$，取使 $f(\boldsymbol{x})\to\min$(或 max)者为最优解。但是，通过下面的分析，可以找出确定最优解的规则。

对于可行解（当由前 m 个变量组成可行解的基本变量时），目标函数可以写成

$$f(\boldsymbol{x})=\sum_{l=1}^{m}c_l b_l'=c_1b_1'+c_2b_2'+\cdots+c_mb_m'+0+\cdots+0$$

如果还有另一组可行解，它的基本变量中包含有 $x_k=\theta(k>m)$，即

$$\boldsymbol{x}=\begin{pmatrix}x_1\\x_2\\\vdots\\x_l\\\vdots\\x_k\end{pmatrix}=\begin{pmatrix}b_1'-a_{1k}'\theta\\b_2'-a_{2k}'\theta\\\vdots\\b_l'-a_{lk}'\theta\\\vdots\\\theta\end{pmatrix}$$

其中 $x_s=b_s'-a_{sk}'\theta=0(s\leqslant m)$。它所对应的目标函数值是

$$\bar{f}(\boldsymbol{x})=c_1(b_1'-a_{1k}'\theta)+c_2(b_2'-a_{2k}'\theta)+\cdots+c_m(b_m'-a_{mk}'\theta)+0+\cdots+c_k\theta+0+\cdots+0$$
$$=\sum_{l=1}^{m}c_lb_l'-\sum_{\substack{l=1\\l\neq s}}^{m}c_la_{lk}'\theta+c_k\theta$$

令
$$f(\boldsymbol{a}_k)=\sum_{\substack{l=1\\l\neq s}}^{m}c_la_{lk}'$$

则
$$\bar{f}(\boldsymbol{x})=f(\boldsymbol{x})+[c_k-f(\boldsymbol{a}_k)]\theta=f(\boldsymbol{x})+r\theta$$

式中 r—— 相对价值系数，$r=c_k-f(\boldsymbol{a}_k)$。

显然，对于极小化问题，应要求 $\bar{f}(\boldsymbol{x})<f(\boldsymbol{x})$，即 $r\theta$ 应是负值。由于 θ 是正值，就应要求 $r=c_k-f(\boldsymbol{a}_k)$ 为负值。只要 r 仍是负值，就说明目标函数 $f(\boldsymbol{x})$ 还没有达到极小值，还有下降的趋势，就还可以进行转轴运算，选取另一组可行解。因此，一旦 $r=c_k-f(\boldsymbol{a}_k)$ 为正，即可停止转轴运算，对应的可行解就是最优解。

也可能有几组 $c_k-f(\boldsymbol{a}_k)$ 都为负值。对于极小化问题，应取

$$\min_j[c_j-f(\boldsymbol{a}_j)]=c_k-f(\boldsymbol{a}_k) \tag{5-7}$$

其中
$$f(\boldsymbol{a}_j)=\sum_{\substack{l=1\\l\neq s}}^{m}c_la_{lj}'$$

这又是一个规则，称为最速变化规则（即目标函数值变化最大规则）。

上面的方法是利用约束条件方程组解出可行解，再用目标函数检验最优解的方法。

计算时，也可以直接把目标函数和约束条件同时列为转轴运算方程组。采用一边计算可行解，一边校验目标函数值变化情况的方法来求最优解。这时，对于极小化问题，只要当

$$f(\boldsymbol{x})=c_1x_1+c_2x_2+\cdots+c_nx_n$$

中的系数 c_k 有一个或几个是负值时，就说明 $f(\boldsymbol{x})$ 值还可以减小，就应把对应于 $c_k=\min\limits_j(c_j)$ 的变量 x_k 选进可行解的基本变量中去。

一个 θ 规则，即

$$x_k=\theta=\min_l\left(\frac{b'_l}{a'_{lk}}\right)$$

$$a'_{lk}>0$$

一个最速变化规则，即

$$\min_j[c_j-f(\boldsymbol{a}_j)]=c_k-f(\boldsymbol{a}_k)$$

构成了单纯形方法的基础。

当目标函数表示成只是非基本变量的函数时，对应于基本变量的系数 $c_l=0(l=1,2,\cdots,m)$，则 $f(\boldsymbol{a}_j)=\sum\limits_{\substack{l=1\\l\neq s}}^{m}c_la'_{lj}=0$，最速变化规则又可表示为

$$\min_j(c_j)=c_k$$

对于极大值问题，则最速变化规则应取 max 号。

上述单纯形方法的整个运算过程可以用框图表示，如图5-4所示。

单纯形方法的运算过程主要围绕下面两个规则进行：

一是 θ 规则，用来说明如何进行基本变量中的变量交换，使一个基本可行解通过转轴运算转换成另一个新的基本可行解。

二是最速变化规则，用来评价哪一组可行解是最优解。

这两个规则的运算可以用矩阵的运算来表述，而且转轴运算可以直接调用标准程序，如高斯消去法或高斯-若尔当消元法程序。为此，在这里给出有关运算的矩阵表述。

前文已说明，线性规划问题的标准形式可以写成下面的一种矩阵形式：

求 x 使

$$f(\boldsymbol{x})=\boldsymbol{cx}\rightarrow\min \text{ 或 } \min f(\boldsymbol{x})=\boldsymbol{cx}$$

$$\text{s.t.}\quad \boldsymbol{Ax}=\boldsymbol{b}$$

$$\boldsymbol{x}\geqslant\boldsymbol{0}$$

其中，$\boldsymbol{0}$ 代表零向量，$\boldsymbol{x}$、$\boldsymbol{A}$、$\boldsymbol{b}$ 和 $\boldsymbol{c}$ 的展开式可以写成

$$\boldsymbol{x}=(x_1\quad x_2\quad\cdots\quad x_n)^{\mathrm{T}}=\begin{pmatrix}x_1\\x_2\\\vdots\\x_n\end{pmatrix}$$

$$\boldsymbol{c}=(c_1\quad c_2\quad\cdots\quad c_n)$$

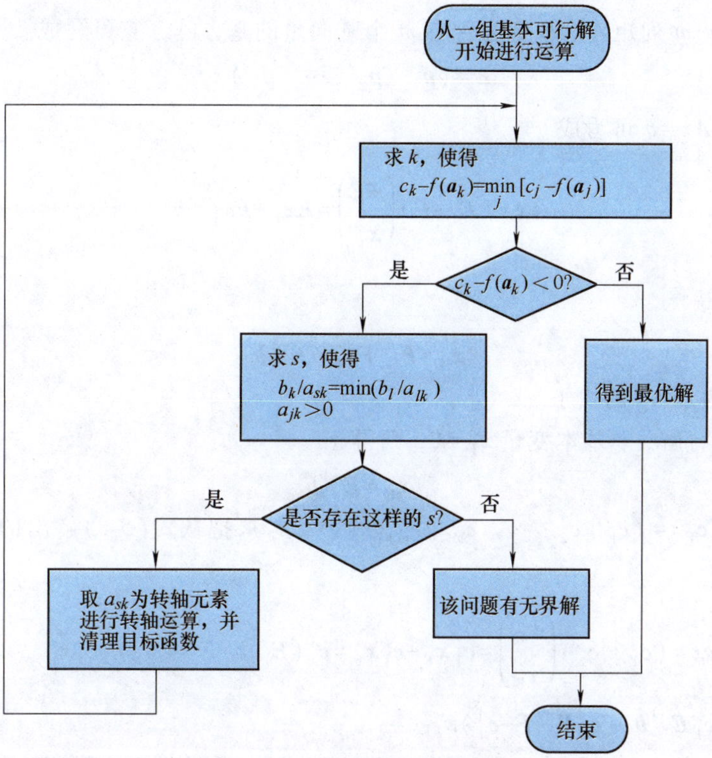

图 5-4　单纯形方法的过程框图

$$\boldsymbol{A}=\begin{pmatrix} a_{11} & a_{12} & \cdots & a_{1n} \\ a_{21} & a_{22} & \cdots & a_{2n} \\ \vdots & \vdots & & \vdots \\ a_{m1} & a_{m2} & \cdots & a_{mn} \end{pmatrix}=\begin{pmatrix} \boldsymbol{A}_1 \\ \boldsymbol{A}_2 \\ \vdots \\ \boldsymbol{A}_m \end{pmatrix}=(\boldsymbol{p}_1 \quad \boldsymbol{p}_2 \quad \cdots \quad \boldsymbol{p}_n)$$

$$\boldsymbol{A}_j=(a_{j1} \quad a_{j2} \quad \cdots \quad a_{jn})$$

$$\boldsymbol{p}_i=(a_{1i} \quad a_{2i} \quad \cdots \quad a_{mi})^{\mathrm{T}}=\begin{pmatrix} a_{1i} \\ a_{2i} \\ \vdots \\ a_{mi} \end{pmatrix}$$

$$\boldsymbol{b}=(b_1 \quad b_2 \quad \cdots \quad b_m)^{\mathrm{T}}=\begin{pmatrix} b_1 \\ b_2 \\ \vdots \\ b_m \end{pmatrix}$$

$$(i=1,2,\cdots,n;\quad j=1,2,\cdots,m;\quad n>m)$$

线性规划的基本性质说明，当约束方程组 $\boldsymbol{Ax}=\boldsymbol{b}$ 中的等式数目 m 小于变量 $\boldsymbol{x}$ 的个数 n 时，它将有无穷组解，但只有满足约束条件 $\boldsymbol{x}\geqslant 0$ 的有限个解是基本可行解。在基本可行解中，变量 $\boldsymbol{x}$ 可区分为基本变量 $\boldsymbol{x}_{\mathrm{E}}$ 和非基本变量 $\boldsymbol{x}_{\mathrm{F}}$ 两部分，即 $\boldsymbol{x}=(\boldsymbol{x}_{\mathrm{E}} \quad \boldsymbol{x}_{\mathrm{F}})^{\mathrm{T}}$。

记矩阵 $\boldsymbol{A}$ 中与基本变量 $\boldsymbol{x}_{\mathrm{E}}$ 相对应的那部分（假定 $\boldsymbol{A}$ 的前 m 个列向量为 $\boldsymbol{p}_1$、$\boldsymbol{p}_2$、…、

$\boldsymbol{p}_m$，且它们是线性无关的）分块矩阵 $\boldsymbol{E}$ 是 m 行 m 列的方阵，与非基本变量 $\boldsymbol{x}_{\mathrm{F}}$ 对应的分块矩阵 $\boldsymbol{F}$ 是 m 行 $n-m$ 列矩阵。$\boldsymbol{E}$ 称为含有 m 个基向量的基方阵，它可写成

$$\boldsymbol{E}=(\boldsymbol{p}_1 \quad \boldsymbol{p}_2 \quad \cdots \quad \boldsymbol{p}_m)$$

这样，约束方程 $\boldsymbol{Ax}=\boldsymbol{b}$ 可写成

$$\boldsymbol{Ax}=(\boldsymbol{E} \quad \boldsymbol{F})\begin{pmatrix}\boldsymbol{x}_{\mathrm{E}}\\ \boldsymbol{x}_{\mathrm{F}}\end{pmatrix}=\boldsymbol{E}\boldsymbol{x}_{\mathrm{E}}+\boldsymbol{F}\boldsymbol{x}_{\mathrm{F}}=\boldsymbol{b}$$

两端同乘 $\boldsymbol{E}^{-1}$，得

$$\boldsymbol{x}_{\mathrm{E}}+\boldsymbol{E}^{-1}\boldsymbol{F}\boldsymbol{x}_{\mathrm{F}}=\boldsymbol{E}^{-1}\boldsymbol{b}$$

这是用 $\boldsymbol{x}_{\mathrm{F}}$ 表示 $\boldsymbol{x}_{\mathrm{E}}$ 的式子。

对于基本可行解，非基本变量 $\boldsymbol{x}_{\mathrm{F}}=0$，则得

$$\boldsymbol{x}_{\mathrm{E}}=\boldsymbol{E}^{-1}\boldsymbol{b} \tag{5-8}$$

记 $\boldsymbol{c}=(\boldsymbol{c}_{\mathrm{E}} \quad \boldsymbol{c}_{\mathrm{F}})=(c_1 \quad c_2 \quad \cdots \quad c_m \quad c_{m+1} \quad \cdots \quad c_n)$，把从式(5-8)解出的 $\boldsymbol{x}_{\mathrm{E}}$ 代入目标函数，得

$$\begin{aligned}f(\boldsymbol{x})=\boldsymbol{cx}=(\boldsymbol{c}_{\mathrm{E}} \quad \boldsymbol{c}_{\mathrm{F}})\begin{pmatrix}\boldsymbol{x}_{\mathrm{E}}\\ \boldsymbol{x}_{\mathrm{F}}\end{pmatrix}&=\boldsymbol{c}_{\mathrm{E}}\boldsymbol{x}_{\mathrm{E}}+\boldsymbol{c}_{\mathrm{F}}\boldsymbol{x}_{\mathrm{F}}=\boldsymbol{c}_{\mathrm{E}}(\boldsymbol{E}^{-1}\boldsymbol{b}-\boldsymbol{E}^{-1}\boldsymbol{F}\boldsymbol{x}_{\mathrm{F}})+\boldsymbol{c}_{\mathrm{F}}\boldsymbol{x}_{\mathrm{F}}\\ &=\boldsymbol{c}_{\mathrm{E}}\boldsymbol{E}^{-1}\boldsymbol{b}-(\boldsymbol{c}_{\mathrm{E}}\boldsymbol{E}^{-1}\boldsymbol{F}-\boldsymbol{c}_{\mathrm{F}})\boldsymbol{x}_{\mathrm{F}}\end{aligned}$$

或

$$f(\boldsymbol{x})+(\boldsymbol{c}_{\mathrm{E}}\boldsymbol{E}^{-1}\boldsymbol{F}-\boldsymbol{c}_{\mathrm{F}})\boldsymbol{x}_{\mathrm{F}}=\boldsymbol{c}_{\mathrm{E}}\boldsymbol{E}^{-1}\boldsymbol{b} \tag{5-9}$$

这是用 $\boldsymbol{x}_{\mathrm{F}}$ 表示目标函数的式子。

对于 $\boldsymbol{x}_{\mathrm{F}}=0$ 的基本可行解，有 $\boldsymbol{c}_{\mathrm{E}}\boldsymbol{E}^{-1}\boldsymbol{F}-\boldsymbol{c}_{\mathrm{F}}=0$，则此时的

$$f(\boldsymbol{x})=\boldsymbol{c}_{\mathrm{E}}\boldsymbol{E}^{-1}\boldsymbol{b} \tag{5-10}$$

可以调用标准程序进行转轴运算，实现从一组基本解转换到另一组基本解。所谓从一组基本解转换到另一组基本解的转轴运算，实际上就是把 $\boldsymbol{E}=(\boldsymbol{p}_1 \quad \boldsymbol{p}_2 \quad \cdots \quad \boldsymbol{p}_m)$ 中的列向量 $\boldsymbol{p}_s$ 用另一个列向量 $\boldsymbol{p}_k$ 代替，即把原基方阵 $\boldsymbol{E}=(\boldsymbol{p}_1 \quad \boldsymbol{p}_2 \quad \cdots \quad \boldsymbol{p}_s \quad \cdots \quad \boldsymbol{p}_m)$ 转换成新的基方阵 $\boldsymbol{E}'=(\boldsymbol{p}_1 \quad \boldsymbol{p}_2 \quad \cdots \quad \boldsymbol{p}_k \quad \cdots \quad \boldsymbol{p}_m)$。这种转轴变换的结果，是把原基本解的基本变量 x_1，x_2，…，x_s，…，x_m 中的 x_s 用 x_k 来替换，使新一组基本解的基本变量变成 x_1，x_2，…，x_k，…，x_m。

当用矩阵形式表示时，就可以写出对应于第四节中五个表（表5-2~表5-6）的基本方阵如下：

初始表（表5-2）的初始基方阵为

$$\boldsymbol{E}_0=(\boldsymbol{p}_4 \quad \boldsymbol{p}_9 \quad \boldsymbol{p}_6 \quad \boldsymbol{p}_7 \quad \boldsymbol{p}_8)$$

第一次转轴运算表(表5-3)的第一基方阵为

$$\boldsymbol{E}_1=(\boldsymbol{p}_4 \quad \boldsymbol{p}_9 \quad \boldsymbol{p}_6 \quad \boldsymbol{p}_7 \quad \boldsymbol{p}_3)$$

第二次转轴运算表(表5-4)的第二基方阵为

$$\boldsymbol{E}_2=(\boldsymbol{p}_2 \quad \boldsymbol{p}_9 \quad \boldsymbol{p}_6 \quad \boldsymbol{p}_7 \quad \boldsymbol{p}_3)$$

第三次转轴运算表(表5-5)的第三基方阵为

$$\boldsymbol{E}_3=(\boldsymbol{p}_2 \quad \boldsymbol{p}_9 \quad \boldsymbol{p}_1 \quad \boldsymbol{p}_7 \quad \boldsymbol{p}_3)$$

第四次转轴运算表的第四基方阵为

$$\boldsymbol{E}_4=(\boldsymbol{p}_2 \quad \boldsymbol{p}_8 \quad \boldsymbol{p}_1 \quad \boldsymbol{p}_7 \quad \boldsymbol{p}_3)$$

利用式（5-6）的 θ 规则就可以确定 $\boldsymbol{x}_k$ 的选取。从而可以做到从一组基本解转换到另一组基本解。

由约束条件 $\boldsymbol{x}\geqslant 0$ 可以写出符合 $\boldsymbol{x}_{\mathrm{E}}=\boldsymbol{E}^{-1}\boldsymbol{b}\geqslant 0$，$\boldsymbol{x}_{\mathrm{F}}=0$ 的解是基本可行解。对于基方阵 $\boldsymbol{E}=(\boldsymbol{p}_1 \quad \boldsymbol{p}_2 \quad \cdots \quad \boldsymbol{p}_m)$ 来说，这时基本可行解的基本变量是 x_1，x_2，…，x_m；非基本变量是 x_{m+1}，x_{m+2}，…，x_n。

再利用最速变化规则，就可以确定使目标函数达到极值的最优解。

第四节 单纯形法应用举例

例 5-3 某建筑单位拟盖一批二人、三人和四人的宿舍单元，要确定每一种宿舍单元的数目，以获得最大利润。其限制条件如下：

1）预算不能超过 9000 千元。

2）宿舍单元总数不得少于 350 套。

3）每类宿舍单元的百分比为：二人的不超过总数的 20%，三人的不超过总数的 60%，四人的不超过总数的 40%（百分比总和不超过 100%，这是上限）。

4）建造价格为：二人宿舍单元是 20 千元，三人宿舍单元是 25 千元，四人宿舍单元是 30 千元。

5）净利润为：二人宿舍单元是 2 千元，三人宿舍单元 3 千元，四人宿舍单元是 4 千元。

解： 根据上述条件，利润总数就是目标函数。若令 x_1、x_2、x_3 分别为二人、三人和四人的宿舍单元数目，则利润总数为

$$f(\boldsymbol{x})=2x_1+3x_2+4x_3$$

其值应是最大值。

约束条件有以下几个：

1）预算不超过 9000 千元，即有

$$20x_1+25x_2+30x_3\leqslant 9000$$

2）宿舍单元总数最少是 350 套，即有

$$x_1+x_2+x_3\geqslant 350$$

3）每类宿舍单元数的约束不等式是（设宿舍总套数为 $350+x_5$）

$$\begin{cases}x_1\leqslant 0.2(350+x_5)\\x_2\leqslant 0.6(350+x_5)\\x_3\leqslant 0.4(350+x_5)\end{cases}$$

因此问题可归结为：求 x_1、x_2、x_3 的值，使目标函数 $f(\boldsymbol{x})=2x_1+3x_2+4x_3$ 为极大，且满足约束条件

$$\begin{cases}20x_1+25x_2+30x_3\leqslant 9000\\x_1+x_2+x_3\geqslant 350\\x_1-0.2x_5\leqslant 70\\x_2-0.6x_5\leqslant 210\\x_3-0.4x_5\leqslant 140\end{cases}$$

对于此例，可以通过引入“松弛变量” x_4、x_5、x_6、x_7、x_8 的方法把不等式约束写成等式约束的形式，则问题变成

$$f(\boldsymbol{x})=2x_1+3x_2+4x_3 \rightarrow \max$$

$$\text{s.t.}\quad \begin{cases} 20x_1+25x_2+30x_3+x_4=9000 \\ x_1+x_2+x_3-x_5=350 \\ x_1-0.2x_5+x_6=70 \\ x_2-0.6x_5+x_7=210 \\ x_3-0.4x_5+x_8=140 \end{cases}$$

在引入松弛变量后，这个线性规划问题变成：求 $\boldsymbol{x}=(x_1 \quad x_2 \quad x_3)^{\mathrm{T}}$ 的一组值，使目标函数

$$f(\boldsymbol{x})=2x_1+3x_2+4x_3$$

为最大值，其约束条件是

$$\begin{cases} 20x_1+25x_2+30x_3+x_4=9000 \\ x_1+x_2+x_3-x_5=350 \\ x_1-0.2x_5+x_6=70 \\ x_2-0.6x_5+x_7=210 \\ x_3-0.4x_5+x_8=140 \end{cases}$$

这里共有 5 个约束方程，却有 x_1，x_2，…，x_8 共 8 个未知数，其中的 x_4、x_5、x_6、x_7、x_8 是松弛变量。这就相当于在可能的 8 个变量中每次同时取出 5 个来进行组合，即有 $\dfrac{8!}{3!\times5!}=56$ 种可能的不同组合。从中要选出能获得最大利润（目标函数值最大）的一种组合，就是所求的最优解。

可取系数为 1 的 x_4、x_5、x_6、x_7、x_8 这 5 个松弛变量作为初始基本解的基本变量。但是由于 x_5 的系数是-1，不是正值；而对应的 b 是正值，所以 x_5 是不能进入可行解的基本变量的。因此需引入一个人工变量，即新的非负变量 x_9，则约束方程组变为

$$\begin{cases} 20x_1+25x_2+30x_3+x_4 & =9000 \\ x_1+x_2+x_3-x_5+x_9 & =350 \\ x_1-0.2x_5+x_6 & =70 \\ x_2-0.6x_5+x_7 & =210 \\ x_3-0.4x_5+x_8 & =140 \end{cases}$$

由此引出一个问题，就是要保证最后能把 x_9 从最优解中排除出去。为了做到这一点，可以给 x_9 一个很大的系数 c_9，对于极大值问题，它取负值（对于极小值问题，它应取正值）。而只要 $f(\boldsymbol{x})$ 还没有达到极值，运算过程还可以继续进行下去。在给 x_9 一个大值的系数 c_9 后，目标函数中将增加 c_9x_9 一项。因此，只要 x_9 还不是零，目标函数就没有达到极大值。

这样，本线性规划问题变为(取 $c_9=-1000$)

$$\max f(\boldsymbol{x})=2x_1+3x_2+4x_3-1000x_9$$

$$\text{s.t.}\quad\begin{cases}20x_1+25x_2+30x_3+x_4=9000\\ x_1+x_2+x_3-x_5+x_9=350\\ x_1-0.2x_5+x_6=70\\ x_2-0.6x_5+x_7=210\\ x_3-0.4x_5+x_8=140\end{cases}$$

令 $x_1=x_2=x_3=x_5=0$，则得 $x_4=9000$，$x_6=70$，$x_7=210$，$x_8=140$，$x_9=350$。它是一组可行解。

以这组可行解为出发点用单纯形表进行运算。表 5-2 是它的初始形式。

表 5-2 初始形式表

$c_j\rightarrow$	解	2	3	4	0	0	0	0	0	-1000	0	-991	θ_l
$c_l\downarrow$		$\boldsymbol{p}_1$	$\boldsymbol{p}_2$	$\boldsymbol{p}_3$	$\boldsymbol{p}_4$	$\boldsymbol{p}_5$	$\boldsymbol{p}_6$	$\boldsymbol{p}_7$	$\boldsymbol{p}_8$	$\boldsymbol{p}_9$	$\boldsymbol{b}$	校核	
0	x_4	20	25	30	1	0	0	0	0	0	9000	9076	300
-1000	x_9	1	1	1	0	-1	0	0	0	1	350	353	350
0	x_6	1	0	0	0	-0.2	1	0	0	0	70	71.8	
0	x_7	0	1	0	0	-0.6	0	1	0	0	210	211.4	
0	x_8	0	0	①	0	-0.4	0	0	1	0	140	141.6	140←
	$f(\boldsymbol{a}_j)$	-1000	-1000	-1000	0	1000	0	0	0	-1000	-350000	-353000	
$c_j-f(\boldsymbol{a}_j)$		1002	1003	1004	0	-1000	0	0	0	0	350000	352009	
				↑									

考虑到此类表格要进行四次运算，所以，首先以构成初始表中各列内容的计算为例，对表 5-2 的各列内容的计算方法进行说明。在具体说明完成以后，指出可以根据上述方法进行其后的运算，直到第四次转轴运算为止。

现对表 5-2 中的各项内容进行说明：

1）第一列的数值是可行解中各基本变量在目标函数 $f(\boldsymbol{x})$ 中的对应系数 c_j 的值。例如，此时的 $f(\boldsymbol{x})=2x_1+3x_2+4x_3-1000x_9$，所以“解”列中 x_9 所在行的 $c_j=-1000$。

2）第二列是解列，其中列出进入本次可行解中的基本变量。上面已经给出，当 $x_1=x_2=x_3=x_5=0$ 时，则得 $x_4=9000$，$x_6=70$，$x_7=210$，$x_8=140$，$x_9=350$。所以这一列的“解”记录为：x_4，x_9，x_6，x_7，x_8。

3）$\boldsymbol{p}_j$ 的各列代表对应于约束方程中各变量 x_j 的系数 a_{lj} 的列向量。从“约束方程组”中可以直接写出 $\boldsymbol{p}_1$、$\boldsymbol{p}_2$、$\boldsymbol{p}_3$、$\boldsymbol{p}_4$、$\boldsymbol{p}_5$、$\boldsymbol{p}_6$、$\boldsymbol{p}_7$、$\boldsymbol{p}_8$、$\boldsymbol{p}_9$ 和 $\boldsymbol{b}$ 列五组相应的数值。

例如，由于 x_1 列是 $(20x_1\quad x_1\quad x_1\quad 0\quad 0)^{\mathrm{T}}$，所以表 5-2 中的 $\boldsymbol{p}_1$ 列数值是 $\boldsymbol{p}_1=(20\quad 1\quad 1\quad 0\quad 0)^{\mathrm{T}}$，同理 $\boldsymbol{p}_2$ 列的数值是 $\boldsymbol{p}_2=(25\quad 1\quad 0\quad 1\quad 0)^{\mathrm{T}}$，$\boldsymbol{p}_3$ 列的数值是 $\boldsymbol{p}_3=(30\quad 1\quad 0\quad 0\quad 1)^{\mathrm{T}}$，依次类推，可逐一写出 $\boldsymbol{p}_4$、$\boldsymbol{p}_5$、$\boldsymbol{p}_6$、$\boldsymbol{p}_7$、$\boldsymbol{p}_8$、$\boldsymbol{p}_9$ 和 $\boldsymbol{b}$ 各列的数值。

4）$\boldsymbol{b}$ 列是规定值列向量。在表 5-2 中，$\boldsymbol{b}$ 列的值是 $(9000\quad 350\quad 70\quad 210\quad 140)^{\mathrm{T}}$。

5）“校核”列用于核实其他列中的计算，这一列的值是其他各列中对应元素之和。例如在表 5-2 中，x_9 行校核列的数值是 $1+1+1+0-1+0+0+0+1+350=353$。

6）最后一列是当本次运算完成时，记录 θ_l 值用的。由 θ 规则，即 $\theta_l=\min\left(\dfrac{b'_l}{a'_{lk}}\right)$ 和 $a'_{lk}>0$ 可知，需要分别计算各行的 θ_l 值，并写在 θ_l 列中。对于表 5-2，有 $b'_1=9000$，$a'_{13}=30$。

利用 θ_l 的计算式，可以写出表 5-2 中的 $\theta_1=\dfrac{b'_1}{a'_{13}}=\dfrac{9000}{30}=300$；$\theta_2=\dfrac{b'_2}{a'_{23}}=350$；因为 $a'_{33}=a'_{43}=0$，所以 θ_3 和 θ_4 处无相应值；$\theta_5=\dfrac{b'_5}{a'_{53}}=140$。

7）最后两行用于记录 $f(\boldsymbol{a}_j)$ 和 $c_j-f(\boldsymbol{a}_j)$ 的值。

8）c_j 行表示目标函数 $f(\boldsymbol{x})$ 中每个变量 x_j 的系数，即 $\max f(\boldsymbol{x})=2x_1+3x_2+4x_3=-1000$。

取各松弛变量（其数量和约束不等式个数相同。对于等式约束，采用加一个松弛变量再减去这个松弛变量的办法，但须对两者加以区分）为初始可行解的基本变量。这在表 5-2 中是容易实现的。因为表中的一行就是一个对应的约束方程，所以只要把五个约束方程的相应系数 a_{lj} 填入表中对应位置即可。

具体计算如下：

校核列是各行数值相加的结果。例如 20 所在行的值是

$$20+25+30+1+0+0+0+0+0+9000=9076$$

其余四行的值依次是

$$1+1+1+0-1+0+0+0+1+350=353$$
$$1+0+0+0-0.2+1+0+0+0+70=71.8$$
$$0+1+0+0-0.6+0+1+0+0+210=211.4$$
$$0+0+1+0-0.4+0+0+1+0+140=141.6$$

c_j 行的值是

$$2+3+4+0+0+0+0+0-1000+0=-991$$

现在计算 $f(\boldsymbol{a}_j)$ 的值。因为 $f(\boldsymbol{a}_j)=\sum\limits_{\substack{l=1\\l\neq s}}^{m}c_l a'_{lj}=c_1a'_{1j}+c_2a'_{2j}+\cdots+c_m a'_{mj}$，所以 $f(\boldsymbol{a}_j)$ 行的数值即为在 c_l 列中取每个元素乘以 $\boldsymbol{p}_j$ 列中元素之和，即得本轮运算的可行解中的 $f(\boldsymbol{a}_j)$ 的值。

例如：$\boldsymbol{p}_1$ 列的 $f(\boldsymbol{a}_j)=0\times20+(-1000)\times1+0\times1+0\times0+0\times0=-1000$。

$\boldsymbol{p}_2$ 列的 $f(\boldsymbol{a}_j)=0\times25+(-1000)\times1+0\times0+0\times1+0\times0=-1000$。

$\boldsymbol{p}_3$ 列的 $f(\boldsymbol{a}_j)=0\times30+(-1000)\times1+0\times0+0\times0+0\times1=-1000$。

$\boldsymbol{p}_4$ 列的 $f(\boldsymbol{a}_j)=0\times1+(-1000)\times0+0\times0+0\times0+0\times0=0$。

$\boldsymbol{p}_5$ 列的 $f(\boldsymbol{a}_j)=0\times0+(-1000)\times(-1)+0\times(-0.2)+0\times(-0.6)+0\times(-0.4)=1000$。

$\boldsymbol{p}_6$ 列的 $f(\boldsymbol{a}_j)=0\times0+(-1000)\times0+0\times1+0\times0+0\times0=0$。

$\boldsymbol{p}_7$ 列的 $f(\boldsymbol{a}_j)=0\times0+(-1000)\times0+0\times0+0\times1+0\times0=0$。

$\boldsymbol{p}_8$ 列的 $f(\boldsymbol{a}_j)=0\times0+(-1000)\times0+0\times0+0\times0+0\times1=0$。

$\boldsymbol{p}_9$ 列的 $f(\boldsymbol{a}_j)=0\times0+(-1000)\times1+0\times0+0\times0+0\times0=-1000$。

$\boldsymbol{b}$ 列的 $f(\boldsymbol{a}_j)=0\times9000+(-1000)\times350+0\times70+0\times210+0\times140=-350000$。

最后，再计算 $c_j-f(\boldsymbol{a}_j)$ 的值。很明显，它就是 c_j 行中的值减去相应的 $f(\boldsymbol{a}_j)$ 的值。

例如，$c_1-f(\boldsymbol{a}_1)=2-(-1000)=1002$，同样可得 $c_2-f(\boldsymbol{a}_2)=3-(-1000)=1003$，$\boldsymbol{p}_3$ 列为 $4-(-1000)=1004$，$\boldsymbol{p}_4$ 列为 $0-0=0$，$\boldsymbol{p}_5$ 列为 $0-1000=-1000$，$\boldsymbol{p}_6$ 列为 $0-0=0$，$\boldsymbol{p}_7$ 列为 $0-0=0$，$\boldsymbol{p}_8$ 列为 $0-0=0$，$\boldsymbol{p}_9$ 列为 $-1000-(-1000)=0$，$\boldsymbol{b}$ 列为 $0-(-350000)=350000$。

现在再来计算“校核”列的 $c_j-f(\boldsymbol{a}_j)$ 的值，可得 $-991-(-353000)=352009$。

根据最速变化规则（$\min[c_j-f(\boldsymbol{a}_j)]=c_k-f(\boldsymbol{a}_k)$），考虑到本问题是求极大值问题，所以应取 $\max[c_j-f(\boldsymbol{a}_j)]$，则在下一组可行解的基本变量中，应进入的变量为所有 $c_j-f(\boldsymbol{a}_j)$ 中最大者所在列的变量。

表 5-2 中，$c_3-f(\boldsymbol{a}_3)=1004$ 最大，所以 x_3 应进入下一组可行解的基本变量中去，这在表 5-2 的下边用箭头标出了，同时又把 $\boldsymbol{p}_3$ 列框起来了。

既然 x_3 要进入可行解的基本变量中，那么就应从上次可行解基本变量中排除一个变量。由 θ 规则 $\theta=\min\left(\dfrac{b_l'}{a_{lk}'}\right)$ 和 $a_{lk}'>0$（这里 $k=3$ 已定）可知，需要分别计算各行的 θ_l 值，并写在 θ_l 列中。

取 $\boldsymbol{b}$ 列中的各元素 b_l'，分别用 $\boldsymbol{p}_3$ 列中的对应元素 a_{l3}' 除之，得

$$\theta_1=\frac{b_1'}{a_{13}'}=\frac{9000}{30}=300$$

$$\theta_2=\frac{b_2'}{a_{23}'}=\frac{350}{1}=350$$

$$\theta_3=\frac{b_3'}{a_{33}'}=\frac{70}{0}(\text{无法计入 }\theta_l\text{ 列中})$$

$$\theta_4=\frac{b_4'}{a_{43}'}=\frac{210}{0}(\text{无法计入 }\theta_l\text{ 列中})$$

$$\theta_5=\frac{b_5'}{a_{53}'}=\frac{140}{1}=140$$

三个 θ_l 值中 140 最小（即 θ_5 最小），所以它所对应的 x_8 就是应排除出基本变量的变量。这在表 5-2 中的右边也用箭头标出了。因此，下一组可行解中，基本变量将是 x_4，x_9，x_6，x_7，x_3。在表 5-2 中把位于 x_8 所在的行和 $\boldsymbol{p}_3$ 列交点处的元素用圆圈上，称为转轴元素，即 a_{sk}'，这里是 a_{53}'。

为了保证用 x_3 取代 x_8 进入下一组可行解基本变量中，就要对 $\boldsymbol{p}_3$ 进行初等变换，使除转轴元素 $a_{sk}'=a_{53}'=1$ 外，其余各元素全为零。这样即可计算出从 $\boldsymbol{p}_1$ 直到 $\boldsymbol{b}$ 列中各元素的值，结果见表 5-3。

在此补充说明一点，从初始表中可以看出 $\boldsymbol{p}_4$、$\boldsymbol{p}_9$、$\boldsymbol{p}_6$、$\boldsymbol{p}_7$、$\boldsymbol{p}_8$ 各列的数值形成一个“单位矩阵”，根据正则方程的概念，它们将组成基本解。即本轮的基本解是 x_4、x_9、x_6、x_7、x_8。这也就是“解”列中记入它们的原因。所以说，在初始表中心部分是约束条件的系数矩阵，它形成一个“单位矩阵”。那些和单位矩阵对应的变量是基本变量，其余的变量是非基本变量。

由 $c_j-f(\boldsymbol{a}_j)$ 中最大值确定进入下一轮运算的进基变量，此处是 x_3。再由 θ 规则确定退出下一轮运算的出基变量，此处是 x_8。

表 5-3 第一次转轴运算

$c_j \to$	解	2	3	4	0	0	0	0	0	-1000	0	-991	θ_l
$c_l \downarrow$		$\boldsymbol{p}_1$	$\boldsymbol{p}_2$	$\boldsymbol{p}_3$	$\boldsymbol{p}_4$	$\boldsymbol{p}_5$	$\boldsymbol{p}_6$	$\boldsymbol{p}_7$	$\boldsymbol{p}_8$	$\boldsymbol{p}_9$	$\boldsymbol{b}$	校核	
0	x_4	20	㉕	0	1	12	0	0	-30	0	4800	4828	192←
-1000	x_9	1	1	0	0	-0.6	0	0	-1	1	210	211.4	210
0	x_6	1	0	0	0	-0.2	1	0	0	0	70	71.8	—
0	x_7	0	1	0	0	-0.6	0	1	0	0	210	211.4	210
4	x_3	0	0	1	0	-0.4	0	0	1	0	140	141.6	—
	$f(\boldsymbol{a}_j)$	-1000	-1000	4	0	598.4	0	0	1004	-1000	-209440	-210833.6	—
$c_j - f(\boldsymbol{a}_j)$		1002	1003	0	0	-598.4	0	0	-1004	0	209440	209842.6	—
			↑										

表 5-3 是由表 5-2 变换来的。由于表 5-3 中已把 x_3 列为可行解的基本变量，所以在 c_l 列和 x_3 对应的系数应换成 x_3 的系数 $c_3=4$。这样

$$f(\boldsymbol{a}_3)=0\times0+(-1000)\times0+0\times0+0\times0+4\times1=4$$

$$f(\boldsymbol{a}_4)=0\times1+(-1000)\times0+0\times0+0\times0+4\times0=0$$

$$\begin{aligned}f(\boldsymbol{a}_5)&=0\times12+(-1000)\times(-0.6)+0\times(-0.2)+0\times(-0.6)+4\times(-0.4)\\&=598.4\end{aligned}$$

$$f(\boldsymbol{a}_6)=0\times0+(-1000)\times0+0\times1+0\times0+4\times0=0$$

$$f(\boldsymbol{a}_7)=0\times0+(-1000)\times0+0\times0+0\times1+4\times0=0$$

$$f(\boldsymbol{a}_8)=0\times(-30)+(-1000)\times(-1)+0\times0+0\times0+4\times1=1004$$

$$f(\boldsymbol{a}_9)=0\times0+(-1000)\times1+0\times0+0\times0+4\times0=-1000$$

再来计算 $\boldsymbol{p}_1$ 列和 $\boldsymbol{p}_2$ 列，即

$$f(\boldsymbol{a}_1)=0\times20+(-1000)\times1+0\times1+0\times0+4\times0=-1000$$

$$f(\boldsymbol{a}_2)=0\times25+(-1000)\times1+0\times0+0\times1+4\times0=-1000$$

对表 5-2 中由约束方程组组成的矩阵进行初等变换（即转轴运算），使表 5-2 变换成一个含有一个由单位矩阵组成的正则方程组，即可根据正则方程组的性质求得一组可行解，在这里可行解就是由与单位矩阵相对应的变量所组成的解。所以，对由约束方程组组成的矩阵反复进行初等变换，直到形成一个新的单位矩阵即可。

例如，对于表 5-2，我们可以先将其调整为一个由单位矩阵组成的形式，即

$$\begin{array}{c} \\ x_4 \\ x_9 \\ x_6 \\ x_7 \\ x_8 \end{array}\begin{array}{c} \begin{array}{cccccccccc} \boldsymbol{p}_1 & \boldsymbol{p}_2 & \boldsymbol{p}_3 & \boldsymbol{p}_4 & \boldsymbol{p}_5 & \boldsymbol{p}_6 & \boldsymbol{p}_7 & \boldsymbol{p}_8 & \boldsymbol{p}_9 & \boldsymbol{b} \end{array} \\ \begin{pmatrix} 20 & 25 & 30 & 1 & 0 & 0 & 0 & 0 & 0 & 9000 \\ 1 & 1 & 1 & 0 & -1 & 0 & 0 & 0 & 1 & 350 \\ 1 & 0 & 0 & 0 & -0.2 & 1 & 0 & 0 & 0 & 70 \\ 0 & 1 & 0 & 0 & -0.6 & 0 & 1 & 0 & 0 & 210 \\ 0 & 0 & 1 & 0 & -0.4 & 0 & 0 & 1 & 0 & 140 \end{pmatrix} \end{array}$$

调整为

$$\begin{array}{cc} & \begin{matrix} \boldsymbol{p}_4 & \boldsymbol{p}_9 & \boldsymbol{p}_6 & \boldsymbol{p}_7 & \boldsymbol{p}_8 & \boldsymbol{p}_1 & \boldsymbol{p}_2 & \boldsymbol{p}_3 & \boldsymbol{p}_5 & \boldsymbol{b} \end{matrix} \\ \begin{matrix} x_4 \\ x_9 \\ x_6 \\ x_7 \\ x_8 \end{matrix} & \begin{pmatrix} 1 & 0 & 0 & 0 & 0 & 20 & 25 & 30 & 0 & 9000 \\ 0 & 1 & 0 & 0 & 0 & 1 & 1 & 1 & -1 & 350 \\ 0 & 0 & 1 & 0 & 0 & 1 & 0 & 0 & -0.2 & 70 \\ 0 & 0 & 0 & 1 & 0 & 0 & 1 & 0 & -0.6 & 210 \\ 0 & 0 & 0 & 0 & 1 & 0 & 0 & 1 & -0.4 & 140 \end{pmatrix} \end{array}$$

很明显，现在 $\boldsymbol{p}_4$、$\boldsymbol{p}_9$、$\boldsymbol{p}_6$、$\boldsymbol{p}_7$ 和 $\boldsymbol{p}_8$ 组成了一个单位矩阵，所以根据正则方程组的性质，可以写出它的一个解是：$x_1=x_2=x_3=x_5=0$，$x_4=9000$，$x_9=350$，$x_6=70$，$x_7=210$，$x_8=140$。它是一组可行解。

从表 5-2 看出 $c_j-f(\boldsymbol{a}_j)=1004$ 最大，所以 x_3 进入解变量，x_8 退出解变量。则解变成 $(x_4 \quad x_9 \quad x_6 \quad x_7 \quad x_3)^{\mathrm{T}}$。如果要进行下一轮的转轴运算，则目标是找出一个由 x_4、x_9、x_6、x_7 和 x_3 对应的 $\boldsymbol{p}_4$、$\boldsymbol{p}_9$、$\boldsymbol{p}_6$、$\boldsymbol{p}_7$ 和 $\boldsymbol{p}_3$ 这五个列向量组成的单位向量，即约束方程组矩阵

$$\begin{array}{cc} & \begin{matrix} \boldsymbol{p}_4 & \boldsymbol{p}_9 & \boldsymbol{p}_6 & \boldsymbol{p}_7 & \boldsymbol{p}_8 & \boldsymbol{p}_1 & \boldsymbol{p}_2 & \boldsymbol{p}_3 & \boldsymbol{p}_5 & \boldsymbol{b} \end{matrix} \\ \begin{matrix} x_4 \\ x_9 \\ x_6 \\ x_7 \\ x_3 \end{matrix} & \begin{pmatrix} 1 & 0 & 0 & 0 & 0 & 20 & 25 & 30 & 0 & 9000 \\ 0 & 1 & 0 & 0 & 0 & 1 & 1 & 1 & -1 & 350 \\ 0 & 0 & 1 & 0 & 0 & 1 & 0 & 0 & -0.2 & 70 \\ 0 & 0 & 0 & 1 & 0 & 0 & 1 & 0 & -0.6 & 210 \\ 0 & 0 & 0 & 0 & 1 & 0 & 0 & 1 & -0.4 & 140 \end{pmatrix} \end{array}$$

通过反复初等变换后，转换成一个由 $\boldsymbol{p}_4$、$\boldsymbol{p}_9$、$\boldsymbol{p}_6$、$\boldsymbol{p}_7$ 和 $\boldsymbol{p}_3$ 组成的单位矩阵，则当 $x_1=x_2=x_3=x_5=0$ 时，有 $x_4=9000$，$x_9=350$，$x_6=70$，$x_7=210$，$x_8=140$。

通过上面的约束方程组矩阵可知，现在主要是要把 $\boldsymbol{p}_3$ 列通过初等变换转换成 $\boldsymbol{p}_8$ 的形式，即把 $\boldsymbol{p}_3$ 原来的 $(30 \quad 1 \quad 0 \quad 0 \quad 1)^{\mathrm{T}}$ 转换成 $(0 \quad 0 \quad 0 \quad 0 \quad 1)^{\mathrm{T}}$ 即可。因此，需要对 $\boldsymbol{p}_3$ 列进行初等变换，即矩阵

$$\begin{array}{cc} & \begin{matrix} \boldsymbol{p}_4 & \boldsymbol{p}_9 & \boldsymbol{p}_6 & \boldsymbol{p}_7 & \boldsymbol{p}_3 & \boldsymbol{p}_1 & \boldsymbol{p}_2 & \boldsymbol{p}_8 & \boldsymbol{p}_5 & \boldsymbol{b} \end{matrix} \\ \begin{matrix} x_4 \\ x_9 \\ x_6 \\ x_7 \\ x_3 \end{matrix} & \begin{pmatrix} 1 & 0 & 0 & 0 & 0 & 20 & 25 & 30 & 0 & 9000 \\ 0 & 1 & 0 & 0 & 0 & 1 & 1 & 1 & -1 & 350 \\ 0 & 0 & 1 & 0 & 0 & 1 & 0 & 0 & -0.2 & 70 \\ 0 & 0 & 0 & 1 & 0 & 0 & 1 & 0 & -0.6 & 210 \\ 0 & 0 & 0 & 0 & 1 & 0 & 0 & 1 & -0.4 & 140 \end{pmatrix} \end{array}$$

通过（-30）×第五行（x_3 所在行）再与第一行相加，得

$$\begin{array}{cc} & \begin{matrix} \boldsymbol{p}_4 & \boldsymbol{p}_9 & \boldsymbol{p}_6 & \boldsymbol{p}_7 & \boldsymbol{p}_3 & \boldsymbol{p}_1 & \boldsymbol{p}_2 & \boldsymbol{p}_8 & \boldsymbol{p}_5 & \boldsymbol{b} \end{matrix} \\ \begin{matrix} x_4 \\ x_9 \\ x_6 \\ x_7 \\ x_3 \end{matrix} & \begin{pmatrix} 1 & 0 & 0 & 0 & 0 & 20 & 25 & -30 & 12 & 4800 \\ 0 & 1 & 0 & 0 & 1 & 1 & 1 & -1 & -0.6 & 350 \\ 0 & 0 & 1 & 0 & 0 & 1 & 0 & 0 & -0.2 & 70 \\ 0 & 0 & 0 & 1 & 0 & 0 & 1 & 0 & -0.6 & 120 \\ 0 & 0 & 0 & 0 & 1 & 0 & 0 & 1 & -0.4 & 140 \end{pmatrix} \end{array}$$

说明：$\boldsymbol{p}_5$ 列第一行的 12 是由 $(-30)\times(-0.4)$ 得来的；$\boldsymbol{p}_8$ 列第一行的 -30 是由 $(-30)\times1$ 得来的；$\boldsymbol{b}=4800$ 是由 $(-30)\times140$（是 θ 中最小者即 140）和 9000 相加得来的。调整为

$$
\begin{array}{c} \\ x_4 \\ x_9 \\ x_6 \\ x_7 \\ x_3 \end{array}
\begin{array}{c}
\begin{array}{cccccccccc} \boldsymbol{p}_1 & \boldsymbol{p}_2 & \boldsymbol{p}_3 & \boldsymbol{p}_4 & \boldsymbol{p}_5 & \boldsymbol{p}_6 & \boldsymbol{p}_7 & \boldsymbol{p}_8 & \boldsymbol{p}_9 & \boldsymbol{b} \end{array} \\
\begin{pmatrix}
20 & 25 & 0 & 1 & 12 & 0 & 0 & -30 & 0 & 4800 \\
1 & 1 & 1 & 0 & -0.6 & 0 & 0 & -1 & 1 & 350 \\
1 & 0 & 0 & 0 & -0.2 & 1 & 0 & 0 & 0 & 70 \\
0 & 1 & 0 & 0 & -0.6 & 0 & 1 & 0 & 0 & 120 \\
0 & 0 & 1 & 0 & -0.4 & 0 & 0 & 1 & 0 & 140
\end{pmatrix}
\end{array}
$$

现设法消去 $\boldsymbol{p}_3$ 列中第二行的值1。通过 (-1)×第五行再与第二行相加得

$$
\begin{array}{c} \\ x_4 \\ x_9 \\ x_6 \\ x_7 \\ x_3 \end{array}
\begin{array}{c}
\begin{array}{cccccccccc} \boldsymbol{p}_1 & \boldsymbol{p}_2 & \boldsymbol{p}_3 & \boldsymbol{p}_4 & \boldsymbol{p}_5 & \boldsymbol{p}_6 & \boldsymbol{p}_7 & \boldsymbol{p}_8 & \boldsymbol{p}_9 & \boldsymbol{b} \end{array} \\
\begin{pmatrix}
20 & 25 & 0 & 1 & 12 & 0 & 0 & -30 & 0 & 4800 \\
1 & 1 & 0 & 0 & -0.6 & 0 & 0 & -1 & 1 & 210 \\
1 & 0 & 0 & 0 & -0.2 & 1 & 0 & 0 & 0 & 70 \\
0 & 1 & 0 & 0 & -0.6 & 0 & 1 & 0 & 0 & 120 \\
0 & 0 & 1 & 0 & -0.4 & 0 & 0 & 1 & 0 & 140
\end{pmatrix}
\end{array}
$$

调整为

$$
\begin{array}{c} \\ x_4 \\ x_9 \\ x_6 \\ x_7 \\ x_3 \end{array}
\begin{array}{c}
\begin{array}{cccccccccc} \boldsymbol{p}_4 & \boldsymbol{p}_9 & \boldsymbol{p}_6 & \boldsymbol{p}_7 & \boldsymbol{p}_3 & \boldsymbol{p}_1 & \boldsymbol{p}_2 & \boldsymbol{p}_5 & \boldsymbol{p}_8 & \boldsymbol{b} \end{array} \\
\begin{pmatrix}
1 & 0 & 0 & 0 & 0 & 20 & 25 & 12 & -30 & 4800 \\
0 & 1 & 0 & 0 & 0 & 1 & 1 & -0.6 & -1 & 210 \\
0 & 0 & 1 & 0 & 0 & 1 & 0 & -0.2 & 0 & 70 \\
0 & 0 & 0 & 1 & 0 & 0 & 1 & -0.6 & 0 & 120 \\
0 & 0 & 0 & 0 & 1 & 0 & 0 & -0.4 & 1 & 140
\end{pmatrix}
\end{array}
$$

这是表5-3中的结果，即第一次转轴运算的结果。

现已由 $\boldsymbol{p}_4$、$\boldsymbol{p}_9$、$\boldsymbol{p}_6$、$\boldsymbol{p}_7$ 和 $\boldsymbol{p}_3$ 五列组成一个单位矩阵，根据正则方程规则，可得一组可行解为：$x_4=4800$，$x_9=210$，$x_6=70$，$x_7=120$，$x_3=140$，$x_1=x_2=x_5=x_8=0$。

从表5-3的完整形式中可以看出，由于 $\boldsymbol{p}_2$ 的 $c_j-f(\boldsymbol{a}_j)=1003$ 是最大的，但它还未达到 $c_j-f(\boldsymbol{a}_j)\leqslant 0$，即目标函数还未达到最大值，所以还需要进行初等变换。根据 θ 规则，应把 θ 值最小行（即192←）所对应的 x_4 排除出基本变量，而把 $c_j-f(\boldsymbol{a}_j)$ 最大的列（即1003）所对应的 x_2（$\boldsymbol{p}_2$ 对应的列）作为进基变量来替换出基变量 x_4。这样，解变量就是表5-4中"解"列的 x_2、x_9、x_6、x_7 和 x_3。θ 最小值（192←）所在的行和 $c_j-f(\boldsymbol{a}_j)$ 最大值所在的列（1003），两者的交汇点"25"就是下一轮转轴变换的转轴元素。即 $a'_{12}=25$ 是转轴元素。

为使 x_2 对应的 $\boldsymbol{p}_2$ 列变换成只有一个元素是1，其他皆为0，以便使约束条件矩阵转变成正则方程组的形式，则取转轴元素"25"进行初等变换。

首先用25分别去除 x_4 所在行的各元素，即得

$$\frac{a'_{11}}{a'_{12}}=\frac{20}{25}=0.8 \quad \frac{a'_{12}}{a'_{12}}=\frac{25}{25}=1 \quad \frac{a'_{13}}{a'_{12}}=0$$

$$\frac{a'_{14}}{a'_{12}}=\frac{1}{25}=0.04$$

$$\frac{a'_{15}}{a'_{12}}=\frac{12}{25}=0.48 \quad \frac{a'_{16}}{a'_{12}}=\frac{0}{25}=0 \quad \frac{a'_{17}}{a'_{12}}=\frac{0}{25}=0$$

$$\frac{a'_{18}}{a'_{12}}=\frac{-30}{25}=-1.2 \quad \frac{a'_{19}}{a'_{12}}=\frac{0}{25}=0 \quad b'_1=\frac{b_1}{25}=\frac{4800}{25}=192$$

下面介绍 $\boldsymbol{b}$（现在是 $\boldsymbol{b}'$）列中 b'_2、b'_3、b'_4 和 b'_5 的计算方法。将主元素所在的 l 行（现在是第一行）数值除以主元素 a_{lk}，即 $b'_l=b_l/a_{lk}$。例如，现在的主元素是 $a_{lk}=25$，则 $l=1$，有 $b'_l=b_l/a_{lk}=4800/25=192$。其他各行中的 $b'_l=b_l-b_l/a_{lk}\times a_{ik}(i=l)$，其中 a_{ik} 是主元素所在列中第 i 行的数值。

例如，当 $l=2$ 时，则有

$$b'_2=210-\frac{b_l}{a_{lk}}a_{ik}=210-192\times 1=210-192=18$$
$$b'_3=70-192\times 0=70$$
$$b'_4=210-192\times 1=18$$
$$b'_5=140-192\times 0=140$$

上述 $\boldsymbol{b}'=(192\quad 18\quad 70\quad 18\quad 140)^{\mathrm{T}}$，见表 5-4（第二次转轴运算表）。

下面计算第一行至第五行各列的相应数值。

第一行的计算公式为 $a'_{11}=a_{11}/a_{lk}=20/25=0.8$，$a'_{12}=a_{12}/a_{lk}=25/25=1$ 等。这里仅给出计算结果为：0.8，1，0，0.04，0.48，0，0，-1.2，0。

第二行的计算公式为 $a'_{ij}=a_{ij}-a_{lj}/a_{lk}\times a_{ix}$，以下计算时 a_{lj}/a_{lk} 的取值均是第一行相应列的数值，即

$$a'_{21}=a_{21}-\frac{a_{lj}}{a_{lk}}\times a_{ix}=1-0.8\times 1=0.2(\text{此处的 } a_{ix}=1\text{，以下同})$$
$$a'_{22}=1-1\times 1=0$$
$$a'_{23}=0-0\times 1=0$$
$$a'_{24}=0-0.04\times 1=-0.04$$
$$a'_{25}=-0.6-0.48\times 1=-1.08$$
$$a'_{26}=0-0\times 1=0$$
$$a'_{27}=0-0\times 1=0$$
$$a'_{28}=-1-(-1.2)\times 1=0.2$$
$$a'_{29}=1-0\times 1=1$$

由于第三行的 $a_{ix}=0$，所以它的数值就是原来第三行的数值。

第四行的数值（此时 $a_{ix}=1$）为

$$a'_{41}=0-0.8\times 1=-0.8$$
$$a'_{42}=1-1\times 1=0$$
$$a'_{43}=0-0\times 1=0$$
$$a'_{44}=0-0.04\times 1=-0.04$$
$$a'_{45}=-0.6-0.48\times 1=-1.08$$
$$a'_{46}=0-0\times 1=0$$
$$a'_{47}=1-0\times 1=1$$
$$a'_{48}=0-(-1.2)\times 1=1.2$$
$$a'_{49}=0-0\times 1=0$$

第五行的 $a_{ix}=0$，所以它的数值就是原来第五行的数值。

整理以上计算结果即可得

$$
\begin{array}{c} \\ x_2 \\ x_9 \\ x_6 \\ x_7 \\ x_3 \end{array}
\begin{array}{c}
\begin{array}{cccccccccc} \boldsymbol{p}_1 & \boldsymbol{p}_2 & \boldsymbol{p}_3 & \boldsymbol{p}_4 & \boldsymbol{p}_5 & \boldsymbol{p}_6 & \boldsymbol{p}_7 & \boldsymbol{p}_8 & \boldsymbol{p}_9 & \boldsymbol{b} \end{array} \\
\left(\begin{array}{cccccccccc}
0.8 & 1 & 0 & 0.04 & 0.48 & 0 & 0 & -1.2 & 0 & 192 \\
0.2 & 0 & 0 & -0.04 & -1.08 & 0 & 0 & 0.2 & 1 & 18 \\
1 & 0 & 0 & 0 & -0.2 & 1 & 0 & 0 & 0 & 70 \\
-0.8 & 0 & 0 & -0.04 & -1.08 & 0 & 1 & 1.2 & 0 & 18 \\
0 & 0 & 1 & 0 & -0.4 & 0 & 0 & 1 & 0 & 140
\end{array}\right)
\end{array}
$$

这就是表 5-3 以“25”为主元素进行初等变换的结果，见表 5-4。

把上面各列进行重新排列，可以写出一个包含单位矩阵的约束条件矩阵，即

$$
\begin{array}{c} \\ x_2 \\ x_9 \\ x_6 \\ x_7 \\ x_3 \end{array}
\begin{array}{c}
\begin{array}{cccccccccc} \boldsymbol{p}_2 & \boldsymbol{p}_9 & \boldsymbol{p}_6 & \boldsymbol{p}_7 & \boldsymbol{p}_3 & \boldsymbol{p}_1 & \boldsymbol{p}_4 & \boldsymbol{p}_5 & \boldsymbol{p}_8 & \boldsymbol{b} \end{array} \\
\left(\begin{array}{cccccccccc}
1 & 0 & 0 & 0 & 0 & 0.8 & 0.04 & 0.48 & -1.2 & 192 \\
0 & 1 & 0 & 0 & 0 & 0.2 & -0.04 & -1.08 & 0.2 & 18 \\
0 & 0 & 1 & 0 & 0 & 1 & 0 & -0.2 & 0 & 70 \\
0 & 0 & 0 & 1 & 0 & -0.8 & -0.04 & -1.08 & 1.2 & 18 \\
0 & 0 & 0 & 0 & 1 & 0 & 0 & -0.4 & 1 & 140
\end{array}\right)
\end{array}
$$

第二次转轴运算的结果见表 5-4。

表 5-4 第二次转轴运算

$c_j \rightarrow$	解	2	3	4	0	0	0	0	0	-1000	0	-991	θ_l
$c_l \downarrow$		$\boldsymbol{p}_1$	$\boldsymbol{p}_2$	$\boldsymbol{p}_3$	$\boldsymbol{p}_4$	$\boldsymbol{p}_5$	$\boldsymbol{p}_6$	$\boldsymbol{p}_7$	$\boldsymbol{p}_8$	$\boldsymbol{p}_9$	$\boldsymbol{b}$	校核	
3	x_2	0.8	1	0	0.04	0.48	0	0	-1.2	0	192	193.12	240
-1000	x_9	0.2	0	0	-0.04	-1.08	0	0	0.2	1	18	18.26	90
0	x_6	①	0	0	0	-0.2	1	0	0	0	70	71.80	70←
0	x_7	-0.8	0	0	-0.04	-1.08	0	1	1.2	0	18	18.28	—
4	x_3	0	0	1	0	-0.4	0	0	1	0	140	141.60	—
	$f(\boldsymbol{a}_j)$	-197.6	3	4	40.12	1079.84	0	0	-199.6	-1000	-16864	-17134.34	—
	$c_j-f(\boldsymbol{a}_j)$	199.6	0	0	-40.12	-1079.84	0	0	199.6	0	16864	16143.24	—

↑

这是一个正则方程组，从中可以直接求出一组基本可行解（因为其中包含着五个正值的基本变量）。

即可求得当 $x_1=x_4=x_5=x_8=0$ 时，有 $x_2=192$，$x_9=18$，$x_6=70$，$x_7=18$，$x_3=140$。

根据表 5-4 中的 $c_j-f(\boldsymbol{a}_j)$ 最大值（此处是 199.6）和 θ_l 最小值（此处是 70）的交汇点即为下一轮初等运算的新主元素，即表 5-4 中的①，同时也可以确定下一轮运算时的进基变量和出基变量。在表 5-4 中，x_1 是进基变量，而 x_6 是出基变量。

对表 5-2（初始表）、表 5-3（第一次转轴运算表）和表 5-4（第二次转轴运算表）进行的转轴运算就是在确定“主元素（转轴元素）”后进行初等变换，即对约束条件矩阵方程组进行转轴运算，将其变换成一个正则方程组，即其中包含有一个单位矩阵的约束条件方程组，从而求出方程组的基本可行解来。

上述运算仅涉及约束条件方程组，但为了能反复地进行运算，还必须补充一些有关的计算和判断的项目，如 θ_l、$c_j-f(\boldsymbol{a}_j)$ 等，这样才能正确判断何时计算结束和正确确定进基变量

和出基变量以及各组解的数值和相应的目标函数值。

再来进行从第二次转轴运算到第三次转轴运算的变换（初等变换）。

b 列中各值的计算方法是：用主元素所在的 l 行（现在是第三行）的 a_{lk}（现在是①）去除相应的 b 值，即有 $b_l'=b_l/a_{lk}$。

因为主元素 $a_{lk}=1$，所以当 $l=3$ 时，$b_3'=b_3/a_{lk}$，即 $b_3'=70/1=70$。

其他各行中的 $b_l'=b_l-b_l/a_{lk}a_{ix}$（$i=l$），这里的 a_{ix} 是主元素所在列中第 i 行的数值。

例如，当 $l=1$ 时，得 $b_1'=b_1-b_l/a_{lk}a_{ix}=192-70\times0.8=136$。

当 $l=2$ 时，得 $b_2'=b_2-b_l/a_{lk}a_{ix}=18-70\times0.2=4$。

当 $l=3$ 时，得 $b_3'=70$。

当 $l=4$ 时，得 $b_4'=18-70\times(-0.8)=74$。

当 $l=5$ 时，得 $b_5'=140-70\times0=140$。

再来进行约束条件方程组等式右侧各行各列数值的计算。

首先直接写出主元素所在行的各列数值，第三行的数值为：1、0、0、0、-0.2、1、0、0、0。

其他各行数值需用公式 $a_{ij}'=a_{ij}-a_{ix}a_{lj}/a_{lk}$ 来计算。进行计算时，a_{lj}/a_{lk} 的取值均是第三行相应列的数值。

第一行的数值为（此行 $a_{ix}=0.8$）

$$a_{11}'=0.8-0.8\times1=0$$

$$a_{12}'=1-0.8\times0=1$$

$$a_{13}'=0-0.8\times0=0$$

$$a_{14}'=0.04-0.8\times0=0.04$$

$$a_{15}'=0.48-0.8\times(-0.2)=0.64$$

$$a_{16}'=0-0.8\times1=-0.8$$

$$a_{17}'=0-0.8\times0=0$$

$$a_{18}'=-1.2-0.8\times0=-1.2$$

$$a_{19}'=0-0.8\times0=0$$

即第一行的数值为：0、1、0、0.04、0.64、-0.8、0、-1.2、0。

第二行的数值为（此列 $a_{ix}=0.2$）

$$a_{21}'=0.2-0.2\times1=0$$

$$a_{22}'=0-0.2\times0=0$$

$$a_{23}'=0-0.2\times0=0$$

$$a_{24}'=-0.04-0.2\times0=-0.04$$

$$a_{25}'=-1.08-0.2\times(-0.2)=-1.04$$

$$a_{26}'=0-0.2\times1=-0.2$$

$$a_{27}'=0-0.2\times0=0$$

$$a_{28}'=0.2-0.2\times0=0.2$$

$$a_{29}'=1-0.2\times0=1$$

即第二行的数值为：0、0、0、-0.04、-1.04、-0.2、0、0.2、1。

第三行的数值为：1、0、0、0、-0.2、1、0、0、0。

第四行的数值为（此列 $a_{ix}=-0.8$）

$$a'_{41}=-0.8-(-0.8)\times 1=0$$

$$a'_{42}=0-(-0.8)\times 0=0$$

$$a'_{43}=0-(-0.8)\times 0=0$$

$$a'_{44}=-0.04-(-0.8)\times 0=-0.04$$

$$a'_{45}=-1.08-[-0.8\times(-0.2)]=-1.24$$

$$a'_{46}=0-(-0.8)\times 1=0.8$$

$$a'_{47}=1-(-0.8)\times 0=1$$

$$a'_{48}=1.2-(-0.8)\times 0=1.2$$

$$a'_{49}=0-(-0.8)\times 0=0$$

即第四行的数值为：0、0、0、-0.04、-1.24、0.8、1、1.2、0。

第五行的 $a_{ix}=0$，所以这一行的数值和表 5-4 中第五行的数值相同。

即第五行的数值为：0、0、1、0、-0.4、0、0、1、0。

整理以上计算结果可得

$$\begin{array}{c} \\ x_2 \\ x_9 \\ x_1 \\ x_7 \\ x_3 \end{array}
\begin{array}{c} \begin{array}{cccccccccc} \boldsymbol{p}_1 & \boldsymbol{p}_2 & \boldsymbol{p}_3 & \boldsymbol{p}_4 & \boldsymbol{p}_5 & \boldsymbol{p}_6 & \boldsymbol{p}_7 & \boldsymbol{p}_8 & \boldsymbol{p}_9 & \boldsymbol{b} \end{array} \\
\begin{pmatrix} 0 & 1 & 0 & 0.04 & 0.64 & -0.8 & 0 & -1.2 & 0 & 136 \\ 0 & 0 & 0 & -0.04 & -1.04 & -0.2 & 0 & 0.2 & 1 & 4 \\ 1 & 0 & 0 & 0 & -0.2 & 1 & 0 & 0 & 0 & 70 \\ 0 & 0 & 0 & -0.04 & -1.24 & 0.8 & 1 & 1.2 & 0 & 74 \\ 0 & 0 & 1 & 0 & -0.4 & 0 & 0 & 1 & 0 & 140 \end{pmatrix} \end{array}$$

这就是第三次转轴运算的结果，见表 5-5。

表 5-5 第三次转轴运算

$c_j\to$	解	2	3	4	0	0	0	0	0	-1000	0	-991	θ_l
$c_l\downarrow$		$\boldsymbol{p}_1$	$\boldsymbol{p}_2$	$\boldsymbol{p}_3$	$\boldsymbol{p}_4$	$\boldsymbol{p}_5$	$\boldsymbol{p}_6$	$\boldsymbol{p}_7$	$\boldsymbol{p}_8$	$\boldsymbol{p}_9$	$\boldsymbol{b}$	校核	
3	x_2	0	1	0	0.04	0.64	-0.8	0	-1.2	0	136	135.68	—
-1000	x_9	0	0	0	-0.04	-1.04	-0.2	0	(0.2)	1	4	3.92	20←
2	x_1	1	0	0	0	-0.2	1	0	0	0	70	71.80	—
0	x_7	0	0	0	-0.04	-1.24	0.8	1	1.2	0	74	75.72	61.66
4	x_3	0	0	1	0	-0.4	0	0	1	0	140	141.60	140
	$f(\boldsymbol{a}_j)$	2	3	4	40.12	1039.92	199.6	0	-199.6	-1000	-2892	-2802.96	—
$c_j-f(\boldsymbol{a}_j)$		0	0	0	-40.12	-1039.92	-199.6	0	199.6	0	2892	1811.96	—
									↑				

调整各列位置可得到一个正则方程组，即

$$
\begin{array}{c} \\ x_2 \\ x_9 \\ x_1 \\ x_7 \\ x_3 \end{array}
\begin{array}{c}
\begin{array}{cccccccccc} \boldsymbol{p}_2 & \boldsymbol{p}_9 & \boldsymbol{p}_1 & \boldsymbol{p}_7 & \boldsymbol{p}_3 & \boldsymbol{p}_4 & \boldsymbol{p}_5 & \boldsymbol{p}_6 & \boldsymbol{p}_8 & \boldsymbol{b} \end{array} \\
\begin{pmatrix}
1 & 0 & 0 & 0 & 0 & 0.04 & 0.64 & -0.8 & -1.2 & 136 \\
0 & 1 & 0 & 0 & 0 & -0.04 & -1.04 & -0.2 & 0.2 & 4 \\
0 & 0 & 1 & 0 & 0 & 0 & -0.2 & 1 & 0 & 70 \\
0 & 0 & 0 & 1 & 0 & -0.04 & -1.24 & 0.8 & 1.2 & 74 \\
0 & 0 & 0 & 0 & 1 & 0 & -0.4 & 0 & 1 & 140
\end{pmatrix}
\end{array}
$$

从中即可求出一组可行解为 $x_2=136$，$x_9=4$，$x_1=70$，$x_7=74$，$x_3=140$，$x_4=x_5=x_6=x_8=0$。

表 5-5 中的 $c_j-f(\boldsymbol{a}_j)$ 最大值和 θ_l 最小值的交汇点就是下一轮初等运算的新主元素 a_{lk}，即 0.2，同时也可以确定下一轮运算时的进基变量和出基变量。

现表 5-5 中的 $c_j-f(\boldsymbol{a}_j)$ 最大值所对应的是 $\boldsymbol{p}_8$，即 x_8 是进基变量；$\theta_{l\min}=20$，即变量 x_9 是出基变量。

另外需要补充说明的是，只要 $c_j-f(\boldsymbol{a}_j)$ 仍大于 0，就说明目标函数还没有达到最大值（这是根据最速变化规则确定的），则还需继续进行转轴运算，所以需要对表 5-5 进行转轴运算（即第四次转轴运算），运算结果见表 5-6。

计算 $\boldsymbol{b}$ 列中各值的方法是：用主元素（现在是 0.2）所在的 l 行（现在为第二行）的 a_{lk}（现在是 0.2）去除相应的 b 值，即有 $b_l'=b_l/a_{lk}$。因为主元素是 0.2，所以当 $l=2$ 时，$b_2'=b_2/0.2$，即 $b_2'=4/0.2=20$。

其他各行中的 $b_l'=b_l-b_l/a_{lk}a_{ix}(i=l)$，这里的 a_{ix} 是主元素所在列中第 i 行的数值。

当 $l=1$ 时，得 $b_1'=136-20\times(-1.2)=160$。

当 $l=2$ 时，得 $b_2'=4/0.2=20$。

当 $l=3$ 时，得 $b_3'=70-20\times0=70$。

当 $l=4$ 时，得 $b_4'=74-20\times1.2=50$。

当 $l=5$ 时，得 $b_5'=140-20\times1=120$。

即 $\boldsymbol{b}=(160\quad 20\quad 70\quad 50\quad 120)^{\mathrm{T}}$。

再来确定约束条件方程组等式右侧各行数值。

首先直接写出主元素所在行的各列数值，即第二行各元素被主元素除后的结果，即 0、0、0、-0.2、-5.2、-1、0、1、5。其他各行的计算公式为 $a_{ij}'=a_{ij}-a_{ix}a_{lj}/a_{lk}$。

第一行各数值为（此行 $a_{ix}=-1.2$）

$$a_{11}'=0-(-1.2)\times0=0$$

$$a_{12}'=1-(-1.2)\times0=1$$

$$a_{13}'=0-(-1.2)\times0=0$$

$$a_{14}'=0.04-[-1.2\times(-0.2)]=-0.2$$

$$a_{15}'=0.64-[-1.2\times(-5.2)]=-5.6$$

$$a_{16}'=-0.8-[-1.2\times(-1)]=-2$$

$$a_{17}'=0-(-1.2)\times0=0$$

$$a_{18}'=-1.2-(-1.2)\times1=0$$

$$a_{19}'=0-(-1.2)\times5=6$$

即第一行的数值为：0、1、0、-0.2、-5.6、-2、0、0、6。

第二行的数值为：0、0、0、-0.2、-5.2、-1、0、1、5。

第三行的 $a_{ix}=0$，因此，第三行的数值为：1、0、0、0、-0.2、1、0、0、0。

第四行的数值为（此行 $a_{ix}=1.2$）

$$a'_{41}=0-1.2\times0=0$$
$$a'_{42}=0-1.2\times0=0$$
$$a'_{43}=0-1.2\times0=0$$
$$a'_{44}=-0.04-1.2\times(-0.2)=0.2$$
$$a'_{45}=-1.24-1.2\times(-5.2)=5$$
$$a'_{46}=0.8-1.2\times(-1)=2$$
$$a'_{47}=1-1.2\times0=1$$
$$a'_{48}=1.2-1.2\times1=0$$
$$a'_{49}=0-1.2\times5=-6$$

即第四行的数值为：0、0、0、0.2、5、2、1、0、-6。

第五行的数值为（此行 $a_{ix}=1$）

$$a'_{51}=0-1\times0=0$$
$$a'_{52}=0-1\times0=0$$
$$a'_{53}=1-1\times0=1$$
$$a'_{54}=0-1\times(-0.2)=0.2$$
$$a'_{55}=-0.4-1\times(-5.2)=4.8$$
$$a'_{56}=0-1\times(-1)=1$$
$$a'_{57}=0-1\times0=0$$
$$a'_{58}=1-1\times1=0$$
$$a'_{59}=0-1\times5=-5$$

即第五行的数值为：0、0、1、0.2、4.8、1、0、0、-5。

整理以上结果可得

$$\begin{array}{c} \\ x_2 \\ x_8 \\ x_1 \\ x_7 \\ x_3 \end{array}\begin{array}{c} \begin{matrix} \boldsymbol{p}_1 & \boldsymbol{p}_2 & \boldsymbol{p}_3 & \boldsymbol{p}_4 & \boldsymbol{p}_5 & \boldsymbol{p}_6 & \boldsymbol{p}_7 & \boldsymbol{p}_8 & \boldsymbol{p}_9 & \boldsymbol{b} \end{matrix} \\ \begin{pmatrix} 0 & 1 & 0 & -0.2 & -5.6 & -2 & 0 & 0 & 6 & 160 \\ 0 & 0 & 0 & -0.2 & -5.2 & -1 & 0 & 1 & 5 & 20 \\ 1 & 0 & 0 & 0 & -0.2 & 1 & 0 & 0 & 0 & 70 \\ 0 & 0 & 0 & 0.2 & 5 & 2 & 1 & 0 & -6 & 50 \\ 0 & 0 & 1 & 0.2 & 4.8 & 1 & 0 & 0 & -5 & 120 \end{pmatrix} \end{array}$$

调整各列位置可以得到一个相应的正则方程组，即

$$\begin{array}{c} \\ x_2 \\ x_8 \\ x_1 \\ x_7 \\ x_3 \end{array}\begin{array}{c} \begin{matrix} \boldsymbol{p}_2 & \boldsymbol{p}_8 & \boldsymbol{p}_1 & \boldsymbol{p}_7 & \boldsymbol{p}_3 & \boldsymbol{p}_4 & \boldsymbol{p}_5 & \boldsymbol{p}_6 & \boldsymbol{p}_9 & \boldsymbol{b} \end{matrix} \\ \begin{pmatrix} 1 & 0 & 0 & 0 & 0 & -0.2 & -5.6 & -2 & 6 & 160 \\ 0 & 1 & 0 & 0 & 0 & -0.2 & -5.2 & -1 & 5 & 20 \\ 0 & 0 & 1 & 0 & 0 & 0 & -0.2 & 1 & 0 & 70 \\ 0 & 0 & 0 & 1 & 0 & 0.2 & 5 & 2 & -6 & 50 \\ 0 & 0 & 0 & 0 & 1 & 0.2 & 4.8 & 1 & -5 & 120 \end{pmatrix} \end{array}$$

从中即可求出一组可行解为 $x_2=160$，$x_8=20$，$x_1=70$，$x_7=50$，$x_3=120$，$x_4=x_5=x_6=x_9=0$。

第四次转轴运算结果见表 5-6。

表 5-6 第四次转轴运算

$c_j\rightarrow$	解	2	3	4	0	0	0	0	0	-1000	0	-991	θ_l
$c_l\downarrow$		p_1	p_2	p_3	p_4	p_5	p_6	p_7	p_8	p_9	b	校核	—
3	x_2	0	1	0	-0.2	-5.6	-2	0	0	6	160	159.2	—
0	x_8	0	0	0	-0.2	-5.2	-1	0	1	5	20	19.6	—
2	x_1	1	0	0	0	-0.2	1	0	0	0	70	71.8	—
0	x_7	0	0	0	0.2	5	2	1	0	-6	50	52.2	—
4	x_3	0	0	1	0.2	4.8	1	0	0	-5	120	122.0	—
	$f(a_j)$	2	3	4	0.2	2	0	0	0	-2	1100	1109.2	—
$c_j-f(a_j)$		0	0	0	-0.2	-2.0	0	0	0	-998	-1100	-2100.2	—

下面计算表 5-3、表 5-4 和表 5-5 中的 θ_l 值。

已知 θ_l 规则为 $\theta_l=\min\ (b'_l/a'_{lk})$，但要求 $a'_{lk}>0$。

首先计算表 5-3 中的 θ_l 值，这里的 a'_{lk} 是主元素所在列的元素，即

$$\theta_1=\frac{4800}{25}=192$$

$$\theta_2=\frac{210}{1}=210$$

$$\theta_3=\frac{70}{0}(\text{不计入})$$

$$\theta_4=\frac{210}{1}=210$$

$$\theta_5=\frac{140}{0}(\text{不计入})$$

再来计算表 5-4 中的 θ_l 值，即

$$\theta_1=\frac{192}{0.8}=240$$

$$\theta_2=\frac{18}{0.2}=90$$

$$\theta_3=\frac{70}{1}=70$$

$$\theta_4=\frac{18}{-0.8}(\text{为负值不计入})$$

$$\theta_5=\frac{140}{0}(\text{不计入})$$

表 5-5 中的 θ_l 值为

$$\theta_1=\frac{136}{-1.2}(\text{为负值不计入})$$

$$\theta_2=\frac{4}{0.2}=20$$

$$\theta_3=\frac{70}{0}(\text{不计入})$$

$$\theta_4=\frac{74}{1.2}=61.66$$

$$\theta_5=\frac{140}{1}=140$$

表5-6中已无主元素的记录，所以就不便计算 θ_l 值。在表5-2~表5-6中，都有 $f(\boldsymbol{a}_j)$ 的数值，它的计算方法比较直接，即

$$f(\boldsymbol{a}_j)=c_1a'_{1j}+c_2a'_{2j}+\cdots+c_ma'_{mj}=\sum_{\substack{l=1\\l\neq s}}^{m}c_la'_{lj}$$

例如，在初始表5-2中，对应于 $\boldsymbol{p}_1$ 列的 $f(\boldsymbol{a}_j)$ 为

$$f(\boldsymbol{a}_1)=20\times0+1\times(-1000)+1\times0+0\times0+0\times0=-1000$$
$$f(\boldsymbol{a}_2)=25\times0+1\times(-1000)+0\times0+1\times0+0\times0=-1000$$

有了各列的 $f(\boldsymbol{a}_j)$，就可以从表5-2的第一行（c_j→行）逐列取值计算 $c_j-f(\boldsymbol{a}_j)$ 的值。例如表5-2的第一行第三列（$\boldsymbol{p}_1$ 所在的列）的数值是2，因为与 $\boldsymbol{p}_1$ 对应的 $f(\boldsymbol{a}_j)=-1000$，所以得 $c_j-f(\boldsymbol{a}_j)=2-(-1000)=1002$。用同样的方法可以计算各相应列的 $c_j-f(\boldsymbol{a}_j)$，结果见表5-2最下面一行。

表5-2中最上面一行的数值（c_j→）是目标函数中对应的数值，例如目标函数为 max $f(\boldsymbol{x})=2x_1+3x_2+4x_3-1000x_9$，则表5-2中最上面一行对应于各变量的数值分别是2、3、4、0、0、0、0、0、-1000、0。

在求解例5-3时，令 x_1、x_2、x_3 分别是二人、三人和四人的宿舍单元数目，而利润总数是目标函数。则问题归结为：求 $\boldsymbol{x}=(x_1\quad x_2\quad x_3)^{\mathrm{T}}$，使目标函数 $f(\boldsymbol{x})=2x_1+3x_2+4x_3$ 为最大。对应的约束条件如下：

1）预算不超过9000千元，则有

$$20x_1+25x_2+30x_3\leqslant9000$$

2）宿舍单元总数最少是350套，即有

$$x_1+x_2+x_3\geqslant350$$

3）某宿舍单元数的约束不等式是（设宿舍总数为 $350+x_5$）

$$x_1\leqslant0.2(350+x_5)$$
$$x_2\leqslant0.6(350+x_5)$$
$$x_3\leqslant0.4(350+x_5)$$

从所求得的结果来看：二人宿舍数 $x_1=70$，即二人宿舍应是70个单元；三人宿舍数 $x_2=160$，即三人宿舍应是160个单元；四人宿舍数 $x_3=120$，即四人宿舍应是120个单元。因此，总利润是

$$f(\boldsymbol{x})=2x_1+3x_2+4x_3=(140+480+480)\text{千元}=1100\text{千元}$$

题目中给出的建造价格为：二人宿舍单元是20千元，三人宿舍单元是25千元，四人宿舍单元是30千元，则需要的总投资为

$$(20\times70+25\times160+30\times120)\text{千元}=9000\text{千元}$$

宿舍单元数是（70+160+120）套=350套。

每类宿舍所占百分比的限制是

$$x_1=\frac{70}{350}\times 100\% = 20\%$$

$$x_2=\frac{160}{350}\times 100\% = 45.7\%$$

$$x_3=\frac{120}{350}\times 100\% = 34.3\%$$

它们均满足要求。

上面应用举例的运算是用单纯形表进行的。单纯形表的矩阵形式可以通过下面的矩阵运算给出。

对 $\boldsymbol{Ax}=\boldsymbol{b}$ 的两边左乘 $\boldsymbol{E}^{-1}$，有

$$\boldsymbol{E}^{-1}\boldsymbol{Ax}=\boldsymbol{E}^{-1}\boldsymbol{b} \tag{5-11}$$

两边再左乘 $\boldsymbol{c}_{\mathrm{E}}$，得

$$\boldsymbol{c}_{\mathrm{E}}\boldsymbol{E}^{-1}\boldsymbol{Ax}=\boldsymbol{c}_{\mathrm{E}}\boldsymbol{E}^{-1}\boldsymbol{b}$$

把它的左、右两边分别加到 $f(\boldsymbol{x})=\boldsymbol{cx}$ 的左、右两边，有

$$f(\boldsymbol{x})+\boldsymbol{c}_{\mathrm{E}}\boldsymbol{E}^{-1}\boldsymbol{Ax}=\boldsymbol{cx}+\boldsymbol{c}_{\mathrm{E}}\boldsymbol{E}^{-1}\boldsymbol{b}$$

或写成

$$f(\boldsymbol{x})+(\boldsymbol{c}_{\mathrm{E}}\boldsymbol{E}^{-1}\boldsymbol{A}-\boldsymbol{c})\boldsymbol{x}=\boldsymbol{c}_{\mathrm{E}}\boldsymbol{E}^{-1}\boldsymbol{b}$$

把上式和式(5-11)联立，即

$$\begin{cases}\boldsymbol{E}^{-1}\boldsymbol{Ax}=\boldsymbol{E}^{-1}\boldsymbol{b}\\ f(\boldsymbol{x})+(\boldsymbol{c}_{\mathrm{E}}\boldsymbol{E}^{-1}\boldsymbol{A}-\boldsymbol{c})\boldsymbol{x}=\boldsymbol{c}_{\mathrm{E}}\boldsymbol{E}^{-1}\boldsymbol{b}\end{cases}$$

它的矩阵形式是

$$\begin{pmatrix}\boldsymbol{0} & \boldsymbol{E}^{-1}\boldsymbol{A}\\ \boldsymbol{I} & \boldsymbol{c}_{\mathrm{E}}\boldsymbol{E}^{-1}\boldsymbol{A}-\boldsymbol{c}\end{pmatrix}\begin{pmatrix}f(\boldsymbol{x})\\ \boldsymbol{x}\end{pmatrix}=\begin{pmatrix}\boldsymbol{E}^{-1}\boldsymbol{b}\\ \boldsymbol{c}_{\mathrm{E}}\boldsymbol{E}^{-1}\boldsymbol{b}\end{pmatrix}$$

矩阵

$$\boldsymbol{T}(\boldsymbol{E})=\begin{pmatrix}\boldsymbol{E}^{-1}\boldsymbol{b} & \boldsymbol{E}^{-1}\boldsymbol{A}\\ \boldsymbol{c}_{\mathrm{E}}\boldsymbol{E}^{-1}\boldsymbol{b} & \boldsymbol{c}_{\mathrm{E}}\boldsymbol{E}^{-1}\boldsymbol{A}-\boldsymbol{c}\end{pmatrix} \tag{5-12}$$

就是对应于基矩阵的单纯形表。其中：

1）$\boldsymbol{E}^{-1}\boldsymbol{b}$ 给出对应于 $\boldsymbol{E}$ 的基本解中 m 个基本变量 x_1，x_2，…，x_m 的值，表中记为 $\boldsymbol{b}$。

2）$\boldsymbol{c}_{\mathrm{E}}\boldsymbol{E}^{-1}\boldsymbol{b}$ 对应于 $\boldsymbol{E}$ 的基本解的目标函数值，即表中 $f(\boldsymbol{a}_j)$ 和 $\boldsymbol{b}$ 的交点处的值。

3）$\boldsymbol{E}^{-1}\boldsymbol{A}=\boldsymbol{E}^{-1}(\boldsymbol{p}_1\quad \boldsymbol{p}_2\quad \cdots\quad \boldsymbol{p}_n)=(\boldsymbol{E}^{-1}\boldsymbol{p}_1\quad \boldsymbol{E}^{-1}\boldsymbol{p}_2\quad \cdots\quad \boldsymbol{E}^{-1}\boldsymbol{p}_n)$ 给出的子矩阵是原来约束方程用非基本变量 $\boldsymbol{x}_{\mathrm{F}}$ 表示基本变量后 x_i 的新系数，也就是通过转轴运算实现用 x_k 代替 x_s 的结果。在单纯形表中，它对应于 x_1，x_2，…，x_n 和 $\boldsymbol{p}_1$，$\boldsymbol{p}_2$，…，$\boldsymbol{p}_n$ 的子矩阵。

$$\begin{aligned}\boldsymbol{c}_{\mathrm{E}}\boldsymbol{E}^{-1}\boldsymbol{A}-\boldsymbol{c}&=(\boldsymbol{c}_{\mathrm{E}}\boldsymbol{E}^{-1}\boldsymbol{p}_1-c_1\quad \boldsymbol{c}_{\mathrm{E}}\boldsymbol{E}^{-1}\boldsymbol{p}_2-c_2\quad \cdots\quad \boldsymbol{c}_{\mathrm{E}}\boldsymbol{E}^{-1}\boldsymbol{p}_n-c_n)\\ &=(f(\boldsymbol{a}_1)-c_1\quad f(\boldsymbol{a}_2)-c_2\quad \cdots\quad f(\boldsymbol{a}_n)-c_n)\end{aligned}$$

它称为相对价值系数或称检验值。单纯形表中的 $c_j-f(\boldsymbol{a}_j)$ 用 r_j 表示。

实际上，当用 $\boldsymbol{p}_k$ 替换 $\boldsymbol{p}_s$ 形成新的基方阵 $\boldsymbol{E}'$ 时，其对应的单纯形表可以直接利用高斯-若尔当消元法得到新的单纯形表。

第五节 修正单纯形法

把初始表（表 5-2）重新按非基本变量和基本变量的次序调整一下列向量，结果见表 5-7。

表 5-7 $E_0=(p_4\quad p_9\quad p_6\quad p_7\quad p_8)$

		非基本变量				基本变量						
		x_1	x_2	x_3	x_5	x_4	x_9	x_6	x_7	x_8		
$c_j\rightarrow$	解	2	3	4	0	0	-1000	0	0	0	0	θ_l
$c_l\downarrow$		p_1	p_2	p_3	p_5	p_4	p_9	p_6	p_7	p_8	b	
0	x_4	20	25	30	0	1	0	0	0	0	9000	300
-1000	x_9	1	1	1	-1	0	1	0	0	0	350	350
0	x_6	1	0	0	-0.2	0	0	1	0	0	70	—
0	x_7	0	1	0	-0.6	0	0	0	1	0	210	—
0	x_8	0	0	①	-0.4	0	0	0	0	1	140	140←
	$f(\boldsymbol{a}_j)$	-1000	-1000	-1000	1000	0	-1000	0	0	0	-350000	
$c_j-f(\boldsymbol{a}_j)$		1002	1003	1004	-1000	0	0	0	0	0	350000	
				↑								

同样，把第一次转轴运算表 5-3 也按非基本变量和基本变量的顺序重新调整一下列向量，结果见表 5-8。

表 5-8 $E_1=(p_4\quad p_9\quad p_6\quad p_7\quad p_3)$

		非基本变量				基本变量						
		x_1	x_2	x_5	x_8	x_4	x_9	x_6	x_7	x_3		
$c_j\rightarrow$	解	2	3	0	0	0	-1000	0	0	4	0	θ_l
$c_l\downarrow$		p_1	p_2	p_5	p_8	p_4	p_9	p_6	p_7	p_3	b	
0	x_4	20	㉕	12	-30	1	0	0	0	0	4800	192←
-1000	x_9	1	1	-0.6	-1	0	1	0	0	0	210	210
0	x_6	1	0	-0.2	0	0	0	1	0	0	70	—
0	x_7	0	1	-0.6	0	0	0	0	1	0	210	210
4	x_3	0	0	-0.4	1	0	0	0	0	1	140	—
	$f(\boldsymbol{a}_j)$	-1000	-1000	598.4	1004	0	-1000	0	0	4	-209440	
$c_j-f(\boldsymbol{a}_j)$		1002	1003	-598.4	-1004	0	0	0	0	0	209440	
			↑									

调整第二次转轴运算表 5-4 的列向量，结果见表 5-9。

对照分析表 5-2 和表 5-7、表 5-3 和表 5-8 以及表 5-4 和表 5-9，可以发现：

1）从一组基本解通过转轴运算获得另一组基本解时，会出现一次基本变量和非基本变量的交换。例如，表 5-2 和表 5-7 中 x_3 退出原非基本变量进入基本变量，x_8 退出原基本变量进入非基本变量，它的解是：$x_4=9000$，$x_9=350$，$x_6=70$，$x_7=210$，$x_8=140$，$x_1=x_2=x_3=$

$x_5=0$，$f(\boldsymbol{x})=-350000$。

表 5-9　$\boldsymbol{E}_2=(\boldsymbol{p}_2\quad \boldsymbol{p}_9\quad \boldsymbol{p}_6\quad \boldsymbol{p}_7\quad \boldsymbol{p}_3)$

		非基本变量				基本变量						
		x_1	x_4	x_5	x_8	x_2	x_9	x_6	x_7	x_3		
$c_j\to$	解	2	0	0	0	3	-1000	0	0	4	0	θ_l
$c_l\downarrow$		$\boldsymbol{p}_1$	$\boldsymbol{p}_4$	$\boldsymbol{p}_5$	$\boldsymbol{p}_8$	$\boldsymbol{p}_2$	$\boldsymbol{p}_9$	$\boldsymbol{p}_6$	$\boldsymbol{p}_7$	$\boldsymbol{p}_3$	$\boldsymbol{b}$	
3	x_2	0.8	0.04	0.48	-1.2	1	0	0	0	0	192	240
-1000	x_9	0.2	-0.04	-1.08	0.2	0	1	0	0	0	18	90
0	x_6	①	0	-0.2	0	0	0	1	0	0	70	70←
0	x_7	-0.8	-0.04	-1.08	1.2	0	0	0	1	0	18	
4	x_3	0	0	-0.4	1	0	0	0	0	1	140	
	$f(\boldsymbol{a}_j)$	-197.6	40.12	1079.84	-199.6	3	-1000	0	0	4	-16864	
$c_j-f(\boldsymbol{a}_j)$		199.6	-40.12	-1079.84	199.6	0	0	0	0	0	16864	
		↑										

2）分析表 5-2 和表 5-7，根据 $r_j=c_j-f(\boldsymbol{a}_j)$ 的值确定把 x_3 调入基本变量，x_8 调出基本变量，同时伴随着基方阵由 $\boldsymbol{E}_0=(\boldsymbol{p}_4\quad \boldsymbol{p}_9\quad \boldsymbol{p}_6\quad \boldsymbol{p}_7\quad \boldsymbol{p}_8)$ 变换成一个新的基方阵 $\boldsymbol{E}_1=(\boldsymbol{p}_4\quad \boldsymbol{p}_9\quad \boldsymbol{p}_6\quad \boldsymbol{p}_7\quad \boldsymbol{p}_3)$，即由

$$\boldsymbol{E}_0=\begin{pmatrix}1&0&0&0&0\\0&1&0&0&0\\0&0&1&0&0\\0&0&0&1&0\\0&0&0&0&1\end{pmatrix}\quad \text{变换到}\quad \boldsymbol{E}_1=\begin{pmatrix}1&0&0&0&30\\0&1&0&0&1\\0&0&1&0&0\\0&0&0&1&0\\0&0&0&0&1\end{pmatrix}$$

这时可以把经过 $\boldsymbol{p}_8$、$\boldsymbol{p}_3$ 以及 x_8、x_3 的变换后的单纯形表看成是一个新的线性规划问题的初始单纯形表，再进行新一轮的求解运算。

$$\boldsymbol{E}_1^{-1}=\begin{pmatrix}1&0&0&0&-30\\0&1&0&0&-1\\0&0&1&0&0\\0&0&0&1&0\\0&0&0&0&1\end{pmatrix}$$

$$\boldsymbol{E}_1^{-1}\boldsymbol{b}=\begin{pmatrix}1&0&0&0&-30\\0&1&0&0&-1\\0&0&1&0&0\\0&0&0&1&0\\0&0&0&0&1\end{pmatrix}\begin{pmatrix}9000\\350\\70\\210\\140\end{pmatrix}=\begin{pmatrix}9000-4200\\350-140\\70\\210\\140\end{pmatrix}=\begin{pmatrix}4800\\210\\70\\210\\140\end{pmatrix}$$

即 $x_4=4800$，$x_9=210$，$x_6=70$，$x_7=210$，$x_3=140$，$x_1=x_2=x_5=x_8=0$。

$$f(\boldsymbol{x})=4\times140-1000\times210=-209440$$

3）分析表5-3和表5-8，根据 $r_j=c_j-f(\boldsymbol{a}_j)$ 的值确定把 x_2 调入基本变量，x_4 调出基本变量，并伴随着基方阵由 $\boldsymbol{E}_1=(\boldsymbol{p}_4\quad\boldsymbol{p}_9\quad\boldsymbol{p}_6\quad\boldsymbol{p}_7\quad\boldsymbol{p}_3)$ 变换成新一轮的基方阵

$$\boldsymbol{E}_2=(\boldsymbol{p}_2\quad\boldsymbol{p}_9\quad\boldsymbol{p}_6\quad\boldsymbol{p}_7\quad\boldsymbol{p}_3)=\begin{pmatrix}5&0&0&0&0\\1&1&0&0&0\\0&0&1&0&0\\1&0&0&1&0\\0&0&0&0&1\end{pmatrix}$$

求出 $\boldsymbol{E}_2^{-1}$ 后，即可计算出这一轮的 $\boldsymbol{x}$ 和 $f(\boldsymbol{x})$ 的值为：$x_2=192$，$x_9=18$，$x_6=70$，$x_7=18$，$x_3=140$，$x_1=x_4=x_5=x_8=0$，$f(\boldsymbol{x})=-16864$。

然后根据 $r_j=c_j-f(\boldsymbol{a}_j)$ 的值确定把 x_1 调入基本变量，x_6 调出基本变量，同时基方阵也由 $\boldsymbol{E}_2=(\boldsymbol{p}_2\quad\boldsymbol{p}_9\quad\boldsymbol{p}_6\quad\boldsymbol{p}_7\quad\boldsymbol{p}_3)$ 变换成 $\boldsymbol{E}_3=(\boldsymbol{p}_2\quad\boldsymbol{p}_9\quad\boldsymbol{p}_1\quad\boldsymbol{p}_7\quad\boldsymbol{p}_3)$。求出 $\boldsymbol{E}_3^{-1}$，计算出 $\boldsymbol{x}$ 和 $f(\boldsymbol{x})$。如此反复进行计算，直到求出最优解和目标函数的极值为止。

可以看出，上面的每一次基方阵的变换后所进行的迭代，只需要计算新形成的矩阵 $\boldsymbol{E}$ 中的一列数据。显然，这样可以减少计算 $\boldsymbol{E}$ 的逆矩阵的工作量。

另外也可以看出，在整个单纯形表中，只用到 $\boldsymbol{E}^{-1}\boldsymbol{b}$，$\boldsymbol{E}^{-1}\boldsymbol{A}=\boldsymbol{E}^{-1}(\boldsymbol{p}_1\quad\boldsymbol{p}_2\quad\cdots\quad\boldsymbol{p}_n)$ 和 $\boldsymbol{c}_{\mathrm{E}}-\boldsymbol{c}_{\mathrm{E}}\boldsymbol{E}^{-1}\boldsymbol{A}$ 这三组数据。表中的其他数据在进行转轴运算时并未用到。修正单纯形法就是为了避免上面三组数据以外数据计算的缺点而进行的一种改进，所以称为修正单纯形法或改进单纯形法。

从上述三组数据可以看出，只要计算出 $\boldsymbol{E}^{-1}$，就可计算出这三组数据。因此，单纯形法与修正单纯形法的主要区别在于：单纯形法要计算单纯形表中的所有元素，而修正单纯形法则只要计算基矩阵 $\boldsymbol{E}$ 的逆矩阵 $\boldsymbol{E}^{-1}$ 和上述的三组数据（大部分是转轴计算的结果）。因此，修正单纯形法的计算量比单纯形法的要小；且每一次迭代时只存储一个初等矩阵，存储量小。所以，修正单纯形法是一种在计算机上求解线性规划的实用而有效的方法，并且已有成熟的程序可利用。

计算是根据问题的初始信息 c_j 和 $\boldsymbol{p}_j$ 进行的，由基方阵 $\boldsymbol{E}=(\boldsymbol{p}_1\quad\boldsymbol{p}_2\quad\cdots\quad\boldsymbol{p}_m)$，计算出 $\boldsymbol{E}$ 的逆矩阵 $\boldsymbol{E}^{-1}$ 后，即可算出 $\boldsymbol{E}^{-1}\boldsymbol{b}$ 和 $\boldsymbol{E}^{-1}\boldsymbol{A}=\boldsymbol{E}^{-1}(\boldsymbol{p}_1\quad\boldsymbol{p}_2\quad\cdots\quad\boldsymbol{p}_n)$；再根据 c_j 算出 $\boldsymbol{c}_{\mathrm{E}}\boldsymbol{E}^{-1}\boldsymbol{A}-\boldsymbol{c}$ 或 $\boldsymbol{r}=\boldsymbol{c}-\boldsymbol{c}_{\mathrm{E}}\boldsymbol{E}^{-1}\boldsymbol{A}$。当 $\boldsymbol{r}$ 非负（对极大值的线性规划问题，则为 $\boldsymbol{r}\leqslant0$）时，即得到最优解和相应的目标函数最优值 $f(\boldsymbol{x})=\boldsymbol{c}_{\mathrm{E}}\boldsymbol{E}^{-1}\boldsymbol{b}$。

和单纯形法一样，在进行 $\boldsymbol{E}=(\boldsymbol{p}_1\quad\boldsymbol{p}_2\quad\cdots\quad\boldsymbol{p}_s\quad\cdots\quad\boldsymbol{p}_m)$ 到 $\boldsymbol{E}'=(\boldsymbol{p}_1\quad\boldsymbol{p}_2\quad\cdots\quad\boldsymbol{p}_k\quad\cdots\quad\boldsymbol{p}_m)$ 的基方阵变换时，仍要确定进入基本变量的变量 x_k 和离开基本变量的变量 x_s 的判别和计算。因此，θ 规则和最速变化规则仍是修正单纯形法应遵循的基本规则。

虽然每一轮的基方阵 $\boldsymbol{E}$ 求逆只需对其中的一列数据进行计算，但是由于 $\boldsymbol{E}$ 的不断变换，所以应找出确定此列数据的方法。

设基方阵 $\boldsymbol{E}=(\boldsymbol{p}_1\quad\boldsymbol{p}_2\quad\cdots\quad\boldsymbol{p}_s\quad\cdots\quad\boldsymbol{p}_m)$，当确定 x_k 为调入变量，x_s 为调出变量后，即可形成新的基方阵 $\boldsymbol{E}'=(\boldsymbol{p}_1\quad\boldsymbol{p}_2\quad\cdots\quad\boldsymbol{p}_k\quad\cdots\quad\boldsymbol{p}_m)$。

由于 $\boldsymbol{E}^{-1}$ 仍是单位矩阵，则根据表5-7~表5-9可知

$$E'=(p_1 \quad p_2 \quad \cdots \quad p_k \quad \cdots \quad p_m)=\begin{pmatrix} 1 & 0 & \cdots & a'_{1k} & \cdots & 0 \\ 0 & 1 & \cdots & a'_{2k} & \cdots & 0 \\ \vdots & \vdots & & \vdots & & \vdots \\ 0 & 0 & \cdots & a'_{sk} & \cdots & 0 \\ \vdots & \vdots & & \vdots & & \vdots \\ 0 & 0 & \cdots & a'_{mk} & \cdots & 1 \end{pmatrix}$$

很明显，这里的

$$E^{-1}p_k=E^{-1}\begin{pmatrix} a_{1k} \\ a_{2k} \\ \vdots \\ a_{sk} \\ a_{mk} \end{pmatrix}=\begin{pmatrix} a'_{1k} \\ a'_{2k} \\ \vdots \\ a'_{sk} \\ a'_{mk} \end{pmatrix}$$

在 $E^{-1}E'$ 的矩阵中，除第 k 列外，其他各列都是单位向量，而第 s 行中的 a'_{sk} 是主元素。下一步就是对矩阵 $E^{-1}E'$ 求逆。前已指出，此时只需对第 k 列的元素（$a'_{1k} \quad a'_{2k} \quad \cdots \quad a'_{sk} \quad \cdots \quad a'_{mk}$）^{T} 进行计算。$(E^{-1}E')^{-1}$ 的计算结果说明，第 k 列中各元素的值可按下面的方法确定。

$(E^{-1}E')^{-1}$ 中第 k 列的第 s 个元素为主元素的倒数，即 $\dfrac{1}{a'_{sk}}$，其他各元素为 $-\dfrac{a'_{ik}}{a'_{sk}}$（$i=1, 2,\cdots,m;i\neq s$）。于是得到 $(E^{-1}E')^{-1}$ 为

$$(E^{-1}E')^{-1}=\begin{pmatrix} 1 & 0 & \cdots & -\dfrac{a'_{1k}}{a'_{sk}} & \cdots & 0 \\ 0 & 1 & \cdots & -\dfrac{a'_{2k}}{a'_{sk}} & \cdots & 0 \\ \vdots & \vdots & & \vdots & & \vdots \\ 0 & 0 & \cdots & \dfrac{1}{a'_{sk}} & \cdots & 0 \\ \vdots & \vdots & & \vdots & & \vdots \\ 0 & 0 & \cdots & -\dfrac{a'_{mk}}{a'_{sk}} & \cdots & 1 \end{pmatrix}$$

由于 $(E^{-1}E')^{-1}=(E')^{-1}E$，则得

$$(\boldsymbol{E}')^{-1}=\begin{pmatrix} 1 & 0 & \cdots & -\dfrac{a'_{1k}}{a'_{sk}} & \cdots & 0 \\ 0 & 0 & \cdots & -\dfrac{a'_{2k}}{a'_{sk}} & \cdots & 0 \\ \vdots & \vdots & & \vdots & & \\ 0 & 0 & \cdots & \dfrac{1}{a'_{sk}} & \cdots & 0 \\ \vdots & \vdots & & \vdots & & \\ 0 & 0 & \cdots & -\dfrac{a'_{mk}}{a'_{sk}} & \cdots & 1 \end{pmatrix}$$

参照表5-7~表5-9的说明，很明显，上面的矩阵求逆方法可推广到以下各轮的矩阵求逆计算中去。

上述修正单纯形法的迭代过程如下：

1）根据问题的需要，加入松弛变量或人工变量，写出初始基方阵 $\boldsymbol{E}$，求 $\boldsymbol{E}^{-1}$ 和基本解

$$\boldsymbol{x}=\begin{pmatrix}\boldsymbol{x}_{\mathrm{E}}\\ \boldsymbol{x}_{\mathrm{F}}\end{pmatrix}=\begin{pmatrix}\boldsymbol{E}^{-1}\\ \boldsymbol{0}\end{pmatrix}$$

2）计算 $\boldsymbol{c}_{\mathrm{E}}\boldsymbol{E}^{-1}\boldsymbol{A}$ 和 $\boldsymbol{r}=\boldsymbol{c}-\boldsymbol{c}_{\mathrm{E}}\boldsymbol{E}^{-1}\boldsymbol{A}$，对应于非基本变量计算相应的 $r_k=c_k-f(\boldsymbol{a}_k)=c_k-\boldsymbol{c}_{\mathrm{E}}\boldsymbol{E}^{-1}\boldsymbol{p}_k$。若所有 $r\geqslant 0$（对于极小化问题），则 $\boldsymbol{x}$ 为最优解；否则转至步骤3）。

3）选取进入新的基方阵的 $\boldsymbol{p}_k$，找出 $r_k=\min[c_k-f(\boldsymbol{a}_k)]<0$，计算 $\boldsymbol{E}^{-1}\boldsymbol{p}_k$。若所有 $\boldsymbol{E}^{-1}\boldsymbol{p}_k\leqslant 0$，则无解；否则转至步骤4）。

4）计算 $\min\limits_{l}\left(\dfrac{b'_l}{a'_{lk}}\right)=\dfrac{b'_s}{a'_{sk}}=x_k$（$a'_{lk}>0$），选取离开基方阵的 $\boldsymbol{p}_s$，形成新的基方阵 $\boldsymbol{E}'$，然后转至步骤5）。

5）计算新的矩阵 $\boldsymbol{E}^{-1}\boldsymbol{E}'$ 的逆矩阵 $(\boldsymbol{E}^{-1}\boldsymbol{E}')^{-1}$ 和 $(\boldsymbol{E}')^{-1}$。每迭代一次，就构成一个新的逆矩阵。

然后转至步骤1）重复计算，直到求得最优解和相应的目标函数值（极小值或极大值）。

例5-4 求解线性规划问题

$$\max z=5x_1+4x_2$$

$$\text{s. t.}\begin{cases} x_1+3x_2+x_3 = 90 \\ 2x_1+x_2+x_4 = 80 \\ x_1+x_2+x_5 = 45 \\ x_i\geqslant 0\ (i=1,2,\cdots,5) \end{cases}$$

解： 1）由问题的数学模型写出初始信息，即

$$\begin{matrix} & \boldsymbol{p}_1 & \boldsymbol{p}_2 & \boldsymbol{p}_3 & \boldsymbol{p}_4 & \boldsymbol{p}_5 \end{matrix}$$

$$\boldsymbol{A}=\begin{pmatrix} 1 & 3 & 1 & 0 & 0 \\ 2 & 1 & 0 & 1 & 0 \\ 1 & 1 & 0 & 0 & 1 \end{pmatrix}$$

$$\boldsymbol{c}=(5\quad 4\quad 0\quad 0\quad 0)^{\mathrm{T}}$$

$$\boldsymbol{b}=(90\quad 80\quad 45)^{\mathrm{T}}$$

显然初始基方阵

$$\boldsymbol{E}_0=(\boldsymbol{p}_3\quad \boldsymbol{p}_4\quad \boldsymbol{p}_5)=\begin{pmatrix}1&0&0\\0&1&0\\0&0&1\end{pmatrix},\text{同时得 }\boldsymbol{E}_0^{-1}=\begin{pmatrix}1&0&0\\0&1&0\\0&0&1\end{pmatrix}$$

所以

$$\boldsymbol{x}_{\mathrm{E}_0}=\begin{pmatrix}x_3\\x_4\\x_5\end{pmatrix}=\boldsymbol{E}_0^{-1}\boldsymbol{b}=\begin{pmatrix}1&0&0\\0&1&0\\0&0&1\end{pmatrix}\begin{pmatrix}90\\80\\45\end{pmatrix}=\begin{pmatrix}90\\80\\45\end{pmatrix}$$

$$\boldsymbol{c}_{\mathrm{E}_0}\boldsymbol{E}_0^{-1}=(0\quad 0\quad 0)\begin{pmatrix}1&0&0\\0&1&0\\0&0&1\end{pmatrix}=(0\quad 0\quad 0)$$

2）计算各非基本变量的相对价值系数，得

$$r_1=c_1-\boldsymbol{c}_{\mathrm{E}_0}\boldsymbol{E}_0^{-1}\boldsymbol{p}_1=5-(0\quad 0\quad 0)\begin{pmatrix}1\\2\\1\end{pmatrix}=5$$

$$r_2=c_2-\boldsymbol{c}_{\mathrm{E}_0}\boldsymbol{E}_0^{-1}\boldsymbol{p}_2=4-(0\quad 0\quad 0)\begin{pmatrix}3\\1\\1\end{pmatrix}=4$$

3）根据 $\max\{r_1=5,\ r_2=4\}=r_1$，对应非基本变量 x_1，确定 x_1 为调入基本变量的变量。同时计算

$$\boldsymbol{E}_0^{-1}\boldsymbol{p}_1=\begin{pmatrix}1&0&0\\0&1&0\\0&0&1\end{pmatrix}\begin{pmatrix}1\\2\\1\end{pmatrix}=\begin{pmatrix}1\\2\\1\end{pmatrix}$$

4）根据 θ 规则，求出

$\theta_s=\min\left\{\frac{90}{1},\ \frac{80}{2},\ \frac{45}{1}\right\}=\frac{80}{2}=40$，得到 $s=2$。它所对应的基本变量 x_4 被确定为调出变量。于是得到新的基方阵 $\boldsymbol{E}_1=(\boldsymbol{p}_3\quad \boldsymbol{p}_1\quad \boldsymbol{p}_5)$，相应的 $\boldsymbol{c}_{\mathrm{E}_1}=(0\quad 5\quad 0)$。

5）计算新的基方阵的逆矩阵 $\boldsymbol{E}_1^{-1}$。因为从步骤 3）和 4）可得到主元素为 2，$s=2$，所以可以得到

$$(\boldsymbol{E}_0^{-1}\boldsymbol{E}_1)^{-1}=\begin{pmatrix}1&-\frac{1}{2}&0\\0&\frac{1}{2}&0\\0&-\frac{1}{2}&1\end{pmatrix}$$

由于 $\boldsymbol{E}_0^{-1}$ 是单位矩阵，所以 $\boldsymbol{E}_1^{-1}$ 仍是上式。这样可求得

$$\boldsymbol{E}_1^{-1}=\begin{pmatrix}1 & -\dfrac{1}{2} & 0\\ 0 & \dfrac{1}{2} & 0\\ 0 & -\dfrac{1}{2} & 1\end{pmatrix}$$

$$\boldsymbol{x}_{\mathrm{E}_1}=\boldsymbol{E}_1^{-1}\boldsymbol{x}_{\mathrm{E}_0}=\begin{pmatrix}1 & -\dfrac{1}{2} & 0\\ 0 & \dfrac{1}{2} & 0\\ 0 & -\dfrac{1}{2} & 1\end{pmatrix}\begin{pmatrix}90\\80\\45\end{pmatrix}=\begin{pmatrix}50\\40\\5\end{pmatrix}$$

$$\boldsymbol{c}_{\mathrm{E}_1}\boldsymbol{E}_1^{-1}=(0\quad 5\quad 0)\begin{pmatrix}1 & -\dfrac{1}{2} & 0\\ 0 & \dfrac{1}{2} & 0\\ 0 & -\dfrac{1}{2} & 1\end{pmatrix}=\begin{pmatrix}0 & \dfrac{5}{2} & 0\end{pmatrix}$$

用 $\boldsymbol{E}_1^{-1}$ 代替 $\boldsymbol{E}_0^{-1}$ 重复步骤2）~5）。

1）计算非基本变量 x_2 和 x_4 的相对价值系数，即

$$r_2=c_2-\boldsymbol{c}_{\mathrm{E}_1}\boldsymbol{E}_1^{-1}\boldsymbol{p}_2=4-\begin{pmatrix}0 & \dfrac{5}{2} & 0\end{pmatrix}\begin{pmatrix}3\\1\\1\end{pmatrix}=\frac{3}{2}$$

$$r_4=c_4-\boldsymbol{c}_{\mathrm{E}_1}\boldsymbol{E}_1^{-1}\boldsymbol{p}_4=0-\begin{pmatrix}0 & \dfrac{5}{2} & 0\end{pmatrix}\begin{pmatrix}0\\1\\0\end{pmatrix}=-\frac{5}{2}$$

2）因为 $\max\left\{r_2=\dfrac{3}{2},\ r_4=-\dfrac{5}{2}\right\}=r_2=\dfrac{3}{2}$，确定 x_2 为调入变量。计算

$$\boldsymbol{E}_1^{-1}\boldsymbol{p}_2=\begin{pmatrix}1 & -\dfrac{1}{2} & 0\\ 0 & \dfrac{1}{2} & 0\\ 0 & -\dfrac{1}{2} & 1\end{pmatrix}\begin{pmatrix}3\\1\\1\end{pmatrix}=\begin{pmatrix}\dfrac{5}{2}\\ \dfrac{1}{2}\\ \dfrac{1}{2}\end{pmatrix}$$

3）求 $\theta_k=\min\left\{\dfrac{50}{\dfrac{5}{2}},\ \dfrac{40}{\dfrac{1}{2}},\ \dfrac{5}{\dfrac{1}{2}}\right\}=\dfrac{5}{\dfrac{1}{2}}=10$，$s=3$，确定该行对应的基本变量 x_5 为调出变

量。于是又得到新的基方阵为 $\boldsymbol{E}_2=(\boldsymbol{p}_3\quad \boldsymbol{p}_1\quad \boldsymbol{p}_2)$，相应的 $\boldsymbol{c}_{E_2}=(0\quad 5\quad 4)$。

4）计算 $\boldsymbol{E}_2^{-1}$。由于所得到的主元素是$\frac{1}{2}$，而 $s=3$，所以可得到

$$(\boldsymbol{E}_1^{-1}\boldsymbol{E}_2)^{-1}=\begin{pmatrix}1 & 0 & -5\\ 0 & 1 & -1\\ 0 & 0 & 2\end{pmatrix}$$

则

$$\boldsymbol{E}_2^{-1}=(\boldsymbol{E}^{-1}\boldsymbol{E}_2)^{-1}\boldsymbol{E}_1^{-1}=\begin{pmatrix}1 & 0 & -5\\ 0 & 1 & -1\\ 0 & 0 & 2\end{pmatrix}\begin{pmatrix}1 & -\frac{1}{2} & 0\\ 0 & \frac{1}{2} & 0\\ 0 & -\frac{1}{2} & 1\end{pmatrix}=\begin{pmatrix}1 & 2 & -5\\ 0 & 1 & -1\\ 0 & -1 & 2\end{pmatrix}$$

自

$$\boldsymbol{x}_{E_2}=\boldsymbol{E}_2^{-1}\boldsymbol{x}_{E_0}=(\boldsymbol{E}_0^{-1}\boldsymbol{E}_1^{-1})\boldsymbol{x}_{E_1}=\begin{pmatrix}1 & 0 & -5\\ 0 & 1 & -1\\ 0 & 0 & 2\end{pmatrix}\begin{pmatrix}50\\ 40\\ 5\end{pmatrix}=\begin{pmatrix}25\\ 35\\ 10\end{pmatrix}$$

$$\boldsymbol{c}_{E_2}\boldsymbol{E}_2^{-1}=(0\quad 5\quad 4)\begin{pmatrix}1 & 2 & -5\\ 0 & 1 & -1\\ 0 & -1 & 2\end{pmatrix}=(0\quad 1\quad 3)$$

$$r_4=c_4-\boldsymbol{c}_{E_2}\boldsymbol{E}_2^{-1}\boldsymbol{p}_4=0-(0\quad 1\quad 3)\begin{pmatrix}0\\ 1\\ 0\end{pmatrix}=-1<0$$

$$r_5=c_5-\boldsymbol{c}_{E_2}\boldsymbol{E}_2^{-1}\boldsymbol{p}_5=0-(0\quad 1\quad 3)\begin{pmatrix}0\\ 0\\ 1\end{pmatrix}=-3<0$$

已得到最优解。最优解为

$$x_1=35,\ x_2=10,\ x_3=25,\ x_4=x_5=0$$

目标函数的极大值为

$$z=f(\boldsymbol{x})=\boldsymbol{c}_{E_2}\boldsymbol{x}_{E_2}=(0\quad 5\quad 4)\begin{pmatrix}25\\ 35\\ 10\end{pmatrix}=215$$

修正单纯形法的程序框图如图 5-5 所示。

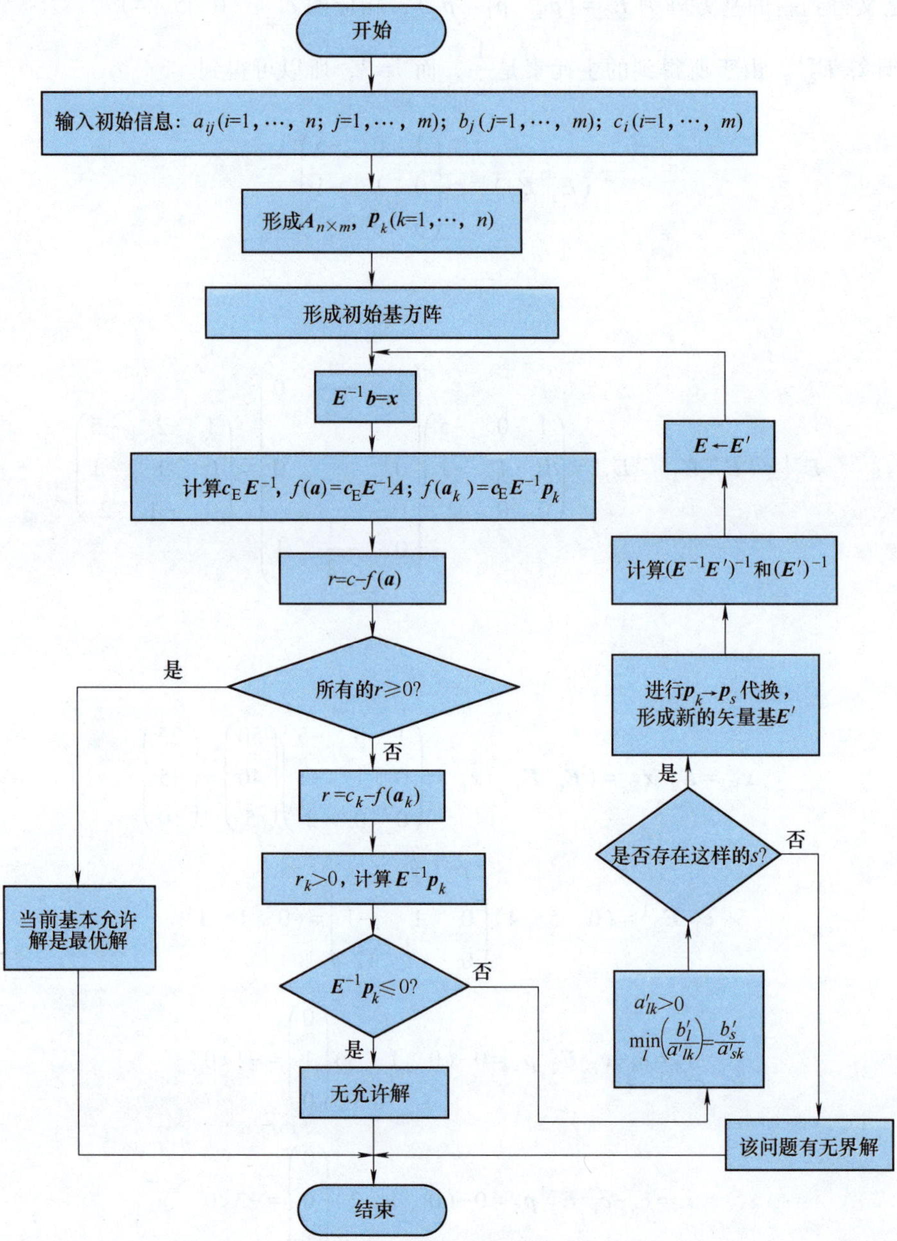

图 5-5 修正单纯形法的程序框图

习 题

1. 用单纯形法求解线性规划问题

$$\min f(\boldsymbol{x})=-1.1x_1-2.2x_2+3.3x_3-4.4x_4$$

$$\text{s. t.}\begin{cases}x_1+x_2+x_3=4\\ x_1+2x_2+2.5x_3+3x_4=5\\ x_j\geqslant0\quad(j=1,2,3,4)\end{cases}$$

2. 求解线性规划问题

$$\min z=-7x_1-12x_2$$

$$\text{s. t.}\begin{cases}9x_1+4x_2+x_3 & =360\\4x_1+5x_2 \quad +x_4 & =200\\3x_1+10x_2 \quad\quad +x_5 & =300\\x_j\geqslant 0 \quad (j=1,2,\cdots,5)\end{cases}$$

3. 某工厂生产 A 和 B 两种产品，制造 1t 产品 A 要用煤 9t、电力 4kW、3 个工作日，所创造的经济价值为 7 千元；制造 1t 产品 B 要用煤 4t、电力 5kW、10 个工作日，所创造的经济价值为 12000 元。现在该厂只有煤 360t、电力 200kW、300 个工作日。试问：在这种条件下，应该生产 A 产品和 B 产品各多少吨，才能使所创造的总经济价值最大？

4. 某车间要生产 100 套钢架，每套钢架由 2.9m、2.1m 和 1.5m 长的钢材各一段组成。该车间现有钢材每条长为 7.4m，其下料方式见表 5-10。如何下料，才能使钢材切剩下来的尾料最少？

表 5-10 下料方式

种类/m	Ⅰ	Ⅱ	Ⅲ	Ⅳ	Ⅴ
	件数				
2.9	1	2	0	1	0
2.1	0	0	2	2	1
1.5	3	1	2	0	3
尾料	0	0.1	0.2	0.3	0.8

5. 试用修正单纯形法求解第五章例 5-3 的线性规划问题。

“两弹一星”
功勋科学家：
杨嘉墀

第六章

约束优化方法

第一节　概　　述

机械优化设计中的问题，大多数属于约束优化设计问题，其数学模型为

$$\begin{aligned} &\min f(\boldsymbol{x})=f(x_1,x_2,\cdots,x_n) \\ \text{s. t.}\quad &g_j(\boldsymbol{x})=g_j(x_1,x_2,\cdots,x_n)\leqslant 0 \quad (j=1,2,\cdots,m) \\ &h_k(\boldsymbol{x})=h_k(x_1,x_2,\cdots,x_n)=0 \quad (k=1,2,\cdots,l) \end{aligned} \tag{6-1}$$

求解式（6-1）的方法称为约束优化方法。根据求解方式的不同，约束优化方法可分为直接解法和间接解法等。

直接解法通常适用于仅含不等式约束的问题，它的基本思路是在 m 个不等式约束条件所确定的可行域内，选择一个初始点 $\boldsymbol{x}^0$，然后确定可行搜索方向 $\boldsymbol{d}$，且以适当的步长 α 沿 $\boldsymbol{d}$ 方向进行搜索，得到一个使目标函数值下降的可行的新点 $\boldsymbol{x}^1$，即完成一次迭代，如图 6-1 所示。再以新点为起点，重复上述搜索过程，满足收敛条件后，迭代终止。每次迭代计算均按以下基本迭代格式进行，即

$$\boldsymbol{x}^{k+1}=\boldsymbol{x}^k+\alpha_k\boldsymbol{d}^k \quad (k=1,2,\cdots) \tag{6-2}$$

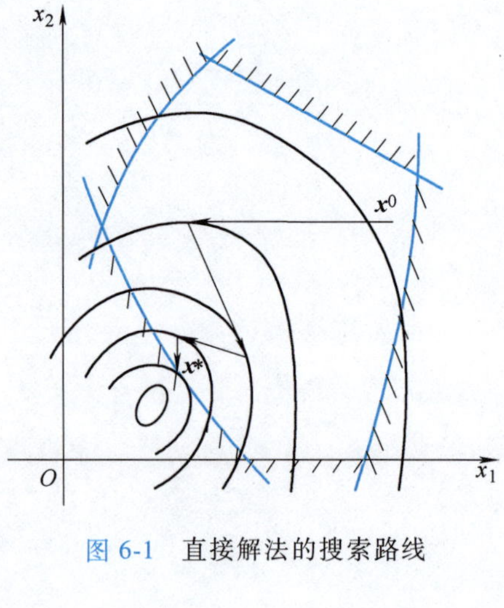

图 6-1　直接解法的搜索路线

式中　α_k——步长；

$\boldsymbol{d}^k$——可行搜索方向。

可行搜索方向是指当设计点沿该方向做微量移动时，目标函数值将下降，且不会超出可

行域。产生可行搜索方向的方法将由直接解法中的各种算法确定。

直接解法的原理简单，方法实用。其特点如下：

1）由于整个求解过程在可行域内进行，因此，迭代计算不论何时终止，都可以获得一个比初始点好的设计点。

2）若目标函数为凸函数，可行域为凸集，则可保证获得全域最优解。否则，由于存在多个局部最优解，当选择的初始点不相同时，可能搜索到不同的局部最优解。为此，常在可行域内选择几个差别较大的初始点分别进行计算，以便从求得的多个局部最优解中选择更好的最优解。

3）要求可行域为有界的非空集，即在有界可行域内存在满足全部约束条件的点，且目标函数有定义。

间接解法有不同的求解策略，其中一种解法的基本思路是将约束优化问题中的约束函数进行特殊的加权处理后，和目标函数结合起来，构成一个新的目标函数，即将原约束优化问题转化成一个或一系列的无约束优化问题。再对新的目标函数进行无约束优化计算，从而间接地搜索到原约束问题的最优解。

间接解法的基本迭代过程是，首先将式（6-1）描述的约束优化问题转化成新的无约束目标函数

$$\phi(\boldsymbol{x},\mu_1,\mu_2)=f(\boldsymbol{x})+\sum_{j=1}^{m}\mu_1 G(g_j(\boldsymbol{x}))+\sum_{k=1}^{l}\mu_2 H(h_k(\boldsymbol{x})) \tag{6-3}$$

式中　$\phi(\boldsymbol{x},\mu_1,\mu_2)$——转化后的新目标函数；

$\sum_{j=1}^{m}\mu_1 G(g_j(\boldsymbol{x}))$、$\sum_{k=1}^{l}\mu_2 H(h_k(\boldsymbol{x}))$——约束函数 $g_j(\boldsymbol{x})$、$h_k(\boldsymbol{x})$ 经过加权处理后构成的某种形式的复合函数或泛函数；

μ_1、μ_2——加权因子。

然后对 $\phi(\boldsymbol{x},\mu_1,\mu_2)$ 进行无约束极小化计算。由于在新目标函数中包含了各种约束条件，在求极值的过程中还将改变加权因子的大小。因此，可以不断地调整设计点，使其逐步逼近约束边界，从而间接地求得原约束问题的最优解。图 6-2 所示的框图表示了间接解法的迭代过程。

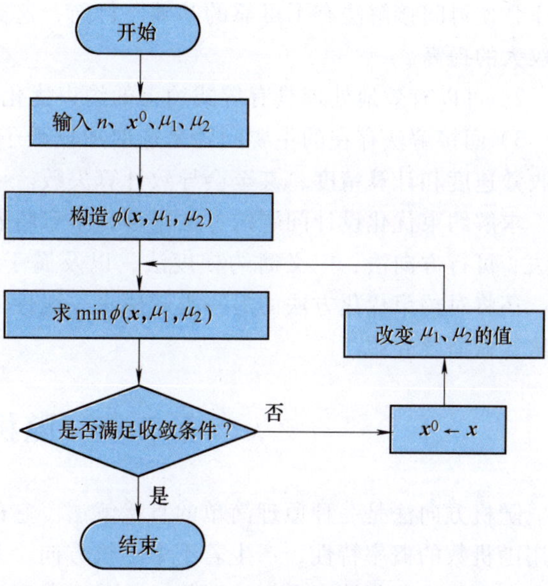

图 6-2　间接解法框图

下面举一简单例子来说明使用间接解法求解约束优化问题的可能性。

例 6-1　求约束优化问题

$$\min f(\boldsymbol{x})=(x_1-2)^2+(x_2-1)^2$$

$$\text{s.t.}\quad h(\boldsymbol{x})=x_1+2x_2-2=0$$

的最优解。

解： 该问题的约束最优解为 $\boldsymbol{x}^*=(1.6\quad 0.2)^{\mathrm{T}}$，$f(\boldsymbol{x}^*)=0.8$。

由图 6-3a 可知，约束最优点 $\boldsymbol{x}^*$ 为目标函数等值线与等式约束函数（直线）的切点。

用间接解法求解时，可取 $\mu_2=0.8$，转化后的新目标函数为

$$\phi(\boldsymbol{x},\mu_2)=(x_1-2)^2+(x_2-1)^2+0.8(x_1+2x_2-2)$$

可以用解析法求 min $\phi(\boldsymbol{x},\mu_2)$，即令$\nabla\phi=0$，得到方程组

$$\begin{cases}\dfrac{\partial\phi}{\partial x_1}=2(x_1-2)+0.8=0\\[2ex]\dfrac{\partial\phi}{\partial x_2}=2(x_2-1)+1.6=0\end{cases}$$

解此方程组，求得的无约束最优解为：$\boldsymbol{x}^*=(1.6\quad 0.2)^{\mathrm{T}}$，$\phi(\boldsymbol{x}^*,\mu_2)=0.8$。其结果和原约束最优解相同。图 6-3b 所示为最优点 $\boldsymbol{x}^*$ 为新目标函数等值线族的中心。

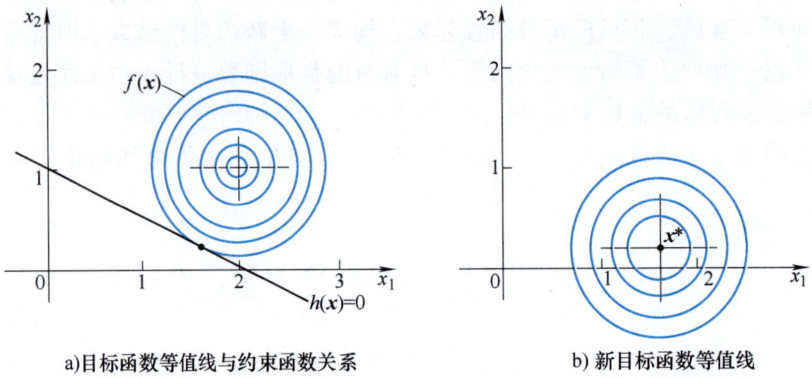

图 6-3 例 6-1 的图解

间接解法是目前在机械优化设计中得到广泛应用的一种有效方法。其特点如下：

1）由于无约束优化方法的研究日趋成熟，已经研究出不少有效的无约束最优化方法和程序，使得间接解法有了可靠的基础。目前，这类算法的计算效率和数值计算的稳定性也都有较大的提高。

2）可以有效地处理具有等式约束的约束优化问题。

3）间接解法存在的主要问题是选取加权因子较为困难。加权因子选取不当，不但会影响收敛速度和计算精度，甚至会导致计算失败。

求解约束优化设计问题的方法很多，本章将着重介绍属于直接解法的随机方向法、复合形法、可行方向法、广义简约梯度法，以及属于间接解法的惩罚函数法和增广乘子法。另外，还将对约束优化方法的另一类解法——线性逼近法、二次规划法以及结构优化法和遗传算法等做简要介绍。

第二节 随机方向法

随机方向法是一种原理简单的直接解法。它的基本思路是在可行域内选择一个初始点，利用随机数的概率特性，产生若干个随机方向，并从中选择一个能使目标函数值下降最快的随机方向作为可行搜索方向，记作 $\boldsymbol{d}$。从初始点 $\boldsymbol{x}^0$ 出发，沿 $\boldsymbol{d}$ 方向以一定的步长进行搜索，得到新点 $\boldsymbol{x}$，新点 $\boldsymbol{x}$ 应满足约束条件：$g_j(\boldsymbol{x})\leqslant 0$（$j=1$，2，…，$m$），且 $f(\boldsymbol{x})<f(\boldsymbol{x}^0)$，至此

完成一次迭代，如图 6-4 所示。然后，将初始点移至 $\boldsymbol{x}$，即令 $\boldsymbol{x}^0 \leftarrow \boldsymbol{x}$。重复以上过程，经过若干次迭代计算后，最终取得约束最优解。

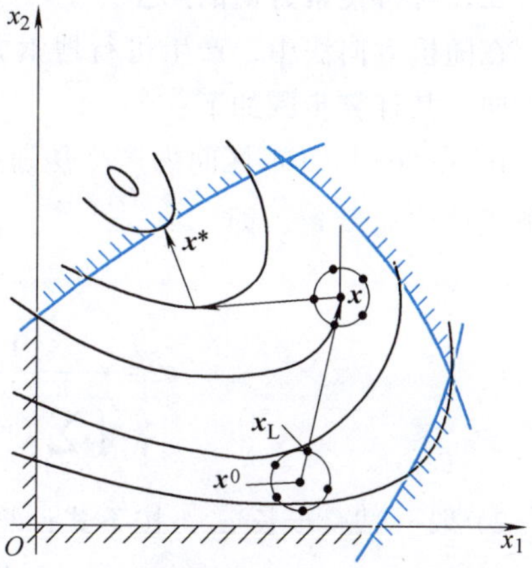

图 6-4　随机方向法的算法原理

随机方向法的优点是对目标函数的性态无特殊要求，程序设计简单，使用方便。由于可行搜索方向是从许多随机方向中选择的使目标函数下降最快的方向，加之步长还可以灵活变动，所以此算法的收敛速度比较快。若能取得一个较好的初始点，迭代次数可以大大减少。它是求解小型机械优化设计问题的一种十分有效的算法。

一、随机数的产生

在随机方向法中，为产生可行的初始点和随机方向，需要用到大量的（0，1）和（-1，1）区间内均匀分布的随机数。在计算机内，随机数通常是按一定的数学模型进行计算后得到的。这样得到的随机数称为伪随机数，它的特点是产生速度快，计算机内存占用少，并且有较好的概率统计特性。产生伪随机数的方法很多，下面仅介绍一种常用的产生伪随机数的数学模型。

首先令 $r_1=2^{35}$，$r_2=2^{36}$，$r_3=2^{37}$，取 $r=2657863$（r 为小于 r_1 的正奇数），然后按以下步骤计算：

令　$r \leftarrow 5r$

若 $r \geqslant r_3$，则　$r \leftarrow r-r_3$

若 $r_3>r \geqslant r_2$，则　$r \leftarrow r-r_2$

若 $r_2>r \geqslant r_1$，则　$r \leftarrow r-r_1$

若 $r<r_1$，则　r 不变

令
$$q=r/r_1 \tag{6-4}$$

q 即为（0，1）区间内的伪随机数。利用 q 可求得任意区间（a，b）内的伪随机数，其计算公式为

$$x=a+q(b-a) \tag{6-5}$$

二、初始点的选择

随机方向法的初始点 $\boldsymbol{x}^0$ 必须是一个可行点，即满足全部不等式约束条件 $g_j(\boldsymbol{x}) \leqslant 0$（$j=1,2,\cdots,m$）的点。当约束条件较为复杂，用人工不易选择可行初始点时，可用随机选择的方法来产生初始点。其计算步骤如下：

1）输入设计变量的下限值和上限值，即

$$a_i \leqslant x_i \leqslant b_i \quad (i=1,2,\cdots,n)$$

2）在区间（0，1）内产生 n 个伪随机数 $q_i(i=1,2,\cdots,n)$。

3）计算随机点 $\boldsymbol{x}$ 的各分量，即

$$x_i=a_i+q_i(b_i-a_i)(i=1,2,\cdots,n) \tag{6-6}$$

4）判别随机点 $\boldsymbol{x}$ 是否可行。若随机点 $\boldsymbol{x}$ 为可行点，则取初始点 $\boldsymbol{x}^0 \leftarrow \boldsymbol{x}$；若随机点 $\boldsymbol{x}$ 为非可行点，则转至步骤 2）重新计算，直到产生的随机点是可行点为止。

三、可行搜索方向的产生

在随机方向法中，产生可行搜索方向的方法是从 $k(k\geqslant n)$ 个随机方向中选取一个较好的方向。其计算步骤如下：

1）在（-1，1）区间内产生伪随机数 $r_i^j(i=1,\ 2,\ \cdots,\ n;\ j=1,\ 2,\ \cdots,\ k)$，按下式计算随机单位向量 $\boldsymbol{e}^j$，即

$$\boldsymbol{e}^j=\frac{1}{\left[\sum_{i=1}^{n}(r_i^j)\right]^{\frac{1}{2}}}\begin{pmatrix} r_1^j \\ r_2^j \\ \vdots \\ r_n^j \end{pmatrix}\quad (j=1,2,\cdots,k) \tag{6-7}$$

2）取一试验步长 α_0，按下式计算 k 个随机点，即

$$\boldsymbol{x}^j=\boldsymbol{x}^0+\alpha_0\boldsymbol{e}^j\quad (j=1,2,\cdots,k) \tag{6-8}$$

显然，k 个随机点分布在以初始点 $\boldsymbol{x}^0$ 为中心，以试验步长 α_0 为半径的超球面上。

3）检验 k 个随机点 $\boldsymbol{x}^j(j=1,\ 2,\ \cdots,\ k)$ 是否为可行点，除去非可行点，计算余下的可行随机点的目标函数值，比较其大小，选出目标函数值最小的点 $\boldsymbol{x}_{\mathrm{L}}$。

4）比较 $\boldsymbol{x}_{\mathrm{L}}$ 和 $\boldsymbol{x}^0$ 两点的目标函数值。若 $f(\boldsymbol{x}_{\mathrm{L}})<f(\boldsymbol{x}^0)$，则取 $\boldsymbol{x}_{\mathrm{L}}$ 和 $\boldsymbol{x}^0$ 的连线方向作为可行搜索方向；若 $f(\boldsymbol{x}_{\mathrm{L}})\geqslant f(\boldsymbol{x}^0)$，则将步长 α_0 缩小，转至步骤 1）重新计算，直至 $f(\boldsymbol{x}_{\mathrm{L}})<f(\boldsymbol{x}^0)$ 为止。如果 α_0 缩小到很小（如 $\alpha_0\leqslant 10^{-6}$），仍然找不到一个 $\boldsymbol{x}_{\mathrm{L}}$ 使 $f(\boldsymbol{x}_{\mathrm{L}})<f(\boldsymbol{x}^0)$，则说明 $\boldsymbol{x}^0$ 是一个局部极小值点，此时可更换初始点，转至步骤 1）重新计算。

综上所述，产生可行搜索方向的条件可概括为：当 $\boldsymbol{x}_{\mathrm{L}}$ 点满足

$$\begin{cases} g_j(\boldsymbol{x}_{\mathrm{L}})\leqslant 0\quad (j=1,2,\cdots,m) \\ f(\boldsymbol{x}_{\mathrm{L}})=\min\ \{f(\boldsymbol{x}^j)\mid_{j=1,2,\cdots,k}\} \\ f(\boldsymbol{x}_{\mathrm{L}})<f(\boldsymbol{x}^0) \end{cases} \tag{6-9}$$

时，则可行搜索方向为

$$\boldsymbol{d}=\boldsymbol{x}_{\mathrm{L}}-\boldsymbol{x}^0 \tag{6-10}$$

四、搜索步长的确定

可行搜索方向 $\boldsymbol{d}$ 确定后，初始点移至 $\boldsymbol{x}_{\mathrm{L}}$ 点，即 $\boldsymbol{x}^0\leftarrow\boldsymbol{x}_{\mathrm{L}}$，从 $\boldsymbol{x}^0$ 点出发沿 $\boldsymbol{d}$ 方向进行搜索，所用的步长 α 一般按加速步长法来确定。所谓加速步长法，是指依次迭代的步长按一定的比例递增的方法。各次迭代步长的计算公式为

$$\alpha=\tau\alpha \tag{6-11}$$

式中 τ——步长加速系数，可取 $\tau=1.3$；

α——步长，初始步长取 $\alpha=\alpha_0$。

五、随机方向法的计算步骤

随机方向法的计算步骤如下：

1）选择一个可行的初始点 $\boldsymbol{x}^0$。

2）按式（6-7）产生 k 个 n 维随机单位向量 $\boldsymbol{e}^j(j=1,\ 2,\ \cdots,\ k)$。

3）取试验步长 α_0，按式（6-8）计算出 k 个随机点 $\boldsymbol{x}^j(j=1,\ 2,\ \cdots,\ k)$。

4）在 k 个随机点中，找出满足式（6-9）的随机点 $\boldsymbol{x}_{\mathrm{L}}$，产生可行搜索方向 $\boldsymbol{d}=\boldsymbol{x}_{\mathrm{L}}-\boldsymbol{x}^0$。

5）从初始点 $\boldsymbol{x}^0$ 出发，沿可行搜索方向 $\boldsymbol{d}$ 以步长 α 进行迭代计算，直到搜索到一个满足

全部约束条件，且目标函数值不再下降的新点 $\boldsymbol{x}$。

6）若收敛条件

$$\begin{cases} |f(\boldsymbol{x})-f(\boldsymbol{x}^0)| \leqslant \varepsilon_1 \\ \|\boldsymbol{x}-\boldsymbol{x}^0\| \leqslant \varepsilon_2 \end{cases} \tag{6-12}$$

得到满足，则迭代终止。约束最优解为 $\boldsymbol{x}^*=\boldsymbol{x}$，$f(\boldsymbol{x}^*)=f(\boldsymbol{x})$。否则，令 $\boldsymbol{x}^0 \leftarrow \boldsymbol{x}$ 转至步骤 2)。

随机方向法的程序框图如图 6-5 所示。

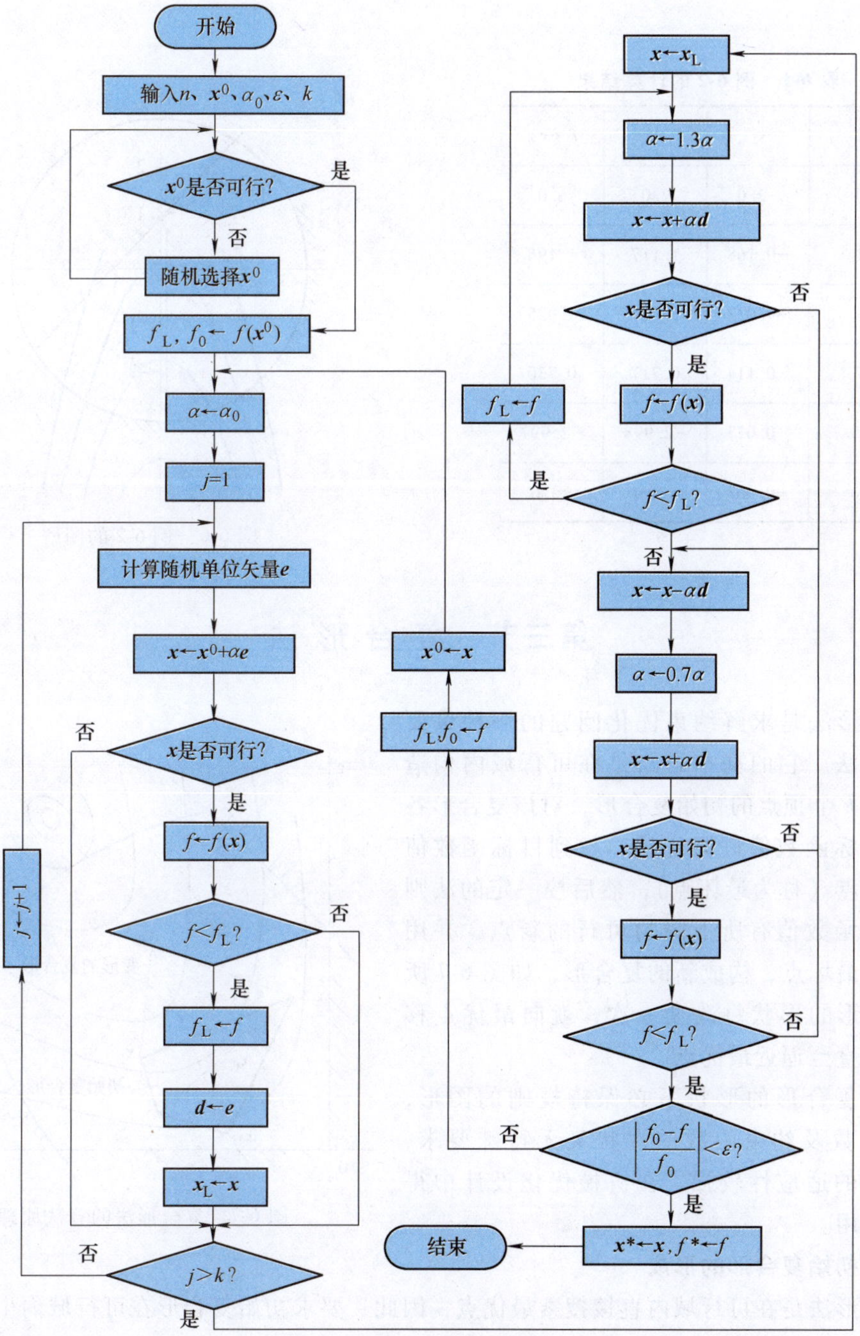

图 6-5 随机方向法的程序框图

例 6-2 求约束优化问题

$$\min f(\boldsymbol{x}) = x_1^2 + x_2$$

$$\text{s. t.} \quad g_1(\boldsymbol{x}) = x_1^2 + x_2^2 - 9 \leqslant 0$$

$$g_2(\boldsymbol{x}) = x_1 + x_2 - 1 \leqslant 0$$

的最优解。

解： 使用随机方向法程序，在计算机上运行，共迭代 13 次，求得约束最优解：$\boldsymbol{x}^* = (-0.0027 \ \ -3.0)^{\mathrm{T}}$，$f(\boldsymbol{x}^*) = -3$。计算机计算结果的摘录见表 6-1，该问题的图解如图 6-6 所示。

表 6-1 例 6-2 的计算结果

k	x_1	x_2	$f(\boldsymbol{x})$
0	-2.0	2.0	6.0
1	-0.168	1.117	1.196
4	-0.033	1.024	1.025
7	-0.114	0.717	0.730
10	-0.077	-2.998	-2.997
13	-0.003	-3.0	-3.0

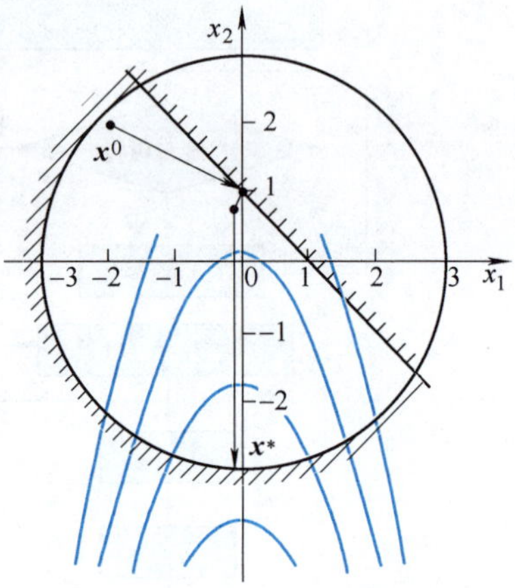

图 6-6 例 6-2 的图解

第三节 复合形法

复合形法是求解约束优化问题的一种重要的直接解法。它的基本思路是在可行域内构造一个具有 k 个顶点的初始复合形，对该复合形各顶点的目标函数值进行比较，找到目标函数值最大的顶点（称为最坏点），然后按一定的法则求出目标函数值有所下降的可行的新点，并用此点代替最坏点，构成新的复合形，如图 6-7 所示。复合形的形状每改变一次，就向最优点移动一步，直至逼近最优点。

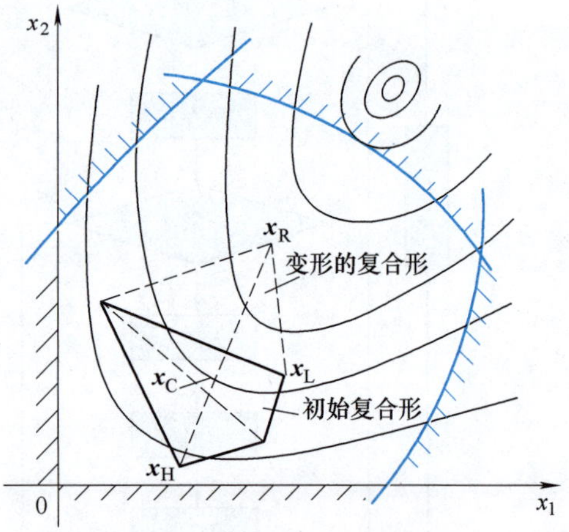

图 6-7 复合形法的算法原理

由于复合形的形状不必保持规则的图形，对目标函数及约束函数的性状又无特殊要求，因此该法的适应性较强，在机械优化设计中得到广泛应用。

一、初始复合形的形成

复合形法是在可行域内直接搜索最优点，因此，要求初始复合形在可行域内生成，即复合形的 k 个顶点必须都是可行点。

生成初始复合形的方法有以下几种：

1）由设计者确定 k 个可行点，构成初始复合形。当设计变量较多或约束函数复杂时，由设计者确定 k 个可行点常常很困难。只有在设计变量少，约束函数简单的情况下，这种方法才被采用。

2）由设计者选定一个可行点，其余的 $k-1$ 个可行点用随机法产生。各顶点的计算公式为

$$\boldsymbol{x}_j=\boldsymbol{a}+e_j(\boldsymbol{b}-\boldsymbol{a})\quad(j=1,2,\cdots,k-1)\tag{6-13}$$

式中　$\boldsymbol{x}_j$——复合形中的第 j 个顶点；

$\boldsymbol{a}$、$\boldsymbol{b}$——设计变量的下限和上限；

e_j——在（0，1）区间内的伪随机数。

用式（6-13）计算得到的 $k-1$ 个随机点不一定都在可行域内，因此要设法将非可行点移到可行域内。通常采用的方法是，求出已经在可行域内的 L 个顶点的中心 $\boldsymbol{x}_C$

$$\boldsymbol{x}_C=\frac{1}{L}\sum_{j=1}^{L}\boldsymbol{x}_j\tag{6-14}$$

然后将非可行点向中心点移动，即

$$\boldsymbol{x}_{L+1}\leftarrow\boldsymbol{x}_C+0.5(\boldsymbol{x}_{L+1}-\boldsymbol{x}_C)\tag{6-15}$$

若 $\boldsymbol{x}_{L+1}$ 仍为不可行点，则利用式（6-15），使其继续向中心点移动。显然，只要中心点可行，$\boldsymbol{x}_{L+1}$ 点一定可以移到可行域内。随机产生的 $k-1$ 个点经过这样的处理后，全部成为可行点，并构成初始复合形。

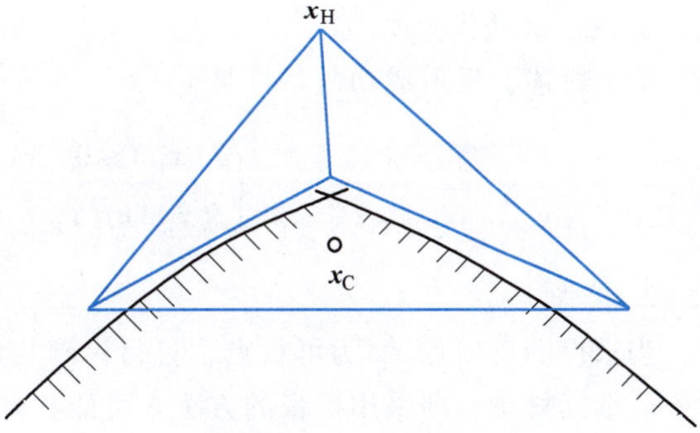

图 6-8　中心点 $\boldsymbol{x}_C$ 为非可行点的情况

事实上，只要可行域为凸集，其中心点必为可行点，用上述方法可以成功地在可行域内构成初始复合形。如果可行域为非凸集，如图 6-8 所示，中心点不一定在可行域之内，则上述方法可能失败。此时可以通过改变设计变量的下限和上限值，重新产生各顶点。经过多次试算，有可能在可行域内生成初始复合形。

3）由计算机自动生成初始复合形的全部顶点。其方法是首先随机产生一个可行点，然后按第二种方法产生其余的 $k-1$ 个可行点。这种方法对设计者来说最为简单，但因初始复合形在可行域内的位置不能控制，可能会给以后的计算带来困难。

二、复合形法的搜索方法

在可行域内生成初始复合形后，将采用不同的搜索方法来改变其形状，使复合形逐步向约束最优点趋近。改变复合形形状的搜索方法主要有以下几种：

1. 反射

反射是改变复合形形状的一种主要策略，其计算步骤如下：

1）计算复合形各顶点的目标函数值，并比较其大小，求出最好点 $\boldsymbol{x}_L$、最坏点 $\boldsymbol{x}_H$ 及次坏点 $\boldsymbol{x}_G$，即

$$\boldsymbol{x}_L:f(\boldsymbol{x}_L)=\min\{f(\boldsymbol{x}_j)\mid_{j=1,2,\cdots,k}\}$$
$$\boldsymbol{x}_H:f(\boldsymbol{x}_H)=\max\{f(\boldsymbol{x}_j)\mid_{j=1,2,\cdots,k}\}$$
$$\boldsymbol{x}_G:f(\boldsymbol{x}_G)=\max\{f(\boldsymbol{x}_j)\mid_{j=1,2,\cdots,k;j\neq H}\}$$

2）计算除去最坏点 $\boldsymbol{x}_H$ 外的 $k-1$ 个顶点的中心点 $\boldsymbol{x}_C$，有

$$\boldsymbol{x}_C=\frac{1}{k-1}\sum_{\substack{j=1\\j\neq H}}^{k}\boldsymbol{x}_j \tag{6-16}$$

3）从统计的观点来看，一般情况下，最坏点 $\boldsymbol{x}_H$ 和中心点 $\boldsymbol{x}_C$ 的连线方向为目标函数下降的方向。为此，以 $\boldsymbol{x}_C$ 点为中心，将最坏点 $\boldsymbol{x}_H$ 按一定比例进行反射，有希望找到一个比最坏点 $\boldsymbol{x}_H$ 的目标函数值小的新点 $\boldsymbol{x}_R$。$\boldsymbol{x}_R$ 称为反射点，其计算公式为

$$\boldsymbol{x}_R=\boldsymbol{x}_C+\alpha(\boldsymbol{x}_C-\boldsymbol{x}_H) \tag{6-17}$$

式中 α——反射系数，一般取 $\alpha=1.3$。

反射点 $\boldsymbol{x}_R$ 与最坏点 $\boldsymbol{x}_H$、中心点 $\boldsymbol{x}_C$ 的相对位置如图 6-9 所示。

4）判别反射点 $\boldsymbol{x}_R$ 的位置。若 $\boldsymbol{x}_R$ 为可行点，则比较 $\boldsymbol{x}_R$ 和 $\boldsymbol{x}_H$ 两点的目标函数值，如果 $f(\boldsymbol{x}_R)<f(\boldsymbol{x}_H)$，则用 $\boldsymbol{x}_R$ 取代 $\boldsymbol{x}_H$，构成新的复合形，完成一次迭代；如果 $f(\boldsymbol{x}_R)\geqslant f(\boldsymbol{x}_H)$，则将 α 缩小 0.7 倍，用式（6-17）重新计算新的反射点，若仍不可行，继续缩小 α，直至 $f(\boldsymbol{x}_R)<f(\boldsymbol{x}_H)$ 为止。

若 $\boldsymbol{x}_R$ 为非可行点，则将 α 缩小 0.7 倍，仍用式（6-17）计算反射点 $\boldsymbol{x}_R$，直至可行为止。然后重复以上步骤，即判别 $f(\boldsymbol{x}_R)$ 和 $f(\boldsymbol{x}_H)$ 的大小，一旦 $f(\boldsymbol{x}_R)<f(\boldsymbol{x}_H)$，就用 $\boldsymbol{x}_R$ 取代 $\boldsymbol{x}_H$，完成一次迭代。

综上所述，反射成功的条件是

$$\begin{cases}g_j(\boldsymbol{x}_R)\leqslant 0 \quad (j=1,2,\cdots,m)\\ f(\boldsymbol{x}_R)<f(\boldsymbol{x}_H)\end{cases} \tag{6-18}$$

2. 扩张

当求得的反射点 $\boldsymbol{x}_R$ 为可行点，且目标函数值下降较多［如 $f(\boldsymbol{x}_R)<f(\boldsymbol{x}_C)$］时，则沿反射方向继续移动，即采用扩张的方法，可能找到更好的新点 $\boldsymbol{x}_E$。$\boldsymbol{x}_E$ 称为扩张点，其计算公式为

$$\boldsymbol{x}_E=\boldsymbol{x}_R+\gamma(\boldsymbol{x}_R-\boldsymbol{x}_C) \tag{6-19}$$

式中 γ——扩张系数，一般取 $\gamma=1$。

扩张点 $\boldsymbol{x}_E$ 与中心点 $\boldsymbol{x}_C$、反射点 $\boldsymbol{x}_R$ 的相对位置如图 6-10 所示。

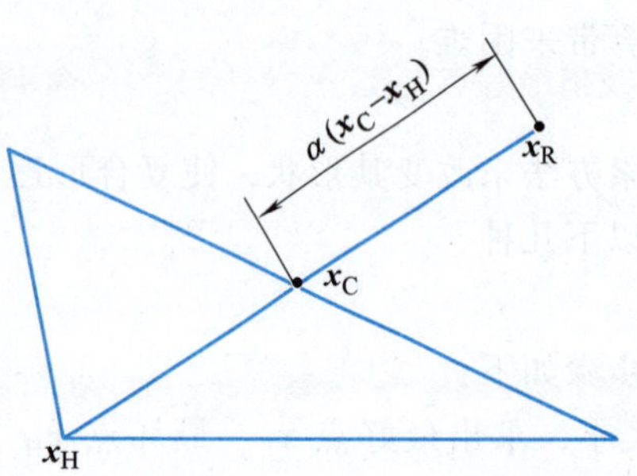

图 6-9 点 $\boldsymbol{x}_R$ 与点 $\boldsymbol{x}_H$、点 $\boldsymbol{x}_C$ 的相对位置

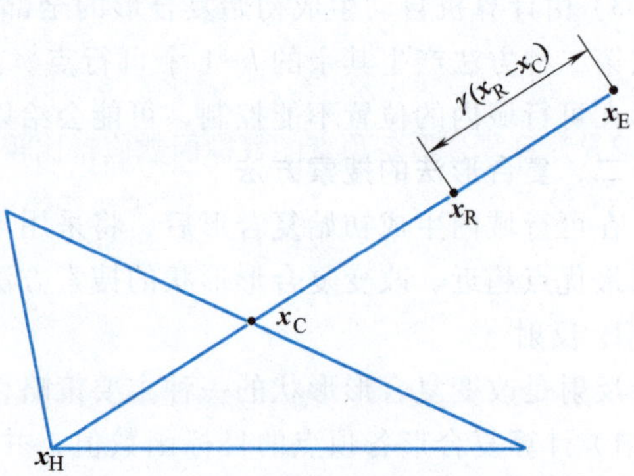

图 6-10 点 $\boldsymbol{x}_E$ 与点 $\boldsymbol{x}_C$、点 $\boldsymbol{x}_R$ 的相对位置

若扩张点 $\boldsymbol{x}_E$ 为可行点，且 $f(\boldsymbol{x}_E)<f(\boldsymbol{x}_R)$，则称扩张成功，用 $\boldsymbol{x}_E$ 取代 $\boldsymbol{x}_R$，构成新的复合形。否则称扩张失败，放弃扩张，仍用原反射点 $\boldsymbol{x}_R$ 取代 $\boldsymbol{x}_H$，构成新的复合形。

3. 收缩

若在中心点 $\boldsymbol{x}_C$ 以外找不到好的反射点，还可以在 $\boldsymbol{x}_C$ 以内，即采用收缩的方法寻找较好的新点 $\boldsymbol{x}_K$。$\boldsymbol{x}_K$ 称为收缩点，其计算公式为

$$\boldsymbol{x}_K=\boldsymbol{x}_H+\beta(\boldsymbol{x}_C-\boldsymbol{x}_H) \tag{6-20}$$

式中 β——收缩系数，一般取 $\beta=0.7$。

收缩点 $\boldsymbol{x}_K$ 与最坏点 $\boldsymbol{x}_H$、中心点 $\boldsymbol{x}_C$ 的相对位置如图 6-11 所示。

若 $f(\boldsymbol{x}_K)<f(\boldsymbol{x}_H)$，则称收缩成功，用 $\boldsymbol{x}_K$ 取代 $\boldsymbol{x}_H$，构成新的复合形。

4. 压缩

若采用上述各种方法均无效，还可以采取将复合形各顶点向最好点 $\boldsymbol{x}_L$ 靠拢，即采用压缩的方法来改变复合形形状。压缩后各顶点的计算公式为

$$\boldsymbol{x}_j\leftarrow\boldsymbol{x}_L-0.5(\boldsymbol{x}_L-\boldsymbol{x}_j) \quad (j=1,2,\cdots,k;j\neq L) \tag{6-21}$$

压缩后的复合形各顶点的相对位置如图 6-12 所示。

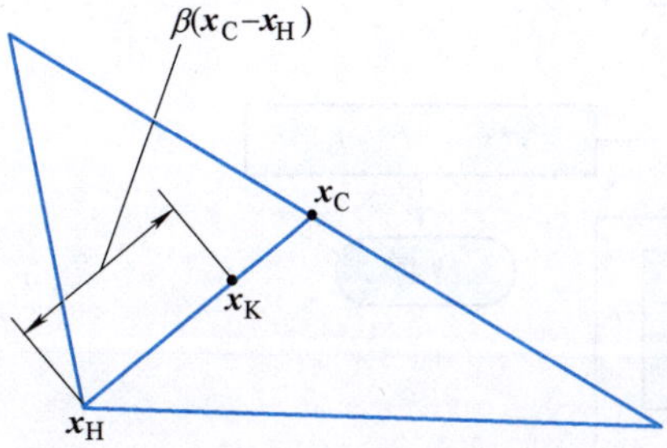

图 6-11 点 $\boldsymbol{x}_K$ 与点 $\boldsymbol{x}_H$、点 $\boldsymbol{x}_C$ 的相对位置

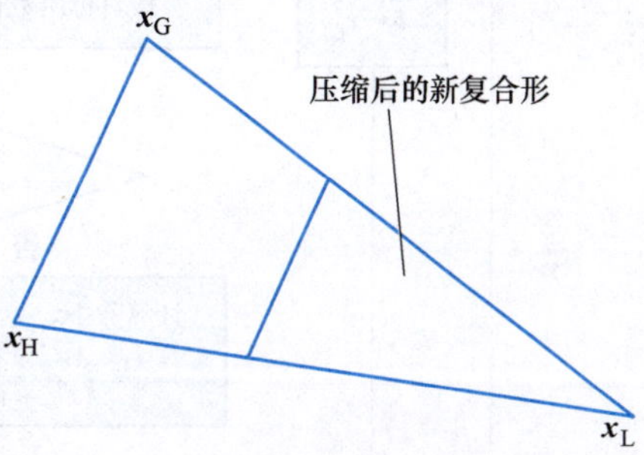

图 6-12 复合形的压缩变形

然后，再对压缩后的复合形采用反射、扩张或收缩等方法，继续改变复合形形状。

除此之外，还可以采用旋转等方法来改变复合形形状。应当指出的是，采用改变复合形形状的方法越多，程序设计越复杂，越有可能降低计算效率及可靠性。因此，在进行程序设计时，应针对具体情况，采用有效的方法。

三、复合形法的计算步骤

基本的复合形法（只含反射）的计算步骤如下：

1）选择复合形的顶点数 k，一般取 $n+1\leqslant k\leqslant 2n$，在可行域内构成具有 k 个顶点的初始复合形。

2）计算复合形各顶点的目标函数值，比较其大小，找出最好点 $\boldsymbol{x}_L$、最坏点 $\boldsymbol{x}_H$ 及次坏点 $\boldsymbol{x}_G$。

3）计算除去最坏点 $\boldsymbol{x}_H$ 以外的 $k-1$ 个顶点的中心点 $\boldsymbol{x}_C$。判别 $\boldsymbol{x}_C$ 是否可行，若 $\boldsymbol{x}_C$ 为可行点，则转至步骤 4）；若 $\boldsymbol{x}_C$ 为非可行点，则重新确定设计变量的下限和上限值，即令

$$\boldsymbol{a}=\boldsymbol{x}_L, \ \boldsymbol{b}=\boldsymbol{x}_C \tag{6-22}$$

然后转至步骤 1)，重新构造初始复合形。

4）按式（6-17）计算反射点 $\boldsymbol{x}_R$，必要时，改变反射系数 α 的值，直至反射成功，即满足式（6-18）。然后以 $\boldsymbol{x}_R$ 取代 $\boldsymbol{x}_H$，构成新的复合形。

5）若收敛条件

$$\left\{\frac{1}{k-1}\sum_{j=1}^{k}\left[f(\boldsymbol{x}_j)-f(\boldsymbol{x}_L)\right]^2\right\}^{\frac{1}{2}}\leqslant\varepsilon \tag{6-23}$$

得到满足，则计算终止。约束最优解为：$\boldsymbol{x}^*=\boldsymbol{x}_L$，$f(\boldsymbol{x}^*)=f(\boldsymbol{x}_L)$。否则，转至步骤 2)。

复合形法的程序框图如图 6-13 所示。

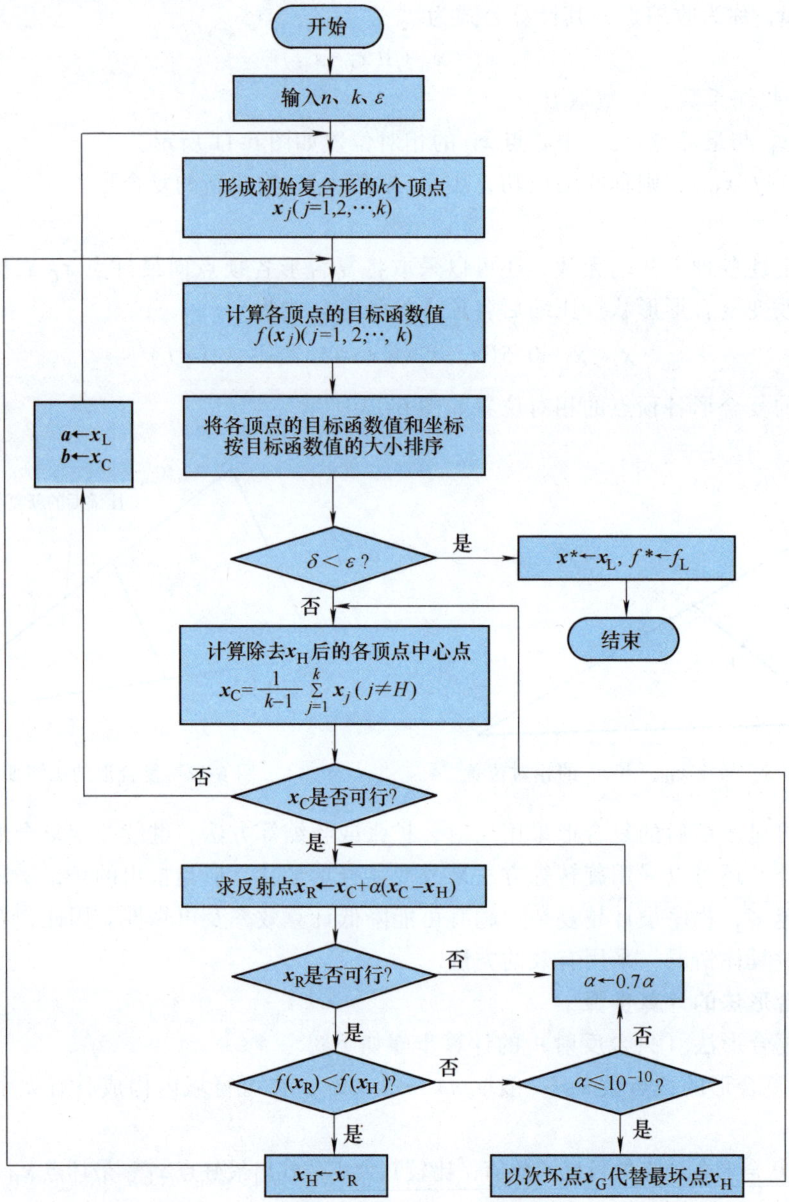

图 6-13 复合形法的程序框图

例 6-3 用复合形法求约束优化问题

$$\min f(\boldsymbol{x})=(x_1-5)^2+4(x_2-6)^2$$

$$\text{s. t.}\quad g_1(\boldsymbol{x})=64-x_1^2-x_2^2\leqslant 0$$

$$g_2(\boldsymbol{x})=x_2-x_1-10\leqslant 0$$

$$g_3(\boldsymbol{x})=x_1-10\leqslant 0$$

的最优解。

解： 在计算机上运行复合形法程序，共迭代 67 次，求得的约束最优解为 $\boldsymbol{x}^*=(\boldsymbol{5.21975}\quad \boldsymbol{6.06253})^{\mathrm{T}}$，$f(\boldsymbol{x}^*)=0.06393$。计算机计算结果的摘录见表 6-2，该问题的图解

如图 6-14 所示。

表 6-2　例 6-3 的计算结果

k	x_1	x_2	$f(\boldsymbol{x})$
0	8	14	265
10	4. 43521	6. 90164	3. 57084
20	5. 35314	6. 68238	1. 98728
30	5. 58604	6. 06063	0. 35813
40	5. 25561	6. 06049	0. 07997
50	5. 20952	6. 07303	0. 06523
60	5. 22074	6. 06183	0. 06402
67	5. 21975	6. 06253	0. 06393

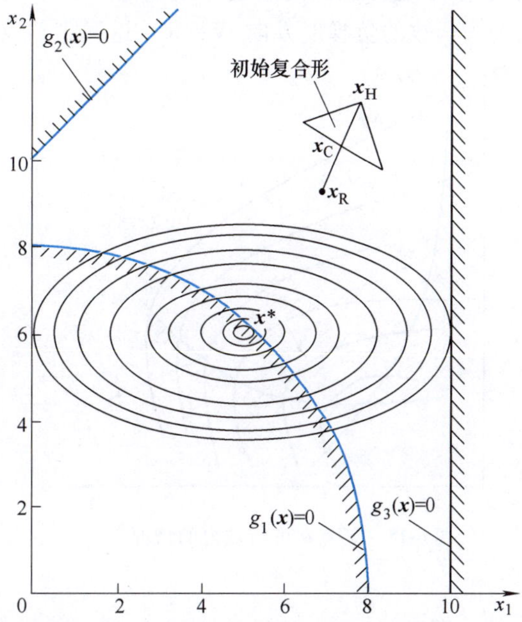

图 6-14　例 6-3 的图解

第四节　可行方向法

在约束优化问题的直接解法中，可行方向法是最大的一类，它也是求解大型约束优化问题的主要方法之一。这种方法的基本原理是在可行域内选择一个初始点 $\boldsymbol{x}^0$，当确定了一个可行方向 $\boldsymbol{d}$ 和适当的步长后，按下式

$$\boldsymbol{x}^{k+1}=\boldsymbol{x}^k+\alpha\boldsymbol{d}^k \quad (k=1,\ 2,\ \cdots) \tag{6-24}$$

进行迭代计算。在不断调整可行方向的过程中，使迭代点逐步逼近约束最优点。

一、可行方向法的搜索策略

可行方向法的第一步迭代均从可行的初始点 $\boldsymbol{x}^0$ 出发，沿 $\boldsymbol{x}^0$ 点的负梯度方向 $\boldsymbol{d}^0=-\nabla f(\boldsymbol{x}^0)$，将初始点移动到某一个约束面（只有一个起作用的约束时）上或约束面的交集（有几个起作用的约束时）上。然后根据约束函数和目标函数的不同性状，分别采用以下几种策略继续搜索。

第一种情况如图 6-15 所示，在约束面上的迭代点 $\boldsymbol{x}^k$ 处，产生一个可行方向 $\boldsymbol{d}^k$，沿此方向做一维最优化搜索，所得到的新点 $\boldsymbol{x}$ 在可行域内，即令 $\boldsymbol{x}^{k+1}=\boldsymbol{x}$，再沿 $\boldsymbol{x}^{k+1}$ 点的负梯度方向 $\boldsymbol{d}^{k+1}=-\nabla f(\boldsymbol{x}^{k+1})$ 继续搜索。

第二种情况如图 6-16 所示，沿可行方向 $\boldsymbol{d}^k$ 做一维最优化搜索，所得到的新点 $\boldsymbol{x}$ 在可行域外，则设法将 $\boldsymbol{x}$ 点移动到约束面上，即取 $\boldsymbol{d}^k$ 和约束面的交点作为新的迭代点 $\boldsymbol{x}^{k+1}$。

第三种情况是沿约束面搜索。对于只具有线性约束条件的非线性规划问题（图 6-17），从 $\boldsymbol{x}^k$ 点出发，沿约束面移动，在有限的几步内即可搜索到约束最优点；对于非线性约束函数（图 6-18），沿约束面移动将会进入非可行域，使问题变得更复杂。此时，需将进入非可

行域的新点 $\boldsymbol{x}$ 设法调整到约束面上，然后才能进行下一次迭代。调整的方法是：先规定约束面允差 δ，建立新的约束边界（如图 6-18 中虚线所示），然后将已离开约束面的 $\boldsymbol{x}$ 点沿起作用约束函数的负梯度方向 $-\nabla g(\boldsymbol{x})$ 返回到约束面上。其计算公式为

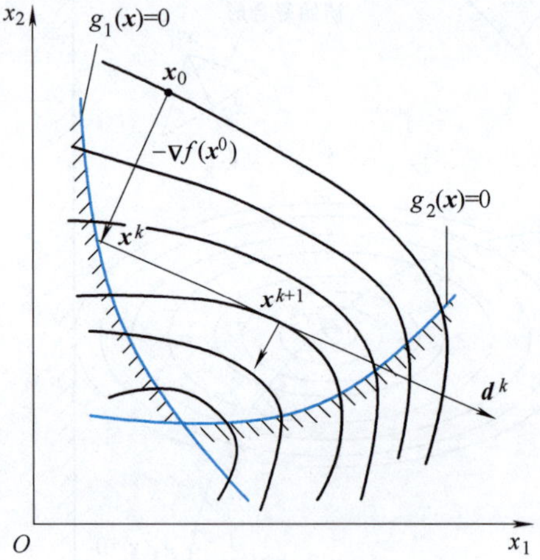

图 6-15 新点在可行域内的情况

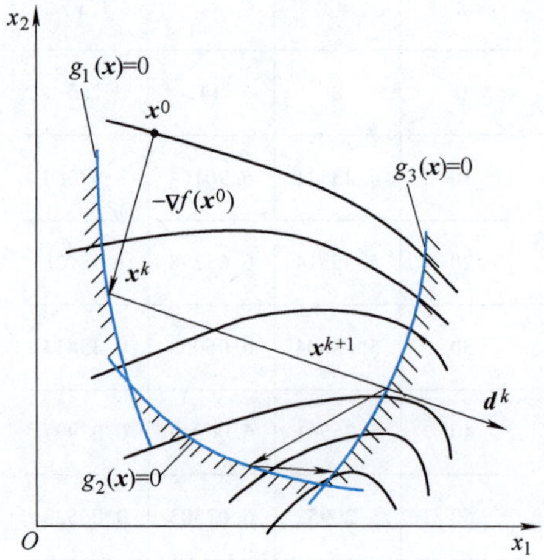

图 6-16 新点在可行域外的情况

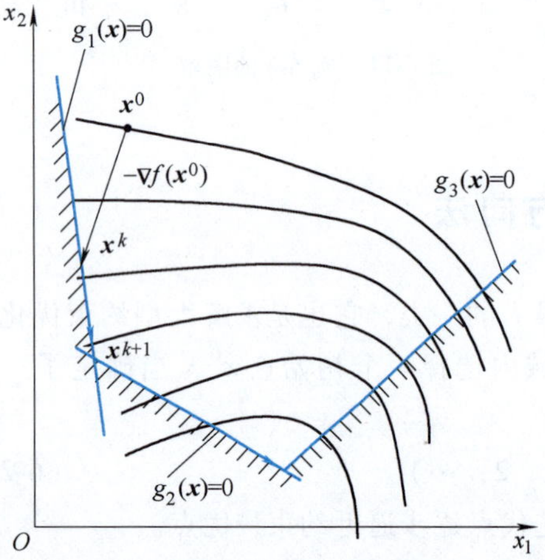

图 6-17 沿线性约束面的搜索

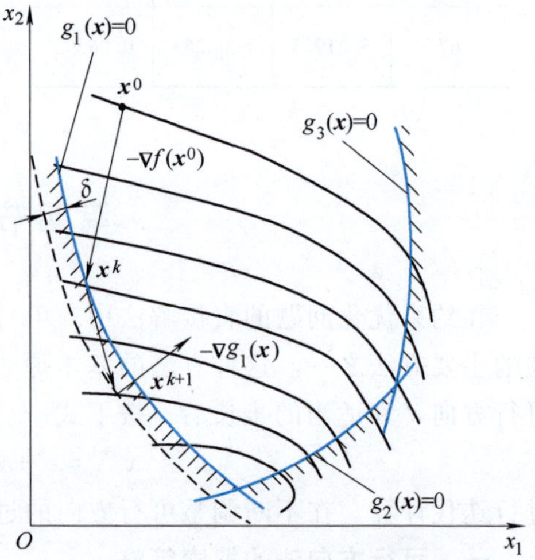

图 6-18 沿非线性约束面的搜索

$$\boldsymbol{x}^{k+1}=\boldsymbol{x}-\alpha_t \nabla g(\boldsymbol{x}) \tag{6-25}$$

式中 α_t——调整步长，可用试探法确定，或用下式估算

$$\alpha_t=\left|\frac{g(\boldsymbol{x})}{(\nabla g(\boldsymbol{x}))^{\mathrm{T}} \nabla g(\boldsymbol{x})}\right| \tag{6-26}$$

二、产生可行方向的条件

可行方向是指沿该方向做微小移动后，所得到的新点是可行点，且目标函数值有所下降。显然，可行方向应满足可行和下降两个条件。

1. 可行条件

方向的可行条件是指沿该方向做微小移动后，所得到的新点为可行点。如图 6-19a 所示，若 $\boldsymbol{x}^k$ 点在一个约束面上，对 $\boldsymbol{x}^k$ 点作约束面 $g(\boldsymbol{x})=0$ 的切线 τ，显然满足可行条件的方向 $\boldsymbol{d}^k$ 应与起作用的约束函数在 $\boldsymbol{x}^k$ 点的梯度 $\nabla g(\boldsymbol{x}^k)$ 的夹角大于或等于 90°。用向量关系式

可表示为

$$(\nabla g(\boldsymbol{x}^k))^{\mathrm{T}}\boldsymbol{d}^k \leqslant 0 \tag{6-27}$$

若 $\boldsymbol{x}^k$ 点在 J 个约束面的交集上，如图 6-19b 所示，为保证方向 $\boldsymbol{d}^k$ 可行，要求 $\boldsymbol{d}^k$ 和 J 个约束函数在 $\boldsymbol{x}^k$ 点的梯度 $\nabla g_j(\boldsymbol{x}^k)$（$j=1$，2，…，$J$）的夹角均大于等于 90°。其向量关系可表示为

$$(\nabla g_j(\boldsymbol{x}^k))^{\mathrm{T}}\boldsymbol{d}^k \leqslant 0 \quad (j=1,2,\cdots,J) \tag{6-28}$$

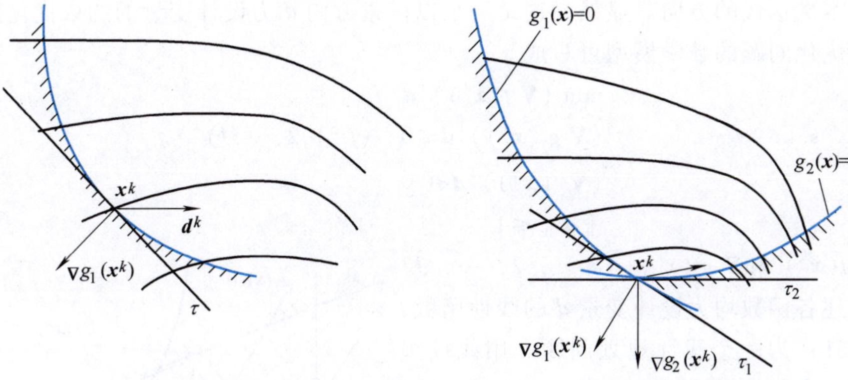

a) 一个起作用的约束　　b) 两个起作用的约束

图 6-19　方向的可行条件

2. 下降条件

方向的下降条件是指沿该方向做微小移动后，所得到的新点的目标函数值是下降的。如图 6-20 所示，满足下降条件的方向 $\boldsymbol{d}^k$ 应和目标函数在 $\boldsymbol{x}^k$ 点的梯度 $\nabla f(\boldsymbol{x}^k)$ 的夹角大于 90°。其向量关系可表示为

$$(\nabla f(\boldsymbol{x}^k))^{\mathrm{T}}\boldsymbol{d}^k < 0 \tag{6-29}$$

满足可行条件和下降条件，即式（6-28）和式（6-29）同时成立的方向称为可行方向。如图 6-21 所示，它位于约束曲面在 $\boldsymbol{x}^k$ 点的切线和目标函数等值线在 $\boldsymbol{x}^k$ 点的切线所围成的扇形区内。该扇形区称为可行下降方向区。

综上所述，当 $\boldsymbol{x}^k$ 点位于 J 个起作用的约束面上时，满足

$$\begin{cases}(\nabla g_j(\boldsymbol{x}^k))^{\mathrm{T}}\boldsymbol{d}^k \leqslant 0 \quad (j=1,2,\cdots,J)\\(\nabla f(\boldsymbol{x}^k))^{\mathrm{T}}\boldsymbol{d}^k < 0\end{cases} \tag{6-30}$$

的方向 $\boldsymbol{d}^k$ 称为可行方向。

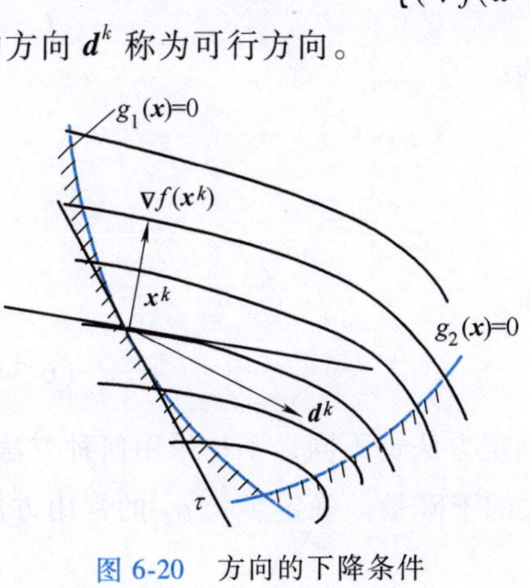

图 6-20　方向的下降条件

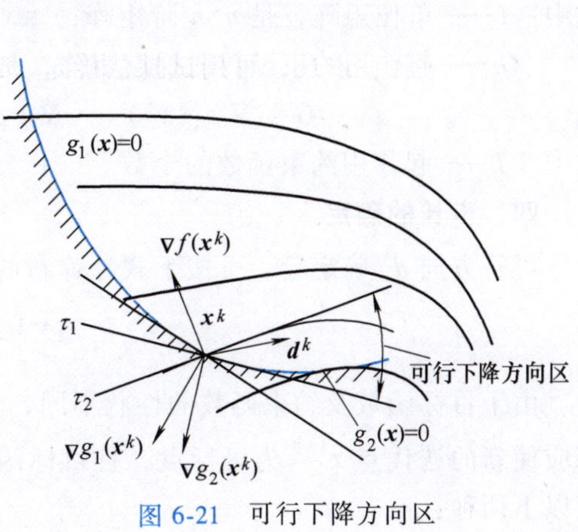

图 6-21　可行下降方向区

三、可行方向的产生方法

如上所述，满足可行条件和下降条件的方向位于可行下降方向区内，在该区域内寻找一个最有利的方向作为本次迭代的搜索方向，其方法主要有优选方向法和梯度投影法两种。

1. 优选方向法

在由式（6-30）构成的可行下降扇形区内选择任一方向 $\boldsymbol{d}$ 进行搜索，可得到一个目标函数值下降的可行点。现在的问题是如何在可行下降方向区内选择一个能使目标函数下降最快的方向作为本次迭代的方向。显然，这是一个以搜索方向 $\boldsymbol{d}$ 为设计变量的约束优化问题，这个新的约束优化问题的数学模型可写成

$$\begin{aligned} &\min\ (\nabla f(\boldsymbol{x}^k))^{\mathrm{T}}\boldsymbol{d} \\ \text{s. t.}\quad &(\nabla g_j(\boldsymbol{x}^k))^{\mathrm{T}}\boldsymbol{d}\leqslant 0 \quad (j=1,2,\cdots,J) \\ &(\nabla f(\boldsymbol{x}^k))^{\mathrm{T}}\boldsymbol{d}<0 \\ &\|\boldsymbol{d}\|\leqslant 1 \end{aligned} \tag{6-31}$$

由于$\nabla f(\boldsymbol{x}^k)$ 和$\nabla g_j(\boldsymbol{x}^k)$ （$j=1, 2, \cdots, J$）为定值，上述各函数均为设计变量 $\boldsymbol{d}$ 的线性函数，因此式（6-31）为一个线性规划问题。用线性规划法求解后，求得的最优解 $\boldsymbol{d}^*$ 即为本次迭代的可行方向，即 $\boldsymbol{d}^k=\boldsymbol{d}^*$。

2. 梯度投影法

当 $\boldsymbol{x}^k$ 点目标函数的负梯度方向$-\nabla f(\boldsymbol{x}^k)$ 不满足可行条件时，可将$-\nabla f(\boldsymbol{x}^k)$ 方向投影到约束面（或约束面的交集）上，得到投影向量 $\boldsymbol{d}^k$。从图6-22中可以看出，该投影向量显然满足方向的可行和下降条件。梯度投影法就是取该方向作为本次迭代的可行方向。可行方向的计算公式为

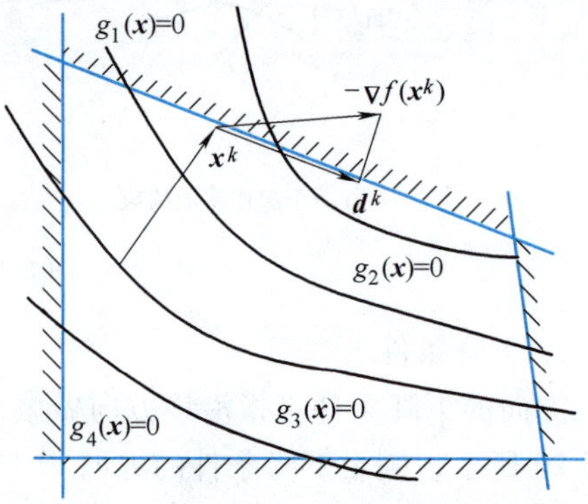

图6-22 约束面上的梯度投影方向

$$\boldsymbol{d}^k=-\boldsymbol{P}\nabla f(\boldsymbol{x}^k)/\|\boldsymbol{P}\nabla f(\boldsymbol{x}^k)\| \tag{6-32}$$

式中 $\nabla f(\boldsymbol{x}^k)$——$\boldsymbol{x}^k$ 点的目标函数梯度；

$\boldsymbol{P}$——投影算子，为 $n\times n$ 阶矩阵，其计算公式为

$$\boldsymbol{P}=\boldsymbol{I}-\boldsymbol{G}(\boldsymbol{G}^{\mathrm{T}}\boldsymbol{G})^{-1}\boldsymbol{G}^{\mathrm{T}} \tag{6-33}$$

式中 $\boldsymbol{I}$——单位矩阵，是 $n\times n$ 阶矩阵；

$\boldsymbol{G}$——起作用约束函数的梯度矩阵，是 $n\times J$ 阶矩阵。

$$\boldsymbol{G}=(\nabla g_1(\boldsymbol{x}^k) \quad \nabla g_2(\boldsymbol{x}^k) \quad \cdots \quad \nabla g_J(\boldsymbol{x}^k))$$

式中 J——起作用约束函数的个数。

四、步长的确定

可行方向 $\boldsymbol{d}^k$ 确定后，可按下式计算新的迭代点，即

$$\boldsymbol{x}^{k+1}=\boldsymbol{x}^k+\alpha_k\boldsymbol{d}^k \tag{6-34}$$

由于目标函数及约束函数的性状不同，步长 α_k 的确定方法也不同，不论采用何种方法，都应使新的迭代点 $\boldsymbol{x}^{k+1}$ 为可行点，且目标函数具有最大的下降量。确定步长 α_k 的常用方法有以下两种：

1. 取最优步长

如图 6-23 所示，从 $\boldsymbol{x}^k$ 点出发，沿 $\boldsymbol{d}^k$ 方向进行一维最优化搜索，取得最优步长 α^*，计算新点 $\boldsymbol{x}$ 的值，即

$$\boldsymbol{x}=\boldsymbol{x}^k+\alpha^*\boldsymbol{d}^k$$

若新点 $\boldsymbol{x}$ 为可行点，则本次迭代的步长取 $\alpha_k=\alpha^*$。

2. 取到约束边界的最大步长

如图 6-24 所示，从 $\boldsymbol{x}^k$ 点沿 $\boldsymbol{d}^k$ 方向进行一维最优化搜索，得到的新点 $\boldsymbol{x}$ 为不可行点，根据可行方向法的搜索策略，应改变步长，使新点 $\boldsymbol{x}$ 返回到约束面上来。使新点 $\boldsymbol{x}$ 恰好位于约束面上的步长称为最大步长，记作 α_M。则本次迭代的步长取 $\alpha_k=\alpha_M$。

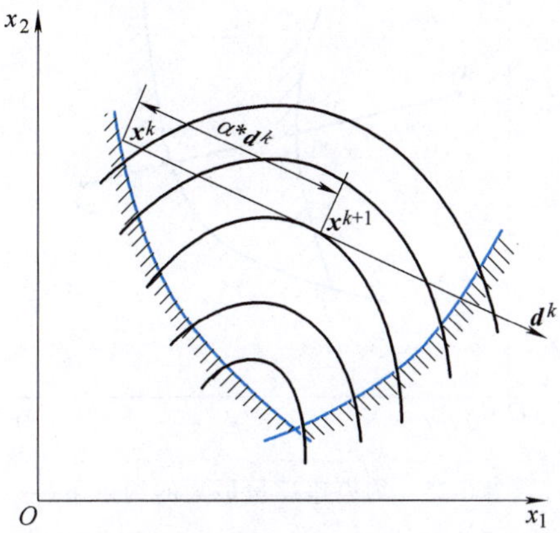

图 6-23　按最优步长确定新点

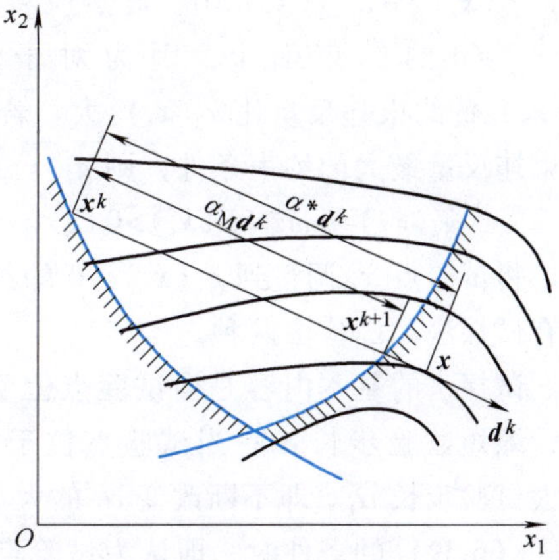

图 6-24　按最大步长确定新点

由于不能预测 $\boldsymbol{x}^k$ 点到另一个起作用约束面的距离，α_M 的确定较为困难，大致可按以下步骤计算：

1）取一试验步长 α_t，计算试验点 $\boldsymbol{x}_t$。试验步长 α_t 的值不能太大，以免因一步走得太远导致计算困难；其值也不能太小，以免计算效率太低。根据经验，试验步长 α_t 的值能使试验点 $\boldsymbol{x}_t$ 的目标函数值下降 5%～10% 为宜，即

$$\Delta f=f(\boldsymbol{x}^k)-f(\boldsymbol{x}_t)=(0.05\sim0.1)\left|f(\boldsymbol{x}^k)\right| \tag{6-35}$$

将目标函数 $f(\boldsymbol{x})$ 在 $\boldsymbol{x}_t$ 点展开成泰勒级数的线性式，即

$$f(\boldsymbol{x}_t)=f(\boldsymbol{x}^k+\alpha_t\boldsymbol{d}^k)=f(\boldsymbol{x}^k)+(\nabla f(\boldsymbol{x}^k))^{\mathrm{T}}\alpha_t\boldsymbol{d}^k$$

则

$$\Delta f=f(\boldsymbol{x}^k)-f(\boldsymbol{x}_t)=-\alpha_t(\nabla f(\boldsymbol{x}^k))^{\mathrm{T}}\boldsymbol{d}^k \tag{6-36}$$

由此可得试验步长 α_t 的计算公式为

$$\alpha_t=\frac{-\Delta f}{(\nabla f(\boldsymbol{x}^k))^{\mathrm{T}}\boldsymbol{d}^k}=(0.05\sim0.1)\frac{-\left|f(\boldsymbol{x}^k)\right|}{(\nabla f(\boldsymbol{x}^k))^{\mathrm{T}}\boldsymbol{d}^k} \tag{6-37}$$

因 $\boldsymbol{d}^k$ 为目标函数的下降方向，$(\nabla f(\boldsymbol{x}^k))^{\mathrm{T}}\boldsymbol{d}^k<0$，所以试验步长 α_t 恒为正值。试验步长选定后，试验点 $\boldsymbol{x}_t$ 的计算公式为

$$\boldsymbol{x}_t=\boldsymbol{x}^k+\alpha_t\boldsymbol{d}^k \tag{6-38}$$

2）判别试验点 $\boldsymbol{x}_t$ 的位置。由试验步长 α_t 确定的试验点 $\boldsymbol{x}_t$ 可能在约束面上，也可能在可行域或非可行域内。只要 $\boldsymbol{x}_t$ 不在约束面上，就要设法将其调整到约束面上来。要想使 $\boldsymbol{x}_t$

到达约束面 $g_j(\boldsymbol{x})=0(j=1, 2, \cdots, J)$ 是很困难的。为此，应先确定一个约束允差 δ。当试验点 $\boldsymbol{x}_t$ 满足

$$-\delta \leqslant g_j(\boldsymbol{x}_t) \leqslant 0 \quad (j=1,2,\cdots,J) \tag{6-39}$$

的条件时，则认为试验点 $\boldsymbol{x}_t$ 已位于约束面上。

若试验点 $\boldsymbol{x}_t$ 位于非可行域内，则转至步骤 3)。

若试验点 $\boldsymbol{x}_t$ 位于可行域内，则应沿 $\boldsymbol{d}^k$ 方向以步长 $\alpha_t \leftarrow 2\alpha_t$ 继续向前搜索，直至新的试验点 $\boldsymbol{x}_t$ 到达约束面或越出可行域，再转至步骤 3)。

3) 将位于非可行域的试验点 $\boldsymbol{x}_t$ 调整到约束面上。若试验点 $\boldsymbol{x}_t$ 位于图 6-25 所示的位置，在 $\boldsymbol{x}_t$ 点处，$g_1(\boldsymbol{x}_t)>0$，$g_2(\boldsymbol{x}_t)>0$。显然应将 $\boldsymbol{x}_t$ 点调整到 $g_1(\boldsymbol{x}_t)=0$ 的约束面上，因为对于 $\boldsymbol{x}_t$ 点来说，$g_1(\boldsymbol{x}_t)$ 的约束违反量比 $g_2(\boldsymbol{x}_t)$ 大。若设 $g_k(\boldsymbol{x}_t)$ 为约束违反量最大的约束条件，则 $g_k(\boldsymbol{x}_t)$ 应满足

$$g_k(\boldsymbol{x}_t)=\max\{g_j(\boldsymbol{x}_t)>0\,|_{j=1,2,\cdots,J}\} \tag{6-40}$$

将试验点 $\boldsymbol{x}_t$ 调整到 $g_k(\boldsymbol{x}_t)=0$ 的约束面上的方法有试探法和插值法两种。

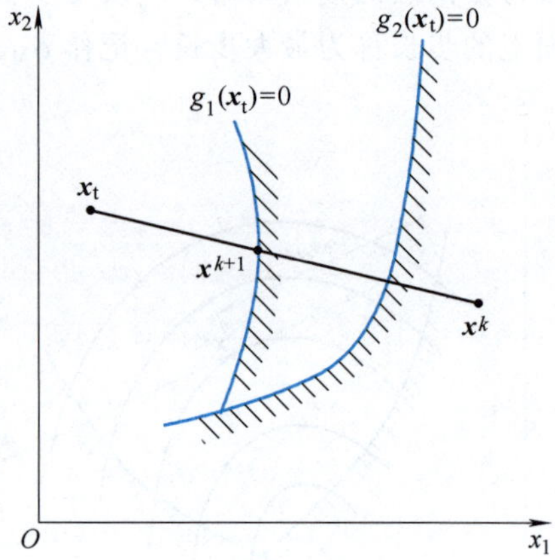

图 6-25 约束违反量最大的约束条件

试探法的基本内容是当试验点位于非可行域内时，缩短试验步长 α_t；当试验点位于可行域内时，增大试验步长 α_t。即不断改变 α_t 的大小，直至当满足式 (6-39) 的条件时，即认为试验点 $\boldsymbol{x}_t$ 已被调整到约束面上了。

图 6-26 所示为用试探法调整试验步长 α_t 的框图。

插值法是利用线性插值将位于非可行域内的试验点 $\boldsymbol{x}_t$ 调整到约束面上。设试验步长为 α_t 时，求得可行试验点为

$$\boldsymbol{x}_{t1}=\boldsymbol{x}^k+\alpha_t\boldsymbol{d}^k$$

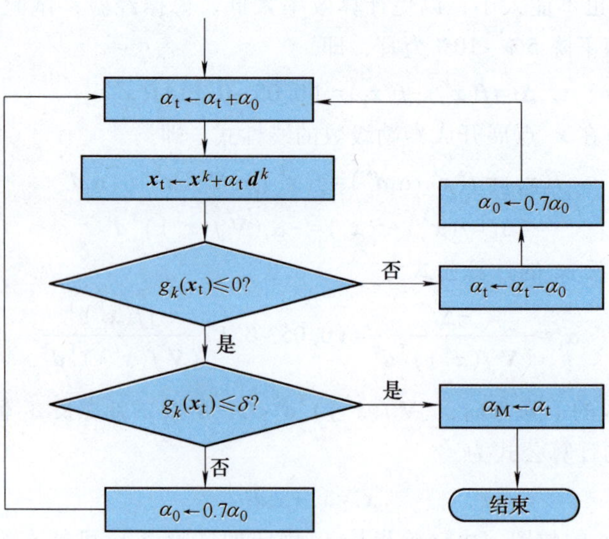

图 6-26 用试探法调整试验步长 α_t 的框图

当试验步长为 $\alpha_t+\alpha_0$ 时，求得非可行试验点为

$$\boldsymbol{x}_{t2}=\boldsymbol{x}^k+(\alpha_t+\alpha_0)\boldsymbol{d}^k$$

并设试验点 $\boldsymbol{x}_{t1}$ 和 $\boldsymbol{x}_{t2}$ 的约束函数分别为 $g_k(\boldsymbol{x}_{t1})<0$ 和 $g_k(\boldsymbol{x}_{t2})<0$，它们之间的位置关系如图 6-27 所示。

若考虑约束允差 δ，并按允差中心 $\delta/2$ 做线性内插，则可得到将 $\boldsymbol{x}_{t2}$ 点调整到约束面上的步长 α_s。其计算公式为

$$\alpha_s=\frac{-0.5\delta-g_k(\boldsymbol{x}_{t1})}{g_k(\boldsymbol{x}_{t2})-g_k(\boldsymbol{x}_{t1})}\alpha_0 \quad (6\text{-}41)$$

本次迭代的步长取为

$$\alpha_k=\alpha_M=\alpha_t+\alpha_s \quad (6\text{-}42)$$

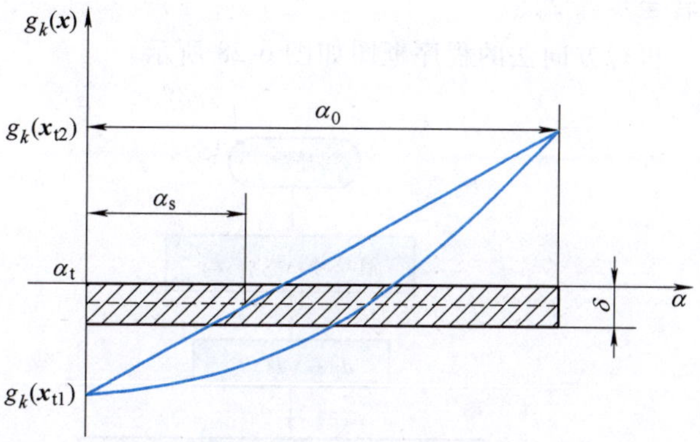

图 6-27　用插值法确定步长

五、收敛条件

按可行方向法的原理，将设计点调整到约束面上后，需要判断迭代是否收敛，即判断该迭代点是否为约束最优点。常用的收敛条件有以下两种：

1）设计点 $\boldsymbol{x}^k$ 及约束允差满足

$$\begin{cases}|(\nabla f(\boldsymbol{x}^k))^{\mathrm{T}}\boldsymbol{d}^k|\leqslant\varepsilon\\ \delta\leqslant\varepsilon_2\end{cases} \quad (6\text{-}43)$$

条件时，迭代收敛。

2）设计点 $\boldsymbol{x}^k$ 满足库恩-塔克条件

$$\begin{cases}\nabla f(\boldsymbol{x}^k)+\sum\limits_{j=1}^{J}\lambda_j\nabla g_j(\boldsymbol{x}^k)=0\\ \lambda_j\geqslant 0 \quad (j=1,2,\cdots,J)\end{cases} \quad (6\text{-}44)$$

时，迭代收敛。

六、可行方向法的计算步骤

1）在可行域内选择一个初始点 $\boldsymbol{x}^0$，给出约束允差 δ 及收敛精度值 ε。

2）令迭代次数 $k=0$，第一次迭代的搜索方向取 $\boldsymbol{d}^0=-\nabla f(\boldsymbol{x}^0)$。

3）估算试验步长 α_t，按式（6-38）计算试验点 $\boldsymbol{x}_t$。

4）若试验点 $\boldsymbol{x}_t$ 满足 $-\delta\leqslant g_j(\boldsymbol{x}_t)\leqslant 0$，$\boldsymbol{x}_t$ 点必位于第 j 个约束面上，则转至步骤 6)；若试验点 $\boldsymbol{x}_t$ 位于可行域内，则加大试验步长 α_t，重新计算新的试验点，直至 $\boldsymbol{x}_t$ 越出可行域，再转至步骤 5)；若试验点位于非可行域，则直接转至步骤 5)。

5）按式（6-40）确定约束违反量最大的约束函数 $g_k(\boldsymbol{x}_t)$。用插值法，即按式（6-41）计算调整步长 α_s，使试验点 $\boldsymbol{x}_t$ 返回到约束面上，则完成一次迭代。再令 $k=k+1$，$\boldsymbol{x}^k=\boldsymbol{x}_t$，然后转至下一步。

6）在新的设计点 $\boldsymbol{x}^k$ 处产生新的可行方向 $\boldsymbol{d}^k$。

7）若在 $\boldsymbol{x}^k$ 点满足收敛条件，则计算终止。约束最优解为 $\boldsymbol{x}^*=\boldsymbol{x}^k$，$f(\boldsymbol{x}^*)=f(\boldsymbol{x}^k)$。否则，改变允差 δ 的值，即令

$$\delta^k=\begin{cases}\delta^k & \text{当}(\nabla f(\boldsymbol{x}^k))^{\mathrm{T}}\boldsymbol{d}^k>\varepsilon\text{ 时}\\ 0.5\delta^k & \text{当}(\nabla f(\boldsymbol{x}^k))^{\mathrm{T}}\boldsymbol{d}^k\leqslant\varepsilon\text{ 时}\end{cases}\tag{6-45}$$

再转至步骤2)。

可行方向法的程序框图如图6-28所示。

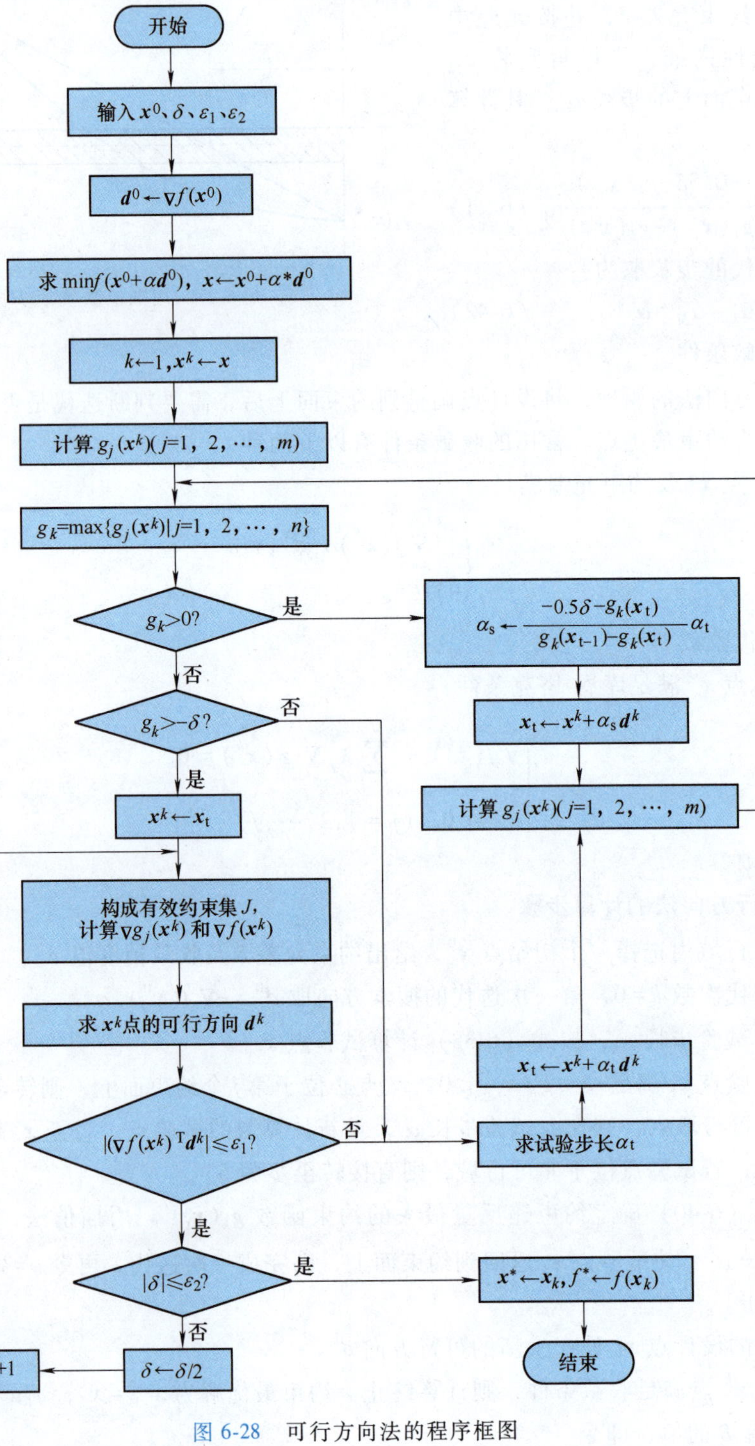

图6-28 可行方向法的程序框图

例 6-4 用可行方向法求约束优化问题

$$\min f(\boldsymbol{x})=60-10x_1-4x_2+x_1^2+x_2^2-x_1x_2$$

$$\text{s. t.}\quad g_1(\boldsymbol{x})=-x_1\leqslant 0$$

$$g_2(\boldsymbol{x})=-x_2\leqslant 0$$

$$g_3(\boldsymbol{x})=x_1-6\leqslant 0$$

$$g_4(\boldsymbol{x})=x_2-8\leqslant 0$$

$$g_5(\boldsymbol{x})=x_1+x_2-11\leqslant 0$$

的约束最优解。

解： 为了进一步说明可行方向法的原理，求解时将先采用优选方向法，后采用梯度投影法来确定可行方向。该问题的图解如图 6-29 所示。

取初始点 $\boldsymbol{x}^0=(0\quad 1)^{\mathrm{T}}$ 为约束边界 $g_1(\boldsymbol{x})=0$ 上的一点。第一次迭代用优选方向法确定可行方向。为此，首先计算 $\boldsymbol{x}^0$ 点的目标函数 $f(\boldsymbol{x}^0)$ 和约束函数 $g_1(\boldsymbol{x}^0)$ 的梯度，即

$$\nabla f(\boldsymbol{x}^0)=\begin{pmatrix}-10+2x_1-x_2\\-4+2x_2-x_1\end{pmatrix}=\begin{pmatrix}-11\\-2\end{pmatrix}$$

$$\nabla g_1(\boldsymbol{x}^0)=\begin{pmatrix}-1\\0\end{pmatrix}$$

为在可行下降方向区内寻找最优方向，需求解一个以可行方向 $\boldsymbol{d}=(d_1\quad d_2)^{\mathrm{T}}$ 为设计变量的线性规划问题，其数学模型为

$$\min\ (\nabla f(\boldsymbol{x}^0))^{\mathrm{T}}\boldsymbol{d}=-11d_1-2d_2$$

$$\text{s. t.}\quad (\nabla g_1(\boldsymbol{x}^0))^{\mathrm{T}}\boldsymbol{d}=-d_1\leqslant 0$$

$$(\nabla f(\boldsymbol{x}^0))^{\mathrm{T}}\boldsymbol{d}=-11d_1-2d_2\leqslant 0$$

$$d_1^2+d_2^2\leqslant 1$$

现用图解法求解，结果如图 6-30 所示，最优方向是 $\boldsymbol{d}^*=(0.984\quad 0.179)^{\mathrm{T}}$，它是目标函数等值线（直线束）和约束函数 $d_1^2+d_2^2=1$（半径为 1 的圆）的切点。第一次迭代的可行方向为 $\boldsymbol{d}^0=\boldsymbol{d}^*$。若取步长 $\alpha_0=6.098$，则

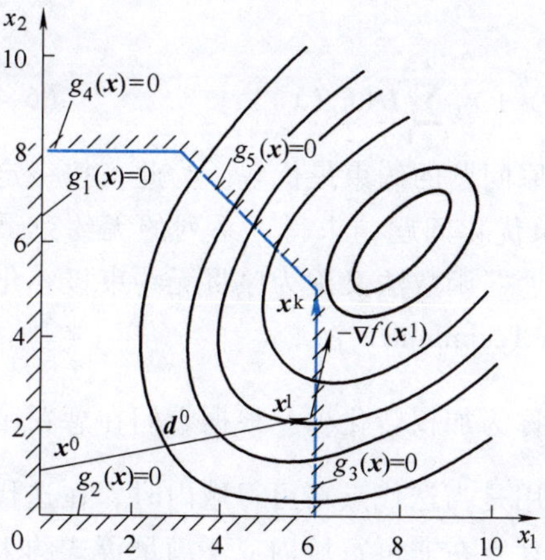

图 6-29 例 6-4 的图解

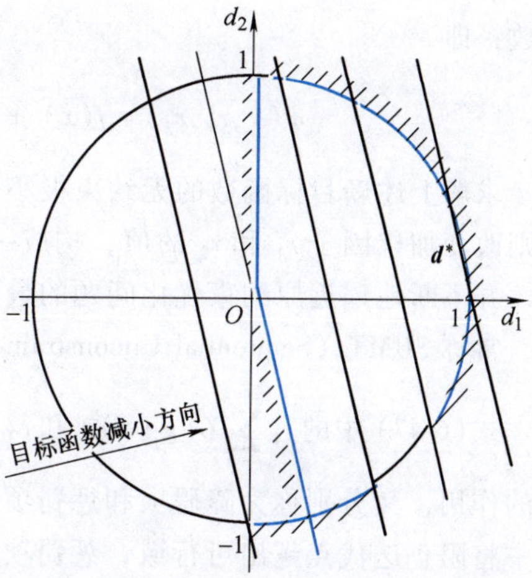

图 6-30 用线性规划法求最优方向

$$\boldsymbol{x}^1=\boldsymbol{x}^0+\alpha_0\boldsymbol{d}^0=\begin{pmatrix}0\\1\end{pmatrix}+6.098\begin{pmatrix}0.984\\0.179\end{pmatrix}=\begin{pmatrix}6\\2.091\end{pmatrix}$$

可见，第一次迭代点 $\boldsymbol{x}^1$ 在约束边界 $g_3(\boldsymbol{x}^1)=0$ 上。

第二次迭代用梯度投影法来确定可行方向。迭代点 $\boldsymbol{x}^1$ 的目标函数负梯度 $-\nabla f(\boldsymbol{x}^1)=(0.092\quad 5.818)^{\mathrm{T}}$，不满足方向的可行条件。现将 $-\nabla f(\boldsymbol{x}^1)$ 投影到约束边界 $g_3(\boldsymbol{x})=0$ 上，按式（6-33）计算投影算子 $\boldsymbol{P}$，即

$$\boldsymbol{P}=\boldsymbol{I}-\nabla g_3(\boldsymbol{x}^1)\left((\nabla g_3(\boldsymbol{x}^1))^{\mathrm{T}}\nabla g_3(\boldsymbol{x}^1)\right)^{-1}(\nabla g_3(\boldsymbol{x}^1))^{\mathrm{T}}$$

$$=\begin{pmatrix}1&0\\0&1\end{pmatrix}-\begin{pmatrix}1\\0\end{pmatrix}\left(\begin{pmatrix}1&0\end{pmatrix}\begin{pmatrix}1\\0\end{pmatrix}\right)^{-1}\begin{pmatrix}1&0\end{pmatrix}=\begin{pmatrix}0&0\\0&1\end{pmatrix}$$

本次迭代的可行方向为

$$\boldsymbol{d}^1=\frac{-\boldsymbol{P}\nabla f(\boldsymbol{x}^1)}{\|\boldsymbol{P}\nabla f(\boldsymbol{x}^1)\|}=\begin{pmatrix}0\\1\end{pmatrix}$$

显然，$\boldsymbol{d}^1$ 为沿约束边界 $g_3(\boldsymbol{x})=0$ 的方向。若取 $\alpha_1=2.909$，则本次迭代点

$$\boldsymbol{x}^2=\boldsymbol{x}^1+\alpha_1\boldsymbol{d}^1=\begin{pmatrix}6\\2.091\end{pmatrix}+2.909\begin{pmatrix}0\\1\end{pmatrix}=\begin{pmatrix}6\\5\end{pmatrix}$$

即为该问题的约束最优点 $\boldsymbol{x}^*$，则得约束最优解为

$$\boldsymbol{x}^*=\begin{pmatrix}6\\5\end{pmatrix},\quad f(\boldsymbol{x}^*)=11$$

第五节 惩罚函数法

惩罚函数法

惩罚函数法是一种使用很广泛，且很有效的间接解法。它的基本原理是将约束优化问题

$$\begin{aligned}&\min f(\boldsymbol{x})\\ \text{s.t.}\quad &g_j(\boldsymbol{x})\leqslant 0\qquad (j=1,2,\cdots,m)\\ &h_k(\boldsymbol{x})=0\qquad (k=1,2,\cdots,l)\end{aligned}\tag{6-46}$$

中的不等式和等式约束函数经过加权转化后，和原目标函数结合形成新的目标函数——惩罚函数，即

$$\phi(\boldsymbol{x},r_1,r_2)=f(\boldsymbol{x})+r_1\sum_{j=1}^{m}G(g_j(\boldsymbol{x}))+r_2\sum_{k=1}^{l}H(h_k(\boldsymbol{x}))\tag{6-47}$$

求解上述新目标函数的无约束极小值，以期得到原问题的约束最优解。为此，按一定的法则改变加权因子 r_1 和 r_2 的值，构成一系列的无约束优化问题，求得一系列的无约束最优解，并不断地逼近原约束优化问题的最优解。因此，惩罚函数法又称为序贯无约束极小化方法，常称 SUMT（Sequential Unconstrained Minimization Technique）法。

式(6-47)中的 $r_1\sum_{j=1}^{m}G(g_j(\boldsymbol{x}))$ 和 $r_2\sum_{k=1}^{l}H(h_k(\boldsymbol{x}))$ 称为加权转化项。根据它们在惩罚函数中的作用，又分别称为障碍项和惩罚项。障碍项的作用是当迭代点在可行域内时，在迭代过程中将阻止迭代点越出可行域；惩罚项的作用是当迭代点在非可行域内或不满足等式约束条件时，在迭代过程中将迫使迭代点逼近约束边界或等式约束曲面。

根据迭代过程是否在可行域内进行，惩罚函数法又可分为内点惩罚函数法、外点惩罚函数法和混合惩罚函数法三种。

一、内点惩罚函数法

内点惩罚函数法简称为内点法，这种方法将新目标函数定义于可行域内，序列迭代点在可行域内逐步逼近约束边界上的最优点。内点法只能用来求解具有不等式约束的优化问题。

对于只具有不等式约束的优化问题

$$\begin{aligned}&\min f(\boldsymbol{x})\\ \text{s. t.}\quad &g_j(\boldsymbol{x})\leqslant 0\qquad (j=1,2,\cdots,m)\end{aligned}\tag{6-48}$$

转化后的惩罚函数形式为

$$\phi(\boldsymbol{x},r)=f(\boldsymbol{x})-r\sum_{j=1}^{m}\frac{1}{g_j(\boldsymbol{x})}\tag{6-49}$$

或

$$\phi(\boldsymbol{x},r)=f(\boldsymbol{x})-r\sum_{j=1}^{m}\ln[-g_j(\boldsymbol{x})]\tag{6-50}$$

式中 r——惩罚因子，它是由大到小且趋近于 0 的数列，即 $r^0>r^1>r^2>\cdots\to 0$；

$\sum_{j=1}^{m}\frac{1}{g_j(\boldsymbol{x})}$ 或 $\sum_{j=1}^{m}\ln[-g_j(\boldsymbol{x})]$——障碍项。

由于内点法的迭代过程在可行域内进行，障碍项的作用是阻止迭代点越出可行域。由障碍项的函数形式可知，当迭代点靠近某一约束边界时，其值趋近于 0，而障碍项的值陡然增加，并趋近于无穷大，好像在可行域的边界上筑起了一道“围墙”，使迭代点始终不能越出可行域。显然，只有当惩罚因子 $r\to 0$ 时，才能求得在约束边界上的最优解。下面用一简例来说明内点法的基本原理。

例 6-5 用内点法求问题

$$\begin{aligned}&\min f(\boldsymbol{x})=x_1^2+x_2^2\\ \text{s. t.}\quad &g(\boldsymbol{x})=1-x_1\leqslant 0\end{aligned}$$

的约束最优解。

解： 如图 6-31 所示，该问题的约束最优点为 $\boldsymbol{x}^*=(1\quad 0)^{\mathrm{T}}$，它是目标函数等值线，即 $x_1^2+x_2^2=1$ 的圆和约束函数，即 $1-x_1=0$ 的直线的切点，最优值为 $f(\boldsymbol{x}^*)=1$。

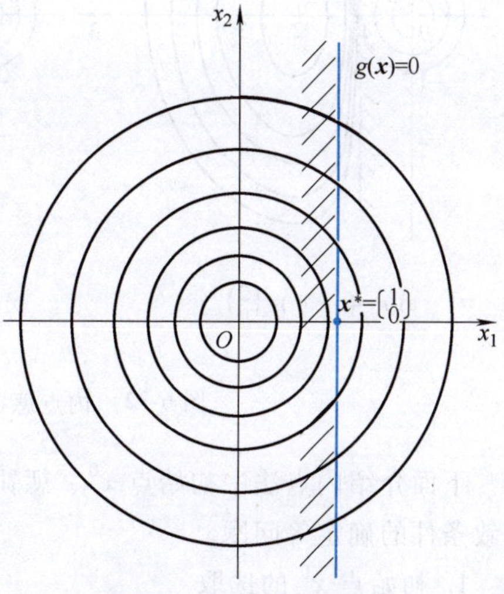

图 6-31 例 6-5 的图解

用内点法求解该问题时，首先按式（6-50）构造内点惩罚函数

$$\phi(\boldsymbol{x},r)=x_1^2+x_2^2-r\ln(x_1-1)$$

对于任意给定的惩罚因子 $r\ (r>0)$，函数 $\phi(\boldsymbol{x},r)$ 为凸函数。用解析法求函数 $\phi(\boldsymbol{x},r)$ 的极小值，即令 $\nabla\phi(\boldsymbol{x},r)=0$，得方程组

$$\begin{cases}\dfrac{\partial\phi}{\partial x_1}=2x_1-\dfrac{r}{x_1-1}=0\\[2ex] \dfrac{\partial\phi}{\partial x_2}=2x_2=0\end{cases}$$

联立求解得

$$\begin{cases} x_1(r)=\dfrac{1\pm\sqrt{1+2r}}{2} \\ x_2(r)=0 \end{cases}$$

当 $x_1(r)=\dfrac{1-\sqrt{1+2r}}{2}$ 时，不满足约束条件 $g(x)=1-x_1\leqslant 0$，应舍去。因此，无约束极值点为

$$x_1^*(r)=\frac{1+\sqrt{1+2r}}{2}$$

$$x_2^*(r)=0$$

当 $r=4$ 时，$\boldsymbol{x}^*(r)=(2\quad 0)^{\mathrm{T}}$，$f(\boldsymbol{x}^*(r))=4$。

当 $r=1.2$ 时，$\boldsymbol{x}^*(r)=(1.422\quad 0)^{\mathrm{T}}$，$f(\boldsymbol{x}^*(r))=2.022$。

当 $r=0.36$ 时，$\boldsymbol{x}^*(r)=(1.156\quad 0)^{\mathrm{T}}$，$f(\boldsymbol{x}^*(r))=1.336$。

当 $r=0$ 时，$\boldsymbol{x}^*(r)=(1\quad 0)^{\mathrm{T}}$，$f(\boldsymbol{x}^*(r))=1$。

由上述计算可知，当逐步减小 r 值，直至趋近于 0 时，$\boldsymbol{x}^*(r)$ 逼近原问题的约束最优解。

当 $r=4$、1.2、0.36 时，惩罚函数 $\phi(\boldsymbol{x},\ r)$ 的等值线图分别如图 6-32a、b、c 所示。从图中可清楚地看出，当 r 逐渐减小时，无约束极值点 $\boldsymbol{x}^*(r)$ 的序列将在可行域内逐步逼近约束最优点。

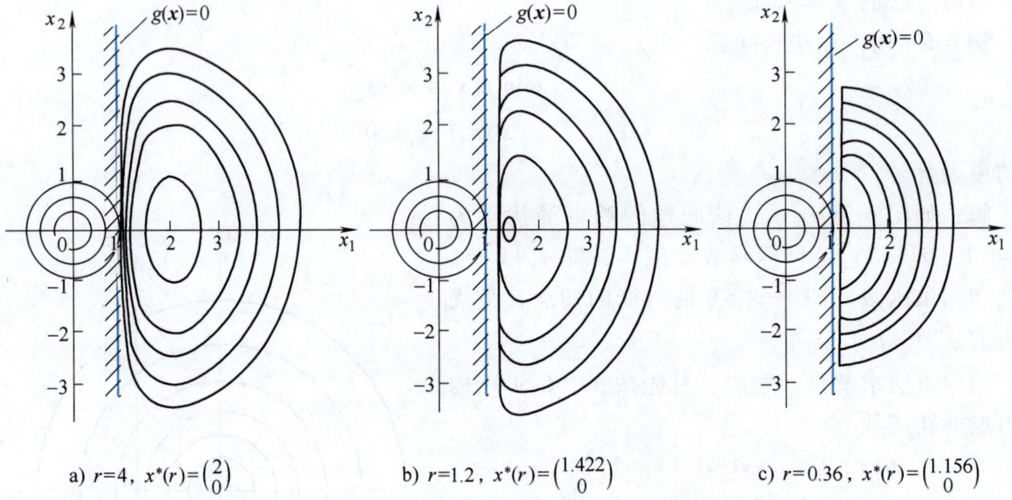

图 6-32 内点惩罚函数的极小点向约束最优点逼近

下面介绍内点法中初始点 $\boldsymbol{x}^0$、惩罚因子的初值 r^0 及其缩减系数 c 等重要参数的选取和收敛条件的确定等问题。

1. 初始点 $\boldsymbol{x}^0$ 的选取

使用内点法时，初始点 $\boldsymbol{x}^0$ 应选择一个离约束边界较远的可行点。若 $\boldsymbol{x}^0$ 太靠近某一约束

边界，则构造的惩罚函数可能由于障碍项的值很大而变得畸形，使求解无约束优化问题发生困难。在进行程序设计时，一般都考虑使程序具有人工输入和计算机自动生成可行初始点的两种功能，由使用者选用。计算机自动生成可行初始点的常用方法是利用随机数生成设计点，该方法已在本章中做过介绍。

2. 惩罚因子初值 r^0 的选取

惩罚因子初值 r^0 的选取应适当，否则会影响迭代计算的正常进行。一般来说，r^0 太大，将增加迭代次数；r^0 太小，会使惩罚函数的性态变坏，甚至难以收敛到极值点。由于问题函数的多样化，使得 r^0 的取值相当困难，目前尚无一定的有效方法。对于不同的问题，都要经过多次试算，才能确定一个适当的 r^0。以下的方法可作为试算取值的参考：

1）取 $r^0=1$，根据试算的结果，再决定增加或减小 r^0 的值。

2）按经验公式

$$r^0=\left|\frac{f(\boldsymbol{x}^0)}{\sum\limits_{j=1}^{m}\frac{1}{g_j(\boldsymbol{x}^0)}}\right| \tag{6-51}$$

计算 r^0 的值。这样选取的 r^0 可以使惩罚函数中的障碍项和原目标函数的值大致相等，不会因障碍项的值太大而起支配作用，也不会因障碍项的值太小而被忽略掉。

3. 惩罚因子的缩减系数 c 的选取

在构造序列惩罚函数时，惩罚因子 r 是一个逐次递减到 0 的数列，相邻两次迭代的惩罚因子的关系为

$$r^k=cr^{k-1}\qquad(k=1,\ 2,\ \cdots) \tag{6-52}$$

式中的 c 称为惩罚因子的缩减系数，c 为小于 1 的正数。一般的看法是，c 值的大小在迭代过程中不起决定性作用，通常的取值范围在 0.1~0.7 之间。

4. 收敛条件

内点法的收敛条件为

$$\left|\frac{\phi(\boldsymbol{x}^*(r^k),r^k)-\phi(\boldsymbol{x}^*(r^{k-1}),r^{k-1})}{\phi(\boldsymbol{x}^*(r^{k-1}),r^{k-1})}\right|\leqslant\varepsilon_1 \tag{6-53}$$

$$\|\boldsymbol{x}^*(r^k)-\boldsymbol{x}^*(r^{k-1})\|\leqslant\varepsilon_2 \tag{6-54}$$

式（6-53）说明相邻两次迭代的惩罚函数的值相对变化量充分小，式（6-54）说明相邻两次迭代的无约束极小点已充分接近。满足收敛条件的无约束极小点 $\boldsymbol{x}^*(r^k)$ 已逼近原问题的约束最优点，迭代终止。原约束问题的最优解为

$$\boldsymbol{x}^*=\boldsymbol{x}^*(r^k),\ f(\boldsymbol{x}^*)=f(\boldsymbol{x}^*(r^k))$$

内点法的计算步骤如下：

1）选取可行的初始点 $\boldsymbol{x}^0$、惩罚因子的初值 r^0、缩减系数 c 以及收敛精度 ε_1 和 ε_2。令迭代次数 $k=0$。

2）构造惩罚函数 $\phi(\boldsymbol{x},\ r)$，选择适当的无约束优化方法，求函数 $\phi(\boldsymbol{x},\ r)$ 的无约束极值，得 $\boldsymbol{x}^*(r^k)$ 点。

3）用式（6-53）及式（6-54）判别迭代是否收敛，若满足收敛条件，则迭代终止。约

束最优解为 $x^*=x^*(r^k)$，$f(x^*)=f(x^*(r^k))$；否则令 $r^{k+1}=cr^k$，$x^0=x^*(r^k)$，$k=k+1$，然后转至步骤2)。

内点法的程序框图如图6-33所示。

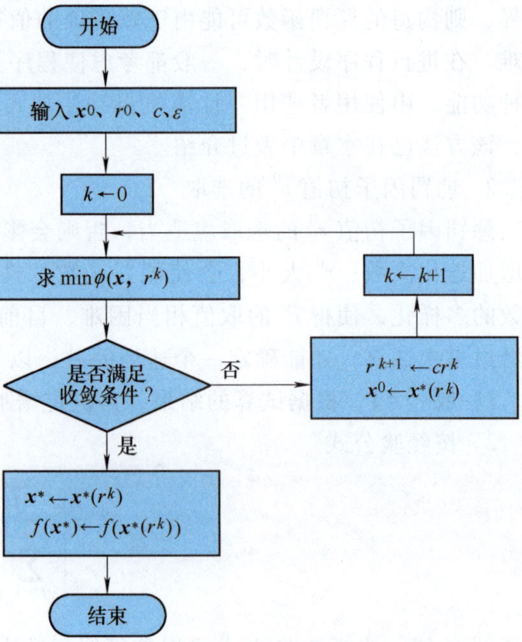

图6-33 内点法的程序框图

二、外点惩罚函数法

外点惩罚函数法简称外点法。这种方法与内点法相反，其新目标函数定义在可行域之外，序列迭代点从可行域之外逐渐逼近约束边界上的最优点。外点法可以用来求解含不等式和等式约束的优化问题。

对于约束优化问题

$$\min f(x)$$
$$\text{s.t.}\quad g_j(x)\leqslant 0 \qquad (j=1,2,\cdots,m)$$
$$h_k(x)=0 \qquad (k=1,2,\cdots,l)$$

转化后的外点惩罚函数的形式为

$$\phi(x,r)=f(x)+r\sum_{j=1}^{m}\max\left[0,g_j(x)\right]^2+r\sum_{k=1}^{l}\left[h_k(x)\right]^2 \tag{6-55}$$

式中 r——惩罚因子，它是由小到大，且趋近于∞的数列，即 $r^0<r^1<r^2<\cdots\rightarrow\infty$；

$\sum\limits_{j=1}^{m}\max\left[0,\ g_j(x)\right]^2$、$\sum\limits_{k=1}^{l}\left[h_k(x)\right]^2$——对应于不等式约束和等式约束函数的惩罚项。

由于外点法的迭代过程在可行域之外进行，惩罚项的作用是迫使迭代点逼近约束边界或等式约束曲面。由惩罚项的形式可知，当迭代点 x 不可行时，惩罚项的值大于0。使得惩罚函数 $\phi(x,\ r)$ 大于原目标函数，这可看成是对迭代点不满足约束条件的一种惩罚。迭代点离约束边界越远时，惩罚项的值越大，这种惩罚越重。但当迭代点不断接近约束边界和等式约束曲面时，惩罚项的值减小，且趋近于0，惩罚项的作用逐渐消失，迭代点也就趋近于约束边界上的最优点了。

下面仍用一简例来说明外点法的基本原理。

例6-6 用外点法求问题

$$\min f(x)=x_1^2+x_2^2$$
$$\text{s.t.}\quad g(x)=1-x_1\leqslant 0$$

的约束最优解。

解： 前面已用内点法求解过这一问题，其约束最优解为 $x^*=(1\quad 0)^{\mathrm{T}}$，$f(x^*)=1$。用外点法求解时，首先按式（6-55）构造外点惩罚函数，即

$$\phi(x,r)=x_1^2+x_2^2+r(1-x_1)^2$$

对于任意给定的惩罚因子 $r(r>0)$，函数 $\phi(x,\ r)$ 为凸函数。用解析法求 $\phi(x,\ r)$ 的无约束极小值，即令 $\nabla\phi(x,\ r)$，得方程组

$$\begin{cases}\dfrac{\partial\phi}{\partial x_1}=2x_1-2r(1-x_1)=0\\ \dfrac{\partial\phi}{\partial x_2}=2x_2=0\end{cases}$$

联立求解得

$$\begin{cases}x_1^*(r)=\dfrac{r}{1+r}\\ x_2^*(r)=0\end{cases}$$

当 $r=0.3$ 时，$\boldsymbol{x}^*(r)=(0.231\quad 0)^{\mathrm{T}}$，$f(\boldsymbol{x}^*(r))=0.053$。

当 $r=1.5$ 时，$\boldsymbol{x}^*(r)=(0.6\quad 0)^{\mathrm{T}}$，$f(\boldsymbol{x}^*(r))=0.36$。

当 $r=7.5$ 时，$\boldsymbol{x}^*(r)=(0.882\quad 0)^{\mathrm{T}}$，$f(\boldsymbol{x}^*(r))=0.78$。

当 $r\to\infty$ 时，$\boldsymbol{x}^*(r)=(1\quad 0)^{\mathrm{T}}$，$f(\boldsymbol{x}^*(r))=1$。

由上述计算可知，当逐渐增大 r 值，直至趋近于 ∞ 时，$\boldsymbol{x}^*(r)$ 逼近原约束问题的最优解。

当 $r=0.3$、1.5、7.5 时，惩罚函数 $\phi(\boldsymbol{x},r)$ 的等值线图分别如图 6-34a、b、c 所示。从图中可清楚地看出，当 r 逐渐增大时，无约束极值点 $\boldsymbol{x}^*(r)$ 的序列将在可行域之外逐步逼近约束最优点。

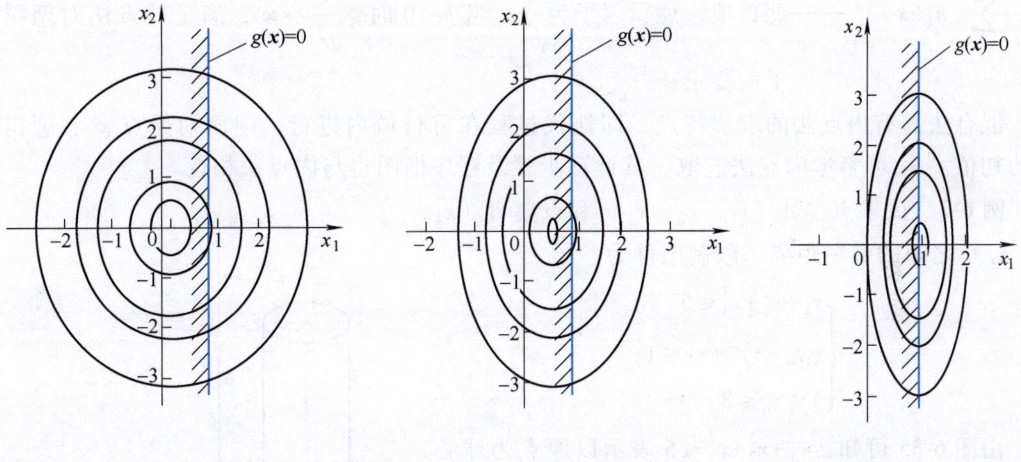

a) $r=0.3$，$x^*(r)=\begin{pmatrix}0.231\\0\end{pmatrix}$　b) $r=1.5$，$x^*(r)=\begin{pmatrix}0.6\\0\end{pmatrix}$　c) $r=7.5$，$x^*(r)=\begin{pmatrix}0.882\\0\end{pmatrix}$

图 6-34　外点惩罚函数的极小点向约束最优点逼近

外点法的惩罚因子的递增公式为

$$r^k=cr^{k-1}\tag{6-56}$$

式中　c——递增系数，通常取 $c=5\sim10$。

与内点法相反，若惩罚因子的初值 r^0 取为相当大的值，则会使 $\phi(\boldsymbol{x},r)$ 的等值线变形或偏心，求 $\phi(\boldsymbol{x},r)$ 的极值将发生困难；但 r^0 取得过小，势必增加迭代次数。所以，在外点法中，r^0 的合理取值也是很重要的。大量计算表明，取 $r^0=1$，$c=10$ 常常可以获得满意的结果。有时也可按经验公式来计算 r^0 的值，即

$$r^0 = \max\{r_j^0\} \quad (j=1,2,\cdots,m) \tag{6-57}$$

式中

$$r_j^0 = \frac{0.02}{mg_j(\boldsymbol{x}^0)f(\boldsymbol{x}^0)} \quad (j=1,2,\cdots,m)$$

外点法的收敛条件和内点法相同，其计算步骤、程序框图也与内点法相近。

三、混合惩罚函数法

混合惩罚函数法简称混合法。这种方法是把内点法和外点法结合起来，用于求解同时具有等式约束和不等式约束函数的优化问题。

对于约束优化问题

$$\begin{aligned} &\min f(\boldsymbol{x}) \\ \text{s. t.}\quad & g_j(\boldsymbol{x}) \leqslant 0 \qquad (j=1,2,\cdots,m) \\ & h_k(\boldsymbol{x}) = 0 \qquad (k=1,2,\cdots,l) \end{aligned}$$

转化后的混合惩罚函数的形式为

$$\phi(\boldsymbol{x},r) = f(\boldsymbol{x}) - r\sum_{j=1}^{m}\frac{1}{g_j(\boldsymbol{x})} + \frac{1}{\sqrt{r}}\sum_{k=1}^{l}[h_k(\boldsymbol{x})]^2 \tag{6-58}$$

式中 $r\sum_{j=1}^{m}\frac{1}{g_j(\boldsymbol{x})}$——障碍项，惩罚因子 r 按内点法选取，即 $r^0>r^1>r^2>\cdots\to 0$；

$\frac{1}{\sqrt{r}}\sum_{k=1}^{l}[h_k(\boldsymbol{x})]^2$——惩罚项，惩罚因子为$\frac{1}{\sqrt{r}}$，当 $r\to 0$ 时，$\frac{1}{\sqrt{r}}\to\infty$，满足外点法对惩罚因子的要求。

混合法具有内点法的求解特点，即迭代过程在可行域内进行，因而初始点 $\boldsymbol{x}^0$、惩罚因子的初值 r^0 均可参考内点法选取。其计算步骤及程序框图也与内点法相近。

例 6-7 试求点集 A（x_1，x_2，x_3）和点集 B（x_4，x_5，x_6）之间的最短距离。限制条件为

$$\begin{cases} x_1^2+x_2^2+x_3^2 \leqslant 5 \\ (x_4-3)^2+x_5^2 \leqslant 1 \\ 4 \leqslant x_6 \leqslant 8 \end{cases}$$

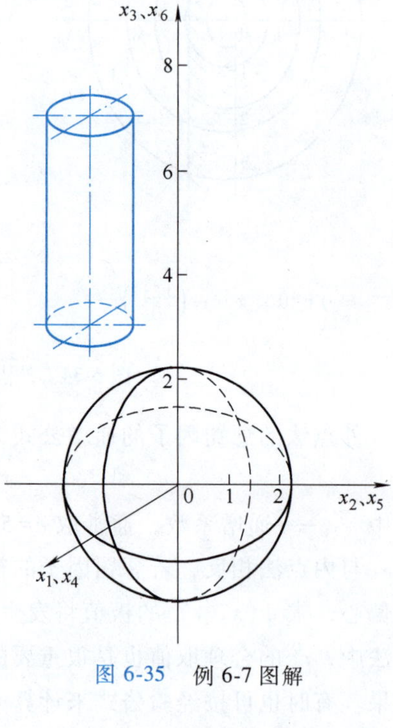

图 6-35 例 6-7 图解

由图 6-35 可知，$x_1^2+x_2^2+x_3^2\leqslant 5$ 表示以原点为球心，半径为$\sqrt{5}$的球体，点集 $A(x_1, x_2, x_3)$ 在球面上取点。$(x_4-3)^2+x_5^2\leqslant 1$，$4\leqslant x_6\leqslant 8$ 表示一圆柱体，点集 B（x_4，x_5，x_6）在圆柱面上取点。因此，该问题即为求这两个几何体间的最短距离的约束优化问题，其数学模型为

$$\begin{aligned} &\min f(\boldsymbol{x}) = (x_1-x_4)^2+(x_2-x_5)^2+(x_3-x_6)^2 \\ \text{s. t.}\quad & g_1(\boldsymbol{x}) = x_1^2+x_2^2+x_3^2-5 \leqslant 0 \\ & g_2(\boldsymbol{x}) = (x_4-3)^2+x_5^2-1 \leqslant 0 \\ & g_3(\boldsymbol{x}) = x_6-8 \leqslant 0 \\ & g_4(\boldsymbol{x}) = 4-x_6 \leqslant 0 \end{aligned}$$

解： 用混合法程序计算时，取 $x^0=(1\quad 1\quad 1\quad 3\quad 1\quad 5)^T$，$r^0=1$，$c=0.2$。在计算机上运行，共迭代13次，求得的最优解为

$$x^*=(1.0015\quad -0.0035\quad 1.999\quad 2.0\quad -0.0077\quad 4.07)^T$$
$$f(x^*)=5.0008$$

与理论解 $x^*=(1\quad 0\quad 2\quad 2\quad 0\quad 4)^T$，$f(x^*)=5$ 相比，误差很小。

第六节 增广乘子法

前一节所述的惩罚函数法原理简单，算法易行，适用范围广，并且可以和各种有效的无约束最优化方法结合起来，因此得到广泛应用。但是，惩罚函数法也存在不少问题，从理论上讲，只有当 $r\to\infty$（外点法）或 $r\to 0$（内点法）时，算法才能收敛，因此序列迭代过程收敛较慢。另外，当惩罚因子的初值 r^0 取的不合适时，惩罚函数可能变得病态，使无约束最优化计算发生困难。

近年来提出的增广乘子法在计算过程中的数值稳定性、计算效率上都超过了惩罚函数法。目前，增广乘子法在理论上得到了总结提高，在算法上也积累了不少经验，这种方法正在日益完善。

虽然在第二章第五节中已经介绍了拉格朗日乘子法，但为了讨论的方便，这里再简单回顾一下拉格朗日乘子法，然后再着重介绍具有等式约束和不等式约束的增广乘子法的算法原理和步骤。

一、拉格朗日乘子法

拉格朗日乘子法是一种古典的求约束极值的间接解法。它是将具有等式约束的优化问题

$$\begin{aligned}&\min f(x)\\ \text{s.t.}\quad &h_p(x)=0\quad (p=1,2,\cdots,l)\end{aligned}$$

转化成拉格朗日函数

$$L(x,\lambda)=f(x)+\sum_{p=1}^{l}\lambda_p h_p(x) \tag{6-59}$$

用解析法求解式（6-59），即令 $\nabla L(x,\lambda)=0$，可求得函数 $L(x,\lambda)$ 的极值。在函数 $L(x,\lambda)$ 中，$\lambda=(\lambda_1\quad\lambda_2\quad\cdots\quad\lambda_l)^T$ 称为拉格朗日乘子，也是变量，因此可以列出 $n+l$ 个方程

$$\begin{cases}\dfrac{\partial L}{\partial x_i}=0\quad (i=1,2,\cdots,n)\\[2mm] \dfrac{\partial L}{\partial \lambda_p}=0\quad (p=1,2,\cdots,l)\end{cases}$$

联立求解后，可得 $n+l$ 个变量：$x^*=(x_1^*\quad x_2^*\quad\cdots\quad x_n^*)^T$，$\lambda^*=(\lambda_1^*\quad\lambda_2^*\quad\cdots\quad\lambda_l^*)^T$。其中，$x^*$ 为极值点，λ^* 为相应的拉格朗日乘子向量。

现用一个简单的例子来说明拉格朗日乘子法的计算方法。

例 6-8 用拉格朗日乘子法求问题

$$\begin{aligned}&\min f(x)=60-10x_1-4x_2+x_1^2+x_2^2-x_1x_2\\ \text{s.t.}\quad &h(x)=x_1+x_2-8=0\end{aligned}$$

的约束最优解。

解： 按式（6-59）构造拉格朗日函数，有

$$L(\boldsymbol{x},\boldsymbol{\lambda})=60-10x_1-4x_2+x_1^2+x_2^2-x_1x_2+\lambda(x_1+x_2-8)$$

令$\nabla L=0$，得方程组

$$\begin{cases}\dfrac{\partial L}{\partial x_1}=-10+2x_1-x_2+\lambda=0\\ \dfrac{\partial L}{\partial x_2}=-4+2x_2-x_1+\lambda=0\\ \dfrac{\partial L}{\partial \lambda}=x_1+x_2-8=0\end{cases}$$

联立求解，得约束最优解为

$$x_1^*=5,\ x_2^*=3,\ \lambda^*=3,\ f(\boldsymbol{x}^*)=17$$

用拉格朗日乘子法求解上例，看起来似乎很简单，实际上这种方法存在着许多问题，例如对于非凸问题容易失败；对于大型的非线性优化问题，需求解高次联立方程组，其数值解法几乎和求解优化问题同样困难；此外，还必须分离出方程组的重根。因此，用拉格朗日乘子法来求解一般的约束优化问题不是一种有效的方法。

二、等式约束的增广乘子法

1. 基本原理

对于含等式约束的优化问题

$$\min f(\boldsymbol{x})$$

$$\text{s.t.}\quad h_p(\boldsymbol{x})=0\quad(p=1,2,\cdots,l)$$

构造拉格朗日函数，有

$$L(\boldsymbol{x},\boldsymbol{\lambda})=f(\boldsymbol{x})+\sum_{p=1}^{l}\lambda_p h_p(\boldsymbol{x})\tag{6-60}$$

当令$\nabla L(\boldsymbol{x},\ \boldsymbol{\lambda})=0$时，可得原问题的极值点$\boldsymbol{x}^*$以及相应的拉格朗日乘子向量$\boldsymbol{\lambda}^*$。若构造外点惩罚函数

$$\phi(\boldsymbol{x},r)=f(\boldsymbol{x})+\frac{r}{2}\sum_{p=1}^{l}[h_p(\boldsymbol{x})]^2\tag{6-61}$$

当$r\to\infty$时，对函数$\phi(\boldsymbol{x},\ r)$进行序列极小化，可求得原问题的极值点$\boldsymbol{x}^*$，且$h_p(\boldsymbol{x}^*)=0$（$p=1,\ 2,\ \cdots,\ l$）。

如前所述，用拉格朗日乘子法求解约束优化问题往往失败，而用惩罚函数法求解，又因要求$r\to\infty$而使计算效率低。为此，将这两种方法结合起来，即构造惩罚函数的拉格朗日函数

$$\begin{aligned}M(\boldsymbol{x},\boldsymbol{\lambda},r)&=f(\boldsymbol{x})+\frac{r}{2}\sum_{p=1}^{l}[h_p(\boldsymbol{x})]^2+\sum_{p=1}^{l}\lambda_p h_p(\boldsymbol{x})\\&=L(\boldsymbol{x},\boldsymbol{\lambda})+\frac{r}{2}\sum_{p=1}^{l}[h_p(\boldsymbol{x})]^2\end{aligned}\tag{6-62}$$

若令

$$\nabla M(\boldsymbol{x},\boldsymbol{\lambda},r)=\nabla L(\boldsymbol{x},\boldsymbol{\lambda})+r\sum_{p=1}^{l}h_p(\boldsymbol{x})\nabla h_p(\boldsymbol{x})=0$$

求得约束极值点$\boldsymbol{x}^*$，且使$h_p(\boldsymbol{x}^*)=0$（$p=1,\ 2,\ \cdots,\ l$）。所以，不论r取何值，式（6-62）

与原问题有相同的极值点 $\boldsymbol{x}^*$，与式（6-60）有相同的拉格朗日乘子向量 $\boldsymbol{\lambda}^*$。

式（6-62）称为增广乘子函数，或称为增广惩罚函数，式中的 r 仍称为惩罚因子。

既然式（6-60）和式（6-62）有相同的 $\boldsymbol{x}^*$ 和 $\boldsymbol{\lambda}^*$，仍然要考虑由式（6-62）表示的增广乘子函数的主要原因是，这两类函数的二阶导数矩阵，即海塞矩阵的性质不同。一般来说，式（6-60）所表示的拉格朗日函数 $L(\boldsymbol{x},\boldsymbol{\lambda})$ 的海塞矩阵

$$\boldsymbol{G}(\boldsymbol{x},\boldsymbol{\lambda})=\left(\frac{\partial^2 L}{\partial x_i \partial x_j}\right) \quad (i,j=1,2,\cdots,n) \tag{6-63}$$

并不是正定的，而式（6-62）所表示的增广乘子函数 $M(\boldsymbol{x},\boldsymbol{\lambda},r)$ 的海塞矩阵

$$\boldsymbol{G}(\boldsymbol{x},\boldsymbol{\lambda},r)=\left(\frac{\partial^2 M}{\partial x_i \partial x_j}\right)=\boldsymbol{G}(\boldsymbol{x},\boldsymbol{\lambda})+r\left(\sum_{p=1}^{l}\frac{\partial^2 h_p}{\partial x_i}\frac{\partial h_p}{\partial x_j}\right) \quad (i,j=1,2,\cdots,n) \tag{6-64}$$

必定存在一个 r'，对于一切满足 $r \geqslant r'$ 的值总是正定的。下面举一个简单的例子来说明上述结论的正确性。

例 6-9 求优化问题

$$\min f(\boldsymbol{x})=x_1^2-3x_2-x_2^2$$
$$\text{s. t.} \quad h(\boldsymbol{x})=x_2=0$$

的约束最优解。

解： 该问题的约束最优解为 $\boldsymbol{x}^*=(0 \quad 0)^{\mathrm{T}}$，$f(\boldsymbol{x}^*)=0$，相应的拉格朗日乘子为 $\boldsymbol{\lambda}^*=3$。

构造拉格朗日函数，即

$$L(\boldsymbol{x},\boldsymbol{\lambda})=x_1^2-3x_2-x_2^2+\boldsymbol{\lambda}x_2$$

其海塞矩阵为 $\boldsymbol{G}=\begin{pmatrix}2 & 0\\0 & -2\end{pmatrix}$，在全平面上任一点，包括 $\boldsymbol{x}^*$ 处，都不是正定的。

构造增广乘子函数，即

$$M(\boldsymbol{x},\boldsymbol{\lambda},r)=x_1^2-3x_2-x_2^2+\frac{1}{2}rx_2^2+\boldsymbol{\lambda}x_2$$

其海塞矩阵为 $\boldsymbol{G}=\begin{pmatrix}2 & 0\\0 & r-2\end{pmatrix}$，当取 $r>2$ 时，在全平面上处处正定。

由这一性质可知，当惩罚因子 r 取足够大的定值，即 $r>r'$，不必趋于无穷大，且恰好取 $\boldsymbol{\lambda}=\boldsymbol{\lambda}^*$ 时，$\boldsymbol{x}^*$ 就是函数 $M(\boldsymbol{x},\boldsymbol{\lambda},r)$ 的极小值点。也就是说，为了求得原问题的约束最优点，只需对增广乘子函数 $M(\boldsymbol{x},\boldsymbol{\lambda},r)$ 求一次无约束极值。当然，问题并不是如此简单，因为 $\boldsymbol{\lambda}^*$ 也是未知的。为了求得 $\boldsymbol{\lambda}^*$，应采取如下方法。

假定惩罚因子 r 取为大于 r' 的定值，则增广乘子函数只是 $\boldsymbol{x}$、$\boldsymbol{\lambda}$ 的函数。若不断地改变 $\boldsymbol{\lambda}$ 值，并对每一个 $\boldsymbol{\lambda}$ 求 $\min M(\boldsymbol{x},\boldsymbol{\lambda})$，将得到极小值点的点列：$\boldsymbol{x}^*(\boldsymbol{\lambda}^k)(k=1,2,\cdots)$。显然，当 $\boldsymbol{\lambda}^k \to \boldsymbol{\lambda}^*$ 时，$\boldsymbol{x}^*=\boldsymbol{x}^*(\boldsymbol{\lambda}^*)$ 将是原问题的约束最优解。为使 $\boldsymbol{\lambda}^k \to \boldsymbol{\lambda}^*$，采用如下公式来校正 $\boldsymbol{\lambda}^k$ 的值，即

$$\boldsymbol{\lambda}^{k+1}=\boldsymbol{\lambda}^k+\Delta\boldsymbol{\lambda}^k \tag{6-65}$$

这一步骤在增广乘子法中称为乘子迭代，是惩罚函数法中所没有的。为了确定式（6-65）中的校正量 $\Delta\boldsymbol{\lambda}^k$，再定义

$$M(\boldsymbol{\lambda})=M(\boldsymbol{x}(\boldsymbol{\lambda}),\boldsymbol{\lambda}) \tag{6-66}$$

为了直观地说明函数 $M(\boldsymbol{\lambda})$ 的属性，仍然以例 6-9 为例进行说明。将例 6-9 的原问题构造成增广乘子函数，即

$$M(\boldsymbol{x},\boldsymbol{\lambda},r)=x_1^2-3x_2-x_2^2+\frac{1}{2}rx_2^2+\lambda x_2$$

$$=x_1^2+(\lambda-3)x_2+\left(\frac{1}{2}r-1\right)x_2^2$$

若取 $r=6$，则上式可简化为

$$M(\boldsymbol{x},\boldsymbol{\lambda})=x_1^2+(\lambda-3)x_2+2x_2^2$$

对 $\boldsymbol{x}$ 求函数 $M(\boldsymbol{x},\ \boldsymbol{\lambda})$ 的极值，即令 $\nabla_x M(\boldsymbol{x},\ \boldsymbol{\lambda})=0$，得方程组

$$\begin{cases}\dfrac{\partial M}{\partial x_1}=2x_1=0\\[2ex]\dfrac{\partial M}{\partial x_2}=\lambda-3+4x_2=0\end{cases}$$

联立方程并求解，得

$$x_1^*=0,x_2^*=\frac{1}{4}(3-\lambda)$$

代入增广乘子函数，得

$$M(\boldsymbol{\lambda})=\frac{1}{4}(\lambda-3)(3-\lambda)+\frac{1}{8}(3-\lambda)^2=\frac{1}{8}(-\lambda^2+6\lambda-9)$$

令

$$\frac{\partial M}{\partial\lambda}=-\frac{1}{4}\lambda+\frac{3}{4}=0$$

解得

$$\lambda^*=3$$

函数 $M(\boldsymbol{\lambda})$ 的二阶导数为 $\dfrac{\partial^2 M}{\partial\lambda^2}=-\dfrac{1}{4}<0$，可见，$\lambda^*=3$ 是函数 $M(\boldsymbol{\lambda})$ 的极大值。

从对这个例子的分析可知，为了求得 λ^*，只需求函数 $M(\boldsymbol{\lambda})$ 的极大值。使用不同的方法求函数 $M(\boldsymbol{\lambda})$ 的极大值，将会得到不同的乘子迭代公式。目前常采用近似的牛顿法求解，得到的乘子迭代公式为

$$\lambda_p^{k+1}=\lambda_p^k+rh_p(\boldsymbol{x}^k)\quad(p=1,2,\cdots,l)\tag{6-67}$$

对等式的约束问题来说，乘子法是拉格朗日乘子法的改进，即在拉格朗日函数中引入相应的等式约束制约项 $h(\boldsymbol{x})^2$，形成一个增广的拉格朗日函数，即

$$L(\boldsymbol{x},\boldsymbol{\lambda},\boldsymbol{r})=f(\boldsymbol{x})+\boldsymbol{\lambda}^{\mathrm{T}}h(\boldsymbol{x})+\boldsymbol{r}^{\mathrm{T}}h(\boldsymbol{x})^2\tag{6-68}$$

依靠惩罚因子 r 的作用，可以改善原拉格朗日函数的稳定性和收敛特性，即在一定条件下，存在一个 $r\geqslant r'$，使函数 $L(\boldsymbol{x},\ \boldsymbol{\lambda},\ \boldsymbol{r})$ 的海塞矩阵总是正定的。从而当取足够大的定值 $r\geqslant r'$（此值趋于无穷），且恰好选取了一个合适的 $\boldsymbol{\lambda}=\boldsymbol{\lambda}^*$ 时，则只要对式（6-68）的增广函数进行一次无约束极小化，就可以求得 $f(\boldsymbol{x})$ 的优化解 $\boldsymbol{\lambda}^*$。

增广乘子法的求解方法和格式是

$$\begin{cases}\boldsymbol{x}^{k+1}=\boldsymbol{x}^k+\alpha_k\boldsymbol{d}^k\\\boldsymbol{\lambda}^{k+1}=\boldsymbol{\lambda}^k+\boldsymbol{r}_kL(\boldsymbol{x}^k)\\\boldsymbol{r}^{k+1}=\beta\boldsymbol{r}^k\end{cases}\quad(k=1,2,\cdots,n)\tag{6-69}$$

当我们把

$$\boldsymbol{\lambda}^{k+1}=\boldsymbol{\lambda}^{k}+\boldsymbol{r}_{k}L(\boldsymbol{x}^{k})$$

中的 $\boldsymbol{r}^k$ 看成是步长因子 α_k 时，则它和梯度法中变量 $\boldsymbol{x}$ 的迭代格式

$$\boldsymbol{x}^{k+1}=\boldsymbol{x}^{k}+\alpha_{k}\boldsymbol{d}^{k}$$

是相似的。因此，如果把乘子 λ 的迭代公式看成是某一个函数求解的一个最速下降的迭代格式，那么也将有许多具体的求解 λ 的公式，从而形成不同的增广乘子法。

若定义函数

$$q(\boldsymbol{\lambda})=F(\boldsymbol{x},\boldsymbol{\lambda},\boldsymbol{r})=f(\boldsymbol{x})+\boldsymbol{\lambda}^{\mathrm{T}}h(\boldsymbol{x})+\frac{r}{2}h(\boldsymbol{x})^{2} \tag{6-70}$$

则有（由于 $h(\boldsymbol{x})$ 中无 λ）

$$\nabla q(\boldsymbol{\lambda})=h(\boldsymbol{x})+\nabla \boldsymbol{x}(\boldsymbol{\lambda})\nabla F$$

或

$$\nabla q(\boldsymbol{\lambda})=h(\boldsymbol{x})-\nabla h(\boldsymbol{x})H\nabla F \tag{6-71}$$

$$\nabla^{2}q(\boldsymbol{\lambda})=\nabla^{2}\boldsymbol{x}(\boldsymbol{\lambda})\nabla F-\nabla h(\boldsymbol{x})^{\mathrm{T}}H\nabla h(\boldsymbol{x})$$

其中

$$\nabla \boldsymbol{x}(\boldsymbol{\lambda})=\frac{\mathrm{d}x}{\mathrm{d}\lambda}$$

求 $\nabla^2\boldsymbol{x}(\boldsymbol{\lambda})$ 时，为简化计算，认为 $\boldsymbol{x}$ 与 $\boldsymbol{\lambda}$ 无关。

1）采用精确无约束极小化时，极值条件是 $\nabla F=0$，则 $\nabla q(\boldsymbol{\lambda})=h(\boldsymbol{x})$。因此，其搜索格式是

$$\boldsymbol{\lambda}^{k+1}=\boldsymbol{\lambda}^{k}-\alpha_{k}h(\boldsymbol{x}^{k}) \tag{6-72}$$

它可称为梯度乘子法迭代公式，相应的方法称为梯度乘子法。

2）若把梯度法改为牛顿法，则当 $\nabla F=0$ 时，$\nabla q(\boldsymbol{\lambda})=h(\boldsymbol{x})$，$\nabla^{2}q(\boldsymbol{\lambda})=-(\nabla h(\boldsymbol{x}))^{\mathrm{T}}H\nabla h(\boldsymbol{x})$，所以有

$$\boldsymbol{\lambda}^{k+1}=\boldsymbol{\lambda}^{k}+[\nabla h(\boldsymbol{x}^{k})^{\mathrm{T}}H_{k}\nabla h(\boldsymbol{x}^{k})]^{-1}h(\boldsymbol{x}^{k}) \tag{6-73}$$

这是牛顿乘子法迭代公式，即 Bays 的修正公式。相应的方法称为牛顿乘子法。

3）若牛顿法中的 $\boldsymbol{H}_k$ 按变尺度法原理取 $\boldsymbol{B}_k$，则为变尺度乘子迭代公式和变尺度乘子法。

4）如果直接利用极值条件

$$\nabla F(\boldsymbol{x},\boldsymbol{\lambda},\boldsymbol{r})=\nabla f(\boldsymbol{x})+\boldsymbol{\lambda}^{\mathrm{T}}\nabla h(\boldsymbol{x})+\boldsymbol{r}\nabla h(\boldsymbol{x})h(\boldsymbol{x})=0$$

$$h(\boldsymbol{x})=0$$

可得

$$-\nabla f(\boldsymbol{x}^{k})=\boldsymbol{\lambda}^{k+1}\nabla h(\boldsymbol{x}^{k})$$

取其梯度投影，则可对两端左乘 $\nabla h(\boldsymbol{x}^k)^{\mathrm{T}}$，有

$$\nabla h(\boldsymbol{x})^{\mathrm{T}}\nabla f(\boldsymbol{x}^{k})=-\boldsymbol{\lambda}^{k+1}[\nabla h(\boldsymbol{x}^{k})^{\mathrm{T}}\nabla h(\boldsymbol{x}^{k})]$$

于是得

$$\boldsymbol{\lambda}^{k+1}=-[\nabla h(\boldsymbol{x}^{k})^{\mathrm{T}}\nabla h(\boldsymbol{x}^{k})]^{-1}\nabla h(\boldsymbol{x}^{k})^{\mathrm{T}}\nabla f(\boldsymbol{x}^{k}) \tag{6-74}$$

当记 $A\equiv\nabla h(\boldsymbol{x}^k)$、$B\equiv-\nabla f(\boldsymbol{x}^k)$ 时，式（6-74）可简写成

$$\boldsymbol{\lambda}^{k+1}=-(\boldsymbol{A}^{\mathrm{T}}\boldsymbol{A})^{-1}\boldsymbol{A}^{\mathrm{T}}\boldsymbol{B} \tag{6-75}$$

这就是梯度投影法中的乘子迭代公式，即 Fletcher、Haarhof 和 Bays 的修正公式。所以，相应的方法称为梯度投影乘子法。

5）可以从 K-T 条件来考虑。此时对拉格朗日函数有

$$\nabla F(\boldsymbol{x},\boldsymbol{\lambda})=\nabla f(\boldsymbol{x})+\boldsymbol{\lambda}^{\mathrm{T}}\nabla h(\boldsymbol{x})=0$$

$$h(\boldsymbol{x})=0$$

用拟牛顿法求解此方程组，并记 $\boldsymbol{d}^k=\boldsymbol{x}^{k+1}-\boldsymbol{x}^k$ 时，有

$$\begin{cases}\boldsymbol{B}_k\boldsymbol{d}^k=-[\nabla f(\boldsymbol{x}^k)+\boldsymbol{\lambda}^{\mathrm{T}}\nabla h(\boldsymbol{x}^k)]\\ \nabla h(\boldsymbol{x}^k)\boldsymbol{d}^k=-h(\boldsymbol{x}^k)\end{cases}\tag{6-76}$$

从而可以解出

$$\boldsymbol{\lambda}^{k+1}=[\nabla h(\boldsymbol{x}^k)^{\mathrm{T}}\boldsymbol{B}_k^{-1}\nabla h(\boldsymbol{x}^k)]^{-1}[h(\boldsymbol{x}^k)-(\nabla h(\boldsymbol{x}^k))^{\mathrm{T}}\boldsymbol{B}_k^{-1}\nabla f(\boldsymbol{x}^k)]\tag{6-77}$$

把它代入 $\boldsymbol{B}_k\boldsymbol{d}^k=-[\nabla f(\boldsymbol{x}^k)+\boldsymbol{\lambda}^{\mathrm{T}}\nabla h(\boldsymbol{\lambda}^k)]$，可得

$$\boldsymbol{d}^{k+1}=-\boldsymbol{B}_k^{-1}[\nabla f(\boldsymbol{x}^k)+(\boldsymbol{\lambda}^{k+1})^{\mathrm{T}}\nabla h(\boldsymbol{\lambda}^k)]\tag{6-78}$$

如果采用不精确无约束极小化方法，取迭代格式 $\boldsymbol{x}^{k+1}=\boldsymbol{x}^k+\boldsymbol{d}^k(\alpha_k=1)$，这就是对角化乘子法。因此，式（6-77）就是对角化乘子法的迭代公式。若取增广的拉格朗日函数，则有

$$\nabla F(\boldsymbol{x},\boldsymbol{\lambda},\boldsymbol{r})=\nabla f(\boldsymbol{x})+\boldsymbol{\lambda}^{\mathrm{T}}\nabla h(\boldsymbol{x})+\boldsymbol{r}\nabla h(\boldsymbol{x})h(\boldsymbol{x})$$

因此，式（6-78）中的 $\nabla f(\boldsymbol{x}^k)$ 要换成 $\nabla f(\boldsymbol{x}^k)+\boldsymbol{r}\nabla h(\boldsymbol{x}^k)h(\boldsymbol{x}^k)$，这就是 Tapia 的修正公式。

把上面的五种乘子迭代公式汇总见表 6-3。

对公式 $\boldsymbol{\lambda}^{k+1}=C\boldsymbol{\lambda}^k-\boldsymbol{D}g$ 可以做如下理解：$\boldsymbol{D}$ 表示以乘子 λ 为变量的二阶偏导数矩阵（海塞矩阵）的逆矩阵；g 为乘子 λ 的梯度；$\boldsymbol{D}g$ 可以理解为牛顿方向；C 表示是否借用前一次迭代的乘子的信息，当 $C=1$ 时，可以理解为乘子搜索，当 $C=0$ 时，可以理解为乘子迭代。

表 6-3 乘子类方法的乘子迭代公式

乘子类方法	乘子迭代公式	C、D 和 g 的值		
	$\boldsymbol{\lambda}^{k+1}=C\boldsymbol{\lambda}^k-\boldsymbol{D}g$	C	$\boldsymbol{D}$	g
梯度乘子法	$\boldsymbol{\lambda}^{k+1}=\boldsymbol{\lambda}^k-\alpha_k h(\boldsymbol{x}^k)$	1	α_k	$h(\boldsymbol{x}^k)$
牛顿乘子法	$\boldsymbol{\lambda}^{k+1}=\boldsymbol{\lambda}^k+[\nabla h(\boldsymbol{x}^k)^{\mathrm{T}}\boldsymbol{H}_k\nabla h(\boldsymbol{x}^k)]^{-1}h(\boldsymbol{x}^k)$	1	$-[\nabla h(\boldsymbol{x}^k)^{\mathrm{T}}\boldsymbol{H}_k\nabla h(\boldsymbol{x}^k)]^{-1}$	$h(\boldsymbol{x}^k)$
变尺度乘子法	$\boldsymbol{\lambda}^{k+1}=\boldsymbol{\lambda}^k+[\nabla h(\boldsymbol{x}^k)^{\mathrm{T}}\boldsymbol{B}_k^{-1}\nabla h(\boldsymbol{x}^k)]^{-1}h(\boldsymbol{x}^k)$	1	$-[\nabla h(\boldsymbol{x}^k)^{\mathrm{T}}\boldsymbol{B}_k^{-1}\nabla h(\boldsymbol{x}^k)]^{-1}$	$h(\boldsymbol{x}^k)$
梯度投影乘子法	$\boldsymbol{\lambda}^{k+1}=-(\boldsymbol{A}^{\mathrm{T}}\boldsymbol{A})^{-1}\boldsymbol{A}^{\mathrm{T}}\boldsymbol{B}$	0	$(\boldsymbol{A}^{\mathrm{T}}\boldsymbol{A})^{-1}\boldsymbol{A}^{\mathrm{T}}\boldsymbol{B}$	$\boldsymbol{A}^{\mathrm{T}}\boldsymbol{B}$
对角化乘子法	$\boldsymbol{\lambda}^{k+1}=[\nabla h(\boldsymbol{x}^k)^{\mathrm{T}}\boldsymbol{B}_k^{-1}\nabla h(\boldsymbol{x}^k)]^{-1}\times[h(\boldsymbol{x}^k)-\nabla h(\boldsymbol{x}^k)^{\mathrm{T}}\boldsymbol{B}_k^{-1}\nabla f(\boldsymbol{x}^k)]$	0	$-[\nabla h(\boldsymbol{x}^k)^{\mathrm{T}}\boldsymbol{B}_k^{-1}\nabla h(\boldsymbol{x}^k)]^{-1}$	$h(\boldsymbol{x}^k)-\nabla h(\boldsymbol{x}^k)^{\mathrm{T}}\boldsymbol{B}_k^{-1}\nabla f(\boldsymbol{x}^k)$

2. 参数选择

增广乘子法中的乘子向量 $\boldsymbol{\lambda}$、惩罚因子 r、设计变量的初值都是重要参数。下面分别介绍选择这些参数的一般方法。

1）在没有其他信息的情况下，初始乘子向量取零向量，即 $\boldsymbol{\lambda}^0=0$，显然，这时增广乘子函数和外点惩罚函数的形式相同。也就是说，第一次迭代计算是用外点法进行的；从第二次迭代开始，乘子向量按式（6-67）校正。

2）惩罚因子的初值 r^0 可按外点法选取。以后的迭代计算中，惩罚因子按下式递增，即

$$r^{k+1}=\begin{cases}\beta r^k & 当\ \|h(\boldsymbol{x}^k)\|/\|h(\boldsymbol{x}^{k-1})\|>\delta\\ r^k & 当\ \|h(\boldsymbol{x}^k)\|/\|h(\boldsymbol{x}^{k-1})\|\leqslant\delta\end{cases}\tag{6-79}$$

式中 β——惩罚因子递增系数，取 $\beta=10$；

δ——判别数，取 $\delta=0.25$。

惩罚因子的递增公式可以这样来理解：开始迭代时，因 r 不可能取很大的值，只能在迭代过程中根据每次求得的无约束极值点 $\boldsymbol{x}^k$ 趋近于约束面的情况来决定。当 $\boldsymbol{x}^k$ 离约束面很远，即 $\|h(\boldsymbol{x}^k)\|$ 的值很大时，则增大 r 值，以加大惩罚项的作用，迫使迭代点更快地逼近约束面。当 $\boldsymbol{x}^k$ 已接近约束面，即 $\|h(\boldsymbol{x}^k)\|$ 明显减小时，则不再增加 r 值了。

惩罚因子也可以用简单的递增公式计算，即

$$r^{k+1}=\beta r^k \tag{6-80}$$

式（6-80）在形式上和外点法所用的公式相同，但实质上不同。因为增广乘子法并不要求 $r\to\infty$。事实上，当 r 增大到一定值时，$\boldsymbol{\lambda}$ 已趋近于 $\boldsymbol{\lambda}^*$，从而增广乘子函数的极值点也逼近原问题的约束最优点了。用式（6-80）计算 r^{k+1} 时，一般取 $\beta=2\sim4$，以免因 r 增大太快，使乘子迭代不能充分发挥作用。

3）设计变量的初值 $\boldsymbol{x}^0$ 也按外点法选取，以后的迭代初始点都取上次迭代的无约束极值点，以提高计算效率。

3. 计算步骤

1）选取设计变量的初值 $\boldsymbol{x}^0$、惩罚因子初值 r^0、递增系数 β、判别数 δ、收敛精度 ε，并令 $\boldsymbol{\lambda}_p^0=0$（$p=1,2,\cdots,l$），迭代次数 $k=0$。

2）按式（6-62）构造增广乘子函数 $M(\boldsymbol{x},\boldsymbol{\lambda},r)$，并求 $\min M(\boldsymbol{x},\boldsymbol{\lambda},r)$，得无约束最优解 $\boldsymbol{x}^k=\boldsymbol{x}^*(\lambda^k,r^k)$。

3）计算 $\|h(\boldsymbol{x}^k)\|=\left[\sum_{p=1}^{l}h_p(\boldsymbol{x}^k)\right]^{\frac{1}{2}}$。

4）按式（6-67）校正乘子向量，求 λ^{k+1}。

5）如果 $\|h(\boldsymbol{x}^k)\|\leqslant\varepsilon$，则迭代终止。约束最优解为 $\boldsymbol{x}^*=\boldsymbol{x}^k$，$\boldsymbol{\lambda}^*=\boldsymbol{\lambda}^{k+1}$；否则转至下步。

6）按式（6-79）或式（6-80）计算惩罚因子 r^{k+1}，再令 $k=k+1$，然后转至步骤 2）。

三、不等式约束的增广乘子法

对于含不等式约束的优化问题

$$\min f(\boldsymbol{x})$$
$$\text{s.t.}\quad g_j(\boldsymbol{x})\leqslant0\qquad(j=1,2,\cdots,m)$$

引入松弛变量 $\boldsymbol{z}=(z_1\quad z_2\quad\cdots\quad z_m)^{\mathrm{T}}$，并且令

$$g_j'(\boldsymbol{x},\boldsymbol{z})=g_j(\boldsymbol{x})+z_j^2\qquad(j=1,2,\cdots,m) \tag{6-81}$$

于是，原问题转化成等式约束的优化问题

$$\min f(\boldsymbol{x})$$
$$\text{s.t.}\quad g_j'(\boldsymbol{x},\boldsymbol{z})=0\qquad(j=1,2,\cdots,m) \tag{6-82}$$

这样就可以采用等式约束的增广乘子法来求解了。取定一个足够大的 $r(r>r')$ 后，式（6-82）的增广乘子函数的形式为

$$M(\boldsymbol{x},\boldsymbol{z},\boldsymbol{\lambda})=f(\boldsymbol{x})+\sum_{j=1}^{m}\lambda_j g_j'(\boldsymbol{x},\boldsymbol{z})+\frac{r}{2}\sum_{j=1}^{m}[g_j'(\boldsymbol{x},\boldsymbol{z})]^2 \tag{6-83}$$

并对一组乘子向量 $\boldsymbol{\lambda}^*$（初始乘子向量仍取零向量）求 $\min M(\boldsymbol{x},\boldsymbol{z},\boldsymbol{\lambda})$，得 $\boldsymbol{x}^k=\boldsymbol{x}^*(\boldsymbol{\lambda}^k)$，$\boldsymbol{z}^k=\boldsymbol{z}^*(\boldsymbol{\lambda}^k)$。再按式（6-67）计算新的乘子向量，即

$$\lambda_j^{k+1}=\lambda_j^k+rg_j'(\boldsymbol{x},\boldsymbol{z})=\lambda_j^k+r[g_j(\boldsymbol{x})+z_j^2]\ (j=1,2,\cdots,m) \tag{6-84}$$

将增广乘子函数的极小化和乘子迭代交替进行，直至 $\boldsymbol{x}$、z 和 $\boldsymbol{\lambda}$ 分别趋近于 $\boldsymbol{x}^*$、z^* 和 $\boldsymbol{\lambda}^*$。

虽然从理论上讲，这个计算过程和仅含等式约束的情形没有区别，但由于增加了松弛变量 z，使原来的 n 维极值问题扩充成 $n+m$ 维问题，势必增加计算量和求解的困难，有必要将计算加以简化。

将式（6-83）所示的增广乘子函数改写成

$$M(\boldsymbol{x},z,\boldsymbol{\lambda})=f(\boldsymbol{x})+\sum_{j=1}^{m}\lambda_j[g_j(\boldsymbol{x})+z_j^2]+\frac{r}{2}\sum_{j=1}^{m}[g_j(\boldsymbol{x})+z_j^2]^2 \tag{6-85}$$

利用解析法求函数 $M(\boldsymbol{x},z,\boldsymbol{\lambda})$ 关于 z 的极值，即令 $\nabla_z M(\boldsymbol{x},z,\boldsymbol{\lambda})=0$，可得

$$z_j\{\lambda_j+r[g_j(\boldsymbol{x})+z_j^2]\}=0 \quad (j=1,2,\cdots,m)$$

若 $\lambda_j+rg_j(\boldsymbol{x})\geqslant 0$，则 $z_j^2=0$；若 $\lambda_j+rg_j(\boldsymbol{x})<0$，则 $z_j^2=-\left[\frac{1}{r}\lambda_j+g_j(\boldsymbol{x})\right]$。

于是可得

$$z_j^2=\frac{1}{r}\{\max[0,-(\lambda_j+rg_j(\boldsymbol{x}))]\} \quad (j=1,2,\cdots,m) \tag{6-86}$$

将式（6-86）代入式（6-85），得

$$M(\boldsymbol{x},\boldsymbol{\lambda})=f(\boldsymbol{x})+\frac{1}{2r}\sum_{j=1}^{m}\{\max[0,\lambda_j+rg_j(\boldsymbol{x})]^2-\lambda_j^2\} \tag{6-87}$$

这就是不等式约束优化问题的增广乘子函数，它与式（6-85）的不同之处在于松弛变量 z 已经完全消失了。实际计算时，仍然只要对给定的 $\boldsymbol{\lambda}$ 及 r，求关于 $\boldsymbol{x}$ 的无约束极值 $\min M(\boldsymbol{x})$。将式（6-86）代入式（6-84），得到乘子迭代公式

$$\lambda_j^{k+1}=\max\{0,\lambda_j^k+rg_j(\boldsymbol{x})\} \quad (j=1,2,\cdots,m) \tag{6-88}$$

对于同时具有等式约束和不等式约束的优化问题

$$\begin{aligned}&\min f(\boldsymbol{x})\\ \text{s. t.}\quad & g_j(\boldsymbol{x})\leqslant 0 \quad (j=1,2,\cdots,m)\\ & h_p(\boldsymbol{x})=0 \quad (p=1,2,\cdots,l)\end{aligned}$$

构造的增广乘子函数的形式为

$$\begin{aligned}M(\boldsymbol{x},\boldsymbol{\lambda},r)=f(\boldsymbol{x})&+\frac{1}{2r}\sum_{j=1}^{m}\{\max[0,\lambda_{1j}+rg_j(\boldsymbol{x})]^2-\lambda_{1j}^2\}+\\ &\sum_{p=1}^{l}\lambda_{2p}h_p(\boldsymbol{x})+\frac{r}{2}\sum_{p=1}^{l}[h_p(\boldsymbol{x})]^2\end{aligned} \tag{6-89}$$

式中 λ_{1j}——不等式约束函数的乘子向量；

λ_{2p}——等式约束函数的乘子向量。

λ_{1j} 和 λ_{2p} 的校正公式为

$$\begin{cases}\lambda_{1j}^{k+1}=\max[0,\lambda_{1j}^k+rg_j(\boldsymbol{x})] & (j=1,2,\cdots,m)\\ \lambda_{2p}^{k+1}=\lambda_{2p}^k+rh_p(\boldsymbol{x}) & (p=1,2,\cdots,l)\end{cases} \tag{6-90}$$

算法的收敛条件可视乘子向量是否稳定不变来决定，如果前后两次迭代的乘子向量之差充分小，则认为迭代已经收敛。

增广乘子法的程序框图如图 6-36 所示。

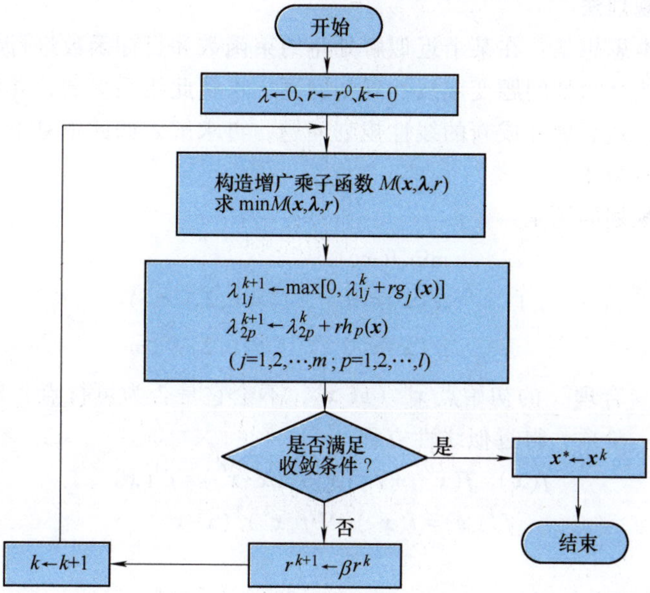

图 6-36 增广乘子法的程序框图

例 6-10 用增广乘子法求问题

$$\min f(\boldsymbol{x})=\frac{1}{2}\left(x_1^2+\frac{1}{3}x_2^2\right)$$

$$\text{s. t.} \quad h(\boldsymbol{x})=x_1+x_2-1=0$$

的约束最优解。

解： 这个问题的精确解为 $\boldsymbol{x}^*=(0.25 \quad 0.75)^{\mathrm{T}}$，$f(\boldsymbol{x}^*)=0.125$，相应的乘子向量为 $\boldsymbol{\lambda}^*=0.25$。

按式（6-62）构造增广乘子函数，有

$$M(\boldsymbol{x},\boldsymbol{\lambda},r)=\frac{1}{2}\left(x_1^2+\frac{1}{3}x_2^2\right)+\lambda(x_1+x_2-1)+\frac{r}{2}(x_1+x_2-1)^2$$

用解析法求 $\min M(\boldsymbol{x}, \boldsymbol{\lambda}, r)$，即令 $\nabla M(\boldsymbol{x}, \boldsymbol{\lambda}, r)=0$，可得最优解

$$\begin{cases} x_1^k=\dfrac{r^k-\lambda^k}{1+4r^k} \\ x_2^k=\dfrac{3(r^k-\lambda^k)}{1+4r^k} \end{cases}$$

取 $r^0=0.1$，$\beta=2$，$\lambda^0=0$，$\boldsymbol{x}^0=(0.0714 \quad 0.2142)^{\mathrm{T}}$，共迭代 6 次得到最优解 $\boldsymbol{x}^*=(0.2499 \quad 0.7499)^{\mathrm{T}}$，$f(\boldsymbol{x}^*)=0.125$。此结果和精确解相比，误差很小。

第七节 非线性规划问题的线性化解法——线性逼近法

线性规划问题是数学规划中提出较早的一类问题，它的求解方法在理论上和算法上也较为成熟，在实际工作中有比较广泛的应用。因此，人们自然会想到，对于一些非线性规划问题，可否把非线性函数线性化，再用线性规划方法求解？回答自然是肯定的。这类方法有序列线性规划法、割平面法、小步梯度法等。下面仅做简单介绍。

一、序列线性规划法

这个方法的基本思想是：在某个近似解处将约束函数和目标函数进行泰勒展开，只保留一次项，从而将非线性规划问题变成线性规划问题。求解此线性规划，并将其最优解作为原来问题新的近似解，然后展开成新的线性规划问题，再求解。如此重复下去，一直到相邻两次最优解足够接近时为止。

假设原非线性规划问题是

$$\begin{aligned}&\min f(\boldsymbol{x})\\ \text{s. t.}\quad &h_i(\boldsymbol{x})=0 \qquad (i=1,2,\cdots,l)\\ &g_j(\boldsymbol{x})\leqslant 0 \qquad (j=1,2,\cdots,m)\end{aligned}$$

当给出某个较"合理"的初始点 $\boldsymbol{x}^0$（或 $\boldsymbol{x}^k$，不论它是否为可行点）时，可以在该点把函数做泰勒展开至一阶项，得近似线性方程

$$f(\boldsymbol{x})=f(\boldsymbol{x}^0)+\nabla f(\boldsymbol{x}^0)^{\mathrm{T}}(\boldsymbol{x}-\boldsymbol{x}^0)=f^0(\boldsymbol{x}) \tag{6-91}$$

或

$$f^k(\boldsymbol{x})=f(\boldsymbol{x}^k)+\nabla f(\boldsymbol{x}^k)^{\mathrm{T}}(\boldsymbol{x}-\boldsymbol{x}^k)$$

和

$$h_i(\boldsymbol{x})=h_i(\boldsymbol{x}^0)+\nabla h_i(\boldsymbol{x}^0)^{\mathrm{T}}(\boldsymbol{x}-\boldsymbol{x}^0)=h_i^0(\boldsymbol{x})=0 \tag{6-92}$$

$$g_j(\boldsymbol{x})=g_j(\boldsymbol{x}^0)+\nabla g_j(\boldsymbol{x}^0)^{\mathrm{T}}(\boldsymbol{x}-\boldsymbol{x}^0)=g_j^0(\boldsymbol{x})\leqslant 0 \tag{6-93}$$

或

$$h_i^k(\boldsymbol{x})=h_i(\boldsymbol{x}^k)+\nabla h_i(\boldsymbol{x}^k)^{\mathrm{T}}(\boldsymbol{x}-\boldsymbol{x}^k)=0$$

$$g_j^k(\boldsymbol{x})=g_j(\boldsymbol{x}^k)+\nabla g_j(\boldsymbol{x}^k)^{\mathrm{T}}(\boldsymbol{x}-\boldsymbol{x}^k)\leqslant 0$$

由于 $f(\boldsymbol{x}^k)$、$\nabla f(\boldsymbol{x}^k)$、$h_i(\boldsymbol{x}^k)$、$\nabla h_i(\boldsymbol{x}^k)$、$g_j(\boldsymbol{x}^k)$ 和 $\nabla g_j(\boldsymbol{x}^k)$ 均为常向量，则上述问题是一个线性规划问题。可采用线性规划方法求解，但是属于线性逼近性质的方法。

例如，非线性问题

$$\begin{aligned}&\min f(\boldsymbol{x})=4x_1-x_2^2-12\\ \text{s. t.}\quad &h_1(\boldsymbol{x})=25-x_1^2-x_2^2=0\\ &g_1(\boldsymbol{x})=10x_1-x_1^2+10x_2-x_2^2-34\geqslant 0\\ &g_2(\boldsymbol{x})=x_1\geqslant 0\\ &g_3(\boldsymbol{x})=x_2\geqslant 0\end{aligned}$$

当取初始点 $\boldsymbol{x}^0=(2,\ 4)$ 时，则在点 $\boldsymbol{x}^0$ 处的线性近似函数可分别计算如下：

对于目标函数 $f(\boldsymbol{x})=4x_1-x_2^2-12$，有 $f(\boldsymbol{x}^0)=-20$。而 $\dfrac{\partial f}{\partial x_1}=4$，$\dfrac{\partial f}{\partial x_2}=-2x_2$。所以 $f^0(\boldsymbol{x})=f(\boldsymbol{x}^0)+4(x_1-x_1^0)-2x_2^0(x_2-x_2^0)=-20+4(x_1-2)-8(x_2-4)$，即 $f^0(\boldsymbol{x})=4x_1-8x_2+4$。

对于等式约束 $h_1(\boldsymbol{x})=25-x_1^2-x_2^2$，有 $h_1(\boldsymbol{x}^0)=5$。而 $\dfrac{\partial h_1}{\partial x_1}=-2x_1$，$\dfrac{\partial h_1}{\partial x_2}=-2x_2$。所以 $h_1^0(\boldsymbol{x})=h_1(\boldsymbol{x}^0)-2x_1^0(x_1-x_1^0)-2x_2^0(x_2-x_2^0)=5-4(x_1-2)-8(x_2-4)$，即 $h_1^0(\boldsymbol{x})=45-4x_1-8x_2=0$。

对于不等式约束 $g_1(\boldsymbol{x})=10x_1-x_1^2+10x_2-x_2^2-34\geqslant 0$，有 $g_1(\boldsymbol{x}^0)=6$。而 $\dfrac{\partial g_1}{\partial x_1}=10-2x_1$，$\dfrac{\partial g_1}{\partial x_2}=10-2x_2$。所以 $g_1^0(\boldsymbol{x})=g_1(\boldsymbol{x}^0)+(10-2x_1^0)(x_1-x_1^0)+(10-2x_2^0)(x_2-x_2^0)=6+6(x_1-2)+2(x_2-4)$，即 $g_1^0(\boldsymbol{x})=6x_1+2x_2-14\geqslant 0$。

对于不等式约束 $g_2(\boldsymbol{x})=x_1\geqslant 0$，有 $g_2(\boldsymbol{x}^0)=2$。而 $\dfrac{\partial g_2}{\partial x_1}=1$，$\dfrac{\partial g_2}{\partial x_2}=0$。所以 $g_2^0(\boldsymbol{x})=g_2(\boldsymbol{x}^0)+(x_1-x_1^0)=2+x_1-2$，即 $g_2^0(\boldsymbol{x})=x_1\geqslant 0$。

同样，得 $g_3^0(\boldsymbol{x})=x_2\geqslant 0$。

综合上面的结果，可得线性化后的线性规划问题

$$
\begin{aligned}
&\min f^0(\boldsymbol{x})=4x_1-8x_2+4\\
\text{s. t.}\quad &h_1^0(\boldsymbol{x})=45-4x_1-8x_2=0\\
&g_1^0(\boldsymbol{x})=-14+6x_1+2x_2\geqslant 0\\
&g_2^0(\boldsymbol{x})=x_1\geqslant 0\\
&g_3^0(\boldsymbol{x})=x_2\geqslant 0
\end{aligned}
$$

图 6-37 所示为非线性函数及其在点 $\boldsymbol{x}^0=(2,\ 4)$ 处线性化后的图形。

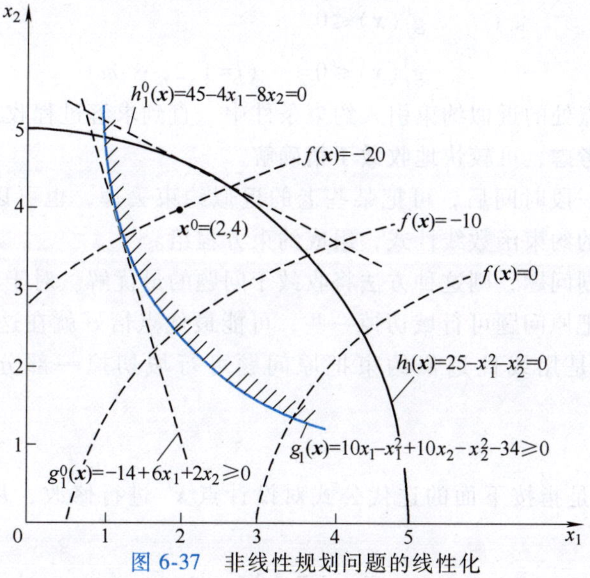

图 6-37　非线性规划问题的线性化

非线性函数经过在点 $\boldsymbol{x}^0$ 处线性化，得到式（6-91）~式（6-93）以后，原来的非线性规划问题就变成如下的线性规划问题了，即

$$
\begin{aligned}
&\min f^0(\boldsymbol{x})\\
\text{s. t.}\quad &h_i^0(\boldsymbol{x})=0\qquad (i=1,2,\cdots,l)\\
&g_j^0(\boldsymbol{x})\leqslant 0\qquad (j=1,2,\cdots,m)
\end{aligned}
$$

对此线性规划问题进行求解，得到 x^1。再将原来问题对 x^1 进行线性展开，又得到一个新的线性规划问题

$$
\begin{aligned}
&\min f^1(\boldsymbol{x})\\
\text{s. t.}\quad &h_i^1(\boldsymbol{x})=0\qquad (i=1,2,\cdots,l)\\
&g_j^1(\boldsymbol{x})\leqslant 0\qquad (j=1,2,\cdots,m)
\end{aligned}
$$

如此重复下去，一直到相邻两个线性规划最优解 $\boldsymbol{x}^k$、$\boldsymbol{x}^{k+1}$ 足够接近时为止。

序列线性规划法收敛较慢，且最后的近似解不满足非线性约束，有时还会出现不收敛的

情况。为了获得较好的收敛性而采用一些改进的方法，如割平面法、小步梯度法等。

二、割平面法

割平面法主要用于不等式约束的非线性规划问题。设这个非线性规划问题经过在点 $\boldsymbol{x}^0$ 处线性化后得到逼近的线性规划问题为

$$\begin{aligned} &\min f^0(\boldsymbol{x}) \\ \text{s.t.}\quad &g_j^0(\boldsymbol{x}) \leqslant 0 \qquad (j=1,2,\cdots,m) \end{aligned}$$

期望它的解是比较接近于原问题的解，则把这个近似问题的解记为 $\boldsymbol{x}^1$，再在 $\boldsymbol{x}^1$ 点把原函数展开，得

$$\begin{aligned} f^1(\boldsymbol{x}) &= f(\boldsymbol{x}^1) + \nabla f(\boldsymbol{x}^1)^{\mathrm{T}}(\boldsymbol{x}-\boldsymbol{x}^1) \\ g_j^1(\boldsymbol{x}) &= g_j(\boldsymbol{x}^1) + \nabla g_j(\boldsymbol{x}^1)^{\mathrm{T}}(\boldsymbol{x}-\boldsymbol{x}^1) \end{aligned} \tag{6-94}$$

然后再解下述线性规划问题

$$\begin{aligned} &\min f^1(\boldsymbol{x}) \\ \text{s.t.}\quad &g_j^0(\boldsymbol{x}) \leqslant 0 \\ &g_j^1(\boldsymbol{x}) \leqslant 0 \qquad (j=1,2,\cdots,m) \end{aligned}$$

如此不断地把新点处的近似约束引入约束条件中，直到求解过程收敛为止。新的近似约束和原近似约束同时考虑，可较快地收敛于精确解。

在计算过程进行一段时间后，可把某些老的近似约束丢掉，也可以在开始时就选若干点，并求出这些点上的约束函数线性式，组成约束方程组。

若原问题是凸规划问题，则这种方法将收敛于问题的最优解。对于非凸规划问题，某些约束的线性近似可能把原问题可行域切掉一些，可能最优点恰好就在这些被切去的区域里。因为这种方法实际上是用线性近似约束把原问题可行域切掉一部分，所以称为“割平面法”。

三、小步梯度法

线性逼近法求解是指按下面的迭代公式对设计点 $\boldsymbol{x}^k$ 进行修改，从而获得新的设计点 $\boldsymbol{x}^{k+1}$ 的方法。

$$\boldsymbol{x}^{k+1} = \boldsymbol{x}^k + \Delta\boldsymbol{x}^k$$

当把上式写成

$$x_i^{k+1} - x_i^k \leqslant \delta_i^k \quad (i=1,2,\cdots,n)$$

而 $\delta_i^k>0$ 是一个小数值时，可把此式作为一个约束列入原问题中去求解。当用梯度法求解时，这种方法就是用一个小数值 δ_i 限制各寻优方向步长的方法，可称为小步梯度法。

只有当 $\boldsymbol{x}^k$ 是可行解时，此法才收敛较快，否则过程收敛较慢。

四、非线性规划法

对于等式和不等式约束的非线性规划问题，有一种解法是把最速下降法（梯度法）和线性规划法结合起来求解。它的解法步骤如下：

1）当 $\boldsymbol{x}^k$ 是不可行点时，用最速下降法把它拉到满足约束集内。此时的函数形式取为

$$T(\boldsymbol{x}) = \sum_{i=1}^{l} h_i^2(\boldsymbol{x}) + \sum_{j=1}^{p} \mu_j g_j^2(\boldsymbol{x})$$

2）再用线性规划法。每次线性规划阶段移步后，要进行一次判别，看是否满足

$$|x_j^{k+1} - x_j^k| \leqslant \varepsilon$$

此法的使用效果好于前两种方法。

对于非线性规划问题，也可以通过泰勒级数展开的方法把约束取成线性的，目标函数取成二次函数。这种约束为线性而目标函数是二次函数的优化问题，通常称为二次规划问题。这类问题也是非线性规划中研究得较早且比较成熟的一类问题。有多种求解二次规划问题的方法，其中一种实际上可以看成是线性规划问题中单纯形法的推广。因此，用这样的处理方法来解非线性规划问题可以称为二次规划问题的线性规划解法。

第八节　广义约化梯度法

广义约化梯度法也称 GRG（Generalized Reduced Gradient）法。它是简约梯度法推广到求解具有非线性约束的优化问题的一种新方法。这种方法是目前求解一般非线性优化问题的最有效的算法之一。

一、梯度法

为了说明广义约化梯度法的算法原理，首先介绍简约梯度法。简约梯度法仅用来求解具有线性等式约束的优化问题，其数学模型为

$$\begin{aligned}&\min f(\boldsymbol{x})\\ \text{s.t.}\quad &h_j(\boldsymbol{x})=0\qquad (j=1,2,\cdots,m)\\ &x_i\geqslant 0\qquad (i=1,2,\cdots,n)\end{aligned}\tag{6-95}$$

式（6-95）中的线性等式约束也可写成向量形式，即

$$h(\boldsymbol{x})=\boldsymbol{A}\boldsymbol{x}-\boldsymbol{b}=0\tag{6-96}$$

式中　$\boldsymbol{A}$——$m\times n$ 维常数矩阵，即变量的系数矩阵，且 $m\leqslant n$；

$\boldsymbol{b}$——m 维常数向量。

算法的基本思想是设法处理约束函数，将原问题转化成仅具有变量边界约束的优化问题，然后求解。为此将设计变量 $\boldsymbol{x}$ 分为两部分，等式约束函数的系数矩阵 $\boldsymbol{A}$ 也做相应的划分，即

$$\boldsymbol{x}=(\boldsymbol{x}_{\mathrm{E}},\boldsymbol{x}_{\mathrm{F}})$$
$$\boldsymbol{A}=(\boldsymbol{A}_{\mathrm{E}},\boldsymbol{A}_{\mathrm{F}})$$

式中　$\boldsymbol{x}_{\mathrm{E}}$——基变量，为 m 维向量；

$\boldsymbol{x}_{\mathrm{F}}$——非基变量，为 $n-m$ 维向量；

$\boldsymbol{A}_{\mathrm{E}}$——矩阵 $\boldsymbol{A}$ 中对应于 $\boldsymbol{x}_{\mathrm{E}}$ 的系数矩阵，为 $m\times m$ 维矩阵；

$\boldsymbol{A}_{\mathrm{F}}$——矩阵 $\boldsymbol{A}$ 中对应于 $\boldsymbol{x}_{\mathrm{F}}$ 的系数矩阵，为 $m\times(n-m)$ 维矩阵。

于是，原问题的线性等式约束函数可改写成

$$h(\boldsymbol{x})=\boldsymbol{A}\boldsymbol{x}-\boldsymbol{b}=(\boldsymbol{A}_{\mathrm{E}}\quad \boldsymbol{A}_{\mathrm{F}})\begin{pmatrix}\boldsymbol{x}_{\mathrm{E}}\\ \boldsymbol{x}_{\mathrm{F}}\end{pmatrix}-\boldsymbol{b}=\boldsymbol{A}_{\mathrm{E}}\boldsymbol{x}_{\mathrm{E}}+\boldsymbol{A}_{\mathrm{F}}\boldsymbol{x}_{\mathrm{F}}-\boldsymbol{b}=0\tag{6-97}$$

基变量 $\boldsymbol{x}_{\mathrm{E}}$ 可利用式（6-97）表示为非基变量 $\boldsymbol{x}_{\mathrm{F}}$ 的函数，若 $\boldsymbol{A}_{\mathrm{E}}$ 非奇异，则

$$\boldsymbol{x}_{\mathrm{E}}=\boldsymbol{x}_{\mathrm{E}}(\boldsymbol{x}_{\mathrm{F}})=\boldsymbol{A}_{\mathrm{E}}^{-1}(\boldsymbol{b}-\boldsymbol{A}_{\mathrm{F}}\boldsymbol{x}_{\mathrm{F}})\tag{6-98}$$

原问题的目标函数转化为

$$f(\boldsymbol{x})=f(\boldsymbol{x}_{\mathrm{E}},\boldsymbol{x}_{\mathrm{F}})=f(\boldsymbol{x}_{\mathrm{E}}(\boldsymbol{x}_{\mathrm{F}}),\boldsymbol{x}_{\mathrm{F}})=F(\boldsymbol{x}_{\mathrm{F}})\tag{6-99}$$

原问题转化为具有 $n-m$ 个设计变量和变量非负约束的优化问题，即

$$\min F(\boldsymbol{x}_{\mathrm{F}})$$
$$\text{s.t.} \quad \boldsymbol{x}_{\mathrm{F}} \geqslant 0 \tag{6-100}$$

转化后的问题称为简约问题，可利用梯度法求解。$F(\boldsymbol{x}_{\mathrm{F}})$ 的梯度$\nabla F(\boldsymbol{x}_{\mathrm{F}})$ 称为简约梯度，其计算公式为

$$\frac{\partial F(\boldsymbol{x}_{\mathrm{F}})}{\partial x_{\mathrm{F}_i}} = \frac{\partial f(\boldsymbol{x})}{\partial x_{\mathrm{F}_i}} + \sum_{j=1}^{m} \frac{\partial f}{\partial x_{\mathrm{E}_j}} \frac{\partial x_{\mathrm{E}_j}}{\partial x_{\mathrm{F}_i}} \quad (i = 1,2,\cdots,n-m) \tag{6-101}$$

其矩阵形式为

$$\nabla F(\boldsymbol{x}_{\mathrm{F}}) = \nabla_{x_{\mathrm{F}}} f(\boldsymbol{x}) + \nabla_{x_{\mathrm{F}}} \boldsymbol{x}_{\mathrm{E}} \nabla_{x_{\mathrm{E}}} f(\boldsymbol{x}) \tag{6-102}$$

由式（6-98）可得

$$\nabla_{x_{\mathrm{F}}} \boldsymbol{x}_{\mathrm{E}} = \frac{\partial \boldsymbol{x}_{\mathrm{E}}}{\partial \boldsymbol{x}_{\mathrm{F}}} = -\boldsymbol{A}_{\mathrm{E}}^{-1} \boldsymbol{A}_{\mathrm{F}} \tag{6-103}$$

于是简约梯度可表示为

$$\nabla F(\boldsymbol{x}_{\mathrm{F}}) = \nabla_{x_{\mathrm{F}}} f(\boldsymbol{x}) - \boldsymbol{A}_{\mathrm{E}}^{-1} \boldsymbol{A}_{\mathrm{F}} \nabla_{x_{\mathrm{E}}} f(\boldsymbol{x}) \tag{6-104}$$

若取负简约梯度为搜索方向，则

$$\boldsymbol{x}_{\mathrm{F}}^{k+1} = \boldsymbol{x}_{\mathrm{F}}^{k} - \alpha_k \nabla F(\boldsymbol{x}_{\mathrm{F}})$$

式中 α_k——步长，一般取 $\alpha_k>0$。

当 $x_{\mathrm{F}_i}^k=0$，$\nabla F(\boldsymbol{x}_{\mathrm{F}}^k)>0$ 时，$x_{\mathrm{F}}^{k+1}<0$，即破坏了设计变量非负的约束。因此，搜索方向不能直接取负简约梯度，而应按下式选取，即

$$\boldsymbol{d}_{\mathrm{F}}^{k} = \begin{cases} 0 & \text{当 } \boldsymbol{x}_{\mathrm{F}}^{k} = 0\text{，且} \nabla F(\boldsymbol{x}_{\mathrm{F}}^{k}) > 0 \text{ 时} \\ -\nabla F(\boldsymbol{x}_{\mathrm{F}}) & \text{其余} \end{cases} \tag{6-105}$$

步长 α_k 可通过沿搜索方向 $\boldsymbol{d}_{\mathrm{F}}^k$ 进行一维搜索求得。为保证设计变量的非负约束，当 $x_{\mathrm{F}_i}^k<0$ 时，一维搜索只能在区间（0，$\alpha_{\max}$）内进行。$\alpha_{\max}$ 的计算公式为

$$\alpha_{\max} = \min \left\{ \frac{-x_{\mathrm{F}_i}^k}{d_{\mathrm{F}_i}^k} \middle| i = 1,2,\cdots,n-m \right\}$$

于是

$$\boldsymbol{x}_{\mathrm{F}}^{k+1} = \boldsymbol{x}_{\mathrm{F}}^{k} + \alpha_k \boldsymbol{d}_{\mathrm{F}}^{k}$$

将 $\boldsymbol{x}_{\mathrm{F}}^{k+1}$ 代入式（6-98），可求得基变量 $\boldsymbol{x}_{\mathrm{E}}^{k+1}$，即

$$\boldsymbol{x}_{\mathrm{E}}^{k+1} = \boldsymbol{A}_{\mathrm{E}}^{-1}(\boldsymbol{b} - \boldsymbol{A}_{\mathrm{F}}\boldsymbol{x}_{\mathrm{F}}^{k+1}) \tag{6-106}$$

则 $\boldsymbol{x}^{k+1}=$（$\boldsymbol{x}_{\mathrm{E}}^{k+1}$，$\boldsymbol{x}_{\mathrm{F}}^{k+1}$），完成一次迭代。

二、广义约化梯度法的原理及迭代步骤

广义约化梯度法可以用来求解具有非线性等式约束和变量界限约束的优化问题，其数学模型为

$$\min f(\boldsymbol{x})$$
$$\text{s.t.} \quad h_j(\boldsymbol{x}) = 0 \quad (j = 1,2,\cdots,m) \tag{6-107}$$
$$a_i \leqslant x_i \leqslant b_i \quad (i = 1,2,\cdots,n)$$

式中的 a_i、b_i（i=1，2，…，n）为变量的下界和上界值。

同简约梯度法相似，将设计变量和界限约束分成两部分，即

$$\begin{aligned}\boldsymbol{x}&=(\boldsymbol{x}_{\mathrm{E}},\boldsymbol{x}_{\mathrm{F}})\\ \boldsymbol{a}&=(\boldsymbol{a}_{\mathrm{E}},\boldsymbol{a}_{\mathrm{F}})\\ \boldsymbol{b}&=(\boldsymbol{b}_{\mathrm{E}},\boldsymbol{b}_{\mathrm{F}})\end{aligned}\tag{6-108}$$

原问题转化成简约问题

$$\begin{aligned}&\min F(\boldsymbol{x}_{\mathrm{F}})\\ &\text{s. t.}\quad \boldsymbol{a}_{\mathrm{F}}\leqslant\boldsymbol{x}_{\mathrm{F}}\leqslant\boldsymbol{b}_{\mathrm{F}}\end{aligned}$$

其简约梯度仍用式（6-102）计算，即

$$\nabla F(\boldsymbol{x}_{\mathrm{F}})=\nabla_{x_{\mathrm{F}}}f(\boldsymbol{x})+\nabla_{x_{\mathrm{F}}}\boldsymbol{x}_{\mathrm{E}}\nabla_{x_{\mathrm{E}}}f(\boldsymbol{x})$$

由于等式约束是非线性函数，不可能直接计算出$\nabla_{x_{\mathrm{F}}}\boldsymbol{x}_{\mathrm{E}}$，但可设法将其消去。考虑到在容许解$\boldsymbol{x}$附近有

$$\frac{\partial h_j(\boldsymbol{x})}{\partial x_{\mathrm{F}_i}}+\sum_{j=1}^{m}\frac{\partial h_j(\boldsymbol{x})}{\partial x_{\mathrm{E}_j}}\frac{\partial x_{\mathrm{E}_j}(\boldsymbol{x}_{\mathrm{F}})}{\partial x_{\mathrm{F}_i}}=0\qquad\begin{pmatrix}i=1,2,\cdots,n-m;\\ j=1,2,\cdots,m\end{pmatrix}$$

即

$$\frac{\partial h_j(\boldsymbol{x})}{\partial x_{\mathrm{F}_i}}+\begin{pmatrix}\dfrac{\partial x_{\mathrm{E}_1}(\boldsymbol{x}_{\mathrm{F}})}{\partial x_{\mathrm{F}_i}} & \dfrac{\partial x_{\mathrm{E}_2}(\boldsymbol{x}_{\mathrm{F}})}{\partial x_{\mathrm{F}_i}} & \cdots & \dfrac{\partial x_{\mathrm{E}_m}(\boldsymbol{x}_{\mathrm{F}})}{\partial x_{\mathrm{F}_i}}\end{pmatrix}\begin{pmatrix}\dfrac{\partial h_j(\boldsymbol{x})}{\partial x_{\mathrm{E}_1}}\\ \dfrac{\partial h_j(\boldsymbol{x})}{\partial x_{\mathrm{E}_2}}\\ \vdots\\ \dfrac{\partial h_j(\boldsymbol{x})}{\partial x_{\mathrm{E}_m}}\end{pmatrix}=0$$

$$(i=1,2,\cdots,n-m;\ j=1,2,\cdots,m)$$

写成矩阵形式为

$$\nabla_{x_{\mathrm{F}}}h(\boldsymbol{x})+\nabla_{x_{\mathrm{F}}}\boldsymbol{x}_{\mathrm{E}}(\boldsymbol{x}_{\mathrm{F}})\nabla_{x_{\mathrm{E}}}h(\boldsymbol{x})=0$$

式中
$$\nabla_{x_{\mathrm{E}}}h_j(\boldsymbol{x})=\begin{pmatrix}\dfrac{\partial h_j(\boldsymbol{x})}{\partial x_{\mathrm{E}_1}} & \dfrac{\partial h_j(\boldsymbol{x})}{\partial x_{\mathrm{E}_2}} & \dfrac{\partial h_j(\boldsymbol{x})}{\partial x_{\mathrm{E}_m}}\end{pmatrix}^{\mathrm{T}}\quad(j=1,2,\cdots,m)$$

为$m\times m$阶矩阵，称为基矩阵。非奇异时，有

$$\nabla_{x_{\mathrm{F}}}\boldsymbol{x}_{\mathrm{E}}(\boldsymbol{x}_{\mathrm{F}})=-\nabla_{x_{\mathrm{F}}}h(\boldsymbol{x})(\nabla_{x_{\mathrm{E}}}h(\boldsymbol{x}))^{-1}$$

代入式（6-102），$f(\boldsymbol{x})$关于$\boldsymbol{x}_{\mathrm{F}}$的简约梯度为

$$\nabla_{x_{\mathrm{F}}}F(\boldsymbol{x}_{\mathrm{F}})=\nabla_{x_{\mathrm{F}}}f(\boldsymbol{x})-\nabla_{x_{\mathrm{F}}}h(\boldsymbol{x})(\nabla_{x_{\mathrm{E}}}h(\boldsymbol{x}))^{-1}\nabla_{x_{\mathrm{E}}}f(\boldsymbol{x})\tag{6-109}$$

为满足变量的边界约束，搜索方向不能直接取负简约梯度，而应按下式选取，即

$$\boldsymbol{d}_{\mathrm{F}}=\begin{cases}0 & \text{若 } x_{\mathrm{F}_j}^k=a_{\mathrm{F}_j}\text{，且}\nabla_{x_{\mathrm{F}j}}F(\boldsymbol{x}_{\mathrm{F}}^k)>0;\\ & \text{若 } x_{\mathrm{F}_j}^k=b_{\mathrm{F}_j}\text{，且}\nabla_{x_{\mathrm{F}j}}F(\boldsymbol{x}_{\mathrm{F}}^k)<0\\ -\nabla_{x_{\mathrm{F}}}F(\boldsymbol{x}_{\mathrm{F}}^k) & \text{其余}\end{cases}\tag{6-110}$$

对于非线性等式约束，当沿$\boldsymbol{d}_{\mathrm{F}}^k$进行一维搜索时，通常难以保证$h(\boldsymbol{x}_{\mathrm{E}},\ \boldsymbol{x}_{\mathrm{F}})=0$的条件，因此不再采用一维搜索方法，而是沿$\boldsymbol{d}_{\mathrm{F}}^k$方向选取一适当步长$\alpha_k$，计算$\boldsymbol{x}_{\mathrm{F}}^{k+1}=\boldsymbol{x}_{\mathrm{F}}^k+\alpha_k\boldsymbol{d}_{\mathrm{F}}^k$，且保证$\boldsymbol{a}_{\mathrm{F}}\leqslant\boldsymbol{x}_{\mathrm{F}}^{k+1}\leqslant\boldsymbol{b}_{\mathrm{F}}$，然后将$\boldsymbol{x}_{\mathrm{F}}^{k+1}$代入非线性方程组

$$h(\boldsymbol{x}_{\mathrm{E}}^{k+1},\ \boldsymbol{x}_{\mathrm{F}}^{k+1})=0$$

用牛顿法解出 $\boldsymbol{x}_{\mathrm{E}}^{k+1}$。

若 $\boldsymbol{x}_{\mathrm{E}}^{k+1}$ 及 $\boldsymbol{x}_{\mathrm{F}}^{k+1}$ 使得

$$f(\boldsymbol{x}_{\mathrm{E}}^{k+1},\ \boldsymbol{x}_{\mathrm{F}}^{k+1}) < f(\boldsymbol{x}_{\mathrm{E}}^{k},\boldsymbol{x}_{\mathrm{F}}^{k}) \tag{6-111}$$

且

$$\boldsymbol{a}_{\mathrm{E}} \leqslant \boldsymbol{x}_{\mathrm{E}}^{k+1} \leqslant \boldsymbol{b}_{\mathrm{E}}$$

则所求得的 $\boldsymbol{x}^{k+1}=(\boldsymbol{x}_{\mathrm{E}}^{k+1},\ \boldsymbol{x}_{\mathrm{F}}^{k+1})$ 可作为本次迭代的新点，否则应缩小步长 α_k，求出新的 $\boldsymbol{x}_{\mathrm{F}}^{k+1}$，重复以上步骤直至满足式（6-111）为止。

解非线性方程组一般用牛顿法，其迭代公式为

$$\boldsymbol{x}_{\mathrm{E}}^{\bar{k}+1}=\boldsymbol{x}_{\mathrm{E}}^{\bar{k}}-(\nabla_{x_{\mathrm{E}}} h(\boldsymbol{x}_{\mathrm{E}}^{\bar{k}},\boldsymbol{x}_{\mathrm{F}}^{k+1}))^{-1} h(\boldsymbol{x}_{\mathrm{E}}^{\bar{k}},\boldsymbol{x}_{\mathrm{F}}^{\bar{k}+1}) \tag{6-112}$$

为减少计算工作量，常用 $(\nabla_{x_{\mathrm{E}}} h(\boldsymbol{x}^0))^{-1}$ 来代替 $(\nabla_{x_{\mathrm{E}}} h(\boldsymbol{x}_{\mathrm{E}}^{\bar{k}},\ \boldsymbol{x}_{\mathrm{F}}^{\bar{k}+1}))^{-1}$，则牛顿迭代公式可简化为

$$\boldsymbol{x}_{\mathrm{E}}^{\bar{k}+1}=\boldsymbol{x}_{\mathrm{E}}^{\bar{k}}-(\nabla_{x_{\mathrm{E}}} h(\boldsymbol{x}^0))^{-1} h(\boldsymbol{x}_{\mathrm{E}}^{\bar{k}},\boldsymbol{x}_{\mathrm{F}}^{\bar{k}+1}) \tag{6-113}$$

式中 $\bar{k}$——牛顿法的迭代次数。

广义约化梯度法的迭代步骤可归纳如下：

1）选择一个可行初始点或称为基本容许解 $\boldsymbol{x}^k=\boldsymbol{x}^0$，并将设计变量分成两部分，即使 $\boldsymbol{x}=(\boldsymbol{x}_{\mathrm{E}},\ \boldsymbol{x}_{\mathrm{F}})$，给定允许误差 ε。

2）按式（6-102）求目标函数的简约梯度 $\nabla_{x_{\mathrm{F}}} F(\boldsymbol{x}_{\mathrm{F}})$，按式（6-110）计算搜索方向 $\boldsymbol{d}_{\mathrm{F}}^k$，如果 $\|\boldsymbol{d}_{\mathrm{F}}^k\|\leqslant\varepsilon$，则迭代终止；否则转至下一步。

3）取步长 $\alpha_k>0$，计算

$$\boldsymbol{x}_{\mathrm{F}}^{k+1}=\boldsymbol{x}_{\mathrm{F}}^{k}+\alpha_k\boldsymbol{d}_{\mathrm{F}}^k$$

如果 $\boldsymbol{a}_{\mathrm{F}}\leqslant\boldsymbol{x}_{\mathrm{F}}^{k+1}\leqslant\boldsymbol{b}_{\mathrm{F}}$ 成立，则转至下一步；否则取 $\alpha_k\leftarrow\frac{1}{2}\alpha_k$，重新计算 $\boldsymbol{x}_{\mathrm{F}}^{k+1}$，直至满足 $\boldsymbol{a}_{\mathrm{F}}\leqslant\boldsymbol{x}_{\mathrm{F}}^{k+1}\leqslant\boldsymbol{b}_{\mathrm{F}}$ 后转至下一步。

4）解非线性方程组

$$h(\boldsymbol{x}_{\mathrm{E}}^{k+1},\boldsymbol{x}_{\mathrm{F}}^{k+1})=0$$

求得 $\boldsymbol{x}_{\mathrm{E}}^{k+1}$，若 $\boldsymbol{x}_{\mathrm{E}}^{k+1}$、$\boldsymbol{x}_{\mathrm{F}}^{k+1}$ 满足式（6-111），则本次迭代结束，本次迭代的终点为 $\boldsymbol{x}^{k+1}(\boldsymbol{x}_{\mathrm{E}}^{k+1},\ \boldsymbol{x}_{\mathrm{F}}^{k+1})$，转至步骤 2）继续计算；否则取 $\alpha_k\leftarrow\frac{1}{2}\alpha_k$，转至步骤 3）重新计算。

三、不等式约束函数的处理和换基问题

1. 不等式约束函数的处理方法

用广义约化梯度法求解具有不等式约束函数的优化问题时，需引进新变量，将不等式约束函数转化成等式约束函数，即将该问题转化成与式（6-107）相同的形式，然后按前述方法求解。

例如，具有 l 个不等式约束函数的优化问题

$$\begin{aligned} &\min f(\boldsymbol{x}) \\ \text{s. t.}\quad &g_j(\boldsymbol{x})\leqslant 0 \quad (j=1,2,\cdots,l) \\ &h_k(\boldsymbol{x})=0 \quad (k=1,2,\cdots,m) \end{aligned}$$

引进 l 个新变量，称为松弛变量，记作 $x_{n+j}(j=1,\ 2,\ \cdots,\ l)$，原不等式约束函数改写成

$$g_j(\boldsymbol{x}) - x_{n+j} = 0 \quad (j = 1, 2, \cdots, l)$$

则原问题可写成与式（6-107）相同的形式，即

$$\min f(x_1, x_2, \cdots, x_n, x_{n+1}, x_{n+2}, \cdots, x_{n+l})$$
$$\text{s.t.} \quad h_k(\boldsymbol{x}) = 0 \quad (k = 1, 2, \cdots, m)$$
$$h_{m+j}(\boldsymbol{x}) = g_j(\boldsymbol{x}) - x_{n+j} = 0 \quad (j = 1, 2, \cdots, l)$$

即为具有 $n+l$ 个设计变量，$m+l$ 个等式约束函数的优化问题。

2. 基变量的选择和换基问题

按广义约化梯度法原理，首先应将设计变量分成基变量和非基变量，即 $\boldsymbol{x} = (\boldsymbol{x}_E, \boldsymbol{x}_F)$，对于只具有等式约束函数的问题，应在 n 个设计变量中选择 m 个变量作为基变量，对于具有不等式约束函数的问题，应在 $n+l$ 个变量中选择 $m+l$ 个变量作为基变量（l 为松弛变量数），其余的变量为非基变量。

为了使基变量的变化尽量少，应选择远离其边界的变量为基变量。同时，为了保证基矩阵非奇异及求逆计算的稳定，要求基矩阵的主元不能太小以及同列中的其他元素与主元之比不能太大。

在迭代过程中，当某一基变量等于 0，或等于边界值时，应更换基变量，即选择一非基变量来代替该基变量。

第九节　二次规划法

二次规划法的基本原理是将原问题转化为一系列二次规划的子问题。求解子问题，得到本次迭代的搜索方向，沿搜索方向寻优，最终逼近问题的最优点，因此这种方法又称为序列二次规划法。另外，算法是利用拟牛顿法（变尺度法）来近似构造海塞矩阵，以建立二次规划子问题，故又可称为约束变尺度法。这种方法被认为是目前最先进的非线性规划计算方法。

原问题的数学模型为

$$\min f(\boldsymbol{x})$$
$$\text{s.t.} \quad h(\boldsymbol{x}) = 0$$

相对应的拉格朗日函数为

$$L(\boldsymbol{x}, \boldsymbol{\lambda}) = f(\boldsymbol{x}) + \boldsymbol{\lambda}^{\mathrm{T}} h(\boldsymbol{x})$$

在 $\boldsymbol{x}^k$ 点做泰勒展开，取二次近似表达式

$$L(\boldsymbol{x}^{k+1}, \boldsymbol{\lambda}^{k+1}) = L(\boldsymbol{x}^k, \boldsymbol{\lambda}^k) + (\nabla L(\boldsymbol{x}^k, \boldsymbol{\lambda}^k))^{\mathrm{T}}(\boldsymbol{x}^{k+1} - \boldsymbol{x}^k) + \frac{1}{2}(\boldsymbol{x}^{k+1} - \boldsymbol{x}^k)^{\mathrm{T}} \boldsymbol{H}^k (\boldsymbol{x}^{k+1} - \boldsymbol{x}^k) \tag{6-114}$$

式中　$\boldsymbol{H}^k$——海塞矩阵，$\boldsymbol{H}^k = \nabla^2 L(\boldsymbol{x}^k, \boldsymbol{\lambda}^k)$。该矩阵一般用拟牛顿法中的变尺度矩阵 $\boldsymbol{B}^k$ 来代替。

令

$$\boldsymbol{d}^k = \boldsymbol{x}^{k+1} - \boldsymbol{x}^k \tag{6-115}$$

拉格朗日函数的一阶导数为

$$\nabla L(\boldsymbol{x}^k, \boldsymbol{\lambda}^k) = \nabla f(\boldsymbol{x}^k) + (\nabla h(\boldsymbol{x}^k))^{\mathrm{T}} \boldsymbol{\lambda}^k \tag{6-116}$$

将式（6-115）、式（6-116）代入式（6-114），得

$$L(\boldsymbol{x}^{k+1},\boldsymbol{\lambda}^{k+1})=f(\boldsymbol{x}^k)+(\boldsymbol{\lambda}^k)^{\mathrm{T}}h(\boldsymbol{x}^k)+(\nabla f(\boldsymbol{x}^k)+(\nabla h(\boldsymbol{x}^k))^{\mathrm{T}}\boldsymbol{\lambda}^k)^{\mathrm{T}}\boldsymbol{d}^k+\frac{1}{2}(\boldsymbol{d}^k)^{\mathrm{T}}\boldsymbol{B}^k\boldsymbol{d}^k$$

$$=f(\boldsymbol{x}^k)+(\boldsymbol{\lambda}^k)^{\mathrm{T}}(h(\boldsymbol{x}^k)+\nabla h(\boldsymbol{x}^k)\boldsymbol{d}^k)+(\nabla f(\boldsymbol{x}^k))^{\mathrm{T}}\boldsymbol{d}^k+\frac{1}{2}(\boldsymbol{d}^k)^{\mathrm{T}}\boldsymbol{B}^k\boldsymbol{d}^k \tag{6-117}$$

将等式约束函数 $h(\boldsymbol{x})=0$ 在 $\boldsymbol{x}^k$ 处做泰勒展开，取线性近似式

$$h(\boldsymbol{x}^{k+1})=h(\boldsymbol{x}^k)+\nabla h(\boldsymbol{x}^k)^{\mathrm{T}}(\boldsymbol{x}^{k+1}-\boldsymbol{x}^k)$$
$$=h(\boldsymbol{x}^k)+\nabla h(\boldsymbol{x}^k)^{\mathrm{T}}\boldsymbol{d}^k=0 \tag{6-118}$$

代入式（6-117），并略去常数项，则构成二次规划子问题

$$\min\ QP(\boldsymbol{d})=(\nabla f(\boldsymbol{x}))^{\mathrm{T}}\boldsymbol{d}+\frac{1}{2}\boldsymbol{d}^{\mathrm{T}}\boldsymbol{B}\boldsymbol{d}$$
$$\text{s. t.}\quad h(\boldsymbol{x})+\nabla h(\boldsymbol{x})^{\mathrm{T}}\boldsymbol{d}=0 \tag{6-119}$$

求解上述二次规划子问题，得到的 $\boldsymbol{d}^k$ 就是搜索方向。沿搜索方向进行一维搜索，确定步长 α_k，然后按

$$\boldsymbol{x}^{k+1}=\boldsymbol{x}^k+\alpha_k\boldsymbol{d}^k$$

的格式进行迭代，最终得到原问题的最优解。

对于具有不等式约束的非线性规划问题

$$\min f(\boldsymbol{x})$$
$$\text{s. t.}\quad h(\boldsymbol{x})=0$$
$$g(\boldsymbol{x})\leqslant 0$$

仍可用同样的推导方法，得到相应的二次规划子问题

$$\min\ QP(\boldsymbol{d})=(\nabla f(\boldsymbol{x}))^{\mathrm{T}}\boldsymbol{d}+\frac{1}{2}\boldsymbol{d}^{\mathrm{T}}\boldsymbol{B}\boldsymbol{d}$$
$$\text{s. t.}\quad h(\boldsymbol{x})+\nabla h(\boldsymbol{x})^{\mathrm{T}}\boldsymbol{d}=0$$
$$g(\boldsymbol{x})+\nabla g(\boldsymbol{x})^{\mathrm{T}}\boldsymbol{d}\leqslant 0$$

求解时，在每次迭代中应对不等式约束进行判断，保留其中的起作用约束，除掉不起作用约束，将起作用约束纳入等式约束中。这样，其中不等式约束的子问题和只具有等式约束的子问题保持了一致。当然，变尺度矩阵 $\boldsymbol{B}^k$ 也应包含起作用的不等式约束的信息。

二次规划法的迭代步骤如下：

1）给定初始值 $\boldsymbol{x}^0$、$\boldsymbol{\lambda}^0$，令 $\boldsymbol{B}^0=\boldsymbol{I}$（单位矩阵）。

2）计算原问题的函数值、梯度值，构造二次规划子问题。

3）求解二次规划子问题，确定新的乘子向量 $\boldsymbol{\lambda}^k$ 和搜索方向 $\boldsymbol{d}^k$。

4）沿 $\boldsymbol{d}^k$ 进行一维搜索，确定步长 α_k，得到新的近似极小值点 $\boldsymbol{x}^{k+1}=\boldsymbol{x}^k+\alpha_k\boldsymbol{d}^k$。

5）若满足收敛精度

$$\left|\frac{f(\boldsymbol{x}^{k+1})-f(\boldsymbol{x}^k)}{f(\boldsymbol{x}^k)}\right|\leqslant\varepsilon$$

则停止计算，否则转至下步。

6）采用拟牛顿公式（如 BFGS 公式）对 $\boldsymbol{B}^k$ 进行修正，得到 $\boldsymbol{B}^{k+1}$，然后返回步骤 2）。

第十节 结构优化方法

结构优化方法是近年来在优化领域里非常活跃的一类优化方法，它使得计算力学的任务

由被动的分析校核上升为主动的设计与优化，具有更大的难度和复杂性。一般情况下，结构优化方法要与有限元分析等数值分析方法紧密结合，同时突出优化设计的目标、约束的设计变量，面向工程实际设计中的各种优化问题，建立优化设计模型，采用适当的方法进行求解。因此，结构优化方法是一项综合性、实用性很强的理论和技术。在工程结构设计中，通常要在保证性能约束条件下，满足结构体积尽量小以减轻重量或节约材料。结构优化设计问题可归纳为

$$\min_{x \in R} f(\boldsymbol{x})$$
$$\text{s.t.} \quad g_j(\boldsymbol{x}) \leqslant 0 \quad (j = 1, 2, \cdots, m) \tag{6-120}$$

在进行结构优化设计时，性能约束一般是取结构固有频率禁区约束、振型约束、结构变形或许用应力约束。在求解上述问题时，需要进行结构在给定设计点 $\boldsymbol{x}^k$ 上的性能分析，一般都要用到目标函数和约束函数的导数信息进行敏度分析。

式（6-120）所表述的优化问题，虽然它们的稳定性好，可以应用前述的数学规划类方法求解，但是需要多次对约束函数和目标函数进行求导计算。因此，发展了以准则法思想为基础的优化准则法。对于结构优化来说，它是一种收敛速度快、求解目标函数和约束函数次数少的一种方法。下面先对准则法思想做一扼要的说明。

准则法思想是由“满应力设计”和“同步失效准则”原则，且主要是针对桁架结构的最轻设计发展起来的。它们不同于用数学原理求极值的数学规划法，而是直接从结构力学原理出发，以满应力为准则进行设计的。

对于一个由 n 个杆件组成的桁架，若杆件的横截面面积是 A_i，杆长是 l_i，则桁架体积为 $f(A) = \sum_{i=1}^{n} A_i l_i$。根据满应力要求，有

$$\frac{F_i}{[\sigma_i]} = A_i$$

式中　$[\sigma_i]$——许用应力；

F_i——轴力。

则显然可以写成如下形式的优化问题，即

$$\min f(A) = \sum_{i=1}^{n} A_i l_i$$
$$\text{s.t.} \quad h_i(A) = -A_i + \frac{F_i}{[\sigma_i]} = 0$$
$$A_i \geqslant 0$$

由于 n 个约束都是等式约束，可以唯一确定 n 个设计变量 A_i。设某一设计点 A^k，则显然有

$$A_i^{k+1} = A_i^k \frac{\sigma_i^k}{[\sigma_i]} = C_i^k A_i^k$$

式中　C_i^k——应力比，$C_i^k = \dfrac{\sigma_i^k}{[\sigma_i]}$。

以上计算过程就是以满应力为准则的优化设计过程。

如果把每一根杆件的应力达到其许用值看作整个桁架的一种可能的破坏形式，那么满应

力设计就是同步失效设计。这两种方法实际上是以一个准则来代替原来的优化设计问题的。这种方法的特点是不考虑目标函数值。

一、准则方程

任何一个设计方案是否是最优的基本检验方法就是看它是否满足 K-T 条件。

对于受有多个变形位移约束和截面尺寸上、下限约束的杆件结构或桁架最小质量设计问题，可以表示为：求最优截面尺寸 $\boldsymbol{A}=\{A_i\}(i=1,2,\cdots,n)$，使

$$f(\boldsymbol{A})=\sum_{i=1}^{n}\rho_i A_i l_i \rightarrow \min$$

但受有变形位移约束（又可称为性能约束）

$$z_j-\bar{z}_j\leqslant 0 \quad (j=1,2,\cdots,m) \tag{6-121}$$

和尺寸约束（又可称为侧面约束）

$$A_i^L\leqslant A_i\leqslant A_i^n \quad (i=1,2,\cdots,n) \tag{6-122}$$

不同工况下同一个杆件变形位移约束也可以理解为不同的变形位移约束。

当用引入松弛变量 a_j、b_i 和 d_i 的方法把不等式（6-121）和式（6-122）变成等式约束

$$z_j-\bar{z}_j+a_j^2=0$$

$$A_i^L-A_i+b_i^2=0$$

$$A_i-A_i^n+d_i^2=0$$

以后，就可以写出如下的拉格朗日函数，即

$$L=f(\boldsymbol{A})+\sum_{j\in J}\lambda_j(z_j-\bar{z}_j+a_j^2)+\sum_{i=1}^{n}\mu_i(A_i^L-A_i+b_i^2)+\sum_{i=1}^{n}\nu_i(A_i-A_i^n+d_i^2) \tag{6-123}$$

式中 λ_j、μ_i、ν_i——非负的常数，称为拉格朗日乘子。

使结构质量 $f(\boldsymbol{A})=\sum_{i=1}^{n}\rho_i A_i l_i$ 为极小的必要条件由下列方程确定。由

$$\frac{\partial L}{\partial A_i}=0(i=1,2,\cdots,n)$$

$$\frac{\partial L}{\partial a_j}=0(j=1,2,\cdots,m)$$

$$\frac{\partial L}{\partial b_i}=0$$

$$\frac{\partial L}{\partial d_i}=0$$

得

$$\frac{\partial L}{\partial A_i}=\frac{\partial f}{\partial A_i}+\sum_{j\in J}\lambda_j\frac{\partial z_j}{\partial A_i}-\mu_i+\nu_i=0 \quad (i=1,2,\cdots,n)$$

$$\frac{\partial L}{\partial a_j}=\lambda_j a_j=0 \quad (j=1,2,\cdots,m)$$

$$\frac{\partial L}{\partial b_i}=\mu_i b_i=0$$

$$\frac{\partial L}{\partial d_i}=\nu_i d_i=0$$

分析 $\lambda_j a_j=0$，有两种可能的情况：

1）若 $a_j=0$，则有 $z_j=\bar{z}_j$，$\lambda_j\geqslant 0$，表示不等式约束 $z_j\leqslant\bar{z}_j$ 是起作用约束。

2）若 $a_j\neq 0$，则有 $z_j<\bar{z}_j$，$\lambda_j=0$，表示不等式约束 $z_j\leqslant\bar{z}_j$ 是不起作用约束。

这说明

$$\lambda_j\begin{cases}\geqslant 0 & \text{若 } z_j=\bar{z}_j\text{(相应的不等式约束是起作用约束)}\\ =0 & \text{若 } z_j<\bar{z}_j\text{(相应的不等式约束是不起作用约束)}\end{cases}$$

同样，可得

$$\mu_i\begin{cases}\geqslant 0 & \text{若 } A_i=A_i^L\text{，取下限边界值(它是起作用约束)}\\ =0 & \text{若 } A_i>A_i^L\text{(它是不起作用约束)}\end{cases}$$

$$\nu_i\begin{cases}\geqslant 0 & \text{若 } A_i=A_i^U\text{，取上限边界值(它是起作用约束)}\\ =0 & \text{若 } A_i<A_i^U\text{(它是不起作用约束)}\end{cases}$$

需要说明，由于 $A_i^L<A_i<A_i^U$ 时，$\mu_i=\nu_i=0$，即截面尺寸上、下限边界侧面约束都不起作用，可以在此区域内对 A_i 进行优化。而当 $A_i=A_i^L$ 时，即下限边界侧面约束起作用。由于此时自然满足 $A_i<A_i^n$，所以有 $\mu_i\geqslant 0$，$\nu_i=0$。当 $A_i=A_i^U$（自然包含 $A_i>A_i^L$），即上限边界侧面约束起作用，有 $\mu_i=0$，$\nu_i\geqslant 0$。

综合上述结果，则最优点的必要条件按最优点所处的位置，可表示为

$$\frac{\partial L}{\partial A_i}=\frac{\partial f}{\partial A_i}+\sum_{j\in J}\lambda_j\frac{\partial z_j}{\partial A_i}\begin{cases}=0 & \text{若 } A_i^L<A_i<A_i^U\\ \geqslant 0 & \text{若 } A_i=A_i^L\\ \leqslant 0 & \text{若 } A_i=A_i^U\end{cases}\tag{6-124}$$

注意，这里已不包含和侧面约束相应的乘子向量 $\boldsymbol{\mu}$、$\boldsymbol{\nu}$。

在式（6-124）的基础上，可以写出以式（6-123）表述的具有不等式的约束极值问题的 K-T 条件，即

$$\begin{gathered}\frac{\partial f}{\partial A_i}+\sum_{j\in J}\lambda_j\frac{\partial z_j}{\partial A_i}\begin{cases}=0 & \text{若 } A_i^L<A_i<A_i^U\\ \geqslant 0 & \text{若 } A_i=A_i^L\\ \leqslant 0 & \text{若 } A_i=A_i^U\end{cases}\\ \lambda_j(z_j-\bar{z}_j)=0\quad(j=1,2,\cdots,m)\\ \lambda_j\geqslant 0\end{gathered}\tag{6-125}$$

现在说明 λ 的含义：当只有一个位移约束（约束函数或状态变量）时，有

$$\frac{\partial f}{\partial A_i}+\lambda\frac{\partial z}{\partial A_i}=0$$

得

$$-\frac{\partial z}{\partial A_i}\bigg/\frac{\partial f}{\partial A_i}=\frac{1}{\lambda}=\text{常数}\tag{6-126}$$

式中　$-\dfrac{\partial z}{\partial A_i}$——$A_i$ 有单位增值时，位移 z 的减小率，即结构的刚度收益；

$\dfrac{\partial f}{\partial A_i}$——$A_i$ 有单位增值时，结构的质量支出。

式（6-126）可以称为优化效率，它表明在结构的最优设计中，每个设计变量 A_i 做单位改变时，由此引起的结构整体的优化效率（即刚度收益和质量支出之比）应彼此相等，都

等于一个统一的常数。显然，优化效率可以看成是一个优化准则。这样，优化准则可以概括为：在最轻（最优）结构中，设计变量都被调整到具有相等的优化效率上。

在求解式

$$\frac{\partial f}{\partial A_i}+\lambda\frac{\partial z}{\partial A_i}\begin{cases}=0 & 当 A_i>A_i^L\\ \geqslant 0 & 当 A_i=A_i^L\end{cases}$$

时，将会遇到一个问题，即应取其中的

$$\frac{\partial f}{\partial A_i}+\lambda\frac{\partial z}{\partial A_i}=0$$

还是

$$\frac{\partial f}{\partial A_i}+\lambda\frac{\partial z}{\partial A_i}\geqslant 0$$

因为在计算之前，我们并不知道是 $A_i=A_i^L$ 还是 $A_i>A_i^L$。用优化准则法的术语来说，就是 A_i 是主动变量（参数）还是被动变量（参数）尚待确定。所谓主动变量，是指 $A_i>A_i^L$ 的设计变量，即在迭代计算过程中，A_i 还允许改变。被动变量则是指 $A_i=A_i^L$ 的设计变量，此时 A_i 在迭代计算过程中已不能改变了。也就是需要根据杆件横截面面积大小的极限（又称边界约束条件）来确定主动、被动变量（或称主动、被动参数）。

按照这样的概念，式（6-125）是本优化问题的准则方程。这里存在一个如何区分主动、被动参数的问题。此外，这里还要确定哪些不等式约束在迭代中是起作用约束，即哪些不等式的约束包含在 J 集合之中。为此，需要计算乘子 λ_j 的值。因此，为了求解准则表达式

$$\frac{\partial f}{\partial A_i}+\sum_{j\in J}\lambda_i\frac{\partial z_j}{\partial A_i}$$

以确定最优解 A，需要解决如下一些问题：

1）求解一组包含 λ_j 的方程组，以便确定约束是有效（起作用）的还是无效（不起作用）的。

2）根据 $A_i\geqslant A_i^L$ 和 $A_i\leqslant A_i^U$ 区分主动和被动参数（设计变量），以便下次迭代时，只取主动参数作为优化时的设计变量（因为被动参数的值已由侧面约束边界值限定，而不能再改变了），利用 $\frac{\partial f}{\partial A_i}+\sum_{j\in J}\lambda_i\frac{\partial z_j}{\partial A_i}=0$ 求解。

3）需要计算性能约束的导数$\frac{\partial z_j}{\partial A_i}$。

原则上，可以采用试算修正方法来解决前两个问题，即事先假设好哪些约束是有效或无效的，哪些设计变量是主动变量或被动变量，而后再进行计算。这种方法称为试错法（Trial and Error Method）。这种试算的迭代公式仍采用式 $\boldsymbol{A}^{k+1}=\boldsymbol{C}^k\boldsymbol{A}^k$。当然，这里的迭代乘子 $\boldsymbol{C}^k$ 应有自己的表达形式。

从上面的推导过程中可以看出，优化问题的准则方程实际是由所讨论的优化问题的最优解应满足 K-T 条件推导出来的。这时的迭代公式用来寻求满足 K-T 条件的极小值点（设计点）。

虽然上面是就变形位移约束进行推导的，但这种优化准则法目前已推广应用于具有应力、变形位移、固有频率、振型等不同的性能约束条件下结构的优化设计问题，并且采用有

限元法进行特性能约束值的计算。从而设计变量也将不限于杆件的截面尺寸 $\boldsymbol{A}$，还可能是所取单元的长、宽、厚等。对于这类问题，按上述思路同样可以导出式（6-124）形式的准则方程和 K-T 条件。

若用 z 泛指结构的某个性能，$f(\boldsymbol{x})$ 为目标函数，$\boldsymbol{x}$ 为设计变量，相应的上、下限取为 $\boldsymbol{x}_{\max}$ 和 $\boldsymbol{x}_{\min}$，则这类优化问题的 K-T 条件可以写成

$$\frac{\partial f}{\partial x_i}+\sum_{j\in J}\lambda_j\frac{\partial z_j}{\partial x_i}\begin{cases}=0 & x_{i\min}<x_i<x_{i\max}\\ \geqslant 0 & x_i=x_{i\min}\\ \leqslant 0 & x_i=x_{i\max}\end{cases}\tag{6-127}$$

$$\lambda_j(z_j-\bar{z}_j)=0$$

$$\lambda_j\geqslant 0\quad(j=1,2,\cdots,m)$$

二、迭代乘子 C

考虑到结构性能约束函数常是隐含设计变量 x_i 的非线性方程，对式（6-127）的准则方程的求解可采用线性迭代的方法。这种求解从某个初始设计变量开始，按迭代公式

$$x_i^{k+1}=C_i^k x_i^k\tag{6-128}$$

反复进行线性迭代，直到求出满足准则方程的设计变量。

为了确定迭代乘子 C_i，可以引入松弛因子 α，并且准则方程两边均乘以 $(1-\alpha)x_i$，得

$$(1-\alpha)x_i\left(\frac{\partial f}{\partial x_i}+\sum_{j\in J}\lambda_i\frac{\partial z_j}{\partial x_i}\right)=0$$

展开并移项，得

$$(1-\alpha)x_i\frac{\partial f}{\partial x_i}=-(1-\alpha)\sum_{j\in J}\lambda_i\frac{\partial z_j}{\partial x_i}x_i$$

或

$$x_i-\alpha x_i=-\frac{(1-\alpha)}{\dfrac{\partial f}{\partial x_i}}\sum_{j\in J}\lambda_j\frac{\partial z_j}{\partial x_i}x_i$$

则有

$$x_i=\alpha x_i-\frac{(1-\alpha)}{\dfrac{\partial f}{\partial x_i}}\sum_{j\in J}\lambda_j\frac{\partial z_j}{\partial x_i}x_i=\left[\alpha-\frac{(1-\alpha)}{\dfrac{\partial f}{\partial x_i}}\sum_{j\in J}\lambda_j\frac{\partial z_j}{\partial x_i}\right]x_i\tag{6-129}$$

令

$$C_i=\alpha-\frac{(1-\alpha)}{\dfrac{\partial f}{\partial x_i}}\sum_{j\in J}\lambda_j\frac{\partial z_j}{\partial x_i}\tag{6-130}$$

式（6-129）就可写成式（6-128）的形式。

式（6-130）中的 α 是松弛因子，要求 $|\alpha|<1$（可以取 $\alpha=0.8\sim0.9$）。

显然，用式（6-130）进行设计变量 x_i 的迭代计算结果应该受到侧面（即 x_i 的边界值）约束。如果计算得到的 $x_i^{k+1}=C_i^k x_i^k\geqslant x_{i\max}$，则应取 $x_i^{k+1}=x_{i\max}$；而当 $x_i^{k+1}=C_i^k x_i^k\leqslant x_{i\min}$ 时，则应取 $x_i^{k+1}=x_{i\min}$。

因此，可以建立设计变量 x_i 的迭代方程为

$$x_i^{k+1}=\begin{cases}C_i^k x_i^k & x_{i\min}<C_i^k x_i^k<x_{i\max}\\ x_{i\min} & C_i^k x_i^k\leqslant x_{i\min}\\ x_{i\max} & C_i^k x_i^k\geqslant x_{i\max}\end{cases}\tag{6-131}$$

但是，在用式（6-130）确定迭代乘子 C_i^k 时，必须先确定 λ_j（$j\in J$）的值。可以直接根据 λ_j 值应满足准则方程的条件来求解 λ_j，也可以从另一角度来求解 λ_j。

λ 的选取，要求使下一步设计点处的结构性能 z_j 满足其给定值 $\bar{z}_j$，即设计点由第 k 步 x^k 走到第 $k+1$ 步达到 x^{k+1} 时，结构性能由 $z_j^k\to z_j^{k+1}$，且有 $z_j^{k+1}=\bar{z}_j$。

把结构性能 z_j 在点 z_j^k 的领域内做泰勒展开，略去二阶以上各项，得

$$z_j^{k+1}-z_j^k=\sum_{i=1}^n\frac{\partial z_j}{\partial x_i}\Delta x_i=\sum_{i=1}^n\frac{\partial z_j}{\partial x_i}(C_i^k x_i^k-x_i^k)$$

或

$$\bar{z}_j-z_j^k=\sum_{i=1}^n\frac{\partial z_j}{\partial x_i}\Delta x_i=\sum_{i=1}^n\frac{\partial z_j}{\partial x_i}(C_i^k x_i^k-x_i^k)\tag{6-132}$$

考虑式（6-131）的三种可能情况，并记 $x_{i\min}<C_i^k x_i^k<x_{i\max}$ 为集合 R_a，称为主动参数集合；$C_i^k x_i^k<x_{i\min}$ 为集合 R_{p1}，$C_i^k x_i^k\geqslant x_{i\max}$ 为集合 R_{p2}，统称为被动参数集合。则式（6-132）可以写成

$$\bar{z}_j-z_j^k=\sum_{i\in R_{p1}}\frac{\partial z_j}{\partial x_i}(x_{i\min}-x_i^k)+\sum_{i\in R_{p2}}\frac{\partial z_j}{\partial x_i}(x_{i\max}-x_i^k)+\sum_{i\in R_a}\frac{\partial z_j}{\partial x_i}(C_i^k x_i^k-x_i^k)\tag{6-133}$$

由式（6-130）可以写出

$$(C_i^k-1)x_i^k=\left[\frac{\alpha\dfrac{\partial f}{\partial x_i}-(1-\alpha)\displaystyle\sum_{j\in J}\lambda_j\frac{\partial z_j}{\partial x_i}}{\dfrac{\partial f}{\partial x_i}}-1\right]x_i^k$$

或

$$(C_i^k-1)x_i^k=\left[(\alpha-1)-\frac{(1-\alpha)\displaystyle\sum_{j\in J}\lambda_j\frac{\partial z_j}{\partial x_i}}{\dfrac{\partial f}{\partial x_i}}\right]x_i^k\tag{6-134}$$

所以

$$\sum_{i\in R_a}\frac{\partial z_j}{\partial x_i}(C_i^k x_i^k-x_i^k)=\sum_{i\in R_a}\frac{\partial z_j}{\partial x_i}\left[(\alpha-1)-\frac{(1-\alpha)\displaystyle\sum_{j\in J}\lambda_j\frac{\partial z_j}{\partial x_i}}{\dfrac{\partial f}{\partial x_i}}\right]x_i^k$$

$$=\sum_{i\in R_a}\frac{\partial z_j}{\partial x_i}(\alpha-1)x_i^k-(1-\alpha)\sum_{i\in R_a}\frac{\dfrac{\partial z_j}{\partial x_i}x_i^k\displaystyle\sum_{j\in J}\lambda_j\frac{\partial z_j}{\partial x_i}}{\dfrac{\partial f}{\partial x_i}}$$

于是式（6-133）就成为

$$\bar{z}_j-z_j^k-\sum_{i\in R_{p1}}\frac{\partial z_j}{\partial x_i}(x_{i\min}-x_i^k)-\sum_{i\in R_{p2}}\frac{\partial z_j}{\partial x_i}(x_{i\max}-x_i^k)+$$

$$(1-\alpha)\sum_{i\in R_a}\frac{\partial z_j}{\partial x_i}x_i^k=-(1-\alpha)\sum_{i\in R_a}\frac{\dfrac{\partial z_j}{\partial x_i}x_i^k}{\dfrac{\partial f}{\partial x_i}}\sum_{i\in J}\lambda_j\frac{\partial z_j}{\partial x_i} \tag{6-135}$$

则式（6-135）可给出下述的 m 个方程式

$$\alpha_{j1}\lambda_1+\alpha_{j2}\lambda_2+\cdots+\alpha_{jm}\lambda_m=b_j \quad (j=1,2,\cdots,m) \tag{6-136}$$

从式（6-136）中可以唯一地解出 λ_j 的值。

由于方程各系数 α_{jj} 和 b_j 都随 x_i^k 变化，因此方程组的解 λ_j 也将随 x_i^k 变化，即在迭代过程中，设计点在设计空间内不断移动，设计点所处位置不同，相对应的 λ_j 值也不同，也即伴随着优化参数（设计变量）的迭代，也存在着乘子 λ 的迭代。

观察式（6-130）的 C_i 表达式可以发现，此时的迭代乘子不仅和约束函数 z 的偏导数 $\frac{\partial z}{\partial x_i}$ 有关，而且也和目标函数 $f(x)$ 的偏导数 $\frac{\partial f}{\partial x_i}$ 有关。所以，这种准则方法与满应力设计法不同，它不再是和目标函数无关了。因此，这种优化准则就具有数学规划法的性质，是准则思想和数学规划的结合，故称为优化准则法。

三、优化准则法和数学规划法的相似性质

在满应力设计的一类准则设计中，不考虑目标函数值，因而其解不是最优解。这反映了它和数学规划法的不同，这是它的特点。但是，在优化准则法中，由于准则方程是目标函数梯度和诸约束梯度的线性组合，所以已经失去了原来的满应力类设计与目标函数无关的特点，而具有数学规划法的性质。它实际上已经把准则法和数学规划法结合起来了。优化准则法的这个性质，可以从对式（6-127）的分析中看出来。

式（6-127）是非线性规划

$$\begin{aligned} &\min f(\boldsymbol{x})\\ \text{s. t.}\quad & z_j-\bar{z}_j\leqslant 0\\ &\boldsymbol{x}_{\min}-\boldsymbol{x}\leqslant 0\\ &\boldsymbol{x}-\boldsymbol{x}_{\max}\leqslant 0 \end{aligned}$$

的 K-T 条件。

按照数学规划法的解法，我们把它转换成某种无约束函数的形式，然后采用迭代公式

$$\boldsymbol{x}^{k+1}=\boldsymbol{x}^k+\alpha_k\boldsymbol{d}^k$$

从点 $\boldsymbol{x}^k$ 开始，沿方向 $\boldsymbol{d}^k$ 进行一维搜索，确定步长因子 α_k，得到下一步的设计点 $\boldsymbol{x}^{k+1}$，直到获得最优解。

在优化准则法的解法中，从点 $\boldsymbol{x}^k$ 开始，采用迭代公式

$$\boldsymbol{x}_i^{k+1}=\boldsymbol{c}_i^k\boldsymbol{x}_i^k \quad (i=1,2,\cdots,n)$$

对它进行修改，获得 $\boldsymbol{x}^{k+1}$。这种修改是靠选择、调整迭代乘子 $\boldsymbol{c}_i^k$ 来实现的。而 $\boldsymbol{c}_i^k$ 值又是由拉格朗日乘子 λ 以及约束函数偏导数和目标函数偏导数确定的。

求解同一问题的两种不同方法的等价性质，说明两个迭代公式，即 $\boldsymbol{x}^{k+1}=\boldsymbol{x}^k+\alpha_k\boldsymbol{d}^k$ 和 $\boldsymbol{x}_i^{k+1}=\boldsymbol{c}_i^k\boldsymbol{x}_i^k$ 之间存在某种关系和相似性质。下面我们简单地对三种机械结构优化方法进行对比分析。

经过实际计算的对比分析，我们认为，对于机械结构优化问题来说，优化准则法、二次

规划迭代法（约束变尺度法）和对角化乘子法是比较有效的方法。

对 $f(\boldsymbol{x}) \to \min$， s. t. $h(\boldsymbol{x})=0$ 的等式约束问题，它的 K-T 条件为

$$\begin{cases}\nabla f(\boldsymbol{x})+\boldsymbol{\lambda}^{\mathrm{T}}\nabla h(\boldsymbol{x}) \\ h(\boldsymbol{x})=0\end{cases} \tag{6-137}$$

或写成

$$\frac{\partial f(\boldsymbol{x})}{\partial x_i}+\sum_{j=1}^{m}\lambda_j\frac{\partial h_j(\boldsymbol{x})}{\partial x_i}=0 \quad (i=1,2,\cdots,n)$$

$$h_j(\boldsymbol{x})=0 \quad (j=1,2,\cdots,m)$$

针对上述方程组，优化准则法的求解格式是

$$\boldsymbol{x}^{k+1}=\boldsymbol{c}^k\boldsymbol{x}^k$$

或

$$\boldsymbol{x}_i^{k+1}=\boldsymbol{c}_i^k\boldsymbol{x}_k^k$$

$$h_j(\boldsymbol{x}^k)+\nabla h_j(\boldsymbol{x}^k)^{\mathrm{T}}(\boldsymbol{x}^{k+1}-\boldsymbol{x}^k)=0$$

$$\boldsymbol{c}_j^k=\alpha+\frac{1-\alpha}{\dfrac{\partial f(\boldsymbol{x}^k)}{\partial x_i}}\sum_{j=1}^{m}\lambda_j^k\frac{\partial h_j(\boldsymbol{x}^k)}{\partial x_i}$$

λ_j^k 可以从下面的方程组中解出，即

$$\sum_{j=1}^{m}\lambda_j^k a_{ij}=b_i \quad (j=1,2,\cdots,m)$$

当具有不等式约束时，应取有效约束集。

而二次规划迭代法则是通过对式（6-137）表述的方程组用拟牛顿法求解导出的。此时可对此方程组在点 $\boldsymbol{x}^k$ 处线性化，得

$$\begin{cases}\boldsymbol{B}_k(\boldsymbol{x}^{k+1}-\boldsymbol{x}^k)+\boldsymbol{\lambda}^{\mathrm{T}}\nabla h(\boldsymbol{x}^k)\boldsymbol{\lambda}^k=-\nabla f(\boldsymbol{x}^k)-\boldsymbol{\lambda}^{\mathrm{T}}\nabla h(\boldsymbol{x}^k) \\ \nabla h(\boldsymbol{x}^k)^{\mathrm{T}}(\boldsymbol{x}^{k+1}-\boldsymbol{x}^k)=-h(\boldsymbol{x}^k)\end{cases} \tag{6-138}$$

它是等价的二次规划问题

$$\min\ (\boldsymbol{d}^k)^{\mathrm{T}}\nabla f(\boldsymbol{x}^k)+\frac{1}{2}(\boldsymbol{d}^k)^{\mathrm{T}}\boldsymbol{B}_k\boldsymbol{d}^k$$

$$\text{s. t.}\quad h(\boldsymbol{x})+\boldsymbol{d}^k\nabla h(\boldsymbol{x}^k)=0 \tag{6-139}$$

从中解出 $\boldsymbol{d}^k$ 后，即可按 $\boldsymbol{x}^{k+1}=\boldsymbol{x}^k+\boldsymbol{d}^k$ 格式进行搜索求解。

可见，二次规划迭代法和优化准则法都可以看成是求解 K-T 条件形成的式（6-137）的方法，只不过前者使用的是拟牛顿法，采用 $\boldsymbol{x}^{k+1}=\boldsymbol{x}^k+\alpha_k\boldsymbol{d}^k$ 的迭代格式，后者使用的是 $\boldsymbol{x}^{k+1}=\boldsymbol{c}^k\boldsymbol{x}^k$ 的迭代格式。我们证明了二次规划迭代法具有超线性收敛速度，而优化准则法最多只具有线性收敛速度。

对角化乘子法和二次规划迭代法一样，也是通过拟牛顿法求解式（6-137）表达的方程组的，不过它是通过式（6-76）算出的公式（6-77），并用 λ 算出下次的搜索方向 $\boldsymbol{d}^k$［参见式（6-78）］，然后选用适当的搜索函数，按 $\boldsymbol{x}^{k+1}=\boldsymbol{x}^k+\alpha_k\boldsymbol{d}^k$ 格式搜索求解。而二次规划迭代法则要对二次规划子问题式（6-139）用线性规划方法或有效约束集方法求解，得出 $\boldsymbol{d}^k$，再选取适当的搜索函数，按 $\boldsymbol{x}^{k+1}=\boldsymbol{x}^k+\alpha_k\boldsymbol{d}^k$ 求解 $\boldsymbol{x}^{k+1}$ 的。可见，这两种方法仅是求解的过程不同而已。

由式（6-137）可知，利用 K-T 条件建立优化问题的准则方程，需要计算各性能值的导数（或约束函数的梯度）。在结构优化中，有时将性能导数称为敏度。在数学规划法中，有许多

优化方法是利用函数的梯度进行求解的。其使用效果说明，借助函数梯度的方法往往是很有效的。

函数梯度可以采用微分法计算，也可以采用差分法计算。采用优化准则法、数学规划法以及有限元和优化耦合的方法进行机械结构位移、自振频率等相关性能的详细计算过程，请参阅作者出版的其他文献，本书不再赘述。

四、形状优化和拓扑及布局优化

工程实际中提出的许多优化问题往往是比较复杂的，而且已经超出前述有限维的尺寸参数优化的范畴。例如，某些杆梁截面形状、板壳结构厚度和孔洞形状以及肋条布局、汽轮机叶片形状的优化设计等。显然，它们有些也可以采用有限维的方法求解，但要以降低精度作为代价。如果将设计过程狭义地划分为概念设计阶段、基本设计阶段以及详细设计阶段的话，前面所述的尺寸参数优化一般属于详细设计阶段，为了获得结构的最佳尺寸参数。而形状优化则往往发生在基本设计阶段，具体体现在优化形状节点的位置以实现形状的改变。拓扑优化则用于概念设计阶段，是在一个确定的连续区域内寻求结构内部非实体区域位置和数量的最佳配置，寻求结构中的构件布局及节点联结方式的最优化，使结构能在满足应力、位移等约束条件下，将外载荷传递到结构支撑位置，同时使结构的某种性态指标达到最优。拓扑学（Topology）重点关注的是物体间的位置关系。Michell 曾在桁架理论中首次提出了拓扑优化的概念。后来，结构拓扑优化不断地发展。1981 年，Cheng 等人研究了拓扑优化领域的变厚度弹性板优化设计问题。1988 年，Bendsoe 和 Kikuchi 引入了微结构模型，并首次提出了基于均匀化理论的结构拓扑优化方法。拓扑优化在概念设计阶段为产品结构提供新颖的拓扑构型和设计思路，成为初始概念设计的重要工具。以极大值原理为基础，把优化问题表示为泛函极值形式来求解结构形状的这一类理论和方法，实现了从有限维的参数优化向无限维的形状优化和拓扑及布局优化的跨越。这类无限维的优化方法极具理论价值，但用于求解实际的工程问题难度较大。因而，广泛采用的是应用有限元的离散模型进行分析的离散型分析方法，并且这些方法与商用优化和有限元分析软件，如 OptiStruct、TOSCA、ISIGHT、ANSYS、ABAQUS 等进行了有机融合。

连续体的形状和拓扑及布局优化设计需要建立研究对象的几何和分析模型，这既涉及用相应的优化设计变量对边界形状和布局进行有效的描述，也需要处理与有限元分析相关的敏度分析和网格生成等问题。常用的拓扑优化方法有均匀化方法、变厚度方法、水平集方法、SIMP（Solid Isotropic Material with Penalization）变密度方法等。

下面通过几个示例简要说明有关形状优化和拓扑及布局优化的概念。更详细和具体的分析计算方法，请参考有关的文献资料。

1. 形状优化设计示例

（1）悬臂梁的形状优化　悬臂梁的形状优化是一个典型的设计变量在一维空间中分布的形状优化设计问题。它是一个结构几何边界的优化方法。这里选取一个初始截面呈矩形的悬臂梁。对它进行形状优化设计时，取沿其轴线变化的截面形状作为设计变量，以重量最轻作为设计的目标函数。

初始选择梁的截面形状是矩形，高度和宽度分别为 20mm 和 7mm。初始结构质量为 0. 1438kg。在优化过程中，采用有限元自动网格剖分并保证沿轴向具有相同的拓扑连接关系。经过 17 次迭代，得到的最优设计结果如图 6-38 和图 6-39 所示。其中图 6-38 所示是悬臂梁的最优截面形状，它的顶部呈窄矩形，根部则是宽工字形。图 6-39 所示是最优形状时悬臂梁的有限元网格，它共有4830个节点和3690个三维实体单元。梁的最优质量为0.132818kg。

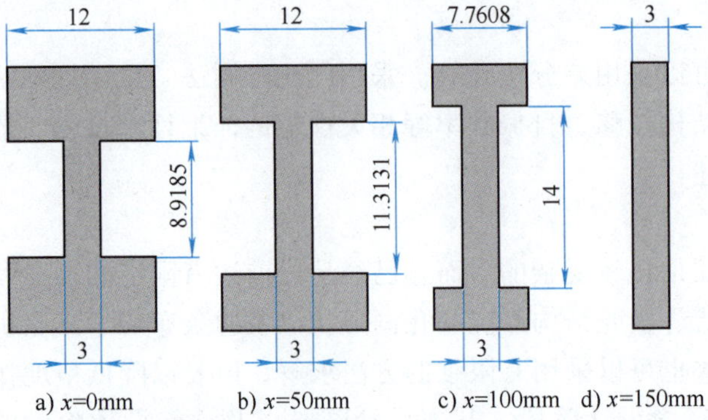

图 6-38 悬臂梁的最优截面形状

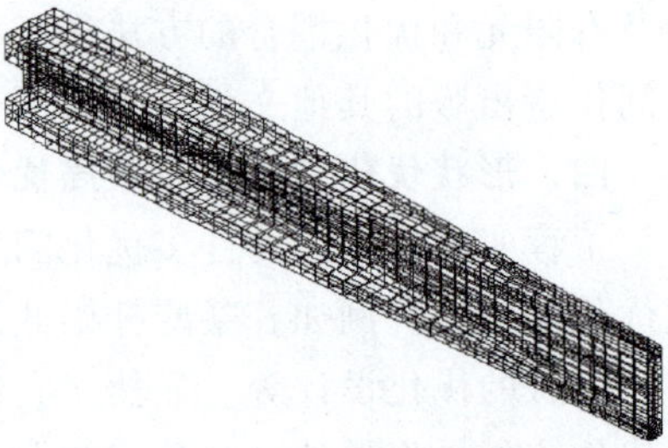

图 6-39 最优形状时悬臂梁的有限元网格状态

（2）汽轮机叶片的单背弧叶形优化设计 为提高自振频率以及减小动应力，取叶片自振频率为优化目标，取背弧中间两控制点权因子作为设计变量，取叶片最大静应力、出口气流角和叶栅损失作为约束。采用内点惩罚函数法进行叶片的形状优化。经过9次数值迭代，其自振频率迭代变化过程如图6-40所示，叶片的优化结果型线如图6-41所示。自振频率由叶片标准型线的421Hz提高到517Hz，从而达到减小动应力的效果。

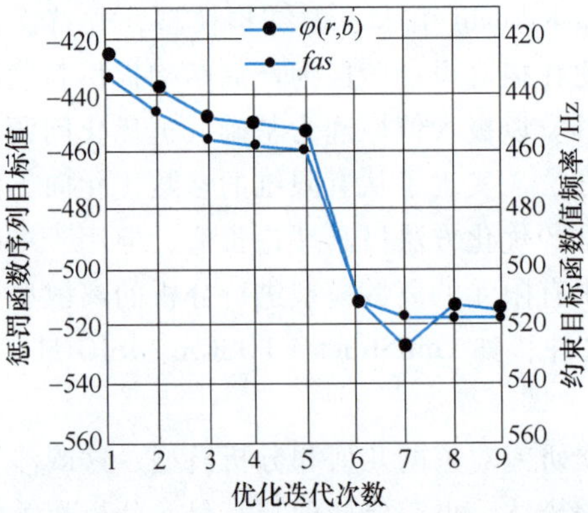

图 6-40 优化目标函数值随迭代次数变化曲线

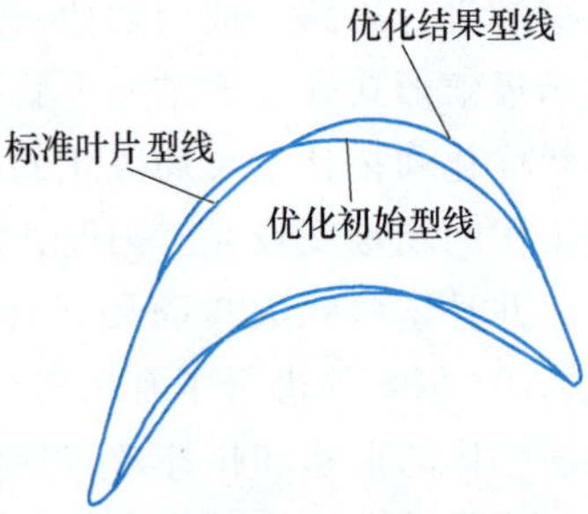

图 6-41 优化结果与30HQ—1标准型线

2. 布局优化设计示例

在工程应用中，板壳结构占有相当大的比例。这类结构多为铸件或焊接件，构件的壁厚在工艺和材料的约束下可以通过形状优化进行最优设计。但平面板壳的布肋（布局）设计比板的厚度优化设计具有更重要的实际意义。然而，形状优化设计难以直接运用到构件的布肋（布局）设计中。这里列举的是一个边界固支的板壳的布肋（布局）设计，如图6-42所示。

通常在设计时选择均匀布肋为初始设计模型，如图6-42所示。对于这样的对称结构，可以采取子结构的有限元剖分方法进行微结构的分析设计，以减少计算量。取结构的1/4为子结构。计算时取限定肋板厚度作为附加约束。在初始设计时，板面上没有布肋，为了得到可以解算的有限元模型，取高度较小的肋板作为偏置梁单元。这样可以利用梁的布置来确定肋板的最优位置。试验布肋时，为减少计算量，每次采用的梁单元数为1或2。经过6轮试验布肋和肋板形状优化，得到的最优结构网格如图6-43所示。它是一个四边各有5个高度不等的均匀变化的肋板，中心部位有 6 个对称分布的高度不等的均匀变化的肋板。这样的最优布肋结构，其板面的应力分布更均匀，材料性能可得到更充分的利用。不但结构的重量减轻了，其他性能也得到了提高。

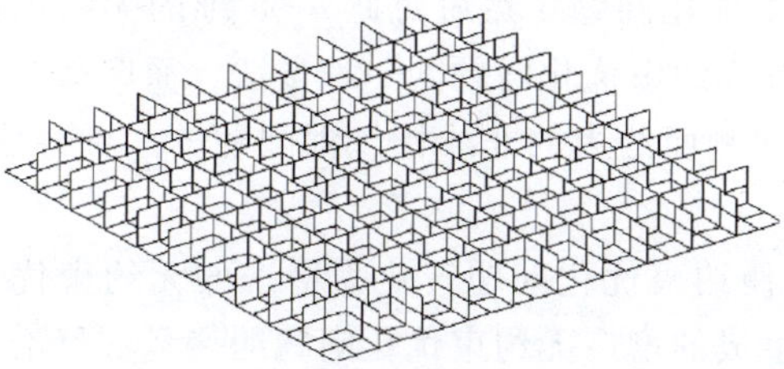

图 6-42　固支板的初始均匀布肋

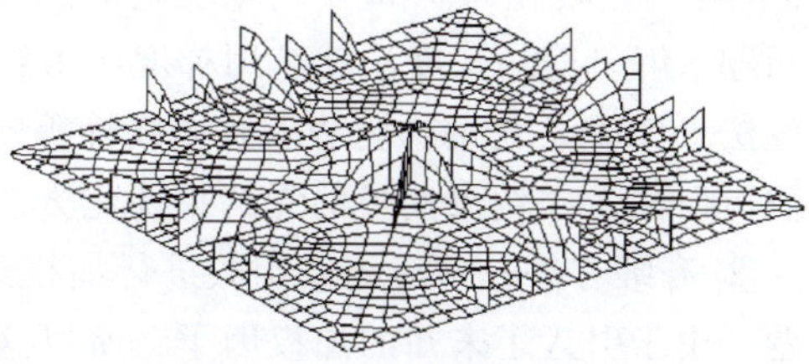

图 6-43　固支板的最优布肋

五、约束优化算法的思路和策略小结

从第一章第二节“机械优化设计问题的建模示例”中可以看出，它们的数学模型类型各异，其目标函数和约束函数为非线性或线性的，约束条件有等式的和不等式的，它们的不同组合得到不同类别的数学模型。数学模型类别不同，求解方法也随之各异。表 6-4 为不同类别数学模型宜采用的数学规划法类别简表。

表 6-4　数学模型与数学规划法类别简表

数学模型类别		宜采用的求解方法及搜索格式
目标函数	约束函数	
线性	线性	线性规划法中的修正单纯形法，试探性地求解不定方程组
非线性	非线性	SUMT 法、乘子类法、GRG 法，$\boldsymbol{x}^{k+1}=\boldsymbol{x}^k+\alpha_k\boldsymbol{d}^k$
	线性	直接方法，按 $\boldsymbol{x}^{k+1}=\boldsymbol{x}^k+\alpha_k\boldsymbol{d}^k$ 格式搜索求解，或把目标函数线性化，采用线性规划法中的修正单纯形法求解
二次函数	非线性	二次规划法，先对二次规划方程组求解 $\boldsymbol{d}$ 和 $\boldsymbol{\lambda}$，再按 $\boldsymbol{x}^{k+1}=\boldsymbol{x}^k+\alpha_k\boldsymbol{d}^k$ 格式搜索求解

求解非线性规划问题可概括为如下 3 种迭代格式：

1）$\boldsymbol{x}^{k+1}=\boldsymbol{x}^k+\alpha_k\boldsymbol{d}^k$（搜索格式）

2）$\boldsymbol{x}^{k+1}=\boldsymbol{x}^k+\Delta\boldsymbol{x}^k$（替换格式）

3）$\boldsymbol{x}^{k+1}=\boldsymbol{c}^k\boldsymbol{x}^k$（收敛格式）

前两种属于数学规划类方法，后一种属于优化准则方法。

虽然求解非线性规划问题的算法很多，而且仍有可能出现新的算法，但为了理清思路，便于分析和掌握，我们把现有的一些有效算法的思路和策略进行归纳。

总的策略：一是在可行域内直接搜索最优设计点；二是把非线性问题转化为线性问题，采用线性规划方法求解；三是把约束问题转化为无约束问题，采用无约束方法求解。具体方法如下：

1）直接方法——以约束条件为界面，形成一个解的可行域，在可行域范围内直接采用无约束优化方法求解。如可行方向法和梯度投影法（它适用于约束是线性函数的问题）等。

2）线性逼近法——把非线性函数在现行点线性化，采用较成熟的线性规划方法，如修正单纯形法求解。

3）间接方法——先把约束问题转化为无约束问题，再采用无约束优化方法求解。这种方法可以分为 2 类：

① 降维方法——利用 m 个约束条件提供的方程组消去 n 个变量中的 m 个变量，从而把 n 维优化问题转化为 $n-m$ 个约束变量的降维无约束优化问题。然后对此 $n-m$ 维的无约束优化问题求解。简约梯度法就是用梯度法求解线性等式约束优化问题的一种方法，而广义约化梯度法（GRG）是用梯度法求解非线性等式约束和侧面约束的非线性规划问题的一种方法。它们可以称为"约束变量的无约束优化方法"。

② 升维方法——对约束函数进行加权处理，使约束优化问题转化为增广的无约束优化问题。由于引入了未知的加权因子，所以这个新生成的增广无约束优化问题的变量数目增加了。因此，我们称它们为"升维方法"。这类方法的基础是古典的拉格朗日乘子法（约束函数是等式时的极值条件）和 K-T 条件（约束函数是不等式的极值条件）。属于这类方法的有 SUMT 法、乘子类方法、二次规划迭代法以及优化准则法等。

目前比较常用的、能有效解决非线性规划问题的方法多属"转化"策略的方法，尤其是其中的升维方法。现将它们的数学模型表述、增广的无约束优化问题的目标函数或转化的方程组以及求解方法和格式列于表 6-5 中。

表 6-5 约束优化问题升维的间接解法公式对照表

方法	数学模型表述	增广的无约束问题的目标函数或转化的方程组	求解方法和格式
拉格朗日乘子法	$f(\boldsymbol{x}) \to \min$ s.t. $h_i(\boldsymbol{x}) = 0$	$F(\boldsymbol{x},\boldsymbol{\lambda}) = f(\boldsymbol{x}) + \boldsymbol{\lambda}^{\mathrm{T}} h(\boldsymbol{x})$	求解极值条件提供的方程组
SUMT 法（混合惩罚函数法）	$f(\boldsymbol{x}) \to \min$ s.t. $h_i(\boldsymbol{x}) = 0(i = 1,2,\cdots,l)$ $g_j(\boldsymbol{x}) \leqslant 0(j = 1,2,\cdots,m)$	$F(\boldsymbol{x},r) = f(\boldsymbol{x}) - r_k \sum_{j=1}^{m} \frac{1}{g_j(\boldsymbol{x})} + \frac{1}{\sqrt{r_k}} \sum_{i=1}^{l} h_i(\boldsymbol{x})$	$\boldsymbol{x}^{k+1} = \boldsymbol{x}^k + \alpha_k \boldsymbol{d}^k$
乘子类方法	$f(\boldsymbol{x}) \to \min$ s.t. $h_j(\boldsymbol{x}) = 0$ $(j = 1,2,\cdots,l)$	$F(\boldsymbol{x},\boldsymbol{\lambda},r) = f(\boldsymbol{x}) + \sum_{j=1}^{l} \lambda_j h_j(\boldsymbol{x}) + \frac{r}{2} \sum_{j=1}^{l} [h_j(\boldsymbol{x})]^2$	$\boldsymbol{x}^{k+1} = \boldsymbol{x}^k + \alpha_k \boldsymbol{d}^k$ $\boldsymbol{\lambda}^{k+1} = \boldsymbol{\lambda}^k + r_k L(\boldsymbol{x}^k)$ $r_{k+1} = r_k$
	$f(\boldsymbol{x}) \to \min$ s.t. $g_j \leqslant 0$ $(j = 1,2,\cdots,m)$	$F(\boldsymbol{x},\boldsymbol{\lambda},r) = f(\boldsymbol{x}) + \frac{1}{r_j} \sum_{i=1}^{l} \{[\max(0,\lambda_j + r_j g_j(\boldsymbol{x}))]^2 - \lambda_j^2\}$	
二次规划迭代法	$f(\boldsymbol{x}) \to \min$ s.t. $h_i(\boldsymbol{x}) = 0$	$\min (\boldsymbol{d}^k)^{\mathrm{T}} \nabla f(\boldsymbol{x}^k) + \frac{1}{2} (\boldsymbol{d}^k)^{\mathrm{T}} \boldsymbol{B}_k \boldsymbol{d}^k$ s.t. $h(\boldsymbol{x}^k) + (\boldsymbol{d}^k)^{\mathrm{T}} \nabla h(\boldsymbol{x}^k) = 0$	利用极值条件求得搜索方向 $\boldsymbol{d}^k$，选取适当的搜索函数进行 $\boldsymbol{x}^{k+1} = \boldsymbol{x}^k + \alpha_k \boldsymbol{d}^k$ 格式的求解
	$f(\boldsymbol{x}) \to \min$ s.t. $h_i(\boldsymbol{x}) = 0$ $g(\boldsymbol{x}) \leqslant 0$	$\min (\boldsymbol{d}^k)^{\mathrm{T}} \nabla f(\boldsymbol{x}^k) + \frac{1}{2} (\boldsymbol{d}^k)^{\mathrm{T}} \boldsymbol{B}_k \boldsymbol{d}^k$ s.t. $h(\boldsymbol{x}^k) + (\boldsymbol{d}^k)^{\mathrm{T}} \nabla h(\boldsymbol{x}^k) = 0$ $g(\boldsymbol{x}^k) + (\boldsymbol{d}^k)^{\mathrm{T}} \nabla g(\boldsymbol{x}^k) \leqslant 0$	

（续）

方法	数学模型表述	增广的无约束问题的目标函数或转化的方程组	求解方法和格式
优化准则法	$f(\boldsymbol{x}) \to \min$ s. t. $g_j(\boldsymbol{x}) \leqslant 0$ $(j=1,2,\cdots,m)$	K-T 条件给出的方程组 $\nabla f(\boldsymbol{x})+\boldsymbol{\lambda}^{\mathrm{T}}\nabla g(\boldsymbol{x})=0$ $g(\boldsymbol{x})=0$ 或写成 $\dfrac{\partial f(\boldsymbol{x})}{\partial x_i}+\sum_{j\in J}\lambda_j\dfrac{\partial g_j(\boldsymbol{x})}{\partial x_i}=0$ $g_j(\boldsymbol{x})=0(j\in J)$	$\boldsymbol{x}^{k+1}=c^k\boldsymbol{x}^k$ 其中的 $c^k=\alpha+\dfrac{1-\alpha}{\dfrac{\partial f(\boldsymbol{x}^k)}{\partial x_i}}\sum_{j\in J}\lambda_j^k\dfrac{\partial g(\boldsymbol{x}^k)}{\partial x_i}$

第十一节　遗传算法

一、概述

1975 年由美国教授 J. Holland 提出的一种模拟生物进化的优化方法，称为遗传算法（Genetic Algorithm，GA）。它是在计算机上按生物进化过程进行模拟的一种搜索寻优算法。

本章我们在介绍随机方向方法时，提到了可以通过计算机产生一个随机数列作为一个可行的初始方向（一个向量），然后按一定条件在搜索空间内对函数进行寻优。类似的，按照遗传算法的思路，它是把函数的搜索空间看成是一个映射的遗传空间，而把在此空间进行寻优搜索的可行解看成是一个向量染色体（个体）组成的集合群体。染色体（Chromosome）是由基因（Gene）（或称元素）组成的向量。

二、遗传算法的基本原理

遗传算法的基本思想是基于英国生物学家达尔文（Darwin）的进化论和奥地利遗传学家孟德尔（Mendel）的遗传学说。进化论中的核心问题是自然选择，主要包括遗传、变异和适者生存。物种每个个体的基本特征由后代所继承，但是后代又会产生异于父代的差异。由于弱肉强食的生存斗争不断地通过繁殖来进行，其结果是适应性强的个体被保留下来，适应性弱的个体被淘汰。遗传学说则认为遗传以密码的方式存在于细胞中，并以基因的形式包含在染色体内。携带某种基因的个体具备某种适应性，基因杂交和突变可产生更适应于环境的后代。经过自然淘汰，适应性高的基因能够最终保存下来。

遗传算法的运算过程就是调整字符串的编码。每一次字符串的调整就是一次基因的调整，也是一次染色体所代表的可行解的调整和转换。通过这样的调整，前后两个字符串就相互交叉组合进而构成两个新的染色体。

上述的染色体基因的调整变换或基因重组过程称为“杂交”或“交叉”过程。这一步称为“变异”。变异是一个基因重组过程。这样可以对不同的染色体群体进行最佳选择的匹配。选择匹配的目的是获得最佳的最优搜索效果，即获得能使目标函数达到最佳值的染色体全体，即最佳可行解。

在遗传算法中，目标函数被转化成对应各个个体的适应度（Fitness）。适应度是指根据预定的目标函数对每个个体（染色体）进行评价的一个表述，可以用 F 表示。它反映了个体对目标适应的概率。对应于第 i 个个体的适应度用 F_i 表示，它可用来表示各个个体的适应性能，并据此指导寻优搜索。F_i 值越大，说明其性能越好。从生物进化角度讲，适应度是用来度量某个物种对生存环境的适应程度的。适应度高的物种（染色体群体）将获得更多的繁殖机会，适应度低的物种的繁殖机会相对较少，甚至逐渐灭绝，即自然界中的“优胜劣汰”“适者生存”。因此，在遗传算法中，与第 i 个染色体群相对应的第 i 个适应度 F_i 就可以作为比较它们对目标函数值优劣的尺度，即适应度高的染色体群取得的优化效果高于其他的染色体群。通过适应度值的计算和比较，可以确定由染色体群所代表的可行解在遗传空间内寻优搜索的效果。

计算开始时，就是要从随机产生的一系列染色体（个体）中选择那些适应度高（性能好）的染色体（个体）组成初始的寻优群体（初始可行解），称为种群（Reproduction）选择。

在遗传算法中，通常用二进制或十进制的字符串进行编码来构成染色体。这样就可以在计算机上进行寻优运算的操作。然而，由目标函数转化成的对应于各个个体的适应度却是一个十进制的数值。因此，为了计算第 i 个个体染色体相对应的适应度 F_i，需要将二进制字符串通过译码（或称解码）进行换算来获取由十进制数表示的 F_i。

在遗传算法中，每一个二进制的字符串代表一个染色体：例如二进制的字符串 001101 和 100111 就分别表示两个染色体。其中的一位或几位字符的组合称为一个基因（元素）。这两个染色体就可以表示二维遗传空间的两个可行解，可作为二维遗传空间中的一个寻优的初始点（种群）。当然，维数越高，要求遗传空间内染色体的群体个数越多，即和它的维数相对应。遗传空间内的可行解含有多种组合，它们组成可行解空间。改变染色体中某个基因所处的位置，例如把 001101 和 100111 中的后三位字符（基因组）进行交换，即得到 001111 和 100101 另外两个染色体（可行解），它们可以作为遗传空间中的一组新的寻优试探点。这种基因交换称为“杂交”或“交叉”（Crossover），它体现了自然界信息交换的思想。通过这样不断杂交和不断选择适应度好的染色体的过程，可以实现从一个染色体种群（可行解）向另一个更优种群的转换。或者说，通过杂交可以使一个染色体种群向另一个比上一代更优秀的种群（可行解）进化。从而可以实现在遗传空间内进行大范围的寻优，如此反复直到满意为止。例如，是否达到了稳定的极值，或已找到某个较优的染色体，或者是已稳定于某个适应度值等。

为了使字符串所代表的染色体有一个具体概念，下面用一个简单数值例子予以说明。某设计变量值是 $x=3.14$，则可取八位字符串表示它的一个解，即取前三位代表整数，后五位代表小数。例如 $01101100=3.12$，它仅代表计算机随机给出的一个个体（染色体）。当然，此值与最优设计有误差，需要改变染色体结构。因为这里的整数已是 3，但小数有较大误差，所以需要改变字符串的后五位（即改变染色体后五位的基因结构）。因此，下一轮寻优就是在这五位字符串中进行基因交换和变异处理，使代表 0.12 的字符串逐渐向 0.14“进化”。可以定义一个允许的误差，例如取 $\varepsilon=0.0001$ 作为寻优的终止条件。

三、遗传算法的操作步骤

综合以上对于遗传算法的说明，可以归纳出遗传算法的操作步骤如下：

第一步，通过计算机产生一个由 N 个随机数形成的数群（N 太小则精度不够，N 太大则计算复杂，可取 $N=30\sim40$）。

1）对作为可行解的染色体采用二进制字符串进行编码，记为 b_i（$i=1, 2, \cdots, N$）。

2）通过译码把 b_i 转换成十进制数。

3）计算所有个体的染色体的适应度值 F_i（$i=1, 2, \cdots, N$）。

4）由 F_i（$i=1, 2, \cdots, N$）构成一个由 N 个个体组成的原始群体。它相当于一般优化方法的设计变量。

第二步，选择（选种）。选择适应度高的种群作为优良品质的种群（寻优搜索的初始点）。

第三步，交叉（杂交）→变异。进行基因重组和变异。这一步可以扩大基因组，提高算法的搜索全局最优解的能力。变异过程是对某一个染色体字符串的某个基因或基因组在繁殖过程中实现 1→0 或 0→1 的转变，以确保染色体群体中遗传基因的多样性，保证搜索能在尽可能大的空间中进行，以免丢失搜索中有用的遗传信息而导致“过早收敛”，陷入局部解，从而提高优化解的质量。遗传算法的程序框图如图 6-44 所示。

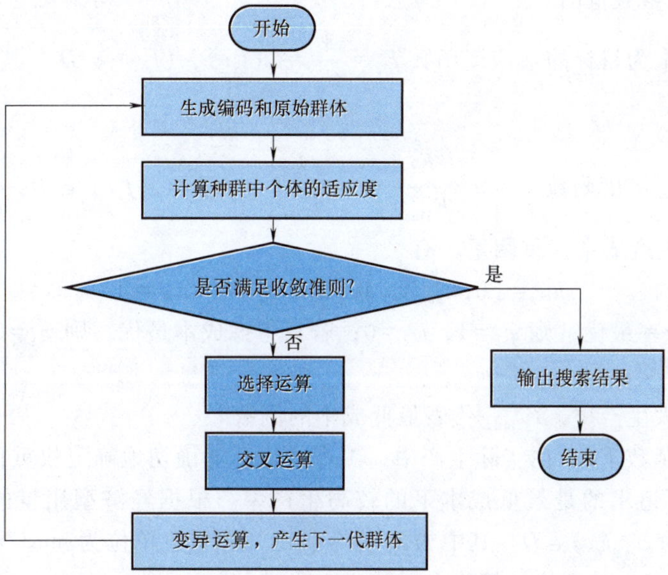

图 6-44　遗传算法的程序框图

四、遗传算法的应用案例

以下用基因算法实现切削参数的现场实时优化为例进行说明。

在切削加工时，特别是在数控机床（例如数控铣床）上进行切削加工时，经常需要随着加工条件的改变（如机床型号的更换或因加工工厂的改变以及操作者的改变，而导致的加工环境和加工条件的变化等），适时地进行切削用量的调整。

下面以端面铣削为例予以说明。

对于铣削加工，其切削用量包括背吃刀量 a_p、切削宽度 a_w、切削速度 v 和铣刀每齿进给量 f_z 等四项参数。如果背吃刀量 a_p 和切削宽度 a_w 已由零件及毛坯的要求确定，则仅剩下切削速度 v 和每齿进给量 f_z 两项。这两项的搭配将直接影响生产的效果，因此把它们视作需要优化的物种。

在该物种的基因链中应包含 v 和 f_z 的全部信息。例如 v 的范围是 1~250m/min，f_z 的范围是 0.015~0.20mm。物种的基因链编码可以用多位二进制数来制订。二进制数位数的长短根据要求的数字的精确度确定。在这里如果 v 的分辨精度以 1m/min 为标准，f_z 的分辨精度以 0.001mm 为标准，v 和 f_z 在工作范围之内的数分别可以用 8 位二进制数来表达。

例如，v = 150m/min，二进制数表达是 10010110；f_z = 0.10mm，二进制数表达

是 01100100。

因此，包含以上两个切削参数的物种编码可以用 16 位二进制数来实现，则上例的编码为 1001011001100100。所以种群的产生在计算机中只要随机产生若干个 16 位二进制数即可。因为这样产生的任意二进制数包括了 v 和 f_z 两部分信息，而且都在它们的允许范围之内。

适应度的计算和物种选择方法如下：

在切削参数优选中，优化目标是多样的，对于不同优化目标，物种具有不同的适应度函数 F：

1）以生产率为目标的适应度函数 $F_1=\dfrac{1}{T_w}=f_1(f_z v)$，$(f_z v)\in D$，其中 T_w 为单个工序生产时间，D 为切削参数范围。

2）以生产成本为目标的适应度函数 $F_2=\dfrac{1}{C_w}=f_2(f_z v)$，$(f_z v)\in D$，其中 C_w 为单个工序的生产成本。

3）综合目标适应度函数 $F=w_1\dfrac{F_1}{F_{1\max}}+w_2\dfrac{F_2}{F_{2\max}}=f(f_z v),(f_z v)\in D$，其中 w_1 为生产率权重因素，w_2 为生产成本权重因素，有

$$w_1=[0,1],\ w_2=[0,1],\ w_1+w_2=1$$

若只考虑生产率最优，则 $w_1=1$，$w_2=0$；若只考虑成本最优，则 $w_1=0$，$w_2=1$；若两个目标不同程度地兼顾，则 $w_1=1-w_2$。

$F_{1\max}$ 代表最大生产率，$F_{2\max}$ 代表最低成本的倒数。

4）默认目标函数 F_M。在实际生产中，工厂往往不能确切地确定权重目标。在这种情况下，可以默认工厂追求的是最低成本下的较高生产率。根据经济型用量的含义，选取函数 $F_M=M_{RR}/T=f(f_z v)$，$(f_z v)\in D$。其中 M_{RR} 为金属的切除量，单位为 mm^3/min，它反映生产率；T 为刀具使用寿命的理论计算值，反映生产成本。

把由计算机随机产生的 N 个物种的二进制编码进行译码后得到用十进制数表示的 N 组 f_z 和 v，并通过目标函数计算出每个物种的适应度 F_i，将 F_i 排队择优，完成"选择"，得到寻优搜索的初始可行解。

接下来便可通过"杂交"或"交叉"的基因重组的变异操作来寻求更加优异的基因组合。例如，若把下面两个物种的编码字符串在其尾部（最后五位）截断，并进行交换，就可以得到两个新的物种。

原物种	杂交变异后的新物种
$A=0100110110110011$	$A'=0100110110101100$
$B=1000111000001100$	$B'=1000111000010011$

现在用基因重组后产生的新物种种群再重复进行以优化目标为方向的适应度计算，并进行排队择优。反复进行这样的迭代计算，直到选出单个物种达到允许的优化值，或满足其他收敛条件为止。

例如，若一方面要使金属的去除率最大，另一方面又要满足机床额定功率和指定的切削用量范围，也就是求下列有约束最大值优化问题。

将 $\max\ (kvf_z)=M_{RR}$，改写成

$$\max\ M_{RR}$$

$$\text{s.t.}\ f_z \in [f_{z\min}, f_{z\max}]$$
$$P - P_m \leqslant 0$$

式中　k——金属去除率系数；
v——切削速度；
f_z——每齿进给量；
P——切削功率；
P_m——机床功率。

为便于求解，首先用增广的惩罚函数法将以上问题改写成下面的优化问题，即

$$\max\ (vf_z) \longrightarrow r\{\max\ [0, P-P_m]\}^2$$
$$f_z \in [f_{z\min}, f_{z\max}]$$

式中　r——惩罚因子。

f_z 作为自变量，v 和 P 根据有关文献中的相应公式计算产生。

采取反复迭代 40 次即认为已达到收敛条件。显然随着进化次数的增加，每代群体中有越来越多的个体趋近于收敛条件 $18\text{kW} \leqslant P_i \leqslant 20\text{kW}$。

五、遗传算法的特点

通过上面的介绍，可知遗传算法是由选择、杂交和变异三个过程组成的。还可以看出，遗传算法和前述多种优化方法的区别在于：

1）遗传算法是多点搜索，而不是单点寻优。

2）遗传算法直接利用从目标函数转化成的适应函数，而不采用导数等信息。因此，不要求目标函数连续，更不要求目标函数可微。

3）遗传算法以优化问题变量的编码为运算对象，而不是优化问题变量本身的实际值。

4）遗传算法是以概率原则指导搜索，而不是确定性的转化原则。

目前，遗传算法还存在一些问题，主要是计算时要求种群规模较大，耗费机时太多。其次是在求解过程中，有时会发生过早收敛于局部优化解。为此，需要对选择、杂交和变异三个过程进行仔细的分析研究。与传统方法相比，遗传算法比较适合于求解不连续、多峰、高维、具有凹凸性的问题，而对于低维、连续、单峰等简单问题，遗传算法不能显示其优越性。

习　题

1. 已知约束优化问题

$$\min f(\boldsymbol{x}) = (x_1-2)^2 + (x_2-1)^2$$
$$\text{s.t.}\quad g_1(\boldsymbol{x}) = x_1^2 - x_2 \leqslant 0$$
$$g_2(\boldsymbol{x}) = x_1 + x_2 - 2 \leqslant 0$$

试从第 k 次的迭代点 $\boldsymbol{x}^k = (-1\quad 2)^{\mathrm{T}}$ 出发，沿由（-1，1）区间的随机数 0.562 和-0.254 所确定的方向进行搜索，完成一次迭代，获取一个新的迭代点 $\boldsymbol{x}^{k+1}$。并作图画出目标函数的等值线、可行域和本次迭代的搜索路线。

2. 已知约束优化问题

$$\min f(\boldsymbol{x}) = 4x_1 - x_2^2 - 12$$
$$\text{s.t.}\quad g_1(\boldsymbol{x}) = x_1^2 + x_2^2 - 25 \leqslant 0$$
$$g_2(\boldsymbol{x}) = -x_1 \leqslant 0$$
$$g_3(\boldsymbol{x}) = -x_2 \leqslant 0$$

试以 $\boldsymbol{x}_1^0=(2\quad 1)^{\mathrm{T}}$，$\boldsymbol{x}_2^0=(4\quad 1)^{\mathrm{T}}$，$\boldsymbol{x}_3^0=(3\quad 3)^{\mathrm{T}}$ 为复合形的初始顶点，用复合形法进行两次迭代计算。

3. 已知在二维空间中的点 $\boldsymbol{x}=(x_1\quad x_2)^{\mathrm{T}}$，并已知该点的适时约束的梯度 $\nabla g=(-1\quad -1)^{\mathrm{T}}$，目标函数的梯度 $\nabla f=(-0.5\quad 1)^{\mathrm{T}}$，试用简化方法确定一个适用的可行方向。

4. 已知约束优化问题

$$\min f(\boldsymbol{x})=\frac{4}{3}(x_1^2-x_1x_2+x_2^2)^{\frac{3}{4}}-x_3$$

$$\text{s.t.}\quad g_1(\boldsymbol{x})=-x_1\leqslant 0$$

$$g_2(\boldsymbol{x})=-x_2\leqslant 0$$

$$g_3(\boldsymbol{x})=-x_3\leqslant 0$$

试求在 $\boldsymbol{x}=(0\quad 1/4\quad 1/2)^{\mathrm{T}}$ 点的梯度投影方向。

5. 用内点法求下列问题的最优解：

$$\min f(\boldsymbol{x})=x_1^2+x_2^2-2x_1+1$$

$$\text{s.t.}\quad g_1(\boldsymbol{x})=3-x_2\leqslant 0$$

6. 用外点法求下列问题的最优解：

$$\min f(\boldsymbol{x})=x_1+x_2$$

$$\text{s.t.}\quad g_1(\boldsymbol{x})=x_1^2-x_2\leqslant 0$$

$$g_2(\boldsymbol{x})=-x_1\leqslant 0$$

7. 用混合惩罚函数法求下列问题的最优解：

$$\min f(\boldsymbol{x})=x_2-x_1$$

$$\text{s.t.}\quad g_1(\boldsymbol{x})=-\ln x_1\leqslant 0$$

$$g_2(\boldsymbol{x})=x_1+x_2-1\leqslant 0$$

8. 有一弹簧，如图 6-45 所示，已知安装高度 $H_1=50.8\text{mm}$，安装（初始）载荷 $F_1=272\text{N}$，最大工作载荷 $F_2=680\text{N}$，工作行程 $h=10.16\text{mm}$，弹簧丝用油淬火的 50CrV 钢丝，进行喷丸处理；工作温度为 126℃；要求弹簧中径为 $20\text{mm}\leqslant D_2\leqslant 50\text{mm}$，弹簧总圈数为 $4\leqslant n_1\leqslant 50$，支承圈数 $n_2=1.75$，旋绕比 $C\geqslant 6$；安全系数为 1.2。设计一个具有最轻重量的结构方案。

9. 图 6-46 所示为一对称的两杆支架，在支架的顶点承受载荷 $2F=300000\text{N}$，支架之间的水平距离 $2B=1520\text{mm}$，若已选定壁厚 $T=2.5\text{mm}$ 的钢管，密度 $\rho=8300\text{kg/m}^3$，屈服点 $\sigma_s=700\text{MPa}$，要求在满足强度与稳定性条件下设计最轻的支架尺寸。

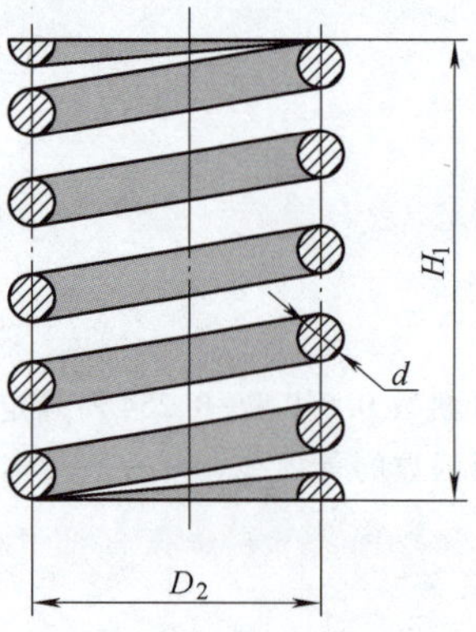

图 6-45 习题 8 附图

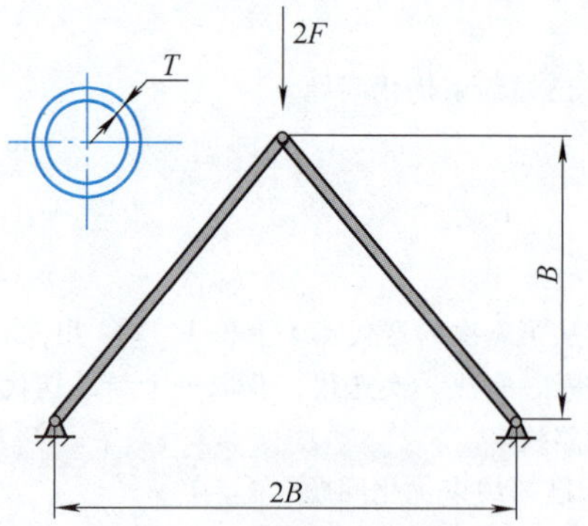

图 6-46 习题 9 附图

10. 图 6-47 所示为一箱形盖板，已知长度 $L=6000\text{mm}$，宽度 $b=600\text{mm}$，厚度 $t_s=5\text{mm}$，承受最大单位载荷 $q=0.01\text{MPa}$，设箱形盖板的材料为铝合金，其弹性模量 $E=7\times10^4\text{MPa}$，泊松比 $\mu=0.3$，许用弯曲应力

$[\sigma]=70\text{MPa}$，许用剪应力 $[\tau]=45\text{MPa}$。要求在满足强度、刚度和稳定性条件下，设计重量最轻的结构方案。

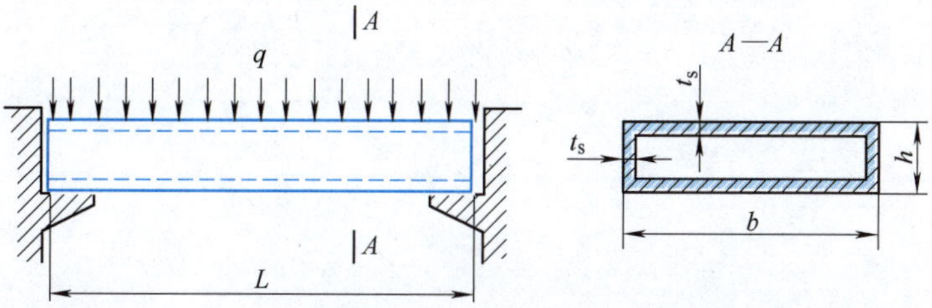

图 6-47　习题 10 附图

“两弹一星”功勋科学家：钱学森

“两弹一星”功勋科学家：屠守锷

第七章

多目标及离散变量优化方法

第一节　多目标优化问题

多目标优化问题目前已发展成一门新兴的学科，其应用范围日益广泛，已经涉及的学科有过程控制、航空航天、人工智能和计算科学等诸多领域。在这些领域当中，大量的问题都可以归结为一类在某种约束条件下使用多个目标同时达到最优的多目标优化问题。因此在实际问题中，对于大量的工程设计方案要评价其优劣，往往要同时考虑多个目标。

例如，对于车床齿轮变速箱的设计，提出了下列要求：

1）各齿轮体积总和$f_1(\boldsymbol{x})$尽可能小，使材料消耗减少，成本降低。

2）各传动轴间的中心距总和$f_2(\boldsymbol{x})$尽可能小，使变速箱结构紧凑。

3）齿轮的最大圆周速度$f_3(\boldsymbol{x})$尽可能低，使变速箱运转噪声小。

4）传动效率尽可能高，即机械损耗率$f_4(\boldsymbol{x})$尽可能低，以节省能源。

此外，该变速箱设计时需满足轮齿不根切、不干涉等几何约束条件，还需满足轮齿强度等约束条件，以及有关设计变量的非负约束条件等。

按照上述要求，可分别建立四个目标函数：$f_1(\boldsymbol{x})$、$f_2(\boldsymbol{x})$、$f_3(\boldsymbol{x})$、$f_4(\boldsymbol{x})$。若这几个目标函数都要达到最优，且又要满足约束条件，则可归纳为

$$V\text{-}\min_{x\in R^n} F(\boldsymbol{x})=\min(f_1(\boldsymbol{x})\quad f_2(\boldsymbol{x})\quad f_3(\boldsymbol{x})\quad f_4(\boldsymbol{x}))^{\mathrm{T}}$$

$$\text{s. t.}\quad g_j(\boldsymbol{x})\leqslant 0\qquad (j=1,2,\cdots,p)$$

$$h_k(\boldsymbol{x})=0\qquad (k=1,2,\cdots,q)$$

显然这个问题是一个约束多目标优化问题。

又如，在机械加工时，对于用单刀在一次进给中将零件车削成形，为选择合适的切削速

度和每转进给量，提出以下目标：

1）机械加工成本最低。

2）生产率最高。

3）刀具寿命最长。

此外，还应满足进给量小于毛坯所留最大加工余量以及刀具强度等约束条件。显然，这个问题也属于多目标优化问题。类似的问题还可列举很多。

一般来说，若有 l 个目标函数，则多目标优化问题的表达式可写为

$$\begin{cases} V\text{-}\min\limits_{x \in R^n} F(\boldsymbol{x}) = \min\limits_{x \in R^n}(f_1(\boldsymbol{x}) \quad f_2(\boldsymbol{x}) \quad \cdots \quad f_l(\boldsymbol{x}))^{\mathrm{T}} \\ \text{s.t.} \quad g_j(\boldsymbol{x}) \leqslant 0 \qquad (j=1,2,\cdots,p) \\ \qquad h_k(\boldsymbol{x}) = 0 \qquad (k=1,2,\cdots,q) \end{cases} \tag{7-1}$$

其中，$F(\boldsymbol{x}) = \min(f_1(\boldsymbol{x}) \quad f_2(\boldsymbol{x}) \quad \cdots \quad f_l(\boldsymbol{x}))^{\mathrm{T}}$ 称为向量目标函数。$V\text{-}\min\limits_{x \in R^n} F(\boldsymbol{x})$ 表示多目标极小化数学模型用向量形式的简写。式（7-1）为向量数学规划的表达式，$V\text{-}\min$ 表示向量极小化，即向量目标函数 $F(\boldsymbol{x}) = \min(f_1(\boldsymbol{x}) \quad f_2(\boldsymbol{x}) \quad \cdots \quad f_l(\boldsymbol{x}))^{\mathrm{T}}$ 中各个目标函数被同等地极小化。s. t. $g_j(\boldsymbol{x}) \leqslant 0(j=1, 2, \cdots, p)$，$h_k(\boldsymbol{x}) \leqslant 0(k=1,2,\cdots,q)$，表示设计变量 $\boldsymbol{x}$ 应满足所有约束条件。

在多目标优化模型中，还有一类模型，其特点是：在约束条件下，各个目标函数不是同等地被最优化，而是按不同的优先层次先后地进行优化。例如，某工厂生产：1 号产品，2 号产品，3 号产品，…，n 号产品。应如何安排生产计划，在避免开工不足的条件下，使工厂获得最大利润，工人加班时间尽量地少。若决策者希望把所考虑的两个目标函数按其重要性分成以下两个优先层次：第一优先层次——工厂获得最大利润，第二优先层次——工人加班时间尽可能地少。那么，这种先在第一优先层次极大化总利润，然后在此基础上再在第二优先层次同等地极小化工人加班时间的问题就是分层多目标优化问题。

以上各例说明，实际问题中确实存在着大量多目标优化问题。由于这类问题要同时考虑多个指标，而且有时会碰到多个定性指标，且有时难以判断哪个决策更好。这就造成多目标优化问题的特殊性。

多目标优化设计问题要求各分量目标都达到最优，如能获得这样的结果，当然是十分理想的。但是，一般比较困难，尤其是各个分目标的优化互相矛盾时更是如此。例如，机械优化设计中技术性能的要求往往与经济性的要求互相矛盾。所以，解决多目标优化设计问题也是一个复杂的问题。近年来国内外学者虽然做了许多研究，也提出了一些解决的方法，但比起单目标优化设计问题来，在理论上和计算方法上都还很不完善，也不够系统。本章将在前述各章的单目标优化方法的基础上，扼要介绍多目标优化设计问题的一些基本概念、求解思路和处理方法。

从上述有关多目标优化问题的数学模型可见，多目标（向量）优化问题与单目标（标量）优化问题的一个本质的不同点是：多目标优化是一个向量函数的优化，即函数值大小的比较，而向量函数值大小的比较，要比标量值大小的比较复杂。在单目标优化问题中，任何两个解都可以比较其优劣，因此是完全有序的。但是对于多目标优化问题，任何两个解不一定都可以比较出其优劣，因此只能是半有序的。例如，设计某一产品时，希望对不同要求的 A 和 B 为最小。一般来说，这种要求是难以完美实现的，因为它们没有确切的意义。除非这些性质靠完全不同的设计变量组来决定，而且全部约束也是各自独立的。假设产品有

D_1 和 D_2 两个设计，$A(D_1)$ 小于全部可接受 D 的任何一个 $A(D)$，而 $B(D_2)$ 也小于任何其他一个 $B(D)$。设 $A(D_1)<A(D_2)$ 和 $B(D_2)<B(D_1)$，可见上述的 D_1 和 D_2 两个设计，没有一个是能同时满足 A 与 B 为最小的要求，即没有一个设计是所期望的。更一般的情形，设 $\boldsymbol{x}^0$ 和 $\boldsymbol{x}^1$ 是多目标优化问题满足约束条件的两个方案（即设计点），要判别这两个设计方案的优劣，需先求出各目标函数值

$$f_1(\boldsymbol{x}^0),f_2(\boldsymbol{x}^0),\cdots,f_l(\boldsymbol{x}^0)$$
$$f_1(\boldsymbol{x}^1),f_2(\boldsymbol{x}^1),\cdots,f_l(\boldsymbol{x}^1)$$

或写成 $$f_i(\boldsymbol{x}^1)<f_i(\boldsymbol{x}^0)\qquad(i=1,2,\cdots,l)$$

显然，方案 $\boldsymbol{x}^1$ 肯定比方案 $\boldsymbol{x}^0$ 好。但绝大多数的情况是：$\boldsymbol{x}^1$ 和对应的某些 $f(\boldsymbol{x}^1)$ 的值小于 $\boldsymbol{x}^0$ 和其对应的某些 $f(\boldsymbol{x}^0)$ 的值；而另一些则刚好相反。因此，对多目标设计指标而言，任意两个设计方案的优劣一般是难以判别的，这就是多目标优化问题的特点。这样，在单目标优化问题中得到的是最优解，而在多目标优化问题中得到的只是非劣解，而且非劣解往往不止一个。如何求得能接受的最好非劣解，关键是要选择某种形式的折中。

所谓非劣解（或称有效解、Pareto 最优解），是指若有 m 个目标 $f_1(\boldsymbol{x}^0)(i=1,2,\cdots,m)$，当要求 $m-1$ 个目标值不变坏时，找不到一个 $\boldsymbol{x}$，使得另一个目标函数值 $f_i(\boldsymbol{x})$ 比 $f_i(\boldsymbol{x}^*)$ 更好，则将此 $\boldsymbol{x}^*$ 作为非劣解。下面举例说明。

例 7-1 求 $V\text{-}\min F(\boldsymbol{x})=(f_1(\boldsymbol{x})\quad f_2(\boldsymbol{x}))^{\mathrm{T}}$

$$f_1(\boldsymbol{x})=x^2-2x,\ f_2(\boldsymbol{x})=-x$$
$$D=\{x\mid 0\leqslant x\leqslant 2\}$$

这是两个一元目标函数构成的双目标优化问题，在区间［0，2］内求最优解。对于两个单目标函数 $f_1(\boldsymbol{x})$ 和 $f_2(\boldsymbol{x})$，显然容易分别求得其最优解（图 7-1）

$$x^1=1,\ f_1(x^1)=-1,\ x^2=2,\ f_2(x^2)=-2$$

但无法求得两者共同的最优解。从图 7-1 中可以看出，a 点与 b 点根本无法判别其优劣，因为在 a 点有 $f_1(a)<f_2(a)$；而在 b 点则有 $f_2(b)<f_1(b)$。同样，a'点与 b 点也无法比较。如果在区间［0，1］内有 a'点比 a 点优，则 1 点是两者共同的最优解。

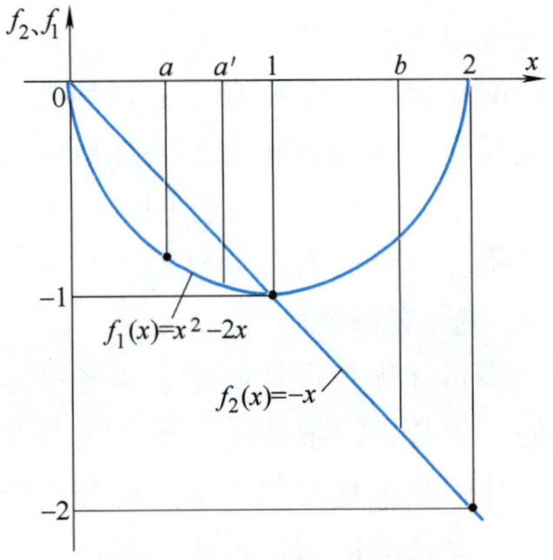

图 7-1 多目标优化解举例

现在进一步分析多目标优化问题解的可能情况，考虑如式（7-1）的多目标优化问题。

1）若 $\boldsymbol{x}^*\in D$，对任意 $\boldsymbol{x}\in D$ 都有 $f_i(\boldsymbol{x})\geqslant f_i(\boldsymbol{x}^*)(i=1,2,\cdots,l)$，则 $\boldsymbol{x}^*$ 是多目标优化问题式（7-1）的绝对最优解。如图 7-1 所示，在 $x\in[0,1]$ 内，共同最优解 $x^*=1$，$f_1(x^*)=-1$，$f_2(x^*)=-1$，就是绝对最优解。

2）若 $\boldsymbol{x}^*\in D$，又存在 $\boldsymbol{x}\in D$，有 $f(\boldsymbol{x}^*)\geqslant f(\boldsymbol{x})$，它表示在 $\boldsymbol{x}$ 对应的 $f_i(\boldsymbol{x})(i=1,2,\cdots,l)$ 中，存在着 $\boldsymbol{x}$ 的某个或某些解比 $\boldsymbol{x}^*$ 对应的 $f_1(\boldsymbol{x}^*)(i=1,2,\cdots,l)$ 中每个分目标值都要小。所以，$\boldsymbol{x}^*$ 即为劣解。如图 7-1 所示，在 $x\in[0,2]$ 内，a'、a 点都是劣解。

3）若 $\boldsymbol{x}^*\in D$，且不存在 $\boldsymbol{x}\in D$，使 $f(\boldsymbol{x})\leqslant f(\boldsymbol{x}^*)$，则 $\boldsymbol{x}^*$ 为非劣解。这意味着在约束集 $\boldsymbol{x}^*$ 中已找不到一个 $\boldsymbol{x}$，使得对应的 $F(\boldsymbol{x})=(f_1(\boldsymbol{x})\quad\cdots\quad f_l(\boldsymbol{x}))^{\mathrm{T}}$ 中每个分目标值都不比

$F(\boldsymbol{x}^*)=(f_1(\boldsymbol{x}) \quad \cdots \quad f_l(\boldsymbol{x}))^{\mathrm{T}}$ 中相应值更大，并且 $F(\boldsymbol{x})$ 中至少有一个分目标值要比 $F(\boldsymbol{x}^*)$ 中相应值小。如图 7-1 所示，在 $x\in[1,2]$ 中，所有点都是非劣解。例如 b 点，不存在另一点 b'满足 $F(b')\leqslant F(b)$，所以 b 点是非劣解。

4）若 $\boldsymbol{x}^*\in D$，且不存在 $\boldsymbol{x}\in D$，使 $F(\boldsymbol{x})<F(\boldsymbol{x}^*)$，则 $\boldsymbol{x}^*$ 就是弱非劣解，或称为弱有效解。

显然，多目标优化问题只有当求得的解是非劣解或弱非劣解时才有意义，劣解是没有意义的，而绝对最优解存在的可能性很小。

第二节　多目标优化方法

多目标优化的求解方法甚多，其中最主要的有两类。一类是直接求出非劣解，然后从中选择较好解。属于这类方法的如合适等约束法等。另一类是将多目标优化问题求解时做适当的处理。处理的方法可分为两种：一种处理方法是将多目标优化问题重新构造一个函数，即评价函数，从而将多目标（向量）优化问题转化为求评价函数的单目标（标量）优化问题。另一种是将多目标（向量）优化问题转化为一系列单目标（标量）优化问题来求解。属于这一大类的前一种求解方法的有主要目标法、线性加权和法、理想点法、平方和加权法、分目标乘除法、功效系数法——几何平均法、极大极小法等。属于后一种的有分层序列法等。此外还有其他类型的方法，如协调曲线法、目标规划法等。下面简要介绍几种常用的方法。先介绍几种用评价函数处理多目标优化问题的方法。

一、主要目标法

主要目标法（或约束法）的思想是抓住主要目标，兼顾其他要求。求解时从多目标中选择一个目标作为主要目标，而其他目标只需满足一定要求即可。为此，可将这些目标转化成约束条件。也就是用约束条件的形式来保证其他目标不致太差。这样处理后，就成为单目标优化问题。

设有 l 个目标函数 $f_1(\boldsymbol{x}), f_2(\boldsymbol{x}), \cdots, f_l(\boldsymbol{x})$，其中 $\boldsymbol{x}\in D$，求解时可从上述多目标函数中选择一个 $f_k(\boldsymbol{x})$ 作为主要目标，则问题变为

$$\min_{\boldsymbol{x}\in D^k} f_k(\boldsymbol{x})$$

$$D^k=\{\boldsymbol{x}\mid f_{i\min}\leqslant f_i(\boldsymbol{x})\leqslant f_{i\max}\} \quad (i=1,2,\cdots,k-1,k+1,\cdots,l;\boldsymbol{x}\in D)$$

其中，D 为约束可行域；$f_{i\max}$、$f_{i\min}$ 表示第 i 个目标函数的上、下限。若 $f_{i\min}=-\infty$ 或 $f_{i\max}=\infty$，则变为单边域限制。

二、统一目标法

统一目标法又称综合目标法。它是将原多目标优化问题，通过一定方法转化为统一目标函数或综合目标函数作为该多目标优化问题的评价函数，然后用前述的单目标函数优化方法求解。其转化方法如下。

1. 线性加权和法

线性加权和法又称线性组合法，或简称加权法。它是处理多目标优化问题较简便的一种常用方法。这种方法因为有一定的理论根据，故已被广泛应用。但这种方法的成功与否，在很大程度上取决于一个确定方向的凸性条件。如果缺乏凸性，这种方法将归于失败。所谓线性加权和法，是指将多目标函数组成一综合目标函数，把一个要最小化的函数 $F(\boldsymbol{x})$ 规定

为有关性质的联合。例如，设计时希望对不同要求的 A 和 B 为最小的问题，可写出综合目标函数为

$$F(\boldsymbol{x})=A(D)+B(D) \tag{7-2}$$

或

$$F(\boldsymbol{x})=W_1A(D)+W_2B(D) \tag{7-3}$$

式中 W——系数，称为权系数或加权因素。

建立这样的综合目标函数，要注意其因次单位已脱离通常概念。例如 A 的单位为 mm，B 的单位为元，则 $A+B$ 作为目标函数是完全可以接受的。

线性加权和法的一般表示如下：

根据多目标优化问题式（7-1）中各个目标函数 $f_1(\boldsymbol{x}), f_2(\boldsymbol{x}), \cdots, f_l(\boldsymbol{x})$ 的重要程度，对应地选择一组权系数 W_1，W_2，…，W_l，并有

$$\sum_{i=1}^{l} W_i=1 \qquad W_i \geqslant 0 \qquad (i=1,2,\cdots,l)$$

用 $f_i(\boldsymbol{x})$ 与 W_i（$i=1, 2, \cdots, l$）的线性组合构成一个评价函数，即

$$F(\boldsymbol{x})=\sum_{i=1}^{l} W_i f_i(\boldsymbol{x}) \rightarrow \min \tag{7-4}$$

将多目标优化问题转化为单目标优化问题，即求评价函数

$$\min_{\boldsymbol{x}\in D} F(\boldsymbol{x})=\min_{\boldsymbol{x}\in D}\left\{\sum_{i=1}^{l} W_i f_i(\boldsymbol{x})\right\} \tag{7-5}$$

的最优解 $\boldsymbol{x}^*$，它就是原多目标优化问题式（7-1）的解。

使用这个方法的难处在于如何找到合理的权系数 W_i，以反映各个单目标在整个多目标问题中的重要程度。使原多目标优化问题较合理地转化为单目标优化问题，且此单目标优化问题的解又是原多目标优化问题的好的非劣解。权系数的选取反映了对各分目标的不同估价、折衷，故应根据具体情况做具体处理，有时要凭经验、凭估计或统计计算并经试算得出。下面介绍一种确定权系数的方法。按照此法，多目标优化问题的评价函数的极小化如式（7-5）所示。其中

$$W_i=1/f_i^* \qquad (i=1,2,\cdots,l) \tag{7-6}$$

$$f_i^*=\min_{\boldsymbol{x}\in D} f_i(\boldsymbol{x}) \quad (i=1,2,\cdots,l) \tag{7-7}$$

即将各单目标最优化值的倒数取作权系数。从式（7-5）、式（7-7）可见，此种函数反映了各个单目标函数值离开各自的最优值的程度。在确定权系数时，只需预先求出各个单目标最优值，而无需其他信息，使用方便。此法适用于需同时考虑所有目标或各目标在整个问题中有同等重要程度的场合。

此法的本质也可理解为对各个分目标函数做统一量纲处理。在列出综合目标函数时，不会受各分目标值相对大小的影响，能充分反映出各分目标在整个问题中有同等重要含义。若各个分目标重要程度不相等，则可在上述统一量纲的基础上再另外赋以相应的权系数值。这样，权系数的相对大小才能充分反映出各分目标在整个问题中的相对重要程度。

2. 极大极小法

对于多目标优化问题 $V\text{-}\min\limits_{\boldsymbol{x}\in D} f(\boldsymbol{x})$，可用这样的思想求解，即考虑对各个目标最不利情况下求出最有利的解。就是对多目标极小化问题采用各个目标 $f_i(i=1,2,\cdots,l)$ 中的最大值作为评价函数的函数值来构造它。即取

$$U(\boldsymbol{f})=\max_{1\leqslant i\leqslant l}\{f_i(\boldsymbol{x})\} \tag{7-8}$$

为评价函数，其中 $\boldsymbol{f}=(f_1 \quad f_2 \quad \cdots \quad f_l)^{\mathrm{T}}$。对式（7-8）求优化解就是进行如下形式的极小化

$$\min_{\boldsymbol{x}\in D}U(f(\boldsymbol{x}))=\min_{\boldsymbol{x}\in D}\ \max_{1\leqslant i\leqslant l}\{f_i(\boldsymbol{x})\} \tag{7-9}$$

将上述问题的优化解作为多目标优化问题的解。由式（7-8）、式（7-9）可知，该方法的特点是对各目标函数做极大值选择后，再在可行域内进行极小化，故称极大极小法。对 $n=1$、$l=2$ 的情况，用极大极小法求解 $\boldsymbol{x}^*$ 的方法如图 7-2 所示。其中实线表示对函数 $f_1(x)$、$f_2(x)$ 取较大值。

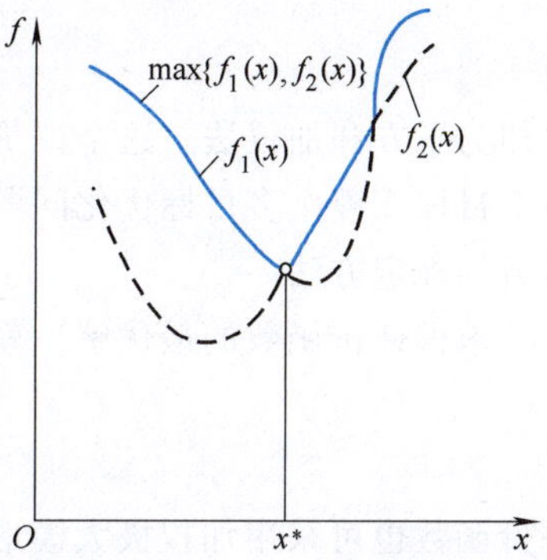

图 7-2　极大极小法求解示意图

若考虑用权系数 $W_i(i=1,\ 2,\ \cdots,\ l)$，对应于分目标 f_i 表示各目标函数重要程度，则式（7-8）可写成更一般的权系数形式，即

$$U(\boldsymbol{f})=\max_{1\leqslant i\leqslant l}\{W_i f_i\} \tag{7-10}$$

式（7-9）可写为

$$\min_{\boldsymbol{x}\in D}\ \max_{1\leqslant i\leqslant l}\{W_i f_i(\boldsymbol{x})\} \tag{7-11}$$

当 $W_i>0(i=1,2,\cdots,l)$ 时，求解式（7-11）所得优化解为多目标优化问题的弱有效解。

若引入一个变量 λ，令

$$\lambda=\max_{1\leqslant i\leqslant l}\{W_i f_i(\boldsymbol{x})\} \tag{7-12}$$

由式（7-12）可知　$W_i f_i(\boldsymbol{x})\leqslant\lambda \quad (i=1,2,\cdots,l)$

则式（7-11）可转化为增加一个变量 λ 和 l 个约束条件的如下形式的单目标极小化问题，即

$$\begin{cases}\min\lambda \\ \text{s.t.}\quad \boldsymbol{x}\in D \\ \qquad W_i f_i(\boldsymbol{x})\leqslant\lambda \quad (i=1,2,\cdots,l)\end{cases} \tag{7-13}$$

由此可知，对式（7-13）求出最优解 $(\boldsymbol{x}^* \quad \lambda)^{\mathrm{T}}$，其中的 $\boldsymbol{x}^*$ 即为原多目标极小化问题的弱有效解。

3. 理想点法与平方和加权法

先对各个目标函数分别求出最优值 f_i^{Δ} 和相应的最优点 $\boldsymbol{x}_i^{\Delta}$。一般所有目标难以同时达到最优解，即找不到一个最优解 $\boldsymbol{x}^*$ 使各个目标都能达到各自的最优值。因此，对于向量目标函数 $F(\boldsymbol{x})=(f_1(\boldsymbol{x}) \quad f_2(\boldsymbol{x}) \quad \cdots \quad f_l(\boldsymbol{x}))^{\mathrm{T}}$ 来说，向量 $\boldsymbol{F}^{\Delta}=(f_1^{\Delta} \quad f_2^{\Delta} \quad \cdots \quad f_l^{\Delta})^{\mathrm{T}}$ 这个理想点一般是达不到的。但若能使各个目标尽可能接近各自的理想值，那么就可以求出较好的非劣解。根据这个思想，将多目标优化问题转化为求单目标函数（评价函数）的极值。构造出理想点的评价函数为

$$U(\boldsymbol{x})=\sum_{i=1}^{l}\left(\frac{f_i(\boldsymbol{x})-f_i^{\Delta}}{f_i^{\Delta}}\right)^2 \tag{7-14}$$

求此评价函数的最优解，即是求原多目标优化问题的最优解。式（7-14）中用 f_i^{Δ} 相除的作用是使之无量纲化。

若在理想点法的基础上引入权系数 W_i，则构造的评价函数为

$$U(\boldsymbol{x})=\sum_{i=1}^{l} W_i[f_i(\boldsymbol{x})-f_i^{\Delta}]^2 \tag{7-15}$$

此即为平方和加权法。这个评价函数既考虑到各个目标尽可能接近各自的理想值，又反映了各个目标在整个多目标优化问题中的重要程度。权系数的确定可参照前面线性加权和法中权系数的确定方法。

求得评价函数的最优解，就是原多目标优化问题式（7-1）的解。

$$\min_{\boldsymbol{x}\in D} \sum_{i=1}^{l} W_i[f_i(\boldsymbol{x})-f_i^{\Delta}]^2 \tag{7-16}$$

评价函数也可采用加权极大模形式

$$U(\boldsymbol{x})=\max_{1\leqslant i\leqslant l}\{W_i|f_i(\boldsymbol{x})-f_i^{\Delta}|\}$$

对上述评价函数求最优解，有

$$\min_{\boldsymbol{x}\in D}\max_{1\leqslant i\leqslant l}\{W_i|f_i(\boldsymbol{x})-f_i^{\Delta}|\} \tag{7-17}$$

若令 $\lambda=\max\limits_{1\leqslant i\leqslant l}\{W_i|f_i(\boldsymbol{x})-f_i^{\Delta}|\}$，由式（7-17）还可知 $W_i|f_i(\boldsymbol{x})-f_i^{\Delta}|\leqslant\lambda(i=1,2,\cdots,l)$。

式（7-17）可转化为如下等价的辅助问题，即

$$\begin{cases} & \min\lambda \\ \text{s.t.} & \boldsymbol{x}\in D \\ & W_i|f_i(\boldsymbol{x})-f_i^{\Delta}|\leqslant\lambda \qquad (i=1,2,\cdots,l;\quad \lambda\geqslant 0) \end{cases} \tag{7-18}$$

设上述问题的优化解为 $(\boldsymbol{x}^* \quad \lambda^*)^{\mathrm{T}}$，则 $\boldsymbol{x}^*$ 即为式（7-17）的优化解。

4. 分目标乘除法

在多目标优化问题中，有一类属于多目标混合优化问题，其优化模型为

$$V-\begin{cases}\min F'(\boldsymbol{x})\\ \max F''(\boldsymbol{x})\\ \boldsymbol{x}\in D\end{cases} \tag{7-19}$$

式中，$F'(\boldsymbol{x})=(f_1(\boldsymbol{x}) \quad \cdots \quad f_r(\boldsymbol{x}))^{\mathrm{T}}$，$F''(\boldsymbol{x})=(f_{r+1}(\boldsymbol{x}) \quad \cdots \quad f_m(\boldsymbol{x}))^{\mathrm{T}}$。求解上述优化模型的方法可用分目标乘除法。该方法的主要特点是，将模型中的各分目标函数进行相乘和相除处理后，在可行域上进行求解。即求解

$$\min_{\boldsymbol{x}\in D}\frac{f_1(\boldsymbol{x})\cdots f_r(\boldsymbol{x})}{f_{r+1}(\boldsymbol{x})\cdots f_m(\boldsymbol{x})} \tag{7-20}$$

的问题。由上述数值极小化问题所得的优化解，显然是使位于分子的各目标函数取值尽可能小，而位于分母的各目标函数取值尽可能大的解。

以上所述利用极小化乘除分目标函数求解式（7-19）模型的方法，实际上是对它构造了评价函数，即

$$U(F)=U(f_1(\boldsymbol{x}),\cdots,f_m(\boldsymbol{x}))=\frac{f_1(\boldsymbol{x})\cdots f_r(\boldsymbol{x})}{f_{r+1}(\boldsymbol{x})\cdots f_m(\boldsymbol{x})} \tag{7-21}$$

为了使式（7-21）有意义，在使用如前所述的乘除分目标函数求解时，一般要求各目标函数在可行域 $\boldsymbol{x}$ 上均取正值。对式（7-21）求解极小化方法与单目标方法类似。

5. 功效系数法——几何平均法

多目标优化问题中，各个单目标的要求不完全相同，有的要求极小值，有的要求极大

值，有的则要求有一个合适的数值。为了在评价函数中反映这些不同的要求，可引入功效函数，即

$$c_i = F_i(f_i)$$

c_i 的取值方法为：通常 c_i 为 0~1 之间的某个值。当 f_i 的值为最满意时，可取 $c_i=1$；当 f_i 的值不满意时，则取 $c_i=0$；其他情况应视 f_i 的值取 0~1 的中间数。当对应于各分目标函数值 f_i 的 c_i 确定后，对所有 c_i 取其几何平均值，组成评价函数

$$c = \sqrt[m]{c_1 c_2 \cdots c_m} \tag{7-22}$$

要求 c 值越大越好。因为 $c_i \leqslant 1$，所以 $c=1$ 为最满意，$c=0$ 表示此方案不能被接受。式（7-22）定义的评价函数，只要有一个分目标函数不能被接受，即只要有一个 $c_i=0$，则 c 即为零。这样，此方案即不能被接受，这样处理是合理的。

功效函数值即功效系数，按照对目标函数的不同要求，功效函数可分为以下三种类型：

1）f_i 越大，c_i 越大；f_i 越小，c_i 越小。该类功效函数适用于要求目标函数越大越好。

2）f_i 越小，c_i 越大；f_i 越大，c_i 越小。该类功效函数适用于要求目标函数越小越好。

3）当 f_i 的取值越靠近预先确定的适当值时，c_i 就越大；否则，c_i 就越小。

功效系数法的关键在于如何确定功效函数 c_i，即功效系数的值。功效系数的确定方法有直线法、折线法和指数法。

1）直线法。该方法需事先定出 $c_i=1$ 时的 f_i 和 $c_i=0$ 时的 f_i，在 f_i-c_i 坐标系中将此两点连接后即可求得 f_i 相对应的 c_i 值。图 7-3 所示为采用直线法确定 c_i 时，对应于上述三种类型的情况。

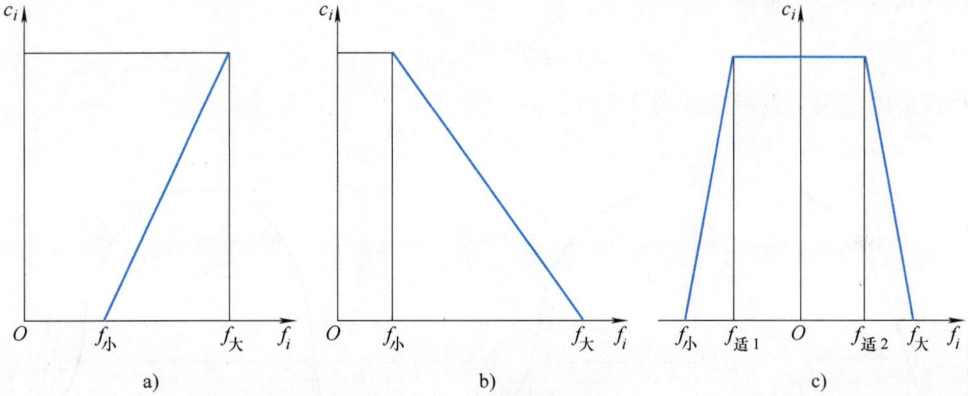

图 7-3　直线法确定 c_i

2）折线法。该方法需先确定 f_i 的两个临界值 f_i^1 与 f_i^2。f_i^1 为比较满意的目标函数值，f_i^2 为可接受与不可接受的目标函数值的分界值。相应的功效系数如图 7-4 所示。

当 f_i 比 f_i^2 还要差 0.5~1 倍，即为 f_i^3 时，令 $c_i=0$；当 $f_i=f_i^2$ 时，令 $c_i=0.3$；当 $f_i=f_i^1$ 时，令 $c_i=0.7$；当 f_i 为理想值 f_i^0 时，令 $c_i=1$。

在 f_i-c_i 坐标系中将上述这些特殊点用直线相连，就形成了折线形的功效系数图。当 f_i 处于 f_i^0 与 f_i^3 之外时，c_i 可分别取为 1 或 0。

3）指数法。该方法对前述第 1）类功效函数的选取表达式可表示为

$$c = \mathrm{e}^{-\mathrm{e}^{-(b_0+b_1 f)}} \tag{7-23}$$

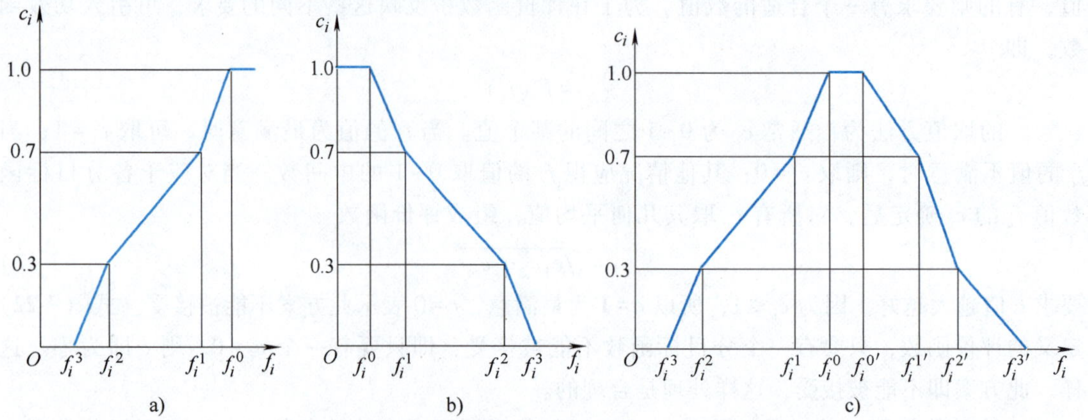

图 7-4 折线法确定 c_i

其中，b_0、b_1 可以用下述方法来确定：

设当 f 为某一刚合格值 f^1 时，$c=e^{-1}\approx 0.37$；当 f 为某一刚不合格值 f^0 时，$c=e^{-e}\approx 0.07$，将上述值代入式（7-23），可解得 $c=e^{-1}=e^{-e^{-(b_0+b_1f^1)}}$，$c=e^{-e}=e^{-e^{-(b_0+b_1f^0)}}$。则可得 $b_0+b_1f^1=0$，$b_0+b_1f^0=-1$。则

$$b_0=\frac{f^1}{f^0-f^1},b_1=-\frac{1}{f^0-f^1}$$

代入式（7-23）可得

$$c=e^{-e^{(f-f^1)/(f^0-f^1)}} \tag{7-24}$$

指数法的三类功效函数如图 7-5 所示。

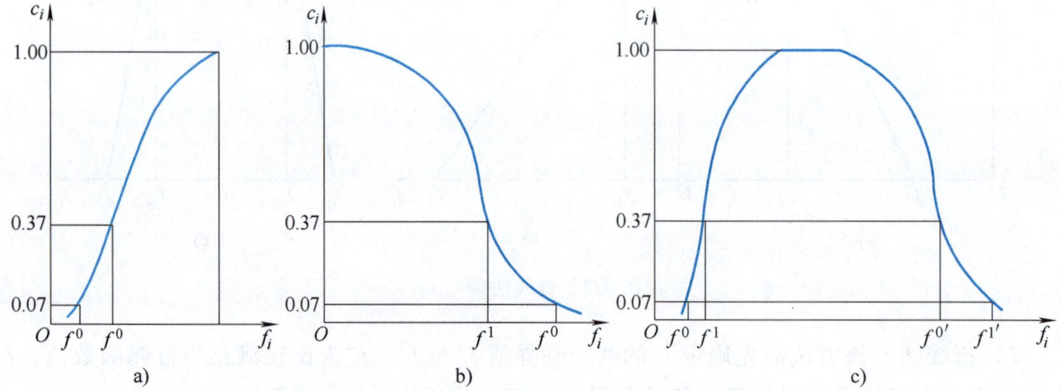

图 7-5 指数法确定 c_i

实践证明，功效系数法有如下优点：

1）可直接按所要求的性能指标来评价函数，非常直观。试算后调整方便。

2）只要有一个性能指标不能接受时，则相应的功效系数 c_i 为零，从而使评价函数 c 也为零，方案被否决。这正是实际问题所要求的。它可以避免某一目标函数值不可接受而评价函数值却较好，使优化计算引入歧途。

3）此法还可以处理目标函数值既不希望太大，又不希望太小，而希望取某一适当值的

情况。这也是其他优化方法难以解决的一种情况。

该方法的缺点是事先要求明确目标函数值的取值范围。如某些问题难以确定取值范围时，此方法就不适用了。

例 7-2　设计一曲柄摇杆机构，要求实现摇杆摆角 $\Delta\psi=60°$，最大压力角 $\alpha_{\max}$ 尽可能小，以改善机构的传力性能；极位夹角 θ 尽可能大，以提高机构的急回性能。

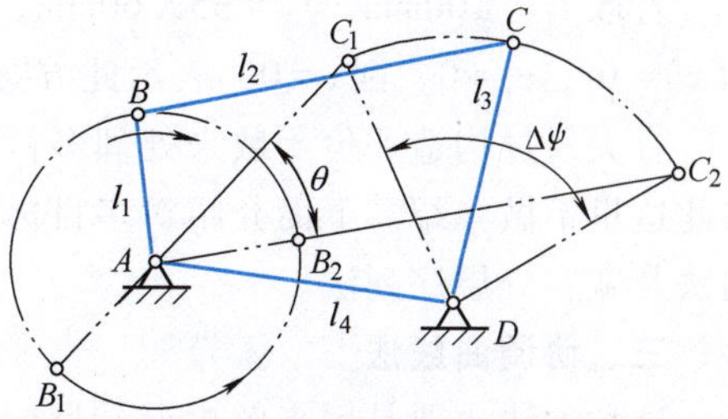

图 7-6　曲柄摇杆机构示意图

如图 7-6 所示，设 l_1、l_2、l_3、l_4 分别为该四杆机构的杆长。

令 $\dfrac{l_1}{l_1}=1$、$\dfrac{l_2}{l_1}=a$、$\dfrac{l_3}{l_1}=b$、$\dfrac{l_4}{l_1}=c$，按上述设计要求，可列出该设计的分目标函数分别为

$$f_1(\boldsymbol{x})=|\theta|=\left|\arccos\frac{(a+1)^2+c^2-b^2}{2c(a+1)}-\arccos\frac{(a-1)^2+c^2-b^2}{2c(a-1)}\right|\to\max$$

$$f_2(\boldsymbol{x})=|\alpha_{\max}|=\begin{cases}\dfrac{\pi}{2}-\arccos\dfrac{a^2+b^2-(c-1)^2}{2ab}, & 当\ l_1^2+l_4^2<l_2^2+l_3^2\ 时\to\min\\[2ex] \arccos\dfrac{a^2+b^2-(c-1)^2}{2ab}-\dfrac{\pi}{2}, & 当\ l_1^2+l_4^2>l_2^2+l_3^2\ 时\to\min\end{cases}$$

$$f_3(\boldsymbol{x})=\Delta\psi=\arccos\frac{b^2+c^2-(a+1)^2}{2bc}-\arccos\frac{b^2+c^2-(a-1)^2}{2bc}\to 60°$$

1）$f_1(\boldsymbol{x})$ 为极位夹角，希望越大越好，其取值范围为 17°～0°。$f_1(\boldsymbol{x})=17°$时，$c_1=1$；$f_1(\boldsymbol{x})=0°$时，$c_1=0$。

2）$f_2(\boldsymbol{x})$ 为最大压力角，希望越小越好，其取值范围为 0°～55°。$f_2(\boldsymbol{x})=0°$时，$c_2=1$；$f_2(\boldsymbol{x})=55°$时，$c_2=0$。

3）$f_3(\boldsymbol{x})$为摆角，希望越接近 60°越好，其取值范围为 59°～61°。$f_3(\boldsymbol{x})=60°$时，$c_3=1$；$f_3(\boldsymbol{x})=59°$或 61°时，$c_3=0$。

按上述取值范围，用直线法可作出如图 7-7 所示的功效系数图。将以上各值代入式（7-22）可得该多目标优化问题的评价函数为

$$c=\sqrt[3]{c_1c_2c_3}\to\max$$

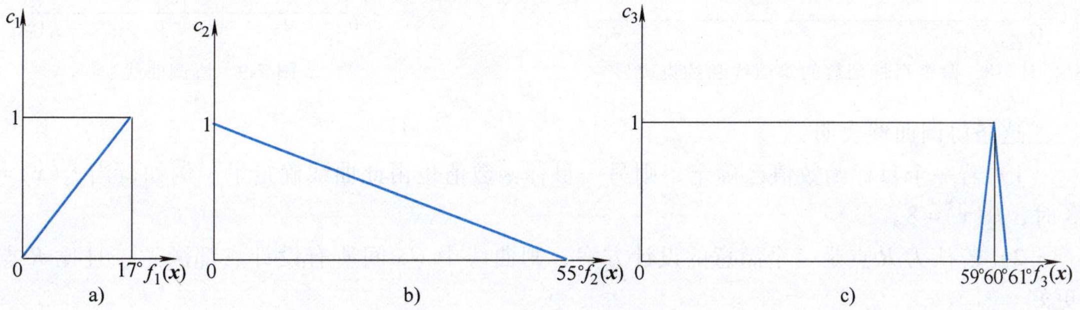

图 7-7　直线法功效系数图

经优化可解出该多目标优化问题的解如下：

当 $l_1=100\text{mm}$ 时，$l_2=533.33\text{mm}$，$l_3=200\text{mm}$，$l_4=500\text{mm}$。

若取 $l_1=100\text{mm}$，$l_2=352.60\text{mm}$，$l_3=203.62\text{mm}$，$l_4=394.70\text{mm}$，则此时 $\theta=0°$，即 $f_1(\boldsymbol{x})=0°$，$c_1=0$，则 $c=0$，表示此方案不能被接受。

有关通过构造评价函数来处理多目标优化问题还有一些其他方法，但因它们使用不多，因此这里不做介绍。下面介绍对多目标优化问题处理的另一类方法——协调曲线法、分层序列法及宽容分层序列法。

三、协调曲线法

这种方法主要是用来解决设计目标互相矛盾的多目标优化设计问题的。现以两个目标的优化问题来说明这种方法的基本原理。在这两个目标中，一个目标的函数值减小，将导致另一个目标函数值的增大，这就是一对互相矛盾的设计目标。例如，在动压滑动轴承设计中，温升与流量就是一对互相矛盾的设计指标，流量减小必然导致温升增大。

这种设计目标互相矛盾的优化设计问题如图 7-8 所示。图中表示出两个目标函数 $f_1(\boldsymbol{x})$、$f_2(\boldsymbol{x})$ 的等值线和两个不等式约束的约束面。显然，两个目标函数各自的最优解是 $f_1(\boldsymbol{x})$ 的 T 点和 $f_2(\boldsymbol{x})$ 的 P 点。设从可行域中的一个设计方案 R 点出发来考察，当 $f_1(\boldsymbol{x})=5$ 保持不变时，极小化 $f_2(\boldsymbol{x})$ 可得到 S 点，即从 R 点起，沿着等值线 $f_1(\boldsymbol{x})=5$ 向约束面移动，$f_2(\boldsymbol{x})$ 得到不断改善，直到 S 点。当 $f_2(\boldsymbol{x})=8$ 保持不变时，极小化 $f_1(\boldsymbol{x})$ 可得到 Q 点，即从 R 点起，沿着等值线 $f_2(\boldsymbol{x})=8$ 向约束面移动，$f_1(\boldsymbol{x})$ 得到不断改善，直到 Q 点。

由此可见，在 RQS 范围内的任意一个设计点都要比 R 点好。根据图 7-8 绘出的两个目标函数值的关系曲线如图 7-9 所示。显然，在曲线 TP 上的 QS 段中，任意一个设计方案都好于 R 点，因为目标函数值减小了。TP 这条曲线包含两个设计目标全部最佳方案的调整范围，所以 TP 曲线称为协调曲线。

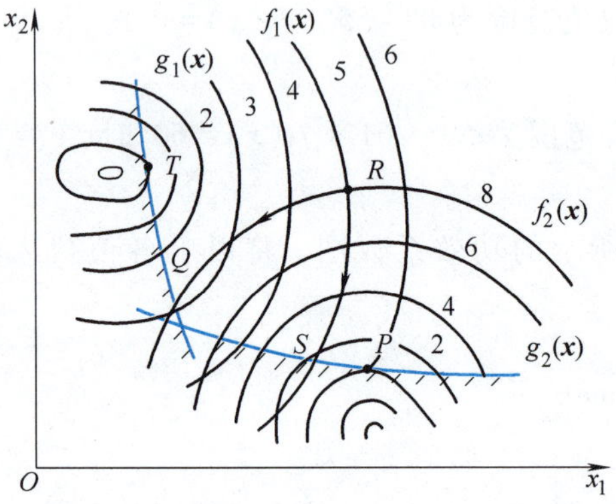

图 7-8 两个目标函数的等值线和约束边界

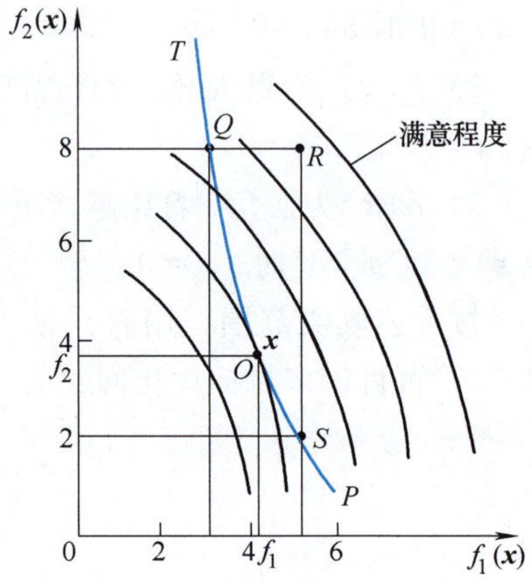

图 7-9 协调曲线

这条协调曲线表明：

1）若一个目标函数值已确定，则另一目标函数值也由此曲线确定了。例如，当 $f_1(\boldsymbol{x})=3$ 时，$f_2(\boldsymbol{x})=8$。

2）若认为 R 点是一个满意的设计方案，则曲线中 QS 间所有设计点都满意，且比 R 点更好。

如果能够建立一个衡量设计方案满意程度的准则，则可以利用协调曲线选择理想的设计方案。这个准则可以根据两个设计目标恰当的匹配关系、实验数据或其他设计目标的优劣等因素来考虑。按照准则可在图中作出一组表示不同满意程度的曲线，随着满意程度的增加，同时使目标函数 $f_1(\boldsymbol{x})$ 和 $f_2(\boldsymbol{x})$ 都下降，直到 O 点，此点即为由协调曲线确定的最优设计方案，其目标函数值分别为 f_1^* 和 f_2^*，相应的最优点为 $\boldsymbol{x}^*$。

下面举一个恒载下动压滑动轴承优化设计的例子来说明协调曲线法应用的大致情况。

例 7-3 设轴颈直径为 D，轴承长度为 L，转速为 n，径向载荷为 F，轴承径向间隙为 C（$C\approx D_1-D$，D_1 为轴承孔直径），润滑油黏度为 μ。一般动压滑动轴承的工作能力和寿命主要取决于供油流量 q 和温升 Δt。供油流量不足，则不能产生油膜，有足够的流量才能补充泄漏量，并由泄漏的油带走一部分热量而不致发生过热现象。另一方面，轴承温升高会减小油的黏度，油的黏度减小又会导致泄漏量增大。所以，在实际设计中，要求流量 q 和温升最小，显然，这是相互矛盾的两目标优化设计问题。如果选定设计变量为 L/D、C 和 μ，则动压滑动轴承优化设计的数学模型是

求
$$\boldsymbol{x}=(L/D \quad C \quad \mu)^{\mathrm{T}}=(x_1 \quad x_2 \quad x_3)^{\mathrm{T}}$$
$$\min[f_1(\boldsymbol{x})=\Delta t], \qquad \min[f_2(\boldsymbol{x})=q]$$
$$\text{s.t.} \quad g_1(\boldsymbol{x})=0.25-L/D\leqslant 0 \qquad g_2(\boldsymbol{x})=L/D-1\leqslant 0$$
使
$$g_3(\boldsymbol{x})=0.000127-h_{\min}\leqslant 0 \qquad g_4(\boldsymbol{x})=p_1-926\leqslant 0$$
$$g_5(\boldsymbol{x})=0.006859-\mu\leqslant 0 \qquad g_6(\boldsymbol{x})=\Delta t-150°\leqslant 0$$

式中 $h_{\min}$——压力油膜厚度；
p_1——单位压力；
μ——润滑油的动力黏度。

为了使这个两目标优化设计问题获得满意的设计方案，可借助于协调曲线来求解，如图 7-10 所示是按计算结果作出的流量 q 与温升 Δt 的协调曲线，要在这条曲线上选取最满意的设计方案，可根据协调曲线相应点作出各个主要参数的变化曲线并进行分析，如图 7-11 所示。从这些曲线可以看出，对应于协调曲线上 S 点的方案是一个好的设计方案。由图 7-11 可知，从 S 点向左减小，轴承间隙急剧增大，间隙过大将导致轴的轴线运转不稳定并产生噪

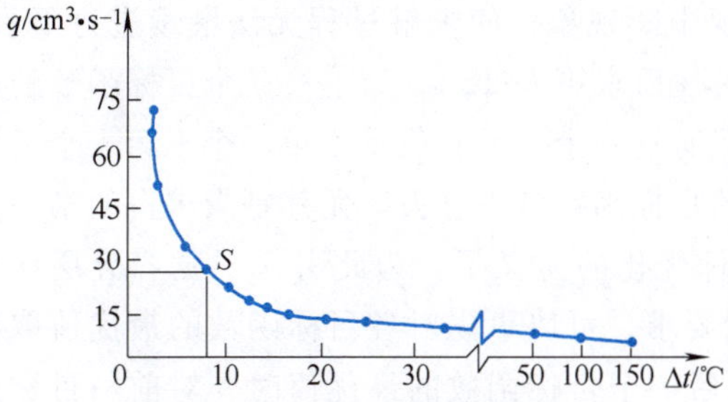

图 7-10 流量与温升的协调曲线

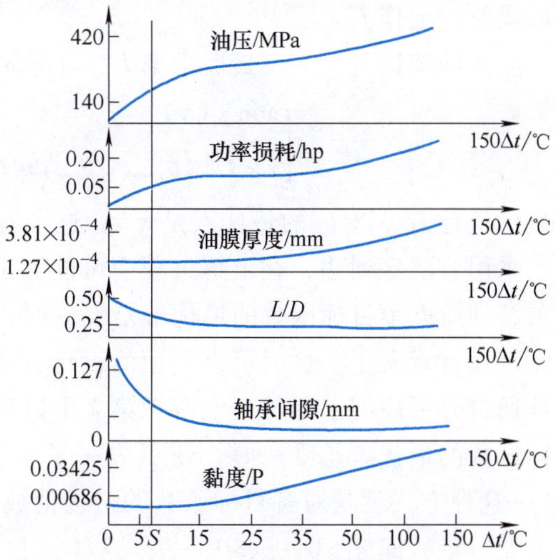

图 7-11 主要参数变化曲线

注：1hp = 745.7W，1P = 10^{-1}Pa·s。

声。若从 S 点向右增大，则油的黏度增大且功率损耗也增大，这是对轴承性能不利的。所以 S 点无疑是一个较理想的设计方案。

协调曲线法也可以推广到两个目标以上的 n 维优化设计问题。但此时的协调曲线变成协调曲面，是一种超曲面，无法用图形来表示。

四、分层序列法及宽容分层序列法

将多目标优化问题转化为一系列单目标优化问题的求解方法有分层序列法及宽容分层序列法。

分层序列法的基本思想是，将多目标优化问题式（7-1）中的 l 个目标函数分清主次，按其重要程度逐一排序，然后依次对各个目标函数求最优解，但后一目标应在前一目标最优解的集合域内寻优。

现在假设 $f_1(\boldsymbol{x})$ 最重要，$f_2(\boldsymbol{x})$ 其次，$f_3(\boldsymbol{x})$ 再次，依次类推。

首先对第一个目标函数 $f_1(\boldsymbol{x})$ 求解，得最优值

$$\begin{cases}\min f_1(\boldsymbol{x})=f_1^* \\ \boldsymbol{x}\in D\end{cases} \tag{7-25}$$

在第一个目标函数的最优解集合域内，求第二个目标函数 $f_2(\boldsymbol{x})$ 的最优值，也就是将第一个目标函数转化为辅助约束。即求

$$\begin{cases}\min f_2(\boldsymbol{x}) \\ \boldsymbol{x}\in D_1\subset\{\boldsymbol{x}\,|\,f_1(\boldsymbol{x})\leqslant f_1^*\}\end{cases} \tag{7-26}$$

的最优值，记作 f_2^*。

然后再在第一、第二个目标函数的最优解集合域内，求第三个目标函数 $f_3(\boldsymbol{x})$ 的最优值，此时，第一、第二个目标函数转化为辅助约束。即求

$$\begin{cases}\min f_3(\boldsymbol{x}) \\ \boldsymbol{x}\in D_2\subset\{\boldsymbol{x}\,|\,f_i(\boldsymbol{x})\leqslant f_i^*\}\quad (i=1,2)\end{cases} \tag{7-27}$$

的最优值，记作 f_3^*。

照此继续进行下去，最后求第 l 个目标函数 $f_l(\boldsymbol{x})$ 的最优值，即

$$\begin{cases}\min f_l(\boldsymbol{x}) \\ \boldsymbol{x}\in D_{l-1}\subset\{\boldsymbol{x}\,|\,f_i(\boldsymbol{x})\leqslant f_i^*\}\quad (i=1,2,\cdots,l-1)\end{cases} \tag{7-28}$$

其最优值是 f_l^*，对应的最优点是 $\boldsymbol{x}^*$。这个解就是多目标优化问题式（7-1）的最优解。

采用分层序列法，在求解过程中可能会出现中断现象，使求解过程无法继续进行下去。当求解到第 k 个目标函数的最优解是唯一时，再往后求第 $k+1$，$k+2$，$\cdots$，l 个目标函数的解就完全没有意义了。这时可供选用的设计方案只有这一个，而它仅是由第一个至第 k 个目标函数通过分层序列求得的，没有把第 k 个以后的目标函数考虑进去。尤其是当求得的第一个目标函数的最优解是唯一时，便更失去了多目标优化的意义了。为此引入“宽容分层序列法”。这种方法就是对各目标函数的最优值放宽要求，可以事先对各目标函数的最优值取给定的宽容量，即 $\varepsilon_1>0$，$\varepsilon_2>0$，$\cdots$。这样，在求后一个目标函数的最优值时，对前一目标函数不严格限制在最优解内，而是在前一些目标函数最优值附近的某一范围内进行优化，因而避免了计算过程的中断。

$$\begin{cases} \begin{cases} \min f_1(\boldsymbol{x})=f_1^* \\ \boldsymbol{x}\in D \end{cases} \\ \begin{cases} \min f_2(\boldsymbol{x})=f_2^* \\ \boldsymbol{x}\in D_1\subset\{\boldsymbol{x}\mid f_1(\boldsymbol{x})\leqslant f_1^*+\varepsilon_1\} \end{cases} \\ \begin{cases} \min f_3(\boldsymbol{x})=f_3^* \\ \boldsymbol{x}\in D_2\subset\{\boldsymbol{x}\mid f_i(\boldsymbol{x})\leqslant f_i^*+\varepsilon_i\} \quad (i=1,2) \end{cases} \\ \cdots \\ \begin{cases} \min f_l(\boldsymbol{x}) \\ \boldsymbol{x}\in D_{l-1}\subset\{\boldsymbol{x}\mid f_i(\boldsymbol{x})\leqslant f_i^*+\varepsilon_i\} \quad (i=1,2,\cdots,l-1) \end{cases} \end{cases} \tag{7-29}$$

其中，$\varepsilon_i>0$。最后求得最优解 $\boldsymbol{x}^*$。

两目标优化问题用宽容分层序列法求最优解的情况如图 7-12 所示。不做宽容时，$\tilde{x}$ 为最优解，它就是第一个目标函数 $f_1(\boldsymbol{x})$ 的严格最优解。若给定宽容值 ε_1，则宽容的最优解为 x^1，它已考虑了第二个目标函数 $f_2(\boldsymbol{x})$，但对第一个目标函数来说，其最优值就有一个误差。

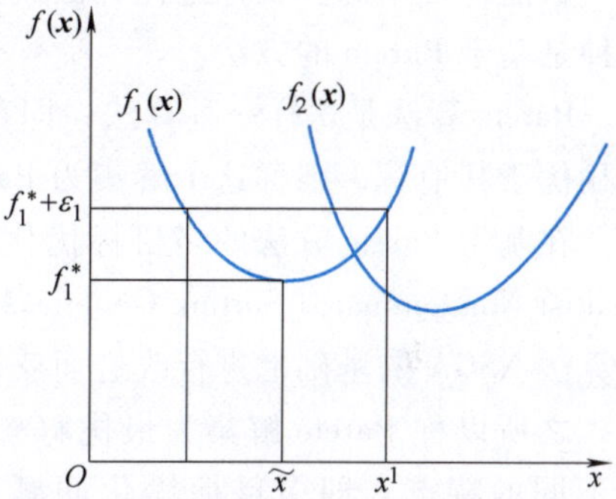

图 7-12 宽容分层序列法最优解

例 7-4 用宽容分层序列法求解

$$V\text{-}\max_{x\in D} F(\boldsymbol{x})$$

其中 $F(\boldsymbol{x})=(f_1(\boldsymbol{x}) \quad f_2(\boldsymbol{x}))^{\mathrm{T}}, f_1(\boldsymbol{x})=\frac{1}{2}(6-\boldsymbol{x})\cos\pi\boldsymbol{x}$,

$$f_2(\boldsymbol{x})=1+(\boldsymbol{x}-2.9)^2, \qquad D=\{x\mid 1.5\leqslant x\leqslant 2.5\}$$

若按重要程度将目标函数排序为 $f_1(\boldsymbol{x})$、$f_2(\boldsymbol{x})$。首先求解 $\max\limits_{x\in D} f_1(\boldsymbol{x})=\frac{1}{2}(6-\boldsymbol{x})\cos\pi\boldsymbol{x}$，得最优点

$$x^1=2$$

对应的最优值为

$$f_1(x^1)=\frac{1}{2}\times(6-2)\cos 2\pi=2$$

设给定的宽容值 $\varepsilon_1=0.052$，则可得

$$D_1=\{x\mid f_1(x)>f_1(x^1)-0.052, 1.5\leqslant x\leqslant 2.5\}$$

然后求解 $\max\limits_{x\in D} f_2(\boldsymbol{x})$，即求解

$$\max f_2(\boldsymbol{x})=1+(\boldsymbol{x}-2.9)^2$$

$$D_1=\{x\mid f_1(\boldsymbol{x})>1.948, 1.5\leqslant x\leqslant 2.5\}$$

而得最优点为 $\qquad x^2=1.9$

这就是该两目标函数的最优点 $\boldsymbol{x}^*$，其对应的最优值为

$$f_1(x^2)=1.948$$

$$f_2(x^2)=2$$

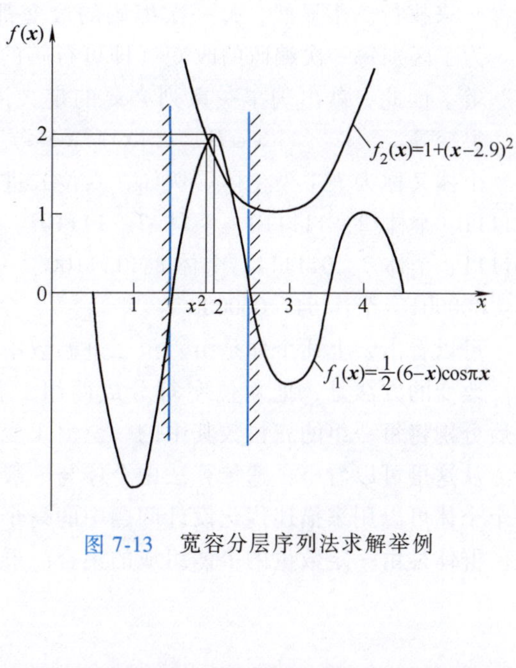

图 7-13 宽容分层序列法求解举例

最优解的情况如图 7-13 所示。

五、目标规划法

上述的主要目标法、加权法、极大极小法、理想点法与平方和加权法、分目标乘除法、协调曲线法、分层序列法及宽容分层序列法等都存在明显的缺陷。因此，科研人员不断地进行研究，以求获得一种或一类比较有效的求解多目标优化的方法。

目标规划法是基于各个目标函数期望值进行优化的。假设每个目标函数的期望值是 G_i，则追求的目标就是使目标函数值与期望值的绝对误差累加之和最小。即

$$\min\left\{\sum_{i=1}^{n} | f_i(\boldsymbol{x}) - G_i |\right\}$$

该问题同样可以通过单目标优化的方法来解决，并且不需要指定各个目标的值。这种方法的主要缺点是需要多次运行才能找到最优解集，并且常会出现目标的循环选择现象。

目前，常用的多目标进化算法概括起来可以分为两种：一种是基于非 Pareto 的方法，另一种是基于 Pareto 的方法。

Pareto 算法是这样一种算法：即存在这样一组解集，对于其中任何一个解均无法证明其明显优于其他解，则称这个解集为 Pareto 解集。

在基于 Pareto 方法的多目标优化算法中，带精英策略的非支配排序遗传算法 NSGA-Ⅱ (Elitist Nondominated Sorting Genetic Algorithm) 是最为有效的。它是在第一代非支配排序遗传算法 NSGA 的基础上进行改进而获得的。它是一个具有代表性的多目标进化算法。

之所以称 Pareto 解集为最优解集，是因为多目标优化问题具有一些与单目标优化问题不同的特点：即多目标优化问题由于各个目标之间往往是相互冲突的，一些目标的改进（或改善）会造成另一些目标的恶化，使得各目标不能同时达到各自的最优值。这是因为各目标之间没有共同的度量标准，各自具有不同的量纲和物理意义，无法进行定量比较。

一般的寻优算法是不断地接近并进入可行区域内，依靠一步一步地搜索而达到可行解的，例如最速下降法、共轭梯度法等。而遗传算法则是一开始就在可行域内给出一个可行解，但是这个可行解并不一定是最优解。因此，它需要采取一种编码方法来表示。例如，可以用十进制编码或二进制编码。这样就可以把寻优过程变成一个不断改变编码的方式（或进程）来执行。很显然，每一次编码的改变都是给出了一个新的可行解，但不一定是最优解。为了区别每一次编码的改变（即可行解的变化），就人为地给出一个定义，例如“初始解”等。因此，就出现了一系列必要的定义词，如个体、群体、适应度、繁殖、选择、杂交、突变等。

个体又称为人工染色体。例如，六位二进制字符串最多可以表示 2^6 个个体，即个体 1：111111、个体 2：111110、个体 3：111101、个体 4：111011、个体 5：110111、个体 6：101111、个体 7：011111、个体 8：111100、…、个体 61：000011、个体 62：000010、个体 63：000001、个体 64：000000 等。

可以看出，上述个体是由六位二进制数串分别改变其中某一位二进制字符 0 和 1 来实现的。改变的方法是：把六位字符分成两组三位数，如 111，111；111，110；111，101 等。然后分别将每一组的三位数其中的一位由 1 变成 0 或由 0 变成 1 来实现的。

从这里可以看出：遗传算法中个体与一般优化设计模型的设计变量集存在对应关系。每一个个体可以用来描述优化设计问题中的一个解。

群体是由一定数量的个体组成的集合。群体可以模拟生物的一代群体向另一代群体的变

化过程。遗传算法中的群体与一般优化模型中的设计解集合存在着一一对应的关系。或者说，在一般优化算法中的解称为解集，而在遗传算法中的解则称为“群体”。

群体规模是指群体中包含的个体数量。初始化群体是指遗传算法中的第一代群体，它反映着优化问题的初解。它与一般优化算法中初解的含义相同。

适应度是指用数值方式来描述个体优劣程度的指标。在一般优化模型中，目标函数是对设计解进行优劣比较的指标。而在遗传算法中，则用适应度来评判个体的优劣。因此，遗传算法中的“适应度”在物理意义上对应着一般优化模型的目标函数。

下面讨论计算（或确定）适应度 F_i 的方法。

把目标函数转化成适应度函数，一般需要遵循如下 2 个基本原则：

1）适应度值必须大于或等于 0，即 $F(\boldsymbol{x})\geqslant 0$。

2）在优化过程中，目标函数变化方向（如向目标函数最大值变化或向最小值变化）应与群体进化过程中适应度函数的变化方向一致。

对于最小值优化问题，可以通过下式来建立与目标函数存在映射关系的适应度函数，即

$$F(\boldsymbol{x})=C-f(\boldsymbol{x})$$

式中　$F(\boldsymbol{x})$——适应度函数；

C——可调参数，C 的取值应使适应度函数 $F(\boldsymbol{x})\geqslant 0$；

$f(\boldsymbol{x})$——最小值优化问题的目标函数。

可以建立如下形式的适应度函数

$$F(\boldsymbol{x})=\begin{cases}C_{\max}-f(\boldsymbol{x}) & \text{当 } f(\boldsymbol{x})<C_{\max} \text{ 时}\\ 0 & \text{当 } f(\boldsymbol{x})\geqslant C_{\max} \text{ 时}\end{cases}$$

式中　$C_{\max}$——可调参数，$C_{\max}$ 可取目标函数 $f(\boldsymbol{x})$ 的理论最大值。

对于最大值优化问题，可以通过下式来建立与目标函数存在映射关系的适应度函数，即

$$F(\boldsymbol{x})=f(\boldsymbol{x})+C$$

式中　$F(\boldsymbol{x})$——适应度函数；

C——可调参数，C 的取值应使适应度函数 $F(\boldsymbol{x})\geqslant 0$；

$f(\boldsymbol{x})$——最大值优化问题的目标函数。

目标函数与适应度函数之间的映射关系也可以用其他形式的函数来描述。例如，可以利用指数函数来建立目标函数与适应度的映射关系，即

$$F(\boldsymbol{x})=C^{f(\boldsymbol{x})}$$

若 $f(\boldsymbol{x})$ 是最大值优化问题的目标函数，则 C 取值为 1.618 或 2.0。若 $f(\boldsymbol{x})$ 是最小值优化问题的目标函数，则 C 取值为 0.618。显然，通过上式建立的适应度函数满足目标函数与适应度函数之间转化的两个基本规则。

为了保持个体间适应度值的差别，需要对个体的适应度值进行适当的调整。在对个体适应度值进行调整时，应遵循既不能使适应度值之间相差太大，又要使个体间保持一定的级差这一原则，通过对群体中各个个体的适应度进行调整，可以一直保持个体间的竞争性。

常用的对个体适应度值进行比例变换的方法有线性比例变换法、幂比例变换法、指数比例变换法。

为了获得分布均匀的 Pareto 最优解集，并考虑到各个个体之间的多样性，可以通过适应度共享函数的方法对原先指定的虚拟适应度值进行重新指定。

假设第 m 级非支配层上有 n_m 个个体，每个个体的虚拟适应度值为 f_m，则可计算出个体 x^i 的共享适应度值为

$$f_m' = \frac{f_m}{c_i}$$

式中 c_i——x^i 的数量。

适应度值也可采用根据遗传代数来进行改变的策略进行确定。例如，随着遗传代数的增长，适应度逐渐下降，其计算公式为

$$f_m = 0.5 - 0.3\frac{t}{G}$$

其中 t 是当前的遗传代数，G 是最大遗传代数，随着遗传代数增长至 G，其适应度值会从0.5下降为0.2。

上面的计算公式和我们用指数函数建立的目标函数与适应度的映射关系有些类似。

我们已对适应度所遵循的基本原则进行了说明，同时又指出，在遗传算法中，是用适应度来评判个体（即以后要提到的染色体）的优劣的，目标函数被转化为对应于各个个体的适应度。所以，通过计算和比较适应度值，就可以确定个体所组合而成的群体所代表的可行解在遗传空间（可行域）内最优搜索的效果。

下面对 Pareto 方法中的非支配、排序和精英策略予以说明。

1）非支配。对于多目标优化问题，通常存在一个非支配解集（群体），也就是 Pareto 最优解集（群体）。

2）排序。排序是指在多目标优化算法中，对当前的群体中的个体数量排定次序。这样可以提高运行效率。

3）精英策略。精英策略是为了保证某些优良的种群（群体）中的个体在进化过程中不会丢失，从而提高了优化结果的精度。而且能使得准 Pareto 域中的个体均匀地扩展到整个 Pareto 域，保证了种群（群体）的多样性。

下面简要说明 NSGA-Ⅱ的实际操作。概括地说，它仍然是选择、杂交和变异三个操作过程。但此时的这三个操作过程和我们在前面介绍的有本质的不同。前面所说的操作过程是针对无约束的单目标优化问题进行的，而这里则是带精英策略的非支配排序的遗传算法 NSGA-Ⅱ，它用于解决多目标优化问题。

拥挤度是指种群（群体）中给定个体的周围个体的密度，直观上可以表示为个体 n 周围仅包含个体 n 本身的最大长方形的长，用 n_d 表示。

在带精英策略的非支配遗传算法中，拥挤度的计算是保证种群（群体）多样性的重要环节，可以进行如下计算：

1）令 $n_d=0$，$n=1, 2, \cdots, N$。

2）对于每个目标函数，应

① 基于该目标函数对种群（群体）进行排序。

② 令边界的两个个体拥挤度为无穷大，即 $l_d = N_d = \infty$。

③ 除 l_d 和 N_d 为∞之外，其间其他个体拥挤度的计算公式为

$$n_d = n_d + [f_i(i+1) - f_i(i-1)] \ (n_d = 2, 3, \cdots, n-1)$$

式中 f_i——适应度值。

现在可以写出带精英策略的非支配排序遗传算法 NSGA-Ⅱ的基本流程。

NSGA-Ⅱ算法的基本思想是：首先，随机产生规模为 N 的初始群体，非支配排序后，通过遗传算法的选择、杂交、变异三个基本操作得到第一代子代群体（种群）；其次，从第二代开始，将父代群体（种群）与子代种群合并，进行快速非支配排序，同时对每个非支配层中的个体进行拥挤度计算，根据非支配关系以及个体的拥挤度选取合适的个体组成新的父代种群；最后，通过遗传算法的基本操作产生新的子代种群。依次类推，直到满足程序结束的条件，相应的程序框图如图 7-14 所示。

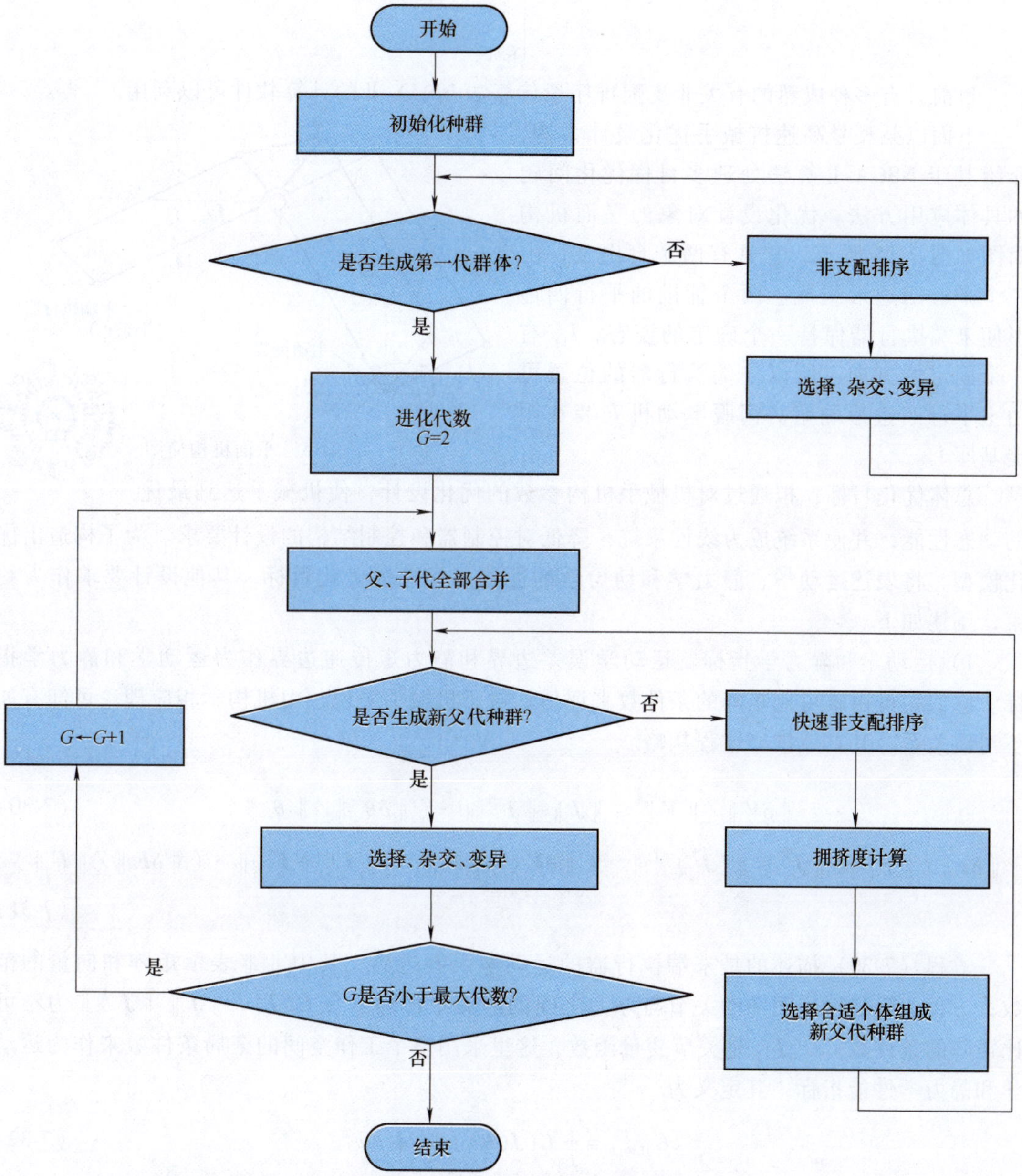

图 7-14 NSGA-Ⅱ算法的程序框图

多目标函数的数学模型如下：

设计变量 x_1，x_2，…，x_n

优化目标
$$\min\begin{cases}f_1\\f_2\\\vdots\\f_n\end{cases}$$

约束条件
$$\text{s. t. }\begin{cases}\text{s. t.}_1\\\text{s. t.}_2\\\vdots\\\text{s. t.}_n\end{cases}$$

目前，有多种成熟的有关非支配排序遗传算法 NSGA-Ⅱ的计算软件可以利用。

下面以某型号高速机械手优化设计为例，介绍基于 NSGA-Ⅱ算法处理多目标优化问题的具体应用方法。优化设计对象的平面机构简图如图 7-15 所示，它具有两个自由度，由三个平行四边形组成。两个辅助的平行四边形使末端执行器保持一个确定的姿态，l_{11} 有一个固定的方向，所以末端执行器的位置可由主平行四边形确定。伺服电动机安装在固定基座上。

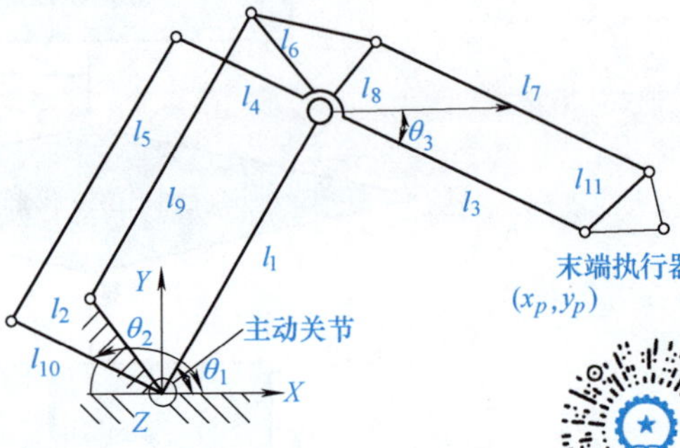

图 7-15 平面机构简图

总体优化目标：拟通过对机械手机构参数的优化设计，使机械手达到最优的动态性能，并使系统成为线性系统，降低对控制器和控制结构的设计要求。为了构造出优化模型，将表述运动学、静力学和动力学的性能指标选为优化目标，其他设计要求作为约束，阐述如下。

1）运动学和静力学指标。运动学误差边界和静力矩传递边界作为运动学和静力学指标。它们均可由雅可比矩阵的条件数来评估。对于机械手来说，由机构学相应理论可知有如下对偶关系，其具体推导过程从略。

$$\|\delta\boldsymbol{V}\|/\|\boldsymbol{V}\|\leqslant\|\boldsymbol{J}\|\ \|\boldsymbol{J}^{-1}\|\cdot(\|\delta\dot{\boldsymbol{\theta}}\|/\|\dot{\boldsymbol{\theta}}\|)\tag{7-30}$$

$$\|\delta\boldsymbol{\tau}\|/\|\boldsymbol{\tau}\|\leqslant\|\boldsymbol{J}^{\mathrm{T}}\|\ \|(\boldsymbol{J}^{\mathrm{T}})^{-1}\|\cdot(\|\delta\boldsymbol{F}\|/\|\boldsymbol{F}\|)=\|\boldsymbol{J}\|\ \|\boldsymbol{J}^{-1}\|\cdot(\|\delta\boldsymbol{F}\|/\|\boldsymbol{F}\|)\tag{7-31}$$

方程（7-30）描述的是末端执行器的运动学误差边界，其中 $\|\ \|$ 表示矩阵和向量的范数；方程（7-31）表明活动关节与外力之间的静力矩传递。令 $C(\boldsymbol{J})=\|\boldsymbol{J}\|\ \|\boldsymbol{J}^{-1}\|$ 为雅可比矩阵的条件数。$C(\boldsymbol{J})$ 是关节变量函数，这里采用整个工作空间的全局条件数来作为运动学和静力学性能指标，其定义为

$$C_{\text{global}}=\oint_w C(\boldsymbol{J}(\boldsymbol{\theta}))\,\mathrm{d}w/\oint_w\mathrm{d}w\tag{7-32}$$

式中 $\oint_w$ ——整个工作空间内的积分。

2）动力学指标（也称耦合度评价指标）。广义坐标为角变量 θ_1 和 θ_2，广义力为关节驱动力矩 τ_1 和 τ_2，根据拉格朗日法则得到系统动力学方程为

$$\begin{pmatrix}\tau_1\\ \tau_2\end{pmatrix}=\begin{pmatrix}A & B\cos(\theta_1-\theta_2)\\ B\cos(\theta_1-\theta_2) & E\end{pmatrix}\begin{pmatrix}\ddot{\theta}_1\\ \ddot{\theta}_2\end{pmatrix}+$$

$$\begin{pmatrix}0 & B\sin(\theta_1-\theta_2)\dot{\theta}_2\\ -B\sin(\theta_1-\theta_2)\dot{\theta}_1 & 0\end{pmatrix}\begin{pmatrix}\dot{\theta}_1\\ \dot{\theta}_2\end{pmatrix}+\begin{pmatrix}D\cos\theta_1\\ H\cos\theta_2\end{pmatrix} \tag{7-33}$$

$$A=m_1l_{c1}^2+m_5l_{c5}^2+m_9l_{c9}^2+m_4l_1^2+m_3l_1^2+m_8l_1^2+m_6l_1^2+m_7l_1^2+m_{11}l_1^2+I_1+I_5+I_9$$

$$E=m_2l_{c2}^2+m_4l_{c4}^2+m_3l_{c3}^2+m_7l_{c7}^2+m_5l_2^2+m_{11}l_3^2+I_2+I_4+I_3+I_7$$

$$B=m_5l_{c5}l_2+m_4l_{c4}l_1-m_3l_{c3}l_1-m_7l_{c7}l_1$$

$$D=m_1gl_{c1}+m_5gl_{c5}+m_9gl_{c9}+m_4gl_1+m_3gl_1+m_8gl_1+m_6gl_1+m_7gl_1+m_{11}gl_1$$

$$H=m_2gl_{c2}+m_4gl_{c4}-m_3gl_{c3}-m_7gl_{c7}+m_5gl_2-m_{11}gl_3$$

式中　I_i——杆件绕其质心转动的惯量；

A、E——两个活动关节的负载惯量；

$B\cos(\theta_1-\theta_2)$——两个活动关节之间的耦合惯量；

$B\sin(\theta_1-\theta_2)$ $-B\sin(\theta_1-\theta_2)$——向心力系数；

$D\cos\theta_1$、$H\cos\theta_2$——重力项，考虑动力学耦合度和离心力指标。

注意到 $\boldsymbol{M}(\theta_1,\theta_2)=\begin{pmatrix}A & B\cos(\theta_1-\theta_2)\\ B\cos(\theta_1-\theta_2) & E\end{pmatrix}$ 为动力学方程的惯量矩阵。式中 A、E 是常量，由于耦合惯量 $B\cos(\theta_1-\theta_2)$ 是一个非线性函数，致使整个惯量矩阵 $\boldsymbol{M}(\theta_1,\theta_2)$ 为非线性。因为 $\cos(\theta_1-\theta_2)\leqslant 1$，$\sin(\theta_1-\theta_2)\leqslant 1$，如果 $B=0$，则耦合惯量为零，结果 $\boldsymbol{M}(\theta_1,\theta_2)$ 将变为常对角矩阵。同时离心力项也变为零，则整个动力学方程可简化为

$$\begin{pmatrix}\tau_1\\ \tau_2\end{pmatrix}=\begin{pmatrix}A & 0\\ 0 & E\end{pmatrix}\begin{pmatrix}\ddot{\theta}_1\\ \ddot{\theta}_2\end{pmatrix}+\begin{pmatrix}D\cos\theta_1\\ H\cos\theta_2\end{pmatrix} \tag{7-34}$$

经过简单的重力补偿算法，每个驱动关节能作为一个单输入单输出（SISO）系统，从而使控制器的设计变得非常简单，同时控制性能将得到提高。但是 $B=0$ 是一个理想状态，很难达到这个要求。这里注意到 B 仅与被选为设计变量的连杆参数相关，因此 B 能通过优化设计参数来使它尽可能小。所以 B 被选作第一动力学性能指标，用来评估该机构的耦合度和离心力的量值。A、E 是惯量矩阵 $\boldsymbol{M}$ 的主对角元素，它们表征关节负载惯量，同样也是越小越好。

3）关节速度约束。对于机械手末端执行器在工作空间中的速度有明确的设计要求，因此关节速度也应该满足

$$\dot{\boldsymbol{\theta}}=\boldsymbol{G}\boldsymbol{u}_{\max} \tag{7-35}$$

式中　$\boldsymbol{u}_{\max}$——末端执行器的最大速度要求；

$\boldsymbol{G}$——广义速度向量，$\boldsymbol{G}=\boldsymbol{J}^{-1}$，$\dot{\boldsymbol{\theta}}=(\dot{\theta}_1\quad\dot{\theta}_2)^{\mathrm{T}}$，其幅值平方为

$$\|\dot{\boldsymbol{\theta}}\|^2=\dot{\boldsymbol{\theta}}^{\mathrm{T}}\dot{\boldsymbol{\theta}}=\boldsymbol{u}_{\max}^{\mathrm{T}}\boldsymbol{G}^{\mathrm{T}}\boldsymbol{G}\boldsymbol{u}_{\max} \tag{7-36}$$

由于 $\boldsymbol{G}^{\mathrm{T}}\boldsymbol{G}$ 是一个实对称矩阵，根据相应矩阵理论，存在一个正交矩阵 $\boldsymbol{R}$，可进行对角

化处理

$$\boldsymbol{R}^{\mathrm{T}}\boldsymbol{G}^{\mathrm{T}}\boldsymbol{G}\boldsymbol{R}=\mathrm{diag}(\lambda_1 \quad \cdots \quad \lambda_n) \tag{7-37}$$

式中 $\lambda_1 \quad \cdots \quad \lambda_n$——矩阵 $\boldsymbol{G}^{\mathrm{T}}\boldsymbol{G}$ 的特征值。

定义 $\boldsymbol{y}=\boldsymbol{R}^{\mathrm{T}}\boldsymbol{u}_{\max}$，则式（7-36）能改写为

$$\|\dot{\boldsymbol{\theta}}\|^2=\boldsymbol{y}^{\mathrm{T}}\boldsymbol{R}^{\mathrm{T}}\boldsymbol{G}^{\mathrm{T}}\boldsymbol{G}\boldsymbol{R}\boldsymbol{y}=\sum_{i=1}^{n}y_i^2\lambda_i \tag{7-38}$$

且满足

$$\lambda_{\min}\sum_{i=1}^{n}y_i^2 \leqslant \|\dot{\boldsymbol{\theta}}\|^2 \leqslant \lambda_{\max}\sum_{i=1}^{n}y_i^2 \tag{7-39}$$

式中 $\lambda_{\min}$、$\lambda_{\max}$——矩阵 $\boldsymbol{G}^{\mathrm{T}}\boldsymbol{G}$ 的最小和最大特征值，它们为 θ_1、θ_2 的函数。

由于 $\boldsymbol{R}$ 是一个正交矩阵，因此则有

$$\sum_{i=1}^{n}y_i^2=\boldsymbol{y}^{\mathrm{T}}\boldsymbol{y}=\boldsymbol{u}_{\max}^{\mathrm{T}}\boldsymbol{R}\boldsymbol{R}^{T}\boldsymbol{u}_{\max}=\|\boldsymbol{u}_{\max}\|^2 \tag{7-40}$$

将式（7-40）代入式（7-39），则有

$$\lambda_{\min}\|\boldsymbol{u}_{\max}\|^2 \leqslant \|\dot{\boldsymbol{\theta}}\|^2 \leqslant \lambda_{\max}\|\boldsymbol{u}_{\max}\|^2 \tag{7-41}$$

式（7-41）即为末端执行器在工作空间的特定点达到最大速度时的关节速度边界。由于驱动元件（通常是伺服电动机）的限制，关节速度应该满足如下约束条件，即

$$0 \leqslant \|\dot{\boldsymbol{\theta}}\| \leqslant V_{\mathrm{mmax}}/r \tag{7-42}$$

式中 V_{mmax}——电动机的最大转速；

r——减速比。

由式（7-41）、式（7-42）可知，关节速度约束可表示为

$$\|\dot{\boldsymbol{\theta}}\|_{\max}^2=\max_{\theta_1,\theta_2}[\lambda_{\max}(\theta_1,\theta_2)]\|\boldsymbol{u}_{\max}\|^2 \leqslant (V_{\mathrm{mmax}}/r)^2 \tag{7-43}$$

4）工作空间约束。机械手必有一个工作空间要求，其工作空间约束可表示为

$$x_{p\min} \leqslant x_p \leqslant x_{p\max},\ y_{p\min} \leqslant y_p \leqslant y_{p\max} \tag{7-44}$$

5）一阶模态自然频率约束。假如将连杆横截面面积取小，关节惯量指标 A、E、B 将变小。然而这将降低连杆刚度，从而降低整个系统的响应带宽，因此，在优化时需增加一阶模态自振频率约束。机构自振频率在整个工作空间中是变化的，其最小值被选为约束条件，有

$$\min_{\theta_1,\theta_2}[f_{1st}(\theta_1,\theta_2)] \geqslant 2f_{bw} \tag{7-45}$$

式中 $f_{1st}(\theta_1,\ \theta_2)$——在工作空间中某一特定点的一阶模态自振频率；

f_{bw}——要求跟踪信号的带宽。

6）优化模型。基于上述目标函数和设计约束，优化模型构建如下：

设计变量 l_1、l_2、l_3；A_1、A_2、A_3、A_4、A_5、A_6、A_7、A_8、A_9。

优化目标

$$\min\begin{cases}f_1=A+E+\max(A,E)\\ f_2=B\\ f_3=C_{\mathrm{global}}\end{cases}$$

$$
\text{s.t.}\begin{cases}\|\dot{\boldsymbol{\theta}}\|_{\max}^{2}\leqslant V_{\text{mmax}}/r\\ \begin{cases}x_{p\min}\leqslant x_p\leqslant x_{p\max}\\ y_{p\min}\leqslant y_p\leqslant y_{p\max}\end{cases}\\ \min\limits_{\theta_1,\theta_2}[f_{1st}(\theta_1,\theta_2)]\geqslant 2f_{bw}\end{cases}
$$

式中 l_1、l_2、l_3——连杆长度，其他连杆的长度可由平行四边形的几何关系确定；

A_1、A_2、A_3、A_4、A_5——主平行四边形连杆的横截面面积；

$A_6=A_7=A_8=A_9$——两个辅助平行四边形连杆的横截面面积。

7）第 6 部分所建立模型的求解方法。这是一个典型的多目标、多变量优化问题，三个目标函数均很重要，关系到机械手的动力学和静力学特性。如采用传统的多目标优化方法，求解效率较低，速度较慢，且一般都会依赖于权重参数的选择。此处采用 NSGA-Ⅱ可快速获得无偏好的非支配解。其具体求解方法如下：

① 编码方式。这里采用十进制实数编码，将一个实参数向量对应一个染色体，一个实数对应一个基因。本模型优化目标为三个，优化变量为九个，每个染色体为一个 1×12 的参数向量，前九个元素对应归一化后的优化变量值，后三个元素对应三个目标函数值。

② 初始值赋予。将给定的各设计变量赋予由随机函数产生的初始值，即

$$
0.4\text{m}\leqslant l_1,\ l_3\leqslant 0.6\text{m},\ 0.15\text{m}\leqslant l_2\leqslant 0.4\text{m},
$$

$$
0.0003\text{m}^2\leqslant A_1、A_2、A_3、A_4、A_5\leqslant 0.0006\text{m}^2,
$$

$$
0.00015\text{m}^2\leqslant A_7\leqslant 0.00035\text{m}^2
$$

③ 适应度函数与快速非支配排序。直接将目标函数选为适应度函数，然后进行非支配个体分层排序。基于适应度函数比较任意两个个体之间的支配与非支配关系，找到所有支配个体，将其作为第一级非支配层。对于剩下的个体重复上面的操作，找到第二层非支配层。依此类推，直至所有个体均被分层。

④ 拥挤度计算。用拥挤度来表示种群中给定点周围个体的密度，其量化的指标为个体 n 周围包含个体 n，但不包含其他个体的最小长方形。群体中每个个体在完成非支配排序和拥挤度计算后，得到两个属性，即非支配排序序号和拥挤度。若两个个体的非支配排序序号不同，则取非支配排序序号小的个体，若两个个体在同一级，则取周围拥挤程度小的个体。

⑤ 拥挤度比较。包含选择算子、杂交算子、变异算子。选择算子采用轮赛制选择方法：即随机选择两个个体，若非支配排序序号不同，则选取序号小（等级高）的个体；若序号相同，则选取周围较不拥挤的个体。这样可使得进化朝非支配解和均匀散布的方向进行。杂交算子采用模拟二进制杂交算子。变异算子采用多项式变异算子。

⑥ 运行参数。取种群大小为 500，变异概率为 0.1，杂交概率为 0.9，运行代数为 500 代。

整个求解过程如图 7-16 所示。

8）具体求解结果。机械手（图 7-17）的设计要求如下：工作空间的横截面面积应覆盖一个 400mm×400mm 的矩形。末端执行器的最大速度和加速度分别为 3m/s 和 45m/s^2。最大负载为 2kg。用于活动关节的谐波减速器的减速比 $r=100$。伺服电动机的最大转速 $V_{\text{mmax}}=$ 5000r/min，所以关节速度约束为 $V_{\text{mmax}}/r=[5000\times2\pi/(60\times100)]\text{rad/s}=5.23\text{rad/s}$。由于是高速、高加速应用场合，驱动关节的信号带宽为 $f_{bw}=10\text{Hz}$。表 7-1 为从 Pareto 最优解集中选出的 10 组解。在这些 Pareto 最优解中选择最终参数时应考虑一些附加的准则。这里，应附

加考虑机械结构和加工难度。为了简化结构设计和加工，可以将 l_3 和 l_4 做成一根杆件，因此其比值 A_4/A_3 应该接近于1。所以选取第6组解，最终设计参数为：$l_1=403$mm、$l_2=228$mm、$l_3=406$mm、$A_1=429\text{mm}^2$、$A_2=455\text{mm}^2$、$A_3=448\text{mm}^2$、$A_4=424\text{mm}^2$、$A_5=404\text{mm}^2$、$A_7=316\text{mm}^2$。为了提高机构的刚度，采用了双侧布置辅助平行四边形，如图7-18所示。A_6、

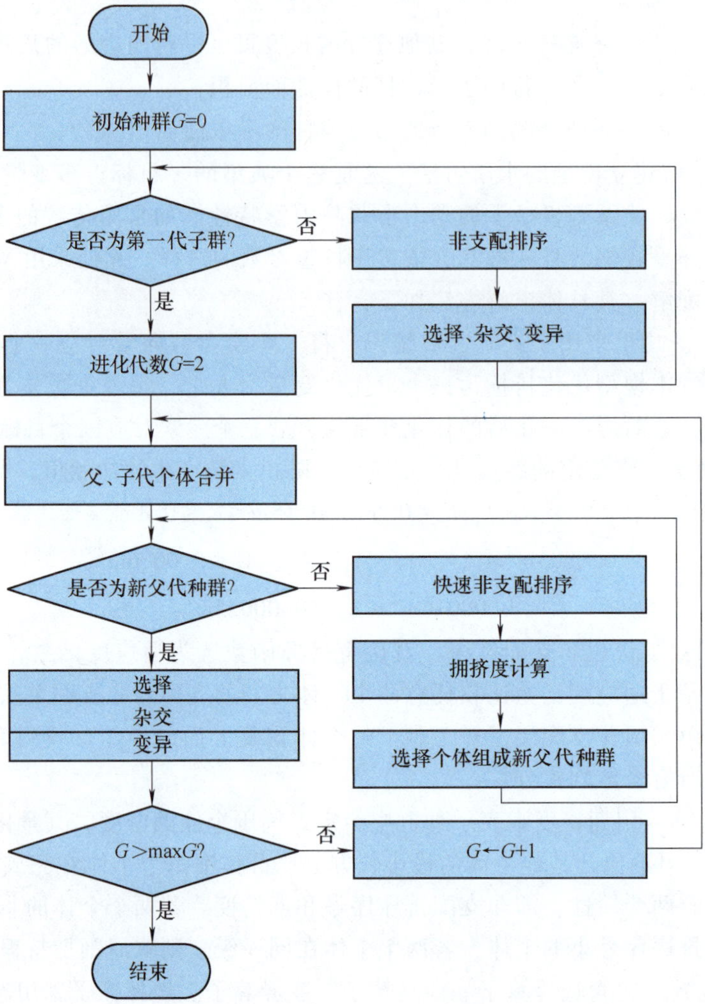

图7-16 NSGA-Ⅱ流程图

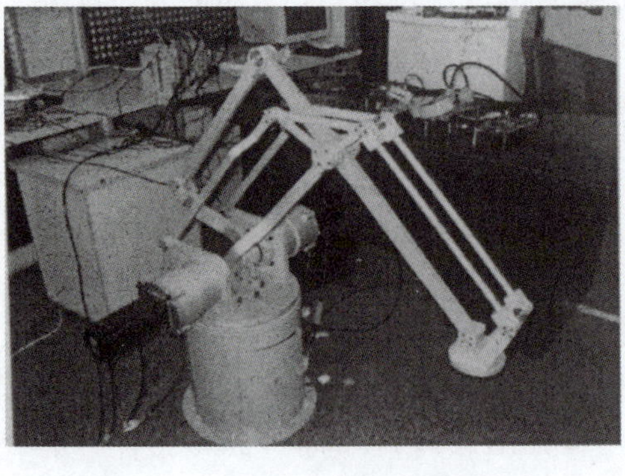

图7-17 高动态分拣机械手样机

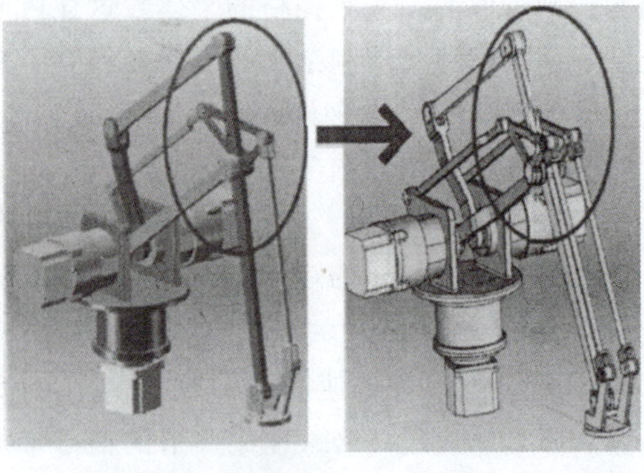

图7-18 用于提高机构刚度的双侧布置辅助平行四边形

A_7、A_8、A_9 分别表示双杆横截面面积之和。应用上述优化参数，当末端执行器达到最大速度（$\|\boldsymbol{v}_{max}\|=3\text{m/s}$）时的关节速度上界如图 7-19 所示。关节速度上界的最大值为 $\|\dot{\boldsymbol{\theta}}\|_{max}^{2}=2.9\text{rad/s}$，满足速度约束。图 7-20 所示为整个工作空间一阶自振频率分布，由图可知该机构满足自振频率约束。

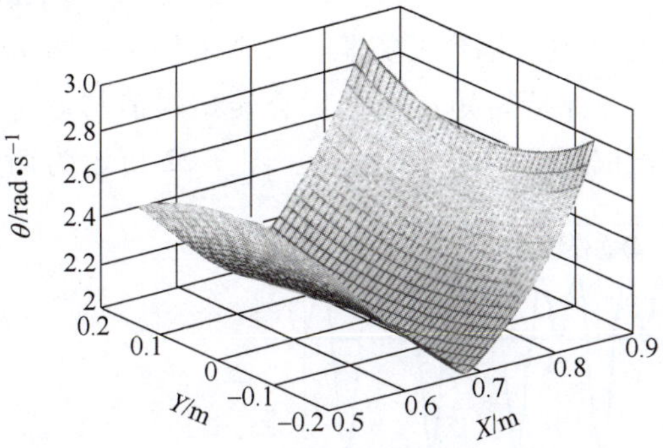

图 7-19 整个工作空间关节速度的上界

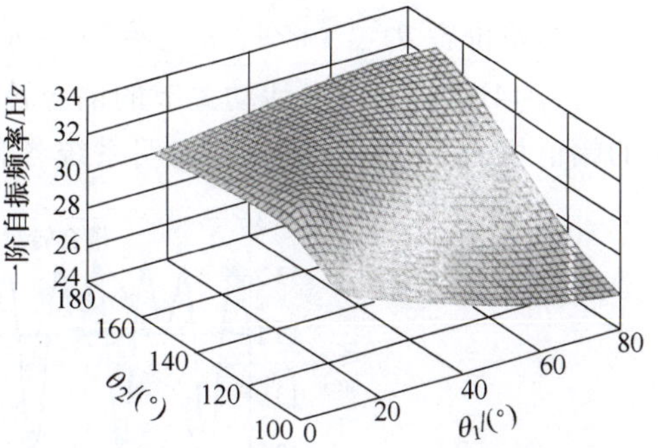

图 7-20 整个工作空间一阶自振频率分布

表 7-1 多目标优化结果

序号	杆长/m			连杆横截面面积/mm²	连杆横截面面积比例					惯性参数			全局条件数
	l_1	l_2	l_3	A_3	A_1/A_3	A_2/A_3	A_4/A_3	A_5/A_3	A_7/A_3	A	E	B	C_{global}
1	0.466	0.262	0.501	529	0.932	1.041	0.926	0.628	0.898	1.45	1.03	−0.137	3.26
2	0.449	0.256	0.515	386	1.094	0.906	1.52	1.422	0.796	1.35	1.09	−0.137	4.89
3	0.519	0.277	0.523	359	1.091	0.955	0.943	0.597	0.713	1.67	1.13	−0.152	3.51
4	0.494	0.277	0.523	362	0.997	0.909	0.954	0.881	0.699	1.63	1.13	−0.15	3.84
5	0.479	0.266	0.525	447	1.06	0.919	1.197	0.913	0.604	1.54	1.14	−0.148	3.27
6	**0.403**	**0.228**	**0.406**	**448**	**0.958**	**1.015**	**0.948**	**0.903**	**0.706**	**1.1**	**0.89**	**−0.095**	**5.09**
7	0.433	0.278	0.429	561	0.984	1.039	0.845	0.817	0.817	1.25	0.77	−0.103	4.88
8	0.411	0.271	0.404	457	1.083	0.963	0.821	0.873	0.712	1.14	0.69	−0.092	3.79
9	0.412	0.284	0.419	505	1.058	1.09	0.951	0.661	0.671	1.14	0.75	−0.094	4.85
10	0.409	0.269	0.4	456	1.022	0.907	0.809	0.869	0.759	1.13	0.68	−0.09	5.33

假如机构动力学完全解耦，无论其他关节是否运动，静止关节静态保持转矩应保持不变。因此，提出如下用来衡量两关节之间动力学耦合度的表达式，它有明确的物理意义，即

$$C_{oi}=20\lg\left|\frac{\tau_{imax}(\theta_{i\_ini},\theta_j(A_j,f_j))-\tau_{imin}(\theta_{i\_ini},\theta_j(A_j,f_j))}{\tau_{i\_const}(\theta_{i\_ini},\theta_{j\_ini})}\right| \tag{7-46}$$

式中 C_{oi}——关节 i 的动力学耦合度；

θ_{i_ini}、θ_{j_ini}——两个关节的初始角；

$\theta_j(A_j,\ f_j)$——关节 j 做幅值为 A_j、频率为 f_j 的正弦运动，可表示为

$$\theta_j(A_j,f_j)=A_j\cos(2\pi f_j t)-A_j$$

$\tau_{imax}(\tau_{imin})$——由关节 j 正弦运动引起的关节 i 的最大（最小）耦合转矩；

τ_{i_const}——当两个活动关节保持静止时由重力引起的关节 i 的常力矩。考虑伺服电动机速度和力矩的限制，所以给出如下约束，即

$$2\pi f_j A_j \leqslant V_{\text{mmax}}/r$$

$$\max\{|\tau_{i\max}|, |\tau_{i\min}|\} \leqslant T_{\max} r \tag{7-47}$$

式中 $T_{\max}$——伺服电动机的最大转矩。

活动关节的带宽为

$$f_j \leqslant f_{bw} \tag{7-48}$$

在初始位置 $\theta_{1\_\text{ini}}=\pi/4$，$\theta_{2\_\text{ini}}=3\pi/4$ 时，进行动力学耦合度实验。其结果如下：图 7-21 所示为 $f_j=4\text{Hz}$ 时，两个活动关节的耦合转矩和静态保持转矩。可见耦合转矩幅值与静态转矩的幅值相比，相对较小，这表明系统各轴耦合性较弱，呈解耦状态。图 7-22 所示为两驱

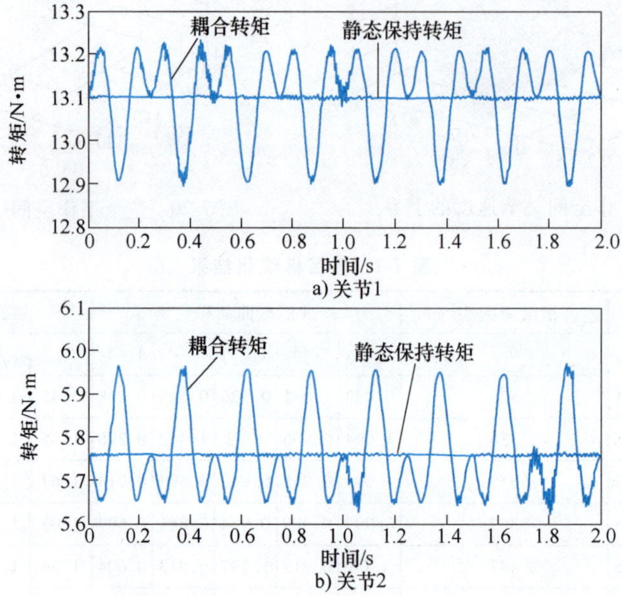

图 7-21 当 $f_j=4\text{Hz}$ 时，活动关节的耦合转矩和静态保持转矩

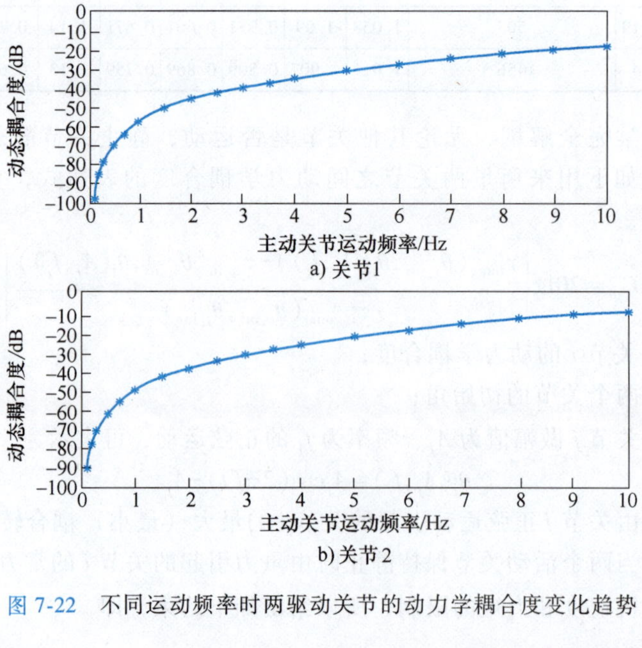

图 7-22 不同运动频率时两驱动关节的动力学耦合度变化趋势

动关节耦合度随着不同运动频率变化的趋势，运动幅值为 $A_j=0.0832\text{rad}$。其随着运动速度和运动频率的增加而逐步变大，但在 0~10Hz 内测试，均为很小值。关节 1 耦合度均低于 -17dB，关节 2 耦合度均低于-10dB，这种耦合程度可以近似忽略。

以上优化结果表明：优化之后的机构具有解耦的动力学结构，这使得仅用简单的线型控制器就能达到较好的控制效果，同时也满足其他设计要求。

六、多目标优化的主要方法及其特点、基本思路和主要步骤

现将多目标优化的主要方法、特点、基本思路和主要步骤加以归纳，其结果见表 7-2。

表 7-2　多目标优化的主要方法及其特点、基本思路和主要步骤

优化方法	主要目标法	统一目标方法					协调曲线法	分层序列法及宽容分层序列法	目标规划法
		线性加权和法	极大极小法	理想点法与平方和加权法	分目标乘除法	功效系数法——几何平均法			
方法特点	1）抓住主要，顾及其余 2）分析出正确的主要目标函数至关重要 3）对决策者专业知识要求较高	按各分目标函数重要程度综合考虑各分目标函数的影响	在可行域内可充分考虑各分目标函数中最不利的情况，使其解不至于造成某个分目标函数特别差	希望能达到各分目标都为最优化，尽量向该理想法去靠近	可对各分目标函数求极大与极小混合优化问题求优	可对各分目标函数求极大，求极小，及求逼近某一合适值的各分目标函数求优。只要有一分目标不能被接受，即不被接受，其解十分直观	可对设计目标相互矛盾的多目标进行优化，使其得到综合协调的优化解	可对多目标优化中优化优先次序等级有区别的多目标优化问题进行优化	基于各个目标函数的期望值进行优化
基本思路	选出对问题影响最重要的函数作为主要目标函数，其余目标函数作为约束条件，建立起单目标优化问题进行求解	各分目标函数以权系数形式体现了它们的重要程度。组成线性加权和作为综合目标函数	分析各个分目标函数最不利的情况找出其最有利的解	以各分目标各自优化解作为理想点，尽量向该点逼近	将极大化分目标函数取倒数，使其转化为求极小化	引入各分目标函数的功效系数 c_i，$c_i=1$ 为最满意，$c_i=0$ 不能接受，以 c_i 的几何平均值作为评价函数求优	将各设计目标全部最佳方案的调整曲线作为协调曲线，由此寻找最满意的优化解	先对最重要的目标函数进行优化，再对次要的目标函数进行优化，对后者优化时前者必须保持在允许范围内变化	使目标函数值与期望值的绝对误差累加之和最小

（续）

优化方法	主要目标法	统一目标方法					协调曲线法	分层序列法及宽容分层序列法	目标规划法
		线性加权和法	极大极小法	理想点法与平方和加权法	分目标乘除法	功效系数法——几何平均法			
主要步骤	1）将多目标优化问题中选出的主要目标作为单目标，其余目标以约束形式出现，保证其不致太差 2）用单目标优化方法求解，得出原多目标问题的近似优化解	1）确定各分目标函数权系数 2）各分目标函数乘以权系数后相加组成综合目标函数 3）以此转化为单目标优化问题求解作为其优化解	1）比较各分目标函数在变量各区段中的大小，找出其较大的函数。再乘以权因子 2）以此作为综合目标函数以单目标方法求解作为原问题解	1）找出各分目标函数的各自优化解 2）构造出各分目标函数离各自优化解的距离相对值，作为单一目标函数求优作为原问题优化解	1）将极小化各分目标函数置于分子连乘，将极大化各分目标函数置于分母 2）以此组成综合目标函数求极小，作为原问题优化解	1）求各分目标函数的功效系数 c_i 2）以 c_i 的几何平均值组成综合目标函数，对它用单目标函数求优，作为原问题优化解	1）按各分目标的调整可能找出全部最佳方案的调整曲线，即协调曲线 2）建立衡量设计方案满意程度准则 3）由此找出协调曲线上最满意的设计方案点作为原问题优化解	1）按重要程度分清主次，进行排序 2）先对第一重要目标函数按单目标进行优化 3）再对第二重要目标函数进行优化，此时应保证前者不变坏，或在允许范围之内 4）重复上述步骤直至最终分目标优化，其解作为原问题优化解	1）确定各目标函数的期望值 2）计算目标函数值 3）求目标函数值与期望值之差 4）求各组目标函数与期望值的绝对误差之和 5）取其最小值

第三节 离散变量优化问题

前面几章中研究的优化方法，主要是针对连续变量而言的。在工程优化问题中，经常会遇到非连续变量的一些参数。它们是整数变量或离散变量。整数变量如齿轮的齿数、加强肋的数目、冷凝器管子的数目、行星轮的个数等。离散变量如齿轮模数、型钢尺寸以及大量的标准表格、数据等。整数也可视为离散数的一种特殊情形。

综上所述，离散变量是指在规定的变量界限内，只能从有限个离散值或整数值中取值的一种变量。离散变量中有等间隔的离散变量和非均匀间隔的离散变量两种。由于离散变量在工程中大量存在，故研究离散变量的优化方法是非常必要的。目前，解线性整数规划的方法较多，而解非线性整数规划及离散规划的方法还有不少值得研究的课题。现在已有一些专著论述整数规划及离散规划的求解方法，本章将简要说明其处理的方法。

以往处理离散变量的一种最简易的方法是先将这种设计变量视为连续变量来处理，在得出优化解后，圆整成最近的值。这种方法虽简单易行，但有很大的盲目性，主要是圆整后的值不在可行域以内的可能性很大，因为很多约束条件是用“小于”及“等于”某一界限来表示的。通常优化解多半只满足“等于”条件，也就是说，优化解一般位于某一条等值线与可行域边界的切点上，即在可行域的边界上。圆整后的优化解可能落于非可行域中，从而破坏了约束条件，不能作为整数优化解。纠正这个缺点的方法是校核未取整前优化解附近的所有整数点或离散点，以保证不出现上述圆整后违反约束条件的情况。但这样做需较长的计算时间。此外，在多维空间中，未取整前优化解附近整数点的数量也较难确定。并且不能排除在离未取整前优化解较远处的整数点恰恰是真正优化解的可能性。

另外，有些设计变量是不允许最后取整的。例如，设计变位齿轮传动，优化结果是非整数的齿数，非标准的模数及变位系数，如果将齿数圆整，模数取标准以后，原优化结果的变位系数就变得毫无意义了。为此，需将离散变量优化问题作为专门的课题予以研究讨论。

下面以工程中圆柱齿轮机构优化设计为例，说明工程中带离散变量的优化问题是常见的一种数学规划问题。

例 7-5　图 7-23 所示为单级斜齿变位圆柱齿轮传动简图。已知其传递功率 $P=40\text{kW}$，精度为 8 级，传动比 $i_{12}=3.3$，输入额定转速 $n=1470\text{r/min}$，用矿物油润滑，电动机驱动，长期工作，双向传动，载荷有中等冲击，要求结构紧凑。试按其重量最轻或体积最小为目标函数，确定其传动参数。

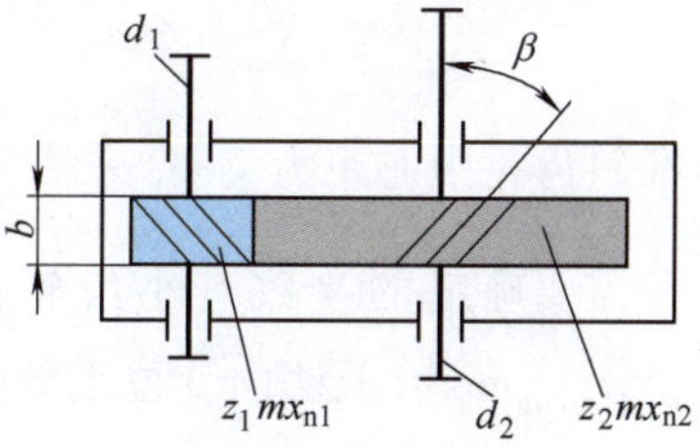

图 7-23　单级斜齿变位圆柱齿轮传动简图

1. 设计分析

因要求结构紧凑，故采用硬齿面组合。小齿轮用 20CrMnTi 渗碳淬火，硬度为 59HRC；大齿轮用 20Cr 渗碳淬火，硬度为 59HRC。由“机械设计”的相关知识可知弯曲疲劳许用应力 $[\sigma_{F1}]=[\sigma_{F2}]=[\sigma_F]=173\text{N/mm}^2$，接触疲劳许用应力 $[\sigma_{H1}]=[\sigma_{H2}]=[\sigma_H]=1200\text{N/mm}^2$。进行强度设计时，要求满足齿根抗弯强度

$$\sigma_F=\frac{1.6KT_1Y_F\cos\beta}{bm_n^2z_1}\leqslant[\sigma_F]$$

上式中齿轮按 8 级精度制造，取载荷系数 $K=1.3$，小齿轮转矩 $T_1=9.55\times10^6\frac{P}{n_1}\text{N}\cdot\text{mm}$，齿形系数 Y_F，齿宽 b，小轮齿数 z_1，螺旋角 β，法向模数 m_n。要求满足齿面接触强度

$$\sigma_H=\frac{305}{a}\sqrt{\frac{(i_{12}\pm1)^3KT_1}{ib}}\leqslant[\sigma_H]$$

式中　a——中心距。

采用变位啮合传动，其啮合参数应满足如下几何条件：

重合度应满足

$$\varepsilon=\frac{1}{2\pi}[z_1(\tan\alpha_{at1}-\tan\alpha_t')+z_2(\tan\alpha_{at2}-\tan\alpha_t')]+\frac{b\sin\beta}{\pi m_n}\geqslant1.3$$

式中　$\text{inv}\alpha_t'=\frac{2(x_{t1}+x_{t2})}{z_1+z_2}\tan\alpha_t+\text{inv}\alpha_t$；

x_t——切向变位系数；

α_{at}——端面齿顶圆压力角；

α_t'——端面啮合角；

α_t——标准斜齿轮端面压力角。

设端面齿顶高系数为 h_a^*，小齿轮的齿数应避免根切，即应满足

$$h_a^*-0.5z_1\sin^2\alpha_t-x_{t1}\leqslant 0$$

设齿顶圆直径为 d_a，齿顶厚 s_a 应满足

$$s_{a1}=\frac{d_{a1}}{m_n}\left[\left(\frac{\pi}{2}+2x_{t1}\tan\alpha_t\right)/z_1-(\mathrm{inv}\alpha_{t1}-\mathrm{inv}\alpha_t)\right]\geqslant 0.25$$

$$s_{a2}=\frac{d_{a2}}{m_n}\left[\left(\frac{\pi}{2}+2x_{t2}\tan\alpha_t\right)/z_2-(\mathrm{inv}\alpha_{t2}-\mathrm{inv}\alpha_t)\right]\geqslant 0.25$$

其中实际中心距为

$$a'=a\cos\alpha_t/\cos\alpha_t'$$

标准斜齿轮中心距为 $$a=\frac{m_n}{2\cos\beta}(z_1+z_2)$$

需要确定的参数有小齿轮齿数 z_1，为使机构紧凑，常取 $z_1\leqslant 30$，其最少齿数应由 $z_{\min}=z_{v_1\min}\cos^3\beta$ 及法向变位系数 x_{n1} 来确定，其中 $z_{v_1\min}$ 对正常齿制 $a_n=20$ 的齿轮取为 17。z_1 只允许取正整数值。法向模数 m_n 应符合国家标准规定值，是离散值。螺旋角 β 取为 $7°\leqslant\beta\leqslant 15°$，按精度要求计算到度、分、秒。齿宽系数 $\varphi_d=b/d_1$，$0.5\leqslant\varphi_d\leqslant 1.4$。法向变位系数 x_{n1} 和 x_{n2} 考虑到齿顶变尖及重合度下降等因素，通常均应取小于 0.8，但又要保证不根切。

2. 优化数学模型

通过以上分析，可建立如下数学模型：

取所求设计变量为

$$X=(x_1\quad x_2\quad x_3\quad x_4\quad x_5\quad x_6)^T=(z_1\quad m_n\quad \varphi_d\quad x_{n1}\quad x_{n2}\quad \beta)^T$$

为使传动体积最小，取目标函数为

$$F(\boldsymbol{X})=\frac{1}{2}\pi(d_{a1}^2+d_{a2}^2)b\times 10^{-7}\to\min$$

并满足约束条件 $12\leqslant z_1\leqslant 30$，$0.5\leqslant\varphi_d\leqslant 1.4$，$(z_{1\min}-z_1)/z_{1\min}\leqslant x_{n1}\leqslant 0.8$，$(z_{2\min}-z_2)/z_{2\min}\leqslant x_{n2}\leqslant 0.8$，$7°\leqslant\beta\leqslant 15°$，$\sigma_H\leqslant[\sigma_H]$，$\sigma_F\leqslant[\sigma_F]$，$\varepsilon\geqslant 1.3$，$h_a^*-0.5z_1\sin^2\alpha_t\leqslant x_{t1}$，$s_{a1}\geqslant 0.25m_n$，$s_{a2}\geqslant 0.25m_n$。

本例是一个较为典型的混合离散变量优化设计问题，其中 z_1 取正整数值，m_n 取离散值，φ_d、x_{n1}、x_{n2} 和 β 可按连续变量处理，这样处理是合理的。对此问题，若按全连续变量处理，在计算取得优化解后再将 z_1 取整数和模数 m_n 值标准化，则原优化结果 x_{n1} 和 x_{n2} 值就失去了实际意义，必须重新计算，因而也就改变了原优化设计方案。这种处理方法显然不太合理。另一种较合理的处理方法是按全离散变量来计算，即将 φ_d、x_{n1}、x_{n2} 和 β 均按工艺精度要求确定合理的离散增量值，这样所得的结果就可以完全符合标准化和工艺精度要求，可直接用于产品设计中。

第四节 离散变量优化方法

本节将简要介绍常见的几种离散变量优化方法，包括混合整数优化方法、约束非线性混合离散变量优化方法等。

约束非线性混合离散变量优化设计问题的数学模型可表达为

$$\begin{cases} \min f(\boldsymbol{x}) \\ \text{s.t.} \quad g_j(\boldsymbol{x}) \leqslant 0 \quad (j=1,2,\cdots,m) \\ \quad\quad x_{i\min} \leqslant x_i \leqslant x_{i\max} \quad (i=1,2,\cdots,n) \end{cases} \tag{7-49}$$

式中

$$\boldsymbol{x} = (x^D \quad x^C) \in R^n$$
$$\boldsymbol{x}^D = (x_1 \quad x_2 \quad \cdots \quad x_p)^{\mathrm{T}} \in R^D$$
$$\boldsymbol{x}^C = (x_{p+1} \quad x_{p+2} \quad \cdots \quad x_n)^{\mathrm{T}} \in R^C$$
$$R^n = R^D \times R^C$$

其中，$x_{i\min}$、$x_{i\max}$ 分别为变量 x_i 下界值与上界值，$\boldsymbol{x}^D$ 为离散变量的子集合，$\boldsymbol{x}^C$ 为全连续变量的子集合。当 $\boldsymbol{x}^D$ 为空集时，此优化问题为全连续变量型问题；反之，当 $\boldsymbol{x}^C$ 为空集时，此优化问题为全离散型问题；二者均为非空集时，此优化问题为混合型问题。若将整数视为离散数的一种特殊情况，则混合离散变量优化问题实际上已包含了混合整数变量的优化问题。

解决工程问题离散变量优化的方法需要与一般处理连续变量优化技术不完全相同的一种理论和方法。离散最优化是数学规划和运筹学中最有意义，但也较困难的领域之一。

Dantzig 继 1949 年提出解线性规划的单纯形法后不久，所提出的线性整数规划问题，1958 年 Gomory 提出的割平面法，1960 年 Lang 和 Doig 提出的分支定界法，1965 年 Balas 提出的 0-1 规划的隐枚举法，奠定了求解线性整数规划问题的常用三大类算法的基础。后来虽经一些学者对其做了改进与发展，但仍存在计算效率低及只能求解维数较低的问题。工程优化设计的数学模型多数为非线性的，本节主要介绍非线性问题。但非线性离散优化技术要比线性整数规划更困难。目前，数学家们所做的工作还仅限于一些特殊的问题，如非负可分离函数、可微凸函数、线性约束的半正定二次函数等，或用线性整数规划向非线性整数规划推广。对于工程中遇到的一般函数，特别是有约束非线性离散变量问题，在理论及算法和程序方面还不十分成熟，还缺少有效的通用算法和系统的理论。目前能在工程中解决复杂问题的实用的非线性离散优化方法，多数是由从事工程优化的学者提出来的，未必都有严格的数学证明。下面对离散变量优化方法做简要论述。

一、约束非线性离散变量优化方法

约束非线性离散变量的优化方法有：①以连续变量优化方法为基础的方法，如圆整法、拟离散法、离散型惩罚函数法；②离散变量的随机型优化方法，如离散变量随机试验法、随机离散搜索法；③离散变量搜索优化方法，如启发式组合优化方法、整数梯度法、离散复合型法；④其他离散变量优化方法，如非线性隐枚举法、分支定界法、离散型网格与离散型正交网格法、离散变量的组合型法。上述这些方法的解题能力与数学模型的函数性态和变量多少有很大关系。下面只介绍其中几种主要方法。

（一）以连续变量优化方法为基础的方法

1. 整型化、离散化法（圆整法、凑整法）

该方法的特点是先按连续变量方法求得优化解 $\boldsymbol{x}^*$，然后再进一步寻找整型量或离散量优化解，这一过程称为整型化或离散化。下面介绍按连续实型量优化得到优化解后进行圆整化、离散化的方法，并分析其中可能产生的问题。

设有 n 维优化问题，其实型最优点为 $\boldsymbol{x}^* \in R^n$，它的 n 个实型分量为 $\boldsymbol{x}_i^*$（$i=1$，2，…，n），则 $\boldsymbol{x}_i^*$ 的整数部分（或它的偏下一个标准量）$[\boldsymbol{x}_i^*]$ 和整数部分加 1 即 $[\boldsymbol{x}_i^*]+1$（或它的

偏上一个标准量），便是最接近 x_i^* 的两个整型（或离散型）分量。这些整型分量的不同组合，便构成了最邻近于实型最优点 x^* 的两个整型分量及相应的一组整型点群 $[x_i^*]^t$（$t=1, 2, \cdots, 2^n$；n 为变量维数）。该整型点群包含 2^n 个设计点，在整型点群中，可能有些点不在可行域内，应将它们剔除。在其余可行域内的若干整型点中选取一个目标函数值最小的点作为最优的整型点给予输出。图 7-24 是二维的例子，在实型量最优点 x^* 周围的整型点群有 A、B、C、E 四点，图中 B 点在域外，A、E、C 三点为在域内的整型点群。分别计算其目标函数。由图中等值线可看出，其最优整型点是 C 点，它即为最优整型设计点 $[x^*]$。但这样做有时不一定行得通，因为连续变量的最优点通常处于约束边界上，在连续变量最优点附近凑整所得的设计点有可能均不在可行域内，如图 7-25 所示。显然，在这种情况下，采用连续变量优化点附近凑整法就可能得不到一个可行设计方案。这种简单的凑整法是基于一种假设，即假设离散变量的最优点是在连续变量最优点附近。然而，这种假设并非总能成立。如图 7-26 所示，按上述假设，在连续变量最优点 x^* 附近凑整得到 Q 点，该点虽是可行点，但并非离散变量的最优点。从图 7-26 中可以看出，该问题的离散变量最优点应是离 x^* 较远的 P 点，而且如果目标函数与约束函数的非线性越严重，这种情况越容易出现。这些情况表明，凑整法虽然简便，但不一定能得到理想的结果。

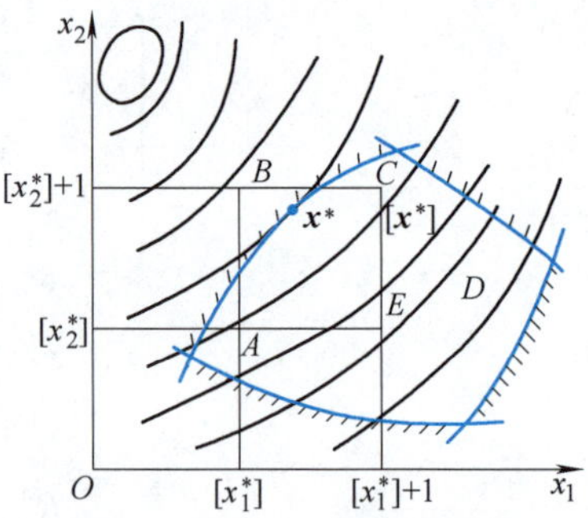

图 7-24 x^* 周围的整型点群

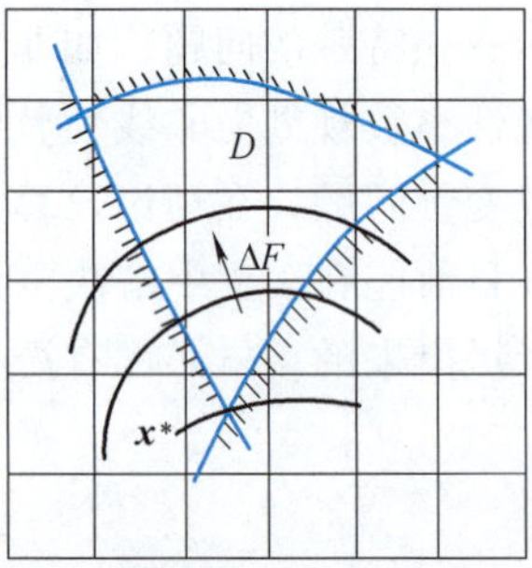

图 7-25 x^* 周围整型点群均不在可行域内

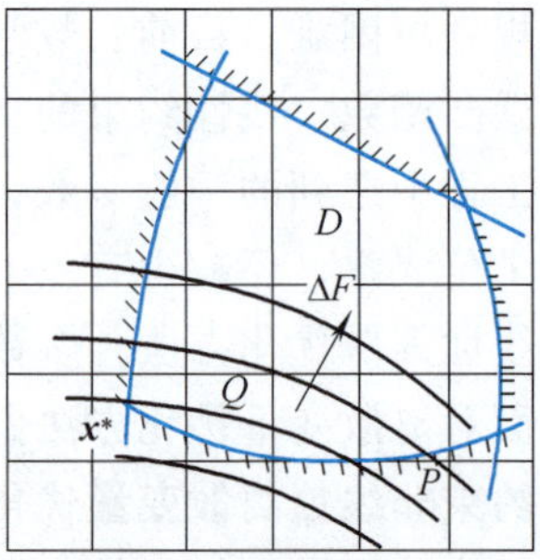

图 7-26 离 x^* 较远处整型点 $\boldsymbol{P}$ 为优化点的情形

由以上分析可知，离散优化点不一定落在某个约束面上，因此对连续变量约束最优解的 K-T 条件不再成立。与连续变量优化解一样，离散变量优化解通常也是指局部优化解。局部离散优化解是指在此点单位领域 $UN(x)$ 内查点未搜索到优于 x^* 点的离散点，所得的解即为局部离散优化解 x^*。当目标函数为凸函数，约束集合为凸集时，此点也是全域的约束离散优化解。

2. 拟离散法

该方法是在求得连续变量优化解 x^* 后，不是用简单的圆整方法来寻优，而是在 x^* 点附近按一定方法进行搜索来求得优化离散解的。该方法虽比前述圆整法前进了一步，但因仍在连续变量优化解附近邻域进行搜索，往往也不可能取得正确的离散优化解。

（1）交替查点法（Luns 法） 该方法适用于全整数变量优化问题，其优化离散解的搜索方法如下：

1）先按连续变量求得优化解 x^*，并将它圆整到满足约束条件的整数解上。

2）依次将每个圆整后的优化分量 $[\boldsymbol{x}_i^*]$（$i=1$，…，n）加 1，检查该点是否为可行点，然后仅保留目标函数值为最小的 $\boldsymbol{x}_i$ 点；重复此过程，直到可行的 $\boldsymbol{x}_i$ 不再增大为止。

3）将一个分量加 1，其余 $n-1$ 个分量依次减 1，如将 x_1 增加到 x_1+1，再将 x_2 减到 x_2-1，但暂不做代换，继续此循环，将 x_3 减到 x_3-1，也暂不做代换，直到继续循环到 x_n 为止；最后选择目标函数值为最小的点去替换旧点。再依次增大 x_2、x_3、…，直到 x_n，重复上述循环。最终比较目标函数值的大小，找到优化解，即认为是该问题的整数优化解。

（2）离散分量取整，连续分量优化法（Pappas 法）

1）该方法是针对混合离散变量问题（即变量中既含有离散分量，也含有连续分量）提出的。该方法的步骤如下：

① 先将连续变量优化解 $\boldsymbol{x}^*$ 圆整到最近的一个离散点 $[\boldsymbol{x}^*]$ 上。

② 将 $[\boldsymbol{x}^*]$ 的离散分量固定，对其余的连续分量进行优化。

③ 若得到的新优化点可行，且满足收敛准则，则输出优化结果，优化结束。

④ 否则，把离散分量移到 $\boldsymbol{x}^*$ 邻近的其他离散点上，再对连续分量优化，即转至第②步。如此重复，直到 $\boldsymbol{x}^*$ 附近离散点全部轮换到为止。

该方法实际上只能从上述几个方案中选出一个较好的可行解作为近似优化解。由于离散变量移动后得到的离散点可能已在可行域之外，故要求连续变量所用优化程序应选择初始点可以是外点的一种算法。上述算法可适用于设计变量较多但连续变量显著多于离散变量的情形，且其计算工作量增加不大。

2）对离散变量较多，而变量维数又较低（少于 6 时）的混合离散变量问题，Pappas 又提出了另一种算法。其步骤如下：

① 求出连续变量优化解 $\boldsymbol{x}^*$，取整到最靠近 $\boldsymbol{x}^*$ 的离散值上。

② 令变量的灵敏度为 S_i，它是目标函数的增量与自变量增量的比值。即

$$S_i = |[f(x)-f(x+\Delta x_i)]/\Delta x_i|$$

它反映了变量对目标函数的影响程度。计算各离散变量的灵敏度 S_i，并将离散变量按灵敏度从大到小的顺序排列：x_1，x_2，…，$x_k(1\leqslant k\leqslant n)$。

③ 先对灵敏度最小的离散变量 x_k 进行离散一维搜索，并使其他的离散变量 x_1，x_2，…，x_{k-1} 固定不变。每当搜索到一个较好的离散点时，便需要对所有连续变量优化一次。然后，再对 x_{k-1} 进行一维离散搜索，此时将其余的离散变量 x_1，x_2，…，x_{k-2} 保持不变，但对分量 x_k 还要再进行一次搜索。找到好的离散点后仍需对所有连续变量再次优化。如此重复，直到 x_1 为止。

④ 由上述第③步所得终点，重新计算灵敏度并进行排列。若与第②步结果相近，则停止计算，其终点即为优化解。否则，若两者相差较大，则转至第③步继续搜索。

该方法可采用连续变量优化程序对初始点是外点的一种算法。

拟离散法是目前求解离散变量优化的一种常用方法，但这类算法都基于离散优化解一定在连续优化解附近的这样一种观点的基础之上。而实际情况又往往不一定是这样的，而且这类算法工作量较大，因此具有一定局限性。

3. 离散惩罚函数法

若将设计变量的离散性视为对该变量的一种约束条件，则可用连续变量的优化方法来计算离散变量问题的优化解。按此思想可以用拉格朗日乘子法或 SUMT 法等连续变量优化方法为基础做些变换后，再用作求解离散变量的优化问题。由于有些方法只适用于凸函数或可分

离函数等特殊情况，不具有普遍性，因此在此不做介绍。下面介绍一种离散惩罚函数法。

1）构造一个具有下列性质的离散惩罚函数项 $Q_k(\boldsymbol{x}^D)$，即

$$Q_k(\boldsymbol{x}^D)=\begin{cases}0 & \text{当 } \boldsymbol{x}^D\in R^D\\ \mu>0 & \text{当 } \boldsymbol{x}^D\notin R^D\end{cases} \tag{7-50}$$

式中 R^D——设计空间离散点的集合。

Marcal 定义离散惩罚函数项为

$$Q_k(\boldsymbol{x}^D)=\sum_{j\in d}\prod_{i=1}^{d}\left|\frac{x_{ij}-z_{ij}}{z_{ij}}\right| \tag{7-51}$$

其中，x_{ij} 为第 j 个离散变量的坐标，z_{ij} 是该变量允许取的第 j 个离散值。乘积项可保证求和式中的每一项在变量趋于离散值时为零。式（7-51）所定义的函数形式简洁，但此函数值变化范围较大，计算时不易控制。

Gisvold 定义了另一种形式的离散惩罚函数项为

$$Q_k(\boldsymbol{x}^D)=\sum_{j\in d}[4q_i(1-q_i)]^{\beta_k} \tag{7-52}$$

式中

$$q_i=\frac{x_i-x_{i\min}}{x_{i\max}-x_{i\min}} \tag{7-53}$$

$$x_{i\min}\leqslant x_i\leqslant x_{i\max} \tag{7-54}$$

其中 x_i 为 $x_{i\min}$ 和 $x_{i\max}$ 之间任一点坐标，$x_{i\min}$ 和 $x_{i\max}$ 是两个相邻的离散值。离散惩罚函数项 $Q_k(\boldsymbol{x}^D)$ 是一对称的规范化的函数，如图 7-27 所示。式（7-52）中每一项的最大值为 1，而且对于所有 $\beta_k\geqslant 1$ 的情形，在离散值之间的范围内，函数的一阶导数是连续的。

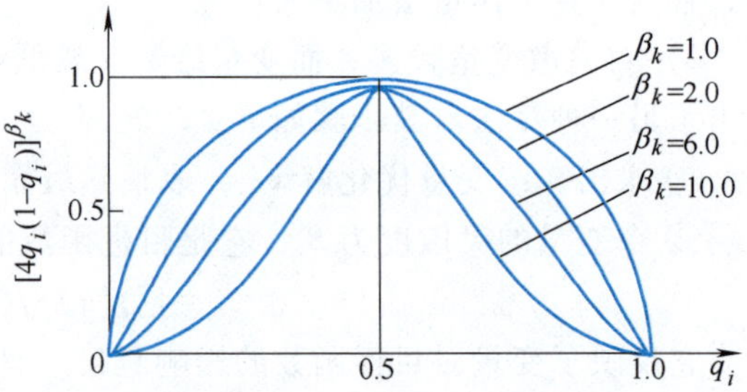

图 7-27 离散惩罚函数项

2）将离散惩罚函数项 $Q_k(\boldsymbol{x}^D)$ 加到内点法 SUMT 的惩罚项中，可得离散惩罚函数

$$\Phi(\boldsymbol{x},\gamma,S)=f(\boldsymbol{x})+\gamma_k\sum_{u=1}^{m}\frac{1}{g_u(\boldsymbol{x})}+S_kQ_k(\boldsymbol{x}^D) \tag{7-55}$$

式中 $f(\boldsymbol{x})$——原目标函数；

γ_k——参数（或称惩罚因子）；

$g_u(\boldsymbol{x})$——不等式约束条件；

S_k——离散项惩罚因子。

$\gamma_k>\gamma_{k+1}$ 而 $S_k<S_{k+1}$，当 $k\to\infty$ 时，即有 $\gamma_k\to 0$，此时

$$\begin{cases}\min\{\Phi(\boldsymbol{x},\ \gamma,\ S)\}\to\min f(\boldsymbol{x})\\ g_u(\boldsymbol{x})\geqslant 0\ (u=1,2,\cdots,m)\\ Q_k(\boldsymbol{x}^D)\to 0\end{cases} \tag{7-56}$$

下面举例说明上述用离散惩罚函数法求解离散优化方法的几何含义。

例 7-6 图 7-28 所示为用离散惩罚函数求解一维离散变量优化问题。设在满足不等式约

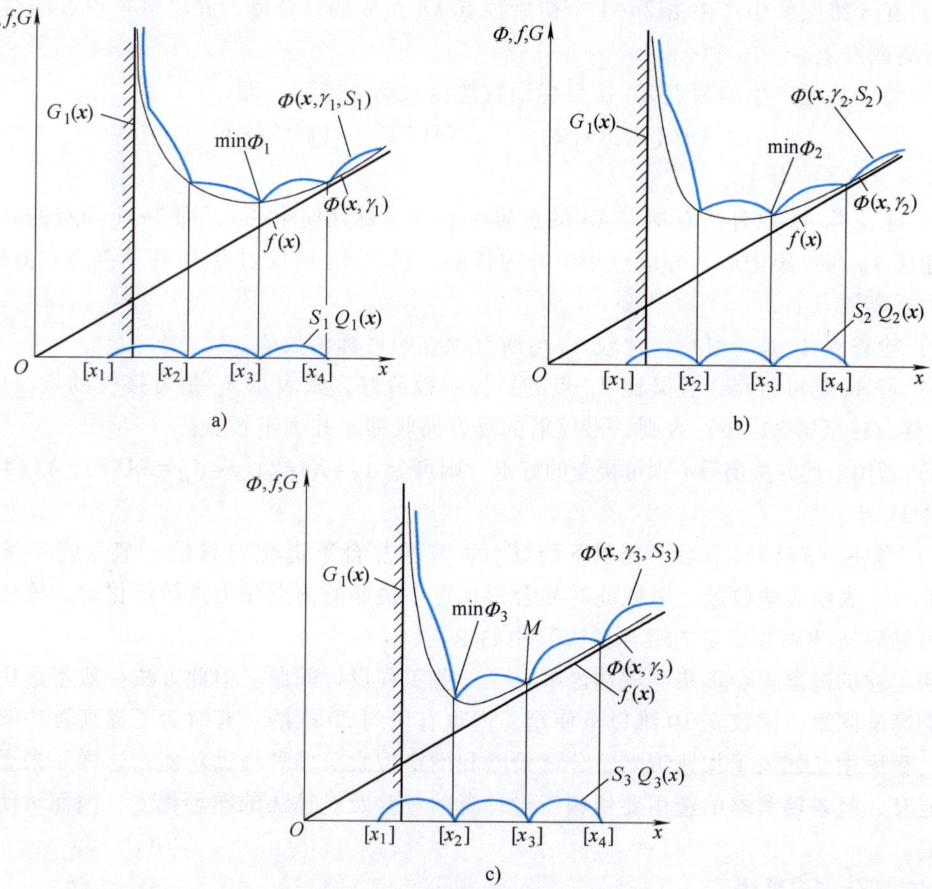

图 7-28　离散惩罚函数求解示意图

束方程 $G_1(\boldsymbol{x})=1.3-x\leqslant 0$ 的条件下，求目标函数 $f(\boldsymbol{x})=x/2$ 为最小的 $\boldsymbol{x}$ 整数优化解。

图 7-28a、b、c 分别表示不同 k 值时，离散惩罚函数 $\boldsymbol{\Phi}(\boldsymbol{x},\ \gamma,\ S)$ 图，图中约束函数为 $G_1(\boldsymbol{x})$，离散惩罚函数项为 $S_kQ_k(\boldsymbol{x}^D)$。由图 7-28 可知，参数 γ_k、S_k、β_k 的选取直接影响着离散惩罚函数中 $\boldsymbol{\Phi}(\boldsymbol{x},\ \gamma,\ S)$ 的曲线形状。逐步减小 γ，增加 S，可得图 7-28a、b、c，使离散优化点从 $\min\boldsymbol{\Phi}_1\to\min\boldsymbol{\Phi}_2\to\min\boldsymbol{\Phi}_3$，最终找到 $[x_2]$ 离散优化解。如最初即选择图 7-28c，则有可能陷在伪优化点 M，即解 $[x_3]$，找不到真正优化解 $\min\boldsymbol{\Phi}_3$，即 $[x_2]$。

离散惩罚函数法的缺点是函数容易出现病态，这给优化搜索造成较大困难，因此它不能算是一种成功的有效方法。

（二）离散变量搜索型方法

这类方法是在离散空间直接搜索，使能搜索到真正离散优化解的可能性增加，而且由于搜索范围只限于离散点，缩小了搜索范围，加快了求解速度，故这类算法要优于上述算法。属于这类方法的有启发式组合优化法、整数负梯度法及离散复合形法。下面只介绍离散复合形法。

由于离散复合形法产生初始顶点及新点方法不同，可以有多种不同的离散复合形法。但其共同点是必须把复合形顶点移到离散点上，且对原连续变量寻优的复合形法中寻优规则和收敛终止准则做了改进。如每次得到的复合形顶点都是离散点，则此法要比前述凑整法更容易找到离散优化解，是一种较好的方法。其具体算法如下：

1）在 n 维空间中产生由 $2n+1$ 个初始顶点 XA 组成的复合形，并将每个顶点均移到附近的可行离散点上。

2）将上述已产生的顶点 XA 按目标函数值由大到小排列，即

$$XA(1),\ XA(2),\ \cdots,\ XA(k) \qquad (k=2n+1)$$

记最坏点 $XA(1)$ 为 A_H。

3）求出除 A_H 点外所有顶点 XA 的点集中心（又称几何中心），即 $2n$ 个顶点的算术平均值，连接 A_H 与点集中心，并以点集中心为核心，找出 A_H 的反射点 A_p 作为新点，并将 A_p 也移到附近离散点上。

4）检查点 A_p 是否可行，比较 A_p 与所有顶点的目标函数值。

5）若 A_p 是可行点，且又比 A_H 点的目标函数值好，则表示 A_p 是可接受的点。用 A_p 代替 A_H 点，转至第 2）步；否则，沿反射的反方向收缩，并确定新点。

6）若用上述方法仍得不到可接受的好点，则可令 $A_H=XA(2)$ [或 $A_H=XA(3)$，$XA(4)$，…]，转至第 3）步。

7）当 $A_H=XA(k)$ 点后，仍找不到好点，或当复合形退化到只是一个点或一条线或一个平面时，表示算法收敛，可取此时复合形顶点中最好的顶点作为离散优化解。该法的详细讨论可见后文“离散变量的组合型法”中的论述。

用上述的离散复合形法已成功地解决了一些工程设计问题。但此方法一般不适用于变量较多的高维问题，建议在10维以下使用，但也有用到20维的。有时为了提高算法解题的可靠性，程序中又加入了加速策略，分解策略和网格搜索等多种辅助功能，这样一来会使程序比较复杂，且各种策略的选用要依赖于设计者的经验及对算法的熟悉程度，因而对使用者要求较高。

（三）分支定界法

离散变量的分支定界法是一种解线性整数规划问题的有效方法。O. K. Gupta 和 A. Ravindran 将该方法的原理推广到解非线性离散变量问题中，取得了较好效果。

此法与线性整数规划的分支定界法类似，其步骤如下：

1）设所讨论的问题为求极小化问题，先求出原问题不考虑整数或离散约束的非线性问题的连续变量解。如所得解的各个分量正好是整数，则它即是该问题的离散优化解，但这种机会较少。否则，若其中至少有一个变量为非整数值或非离散值，则转至下一步。

2）对于非整数变量，如 x_i 的值为 a_i，可将它分解为整数部分 $[a_i]$ 和小数部分 f_i，即

$$a_i=[a_i]+f_i \qquad (0<f_i<1) \tag{7-57}$$

3）构造两个子问题：上界约束 $x_i \leqslant [a_i]$，下界约束 $x_i \geqslant [a_i]+1$

对于离散变量，若其离散值集合为 q_{i1}，q_{i2}，…，q_{il}，则对于分支 x_i 必定存在一个下标 j $(1\leqslant j\leqslant l)$，使

$$q_{ij} \leqslant x_i \leqslant q_{ij+1} \tag{7-58}$$

因而应分别构造以 $x_i \leqslant q_{ij}$ 为上界约束的子问题和以 $x_i \geqslant q_{ij+1}$ 为下界约束的子问题。

4）将上述两个子问题按连续变量非线性问题求优化解。

5）重复上述过程，不断分支，并求得分支产生的子问题的优化解，直至求得一个离散解为止。

6）在上述求解过程中，每个节点最多能分出两个新的节点。当取一个可行整数解时，如果其目标函数值小于当前目标函数值的上界值，则可将该值作为目标函数的新的上界。

7）当下列情况出现时，则认为相应的节点以及它以后的节点已考查清楚了：①所得连续变量为整数可行解，且连续变量问题解的目标函数值比当前的目标函数值的上界值大；②连续变量解为不可行解。

8）当所有节点都考查清楚后，寻优工作结束，此时最好的整数解或离散解就是该问题的离散优化解。

此方法的计算时间与所解问题的变量数和约束数的多少，关系都十分密切。要使这一方法能有好的计算结果，必须要有一种有效的可靠的解非线性规划问题的方法及待查分支节点信息的存储方法。

（四）离散变量型网格法

1. 离散变量型普通网格法

离散变量型普通网格法就是以一定的变量增量为间隔，把设计空间划分为若干个网格，计算在域内的每个网格节点上的目标函数值，比较其大小，再以目标函数值最小的节点为中心，在其附近空间划分更小的网格，再计算在域内各节点上的目标函数值。重复进行下去，直到网格小到满足精度为止。此方法对低维变量较有效，对多维变量因其要计算的网格节点数目成幂指数增加，故很少用它。为提高网格搜索效率，通常可先把设计空间划分为较稀疏的网格，如先按 50 个离散增量划分网格。找到最好点后，再在该点附近空间以 10 个离散增量为间隔划分网格，在这个范围缩小，但密度增大的网格空间中进一步搜索最好的节点。如此重复，直至网格节点的密度与离散点的密度相等，即按 1 个离散增量划分网格节点为止。这时可将搜索到的最好点作为离散优化点。

2. 离散变量型正交网格法

由前述网格法的分析可知，只要约束优化点包含在寻优区间中，且网格点又布置得足够密，则约束优化解就不会漏网。但当变量数增加时，网格点数将成幂指数增加。设变量数为 n，每个变量分点数均为 T，则总的网格点数为 T^n。可见在变量维数较高时要细分网格，将大大增加计算工作量，这是网格法的主要缺点所在。正交网格法的基本思想相当于正交试验法，它利用正交表，均匀地选取网格法中的一部分有代表性的网格点作为计算点，又称随机正交网格法，或称正交计算设计法。正交网格法只计算了网格法中一部分网格点的目标函数值，工作量明显减少。对于 n 维变量每个变量分点数均为 T 的优化问题，正交网格法只需算 T^2 个网格点，计算点数与变量维数无关。计算点虽少，但它们在整个寻优区间均匀分布，具有很好的代表性，它们以相当高的可信度代表了全部网格点的计算结果。正交网格法来源于正交试验法，正交试验法的具体方法不在这里赘述。

值得注意的是，在正交试验中对试验点的目标函数求出后可用直观方法进行分析。即用极差分析，按列计算出对应极差分析参数，即每个变量对应于各个同一水平的目标函数值的平均值。找出极差分析参数的最大值与最小值，并求出两者之差，即极差。由此可知各变量（因素）对目标函数的影响大小。极差大的变量表示该变量对目标函数影响大，反之影响小。由此可找出影响大的参数作为重要参数，必要时还可固定其他变量，对其进行单变量优化，选出其最优解，从而改变该变量的上、下限，再重新开始优化计算。利用该思想可编写优化程序，应用于离散变量型正交网格优化设计中。

正交网格法计算点是依据正交表生成的。因此，计算前必须先确定并生成所需的正交表。下面给出正交网格法的正交表生成方法、计算步骤和相应框图。

（1）正交表的生成方法　正交网格法是指模拟正交试验法并在计算机上实现的方法。

正交试验中涉及正交表，此处用 $L_{T^u}(T^n)$ 型正交表，该表的生成方式是正交网格法的关键所在，下面先从正交试验法的正交表构造方法出发，引出离散变量型正交网格优化法中如何生成相应的正交表。

正交表的形式很多，其构造的方法也很多，此处只介绍 $L_{T^u}(T^n)$ 型正交表。在离散变量型正交网格法中采用的 $L_{T^u}(T^n)$ 型正交表中：

T 表示每个变量的分点数，称为水平数，此表要求 $T\geqslant n-1$，T 为素数。正交表中 1，2，3，…，T 称为水平号，为了便于由水平号计算各变量的分量值，在离散变量型正交网格法的正交表中采用 0，1，2，…，$T-1$ 表示水平号。

u 表示基本列数，它可以为不小于 2 的任意正整数，为了加密网格点，也为了减少计算点数 T^u，宜采用 $u=2$ 的正交表。

n 表示变量的维数，即正交表的总列数。

T、u 是正交表基本参数。当 T、u 确定后，正交表的总列数为

$$n=(T^u-1)/(T-1)\,(\text{当 } u=2 \text{ 时，} n=T+1)$$

正交表的行数为 T^u。由正交表在网格点中取计算点时，正交表的一行对应于一个计算点，因此，一张正交表可选取 T^u 个计算点，以下取 $u=2$。

1）按列生成正交表。通常的正交表都是按列生成的。以素数 T 为阶的正交拉丁方完全组构成的正交表，可用来构成 $L_{T^u}(T^n)$ 型正交表。这与“完全对”“T 阶拉丁方”“正交拉丁方”等概念有关。

“完全对”：设有两组元素 a_1，a_2，…，a_r 与 b_1，b_2，…，b_s，我们把 r_s 个“元素对”

$$\begin{array}{c}(a_1,b_1),(a_1,b_2),\cdots,(a_1,b_s)\\(a_2,b_1),(a_2,b_2),\cdots,(a_2,b_s)\\\vdots\\(a_r,b_1),(a_r,b_2),\cdots,(a_r,b_s)\end{array}$$

称为由元素 a_1，a_2，…，a_r 与 b_1，b_2，…，b_s 所构成的“完全对”。

定义 1：以 1，2，…，T 为元素（也可用其他 T 个记号来代替），而且每行以及每列中的元素又都互不相同的 T 阶方阵，称为一个“T 阶拉丁方”。

定义 2：设 $\boldsymbol{A}$ 与 $\boldsymbol{B}$ 是两个 T 阶拉丁方，如果它们同位置的元素所构成的 T^2 个“元素对”正好是一个“完全对”时，则称 $\boldsymbol{A}$ 与 $\boldsymbol{B}$ 为正交拉丁方，简称 $\boldsymbol{A}$ 与 $\boldsymbol{B}$ 正交。显然，$\boldsymbol{A}$ 与 $\boldsymbol{B}$ 正交时，$\boldsymbol{B}$ 与 $\boldsymbol{A}$ 也正交。

若有这样的正交拉丁方，那么以这些拉丁方为列（就是先排拉丁方的第一行元素，再排第二行元素……最后排第 T 行元素所得到的一列），添加到基本列的右侧添加列上，即得到 $L_{T^2}(T^n)$ 型的正交表。

例如，有三个三阶拉丁方

$$\boldsymbol{A}_3=\begin{pmatrix}1&2&3\\2&3&1\\3&1&2\end{pmatrix}\quad\boldsymbol{B}_3=\begin{pmatrix}1&2&3\\3&1&2\\2&3&1\end{pmatrix}\quad\boldsymbol{C}_3=\begin{pmatrix}2&3&1\\1&2&3\\3&1&2\end{pmatrix}$$

把两个拉丁方叠合起来，可得

$$(\boldsymbol{A}_3,\boldsymbol{B}_3)=\begin{pmatrix}11&22&33\\23&31&12\\32&13&21\end{pmatrix}\qquad(\boldsymbol{A}_3,\boldsymbol{C}_3)=\begin{pmatrix}12&23&31\\21&32&13\\33&11&22\end{pmatrix}$$

$$(\boldsymbol{B}_3,\boldsymbol{C}_3)=\begin{pmatrix}12 & 23 & 31\\ 31 & 12 & 23\\ 23 & 31 & 12\end{pmatrix}$$

由定义 2 可知，$\boldsymbol{A}_3$、$\boldsymbol{B}_3$ 为完全对，即 $\boldsymbol{A}_3$ 与 $\boldsymbol{B}_3$ 正交，可记为（$\boldsymbol{A}_3$，$\boldsymbol{B}_3$）= 0；同理，（$\boldsymbol{A}_3$，$\boldsymbol{C}_3$）= 0，而（$\boldsymbol{B}_3$，$\boldsymbol{C}_3$）≠0，例如（$\boldsymbol{B}_3$，$\boldsymbol{C}_3$）中无 11 “元素对”。把 $\boldsymbol{A}_3$、$\boldsymbol{B}_3$ 两个正交拉丁方按上述方法变为列，添加到基本列右侧添加列上，即得到 $L_{3^2}(3^4)$ 正交表，见表 7-3。表中添加列上第 3 列未加括号的水平号数由 A_3 列出，第 4 列未加括号的水平号数由 B_3 列出。

表 7-3 $L_{3^2}(3^4)$ 正交表

行号 I（方案号）	基本列 列号 j		添加列 列号 j	
	1	2	3	4
1	1(0)	1(0)	1(0)	1(0)
2	1(0)	2(1)	2(1)	2(1)
3	1(0)	3(2)	3(2)	3(2)
4	2(1)	1(0)	2(1)	3(2)
5	2(1)	2(1)	3(2)	1(0)
6	2(1)	3(2)	1(0)	2(1)
7	3(2)	1(0)	3(2)	2(1)
8	3(2)	2(1)	1(0)	3(2)
9	3(2)	3(2)	2(1)	1(0)

2）按行生成正交表。如上所述，一般的正交表都是按列生成的。可是计算点即试验点中各分量是按行取的，这就要求事先把整张正交表都算好，并把它以矩阵形式即二维数组形式存入计算机。这样当然也可以计算，但显然会增加计算机存储空间的负担。最好的方法是按上述正交表中水平号的值找出其规律，按行来构造正交表。这样，不仅可使程序简化，而且可以节省计算机的存储空间，下面讲述按行生成 $L_{T^2}(T^n)$ 型正交表的方法。

设 T 为给定的水平数，以 $P(j)$ 表示 $L_{T^2}(T^n)$ 型正交表中第 I 行的第 j 列（即第 j 个分量）的水平号的元素值，此处 $I=1, 2, \cdots, T^2$，$j=1, 2, \cdots, n$。以符号“//”表示两个数只舍不入的整除，则 $P(j)$ 的计算公式可写为

$$\begin{cases}P(1)=(I-1)//T\\ P(2)=I-P(1)^{*}T-1\\ P(j)=[P(j-1)+P(1)]-\{[P(j-1)+P(1)]//T\}^{*}T(j=3,4,\cdots,n)\end{cases}\tag{7-59}$$

按式（7-59）计算，产生的水平号元素值，其最小值为 0，最大值为 $T-1$，共 T 个水平号。当 $T=3$，$n=4$ 时，所得 $L_{3^2}(3^4)$ 正交表水平号的元素值见表 7-3 中括号内的值，它比按列生成的正交表水平号的元素值（未加括号的值）均相应小 1，两者完全表示同一个意思。

（2）正交网格法的计算步骤和相应框图　用正交网格法寻优时，可按正交表的列安排变量，使第 j 个变量 x_j 与正交表中第 j 列相对应（$j=1, 2, \cdots, n$），然后按正交表中的行取点，每一行表示一个试验方案。为了体现正交设计的概率特征，提高计算效果，用正交表取定的点为球心，以单位离散变量增量的某一整倍数 Ah_j 为半径的球域内随机地取定计算点（此处的球

域是借用的名字，对高维来说，指的是等半径的一个 n 维空间)。该方法可称为球域内随机点法。若计算点在可行域内，则计算其目标函数值 $F(\boldsymbol{x})$，并比较各试验点的目标函数值，取目标函数值最小的点作为较优点，继续寻优，直到达到精度为止。该方法的计算步骤如下：

1）确定各变量的取值范围 $[x_{j\min}, x_{j\max}]$ $(j=1, 2, \cdots, n)$，按单位离散变量的增量整倍数选择变量的分点数。即选择水平数 $T\geqslant n-1$，T 为素数；令区间分段数为 $\gamma=T-1$，单位离散变量的增量为 Δ_j。

2）计算各变量分段步长 h_j，即网格点的间隔。对等间隔的离散量可取 $h_j=(x_{j\min}-x_{j\max})/\gamma(j=1, 2, \cdots, n)$。$h_j\geqslant\Delta_j$ 或取 $h_j=E\Delta_j$，E 为正整数，开始对 E 取大值，以后逐步取小值。令行号 $I=1$，中间变量 $FA=+\infty$，极差分析用数组 $FK(i, j)=0$，并以 $FK(i, j)$ 表示数组 FK 中的第 i 行第 j 列元素（$i=0, 1, \cdots, T-1; j=1, 2, \cdots, n$)。

3）确定第 I 个计算点。将正交表中的第 I 行元素 $P(j)$，代入下式确定计算 x 点

$$a_j=x_{j\min}+P(j)h_j \tag{7-60}$$

令

$$Ah_j=h_j/b_1 \tag{7-61}$$

$$x_j=a_j-Ah_j+2BAh_j \quad (j=1, 2, \cdots, n) \tag{7-62}$$

其中，B 是区间［0，1］上的随机数，取小数后的位数比 E 的位数少1或相等；b_1 是大于1的整数，一般可取 $b_1=2\sim10$。$b_1\leqslant E$，当 $E=1$ 时，$h_j=\Delta_j$，这时即将终止计算。注意，此时 x_j 应取整数或取离散值。

由上述关系可产生由正交表中第 I 行的各列元素生成的第 I 个计算点 $\boldsymbol{x}=(x_1 \quad x_2 \quad \cdots \quad x_n)^{\mathrm{T}}$。式（7-62）的含义如图7-29所示。

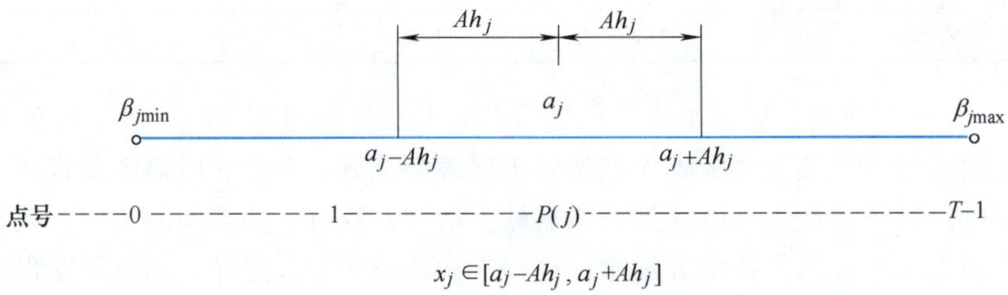

图7-29 式（7-62）的几何描述

4）验证 $\boldsymbol{x}$ 点是否在域内。若 $\boldsymbol{x}$ 点在域内，则转至步骤5)，否则转至步骤6)。

5）计算

$$\begin{aligned} &F=F(\boldsymbol{x}) \\ &FK(P(j), j)=FK(P(j), j)+F \quad (j=1,2,\cdots,n) \end{aligned} \tag{7-63}$$

若 $F<FA$，则令 $FA=F$，$\boldsymbol{x}_p=\boldsymbol{x}$；否则 FA、$\boldsymbol{x}_p$ 保持原值。

6）若 $I<T^2$，则 $I=I+1$，转至步骤3)；否则，打印 FA、$\boldsymbol{x}_p$。

7）极差分析。极差分析用数组 $FK(i, j)$ 按列求出每列的极差分析参数最大值 m_j、最小值 n_j 及对应于 n_j（求极小化时）的水平号 W_j，W_j 称为第 j 个变量 x_j 的最好水平。第 j 个变量 x_j 的极差为 R_j，即

$$R_j=m_j-n_j \quad (j=1,2,\cdots,n) \tag{7-64}$$

将 R_j 从小到大排列，并与对应的变量号一起打印出来，以便分析各变量对目标函数从小到大的影响程度。对影响较大的变量，必要时还可依次改变变量上、下限，转至步骤2)。

8）计算最好水平点的目标函数值。令 $x_j=x_{j\min}+h_jW_j(j=1, 2, \cdots, n)$，最好水平点 $\boldsymbol{x}=$

$(x_1 \quad x_2 \quad \cdots \quad x_n)^{\mathrm{T}}$，若 $\boldsymbol{x}$ 在域内，则计算 $F=F(\boldsymbol{x})$，当 $F<FA$ 时，令 $FA=F$，$\boldsymbol{x}_p=\boldsymbol{x}$。

因取 h_j 为单位离散量步长或单位整型量步长的整数 E 倍，这一做法可使变量优化解为所需的整型量或离散量，因此该方法可适用于整型量或离散量的优化问题。

9）对 $\boldsymbol{x}$ 为在域内的优化解，检验迭代是否可以终止。如可检验步长 $h_j=\Delta_j$ 是否满足条件。若已满足或总的迭代次数已足够，则输出 FA、$\boldsymbol{x}_p$，停机。若 $h_j=\Delta_j$ 不满足，或优化解 $\boldsymbol{x}$ 在域外，或 $F \geqslant FA$，则转至步骤 10）。

10）寻优区间的收缩或扩张。计算重新开始，令

$$u_j=(x_{j\max}-x_{j\min})/c_2 \tag{7-65}$$

$$x_{j\min}=x_p(j)-u_j \tag{7-66}$$

$$x_{j\max}=x_p(j) \quad (j=1,2,\cdots,n) \tag{7-67}$$

其中，$x_p(j)$ 是 $\boldsymbol{x}_p$ 的第 j 个分量；$c_2 \neq 2$，c_2 为正整数，当取 $c_2>2$ 时，寻优区间收缩；当取 $c_2<2$ 时，寻优区间扩张，转至步骤 2）。这里扩张与收缩应视具体情况而定。一般规律是先扩张，以后逐步缩小寻优区间，使 h_j 逐步减小到单位离散变量的增量 Δ_j 为止。分析所得结果是否为所要求的优化解。如果出现伪优化解，这时可以采用将各变量在正交表中的列号互换位置，其实质即使原正交表改变形状，使 $x_1 \leftarrow x_n$，$x_j \leftarrow x_j-1(j=2,\ 3,\ \cdots,\ n)$。

如此错位后再按正交表重新寻优，即转至步骤 2），计算重新开始。经验证明，这样交换三次左右，往往可以走出伪优化解的死区，找出真正的优化解。

离散变量型正交网格法的程序框图如图 7-30 所示。

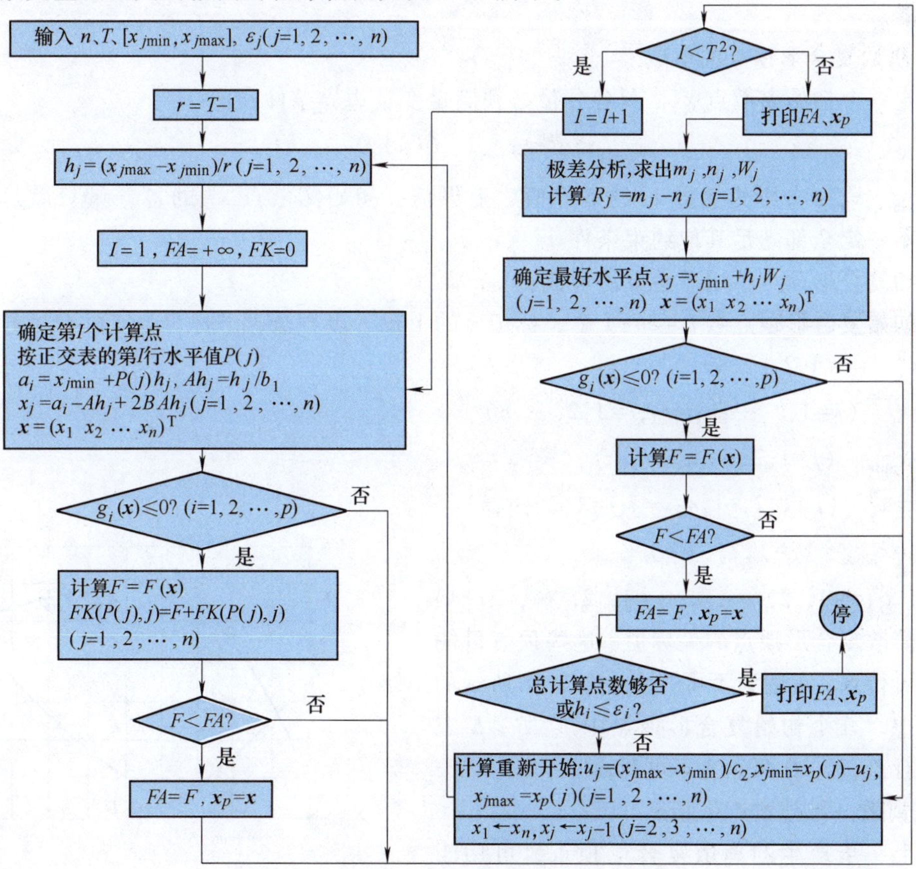

图 7-30　离散变量型正交网格法的程序框图

(五) 离散变量的组合型法

下面介绍工程离散优化的通用方法之一，即离散变量的组合型优化方法，又称 MDCP 法。这种方法是以离散复合形思想为主体，具有离散搜索策略，且具有多种功能的组合型算法。本方法是一种有效地求解约束非线性离散变量问题的方法，具有较好的解题可靠性。组合型方法的含义是指将两种单一性算法组合在一起形成的第三种算法。在计算过程中，除了方法本身按计算过程中产生的信息不断自动调用各种辅助功能外，使用者还可按计算机的输出信息进行分析判断，加以人工干涉改变计算策略，使两者灵活运用，以期较好、较快地求得离散变量的优化解。

该方法可用于求解约束非线性混合离散变量优化设计问题。它的数学模型表达式见式(7-49)。

离散变量复合形优化的基本思想与连续变量复合形优化思想是一致的。该方法属于在离散空间直接查点的一类方法，对于高维问题，其计算量相对较大。但由于离散空间仅是一些离散点集，搜索点比连续空间少，故可用于维数 $n\leqslant20$ 的场合，此时计算效率还是较好的。该方法的主要步骤是：①产生 $k\geqslant n+1$ 个初始离散复合形顶点；②利用复合形顶点目标函数值判断目标函数下降方向，产生新的较好的顶点；③用新顶点代替原复合形中最坏的顶点；④重复计算，使复合形不断向最优点方向收缩、移动；⑤当满足收敛条件时即告结束，以其中最好顶点作为离散优化解。下文分别阐述：①初始复合形顶点的形成；②离散一维搜索产生新点；③约束条件处理方法；④重新启动技术；⑤组合型算法收敛准则；⑥组合型算法的辅助功能。

1. 初始复合形顶点的形成

给定一个初始离散点 $\boldsymbol{x}^0$，其各分量必须满足变量边界条件，即

$$x_{i\min}\leqslant x_i^0\leqslant x_{i\max}\quad(i=1,2,\cdots,n)\tag{7-68}$$

其中 $x_{i\min}$、$x_{i\max}$ 分别为变量 x_i 的下界值、上界值。初始离散点 $\boldsymbol{x}^0$ 的各分量只满足边界条件，但不一定全部满足其他约束条件。

初始复合形顶点可用下述方法形成：

设初始复合形顶点数 $k=2n+1$ 个，标记 x 的上标为点号数，下标为该点的分量号值。取 $x_i^1=x_i^0\quad(i=1,2,\cdots,n)$

$$x_i^{j+1}=x_i^0\quad(i=1,2,\cdots,n;i\neq j;j=1,2,\cdots,n)$$

$$x_j^{j+1}=x_{j\min}\quad(j=1,2,\cdots,n)$$

$$x_i^{n+j+1}=x_i^0\quad(i=1,2,\cdots,n;i\neq j;j=1,2,\cdots,n)$$

$$x_j^{n+j+1}=x_{j\max}\quad(j=1,2,\cdots,n)$$

其中 x_i^j、$x_j^0(i=1,\ 2,\ \cdots,\ n;\ j=1,\ 2,\ \cdots,\ 2n-1)$ 是初始离散复合形顶点的坐标值。这些顶点可能有些为可行点，有些为不可行点。图7-31所示的坐标系中，五个初始复合形顶点中 A、B、E 三点为可行点，C、D 两点为不可行点。

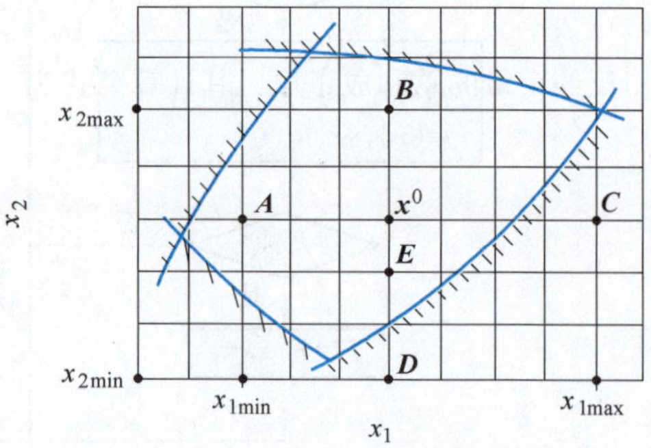

图7-31 初始复合形顶点的形成

2. 离散一维搜索产生新点

由上一步产生的离散复合形顶点，可用于计算各顶点的目标函数值。令目标函数值最大

的为最坏点，反之为最好点。按连续变量复合形产生新点的方法是以最坏点向其余各顶点的几何中心连续方向进行反射，再根据反射点目标函数值进行延伸或收缩，找出比最坏点要好的可行点，完成一次调优运算，形成新的复合形。如此反复进行使复合形向优化点逼近。而离散组合型算法与连续变量不同点在于，希望产生的新点应落在离散空间的离散点上，或者说希望落在离散空间值域矩阵 $\boldsymbol{Q}$ 的元素 q_{ij} 上。

若把最坏顶点作为一维搜索初始点 $\boldsymbol{x}^b$，以最坏顶点向其余各顶点的几何中心 $\boldsymbol{x}^e$ 搜索，即点集中心的连续方向作为离散一维搜索的方向 $\boldsymbol{S}$，这时可把反射、延伸或收缩几个步骤统一用该离散一维搜索来替代。搜索方向 $\boldsymbol{S}$ 的各分量值 S_i 的计算公式为

$$S_i = x_i^e - x_i^b \quad (i=1,2,\cdots,n) \tag{7-69}$$

除最坏点 $\boldsymbol{x}^b$ 外的其他各顶点的几何中心 $\boldsymbol{x}^e$ 的各分量值 x_i^e 的计算公式为

$$x_i^e = \frac{1}{n-1}\sum_{\substack{i=j \\ j\neq b}} S_{ij}^j \quad \begin{pmatrix} i=1,2,\cdots,n \\ j=1,2,\cdots,k \end{pmatrix} \tag{7-70}$$

设离散一维搜索得到的新点为 $\boldsymbol{x}^t$，其各分量值为

$$\begin{cases} x_i^t = x_i^b + TS_i & (i=1,2,\cdots,n) \\ x_i^t = [x_i^t] & (i=1,2,\cdots,p;p\leqslant n) \end{cases} \tag{7-71}$$

其中 T 为离散一维搜索的步长因子。$[x_i^t]$ 表示取最靠近 x_i^t 的离散值 q_{ij}。$j=1$，2，…，k 代表顶点数；$i=1$，2，…，p 代表离散变量子集的下标；$i=p+1$，$p+2$，…，n 代表连续变量子集的下标。离散一维搜索方法可采用离散一维搜索进退对分法，其搜索步长为单位离散步长的整数倍。

3. 约束条件处理方法

在上面讨论的初始离散复合形顶点的形成及离散一维搜索产生新点中，均未考虑约束条件，这一点与连续变量复合形法是不同的。这样做完全是为了降低搜索离散可行顶点的难度，否则其搜索工作量会相当大。下面用一种新的方法来处理约束条件，以避免寻找初始离散可行顶点的困难。使离散复合形顶点自动在寻优迭代中由非可行域向可行域内移动，直至进入可行域，最后求得可行的离散优化解。该方法称为自动进入可行域寻优技巧。

自动进入可行域寻优技巧可用下述方法来实现。

定义一有效目标函数 $EF(\boldsymbol{x})$，令

$$EF(\boldsymbol{x}) = \begin{cases} f(\boldsymbol{x}) & \boldsymbol{x}\in D \\ M+SUM & \boldsymbol{x}\notin D \end{cases} \tag{7-72}$$

其中，$f(\boldsymbol{x})$ 为原目标函数；M 为一常数，其值比 $f(\boldsymbol{x})$ 的值在数量级上大得多；SUM 为一特殊函数，其值与所有违反约束量的总和成正比，其计算公式为

$$\begin{cases} SUM = C\sum_{j\in p} g_j(\boldsymbol{x}) \\ P = \{j \mid g_j(\boldsymbol{x}) > 0\} \quad (j=1,2,\cdots,m) \end{cases} \tag{7-73}$$

其中 C 为常数。图 7-32 所示为一维变量时，有效目标函数性态的示意图。由图可见，可行域 D 像一个“陷阱”，在可行域外，$EF(\boldsymbol{x})$ 像一“漏斗”形曲线

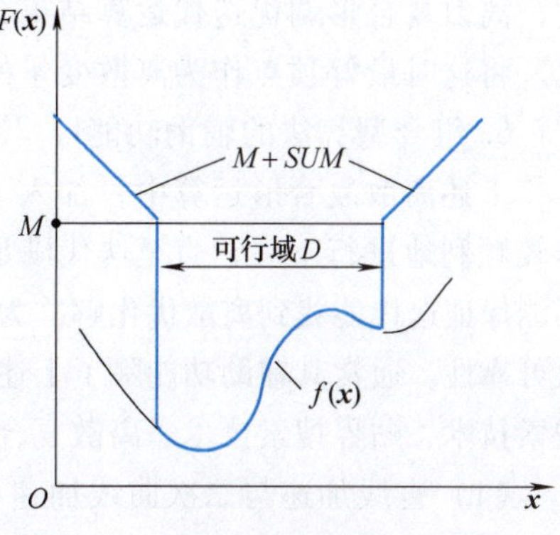

图 7-32　有效目标函数性态示意图

向可行域 D 倾斜。当在可行域 D 之外，沿有效目标函数 $EF(\boldsymbol{x})$ 的下降方向进行一维搜索时，搜索点会自动沿“漏斗”滑入“陷阱”内，在可行域 D 的边界上由 M 筑了一道“围墙”。当离散一维搜索在可行域 D 内进行时，一旦搜索到边界，就会被 M 的“围墙”挡住，保证离散一维搜索始终在域内进行。

当初始离散复合形顶点中存在不可行顶点时，最坏的顶点总是不可行离散点之一。以最坏顶点 $\boldsymbol{x}^b$ 为离散一维搜索的基点，则其有效目标函数值按式（7-72）应为

$$EF(\boldsymbol{x}^b)=M+SUM \tag{7-74}$$

其中，M 为常量，在搜索中其值不变；SUM 的值随着搜索点离约束面的位置不同而增大或减小。离约束面越远，SUM 的值越大；反之，SUM 的值越小。由此可知，从不可行离散顶点出发的离散一维搜索，实际上就是沿 S 方向搜索求 SUM 的极小值。SUM 为零时，由式（7-73）可知，这时求得的新点满足所有的约束条件，即进入可行域之内。由式（7-72）可知，这时 $EF(\boldsymbol{x})=f(\boldsymbol{x})$，即有效目标函数等于原目标函数。此时若继续进行离散一维搜索，即为对 $f(\boldsymbol{x})$ 求极小值。可见，引入有效目标函数 $EF(\boldsymbol{x})$ 来处理约束条件后，即能自动地从不可行离散点进入可行离散点，直至找到离散优化点。这样便把寻找离散可行点和求解离散优化点结合起来统一进行了。

4. 重新启动技术

由上所述沿 S 方向进行离散一维搜索只是目标函数可能的下降方向，只能表明其下降概率较大，但不一定能保证是下降方向，也就不一定能求得好的离散点。当出现这种情形时，需要采用重新启动技术，它属于算法的一个辅助功能。但它与离散复合形产生合适的新点关系十分密切。重新启动技术可以有两种方法：一是改变搜索基点和搜索方向，二是离散复合形的各顶点向最好顶点收缩。

5. 组合型算法收敛准则

令

$$\begin{cases}a_i=\max\{x_i^j\} & (j=1,2,\cdots,k)\\ b_i=\min\{x_i^j\} & (j=1,2,\cdots,k)\\ L_i=a_i-b_i & (i=1,2,\cdots,n)\end{cases} \tag{7-75}$$

取连续变量的精度值（或称拟增量）为 ε_i，其值由实际设计变量的含义事先选定。例如可取为 10^{-4}；取离散变量的增量为 Δ_i；取变量中期望满足精度的分量个数为 EN，EN 为一取定的正整数。通常取 $n/2\leqslant EN\leqslant n$。并设 $L_i\leqslant\Delta($或 $\varepsilon_i)$ 的个数为 RN。则当

$$RN\geqslant EN$$

时，离散复合形调优迭代运算结束，这时表明离散复合形各顶点坐标值不再产生有意义的变化。将这时最好顶点作为离散变量的优化解输出。

6. 组合型算法的辅助功能

上述离散复合形运算中，加入了重新启动技术，这一辅助功能可使产生新点调优迭代工作较顺利地进行下去，直至迭代满足精度要求结束运算。但此法不能保证迭代的高效率，也不能保证迭代能找到离散优化解。为此，该算法中还需要加入其他辅助功能，以提高求解效率及可靠性。通常其辅助功能除了上述的重新启动技术外，还有加速技巧、变量分解策略、网格搜索技术、贴界搜索技术、离散复合形最终反射技术和离散复合形重构技术等六种辅助功能。

（1）直线加速与二次曲线加速　当目标函数严重非线性时，若函数具有尖峰脊线，存在“谷”时，则希望能沿着脊线方向进行搜索，可迅速提高算法的寻优效率，该算法称为

具有脊线加速能力。加速的措施是以分析轨迹为其理论基础的。图 7-33 所示为具有脊线的目标函数。确定目标函数存在“谷”的主要依据是认为离散复合形最好顶点一定是在谷的脊线上或其附近求得，这是符合实际情况的。如图 7-33 所示，当由初始点 $\boldsymbol{x}^0$ 沿 $\boldsymbol{s}$ 下降方向搜索时，总是到达脊线附近的点 $\boldsymbol{x}^1$ 处，则认为该点是最好的离散点。

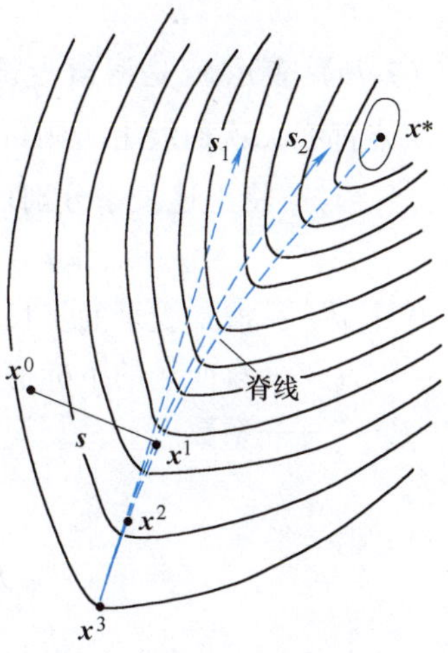

图 7-33　具有脊线的目标函数寻优过程示意图

1）直线加速。选择离散复合形最好点 $\boldsymbol{x}^1$ 和次好点 $\boldsymbol{x}^2$ 作为确定直线加速方向 $\boldsymbol{s}_1$ 的两个点，如图 7-33 所示。通常直线加速只在较短距离内有效，因脊线一般为一曲线，如离 $\boldsymbol{s}_1$ 方向太远，则 $\boldsymbol{s}_1$ 方向离开脊线距离就会太远，便失去了加速作用。

2）二次曲线加速。如图 7-33 所示，如已知 $\boldsymbol{x}^1$、$\boldsymbol{x}^2$、$\boldsymbol{x}^3$ 三个点在脊线附近，那么由该三点确定的二次曲线可以得到脊线的近似曲线。上述三点可从离散复合形的各顶点中选出目标函数值最好的三个顶点来拟合这条曲线。确定二次曲线加速时，由三个点构成了一个沿二次曲线搜索的一维空间，离散一维搜索不是沿直线进行的，而是沿着这条二次曲线 $\boldsymbol{s}_2$ 方向进行搜索的，如图 7-33 所示。

这里不是用二次曲面去逼近目标函数曲面，因为这样做需要计算 $(n+2)(n+1)/2$ 个点的目标函数值，且需要严格分清自变量 $\boldsymbol{x}$ 与因变量 $f(\boldsymbol{x})$。二次曲线加速只是把原沿直线的离散一维搜索推广为沿一条二次曲线进行离散一维搜索。这时只需计算 $n(n+1)/2$ 个点的目标函数值，这样做当 n 值较大时仍需较多点。但如果每次只考虑两个变量，则只需计算 $2\times(2+1)/2=3$ 个点就可定义出一条二次曲线。这时只需选一个分变量为自变量，其余分变量都作为其因变量。当作为自变量的分变量值一旦确定，其余分变量的值也随即确定，不能变动。每个因变量与自变量之间是二次曲线的关系。这样在每对因变量与自变量构成的二维空间中，只需要三个点就可确定一条平面二次曲线。因为因变量与自变量可配成 $n-1$ 对，所以有 $n-1$ 条相应的平面二次曲线。二次曲线加速是否成功，与如何选择变量分量作为自变量的关系十分密切。

自变量可按以下方法选取：

设 $\boldsymbol{x}^1$、$\boldsymbol{x}^2$、$\boldsymbol{x}^3$ 为被选用拟合二次曲线的三个离散点，且有

$$f(\boldsymbol{x}^1)<f(\boldsymbol{x}^2)<f(\boldsymbol{x}^3)$$

则被选作自变量的第 k 个分量必须满足

$$\boldsymbol{x}_k^1<\boldsymbol{x}_k^2<\boldsymbol{x}_k^3 \text{ 或 } \boldsymbol{x}_k^1>\boldsymbol{x}_k^2>\boldsymbol{x}_k^3$$

如有多个分量满足此关系，则可任选其中一个。这样选自变量可使目标函数值随自变量减小而减小，或随自变量增大而减小。这两种情况都可使目标函数值有随自变量沿指定方向变化而减小的趋势，因而可以用外推法技巧很快求得新离散点。

综上所述，选一个变量的分量作为自变量，每一次考虑两个坐标，则三个点可确定 $n-1$ 条平面二次曲线。在离散一维搜索时，只需沿某一方向改变自变量的值，而其余 $n-1$ 个变量分量的值可通过 $n-1$ 条平面二次曲线求得。从而得到一个新的离散点 $\boldsymbol{x}$，新点 $\boldsymbol{x}$ 可按以下公式求得。

因 $\boldsymbol{x}_i$ 必在二次曲线上，故有

$$\boldsymbol{x}_i=\boldsymbol{y}_1 d^2+\boldsymbol{y}_2 d+\boldsymbol{y}_3 \tag{7-76}$$

式（7-76）表示 $\boldsymbol{x}_i$ 是搜索步长因子 d 的二次函数。$\boldsymbol{x}^1$ 点为一维离散搜索的起点，$\boldsymbol{x}^1$、$\boldsymbol{x}^2$、$\boldsymbol{x}^3$ 三点都在二次曲线上，则可知当 $d=0$ 时，$\boldsymbol{x}_i=\boldsymbol{x}_i^1$；当 $d=\boldsymbol{x}_k^2-\boldsymbol{x}_k^1$ 时，$\boldsymbol{x}_i=\boldsymbol{x}_i^2$；当 $d=\boldsymbol{x}_k^3-\boldsymbol{x}_k^1$ 时，$\boldsymbol{x}_i=\boldsymbol{x}_i^3$。将上述关系分别代入式（7-76），可解得 $\boldsymbol{y}_1$、$\boldsymbol{y}_2$、$\boldsymbol{y}_3$ 的值，经整理可得

$$\boldsymbol{x}_i=E_i+F_i d+G_i d(d+\boldsymbol{x}_k^1-\boldsymbol{x}_k^2) \quad (i=1,\ 2,\ \cdots,\ n) \tag{7-77}$$

式中　d——搜索变量的步长因子；

k——自变量的下标值；

E_i、F_i、G_i——系数。

$$E_i=\boldsymbol{x}_i^1 \qquad (i=1,\ 2,\ \cdots,\ n)$$

$$F_i=\frac{\boldsymbol{x}_i^2-\boldsymbol{x}_i^1}{\boldsymbol{x}_k^2-\boldsymbol{x}_k^1} \qquad (i=1,\ 2,\ \cdots,\ n)$$

$$G_i=\left(\frac{\boldsymbol{x}_i^3-\boldsymbol{x}_i^1}{\boldsymbol{x}_k^3-\boldsymbol{x}_k^1}-F_i\right)/(\boldsymbol{x}_k^3-\boldsymbol{x}_k^2) \qquad (i=1,\ 2,\ \cdots,\ n)$$

以二维问题为例，设三个点的坐标为

$$\boldsymbol{x}^1=(1,2),\quad \boldsymbol{x}^2=(2,1),\quad \boldsymbol{x}^3=(3,3)$$

且有

$$f(\boldsymbol{x}^1)<f(\boldsymbol{x}^2)<f(\boldsymbol{x}^3)$$

则由 $\boldsymbol{x}_k^1<\boldsymbol{x}_k^2<\boldsymbol{x}_k^3$ 条件可知应选 $k=1$，即 $\boldsymbol{x}_k^1$、$\boldsymbol{x}_k^2$、$\boldsymbol{x}_k^3$ 第一个分量作为自变量，由此计算可得 $E_1=1$，$F_1=1$，$G_1=0$；$E_2=2$，$F_2=-1$，$G_2=1.5$。由验证可知，当 $d=0$ 时，即得 $\boldsymbol{x}^1=(1,2)$ 点；当 $d=1$ 时，得 $\boldsymbol{x}^2=(2,1)$ 点；当 $d=2$ 时，得 $\boldsymbol{x}^3=(3,3)$ 点。其示意图如图 7-34 所示。

（2）网格搜索技术　将离散空间视为一网格空间，每个离散点就是一个网格节点。前述网格法对它们进行离散搜索的技巧也可应用在离散复合形法中作为寻优方法，这时不是计算各节点的目标函数值，而是用离散复合形法去搜索最优的网格节点，以便得到全域的最优解。

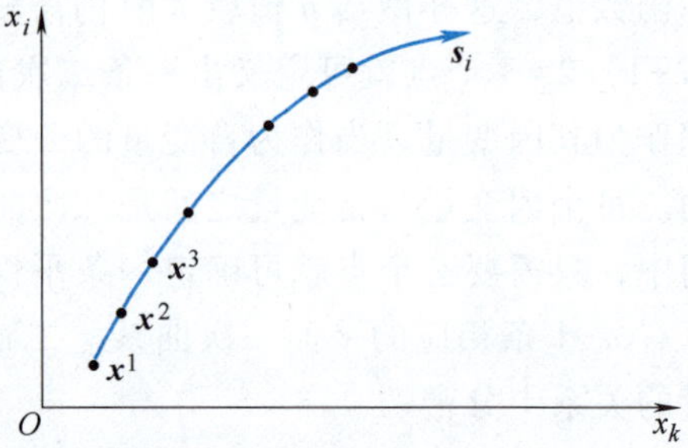

图 7-34　二次曲线拟合离散一维搜索示意图

（3）变量分解策略　将目标函数中的变量分成若干个子集合，若当各个子集合内的变量相互影响，而各子集合之间的变量互不影响或影响很小时，可将坐标轮换法的思想推广到子空间轮换搜索法中。即每次对一个子集中所含变量张成的子空间进行离散搜索。这一思想非常适用于离散复合形的搜索。只需使初始离散复合形的各顶点都在某一子空间中，就可保证离散复合形的调优产生新点的搜索都在该子空间内进行。反之要从子空间向全域空间推广也很容易，只要重新定义离散复合形顶点，以前面子空间中运算得到的最好顶点作为初始点，重新定义全域内各变量上、下限，使之分布在全域空间中，就可保证在全域内搜索产生新点。这样即可保证整个搜索过程向全域最好点运动。

（4）贴界搜索技术　当优化解落在变量上界或下界或某一边界时，这时用常规离散复合形法寻优常常表现出跳跃性，所以不易求得优化解。这时若采用贴界搜索技术可加快搜索到优化点。其方法是：当离散一维搜索所找到的点靠近某一变量的边界时，下一次搜索不改变此变量值，而只是沿此变量的边界进行搜索，以便很快搜索到优化解。贴界搜索示意图如

图 7-35 所示。

（5）反射技术　当满足终止准则时，其离散复合形的最好顶点，只是在一个增量尺寸范围内的最好点。由最优解的定义可知，离散优化解应是单位邻域中的最好点，而单位邻域的坐标尺寸是双向的两个增量。因此，必须全面考察才能正确找到真正的优化点，以免出现一部分优化点可能被遗漏的情况。其具体方法是在离散复合形计算终止时，进行一次离散复合形各顶点对最好顶点 $\boldsymbol{x}^*$ 的反射，如图 7-36 所示。如反射点可行且其目标函数值比原最好顶点更好，则以此反射点代替原最好顶点，再继续进行调优搜索。如反射点不比原最好顶点好，则就以原最好顶点作为优化解输出。

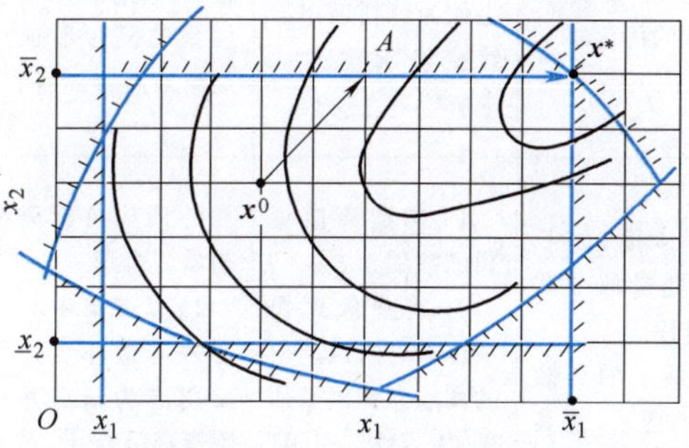

图 7-35　贴界搜索示意图

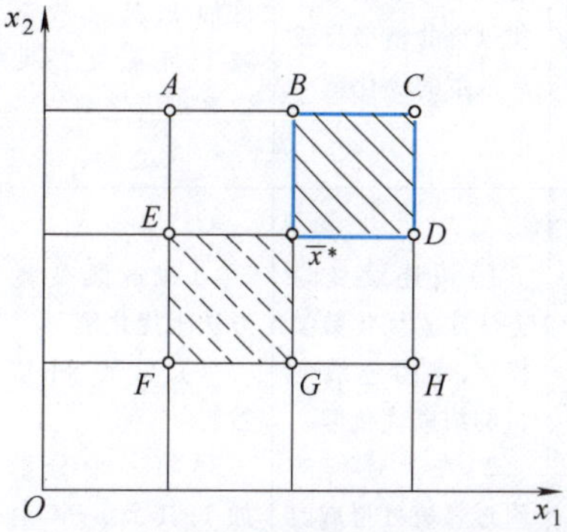

图 7-36　离散复合形最终反射示意图

（6）重构技术　为避免输出伪优化点，采用重构技术，即将第一次所得优化解作为初始点，并以此点作为基点重新构造初始离散复合形，重新进行调优搜索，直到前、后两次离散复合形运算的优化点重合，算法才最终结束。

二、离散变量优化的主要方法及其特点、基本思路和主要步骤

离散变量优化的主要方法如上所述，现将这些方法的特点、基本思路、主要步骤进行归纳，结果见表 7-4。

表 7-4　离散变量优化的主要方法及其特点、基本思路和主要步骤

优化方法	以连续变量为基础的优化方法				离散变量搜索型方法
	整型化、离散化法	拟离散法		离散惩罚函数法	离散复合形法
		交替查点法	离散分量取整，连续分量优化方法		
方法特点	1）采用连续变量较成熟的算法和程序，程序实现快 2）该法是基于整型优化点一定落于连续变量优化点附近这一假设，但此假设不可靠，因此其解不一定为最优解	1）适用于全整数变量问题 2）采用连续变量较成熟算法和程序，程序实现快 3）比圆整法前进了一步，但也不一定是最优解	1）适用于既有离散分量，又有连续分量的问题。对连续变量显著多于离散变量的混合离散变量问题及离散变量较多的两类优化问题采用不同优化方法 2）可采用连续变量优化的初始点允许是外点的优化方法 3）该方法计算工作量大，且有一定局限性，不一定是最优解	1）将离散性质视为惩罚项 2）采用内点惩罚函数法寻优 3）函数容易出现病态，造成搜索困难	1）适用于变量较少的低维问题。建议在 10~20 维以下 2）为提高解题可靠性，又加入了加速策略等辅助功能 3）对使用者要求高

（续）

优化方法	以连续变量为基础的优化方法				离散变量搜索型方法
	整型化、离散化法	拟离散法		离散惩罚函数法	离散复合形法
		交替查点法	离散分量取整，连续分量优化方法		
基本思路	先按连续变量方法求得优化解，然后再在该解附近寻找可行的整型量或离散量的优化解	先按连续变量求优再圆整到约束整数解；再将一个分量加1，其余分量减1，轮流交替搜索寻找优化解	先按连续变量求优后对离散变量圆整、固定，再对其余连续分量进行优化。如此反复直至找到可行的优化解	构造离散惩罚函数项加到内点SUMT的惩罚项中，其他约束条件也化为惩罚项用连续变量求优方法求解	采用改进的离散点产生初始顶点及新点方法。把复合形顶点移到离散点上，使每次得到的复合形顶点都是离散点，再寻优
主要步骤	1）按连续变量方法建立优化数学模型，求得连续变量的约束优化解 2）在上述解的附近邻域可行域内取整或取离散变量点集，从中找出最优整型解或离散解	1）按连续变量方法求优化解 2）圆整到整数解 3）将一个分量加1，其余 $n-1$ 个分量减1，交替优选直至找到整型优化解	1）按连续变量求优 2）圆整离散变量部分并按灵敏度进行排序 3）对灵敏度最小的离散变量做离散一维搜索，使其他离散变量不变 4）找出好的离散点后，保持不变，再对连续变量优化 5）反复进行搜索	1）构造离散惩罚函数项 2）将离散惩罚项连乘后乘以递增的离散惩罚因子加于内点法SUMT法中 3）约束条件处理方法同前连续变量方法，然后求优	1）形成可行离散点初始复合形 2）以点集中心为中心找与最坏点连线的反射点为新点并移到附近离散点上，产生比坏点好的新点，构成新复合形 3）如此反复直到收敛到优化点

优化方法	分支定界法	离散变量型网格法		离散变量的组合型法
		离散变量型普通网格法	离散变量型正交网格法	
方法特点	1）是一种解线性整数规划问题的有效方法 2）推广到解非线性离散变量问题，也取得较好效果 3）计算所需时间与变量数、约束数及所用计算方法与待查分支节点信息存储方法有关	1）适用于变量数较少的离散优化问题（如10个变量以下）。否则计算工作量以指数级增加 2）对函数性态无要求，可求得一近似全域优化解 3）在可行域全域中搜索	1）可适用于较多离散变量优化问题 2）对函数性态无要求，可求得近似全域优化解 3）需建立正交表，按正交试验思想求优	该法可用于求解约束非线性混合离散变量优化设计问题，它是以离散复合形思想为主体，具有离散搜索策略，具备多种功能的组合型算法。可由计算过程中按信息自动调用辅助功能或人工干预改变计算策略。该法属离散空间直接查点法。计算工作量随维数增加而增大，适用于维数小于20的场合
基本思路	按非线性问题求出连续变量解，取整，构造两个子问题求优，重复上述过程不断分支求优，直至求得离散解，反复进行直至查清所有节点，选出最优解	以变量增量为间隔把设计空间划分为若干个离散网格，逐点对网格点计算其目标函数值，比较大小，直至网格小到允许精度为止，输出优化解	以正交思想建立正交表，以行为方案，以列为变量对正交点函数值大小比较求优。再按正交试验直观分析方法求得新的搜索方向进行优化。其中正交网格点确定时还应考虑随机因素	产生初始离散复合形顶点，利用复合形顶点目标函数下降方向产生新的较好顶点，用新顶点代替原复合形中最坏顶点。重复计算使复合形向优化方向移动，直至满足收敛条件为止，以最好顶点作为离散优化解。优化同时采用了各种辅助策略

（续）

优化方法	分支定界法	离散变量型网格法		离散变量的组合型法
		离散变量型普通网格法	离散变量型正交网格法	
主要步骤	1）先求出原问题非线性问题的连续变量解 2）对非整数或非离散解取整 3）构造两个子问题 4）将上述两个子问题按连续变量求优 5）重复上述过程不断分支求优，直至求得一个离散解为止，并改变目标函数的新的上界 6）当所有节点都考查清楚后寻优结束，比较后可得最优解	1）按离散增量划分网格点 2）全面计算域内网格点值，比较大小 3）比较各点目标函数值寻优 4）为提高网格搜索效率，可先疏后密，直至按一个离散增量划分网格节点为止	1）按行生成正交表，并考虑随机因素建立正交网格 2）对域内的正交网格点计算目标函数值寻优 3）极差分析，找出各变量对目标函数影响程度，并改变取值范围 4）寻优区间收缩扩张并缩小步长，反复寻优	1）形成离散初始复合形顶点 2）离散一维搜索产生新点 3）用自动进入可行域寻优技巧处理约束条件，可将寻找离散可行点与求解离散优化点结合起来 4）辅助功能调用：重新启动技术、加速技巧、变量分解策略、网格搜索技术、贴界搜索技术、反射技术、重构技术等 5）当达到精度时将最好顶点作为离散变量优化解输出

习　题

1. 试述多目标优化解的可能类型。什么是非劣解？它与单目标的优化解有何区别？

2. 设某优化问题由三个分目标函数组成，即

$$F_1(\boldsymbol{x}) = x_1 + x_2 + x_3 - 208$$

$$F_2(\boldsymbol{x}) = -15x_1 - 14x_2 - 12x_3$$

$$F_3(\boldsymbol{x}) = -3x_1$$

满足约束条件

$$3x_1 - 100 \leqslant 0$$
$$2x_2 - 200 \leqslant 0$$
$$4x_3 - 300 \leqslant 0$$
$$180 - (x_1 + x_2 + x_3) \leqslant 0$$
$$-x_1 \leqslant 0$$
$$-x_2 \leqslant 0$$
$$-x_3 \leqslant 0$$

试用理想点法构造理想点的评价函数。

3. 采用通常连续变量优化方法所得优化解取整的方法来求解离散整型量的优化问题，能否十分可靠地求得其整型量的优化解？有可能产生什么问题？

4. 单级标准直齿圆柱齿轮传动，已知其功率 $P=40\text{kW}$，材料为 40Cr，硬度为 48~55HRC，精度等级为 7 级，传动比 $i_{12}=3.2$，输入额定转速 $n=960\text{r/min}$，用矿物油润滑，电动机驱动，工作寿命为 15 年，双向传动，工作平稳，要求结构紧凑。注意其齿数应为正整数，模数应为标准值（离散量），传动比允许有 ±0.5% 的误差。试按重量最轻或体积最小为目标函数，用离散变量优化方法确定其传动参数（齿数为 z_1、z_2，齿宽为 b，模数为 m）。

"两弹一星"功勋科学家：雷震海天

"两弹一星"功勋科学家：彭桓武

第八章

机械优化设计实例

前面几章系统地介绍了机械优化设计的理论和方法。本章将首先针对机械优化设计实践中需要注意的问题介绍一些可供使用的方法；接着通过对机床主轴结构优化设计、齿轮减速器优化设计、平面连杆机构优化设计等工程实例的分析，来说明在解决一个工程实际问题时，如何建立优化设计数学模型，选择适当的优化方法，编制计算机程序，最终得出符合要求的优化设计结果。

第一节　优化设计实践应用技巧

一、机械优化设计的一般过程

机械优化设计的全过程一般可分为如下几个步骤：

1）建立优化设计的数学模型。

2）选择适当的优化方法。

3）编写计算机程序。

4）准备必要的初始数据并上机计算。

5）对计算机求得的结果进行必要的分析。

其中建立优化设计的数学模型是首要且关键的一步，它是获得正确结果的前提。下面将专门讨论这个问题。

优化方法的选择取决于数学模型的特点，例如优化问题规模的大小、目标函数和约束函数的性态以及计算精度等。在比较各种可供选用的优化方法时，需要考虑的一个重要因素是计算机执行这些程序所花费的时间和费用，即计算效率。如何正确地选择优化方法，至今还没有一定的原则。通常认为，对于目标函数和约束函数均为显函数且设计变量个数不太多的问题，采用惩罚函数法较好；对于只含线性约束的非线性规划问题，最适宜采用梯度投影法；对于函数易于求导的问题，以可利用导数信息的方法为好，例如可行方向法；对于求导非常困难的问题，则应选用直接解法，例如复合形法；对于高度非线性的函数，则应选用计算稳定性较好的方法，例如 BFGS 变尺度法和内点惩罚函数法相结合的方法。

编写计算机程序对于使用者来说，已经没有多少工作要做了，因为已有许多成熟的优化方法程序可供选择。使用者只需要将数学模型按要求编写成子程序嵌入已有的优化程序即可。

步骤 4）和 5）对机械设计工作者来说，通常不存在原则上的困难，这一点将结合实例进行说明。

二、建立数学模型的工程应用经验

建立数学模型是机械优化设计中的一个重要组成部分。优化结果是否可用，主要取决于所建立的数学模型是否能够确切而又简洁地反映工程问题的客观实际。在建立数学模型时，片面强调确切，往往会使数学模型十分冗长、复杂，增加求解问题的难度，有时甚至会使问题无法求解；片面强调简洁，则可能使数学模型过分失真，以致失去了求解的意义。合理的做法是在能够确切反映工程实际问题的基础上力求简洁。设计变量、目标函数和约束条件是组成优化设计数学模型的三要素。下面分别予以讨论。

1. 设计变量的选择

机械设计中的所有参数都是可变的，但是将所有的设计参数都列为设计变量不仅会使问题复杂化，而且也是没有必要的。例如，材料的力学性能主要由材料的种类决定，在机械设计中常用材料的种类有限，通常可根据需要和经验事先选定，因此诸如弹性模量、泊松比、许用应力等参数按选定材料种类赋以常量更为合理；另一类状态参数，如功率、温度、应力、应变、挠度、压力、速度、加速度等，通常可由设计对象的尺寸、载荷以及各构件间的运动关系等计算得出，多数情况下也没有必要作为设计变量。因此，在充分了解设计要求的基础上，应根据各设计参数对目标函数的影响程度认真分析其主次，尽量减少设计变量的数目，以简化优化设计问题。另外，还应注意设计变量应当相互独立，否则会使目标函数出现“山脊”或“沟谷”，给优化带来困难。

2. 目标函数的确定

目标函数是一项设计所追求的指标的数学反映，因此对它最基本的要求是能够用来评价设计的优劣，同时必须是设计变量的可计算函数。选择目标函数是整个优化设计过程中最重要的决策之一。

有些问题存在着明显的目标函数。例如，一个没有特殊要求的承受静载荷的梁，自然希望它越轻越好，因此选择其自重作为目标函数是没有异议的。但设计一台复杂的机器，追求的目标往往较多，就目前使用较成熟的优化方法来说，还不能把所有要追求的指标都列为目标函数，因为这样做并不一定能有效地求解。因此，应当对所追求的各项指标进行细致的分析，从中选择最重要、最具有代表性的指标作为设计追求的目标。例如一架好的飞机，应该具有自重小，净载重量大，航程长，使用经济，价格便宜，跑道长度合理等性能，显然这些都是设计时追求的指标。但并不需要把它们都列为目标函数，在这些指标中最重要的指标是飞机的自重。因为采用轻的零部件建造的自重最轻的飞机只会促进其他几项指标，而不会损害其中任何一项。因此，选择飞机自重作为优化设计的目标函数应是最合适的。

若一项工程设计中追求的目标是相互矛盾的，这时常取其中最主要的指标作为目标函数，而其余的指标列为约束条件。也就是说，不指望这些次要的指标都达到最优，只要它们不至于影响所追求的主要目标就可以了。

在工程实际中，应根据不同的设计对象、不同的设计要求，灵活地选择某项指标作为目标函数。以下的意见可作为选择时的参考。对于一般的机械，可按重量最轻或体积最小的要求建立目标函数；对于应力集中现象尤其突出的构件，则以应力集中系数最小作为追求的目标；对于精密仪器，应按其精度最高或误差最小的要求建立目标函数。在机构设计中，当对所设计机构的运动规律有明确的要求时，可针对其运动学参数建立目标函数；若对机构的动态特性有专门要求，则应针对其动力学参数建立目标函数；而对于要求再现运动轨迹的机构设计，则应根据机构的轨迹误差最小的要求建立目标函数。

3. 约束条件的确定

约束条件是就工程设计本身而提出的对设计变量取值范围的限制条件。和目标函数一样，它们也是设计变量的可计算函数。

如前所述，约束条件可分为性能约束和边界约束两大类。性能约束通常与设计原理有关，有时非常简单，如设计曲柄连杆机构时，按曲柄存在条件而写出的约束函数均为设计变量的线性显函数；有时却相当复杂，如对一个复杂的结构系统，要计算其中各构件的应力和位移，常采用有限元法，这时相应的约束函数为设计变量的隐函数，计算这样的约束函数往往要花费很大的计算量。

在选取约束条件时，应当特别注意避免出现相互矛盾的约束。因为相互矛盾的约束必然导致可行域为空集，使问题的解不存在。另外，应当尽量减少不必要的约束。不必要的约束不仅会增加优化设计的计算量，而且可能使可行域缩小，影响优化结果。

三、数学模型的尺度变换

数学模型的尺度变换是一种改善数学模型性态，使之易于求解的技巧。在多数情况下，数学模型经过尺度变换后，可以加速优化设计的收敛，提高计算过程的稳定性。下面分别对目标函数、设计变量和约束函数的尺度变换做简要介绍。

1. 目标函数的尺度变换

在优化设计中，若目标函数严重非线性，致使函数性态恶化，此时不论采用哪一种优化方法，其计算效率都不会高，而且会使计算很不稳定。若对目标函数做尺度变换，则可大大改善其性态，加速优化计算的进程。例如，目标函数为

$$f(\boldsymbol{x})=144x_1^2+4x_2^2-8x_1x_2$$

其等值线如图 8-1a 所示，这是一族极为扁平的椭圆。若令

$$x_1=y_1/12,x_2=y_2/2$$

代入原目标函数，可得经变换后的新目标函数为

$$f(\boldsymbol{y})=y_1^2+y_2^2-\frac{1}{3}y_1y_2$$

其等值线如图 8-1b 所示，其性态得到很大改善，给优化计算带来极大方便。在求得 $f(\boldsymbol{y})$ 的极小值点 $\boldsymbol{y}^*$ 后，只需做如下换算

$$x_1^*=y_1^*/12,x_2^*=y_2^*/2$$

即可得到原目标函数 $f(\boldsymbol{x})$ 的极小值点。

在实际工程设计中，目标函数通常具有更为复杂的形式，对其进行尺度变换本身就是一项相当困难的工作。因此，目标函数的尺度变换使用得并不广泛，但是它作为一种极好的想法还是很有启发性的。

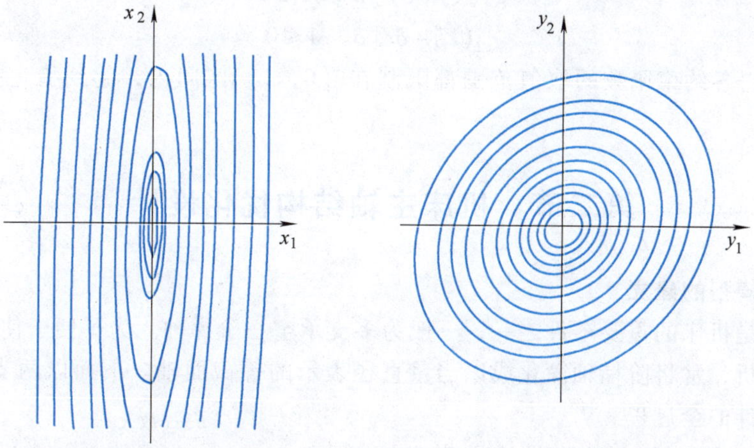

a) 变换前函数的等值线　　b) 变换后函数的等值线

图 8-1 目标函数尺度变换前后性态（等值线）的变化

2. 设计变量的尺度变换

当各设计变量之间在量级上相差很大时，在给定的搜索方向上各自的灵敏度也相差很大。灵敏度大的，则搜索变化快，否则相反。为了消除这种差别，可以对设计变量进行重新标度，使它们成为无量纲和规格化的设计变量，并称这种处理为设计变量的尺度变换。具体做法是给原设计变量 x_i 乘以一个尺度变换因子 k_i，得到新的设计变量

$$y_i = k_i x_i \qquad (i=1,2,\cdots,n)$$

通常可简单地取

$$k_i = 1/x_i^0 \qquad (i=1,2,\cdots,n)$$

式中　x_i^0——原设计变量的初始值，$i=1, 2, \cdots, n$。

这样，当 $\boldsymbol{x}^0$ 选得较为靠近最优点 $\boldsymbol{x}^*$ 时，则 y_i（$i=1, 2, \cdots, n$）均在 1 附近变化。若 $\boldsymbol{x}^0$ 远离 $\boldsymbol{x}^*$，可以考虑在若干次迭代计算后，用 $\boldsymbol{x}^k$ 替代 $\boldsymbol{x}^0$ 做新的变换。

将 $\boldsymbol{y}$ 代入原数学模型求得最优解 $\boldsymbol{y}^*$ 后，再通过逆变换

$$x_i^* = y_i^* / k_i \qquad (i=1,2,\cdots,n)$$

即可得到原问题的最优点 $\boldsymbol{x}^*$。

3. 约束函数的尺度变换

约束函数的尺度变换常称为规格化，这是为改善数学模型性态常用的一种方法。由于各约束函数所表达的意义不同，使得各约束函数值在量级上相差很大。例如，在某热压机框架的优化设计中，许用应力为 $[\sigma]=150\text{MPa}$，而下横梁的许用挠度为 $[\delta]=0.5\text{mm}$，约束函数则为

$$g_1(\boldsymbol{x}) = \sigma - 150 \leqslant 0$$

$$g_2(\boldsymbol{x}) = \delta - 0.5 \leqslant 0$$

两者对数值变化的灵敏度相差很大，这对优化设计是不利的。例如，当采用惩罚函数时，两者在惩罚项中的作用相差甚大，灵敏度高的约束条件在极小化过程中将首先得到满足，而灵敏度低的几乎得不到考虑。为了避免这种情况，只需对约束函数做如下规格化处理，即

$$g_1(\boldsymbol{x})=\sigma/[\sigma]-1\leqslant 0$$

$$g_2(\boldsymbol{x})=\delta/[\delta]-1\leqslant 0$$

这样就使得各约束函数的取值范围都限制在［0，1］区间内，起到稳定搜索过程和加速收敛的作用。

第二节 机床主轴结构优化设计

一、数学模型的建立

机床主轴是机床的重要零件之一，一般为多支承空心阶梯轴。为了便于使用材料力学公式进行结构分析，常将阶梯轴简化成以当量直径表示的等截面轴。下面以两支承主轴为例，说明其优化设计的全过程。

图 8-2 所示是一个已经简化的机床主轴。在设计这根主轴时，有两个重要因素需要考虑。一是主轴的自重，二是主轴伸出端 C 点的挠度。对于普通机床，并不追求过高的加工精度，对机床主轴的优化设计，以选取主轴的自重最轻为目标，外伸端的挠度是约束条件。

当主轴的材料选定时，其设计方案由四个设计变量决定，即孔径 d、外径 D、跨距 l 及外伸端长度 a。由于机床主轴内孔常用于通过待加工的棒料，其大小由机床型号决定，因此不能作为设计变量。故设计变量取为

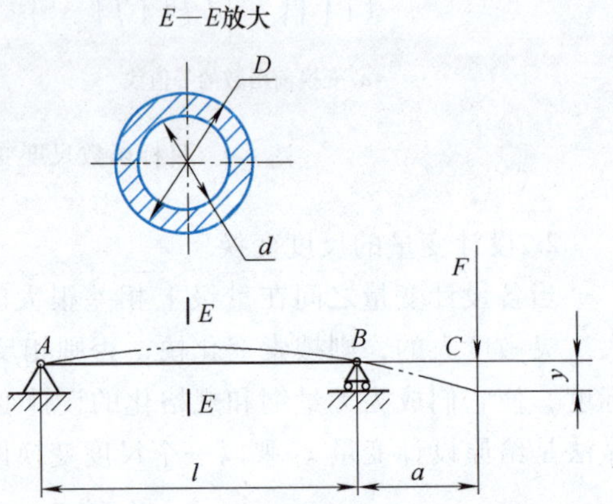

图 8-2 机床主轴变形简图

$$\boldsymbol{x}=(x_1 \quad x_2 \quad x_3)^{\mathrm{T}}=(l \quad D \quad a)^{\mathrm{T}}$$

机床主轴优化设计的目标函数则为

$$f(\boldsymbol{x})=\frac{1}{4}\pi\rho(x_1+x_3)(x_2^2-d^2)$$

式中 ρ——材料的密度。

再来确定约束条件。主轴的刚度是一个重要的性能指标，其外伸端的挠度 y 不得超过规定值 y_0，据此建立性能约束

$$g(\boldsymbol{x})=y-y_0\leqslant 0$$

在外力 F 给定的情况下，y 是设计变量 $\boldsymbol{x}$ 的函数，其值按下式计算

$$y=\frac{Fa^2(l+a)}{3EI}$$

式中
$$I=\frac{\pi}{64}(D^4-d^4)$$

则
$$g(\boldsymbol{x})=\frac{64Fx_3^2(x_1+x_3)}{3\pi E(x_2^4-d^4)}-y_0\leqslant 0$$

此外，通常还应考虑主轴内最大应力不得超过许用应力。由于机床主轴对刚度要求比较高，当满足刚度要求时，强度尚有相当富裕，因此，应力约束条件可不考虑。边界约束条件为设计变量的取值范围，即

$$l_{\min} \leqslant l \leqslant l_{\max}$$
$$D_{\min} \leqslant D \leqslant D_{\max}$$
$$a_{\min} \leqslant a \leqslant a_{\max}$$

综上所述，将所有约束函数规格化，则主轴优化设计的数学模型可表示为

$$\min f(\boldsymbol{x}) = \frac{1}{4}\pi\rho(x_1+x_3)(x_2^2-d^2)$$

$$g_1(\boldsymbol{x}) = \frac{64Fx_3^2(x_1+x_3)}{3E\pi(x_2^4-d^4)}/y_0-1 \leqslant 0$$

$$g_2(\boldsymbol{x}) = 1-x_1/l_{\min} \leqslant 0$$

$$g_3(\boldsymbol{x}) = 1-x_2/D_{\min} \leqslant 0$$

$$g_4(\boldsymbol{x}) = x_2/D_{\max}-1 \leqslant 0$$

$$g_5(\boldsymbol{x}) = 1-x_3/a_{\min} \leqslant 0$$

这里未考虑两个边界约束：$x_1 \leqslant l_{\max}$ 和 $x_3 \leqslant a_{\max}$，这是因为无论从减小伸出端挠度上看，还是从减轻主轴重量上看，都要求主轴跨距 x_1、伸出端长度 x_3 变小，所以对其上限可以不做限制。这样可以减少一些不必要的约束，有利于优化计算。

二、计算实例

例 8-1 试对如图 8-2 所示的主轴进行优化设计，已知主轴内径 $d=30$mm，外力 $F=15000$N，许用挠度 $y_0=0.05$mm。设计变量数 $n=3$，约束函数个数 $m=5$，收敛精度 $\varepsilon_1=10^{-5}$、$\varepsilon_2=10^{-5}$，初始惩罚因子 $r^0=2$，惩罚因子缩减系数 $c=0.2$，设计变量的初始值和上、下限值见表 8-1。

表 8-1 例 8-1 设计变量的初始数据

设计变量	x_1	x_2	x_3
初始值	480	100	120
下限值	300	60	90
上限值	650	140	150

解： 该问题用内点惩罚函数法解，代入已知数据后，经 17 次迭代，计算收敛，求得最优解

$$\boldsymbol{x}^* = (300.036 \quad 75.244 \quad 90.001)^{\mathrm{T}}$$

$$f(\boldsymbol{x}^*) = 11.377$$

应当指出，优化设计计算结束时，惩罚因子缩减到 $r=1.311\times10^{-11}$，可见惩罚函数中的障碍项实际上已经消失，惩罚函数值非常接近原目标函数值。

三、进一步的考虑

上述主轴优化设计中是把阶梯轴简化成当量直径的等截面轴进行结构分析的，这只是一种近似分析方法，而其近似程度往往不能令人满意。尤其是一些受力、形状和支承都比较复杂的轴，不可能进行那样的简化，况且机床主轴的设计还对其动力学性能提出一定的要求。因此，将主轴简化后用材料力学公式进行分析的方法也不能满足工程设计的需要。

图 8-3 所示的机床主轴为三支承系统，受力和力矩的作用。对其进行重量最轻结构优化设计时，不仅对伸出端点的挠度有要求，而且对主轴系统的第一阶自振频率也有要求。对于这样复杂的系统，材料力学分析方法已显得无能为力了。这时常使用有限元法来计算系统的

应力、变形、自振频率等。有限元法是一种数值计算方法，它能够精确地对大多数机械结构件进行结构分析，但其计算量相当大。尤其是把它和优化方法结合起来进行结构优化设计时，还需要多次地进行有限元分析。这就不得不认真地研究怎样以尽可能少的有限元分析次数而获得优化结果，它是结构优化设计研究中的一个重要课题。目前，机械结构优化设计已成为机械优化设计中的一个重要分支，并且近年来其研究和应用已经取得了不少成果。

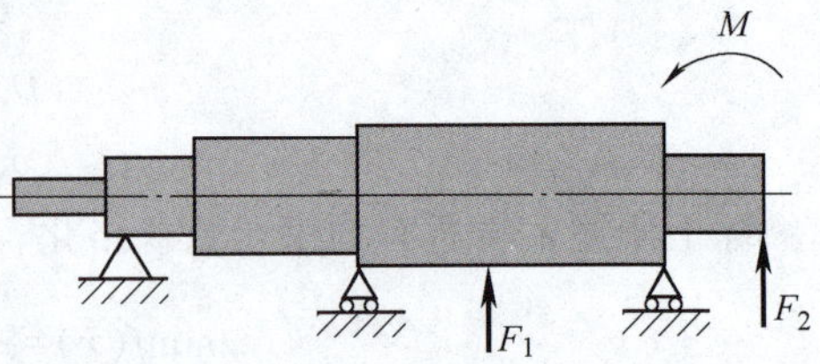

图 8-3 三支承主轴系统

第三节 圆柱齿轮减速器的优化设计

圆柱齿轮减速器是一种使用非常广泛的机械传动装置。我国目前生产的各种类型的减速器还存在着体积大、质量大、承载能力低、成本高和使用寿命短等问题，与国外先进产品相比还有相当大的差距。对减速器进行优化设计，选择其最佳参数是提高承载能力、减轻重量和降低成本等各项指标的一种重要途径。

减速器的优化设计一般是在给定功率 P、齿数比 u、输入转速 n 以及其他技术条件和要求下，找出一组使减速器的某项经济技术指标达到最优的设计参数。下面介绍建立减速器优化设计数学模型时，选择设计变量、目标函数和约束条件的一般原则。

不同类型的减速器，选取的设计变量是不同的。对于展开式圆柱齿轮减速器来说，设计变量可取齿轮齿数、模数、齿宽、螺旋角及变位系数等。对于行星齿轮减速器来说，设计变量除上述的齿轮参数外，还可加上行星轮个数。

设计变量应是独立参数，因此要特别注意，不要把非独立参数也列为设计变量。例如，齿轮传动的齿数比 u 为已知，一对齿轮传动中，只能取 z_1(或 z_2) 为设计变量。又如中心距也不应取为设计变量，因为齿轮参数确定后，中心距即随之而定了。

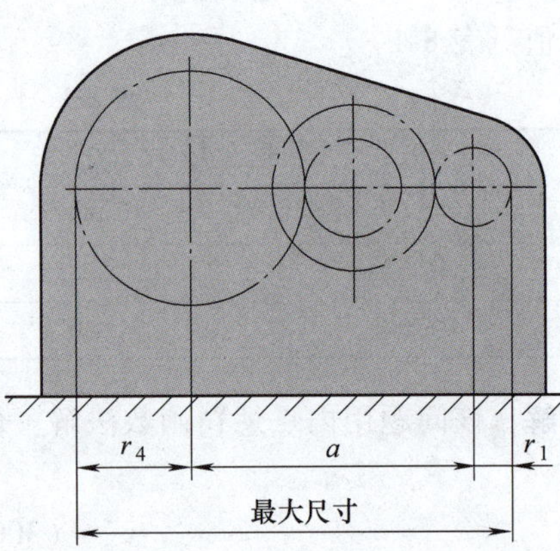

图 8-4 二级减速器的最大尺寸

根据减速器的工作条件和设计要求不同，目标函数也不同。当减速器的中心距没有要求时，可取减速器最大尺寸最小（图 8-4）或重量最轻作为目标函数。设 m 为减速器壳体内零件的总质量，l 为最大尺寸，则目标函数的形式为

$$f(\boldsymbol{x}) = m \to \min$$

或

$$f(\boldsymbol{x}) = l = r_1 + a + r_4 \to \min$$

式中 r_1、r_4——主动齿轮和从动齿轮的分度圆半径；

a——减速器的总中心距。

若减速器的中心距已固定，可取其承载能力最大作为目标函数。设承载能力用系数 φ 表示，则目标函数的形式为

$$f(\boldsymbol{x})=1/\varphi\rightarrow\min$$

减速器类型、结构形式不同，约束函数也不完全一样。但一般包括以下几方面的内容：

（1）边界约束　如最小模数，不根切的最小齿数，螺旋角，变位系数，齿宽系数的上、下界等的限制。

（2）性能约束　如接触强度、弯曲强度、总速比误差、过渡曲线不发生干涉、重合度、齿顶厚等的限制。对行星齿轮减速器来说，还有装配条件、同心条件和邻接条件等的限制。

减速器的类型很多，下面仅介绍单级、二级展开式圆柱齿轮减速器和 2K-H 型行星齿轮减速器的优化设计。

一、单级圆柱齿轮减速器的优化设计

图 8-5 所示是单级圆柱齿轮减速器的结构简图。已知齿数比为 u，输入功率为 P，主动齿轮转速为 n_1，求在满足零件的强度和刚度条件下，使减速器体积最小的各项设计参数。

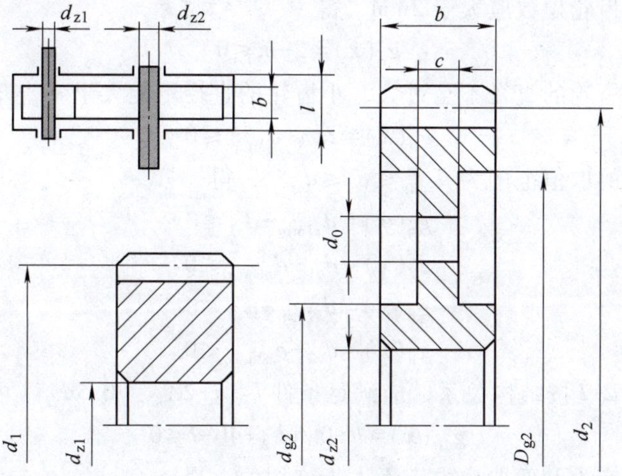

图 8-5　单级圆柱齿轮减速器的结构简图

由于齿轮和轴的尺寸（即壳体内的零件）是决定减速器体积的依据，因此可按它们的体积之和最小的原则来建立目标函数。根据齿轮几何尺寸及齿轮结构尺寸的计算公式，壳体内的齿轮和轴的体积可近似地表示为

$$\begin{aligned}V=&0.25\pi b(d_1^2-d_{z1}^2)+0.25\pi b(d_2^2-d_{z2}^2)-0.25\pi(b-c)(D_{g2}^2-d_{g2}^2)-\\&\pi d_0^2c+0.25\pi l(d_{z1}^2+d_{z2}^2)+7\pi d_{z1}^2+8\pi d_{z2}^2\\=&0.25\pi[m^2z_1^2b-d_{z1}^2b+m^2z_1^2u^2b-d_{z2}^2b-0.8b(mz_1u-10m)^2+\\&2.05bd_{z2}^2-0.05b(mz_1u-10m-1.6d_{z2})^2+d_{z2}^2l+d_{z1}^2l+28d_{z1}^2+32d_{z2}^2]\end{aligned}$$

式中各符号的意义由图 8-5 直接给出，其计算公式为

$$d_1=mz_1,d_2=mz_2$$

$$D_{g2}=umz_1-10m$$

$$d_{g2}=1.6d_{z2}$$

$$d_0=0.25(umz_1-10m-1.6d_{z2})$$

$$c=0.2b$$

由上式可知，当齿数比给定后，体积 V 取决于 b、z_1、m、l、d_{z1} 和 d_{z2} 六个参数，则设计变量可取为

$$x=(x_1 \quad x_2 \quad x_3 \quad x_4 \quad x_5 \quad x_6)^T=(b \quad z_1 \quad m \quad l \quad d_{z1} \quad d_{z2})^T$$

目标函数为

$$f(x)=V\rightarrow\min$$

约束函数如下：

1）齿数 z_1 应大于不发生根切的最小齿数 $z_{\min}$，则

$$g_1(x)=z_{\min}-z_1\leqslant 0$$

2）齿宽应满足 $\varphi_{\min}\leqslant\dfrac{b}{d}\leqslant\varphi_{\max}$，$\varphi_{\min}$ 和 $\varphi_{\max}$ 为齿宽系数 φ_d 的最小值和最大值，一般取 $\varphi_{\min}=0.9$，$\varphi_{\max}=1.4$，得

$$g_2(x)=\varphi_{\min}-b/(z_1 m)\leqslant 0$$

$$g_3(x)=b/(z_1 m)-\varphi_{\max}\leqslant 0$$

3）动力传动的齿轮模数应大于 2mm，得

$$g_4(x)=2-m\leqslant 0$$

4）为了限制大齿轮的直径不至过大，小齿轮的直径不能大于 $d_{1\max}$，得

$$g_5(x)=z_1 m-d_{1\max}\leqslant 0$$

5）齿轮轴直径的取值范围为 $d_{z\min}\leqslant d_z\leqslant d_{z\max}$，得

$$g_6(x)=d_{z1\min}-d_{z1}\leqslant 0$$

$$g_7(x)=d_{z1}-d_{z1\max}\leqslant 0$$

$$g_8(x)=d_{z2\min}-d_{z2}\leqslant 0$$

$$g_9(x)=d_{z2}-d_{z2\max}\leqslant 0$$

6）轴的支承距离 l 按结构关系，应满足条件 $l\geqslant b+2\Delta_{\min}+0.5d_{z2}$（可取 $\Delta_{\min}=20$），得

$$g_{10}(x)=b+0.5d_{z2}+40-l\leqslant 0$$

7）齿轮的接触应力和弯曲应力应不大于许用值，得

$$g_{11}(x)=\sigma_H-[\sigma_H]\leqslant 0$$

$$g_{12}(x)=\sigma_{F1}-[\sigma_F]\leqslant 0$$

$$g_{13}(x)=\sigma_{F2}-[\sigma_F]\leqslant 0$$

接触应力 σ_H 和弯曲应力 σ_F 的计算公式分别为

$$\sigma_H=2.5Z_u Z_E\sqrt{\frac{KFt}{bz_1}}$$

$$\sigma_{F1}=\frac{2KTY_{Fa1}Y_{Sa1}}{\varphi_d m^3 z_1^2}$$

$$\sigma_{F2}=\frac{\sigma_{F1}Y_{Fa2}Y_{Sa2}}{Y_{Fa1}Y_{Sa1}}$$

8）齿轮轴的最大挠度 $\delta_{\max}$ 不大于许用值 $[\delta]$，得

$$g_{14}(x)=\delta_{\max}-[\delta]\leqslant 0$$

9）齿轮轴的弯曲应力 σ_W 不大于许用值 $[\sigma_W]$，得

$$g_{15}(x)=\sigma_{W1}-[\sigma_W]\leqslant 0$$

$$g_{16}(x)=\sigma_{W2}-[\sigma_W]\leqslant 0$$

该问题为具有 6 个设计变量、16 个约束条件的优化设计问题，可采用惩罚函数法或其

他方法求解。下面举出一具体算例。

例 8-2　对一单级直齿圆柱齿轮减速器，以体积最小为目标进行优化设计。已知输入功率 $P=58\text{kW}$，输入转速 $n_1=1000\text{r/min}$，齿数比 $u=5$，齿轮的许用接触应力 $[\sigma_H]=550\text{MPa}$，许用弯曲应力 $[\sigma_F]=400\text{MPa}$。

解： 将已知量代入上述各式，单级直齿圆柱齿轮减速器优化设计的数学模型可表示为

$$\begin{aligned}\min f(\boldsymbol{x})=0.785398(&4.75x_1x_2^2x_3^2+85x_1x_2x_3^2-85x_1x_3^2+\\&0.92x_1x_6^2-x_1x_5^2+0.8x_1x_2x_3x_6-1.6x_1x_3x_6+\\&x_4x_5^2+x_4x_6^2+28x_5^2+32x_6^2)\end{aligned}$$

$$\begin{aligned}\text{s.t.}\quad &g_1(\boldsymbol{x})=17-x_2\leqslant 0\\&g_2(\boldsymbol{x})=0.9-x_1/(x_2x_3)\leqslant 0\\&g_3(\boldsymbol{x})=x_1/(x_2x_3)-1.4\leqslant 0\\&g_4(\boldsymbol{x})=2-x_3\leqslant 0\\&g_5(\boldsymbol{x})=x_2x_3-300\leqslant 0\\&g_6(\boldsymbol{x})=100-x_5\leqslant 0\\&g_7(\boldsymbol{x})=x_5-150\leqslant 0\\&g_8(\boldsymbol{x})=130-x_6\leqslant 0\\&g_9(\boldsymbol{x})=x_6-200\leqslant 0\\&g_{10}(\boldsymbol{x})=x_1+0.5x_6-x_4+40\leqslant 0\\&g_{11}(\boldsymbol{x})=1486250/(x_2x_3\sqrt{x_1})-550\leqslant 0\end{aligned}$$

令

$$\sigma_F=9064860y_{11}y_{12}/(x_1x_2x_3^2)$$

$$\begin{aligned}&g_{12}(\boldsymbol{x})=\sigma_F-400\leqslant 0\\&g_{13}(\boldsymbol{x})=\sigma_F y_{21}y_{22}/(y_{11}y_{12})-400\leqslant 0\end{aligned}$$

式中　y_{11}、y_{12}——主动齿轮和从动齿轮的齿形系数；

y_{21}、y_{22}——主动齿轮和从动齿轮的应力校正系数。

$$g_{14}(\boldsymbol{x})=117.04x_4^4/(x_2x_3x_5^4)-0.003x_4\leqslant 0$$

$$g_{15}(\boldsymbol{x})=\frac{1}{x_5^3}\sqrt{\left(\frac{2.85\times 10^6x_4}{x_2x_3}\right)^2+2.4\times 10^{12}}-5.5\leqslant 0$$

$$g_{16}(\boldsymbol{x})=\frac{1}{x_6^3}\sqrt{\left(\frac{2.85\times 10^6x_4}{x_2x_3}\right)^2+6\times 10^{13}}-5.5\leqslant 0$$

该问题用惩罚函数法计算，初始方案为 $\boldsymbol{x}^0=(230\quad 21\quad 8\quad 420\quad 120\quad 160)^T$，$f(\boldsymbol{x}^0)=6.32\times 10^7$，经过10次迭代计算，取得最优解

$$\boldsymbol{x}^*=(211.99\quad 22.12\quad 8.39\quad 322.37\quad 101.75\quad 130.24)^T$$

$$f(\boldsymbol{x}^*)=5.96\times 10^7$$

若将最优设计方案按设计规范圆整，可得最优解为

$$\boldsymbol{x}=(220\quad 22\quad 8\quad 330\quad 100\quad 130)^T\quad f(\boldsymbol{x})=5.661296\times 10^7$$

二、二级圆柱齿轮减速器的优化设计

二级圆柱齿轮减速器的传动简图如图8-6所示。对其进行优化设计时，要求在不改变原箱体、轴和轴承结构的条件下，通过优选啮合参数，充分提高各级齿轮的承载能力，并使高

速级和低速级达到等强度。

1. 接触承载能力

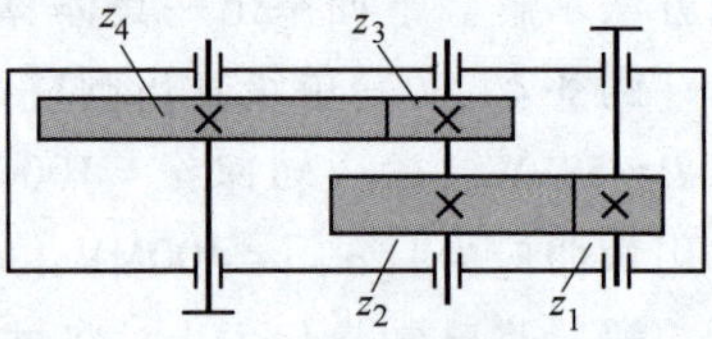

图 8-6 二级圆柱齿轮减速器的传动简图

一对变位齿轮传动的接触承载能力可用只与啮合参数有关的接触承载能力系数 φ 表示，其函数形式为

$$\varphi=\frac{0.2a'^2u\cos^3\alpha_t\tan\alpha_t'}{K_v(u+1)^2\cos\beta}$$

式中 a'——啮合中心距；

u——齿数比；

β——分度圆螺旋角；

α_t——端面压力角；

α_t'——端面啮合角；

K_v——动载系数，$K_v=1+0.07vz_1/100$；

v——齿轮圆周速度；

z_1——小齿轮齿数。

由上式可知，齿轮的接触承载能力系数 φ 仅与 u、β、α_t' 有关，当啮合中心距 a' 和模数 m 已定时，端面啮合角 α_t' 的表达式为

$$\cos\alpha_t'=\frac{z_1+z_2}{z_1+z_2+2y_t}\cos\alpha_t$$

式中 y_t——中心距分离系数，$y_t=(a'-a)/m$；

a——标准中心距。

2. 设计变量的确定

将影响齿轮接触承载能力系数 φ 的独立参数列为设计变量，即

$$\boldsymbol{x}=(x_1\quad x_2\quad x_3\quad x_4)^{\mathrm{T}}=(u_1\quad \beta\quad y_{t1}\quad y_{t2})^{\mathrm{T}}$$

式中 u_1——高速级的齿数比；

y_{t1}、y_{t2}——高速级和低速级齿轮传动的中心距分离系数。

3. 目标函数的确定

该问题要求提高高速级和低速级齿轮传动的承载能力，同时要求两级传动达到等强度，所以这是一个具有三个指标的多目标函数问题。可以将高速级和低速级齿轮传动的承载能力系数转化为第一、二两个分目标函数，即

$$f_1(\boldsymbol{x})=1/\varphi_1\rightarrow\min$$

$$f_2(\boldsymbol{x})=1/\varphi_2\rightarrow\min$$

用中间轴上两个齿轮所允许传递转矩差的相对值最小来建立等强度条件，则第三个分目标函数可表示为

$$f_3(\boldsymbol{x})=|T_1-T_2|/T_1$$

式中 T_1、T_2——中间轴上两个齿轮所允许传递的转矩，有

$$T_1=\frac{2a_1'u_1}{1+u_1}\varphi_1,\ T_2=\frac{2a_2'}{1+u_2}\varphi_2$$

现采用线性组合法将三个分目标函数综合成统一的目标函数，即

$$f(\boldsymbol{x})=\omega_1f_1(\boldsymbol{x})+\omega_2f_2(\boldsymbol{x})+\omega_3f_3(\boldsymbol{x})$$

为使计算简化，各加权因子分别取为 $\omega_1=0.1$，$\omega_2=0.01$，$\omega_3=0.89$。为了将目标函数表示成设计变量的显函数，还需要运用下列关系式（取齿轮的法向模数 $m_n=0.2a'$）

$$\frac{a_1}{a_1'}=1-y_{t1}\frac{0.02}{\cos\beta}$$

$$\frac{a_2}{a_2'}=1-y_{t2}\frac{0.02}{\cos\beta}$$

$$z_1=\left(\frac{\cos\beta}{0.02}-y_{t1}\right)\frac{2}{1+u_1}$$

$$z_3=\left(\frac{\cos\beta}{0.02}-y_{t2}\right)\frac{2}{1+u_2}$$

$$K_{v1}=1+\frac{a_1'z_1}{1+u_1}$$

$$K_{v2}=1+\frac{a_2'z_3}{1+u_2}$$

$$\tan\alpha_{t1}'=\sqrt{\frac{1}{(1-0.2y_{t1}/\cos\beta)^2\cos^2\alpha_t}-1}$$

$$\tan\alpha_{t2}'=\sqrt{\frac{1}{(1-0.2y_{t2}/\cos\beta)^2\cos^2\alpha_t}-1}$$

4. 约束条件的建立

1）保证轴向重合度 $\varepsilon_\beta=b\sin\beta/(\pi m_n)\geqslant1$ 及螺旋角 β 不大于 15°，由此得

$$g_1(\boldsymbol{x})=1-20\sin x_2/\pi\leqslant0$$

$$g_2(\boldsymbol{x})=x_2-\pi/12\leqslant0$$

2）高速级和低速级齿数比分配由润滑条件决定，u_1 和 u 的关系式为

$$u_1=\sqrt[3]{u}/B-0.01u$$

式中　B——系数，其值的计算公式为

$$B=\sqrt[3]{\frac{K_{v1}}{K_{v2}}\left(\frac{[\sigma_H]_2}{[\sigma_H]_1}\right)^2\eta_2}$$

其中 $[\sigma_H]_1$ 和 $[\sigma_H]_2$ 分别为高速级和低速级齿轮传动的许用接触应力，其比值取 0.9；η_2 为低速级的传动效率，其值取为 0.98，由此得

$$g_3(\boldsymbol{x})=x_1-(\sqrt[3]{u}/B-0.01u)\leqslant0$$

3）限制低速级大齿轮直径，使其不超出原箱体，为此应满足关系式

$$a_1'\frac{2u_1}{u_1+1}\geqslant0.6a_2'\frac{2u_2}{u_2+1}$$

由此得
$$g_4(\boldsymbol{x})=1.2a_2'/(x_1/u_1+1)-2a_1'/(1/x_1+1)\leqslant0$$

4）要求中心距分离系数满足 $0\leqslant y_{t1}\leqslant1$，$0\leqslant y_{t2}\leqslant1$，由此得

$$g_5(\boldsymbol{x})=-x_3\leqslant0$$

$$g_6(\boldsymbol{x})=x_3-1\leqslant0$$

$$g_7(\boldsymbol{x})=-x_4\leqslant0$$

$$g_8(\boldsymbol{x})=x_4-1\leqslant0$$

综上所述，该问题是一个具有4个设计变量、8个不等式约束、3个分目标函数的多目标函数的优化设计问题。下面举出一个具体算例。

例 8-3 对原系列减速器中的 ZQ-250-Ⅳ 型减速器进行以提高其承载能力为目标的优化设计。要求原减速器箱体尺寸不变，即保证中心距 $a_1'=100\text{mm}$，$a_2'=150\text{mm}$，齿数比 $u=16$。计算时取法向模数 $m_n=0.02a'$，齿宽 $b=0.4a'$。

解： 该问题用复合形法计算，共迭代223次，得到最优解

$$\boldsymbol{x}^*=(3.087 \quad 0.261 \quad 0.645 \quad 0.999)^{\mathrm{T}}$$

$$f(\boldsymbol{x}^*)=10.348$$

和原设计方案

$$\boldsymbol{x}^0=(3.5 \quad 0.2 \quad 0.5 \quad 0.5)^{\mathrm{T}}$$

$$f(\boldsymbol{x}^0)=47.58$$

进行比较，目标函数值下降很多，其主要原因是最优设计方案能保证等强度，即第三个分目标函数值 $f_3(\boldsymbol{x}^*)\to 0$。

三、2K-H（NGW）型行星齿轮减速器的优化设计

图8-7所示为2K-H型行星轮系的机构简图。要求以重量最轻为目标，对其进行优化设计。

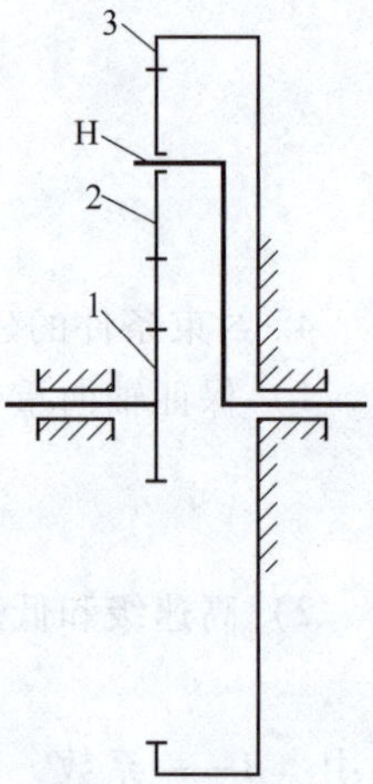

图 8-7 2K-H 型行星轮系的机构简图
1—太阳轮 2—行星轮 3—壳体

1. 目标函数和设计变量的确定

行星齿轮减速器的重量可取太阳轮和 c 个行星轮重量之和来代替，因此目标函数可简化为

$$f(\boldsymbol{x})=0.19635m^2z_1^2b[4+(u-2)^2c]$$

式中 z_1——太阳轮1的齿数；

m——模数（mm）；

b——齿宽（mm）；

c——行星轮2的个数；

u——轮系的齿数比。

影响目标函数的独立参数 z_1、b、m、c 应列为设计变量，即

$$\boldsymbol{x}=(x_1 \quad x_2 \quad x_3 \quad x_4)^{\mathrm{T}}=(z_1 \quad b \quad m \quad c)^{\mathrm{T}}$$

在通常情况下，行星轮个数可以根据机构类型事先选定，这样，设计变量为

$$\boldsymbol{x}=(x_1 \quad x_2 \quad x_3)^{\mathrm{T}}=(z_1 \quad b \quad m)^{\mathrm{T}}$$

2. 约束条件的建立

1）保证小齿轮 z_1 不根切，得

$$g_1(\boldsymbol{x})=17-x_1\leqslant 0$$

2）限制齿宽最小值，得

$$g_2(\boldsymbol{x})=10-x_2\leqslant 0$$

3）限制模数最小值，得

$$g_3(\boldsymbol{x})=2-x_3\leqslant 0$$

4）限制齿宽系数 b/m 的范围为 $5\leqslant b/m\leqslant 17$，得

$$g_4(\boldsymbol{x})=5x_3-x_2\leqslant 0$$

$$g_5(\boldsymbol{x})=x_2-17x_3\leqslant 0$$

5）满足接触强度要求，得

$$g_6(\boldsymbol{x}) = 750937.3/(x_1x_2\sqrt{x_3}) - [\sigma_H] \leqslant 0$$

式中　$[\sigma_H]$——许用接触应力。

6）满足弯曲强度要求，得

$$g_7(\boldsymbol{x}) = 1482000y_Fy_S/(x_1x_2x_3^2) - [\sigma_F] \leqslant 0$$

式中　y_F、y_S——齿轮的齿形系数和应力校正系数；

$[\sigma_F]$——许用弯曲应力。

该问题为一个具有3（或4）个设计变量、7个不等式约束条件的优化设计问题。下面举出一个具体算例。

例 8-4　对一行星齿轮减速器进行优化设计。已知：作用于太阳轮上的转矩 $T_1=1140\text{N}\cdot\text{m}$，齿数比 $u=4.64$，齿轮材料均为38SiMnMo，表面淬火后硬度为45~55HRC，行星轮个数 $c=3$。

解：该问题使用惩罚函数法计算，初始点取原设计方案

$$\boldsymbol{x}^0 = (22 \quad 52 \quad 5)^T,\ f(\boldsymbol{x}^0) = 3.077\times10^6$$

经13次迭代，得到最优解

$$\boldsymbol{x}^* = (24.22 \quad 36.94 \quad 5.1)^T,\ f(\boldsymbol{x}^*) = 2.76\times10^6$$

目标函数值下降10.3%。

若将最优方案按设计规范进行圆整，可得

$$\boldsymbol{x}^* = (24 \quad 40 \quad 5)^T,\ f(\boldsymbol{x}^*) = 2.82\times10^6$$

仍比原设计方案的目标函数值下降8.35%，且各项约束条件都得到满足。

该问题采用离散变量组合形优化设计方法计算时，变量的取值范围是：$17\leqslant z_c\leqslant 50$，$10\leqslant b\leqslant 90$，$2\leqslant m\leqslant 6$，经计算得到最终的离散变量组合形顶点见表8-2。比较各顶点的目标函数值，可得离散变量优化解应为方案1，即

$\boldsymbol{x}^* = (z_c \quad b \quad m)^T = (22 \quad 53 \quad 4.5)^T$，$F(\boldsymbol{x}) = 2.54\times10^6$，对应的 $z_g=29$，$z_b=80$。

表 8-2　离散变量组合形顶点

变量	$x_1(z_c)$	$x_2(b)$/mm	$x_3(m)$/mm	$F(\boldsymbol{x})/\times10^6\text{mm}^3$
1	22	53	4.5	2.540563006
2	22	54	4.5	2.588498156
3	24	40	5.0	2.817119000
4	26	53	4.0	2.803665898
5	26	54	4.0	2.856565254
6	26	53	4.5	3.548389652
7	26	54	4.5	3.615340400
8	32	53	4.0	4.123148721

第四节　平面连杆机构的优化设计

连杆机构的类型很多，这里只以曲柄摇杆机构的两类运动学设计为例来说明连杆机构优化设计的一般步骤和方法。

一、曲柄摇杆机构再现已知运动规律的优化设计

图 8-8 所示为一曲柄摇杆机构的运动简图。所谓再现已知运动规律，是指当曲柄 l_1 做等速转动时，要求摇杆 l_3 按已知的运动规律 $\psi_E(\varphi)$ 运动。

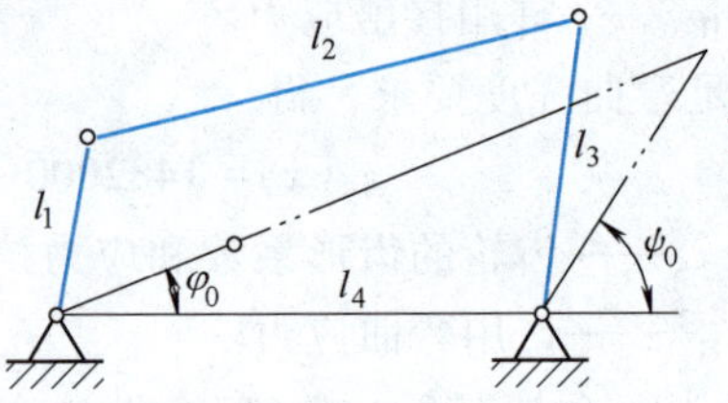

图 8-8　曲柄摇杆机构的运动简图

1. 设计变量的确定

决定机构尺寸的各杆长度，以及当摇杆按已知运动规律开始运行时，曲柄所处的位置角 φ_0 应列为设计变量，即

$$\boldsymbol{x}=(x_1\quad x_2\quad x_3\quad x_4\quad x_5)^T=(l_1\quad l_2\quad l_3\quad l_4\quad \varphi_0)^T$$

考虑到机构的杆长按比例变化时，不会改变其运动规律，因此在计算时常取 $l_1=1$，而其他杆长则按比例取为 l_1 的倍数。若取曲柄的初始位置角为极位角，则 φ_0 及相应的摇杆 l_3 位置角 ψ_0 均为杆长的函数，其关系式为

$$\varphi_0=\arccos\frac{(l_1+l_2)^2+l_4^2-l_3^2}{2(l_1+l_2)l_4}$$

$$\psi_0=\arccos\frac{(l_1+l_2)^2-l_4^2-l_3^2}{2l_3l_4}$$

因此，只有 l_2、l_3、l_4 为独立变量，则设计变量为

$$\boldsymbol{x}=(x_1\quad x_2\quad x_3)^T=(l_2\quad l_3\quad l_4)^T$$

2. 目标函数的建立

目标函数可根据已知的运动规律与机构实际运动规律之间的偏差最小为指标来建立，即

$$f(\boldsymbol{x})=\sum_{i=1}^{m}(\psi_{Ei}-\psi_i)^2\rightarrow \min$$

式中　ψ_{Ei}——期望输出角，$\psi_{Ei}=\psi_E(\varphi_i)$；

m——输入角的等分数；

ψ_i——实际输出角，由图 8-9 可知

$$\psi_i=\begin{cases}\pi-\alpha_i-\beta_i & (0\leqslant\varphi_i<\pi)\\ \pi-\alpha_i+\beta_i & (\pi\leqslant\varphi_i<2\pi)\end{cases}$$

式中

$$\alpha_i=\arccos\frac{\rho_i^2+l_3^2-l_2^2}{2\rho_i l_3}$$

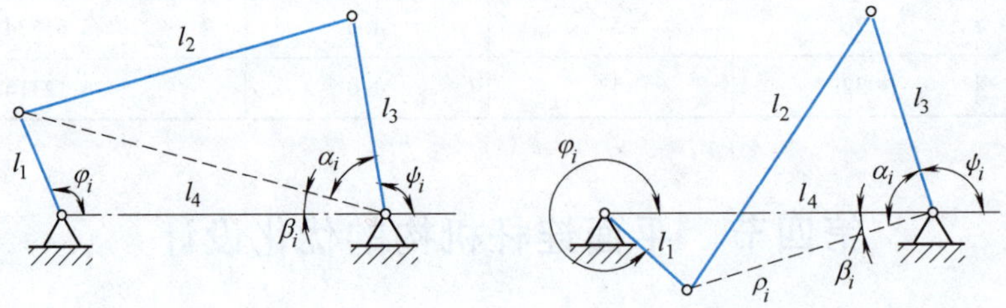

a) $0\leqslant\varphi_i<\pi$　　b) $\pi\leqslant\varphi_i<2\pi$

图 8-9　曲柄摇杆机构的运动学关系

$$\beta_i=\arccos\frac{\rho_i^2+l_4^2-l_1^2}{2\rho_i l_4}$$

$$\rho_i=\sqrt{l_1^2+l_4^2-2l_1 l_4\cos\varphi_i}$$

3. 约束条件的确定

1）曲柄摇杆机构应满足曲柄存在条件，可得

$$g_1(\boldsymbol{x})=l_1-l_2\leqslant 0$$
$$g_2(\boldsymbol{x})=l_1-l_3\leqslant 0$$
$$g_3(\boldsymbol{x})=l_1-l_4\leqslant 0$$
$$g_4(\boldsymbol{x})=l_1+l_4-l_2-l_3\leqslant 0$$
$$g_5(\boldsymbol{x})=l_1+l_2-l_3-l_4\leqslant 0$$
$$g_6(\boldsymbol{x})=l_1+l_3-l_2-l_4\leqslant 0$$

2）曲柄摇杆机构的传动角应在 $\gamma_{\min}$ 和 $\gamma_{\max}$ 之间，可得

$$g_7(\boldsymbol{x})=\arccos\frac{l_2^2+l_3^2-(l_1+l_4)^2}{2l_2 l_3}-\gamma_{\max}\leqslant 0$$

$$g_8(\boldsymbol{x})=\gamma_{\min}-\arccos\frac{l_2^2+l_3^2-(l_4-l_1)^2}{2l_2 l_3}\leqslant 0$$

这是一个具有 3 个设计变量、8 个不等式约束条件的优化设计问题，可选用约束优化方法程序来计算。

二、曲柄摇杆机构再现已知运动轨迹的优化设计

图 8-10 所示为用向量表示的曲柄摇杆机构简图。所谓再现已知运动轨迹，是指机构的连杆曲线尽可能地接近某一给定曲线。若在规定区间内的等分点 $i=1，2，\cdots，m$ 处，给定曲线的坐标 x_{Ei} 和 y_{Ei} 为已知，则由四杆机构连杆上的某点 M 所描绘的曲线的相应坐标 x_i、y_i 可用下列方程表示

$$x_i=z_6\cos\alpha+z_1\cos\varphi_i+z_5\cos(\lambda+\delta_i+\varphi_0)$$
$$y_i=z_6\sin\alpha+z_1\sin\varphi_i+z_5\sin(\lambda+\delta_i+\varphi_0)$$

式中

$$\delta_i=\arcsin\left(\frac{z_3\sin\gamma_i}{\rho}\right)-\beta_i$$

$$\gamma_i=\arccos\frac{z_2^2+z_3^2-\rho^2}{2z_2 z_3}$$

$$\beta_i=\arccos\frac{z_1^2\sin(\varphi_i-\varphi_0)}{\rho}$$

$$\rho=\sqrt{z_1^2+z_4^2-2z_1 z_4\cos(\varphi_i-\varphi_0)}$$

由上述可知，连杆上的 M 点的坐标是杆长 z_1、z_2、z_3、z_4 及长度 z_5、z_6 和角度 α、φ_0、λ 的函数，它们均应列为设计变量。当对曲柄转角提出要求时，φ_i 也应列为设计变量，则

$$\boldsymbol{x}=(x_1\quad x_2\quad\cdots\quad x_{10})^{\mathrm T}=(z_1\quad z_2\quad z_3\quad z_4\quad z_5\quad z_6\quad \alpha\quad \varphi_0\quad \lambda\quad \varphi_i)^{\mathrm T}$$

若要求所设计的四杆机构其连杆上的 M 点所描绘的实际曲线 y 尽可能接近已知曲线 y_E，曲柄转角 φ_i 尽可能地接近要求值，则目标函数可表示为

$$f(\boldsymbol{x})=\omega_1\sum_{i=1}^{m}(y_i-y_{Ei})^2+\omega_2\sum_{i=1}^{m-1}(\varphi_{i+1}-\varphi_i-\Delta\varphi_i)^2$$

式中 y_i——实际曲线 y 的离散值；

y_{Ei}——已知曲线 y_E 的离散值；

φ_i——与位置有关的曲柄转角；

$\Delta\varphi_i$——要求的曲柄转角；

ω_1、ω_2——加权因子，根据目标函数中两种偏差的重要程度来选择，当曲柄的角度偏差不需考虑时，取 $\omega_2=0$。

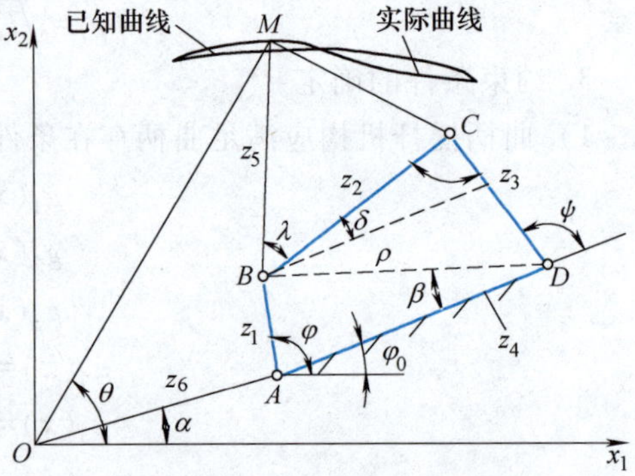

图 8-10 曲柄摇杆机构的向量关系

根据图 8-10，用向量表示的四杆机构的两个环路方程为

$$r=z_6+z_1+z_5$$

$$z_1+z_2=z_4+z_3$$

则可构成 4 个等式约束条件，其函数关系为

$$x_i-z_6\cos\alpha-z_1\cos\varphi_i-z_5\cos(\lambda+\delta_i+\varphi_0)=0$$

$$y_i-z_6\sin\alpha-z_1\sin\varphi_i-z_5\sin(\lambda+\delta_i+\varphi_0)=0$$

$$z_1\cos\varphi_i+z_2\cos(\delta_i+\varphi_0)-z_4\cos\varphi_0-z_3\cos\psi_i=0$$

$$z_1\sin\varphi_i+z_2\sin(\delta_i+\varphi_0)-z_4\sin\varphi_0-z_3\sin\psi_i=0$$

以保证在任一位置，形成一个四杆机构及其连杆上 M 点的轨迹。

另外，还应根据问题的要求，列出满足传动角要求、曲柄存在条件及杆长的尺寸限制的不等式约束条件。

例 8-5 设计一曲柄摇杆机构，要求曲柄 l_1 从 φ_0 转到 $\varphi_m=\varphi_0+90°$时，摇杆 l_3 的转角最佳再现已知的运动规律：$\psi_E=\psi_0+\dfrac{2}{3\pi}(\varphi-\varphi_0)^2$，且已知 $l_1=1$，$l_4=5$，φ_0 为极位角，其传动角允许在 $45°\leqslant\gamma\leqslant135°$范围内变化。

解： 1. 数学模型的建立

该机构的运动简图如图 8-11 所示。在这个问题中，已知 $l_1=1$，$l_4=5$，且 φ_0 和 ψ_0 不是独立参数，它们可由下式求出，即

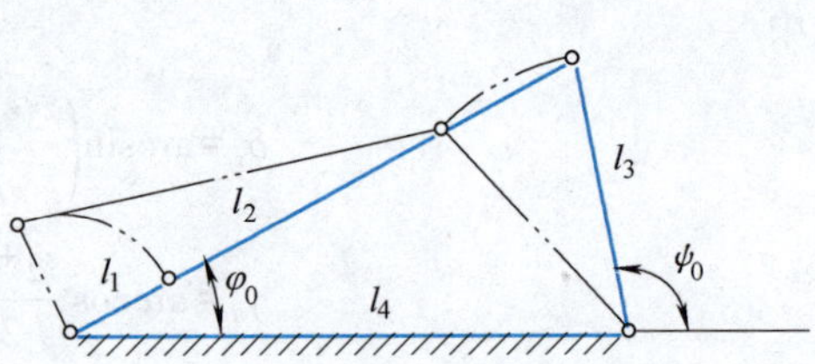

图 8-11 例 8-5 的机构运动简图

$$\varphi_0=\arccos\frac{(1+l_2)^2-l_3^2+25}{10(1+l_2)}$$

$$\psi_0=\arccos\frac{(1+l_2)^2-l_3^2-25}{10l_3}$$

所以该问题只有两个独立参数 l_2 和 l_3。因此设计变量为

$$\boldsymbol{x}=(x_1\quad x_2)^{\mathrm{T}}=(l_2\quad l_3)^{\mathrm{T}}$$

将输入角 30 等分，并用近似公式计算，可得目标函数的表达式

$$f(\boldsymbol{x})=\sum_{i=1}^{30}\left[(\psi_i-\psi_{Ei})^2(\varphi_i-\varphi_{i-1})\right]$$

式中 ψ_i——当 $\varphi=\varphi_i$ 时的机构实际输出角，其计算公式为

$$\psi_i=\pi-\alpha_i-\beta_i$$

式中

$$\alpha_i=\arccos\frac{r_i^2+l_3^2-l_2^2}{2r_i l_3}=\arccos\frac{r_i^2+x_2^2-x_1^2}{2r_i x_2}$$

$$\beta_i=\arccos\frac{r_i^2+l_4^2-l_1^2}{2r_i l_4}=\arccos\frac{r_i^2+24}{10r_i}$$

$$r_i=(l_1^2+l_4^2-2l_1l_4\cos\varphi_i)^{\frac{1}{2}}=(26-10\cos\varphi_i)^{\frac{1}{2}}$$

ψ_{Ei} 为当 $\varphi=\varphi_i$ 时的理想输出角，其计算公式为

$$\psi_{Ei}=\psi_0+\frac{2}{3\pi}(\varphi_i-\varphi_0)^2$$

约束函数按曲柄存在条件及对传动角的限制来建立，得

$$g_1(\boldsymbol{x})=-x_1\leqslant 0$$

$$g_2(\boldsymbol{x})=-x_2\leqslant 0$$

$$g_3(\boldsymbol{x})=6-x_1-x_2\leqslant 0$$

$$g_4(\boldsymbol{x})=x_1-x_2-4\leqslant 0$$

$$g_5(\boldsymbol{x})=x_2-x_1-4\leqslant 0$$

$$g_6(\boldsymbol{x})=x_1^2+x_2^2-1.414x_1x_2-16\leqslant 0$$

$$g_7(\boldsymbol{x})=36-x_1^2-x_2^2-1.414x_1x_2\leqslant 0$$

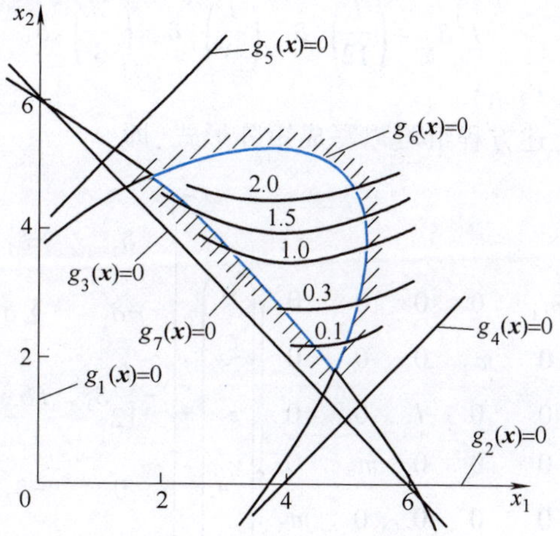

图 8-12 例 8-5 的图解

2. 优化计算结果

这是一个具有 2 个设计变量、7 个不等式约束条件的优化设计问题。该问题的图解如图 8-12 所示。可行域为由 $g_6(\boldsymbol{x})=0$，$g_7(\boldsymbol{x})=0$ 的两条曲线所包围的区域。该问题采用惩罚函数法求解，最优解为

$$\boldsymbol{x}^*=(4.1286 \quad 2.3325)^{\mathrm{T}}$$

$$f(\boldsymbol{x}^*)=0.0156$$

第五节 汽车悬架系统的优化设计

在第一章第二节“机械优化设计问题的建模示例”中，例 1-6 给出了图 1-9 所示的一个 5 自由度的汽车悬架系统。在对图中的符号进行说明以后，根据拉格朗日运动方程导出了相应的汽车运动方程。在该示例中，仅给出了当 $i=1$ 时的运动方程。因为该系统是一个 5 自由度的系统，所以下面再补充其余的 $i=2$，3，4，5 四个运动方程式，它们构成的方程组为

$$m_1\ddot{z}_1+\delta_1\dot{z}_1-\delta_1\dot{z}_2-\frac{L\delta_1}{12}\dot{z}_3+k_1z_1-k_1z_2-\frac{Lk_1}{12}z_3=0$$

$$m_2\ddot{z}_2-\delta_1\dot{z}_1+(\delta_1+\delta_2+\delta_3)\dot{z}_2+\left(\frac{L}{12}\delta_1+\frac{L}{3}\delta_2-\frac{2L}{3}\delta_3\right)\dot{z}_3-\delta_2\dot{z}_4-\delta_3\dot{z}_5+k_1z_1+(k_1+k_2+k_3)z_2+$$

$$\left(\frac{L}{12}k_1+\frac{L}{3}k_2-\frac{2L}{3}k_3\right)z_3-k_2z_4-k_3z_5=0$$

$$I\ddot{z}_3-\frac{L}{12}\delta_1\dot{z}_1+\left(\frac{L}{12}\delta_1+\frac{L}{3}\delta_2-\frac{2L}{3}\delta_3\right)\dot{z}_2+\left[\left(\frac{L}{12}\right)^2\delta_1+\left(\frac{L}{3}\right)^2\delta_2+\left(\frac{2L}{3}\right)^2\delta_3\right]\dot{z}_3-\frac{L}{3}\delta_2\dot{z}_4+\frac{2L}{3}\delta_3\dot{z}_5-$$

$$\frac{L}{12}k_1z_1+\left(\frac{L}{12}k_1+\frac{L}{3}k_2-\frac{2L}{3}k_3\right)z_2+\left[\left(\frac{L}{12}\right)^2k_1+\left(\frac{L}{3}\right)^2k_2+\left(\frac{2L}{3}\right)^2k_3\right]z_3-\frac{L}{3}k_2z_4+\frac{2L}{3}k_3z_5=0$$

$$m_4\ddot{z}_4-\delta_2\dot{z}_2-\frac{L}{3}\delta_2\dot{z}_3+(\delta_2+\delta_4)\dot{z}_4-k_2z_2-\frac{L}{3}k_2z_3+(k_2+k_4)z_4-(k_4+\delta_4)f_1(t)=0$$

$$m_5\ddot{z}_5-\delta_3\dot{z}_2+\frac{2L}{3}\delta_3\dot{z}_3+(\delta_3+\delta_5)\dot{z}_5-k_3z_2+\frac{2L}{3}k_3z_3+(k_3+k_5)z_5-(k_5+\delta_5)f_2(t)=0$$

记 $\sum\delta=\delta_1+\delta_2+\delta_3$　　　　$\sum k=k_1+k_2+k_3$

$$L\delta_{\Sigma}=\frac{L}{12}\delta_1+\frac{L}{3}\delta_2-\frac{2L}{3}\delta_3 \qquad Lk_{\Sigma}=\frac{L}{12}k_1+\frac{L}{3}k_2-\frac{2L}{3}k_3$$

$$L^2\delta_{\Sigma}=\left(\frac{L}{12}\right)^2\delta_1+\left(\frac{L}{3}\right)^2\delta_2+\left(\frac{2L}{3}\right)^2\delta_3 \qquad L^2k_{\Sigma}=\left(\frac{L}{12}\right)^2k_1+\left(\frac{L}{3}\right)^2k_2+\left(\frac{2L}{3}\right)^2k_3$$

上述方程组可以写成矩阵形式，即

$$\begin{pmatrix} m_1 & 0 & 0 & 0 & 0\\ 0 & m_2 & 0 & 0 & 0\\ 0 & 0 & I & 0 & 0\\ 0 & 0 & 0 & m_4 & 0\\ 0 & 0 & 0 & 0 & m_5 \end{pmatrix}\begin{pmatrix}\ddot{z}_1\\ \ddot{z}_2\\ \ddot{z}_3\\ \ddot{z}_4\\ \ddot{z}_5\end{pmatrix}+\begin{pmatrix} \delta_1 & -\delta_1 & -\frac{L}{12}\delta_1 & 0 & 0\\ -\delta_1 & \sum\delta & L\delta_{\Sigma} & -\delta_2 & -\delta_3\\ -\frac{L}{12}\delta_1 & L\delta_{\Sigma} & L^2\delta_{\Sigma} & -\frac{L}{3}\delta_2 & \frac{2L}{3}\delta_3\\ 0 & -\delta_2 & -\frac{L}{3}\delta_2 & \delta_2+\delta_4 & 0\\ 0 & -\delta_3 & \frac{2L}{3}\delta_3 & 0 & \delta_3+\delta_5 \end{pmatrix}\begin{pmatrix}\dot{z}_1\\ \dot{z}_2\\ \dot{z}_3\\ \dot{z}_4\\ \dot{z}_5\end{pmatrix}+$$

$$\begin{pmatrix} k_1 & -k_1 & -\frac{L}{12}k_1 & 0 & 0\\ k_1 & \sum k & Lk_{\Sigma} & -k_2 & -k_3\\ -\frac{L}{12}k_1 & Lk_{\Sigma} & L^2k_{\Sigma} & -\frac{L}{3}k_2 & \frac{2L}{3}k_3\\ 0 & -k_2 & -\frac{L}{3}k_2 & k_2+k_4 & 0\\ 0 & -k_3 & \frac{2L}{3}k_3 & 0 & k_3+k_5 \end{pmatrix}\begin{pmatrix}z_1\\ z_2\\ z_3\\ z_4\\ z_5\end{pmatrix}-\begin{pmatrix} 0 & 0 & 0 & 0 & 0\\ 0 & 0 & 0 & 0 & 0\\ 0 & 0 & 0 & 0 & 0\\ 0 & 0 & 0 & -(k_4+\delta_4) & 0\\ 0 & 0 & 0 & 0 & -(k_5+\delta_5) \end{pmatrix}\begin{pmatrix}0\\ 0\\ 0\\ f_1(t)\\ f_2(t)\end{pmatrix}=0$$

或简化为

$$\boldsymbol{M}\ddot{\boldsymbol{Z}}+\boldsymbol{D}\dot{\boldsymbol{Z}}+\boldsymbol{K}\boldsymbol{Z}=\boldsymbol{P}\boldsymbol{F}(t)$$

式中　$\boldsymbol{M}$——质量矩阵；

　　　$\boldsymbol{D}$——阻尼矩阵；

K——刚度矩阵；

P——广义力矩阵；

Z——位移列向量；

F(*t*)——力的幅值列向量。

对于图示的模型，设

$$\delta_4=\delta_5=0,\qquad k_2=k_3,\qquad k_4=k_5$$

另设

$$\mu_1=\frac{m_1}{m_2}\qquad \Omega_2^2=\frac{(k_2+k_3)/m_2}{\omega_{10}^2}$$

$$\mu_2=\frac{m_3}{m_2}=\frac{m_4}{m_2}\qquad \Omega_3^2=\frac{(k_3+k_5)/m_3}{\omega_{10}^2}$$

$$\beta=\frac{L^2}{r^2}\qquad \xi_1=\frac{\delta_1}{2\sqrt{k_1m_1}}$$

$$\alpha=\frac{\omega}{\omega_{10}}\qquad \xi_2=\frac{\delta_2}{2\sqrt{(k_2+k_4)m_3}}$$

$$\Omega_1^2=\frac{k_1/m_1}{\omega_{10}^2}\qquad \xi_3=\frac{\delta_3}{2\sqrt{(k_2+k_4)m_3}}$$

假设简谐运动的形式为

$$z=y\mathrm{e}^{i\omega t},\qquad 设\ b_i=y_i\mathrm{e}^{i\omega t}\qquad (i=1,2,3)$$

其中 ω 取决于车速和道路不平度波长的角频率。

为了简化公式的形式，另设 $m_2=1$，$\omega_{10}=1$，$L=1$，于是，上述方程组可写成如下形式：

$$-\mu_1\alpha^2b_1+i2\mu_1\Omega_1\xi_1\alpha b_1+\mu_1\Omega_1^2b_1-i2\mu_1\Omega_1\xi_1\alpha b_2-\mu_1\Omega_1^2b_2-i\frac{\mu_1}{6}\Omega_1\xi_1\alpha b_3-\frac{\mu_1}{12}\Omega_1^2b_3=0$$

$$-\alpha^2b_2+i2(\mu_1\Omega_1\xi_1+\mu_2\Omega_3\xi_2+\mu_2\Omega_3\xi_3)\alpha b_2+(\mu_1\Omega_1^2+\Omega_2^2)b_2-i2\mu_1\Omega_1\xi_1\alpha b_1-$$

$$\mu_1\Omega_1^2b_3+i\left(\frac{\mu_1}{6}\Omega_1\xi_1+\frac{2}{3}\mu_2\Omega_3\xi_2-\frac{4}{3}\mu_2\Omega_3\xi_3\right)\alpha b_3+\left(\frac{\mu_1}{12}\Omega_1^2-\frac{1}{6}\Omega_2^2\right)b_3-$$

$$i2\mu_2\Omega_3\xi_2\alpha b_4-\frac{1}{2}\Omega_2^2b_4-i2\mu_2\Omega_3\xi_3\alpha b_5-\frac{1}{2}\Omega_2^2b_5=0$$

$$-\frac{\alpha^2}{\beta}b_3+\frac{i}{9}\left(\frac{\mu_1}{8}\Omega_1\xi_1+2\mu_2\Omega_3\xi_2+8\mu_2\Omega_3\xi_3\right)\alpha b_3+\frac{1}{9}\left(\frac{\mu_1}{16}\Omega_1^2+\frac{5}{2}\Omega_2^2\right)b_3-\frac{i}{6}\mu_1\Omega_1\xi_1\alpha b_1-$$

$$\frac{\mu_1}{12}\Omega_1^2b_1+i\left(\frac{\mu_1}{6}\Omega_1\xi_1+\frac{2}{3}\mu_2\Omega_3\xi_2-\frac{4}{3}\mu_2\Omega_3\xi_3\right)\alpha b_2+\left(\frac{\mu_1}{12}\Omega_1^2-\frac{1}{6}\Omega_2^2\right)b_2-$$

$$i\,\frac{2}{3}\mu_2\Omega_3\alpha b_4-\frac{1}{6}\Omega_2^2b_4+i\,\frac{4}{3}\mu_2\Omega_3\xi_3\alpha b_5+\frac{1}{3}\Omega_2^2b_5=0$$

$$-\mu_2\alpha^2b_4+i2\mu_2\Omega_3\xi_2\alpha b_4+\mu_2\Omega_3^2b_4-i2\mu_2\Omega_3\xi_3\alpha b_2-\frac{1}{2}\Omega_2^2b_2-i\,\frac{2}{3}\mu_2\Omega_3\xi_2\alpha b_3-$$

$$\frac{1}{6}\Omega_2^2b_3=\mu_2\Omega_3^2-\frac{1}{2}\Omega_2^2$$

$$-\mu_2\alpha^2 b_5+i2\mu_2\Omega_3\xi_3\alpha b_5+\mu_2\Omega_3^2 b_5-i2\mu_2\Omega_3\xi_3\alpha b_2-\frac{1}{2}\Omega_2^2 b_2+i\frac{4}{3}\mu_2\Omega_3\xi_3\alpha b_3+\frac{1}{3}\Omega_2^2 b_3=\mu_2\Omega_3^2-\frac{1}{2}\Omega_2^2$$

其中，ω_{10} 为系统的无阻尼固有频率，$b_i=y_i/z_0$，$i\neq3$，而 $b_3=Ly_3/z_0$。

上述方程组也可以写成如下的简化形式：

$$\boldsymbol{T}(\boldsymbol{\xi},\alpha)\boldsymbol{b}=\boldsymbol{P}$$

式中

$$\boldsymbol{\xi}=(\xi_1\quad\xi_2\quad\xi_3)^{\mathrm{T}}$$

$$\boldsymbol{b}=(b_1\quad b_2\quad b_3\quad b_4\quad b_5)^{\mathrm{T}}$$

$$\boldsymbol{P}=(P_1\quad P_2\quad P_3\quad P_4\quad P_5)^{\mathrm{T}}$$

$$\boldsymbol{T}(\boldsymbol{\xi},\alpha)=-\alpha^2\boldsymbol{M}+i\alpha\boldsymbol{D}+\boldsymbol{K}$$

利用复变函数理论，可以大大简化这些方程组的求解过程。根据复变函数的符号，$\boldsymbol{T}(\boldsymbol{\xi},\alpha)$ 可以写成

$$\boldsymbol{T}(\boldsymbol{\xi},\alpha)=\boldsymbol{T}_1(\boldsymbol{\xi},\alpha)+i\boldsymbol{T}_2(\boldsymbol{\xi},\alpha)$$

式中

$$\boldsymbol{T}_1(\boldsymbol{\xi},\alpha)=-\alpha^2\boldsymbol{M}+\boldsymbol{K}\text{ 和 }\boldsymbol{T}_2(\boldsymbol{\xi},\alpha)=\alpha\boldsymbol{D}$$

于是

$$[\boldsymbol{T}_1(\boldsymbol{\xi},\alpha)+i\boldsymbol{T}_2(\boldsymbol{\xi},\alpha)](u-iv)=\boldsymbol{P}$$

令实部与虚部分别相等，得到下列实方程

$$\begin{cases}\boldsymbol{T}_1u+\boldsymbol{T}_2v=\boldsymbol{P}\\ \boldsymbol{T}_2u-\boldsymbol{T}_1v=0\end{cases}$$

也可以写成矩阵形式

$$\begin{pmatrix}\boldsymbol{T}_1 & \boldsymbol{T}_2\\ \boldsymbol{T}_2 & -\boldsymbol{T}_1\end{pmatrix}\begin{pmatrix}u\\ v\end{pmatrix}=\begin{pmatrix}\boldsymbol{P}\\ 0\end{pmatrix}$$

将 $\boldsymbol{T}_1$ 和 $\boldsymbol{T}_2$ 的表达式代入，得

$$\begin{pmatrix}-\alpha^2\boldsymbol{M}+\boldsymbol{K} & \alpha\boldsymbol{D}\\ \alpha\boldsymbol{D} & \alpha^2\boldsymbol{M}-\boldsymbol{K}\end{pmatrix}\begin{pmatrix}u\\ v\end{pmatrix}=\begin{pmatrix}\boldsymbol{P}\\ 0\end{pmatrix}$$

根据上面的分析，可以建立汽车悬架系统优化设计的数学模型。

1. 目标函数

考虑到驾驶人（即质量 m_1）在驾驶过程中的舒适性，m_1 的振动幅值应尽可能小，为此令

$$\phi(u,v)=u^2+v^2$$

于是，目标函数为

$$\min(\varphi_0)=\min\{\max\phi(u,v)\}$$

即在整个区域内，使质量 m_1 幅值平方的最大值最小。

2. 设计变量

设计变量可取为

$$x_1=\frac{\delta_1}{2\sqrt{k_1m_1}},\qquad x_2=\frac{\delta_2}{2\sqrt{(k_2+k_4)m_3}},\qquad x_3=\frac{\delta_3}{2\sqrt{(k_2+k_4)m_3}}$$

均为无量纲的阻尼参数。

3. 约束函数

除了设计变量自身的界限约束外，还应考虑悬架系统的相对阻尼系数应在 0.2~0.4 之间，则约束函数为

$$x_{i\min} \leqslant x_i \leqslant x_{i\max} \quad (i=1,2,3)$$

$$0.2 \leqslant \psi \leqslant 0.4 \quad 相对阻尼系数\ \psi_i = \frac{\delta}{2m\sqrt{\dfrac{f_{si}}{g}}} \quad (i=2,3)$$

式中 f_s——悬架系统的静挠度，一般取 $f_s=0.15\sim0.3\text{m}$；

g——重力加速度，取 $g=9.8\text{m/s}^2$。

例 8-6 一中型货车的悬架系统如图 1-9 所示，已知

$$\mu_1=0.25 \quad \mu_2=0.15 \quad \beta=13.4 \quad \alpha=1$$

$$\Omega_1^2=1.64 \quad \Omega_2^2=2.18 \quad \Omega_3^2=80.8$$

$$m_2=1 \quad L=1 \quad I=m_2r^2$$

则质量矩阵 $\boldsymbol{M}$、刚度矩阵 $\boldsymbol{K}$、阻尼矩阵 $\boldsymbol{D}$ 和广义力矩阵 $\boldsymbol{P}$ 为

$$\boldsymbol{M}=\begin{pmatrix} 0.25 & 0 & 0 & 0 & 0 \\ 0 & 1.0 & 0 & 0 & 0 \\ 0 & 0 & 0.07463 & 0 & 0 \\ 0 & 0 & 0 & 0.15 & 0 \\ 0 & 0 & 0 & 0 & 0.15 \end{pmatrix}$$

$$\boldsymbol{K}=\begin{pmatrix} 0.410 & -0.410 & -0.03417 & 0 & 0 \\ -0.410 & 2.590 & -0.3292 & -1.09 & -1.09 \\ -0.03417 & -0.3292 & 0.6084 & -0.3633 & 0.7267 \\ 0 & -1.09 & -0.3633 & 12.12 & 0 \\ 0 & -1.09 & 0.7267 & 0 & 12.12 \end{pmatrix}$$

$$\boldsymbol{D}=\begin{pmatrix} 0.6403x_1 & -0.6403x_1 & -0.05336x_1 & 0 & 0 \\ & d_{22} & d_{23} & -2.698x_2 & -2.697x_3 \\ & & d_{33} & -0.8989x_2 & 1.798x_3 \\ & (对称) & & 2.697x_2 & 0 \\ & & & & 2.697x_3 \end{pmatrix}$$

矩阵 $\boldsymbol{D}$ 中

$$d_{22}=0.6503x_1+2.697x_2+2.698x_3$$

$$d_{23}=0.05336x_1+0.8989x_2-1.798x_3$$

$$d_{33}=0.004476x_1+0.2996x_2+1.199x_3$$

$$\boldsymbol{P}=(0 \quad 0 \quad 0 \quad 11.03 \quad 11.03)^{\mathrm{T}}$$

于是汽车悬架系统优化设计的数学模型可归结如下：

求 $\boldsymbol{x}=(x_1 \quad x_2 \quad x_3)$

使 $F(\boldsymbol{x})=\min\{\max(u_1^2+v_1^2)\}$

s. t. $x_{1\min} \leqslant x_1 \leqslant x_{1\max}$ （可取 $x_{1\min}=0.1, x_{1\max}=2.1$）

$$\frac{0.4m_2}{2\sqrt{(k_2+k_4)m_3}}\sqrt{\frac{g}{0.3}} \leqslant x_2 \leqslant \frac{0.8m_2}{2\sqrt{(k_2+k_4)m_3}}\sqrt{\frac{g}{0.15}}$$

$$\frac{0.4m_2}{2\sqrt{(k_2+k_4)m_3}}\sqrt{\frac{g}{0.3}} \leqslant x_3 \leqslant \frac{0.8m_2}{2\sqrt{(k_2+k_4)m_3}}\sqrt{\frac{g}{0.15}}$$

将已知的质量矩阵 $\boldsymbol{M}$、刚度矩阵 $\boldsymbol{K}$、阻尼矩阵 $\boldsymbol{D}$ 和广义力矩阵 $\boldsymbol{P}$ 代入式中，构成一个

10阶线性方程组，求解后可得 u 和 v，即可利用已有的优化方法程序求解。本问题利用惩罚函数法（SUMT法）计算，计算所得的最优结果为

$$x_1=2.099368 \qquad x_2=0.9167317 \qquad x_3=1.133748$$

$$F(x)=1.470880$$

此计算结果和参考文献［37］给出的计算结果非常相近。

应该指出的是，这里仅取汽车悬架系统作为一个优化设计的实例来说明动力学优化设计数学模型的建立和计算过程，更加一般的问题和一些数学上的复杂运算留待实际工作中去解决。

第六节 热压机机架结构的优化设计

机械结构件，尤其是那些重型机械的大型基础件，作为机械产品的主体，不仅在很大程度上决定着机器的重量，而且对于整机的性能起着不可低估的作用。因此，对这类结构件进行以重量最轻和应力集中区的应力最小为目标的结构优化设计，对于提高机械产品的性能，降低成本都具有重要意义。

热压机是用来压制胶合板、纤维板、刨花板等平板制品的一种液压机。某重型机器厂生产的6450t热压机的主体由8架16片框板平行组装而成，每片框板的结构尺寸及受力状况如图8-13所示。

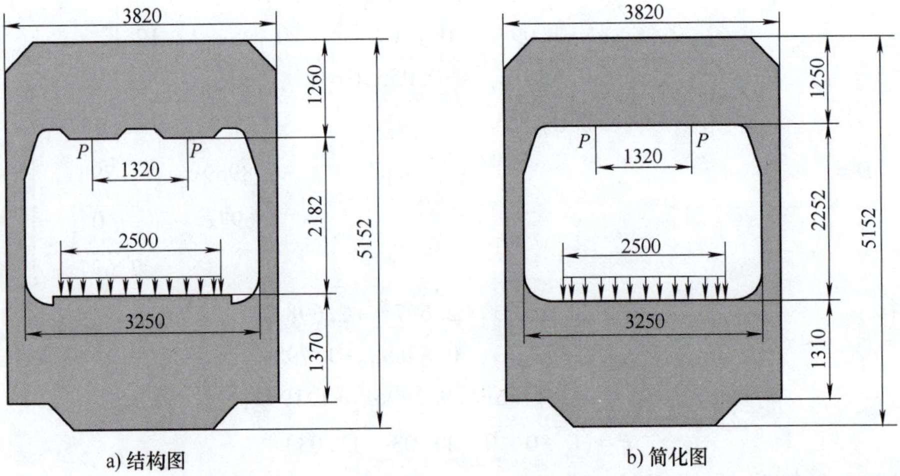

图8-13 框板

对热压机进行结构优化设计时，分为两步进行：第一步是以大尺寸为设计变量，以重量最轻为目标；第二步是以框板上角应力集中区的过渡曲线尺寸为设计变量，以该区的应力最小为目标。

1. 以重量最轻为目标的优化设计

（1）设计变量 取四个设计变量来描述框板的外形尺寸和厚度，如图8-14所示。其中，x_1 的变化决定 L_1L_2 线段的上下移动，x_2 的变化决定 L_2L_3 折线段的左右移动，x_3 的变化决定 L_3L_6 折线段的上下移动，x_4 为框板的厚度。即

$$\boldsymbol{x}=(x_1\quad x_2\quad x_3\quad x_4)^{\mathrm{T}}$$

（2）目标函数　取单片框板的重量。

（3）约束函数

1）位移约束。取上横梁中点 d_1、下横梁中点 d_2 及侧板上的点 d_3 为位移控制点。即要求各控制点的位移不超过如下许用值：d_1 点许用变形量 $[\delta]_{d1}=0.5\mathrm{mm}$，$d_2$ 点许用变形量 $[\delta]_{d2}=3\mathrm{mm}$，$d_3$ 点许用变形量 $[\delta]_{d3}=2.5\mathrm{mm}$。

2）应力约束。取侧板上的 S_1 和 S_2 两点为应力控制点。即要求各控制点的应力不超过许用值 $[\sigma]=150\mathrm{MPa}$。

3）几何约束。取各设计变量的取值范围。

该问题的数学模型为

$$\min F(\boldsymbol{x})=1.56\times10^{-5}[(x_1+x_3+2192)(x_2+1625)-340x_2-3675900]x_4$$

$$\text{s.t.}\quad \sigma_{di}-[\sigma]\leqslant0\qquad(i=S_1,S_2)$$

$$\delta_i(x)-[\delta]_i\leqslant0\qquad(i=d_1,d_2,d_3)$$

$$80-x_4\leqslant0$$

$$x_4-85\leqslant0$$

$$1000-x_1\leqslant0$$

$$100-x_2\leqslant0$$

$$1000-x_3\leqslant0$$

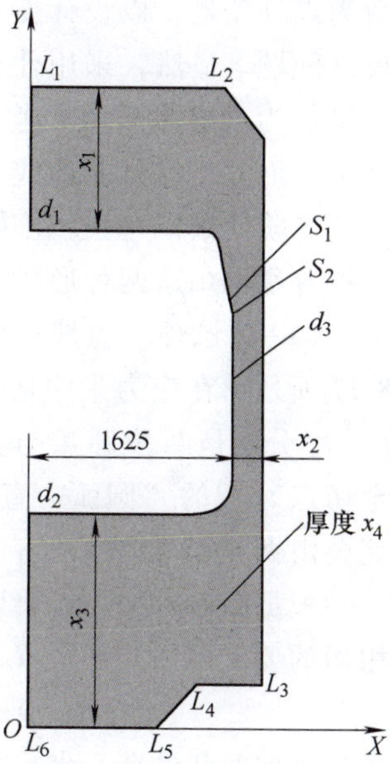

图 8-14　框板的结构

该问题用复合形法求解，位移和应力用平面有限元法计算。在用有限元法作为结构件的分析工具时，它们表现为设计变量的隐函数，因而在优化设计方法的程序设计时，应将有限元法的程序嵌入到复合形法程序中去。在计算过程中，随着设计变量的改变，结构件的尺寸发生变化，结构件的有限元网格及节点坐标也发生变化，因此，有限元计算程序必须具备自动划分网格的功能。由于框板结构是对称的，可以取一半作为计算对象，采用三节点线形单元，网格划分如图 8-15 所示。

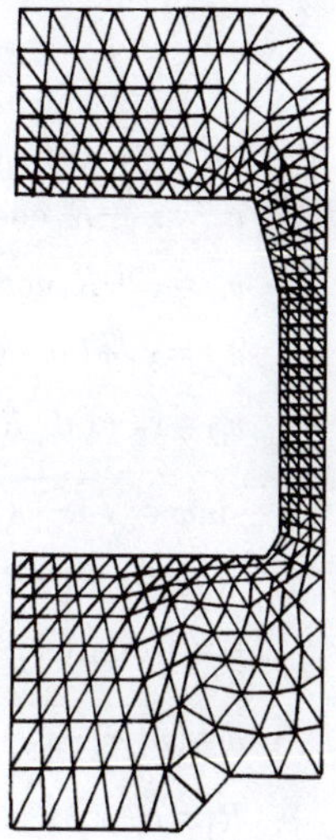
图 8-15　网格划分

利用复合形法计算，收敛精度取为 0.0001，得到的最优设计方案为

$$\boldsymbol{x}^*=(1242.28\quad 343.78\quad 1705.47\quad 80.0)^{\mathrm{T}}$$

$$f(\boldsymbol{x}^*)=7897.83$$

圆整后　$\boldsymbol{x}^*=(1240.0\quad 340.0\quad 1717.0\quad 80.0)^{\mathrm{T}}$

$$f(\boldsymbol{x}^*)=7878.03$$

单片框板的质量由原来设计的 8357.89kg 下降到 7878.03kg，减少了 5.74%。

2. 以应力最小为目标的优化设计

对上述最优方案进行一次更为精确的有限元计算，发现框板上角处有明显的应力集中现象，其峰值达 142.3MPa（图 8-16），虽然没有超过许用值，但如何在不改变结构尺寸的前提下，尽可能降低应力峰值，使应力分布更加合理，显然是非常必要的。为此，可以采用改变过渡曲线的方法来达到降低应力的目的。

为此，该问题可以看成以应力集中区的最大应力最小为目标，取构成边界曲线的一组参数为设计变量，以设计变量的尺寸界限为约束函数的优化设计问题。显然，采用什么样的形线来描述边界曲线的形状是最为重要的问题。考虑到“圆弧—直线—圆弧”容易加工，而“三次样条曲线”则非常光滑（即具有连续的一阶和二阶导数），且变化灵活，可以覆盖多种类型的曲线，故拟分别采用这两种形线作为边界曲线，并进行优化设计。

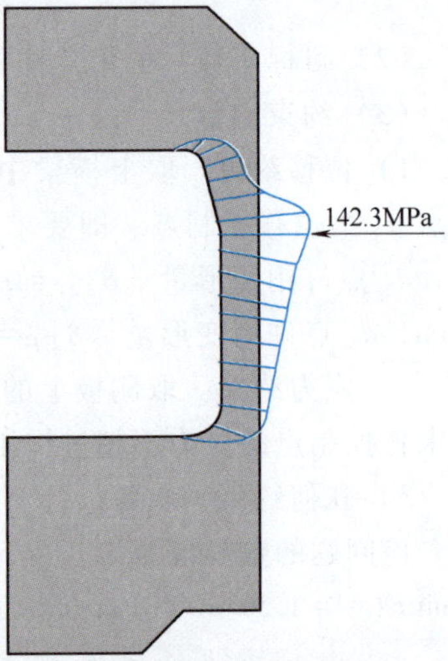

图 8-16 受力分析

（1）“圆弧—直线—圆弧”型边界曲线的描述 如图 8-17 所示，在应力集中区建立新坐标系 uOv，图中 t_1、t_2、t_3、t_4 分别是两段圆弧与直线的切点。边界形状由切点 t_3 至切点 t_4 间的“圆弧—直线—圆弧”组成，显然，该形状完全由两个圆的圆心 O_1 (u_1, v_1) 与 O_2 (u_2, v_2) 所确定。根据圆 O_1 必须与直线 at_3 相切，圆 O_2 必须与直线 bt_4 相切的要求可知，半径 R_1、R_2 可以用 u_2、v_1 表示，即

$$R_1=a-v_1,\ R_2=b-u_2$$

于是可取两圆的圆心坐标为设计变量，即

$$\boldsymbol{x}=(x_1\quad x_2\quad x_3\quad x_4)^{\mathrm{T}}=(u_1\quad v_1\quad u_2\quad v_2)^{\mathrm{T}}$$

边界曲线与设计变量间的函数关系为

$$v=\begin{cases} a & 0\leqslant u<x_1 \\ \sqrt{(a-x_2)^2-(u-x_1)^2}+x_2 & x_1\leqslant u<u_{t1} \\ \dfrac{v_{t2}-v_{t1}}{u_{t2}-u_{t1}}(u-u_{t1})+v_{t1} & u_{t1}\leqslant u<u_{t2} \\ \sqrt{(b-x_3)^2-(u-x_3)^2}+x_4 & u_{t2}\leqslant u<b \\ u=b & b\leqslant v<v_{t2} \end{cases}$$

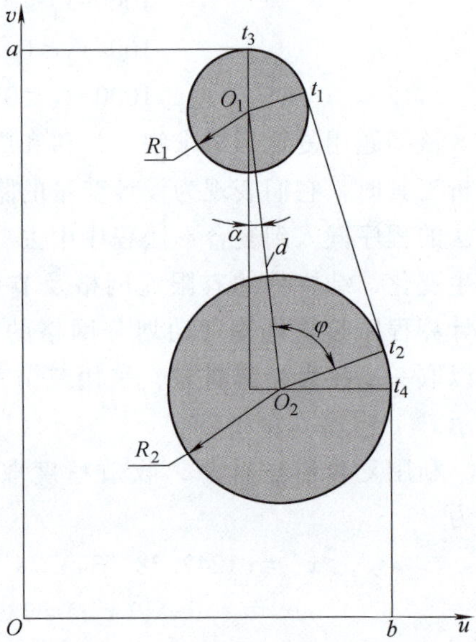

图 8-17 “圆弧—直线—圆弧”型边界曲线

式中 u_{t1}、v_{t1}、u_{t2}、v_{t2}——切点坐标；

$$u_{t1}=x_1-R_1\cos\varphi\cos\alpha+R_1\sin\varphi\sin\alpha$$
$$v_{t1}=x_2-R_1\cos\varphi\sin\alpha+R_1\sin\varphi\cos\alpha$$
$$u_{t2}=x_1+(d-R_2\cos\varphi)\cos\alpha-R_2\sin\varphi\sin\alpha$$
$$v_{t2}=x_2+(d-R_2\cos\varphi)\sin\alpha-R_2\sin\varphi\cos\alpha$$
$$\sin\varphi=\sqrt{1-[(R_2-R_1)/d]^2}$$
$$\cos\varphi=(R_2-R_1)/d$$
$$\alpha=\arctan(x_1-x_3)/(x_2-x_4)$$
$$d=\sqrt{(x_1-x_3)^2+(x_2-x_4)^2}$$
$$R_1=a-x_2$$
$$R_2=b-x_3$$

（2）“三次样条曲线”型边界曲线的描述 这种边界曲线的描述采用第一类边界条件的三次样条插值方法。为了减少描述三次样条曲线的设计变量数，插值在极坐标系下进行，然后再转换到直角坐标系中。插值区间为 $[\alpha, \beta]$，插值节点为一系列的幅角

$$\alpha=\varphi_1<\varphi_2<\cdots<\varphi_j<\cdots\varphi_n=\beta$$

插值函数为相应的极径长度，即

$$r_1, r_2, \cdots, r_j, \cdots, r_n$$

显然 $\{\varphi_j, r_j\}(j=1, 2, \cdots, n)$ 的值决定了三次样条曲线的形状。

如图 8-18 所示，用 $\{\varphi_j, r_j\}(j=1, 2, \cdots, 5)$ 来描述边界形状，并取 φ_1、φ_5、r_2、r_3、r_4 为设计变量，即

$$\begin{aligned}\boldsymbol{x} &= (x_1 \quad x_2 \quad x_3 \quad x_4 \quad x_5)^{\mathrm{T}} \\ &= (\varphi_1 \quad \varphi_5 \quad r_2 \quad r_3 \quad r_4)^{\mathrm{T}}\end{aligned}$$

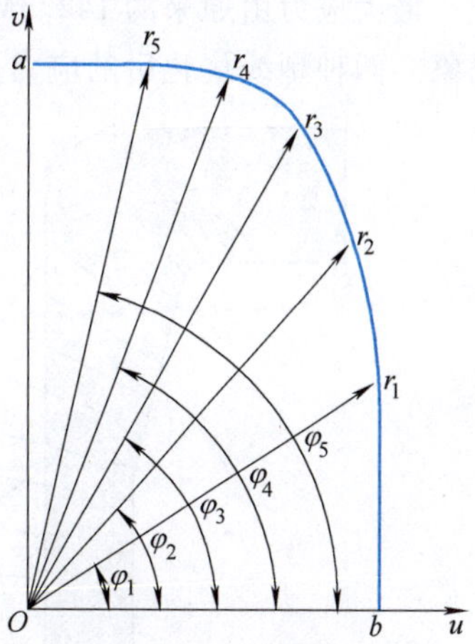

图 8-18 “三次样条曲线”型边界曲线

节点 φ_2、φ_3、φ_4 在区间 $[\varphi_1, \varphi_5]$ 中按等间隔布置。因此设计变量 x_1 和 x_2 决定了曲线的分布范围，而 x_3、x_4、x_5 决定了曲线的形状。三次样条曲线的两端应分别与两条直线相切，可知 r_1 和 r_2 不是独立变量，可表示为

$$r_1 = b/\cos\varphi_1, \ r_5 = a/\sin\varphi_5$$

插值的边界条件为

$$r'(\varphi_1) = b\sin\varphi_1/\cos^2\varphi_1, r'(\varphi_5) = -a\cos\varphi_5/\sin^2\varphi_5$$

根据以上分析，可建立应力优化设计的数学模型。

对于“圆弧—直线—圆弧”型边界曲线的数学模型为

$$\min f(x) = \max\{\sigma_j\}$$

$$\text{s. t.} \quad a_i \leqslant x_i \leqslant b_i \qquad (i=1,2,3,4)$$

式中　σ_j——边界曲线上各节点的计算应力。

对于“三次样条曲线”型边界曲线的数学模型为

$$\min f(x) = \max\{\sigma_j\}$$

$$\text{s. t.} \quad a_i \leqslant x_i \leqslant b_i \qquad (i=1,2,3,4)$$

$$\bar{r}_i - r_i \leqslant 0 \qquad (i=2,3,4)$$

式中　σ_j——边界曲线上各节点的计算应力；

$\bar{r}_i$——极径，r_{i-1} 和 r_i 的端点连线与极径 r_i 交点的极径，即

$$\bar{r}_i = \frac{r_{i-1}\sin\varphi_{i-1} - k_i r_{i-1}\cos\varphi_{i-1}}{\sin\varphi_i - k_i\cos\varphi_i}$$

$$k_i = \frac{r_{i+1}\sin\varphi_{i+1} - r_{i-1}\cos\varphi_{i-1}}{r_{i+1}\cos\varphi_{i+1} - r_{i-1}\cos\varphi_{i-1}} \quad (i=2,3,4,5)$$

进行优化设计计算时，仍采用复合形法，为了使计算更加精确，利用有限元法计算应力时，采用了四边形八节点的等参单元。

对于“圆弧—直线—圆弧”型边界曲线计算的最优解为

$$\boldsymbol{x}^* = (580.0 \quad 1140.0 \quad 460.0 \quad 667.2)^{\mathrm{T}}$$

$$f(\boldsymbol{x}^*) = 124.5\text{MPa}$$

对于“三次样条曲线”型边界曲线计算的最优解为

$$\boldsymbol{x}^* = (0.751 \quad 1.258 \quad 1190.0 \quad 1300.0 \quad 1364.7)^{\mathrm{T}}$$

$$f(\boldsymbol{x}^*) = 120.6\text{MPa}$$

最大应力由原来的142.3MPa分别降至124.5MPa和120.6MPa，有效地缓和了应力集中现象。两种型线优化后的应力分布情况如图8-19所示。

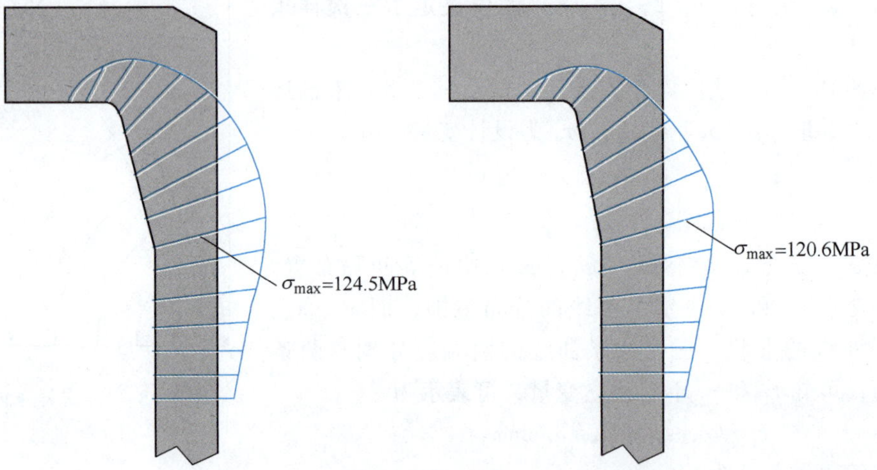

图8-19 两种型线优化后的应力分布情况

与图8-16相比，优化后的边界曲线上的应力不但峰值有所下降，而且变化也趋于平缓。"三次样条曲线"优化方案的最大应力比"圆弧—直线—圆弧"优化方案的更小，应力分布更合理。边界曲线在其上部向上弯曲，切入框板的上横梁，把原来分布在侧板狭窄区域的高应力分流到上横梁的应力富裕区，从而有效地缓解了应力集中现象。

第七节 月生产计划的最优安排

设某工厂的产品品种有1号产品，2号产品，…，n号产品。已知该厂生产$i(i=1,2,\cdots,n)$号产品的生产能力为a_i $(i=1, 2, \cdots, n)$（单位为t/h），每生产1ti号产品，可获利润α_i万元。下月市场需求1号产品尽可能地多，其他i号产品最大销售量为$b_i(i=2, \cdots, n)$（单位为t），工厂下月正常开工工时能力为T（单位为h）。应如何安排下月生产计划才能在避免开工不足的条件下使工人加班时间尽量少，并且获得的利润尽可能大，还要满足1号产品市场大量需求的要求。

设该厂下月生产i号产品的时间为$x_i(i=1, 2, \cdots, n)$（单位为h），由已知条件可将上述问题的三个目标函数描述如下：

1）工人加班工时：$\sum_{i=1}^{n} x_i - T \rightarrow \min$。

2）下月工厂总利润：$\sum_{i=1}^{n} \alpha_i a_i x_i \rightarrow \max$。

3）1号产品产量：$a_1 x_1 \rightarrow \max$。

此外，还应满足要求：

1）避免积压，产量应小于最大销售量：$a_i x_i \leqslant b_i(i=2, 3, \cdots, n)$。

2）避免开工不足，生产总工时应大于或等于开工能力：$\sum_{i=1}^{n} x_i \geqslant T(i=1, 2, \cdots, n)$。

3）生产时间应非负：$x_i \geqslant 0$ $(i=1, 2, \cdots, n)$。

若令

$$f_1(x) = \sum_{i=1}^{n} x_i - T \to \min$$

$$f_2(x) = -\sum_{i=1}^{n} \alpha_i a_i x_i \to \min$$

$$f_3(x) = -a_1 x_1 \to \min$$

综上所述,可将该问题归结为多目标问题

$$V\text{-}\min(f_1(x) \quad f_2(x) \quad f_3(x))^{\mathrm{T}}$$

s. t.

$$D = \begin{cases} a_i x_i - b_i \leqslant 0 & (i=1,\ 2,\ \cdots,\ n) \\ T - \sum_{i=1}^{n} x_i \leqslant 0 & (i=1,\ 2,\ \cdots,\ n) \\ -x_i \leqslant 0 & (i=1,\ 2,\ \cdots,\ n) \end{cases}$$

作为具体例子，该厂有关上述问题的数据见表 8-3。

表 8-3　该厂有关上述问题的数据

产品号 i	生产能力 a_i/t · h^{-1}	利　润 α_i/万元	最大销售量 b_i/t	工厂开工工时能力 T/h
1	3	5	240	208
2	2	7	250	208
3	4	3	420	208

于是可以得到多目标优化设计的数学模型如下：

求　$\boldsymbol{x} = (x_1 \quad x_2 \quad x_3)^{\mathrm{T}}$

使　$V\text{-}\min(f_1(\boldsymbol{x}) \quad f_2(\boldsymbol{x}) \quad f_3(\boldsymbol{x}))^{\mathrm{T}}$

s. t.

$$D = \begin{cases} 3x_1 - 240 \leqslant 0 \\ 2x_2 - 250 \leqslant 0 \\ 4x_3 - 420 \leqslant 0 \\ 208 - (x_1 + x_2 + x_3) \leqslant 0 \\ x_1 \geqslant 0, x_2 \geqslant 0, x_3 \geqslant 0 \end{cases}$$

下面按加权极大极小法评价函数求解。

求三个目标函数的极小值，即

$$f_1(\boldsymbol{x}) = f_1^* = \min(x_1 + x_2 + x_3 - 208) = 0$$

$$f_2(\boldsymbol{x}) = f_2^* = \min(-15x_1 - 14x_2 - 12x_3) = -4210$$

$$f_3(\boldsymbol{x}) = f_3^* = \min(-3x_1) = -240$$

因而问题的理想点为　$\boldsymbol{f}^* = (0 \quad -4210 \quad -240)^{\mathrm{T}}$

设三个分目标函数 f_1、f_2、f_3 分别逼近其对应的极小值。f_1^*、f_2^*、f_3^* 的权系数分别为

$$W_1 = 0.1, \qquad W_2 = 0.8, \qquad W_3 = 0.1$$

对目标函数 $f_2(\boldsymbol{x})$ 的极小值点求得 $\boldsymbol{x} = (0 \quad 125 \quad 105)^{\mathrm{T}}$，与 $f_1(\boldsymbol{x})$ 的极小值点 $\boldsymbol{x}$ 和 $f_3(\boldsymbol{x})$ 的

极小值点 $\boldsymbol{x}$ 不完全相同。若令 $\lambda=\max\{W_i|f_i(x)-f_i^*|\}$，故需考虑求解等价的辅助问题

$$\min\lambda$$

$$\text{s. t.}$$

$$D=\begin{cases}0.1(x_1+x_2+x_3-208)\leqslant\lambda\\0.8(-15x_1-14x_2-12x_3+4210)\leqslant\lambda\\0.1(-3x_1+240)\leqslant\lambda\\\lambda\geqslant 0\end{cases}$$

这是一个单目标线性规划问题，可求得优化解为

$$\boldsymbol{x}=(x_1^*\quad x_2^*\quad x_3^*\quad \lambda)^{\mathrm{T}}=(80\quad 125\quad 105\quad 10.2)^{\mathrm{T}}$$

由此可得 $\boldsymbol{x}^*=(x_1^*\quad x_2^*\quad x_3^*)^{\mathrm{T}}=(80\quad 125\quad 105)^{\mathrm{T}}$ 为此多目标优化问题的解。由于本题中所给权系数 $W_i>0(i=1,2,3)$，故上述求得的解为弱有效解（即弱非劣解）。

由此可知，该工厂下月安排的生产计划应为：

1 号产品生产时间 $x_1^*=80\text{h}$

2 号产品生产时间 $x_2^*=125\text{h}$

3 号产品生产时间 $x_3^*=105\text{h}$

这时工人加班时间为 $f_1^*=x_1^*+x_2^*+x_3^*-208=102\text{h}$

总利润 $f_2^*=15x_1^*+14x_2^*+12x_3^*=4210$ 万元

1 号产品产量 $-f_3^*=3x_1^*=240\text{t}$

第八节 运动模拟器的优化设计

优化设计方法在航天领域获得了广泛的应用。

运动模拟器属于大型的航天地面半实物仿真设备，常称作转台。本例中的运动模拟器将实现卫星的飞行运动模拟，与太阳模拟器一起构成卫星的太空运动模拟系统，为卫星的设计和控制系统校核提供实验平台。卫星运动模拟器为 U-T 形卧式双轴结构。模拟器下部的支承架为 U 形结构，支承架左侧装有伺服电动机驱动俯仰轴偏转，中部 T 形结构用于安装回转轴，可实现模拟器的俯仰、回转运动。

一、运动模拟器支承架结构的拓扑优化设计

由于运动模拟器的重量限制，其支承架选择一般采用桁架结构。桁架结构的引入会使系统的刚度下降，从而影响到模拟器的静力学刚度和动态特性。图 8-20a 所示为运动模拟器的三维模型。运动模拟器最外环轴系以水平轴为轴心回转的是卧式转台，以竖直轴为轴心回转的是立式转台。支承架采用不锈钢材料，为保证整体质量小于 16t，支承架拟采用空心桁架结构。在模拟器的建模过程中，为了简化计算并保证模型与实际结构相符，除俯仰轴系按照等效成质量单元附加在俯仰轴质心外，其余结构按照实际模型建立模型。支承架的拓扑优化模型如图 8-20b 所示。在四个支承柱底面施加全部自由度约束。采用 ANSYS 软件，对支承架进行拓扑优化设计，以 Solid95 单元进行网格划分。

因为提高支承架的固有频率也就提高了其刚度，所以首先对所建立的模型进行模态优化。体积设置分别为减少 15%、25%、35%、45%，可获得拓扑优化后的云图。图 8-21 所示

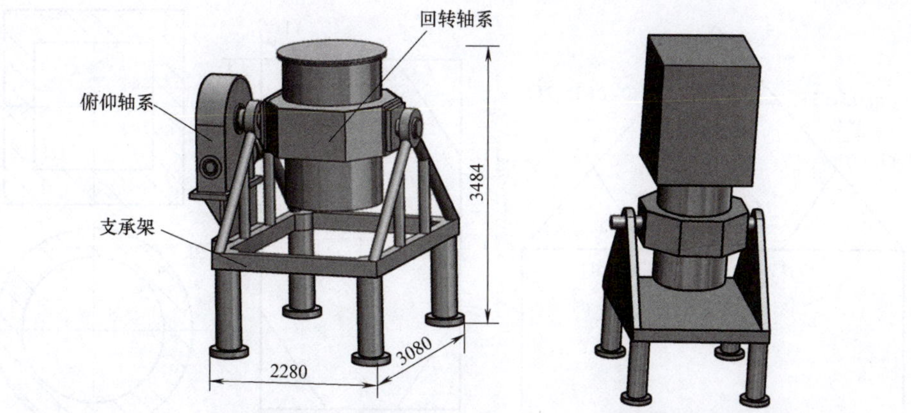

a) 运动模拟器的三维模型　　b) 支承架的拓扑优化模型

图 8-20 运动模拟器的三维模型及支承架的拓扑优化模型

为去除 25%体积的拓扑优化结果。通过逐渐增加去除体积百分比的分析过程可以获得外框架中对频率影响较大的结构，从而设计出最优的结构拓扑方案。拓扑优化后的支承架结果如图 8-22 所示。拓扑优化之后，支承架的上半部分采用钢管焊接而成，而支承架的底座部分采用方钢焊接而成。

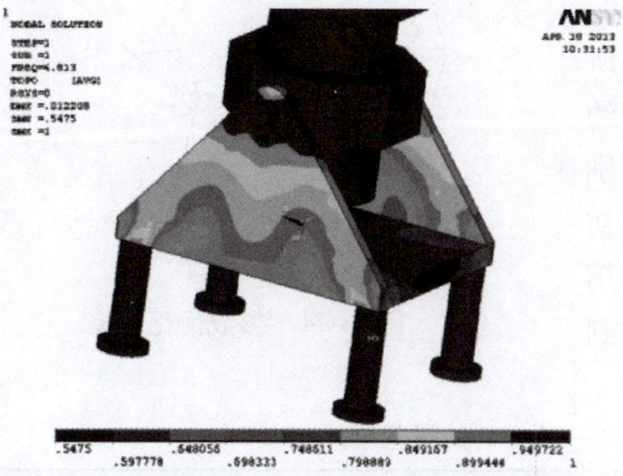

图 8-21 去除 25%体积的拓扑优化结果

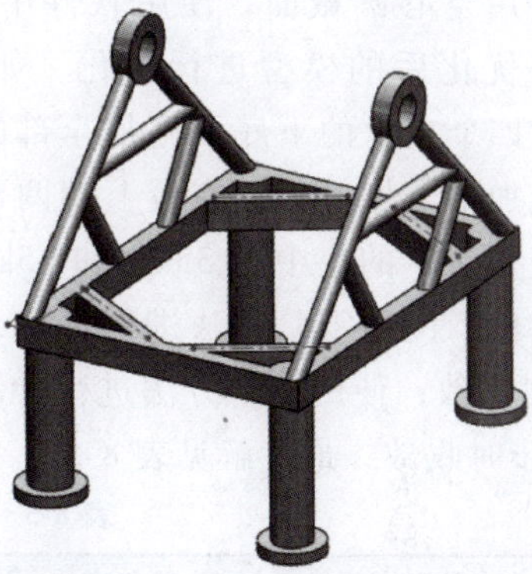

图 8-22 拓扑优化后的支承架

二、运动模拟器支承架结构的参数优化设计

1. 优化变量的定义

在采用拓扑优化方法确定了支承架的结构后，将通过参数优化的方法确定支承架中各个支承筋的具体位置以及壁厚等参数，使支承架的刚度达到最大。选取支承筋的位置参数 $Y1$、$Y2$、$Y5$、$X1$、$X2$ 以及壁厚参数 R_i、t 为设计变量。支承筋位置的参数以及方钢和圆钢管的支承筋壁厚参数如图 8-23 所示。以最大应力小于不锈钢材料的屈服极限（205MPa）、质量小于总体质量指标为状态变量，以提取支承架的最大静力变形量为目标函数。设计变量的变化范围见表 8-4。

表 8-4 设计变量的变化范围 （单位：m）

设计变量	$Y1$	$Y2$	$Y5$	$X1$	$X2$	R_i	t
最小值	0.13	0.13	0.625	0.13	0.13	0.04	0
最大值	0.65	1.25	1.25	1.075	1.25	0.065	0.03

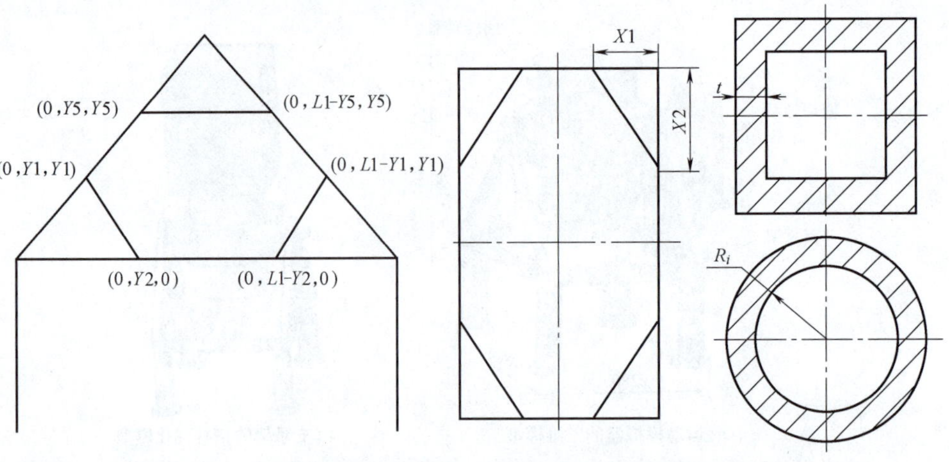

图 8-23 支承筋位置的参数以及方钢和圆钢管的支承筋壁厚参数

2. 参数化模型的建立

将支承架简化成全部由梁单元组成的结构，且具有不同的截面，底部四个支承使用圆截面，中间矩形框架使用空心矩形截面，其余的上部结构使用空心圆截面。使用软件中的梁单元，对拓扑优化后的模型进行简化，如图 8-24 所示。对四个支承的下底面施加全部的自由度约束，施加重力加速度，在最上端两个顶点分别施加竖直向下的集中力 35kN 和 65kN。输入初始参数值，使用零阶方法进行计算，迭代到第 27 步时收敛；使用一阶方法进行计算，迭代到第 15 步时收敛，最优解见表 8-5。

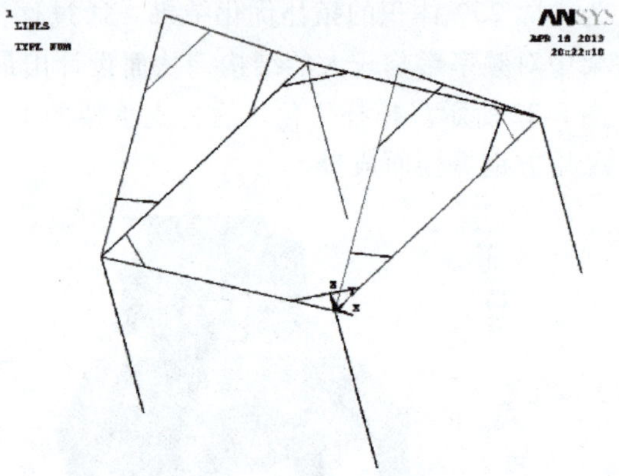

图 8-24 参数优化建模

表 8-5 零阶方法和一阶方法的最优解

优化设计要素	零阶方法	一阶方法	优化设计要素	零阶方法	一阶方法
最大位移/m(OBJ)	0.417×10^{-4}	0.487×10^{-4}	Y5/m(DV)	0.692	0.682
最大应力/Pa(SV)	2.794×10^{7}	2.817×10^{7}	X1/m(DV)	1.074	0.747
质量/kg(SV)	6277.8	6195.5	X2/m(DV)	0.361	0.687
Y1/m(DV)	0.596	0.605	R_i/m(DV)	0.040	0.040
Y2/m(DV)	0.879	0.514	t/m(DV)	0.022	0.024

对比两组优化结果可以发现 Y2、X1、X2 三个设计变量的优化结果差别较大，这是由于一阶方法收敛于不合理的设计序列上，也就是说迭代从初始值开始，收敛于邻近初始值的一个局部最小值而非全局最小值。为解决这一问题，通过合理改变 Y2、X1、X2 三个设计变量的设计序列，即把它们的变化范围缩小在零阶方法所得最优解附近，这样就可以找到全局最优解。Y2 缩小后的范围为 [0.7, 1.1]，X1 缩小后的范围为 [0.9, 1.075]，X2 缩小后的范围为 [0.2, 0.5]。输入初始参数，使用一阶方法进行计算，迭代到第 18 步时收敛，最优解见表 8-6。

分别使用零阶方法与一阶方法进行计算所得到的两组最优解对支承架进行建模，然后对运动模拟器进行模态分析，分别得出了两种优化方案的固有频率。通过分析可知，一阶方法所获得的前六阶固有频率值高于零阶方法所获得的对应各阶固有频率值。

表 8-6　缩小设计变量范围的一阶方法最优解

优化设计要素	一阶方法	优化设计要素	一阶方法
最大位移/m(OBJ)	0.309×10^{-4}	$Y5$/m(DV)	0.685
最大应力/Pa(SV)	2.825×10^{7}	$X1$/m(DV)	1.033
质量/kg(SV)	6264.2	$X2$/m(DV)	0.372
$Y1$/m(DV)	0.602	R_i/m(DV)	0.040
$Y2$/m(DV)	0.880	t/m(DV)	0.022

分析中获得了两次优化的最大变形量和质量随迭代步数的变化曲线。对比最大变形量随迭代步数的曲线可以得出，在给出合理的设计变量变化范围后，一阶方法在计算到第 3 步时就已经接近最优解，后面迭代计算使目标函数逐渐逼近并找到了最优解。而零阶方法在前 12 步计算过程中目标函数的波动很大，在后续步计算中逐渐趋近于最优解，但计算到第 17 步时发生了较大波动，这是由于零阶方法的设计变量变化范围较大，迭代在不同的局部最小值之间进行，因而产生了波动。图 8-25 所示为一阶方法质量随迭代步数的变化。一阶方法在计算到一定迭代步数后结果趋于稳定，而零阶方法的曲线整体波动较大。

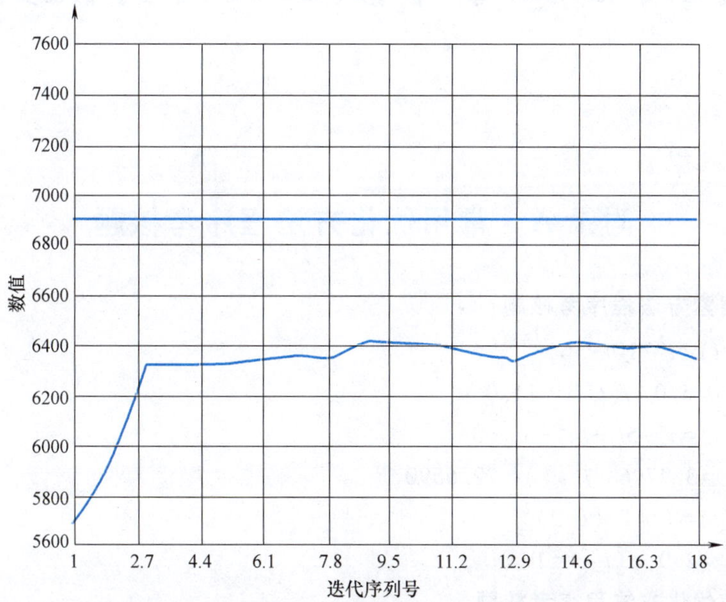

图 8-25　一阶方法质量随迭代步数的变化

通过以上分析可以得出，一阶方法求得的最优解比零阶方法精度更高，而且目标函数逼近最优解的速度也更快，但一阶方法计算过程所用时间较长，效率较低，并且容易收敛于某个局部最小值。零阶方法计算速度快，只会收敛于全局最小值，但精度略低。综合对比上述两种算法，在采用 ANSYS 软件进行拓扑优化时，可以先使用零阶方法快速地计算出最小值的范围，然后缩小设计变量的变化范围，使其在全局最小值附近，再采用一阶方法进行二次优化。这样既避免了收敛于局部最小值，又可获得更为精确的结果。

“两弹一星”功勋科学家：王淦昌

附录

常用优化方法程序考核题及计算机实习建议

附录 A　常用优化方法程序考核题

一、一维搜索方法程序考核题

（1） $\min f(t)=t^2-10t+36$

最优解：$t^*=5.0$, $f(t^*)=11.0$

（2） $\min f(t)=t^4-5t^3+4t^2-6t+60$

最优解：$t^*=3.2796$, $f(t^*)=22.6590$

（3） $\min f(t)=(t+1)(t-2)^2$

最优解：$t^*=2.0$, $f(t^*)=0$

二、无约束优化方法程序考核题

（1） $\min f(\boldsymbol{x})=4(x_1-5)^2+(x_2-6)^2$

初始点：$\boldsymbol{x}^0=(8\quad 9)^{\mathrm{T}}$, $f(\boldsymbol{x}^0)=45$

最优解：$\boldsymbol{x}^*=(5\quad 6)^{\mathrm{T}}$, $f(\boldsymbol{x}^*)=0$

（2） $\min f(\boldsymbol{x})=(x_1^2+x_2-11)^2+(x_1+x_2^2-7)^2$

初始点：$\boldsymbol{x}^0=(1\quad 1)^{\mathrm{T}}$, $f(\boldsymbol{x}^0)=106$

最优解：$\boldsymbol{x}^*=(3\quad 2)^{\mathrm{T}}$, $f(\boldsymbol{x}^*)=0$

（3） $\min f(\boldsymbol{x})=u_1^2+u_2^2+u_3^2$

式中　$u_1=1.5-x_1(1-x_2)$

$u_2=2.25-x_1(1-x_2^2)$

$u_3=2.625-x_1(1-x_2^3)$

初始点：$\boldsymbol{x}^0=(2\quad 0.2)^{\mathrm{T}}$，$f(\boldsymbol{x}^0)=0.52978$

最优解：$\boldsymbol{x}^*=(3\quad 0.5)^{\mathrm{T}}$，$f(\boldsymbol{x}^*)=0$

(4) $\min f(\boldsymbol{x})=(x_1^2+12x_2-1)^2+(133x_1+2373x_2-681)^2$

初始点：$\boldsymbol{x}^0=(1\quad 1)^{\mathrm{T}}$，$f(\boldsymbol{x}^0)=3330769$

最优解：$\boldsymbol{x}^*=(0.28581\quad 0.27936)^{\mathrm{T}}$，$f(\boldsymbol{x}^*)=5.9225$

(5) $\min f(\boldsymbol{x})=(x_1+10x_2)^2+5(x_3-x_4)^2+(x_2-2x_3)^4+10(x_1-x_4)^4$

初始点：$\boldsymbol{x}^0=(3\quad -1\quad 0\quad 1)^{\mathrm{T}}$，$f(\boldsymbol{x}^0)=215$

最优解：$\boldsymbol{x}^*=(0\quad 0\quad 0\quad 0)^{\mathrm{T}}$，$f(\boldsymbol{x}^*)=0$

三、约束优化方法程序考核题

(1) $\min f(\boldsymbol{x})=(x_1-2)^2+(x_2-1)^2$

s. t. $g_1(\boldsymbol{x})=x_1^2-x_2\leqslant 0$

$g_2(\boldsymbol{x})=x_1+x_2-2\leqslant 0$

初始点：$\boldsymbol{x}^0=(3\quad 3)^{\mathrm{T}}$，$f(\boldsymbol{x}^0)=5$

最优解：$\boldsymbol{x}^*=(1\quad 1)^{\mathrm{T}}$，$f(\boldsymbol{x}^*)=1$

(2) $\min f(\boldsymbol{x})=x_2^3[(x_1-3)^2-9]/27\sqrt{3}$

s. t. $g_1(\boldsymbol{x})=x_2-x_1/\sqrt{3}\leqslant 0$

$g_2(\boldsymbol{x})=-x_1+x_2/\sqrt{3}\leqslant 0$

$g_3(\boldsymbol{x})=x_1+x_2/\sqrt{3}-6\leqslant 0$

$g_4(\boldsymbol{x})=-x_1\leqslant 0$

$g_5(\boldsymbol{x})=-x_2\leqslant 0$

初始点：$\boldsymbol{x}^0=(1\quad 5)^{\mathrm{T}}$，$f(\boldsymbol{x}^0)=-13.3646$

最优解：$\boldsymbol{x}^*=(3\quad 1.73205)^{\mathrm{T}}$，$f(\boldsymbol{x}^*)=-1$

(3) $\min f(\boldsymbol{x})=1000-x_1^2-2x_2^2-x_3^2-x_1x_2-x_1x_3$

s. t. $g_1(\boldsymbol{x})=-x_1\leqslant 0$

$g_2(\boldsymbol{x})=-x_2\leqslant 0$

$g_3(\boldsymbol{x})=-x_3\leqslant 0$

$h_1(\boldsymbol{x})=x_1^2+x_2^2+x_3^2-25=0$

$h_2(\boldsymbol{x})=8x_1+14x_2+7x_3-56=0$

初始点：$\boldsymbol{x}^0=(2\quad 2\quad 2)^{\mathrm{T}}$，$f(\boldsymbol{x}^0)=976$

最优解：$\boldsymbol{x}^*=(3.512\quad 0.217\quad 3.552)^{\mathrm{T}}$，$f(\boldsymbol{x}^*)=961.715$

(4) $\min f(\boldsymbol{x})=100(x_2-x_1^2)^2+(1-x_1)^2+90(x_4-x_3^2)^2+(1-x_3)^2+10[(x_2-1)^2+(x_4-1)^2]+19.8(x_2-1)(x_4-1)$

s. t. $-10\leqslant x_i\leqslant 10\qquad (i=1,\ 2,\ 3,\ 4)$

初始点：$\boldsymbol{x}^0=(-3\quad -1\quad -3\quad -1)^{\mathrm{T}}$，$f(\boldsymbol{x}^0)=19191.2$

最优解：$\boldsymbol{x}^*=(1\quad 1\quad 1\quad 1)^{\mathrm{T}}$，$f(\boldsymbol{x}^*)=0$

附录B 计算机实习建议

一、实习目的

“机械优化设计”是一门实践性很强的课程，建议安排足够的计算机实习时间。学生通过实际上机计算可以达到以下目的：

1）加深对机械优化设计方法的基本理论和算法步骤的理解。

2）培养学生独立编制计算机程序的能力。

3）掌握常用优化方法程序的使用方法。

4）培养学生灵活运用优化设计方法解决工程实际问题的能力。

二、实习内容

建议在课堂教学过程中或结束后，安排四次（共12学时）计算机实习。

1）一维搜索法程序的编制、调试和考核（0.618法和二次插值法任选一种）。

2）无约束优化方法程序的编制、调试和考核（坐标轮换法、POWELL法和DFP法任选一种）。

3）阅读并理解已在计算机上调试好的约束优化方法程序，了解程序的结构特点，掌握程序的使用方法，并对2~4个数学考题进行计算。

4）对小型的机械设计问题（如弹簧、凸轮机构、二杆或三杆桁架等）进行优化设计计算。

三、实习报告内容

每次上机实习结束后，学生要完成一份完整的实习报告，实习报告内容应包括：

1）优化方法的基本原理简述。

2）自编优化方法程序的打印文本。

3）考核题计算结果及其分析。

4）小型的机械设计问题的数学模型、源程序打印文本和计算结果及其分析。

注：程序电子版请到 http://www.cmpedu.com 上下载。

由于本书的篇幅所限，未能将前一版中的Fortran语言编写的优化方法使用程序附在书中，读者如果需要可以向出版社索取或者到 http://www.cmpedu.com 上下载。

参考文献

[1] 孙靖民，梁迎春，陈时锦．机械结构优化设计［M］．哈尔滨：哈尔滨工业大学出版社，2004.

[2] 福克斯 R L．工程设计的优化方法［M］．张建中，诸梅芳，译．北京：科学出版社，1981.

[3] 阿佛里耳 M．非线性规划（上、下册）［M］．李元熹，等译．上海：上海科学技术出版社，1980.

[4] 希梅尔布劳 D M．实用非线性规划［M］．张义燊，等译．北京：科学出版社，1981.

[5] 南京大学数学系计算数学专业．最优化方法［M］．北京：科学出版社，1978.

[6] 中国科学院数学研究所运筹室优选法小组．优选法［M］．北京：科学出版社，1975.

[7] 华尔德 D J，皮特勒 C S．优选法基础［M］．尤云程，译．北京：科学出版社，1978.

[8] 席少霖，赵凤治．最优化计算方法［M］．上海：上海科学技术出版社，1983.

[9] 李炳威．结构的优化设计［M］．北京：科学出版社，1979.

[10] 孙靖民．机床结构计算的有限元法［M］．北京：机械工业出版社，1983.

[11] 薛嘉庆．最优化原理与方法［M］．北京：冶金工业出版社，1983.

[12] 蔡宣三．最优化与最优控制［M］．北京：清华大学出版社，1982.

[13] 马国瑜．化工最优化基础［M］．北京：化学工业出版社，1982.

[14] 加拉格尔 R H，齐恩斯威克茨 O C．最佳结构设计理论和应用［M］．陈孝安，丁慧梁，译．北京：国防工业出版社，1978.

[15] 陈立周，张含英，吴清一，等．机械优化设计［M］．上海：上海科学技术出版社，1982.

[16] 《运筹学》教材编写组．运筹学［M］．北京：清华大学出版社，2005.

[17] 钱令希．工程结构优化设计［M］．北京：水利电力出版社，1983.

[18] 邓乃扬，等．无约束最优化计算方法［M］．北京：科学出版社，1982.

[19] 王永乐．机械工程师优化设计基础［M］．哈尔滨：黑龙江科学技术出版社，1983.

[20] 米成秋，孙靖民．机床部件的有限元——优化设计［J］．哈尔滨工业大学学报，1982（2）：72-84.

[21] 米成秋，孙靖民．机床结构优化方法初探［J］．哈尔滨工业大学学报，1983（3）：71-78.

[22] 宋爱武，曹宏毅，陈刚，等．结构优化设计中若干方法的比较与分析［J］．哈尔滨工业大学学报，1985（A6）：87-95.

[23] 鲁恩伯杰．线性与非线性规划引论［M］．夏尊铨，等译．北京：科学出版社，1980.

[24] 冯康．数值计算方法［M］．北京：国防工业出版社，1978.

[25] 中国科学院沈阳计算技术研究所．电子计算机常用算法［M］．北京：科学出版社，1983.

[26] 马吉德．结构最优设计［M］．蓝倜恩，译．北京：中国建筑工业出版社，1980.

[27] 程极泰．最优设计的数学方法［M］．北京：国防工业出版社，1981.

[28] 刘夏石．工程结构优化设计原理、方法和应用［M］．北京：科学出版社，1984.

[29] 余俊，廖道训．最优化方法及其应用［M］．武汉：华中工学院出版社，1984.

[30] 陈开周．最优化计算方法［M］．西安：西北电讯工程学院出版社，1985.

[31] 马履中．机械优化设计［M］．南京：东南大学出版社，1993.

[32] 胡毓达．实用多目标最优化［M］．上海：上海科学技术出版社，1990.

[33] 陈立周．工程离散变量优化设计方法——原理与应用［M］．北京：机械工业出版社，1989.

[34] 徐灏．机械设计手册［M］．2 版．北京：机械工业出版社，2000.

[35] 何献忠，李萍．优化技术及其应用［M］．2 版．北京：北京理工大学出版社，1995.

[36] 郭太勇．应用 NURBS 和 AFEA 的结构形状优化方法及应用研究［D］．哈尔滨：哈尔滨工业大学，1996.

[37] 豪格 E J，阿罗拉 J S．实用最优设计——机械系统与结构系统［M］．郁永熙，丁惠梁，译．北京：科学出版社，1985.

[38] 申丽国，韩至骏，张昆．应用生物遗传算法规划切削参数［J］．中国机械工程，1994（6）：34-35.

［39］ 张昆，韩至骏，于国军．用基因算法实现切削参数的现场实时优化［J］．清华大学学报（自然科学版），1999，39（2）：28-30.
［40］ 陆金桂，李谦，王浩，等．遗传算法原理及其工程应用［M］．徐州：中国矿业大学出版社，1997.
［41］ 玄光男，程润伟．遗传算法与工程优化［M］．于歆杰，周根贵，译．北京：清华大学出版社，2004.
［42］ CHENG K T，OLHOFF N. An investigation concerning optimal design of solid elastic plates［J］. International Journal of Solids and Structures，1981，17（3）：305-323.
［43］ BENDSOE M P，KIKUCHI N. Generating optimal topologies in structural design using a homogenization method［J］. Computer Methods in Applied Mechanics and Engineering，1988，71（2）：197-224.
［44］ 董文永，刘进，丁建立，等．最优化技术与数学建模［M］．北京：清华大学出版社，2010.
［45］ 戴朝寿，孙世良．数学建模简明教程［M］．北京：高等教育出版社，2007.
［46］ 阮晓青，周义仓．数学建模引论［M］．北京：高等教育出版社，2005.
［47］ 李颐黎，戚发轫．"神舟号"飞船总体与返回方案的优化与实施［J］．航天返回与遥感，2011，32（6）：1-13.
［48］ 彭皓．卫星运动模拟器的结构设计与分析［D］．哈尔滨：哈尔滨工业大学，2013.
［49］ KARUSH W. Minima of functions of several variables with inequalities as side constraints［J］. M. Sc. Dissertation. Dept. of Mathematics，1939：1007.
［50］ KUHN H W，TUCKER A W. Nonlinear programming in proceedings of the second berkeley symposium on mathematical statistics and probability［M］. Berkeley：University of California Press，1951.